全国高等学校建筑学学科专业指导委员会
推荐教学参考书

图解绿色建筑

[第二版]

[美] 程大锦 | Francis Dai-Kam Ching
伊恩 · M.夏皮罗 | Ian M.Shapiro 著
刘丛红 刘映辰 译

Green Building Illustrated

[Second Edition]

WILEY
天津大学出版社
TIANJIN UNIVERSITY PRESS

图解绿色建筑 [第二版] | TUJIE LÜSE JIANZHU [DI-ER BAN]

图书在版编目（CIP）数据

图解绿色建筑 : 第二版 / (美) 程大锦, (美) 伊恩 · M.夏皮罗著 ; 刘丛红, 刘映辰译. -- 天津 : 天津大学出版社, 2025. 1. -- (全国高等学校建筑学学科专业指导委员会推荐教学参考书). -- ISBN 978-7-5618-7824-8

I. TU-023

中国国家版本馆 CIP 数据核字第 2024GS7710 号

出版发行	天津大学出版社
地　　址	天津市卫津路92号天津大学内（邮编：300072）
电　　话	发行部：022-27403647
网　　址	www.tjupress.com.cn
印　　刷	廊坊市瑞德印刷有限公司
经　　销	全国各地新华书店
开　　本	889mm×1194mm　1/16
印　　张	20.5
字　　数	639千
版　　次	2025年1月第1版
印　　次	2025年1月第1次
定　　价	138.00元

目 录　　Contents

Preface to Chinese Edition

As always, I am extremely grateful to Liu Daxin of Tianjin University Press for again offering me the opportunity to address architecture and design students and faculty in the People's Republic of China through his publication of my works. Meanwhile, I would like to thank Professor Liu Conghong and her team for their expert and accurate translation of this book.

Following *Architecture: Form, Space and Order* and *Interior Design Illustrated*, this Chinese edition of *Green Building Illustrated* embodies the same approach that I have taken in all of my works—outlining the fundamental elements of an essential subject in architectural design and illustrating the principles and concepts that govern their use in practice. In this particular case, we are concerned with exploring fundamental concepts in green design and construction, developing strategies to reduce the environmental impact of buildings, and providing a healthy environment within buildings.

I am privileged and honored to be able to offer this book and I hope it not only teaches but also inspires the readers to achieve the highest success in their future endeavors.

Francis Dai-Kam Ching
Professor Emeritus
University of Washington
Seattle, Washington
USA

中文版序言

我一如既往地非常感谢天津大学出版社刘大馨编辑再次给我提供这样的机会，得以面向中国建筑学和设计专业的师生们出版我的作品。同时，我要感谢天津大学刘丛红教授及其团队对于书稿文字专业、精准的翻译。

继《建筑：形式、空间和秩序》《图解室内设计》之后，这部中文版的《图解绿色建筑》体现了以往我所有著述中业已采用的相同方法——概述建筑设计中一门基础学科的基本要素，以图解形式阐释指导实践应用的原则与概念。在这种特殊情况下，我们专注于探究绿色设计与建造中的基础概念，制定策略来减小建筑物对环境的影响，并在建筑物内营造一个健康的环境。

能够奉献此书，我深感荣幸，并且希望本书不仅传授知识，而且能激发读者通过自己的努力，在未来取得最大的成功。

程大锦
华盛顿大学荣誉教授
美国华盛顿州西雅图市

译序　Translator's Preface

《图解绿色建筑》中译本第一版于2017年出版，第二版即将发行时才意识到已经过去七年，英文原书的两版之间也是相隔七年。七年时光荏苒，发生了很多让人难忘的大事，人与社会都经历着深刻的变革。这些年间有关绿色建筑的思想不断发展，绿色建筑技术持续进步，绿色建筑的法规标准日益完善。

《图解绿色建筑》第二版秉承第一版的理念与风格，全面系统地梳理了绿色建筑的基本原则和更新后的规范与标准；依然按照从外到内的建设程序阐述各个环节中建筑性能提升要素、策略及具体措施；与时俱进地增加了“零能耗设计与案例研究”章节，对其他章节的内容也进行了大量的调整和完善。全书深入浅出、言简意赅、图文并茂，涉及场地气候、建筑形态、围护结构、水电暖配置、建筑材料、可再生能源与零能耗设计等内容，需要注意的是，书中各部分虽然以独立章节的形式展开，但是关于绿色建筑节能减排的落实需要各部分协同，控制各项措施之间的博弈，以最优综合效果为目标，同时还要兼顾建设过程的可负担性和环境影响。因此，绿色建筑的最佳实践需要整合思维，需要拓宽原有的知识体系，需要数字模拟技术的支持实现效果预测并进行优化。对于绿色建筑思想、方法、工具的深入研究，会给未来建筑业的发展找到新的方向、提供持续的动力。在当下建筑市场遇到瓶颈，行业发展面临转型的时候，本书的研究成果尤显珍贵。

特别感谢在悉尼大学学习的刘映辰同学，她为本书的翻译和校对做了大量工作。本书是悉尼大学本科建筑与环境（Architecture and Environments）课程的教学参考书，刘映辰同学在专业教授指导下的精研以及出色的英文水平为本书的完成打下了坚实的基础。同时感谢天津大学出版社的刘大馨老师和各位编辑，你们辛苦啦！

刘丛红

天津大学建筑学院教授

序言　Preface

绿色建筑是一个相对较新的领域。绿色建筑的目标是为建筑物内部的人们提供一个健康的环境，同时显著降低建筑的环境影响。本书意在介绍绿色建筑的范畴，探究绿色设计和建造中的各种基本概念，为该领域的从业者提供指导。

《图解绿色建筑》第二版增加了零能耗和零碳建筑的扩展讨论和示范案例研究，也包含了更多国际上建筑设计和建造的内容。本书还为高性能建筑的方案设计提供指导，从建造成本和可负担性方面考虑增加了“建筑材料”部分。本书特别关注可以同时降低建筑成本并减少温室气体排放的方法，例如建筑造型的设计策略、正确的照明策略等。第二版还增加了一个关于仿生学和仿生设计的新章节，更新了规范与标准，扩充了更多关于建筑电气化的信息，比如热泵技术等。最后，本书增加了与绿色设计相关的场所问题的讨论，并扩大了针对不同地区、特定气候的绿色设计研究。

尽管本书增加了上述内容，但建筑设计和建造仍然面临各种选择，包括项目之初的创意选择、设计过程中的评估选择、通过与业主协商做出的选择、绘图过程中的文件精选以及建造过程中的措施遴选。我们希望通过本书为绿色建筑设计和建造提供更多的选择。

本书从探究绿色建筑的目标与明确绿色建筑的内涵开始，与减少同建筑相关的碳排放以应对不断升级的气候变化这一目标密切相关。各种规范、标准、指南的引入，无一不在呼唤对绿色建筑的深层定义。

关于绿色设计的系统化探索应按照“由外到内”（from the outside in）的顺序展开，从社区及场地到建筑围护结构的各层，再到室内采光、采暖、制冷等方面绿色性能的检验。研究还涉及其他相关话题，如水体资源保护、保障室内环境质量、节约材料和利用可再生能源。

谈及与能源相关的话题，需要引入许多基本的物理原理，这些原理综合在一起被称为“建筑科学”（building science）。比如：应用热传导的基本原理来描述建筑的热损耗以及减少这类热损耗；我们之所以研究照明方方面面的内容，是因为其与照明能耗、人类互动和照明工效学有关；流体力学的基本原理可以解释诸如气流运动通过建筑内部产生的“烟囱效应”（stack effect）等相关现象；热力学的基本原理被用于高效地产生和传递热量，为了制冷而排出建筑内的热量以及提高与其相关的效率，达到节能的目的。

精细的插图将这些原理和讨论转化为对绿色建筑设计和建造的具体指导。本书汇集了大量优秀实践，使从业者得以足够灵活地设计和建造绿色建筑，实现业主的梦想。这些图集还可以继续扩充，为绿色建筑提供更多可行的选择。

最后是关于实践质量的讨论，用来探究设计和建造如何能最有效地达成绿色设计和建造的目标。

建议读者把书中的方法当作工具。一栋建筑为了达到绿色，不是必须采纳书中所有的方法。本书并不全面，因为若要涵盖所有关于绿色建筑的进展、方法和产品是非常困难的，故而本书着力于解读工具和策略，使从业者能够以此为契机进行发明创造，设计并建造出高性能的绿色建筑。

致谢 Acknowledgments

本书的第二版，要感谢露娜·欧耶瓦（Luna Oiwa）做了大量的专题研究；感谢埃文·哈拉斯（Evan Hallas）精研绿色建筑的（尤其是热桥问题）真知灼见；感谢塔玛·夏皮罗-塔米尔（Tamar Shapiro-Tamir）完成净零能耗案例研究工作；感谢诺亚·夏皮罗-塔米尔（Noa Shapiro-Tamir）完成案例分析和气象数据图谱。

本书的第一版，要感谢弗洛伦斯·巴韦耶（Florence Baveye）所做的研究和概念绘图工作、马里纳·伊塔博雷·塞维诺（Marina Itaborai Servino）所做的核实和计算工作。进一步的审核是由扎克·赫斯（Zac Hess）和丹尼尔·克拉克（Daniel Clark）完成的。对于罗杰·贝克（Roger Beck），我要致以双重感谢，感谢他40年前鼓励我写书，同时感谢他在40年后审阅我的手稿。感谢北卡罗来纳大学夏洛特分校（University of North Carolina at Charlotte）的莫纳·阿泽贝贾尼（Mona Azarbayjani）和环境保护署水体资源办公室（EPA/Office of Water）的乔纳森·安吉尔（Jonathan Angier）审阅我的手稿。我的妻子达利娅·塔米尔（Dalya Tamir）、女儿肖莎娜·夏皮罗（Shoshana Shapiro），还有苏珊·加尔布雷斯（Susan Galbraith）、德尔德雷·韦维尔（Deirdre Waywell）、里萨·赖恩（Theresa Ryan）、简·施瓦茨伯格（Jan Schwartzberg）、丹尼尔·罗森（Daniel Rosen）、西拉·奈曼（Shira Nayman）、本·迈尔斯（Ben Myers）、布里奇特·米兹（Bridget Meeds）以及考特尼·罗亚尔（Courtney Royal）都给本书提出了宝贵意见。感谢卢·沃格尔（Lou Vogel）和纳特·古德尔（Nate Goodell）为本书提供调试资料，感谢贾维尔·罗莎（Javier Rosa）和约西·布朗斯尼克（Yossi Bronsnick）为本书提供结构设计资料，感谢约米特·西尔特（Umit Sirt）为本书提供建模资料。感谢尼克尔·赛西（Nicole Ceci）在早期阶段所做的能源分析。感谢泰特姆工程公司（Taitem Engineering）的所有同事，他们的研究、观测和讨论构成本书的重要组成部分。感谢苏·施瓦茨（Sue Schwartz），让我使用她的卡尤加湖滨公寓（apartment on Cayuga Lake）专心写作。感谢我的家人——达利娅、肖莎娜、塔玛和诺亚，感谢他们始终如一的支持。感谢我的妈妈艾尔萨·夏皮罗（Elsa Shapiro），茶余饭后她都会聆听本书日积月累的进展，她是我的共鸣板。

最后，也是最为重要的，感谢我的合作者程大锦先生（Francis D. K. Ching），他的工作成果是奉献给世界的一份礼物。我的同事里萨·赖恩说得好："我们要活在'弗兰克'（程大锦昵称）的图画中。"弗兰克为本书所做的图解、指导、布局、协作和编辑，使本书终成现实。

——伊恩·M. 夏皮罗

公制单位 Metric Equivalents

国际单位制是全球接受的物理单位系统，采用米、克、秒、安培、开氏度和坎德拉作为长度、质量、时间、电流、温度和光照强度的基本单位。为了使读者熟悉国际单位制，本书按照以下规则给出公制单位：

· 除特殊说明外，括号中的全部数字以毫米为单位；
· 3英寸及以上的长度，写成公制单位时，四舍五入为5毫米的相应倍数；
· 标称尺寸直接转换，如标称尺寸2英寸×4英寸被转换为51毫米×100毫米，尽管其实际尺寸是$1\frac{1}{2}$英寸×$3\frac{1}{2}$英寸，应当被转换为38毫米×90毫米的形式；
· 3 487毫米表示为3.487米；
· 除此之外的公制长度单位都会被特别指出。

第1章

引言

Introduction

在短短的几年时间里，关于可持续性（sustainability）和绿色建筑（green buildings）的动态讨论已经遍及规划、设计和建造领域。在设计公司和施工现场，我们正在学着分享新的目标、新的标准，甚至一种全新的设计语言。对于许多人来说，我们的职业生涯因为我们学习这种新语言的含义和方法而得到极大丰富。对于其他人而言，问题接踵而至：所有这一切是如何发生的？它究竟会怎样？

可持续性是对事物长久存在的一种承诺——使建筑物生命周期延长且终生可用，使用各种形态的可再生能源，使社区得以延续。绿色建筑的作用就是把可持续性的承诺变成现实。

与可持续性承诺和号召履行承诺并行的，是科学家们对环境风险坚持不懈的警示，而这些环境风险正在被我们自己的观测所证实。然而，我们必须迎难而上，而不是回避这些风险，我们必须积极面对并努力逆转风险，共同权衡后果，同时想方设法化解风险。最终，这可能是对可持续性的最大承诺——促使我们考虑面临的环境挑战并想方设法战胜困难。

1.01 从太空获得的地球影像，例如1990年来自“旅行者1号”宇宙飞船（Voyager 1 spacecraft）的图像，清楚地表明地球上的生命非常脆弱。天文学家卡尔·萨根（Carl Sagan）将地球形容为“苍白的蓝点”（the pale blue dot），“那里是我们所知的唯一家园”。（来源：NASA）

面对环境的挑战 Facing Environmental Challenges

一些环境危机促使我们重新评估我们规划、设计和建造房子的方法。使用化石能源造成的空气污染和水污染、核电厂事故产生的放射性尘埃和已经出现的以及潜在的气候变化的灾难统统指向减少能源使用这一迫切需求。有毒化学物质导致的人类疾病迫使我们重新审视高强度使用化学物质，尤其是在建筑材料中的危害。

特别值得关注的是气候变化。由1 300多名来自美国和其他国家的科学家组成的政府间气候变化专门委员会（IPCC，Intergovernmental Panel on Climate Change）报告指出：“气候系统正在变暖是不容置疑的，因为观测结果明确显示全球平均空气温度和海洋温度正在上升，大面积冰雪融化，海平面正在上升。”根据政府间气候变化专门委员会的报告，气候变化的影响已经显现并且预计只会变得更加糟糕。气候变化的后果还包括下面这些极端的气象情况，如飓风活跃，高温热浪频繁、持续时间长且温度越来越高；升温导致冰雪融化、海岸和内地的洪涝灾害频发；升温引发动植物物种变化，失去生物多样性；升温还导致水源供应量减少，对人类生活、农业用水和能源生产产生负面影响。

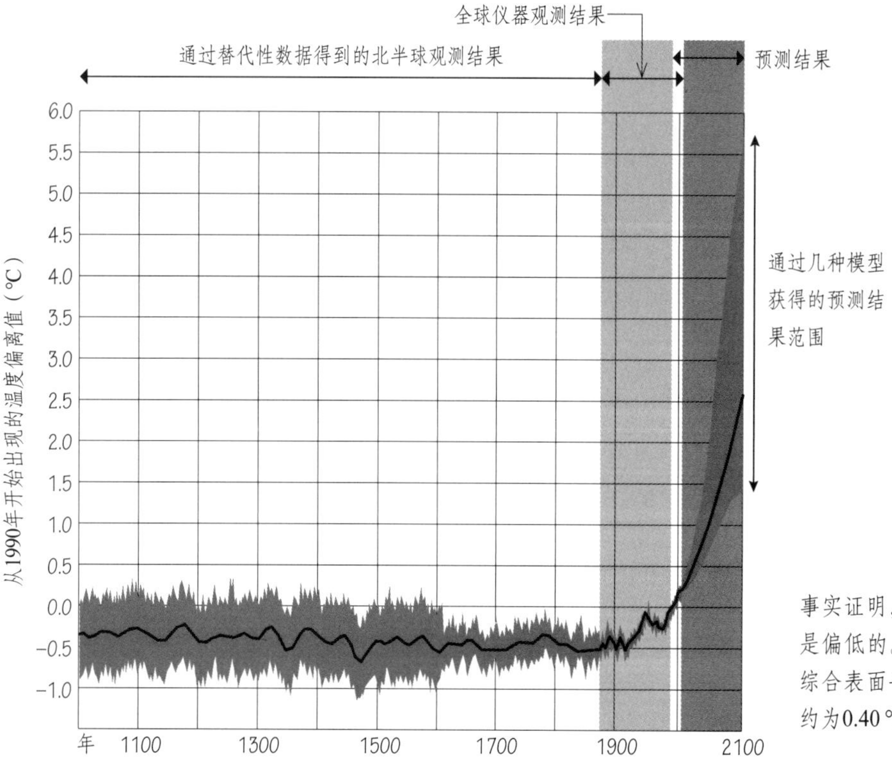

1.02 1000—2100年地表温度的变化。（来源：IPCC）

事实证明，IPCC早期预测的温度升高值是准确的，甚至是偏低的。IPCC最新的研究报告指出，全球陆地-海洋综合表面平均温度的数据显示，1990—2010年实际升温约为0.40 ℃，超过了最初预计的0.25 ℃。

气候变化的主要原因是温室气体浓度越来越高，人类活动，诸如砍伐森林、土地用途变化，特别是燃烧化石燃料是温室气体增加的根源。这一发现已被所有主要工业化国家的科学委员会认可。

温室气体是升腾到大气中的排放物，它们充当热毯，吸收热量并向各个方向辐射，其主要成分是含有少量二氧化碳（CO_2）、甲烷（CH_4）、氧化亚氮（N_2O）的水蒸气。这些二次辐射中下沉的部分被称为“温室效应”（greenhouse effect），用来维持地表和底层大气的平均温度为59 ℉（15 ℃），从而维持生命的正常运行。如果没有这种自然的温室效应，我们所知道的地球上的生命将难以存活。

1.03 温室效应。

然而，从工业革命开始，化石燃料的燃烧总量不断增长，导致大气中二氧化碳、甲烷、氧化亚氮的浓度越来越高，加剧了自然界的温室气体效应，引起全球变暖和气候变化。

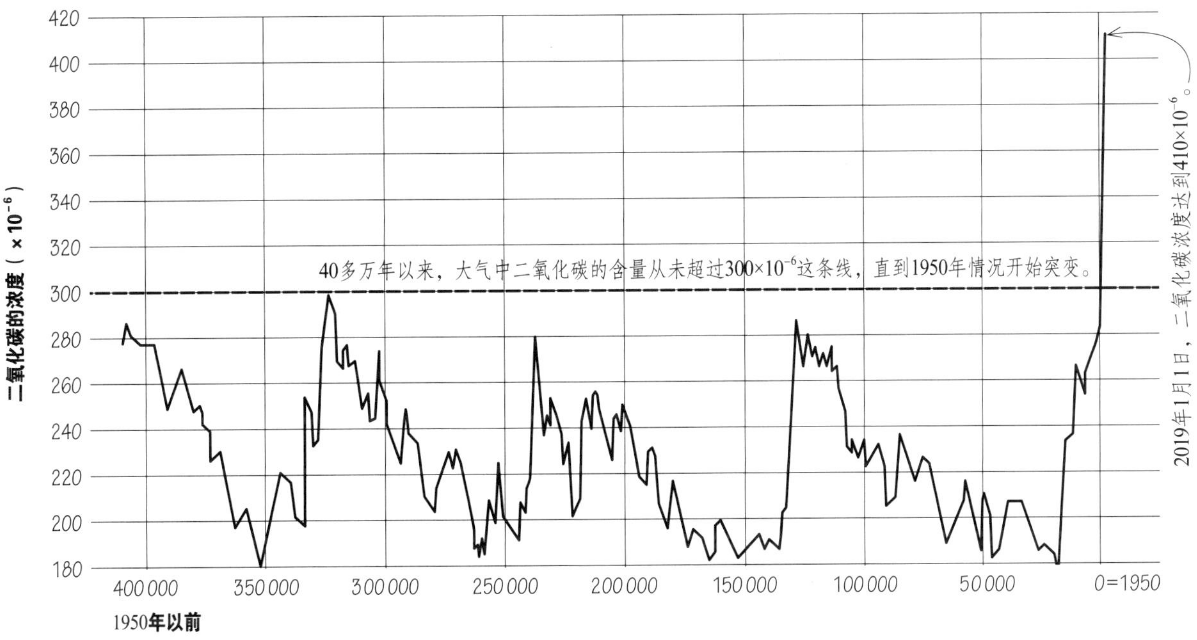

1.04 冰芯（ice cores）中所含的大气样本和近年来的直接测量，证明了自工业革命以来，大气中二氧化碳的浓度一直在升高。（来源：美国国家海洋和大气管理局（NOAA，National Oceanic and Atmospheric Administration））

来自国际能源署的数据表明，建筑物的温室气体排放量约占全球总排放量的40%。目前大部分建筑能耗不是源自材料的生产或建造过程，而是来自建筑运行，例如建筑物运行过程中的供暖、制冷和照明能耗等。这意味着为了减少建筑物在其生命周期内运行、维护所产生的能耗和温室气体排放，有必要控制建筑物的设计、选址和形体，同时整合有效的供暖、制冷、通风和照明策略。不过，随着建筑物运行能耗逐渐减少，降低建筑材料本身的能耗也应该成为关注重点。

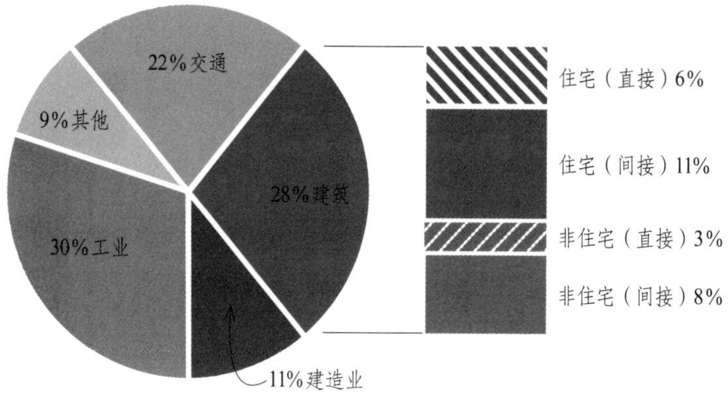

1.05 按行业划分的全球与能耗相关的二氧化碳排放量比例。（来源：2018年全球ABC报告；国际能源署（IEA，International Energy Agency））

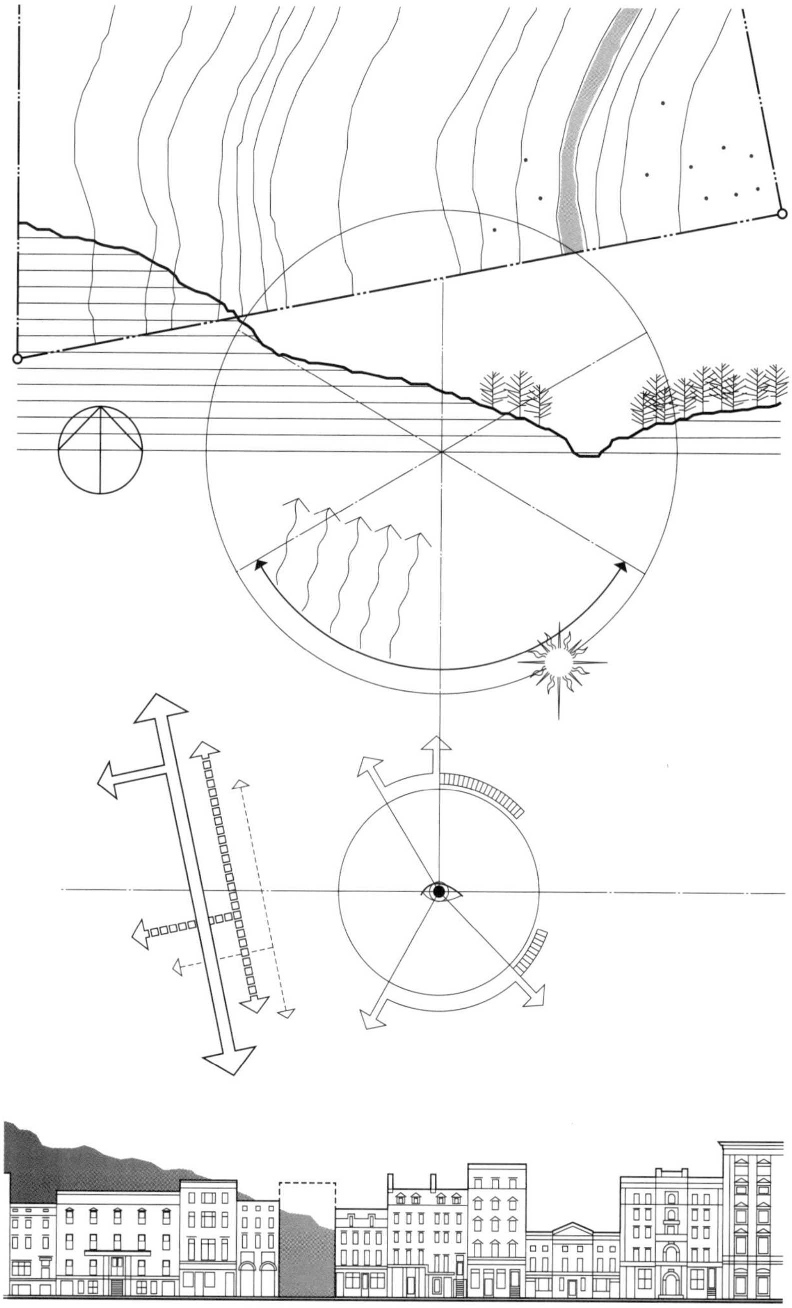

1.06 选址正确、高效节能的建筑也能在其他领域减少碳排放，比如降低生产和运输建材的能耗、建筑之间人员来往的交通能耗。而且，由于建筑节能而减少的支出，能够用来弥补减少碳排放所需的初始投资。

红外热像图

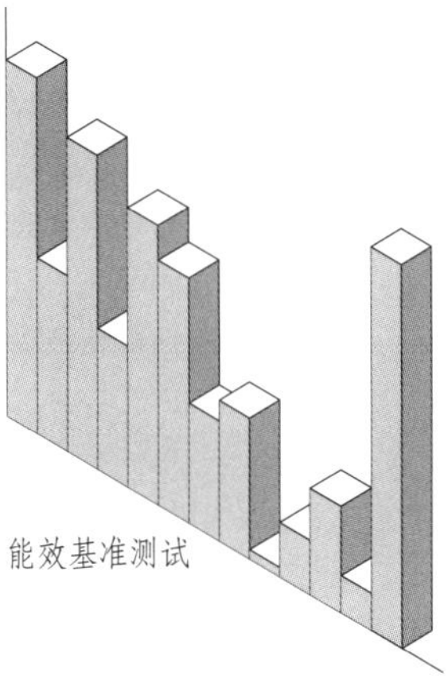

能效基准测试

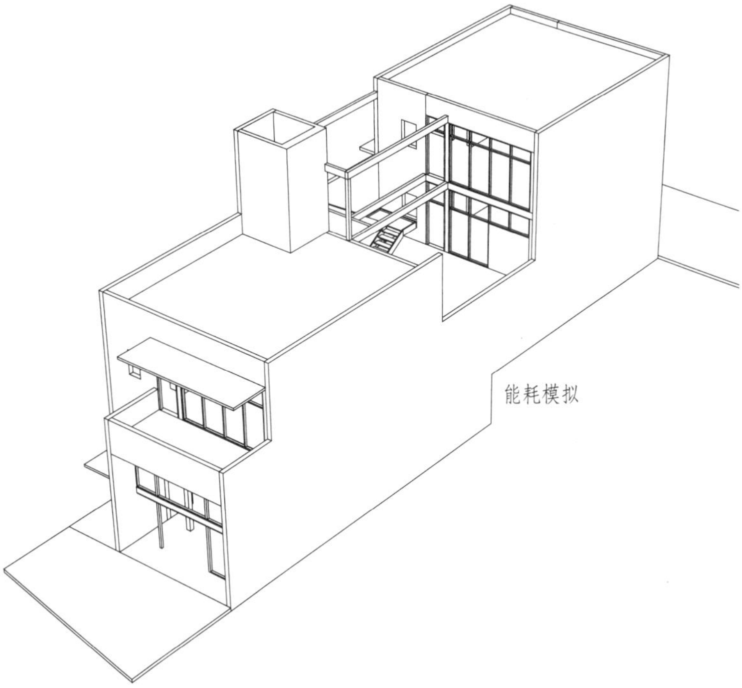

能耗模拟

1.07 每年都有新方法、新工具和新产品问世，为建筑节能、节材提供支持。

新资讯、新风险、新机遇

New Information, New Risks, New Opportunities

随着气候变化和其他环境风险的显现，过去几十年中，正式和非正式的建筑研究对以下问题有了深刻见解：建筑是如何运行的，建筑在环境性能方面为什么不如人意，更为重要的是，建筑如何避免在应对环境方面的失败。多重环境风险的汇集需求、有关建筑如何运行以及如何更可持续发展方面的新资讯，为建筑设计方法的变革提供了新机遇。绿色建筑的领域是崭新而无比丰富的。新机遇在于设计和建造过程中要强调能源和资源效率的提高，减少有害化学物质的使用，并且这一切都在可承受的范畴内进行。

然而，在绿色建筑设计和建造过程中有很多潜在的危险和意想不到的困难。虽然引进新产品或声称绿色的方法很容易，但实际上它们可能是低效的，或者过于昂贵以至于失去机会去投资于其他性价比更高的措施。我们面临的挑战是运用常识，拒绝样子货、花哨的或者低效的建筑措施，同时保持开放心态，接纳新兴的、可能有效的理念和工具。以批判的思维审视新理念，同时灵活地适应迅速发生的变革，这两点都是必不可少的。

绿色建筑设计不能简单地聚焦于在建筑物上附加绿色设施使建筑变绿。虽然提升保温隔热性能会改善建筑节能效果，增设太阳能光伏发电系统能够减少用电量，从而减少对不可再生资源的消耗，然而，明智审慎的设计可以获得更多，优秀的设计不是简单的技术叠加，而是本质上更加有机与融合。比如，我们可以为室内设施选择反光性更强的表面，目的是在保证同样室内光环境的前提下减少人工光源；我们可以选择外表面积较小的建筑形体，那么在相同建筑面积的情况下，其能耗会低于形态复杂的建筑形体。

由于我们总是很在意设计和建造成果的美学特性，我们可能会问：对于建成环境，绿色设计的美学效果是什么？值得庆幸的是，美并不需要为建筑变绿而牺牲和让步。绿色建筑会挑战传统的美学观念，但同时为我们提供了重新评价美学观念、重新审视建筑的美应该如何定义以及探索新建筑形式美的机遇。

美国绿色建筑委员会商标标识

森林管理委员会的版权标识

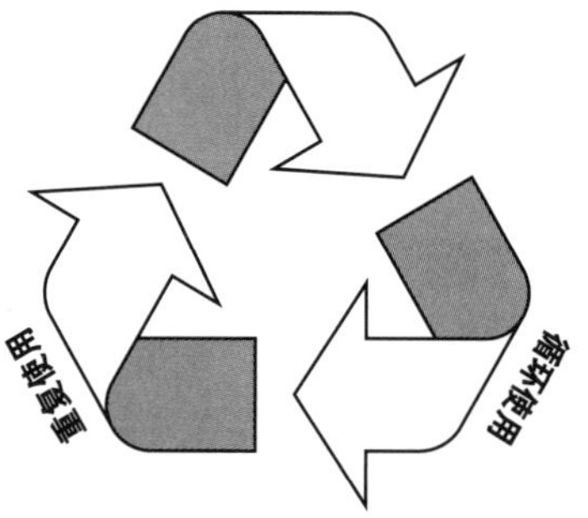

1.08 绿色材料、绿色进程、绿色实践的标志。

什么是绿色建筑？ What Is a Green Building?

本书中，反复提及“什么是绿色建筑”的问题。这一问题有很多形式：绿色建筑是比其传统状态更绿色的建筑吗？绿色建筑是达到某项绿色建筑评价标准的建筑吗？绿色建筑是对环境和人类健康负面影响较小或无负面影响的建筑吗？所有建筑都应当是绿色的吗？绿色建筑是一种短暂的热潮吗？绿色建筑多年后还是绿色的吗？

“什么是绿色建筑”这一问题的答案还在不断发展变化中。根据某项绿色建筑评价标准被认定为绿色的一些建筑，实际上却是高能耗的建筑或者以某种方式污染环境的建筑。反之，很多零能耗（zero-energy）或近零能耗（near-zero-energy）的建筑虽然设计和建造都很成功，却没有被任何评价体系认定为绿色。这样说并非质疑所有获得绿色认证的建筑（certified green buildings）的环境性能。绿色建筑标准和认证系统为可持续设计的发展进步做出了巨大贡献并将继续促进绿色建筑的发展。虽然如此，绿色建筑认证对于确保建筑的高水平节能和低水平污染而言，依然任重道远。

与“什么是绿色建筑”这一问题并行的是一个相似却完全不同的问题，“什么是更绿色的建筑”。在建筑设计的很多特定领域，可以通过考量多种可选方案中哪一种更绿色来确定不同方法的相对优劣。我们不赞成绿色设计中仅有很少的提升或部分的改善，实现真正意义上的绿色建筑这一总体目标才是最重要的。然而，在我们规划一栋建筑的过程中，面对多种设计抉择时，“这种方法更绿色吗”是一个有效的问题，一个值得不断追问的问题，而不是追求符合某项特定的绿色建筑规范、标准或导则。

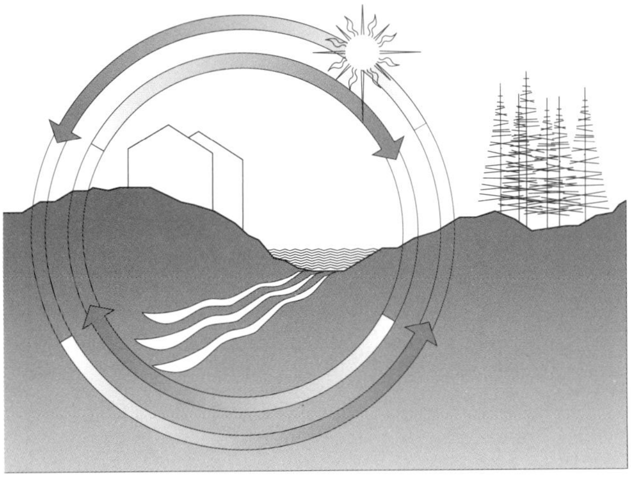

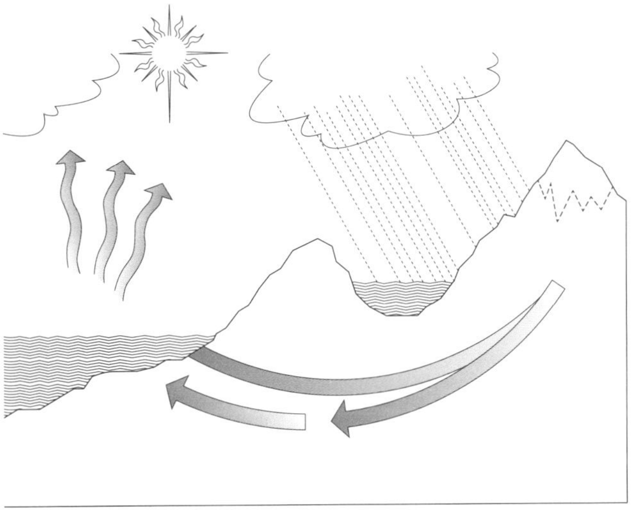

绿色建筑的目标 Green Building Goals

有很多目标促成绿色建筑的规划和设计。

也许最广泛的共识性目标是应对环境恶化：

- 通过节能和因此减少的温室气体排放来缓解全球变暖。
- 减小开采煤炭、天然气、石油（包括原油泄漏）和削山采煤造成的环境影响，减小采用水力压裂法开采天然气带来的相关污染。
- 减少空气、水和土壤污染。
- 保护清洁水源。
- 减少破坏夜间生态系统的灯光污染。
- 保护自然栖息地和生物多样性，特别关注濒危物种。
- 阻止农田不必要和不可逆地转变为非农业用地。
- 保护土壤表层，减小洪涝影响。
- 减少垃圾填埋用地。
- 降低核污染的风险。

1.09 通过节约，减少污染物，保护水源、自然资源和自然栖息地，减缓环境恶化。

1.10 促进环境和经济健康。

绿色建筑的目标包括为人们提供更舒适和健康的环境：

- 提高室内空气质量；
- 提高室内水源质量；
- 提升热舒适性；
- 减少噪声污染；
- 改善人们的精神状态。

有些目标可能被认为本质上具有经济性的特点：

- 减少能源消耗；
- 提高生产率；
- 创造绿色就业；
- 增加市场吸引力；
- 改善公共关系。

有些目标可能被认为本质上具有政治性的特点：

- 减少对外国燃料资源的依赖；
- 提升国家竞争力；
- 避免不可再生资源（如石油、煤炭和天然气）的损耗；
- 减小电网压力和电力中断的风险。

有些人将绿色建筑的目标扩展到包括社会目标的层面：

- 遵循劳动公平的实践；
- 为残疾人提供出入便利；
- 保护消费者；
- 保护公共用地；
- 保护历史建筑；
- 为人们提供经济适用的居所。

1.11 满足社会目标。

有些目标反映了人类精神方面的特殊需要：

· 表达人类与地球和自然之间根深蒂固的关系以及人类对地球和自然的热爱；
· 自力更生，自食其力；
· 满足对美的诉求。

有些目标可能表述得不是非常明确，但是代表了我们某些并不高尚的需求，比如对于名誉和地位的需求。

无论这些既定目标是如何分组的，关于这些目标的定义以及如何确定它们的优先顺序都始终是一个持续且有效的话题。在大多数情况下，绿色建筑的打造会以一种和谐之道支持一个或多个目标的实现。然而，有的时候在两个或多个目标之间会发生冲突，这些冲突的和解是一个至关重要的去伪存真的过程，让我们明确作为人类什么是重要的。

面对科学家给出的几乎众口一词的气候变化结果以及气候变化的负面影响，比如动植物种群的变化、低洼地区更加频繁的洪涝灾害、极地冰川的消退等，绿色建筑领域的主要焦点毋庸置疑，还是降低能耗和相关的碳排放。

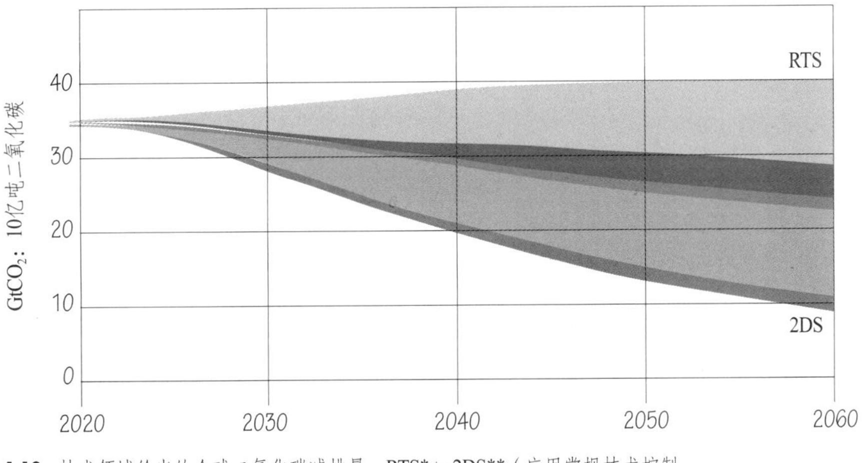

1.12 技术领域给出的全球二氧化碳减排量：RTS* to 2DS**（应用常规技术控制二氧化碳排放，以保证全球变暖不超过2 ℃）。
（来源：国际能源署）节能技术在工业、建筑和交通领域的二氧化碳减排总量中占据主导地位，这就强化了能效的重要性，是实现“全球变暖不超过2 ℃”愿景的“第一动力”。因此减少能耗和相关的碳排放，在我们规划、设计和建造建筑的过程中仍然是最为重要的。

*RTS（reference technology scenario）：常规技术方案
**2DS：减少碳排放以控制全球变暖不超过2 ℃

绿色建筑设计方法 Approaches to Green Building

在绿色建筑设计和建造过程中，选用常识法很有帮助。绝大多数节能和节水技术策略的效果可以通过量化指标来权衡，因此能够指导我们的决策。有危险的材料大家一般都知道且容易识别，可以避免。在权衡某些更为复杂的措施时，常识也会很有用，如指导新技术的选择、避免无效设计。当我们面对绿色设计和建造过程中出现的多种选择和未知状况时，这种权衡利弊的过程就会出现。

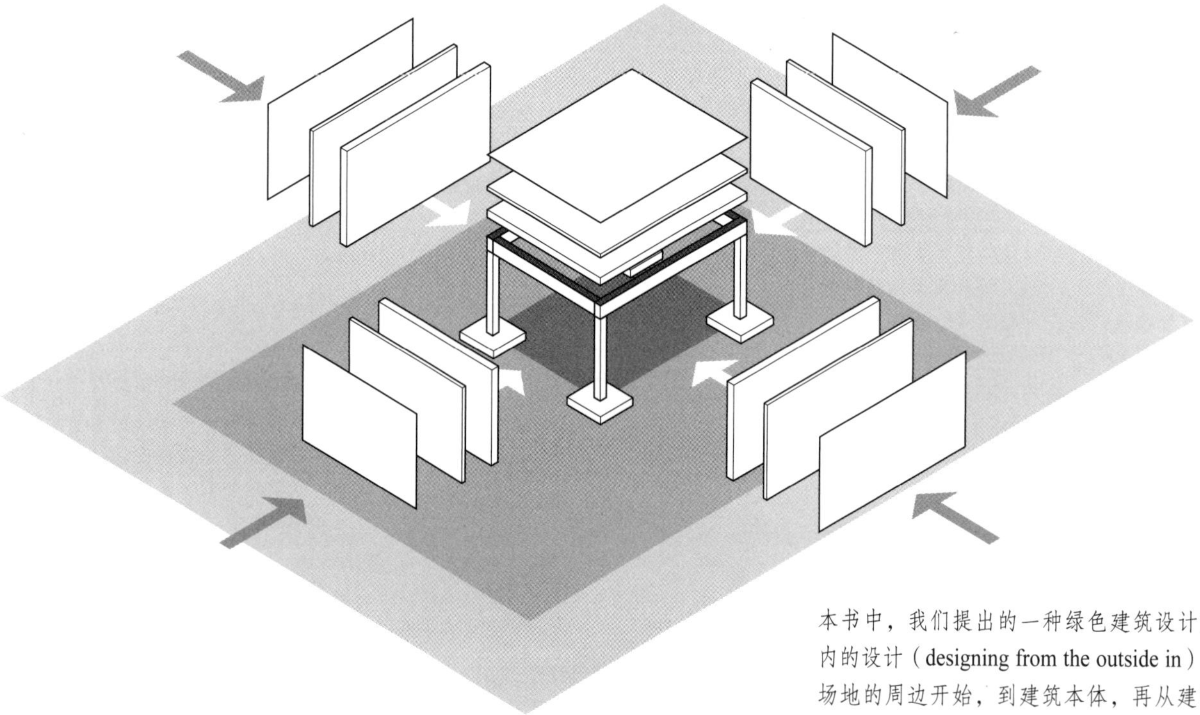

1.13 从外部开始设计，逐渐增加居所外围构造材料的层数。

本书中，我们提出的一种绿色建筑设计方法是从外到内的设计（designing from the outside in）。设计从建筑场地的周边开始，到建筑本体，再从建筑表皮到建筑核心，这样的设计过程有很多好处。通过逐渐增加居所外围构造材料的层数以及确保层与层之间的整体性和连续性，可以有效减少各种能量负荷。如此一来，绿色建筑性能提升的累积效果实际上可以减少建设成本，这样，建筑不仅节能、节水、节材，而且建设的成本会更低。

基于建筑科学某些引人注目的新进展，本书聚焦于绿色建筑的设计策略而不是符合某些规范、标准和导则的特定要求。然而本书提出的原则和方法希望足够健全，目标在于满足和超越现有规范、标准和导则的要求，可以用于所有类型的建筑，无论是木构架的住宅还是钢筋混凝土的高层建筑。

绿色建筑设计的各种标准，大体上与本书建议的由外到内的设计方法吻合。然而，很多现存的绿色建筑标准相对于假想的参照建筑计算目标建筑的节能数据，或者聚焦于单位建筑面积的用能，对建筑形体不以为然。绿色建筑标准一般不会质疑建筑面积和建筑形体本身。在由外到内的设计中，每一个环节都受到质疑，包括建筑面积和建筑形体。

有些绿色建造方式采用一种特殊的设计方案，投资于改良的建造方法（比如使用更多保温隔热材料的厚重墙体、更严格的建造过程、更节能的窗户或者更高效的采暖设施），把节能10%、20%、30%作为目标。虽然这种方法完全有效，但是它可以通过一种相辅相成方法得到提升，不是设计一栋改良的传统建筑，而是设计一种满足人类相同需求但类型完全不同的建筑，这种新建筑的目标是最大限度地减少用能，最好是净零能耗，并且自始至终关注成本和经济性。

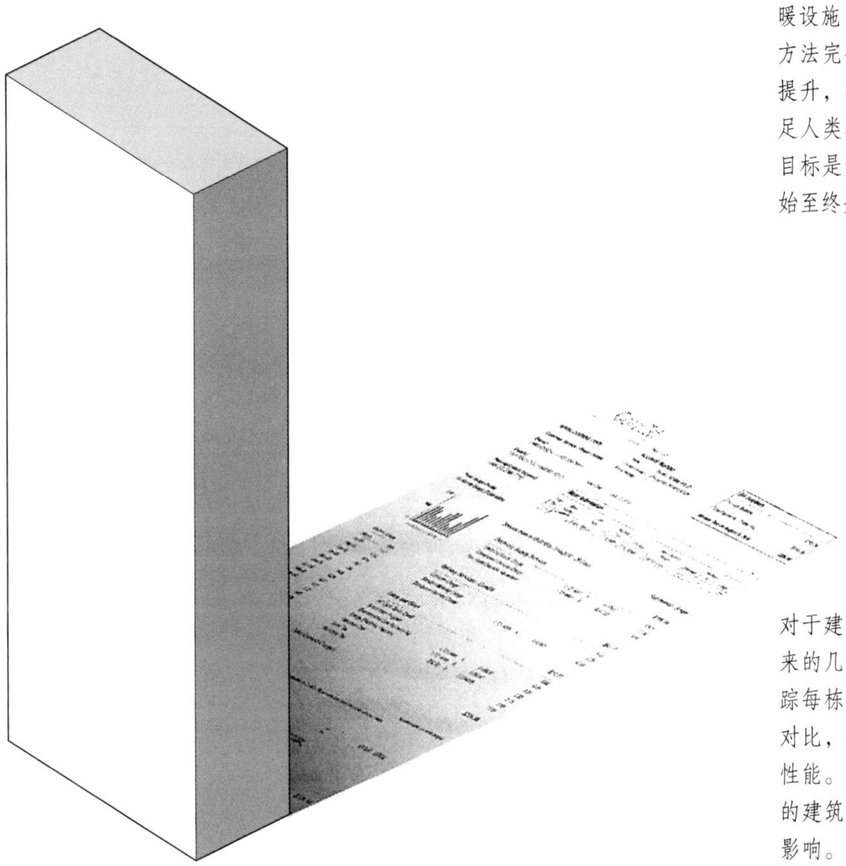

1.14 我们可以通过费用清单追踪其用能情况。

对于建筑的绿色性能，从其费用清单上可见一斑，在未来的几十年内都将如此。由于近年来在线数据库一直追踪每栋建筑的用能情况，对建筑的用能情况进行广泛的对比，越来越多的人开始通过费用清单判断建筑的绿色性能。对建筑以往表现的鉴定结果已经开始对浪费能源的建筑，特别是那些声称绿色的建筑产生了越来越大的影响。好消息是可供使用的设计和建造节能建筑的工具越来越多，挑战来源于这些工具的应用。

针对建筑形式和功能，在建筑设计领域出现了一个新维度：性能（performance）。除了满足使用者的需求，具有视觉、意识和精神的感染力之外，建筑物还必须保证不仅现在运转良好而且经年累月运转良好，降低能源和资源的消耗，同时提供高水准的舒适条件，保证使用者身心健康。一方面，建筑设计已经增加了一系列额外的约束条件；另一方面，存在这样一个机会——明确一个更高标准，把工作做得更好，不要奢侈的、不健康的建筑。

我们邀请读者一起履行绿色建筑的承诺，从现在开始尽可能地减小建筑的环境影响，最大限度地节能、节水、节材。让我们履行绿色建筑的承诺，在降低建筑成本的同时创造更舒适、更有利于健康的环境。让我们履行绿色建筑的承诺，使建筑更好地与我们的社区和自然世界融合在一起。让我们履行绿色建筑的承诺，我们会因此而感到骄傲。

那么就让我们大胆地表达这些承诺吧！

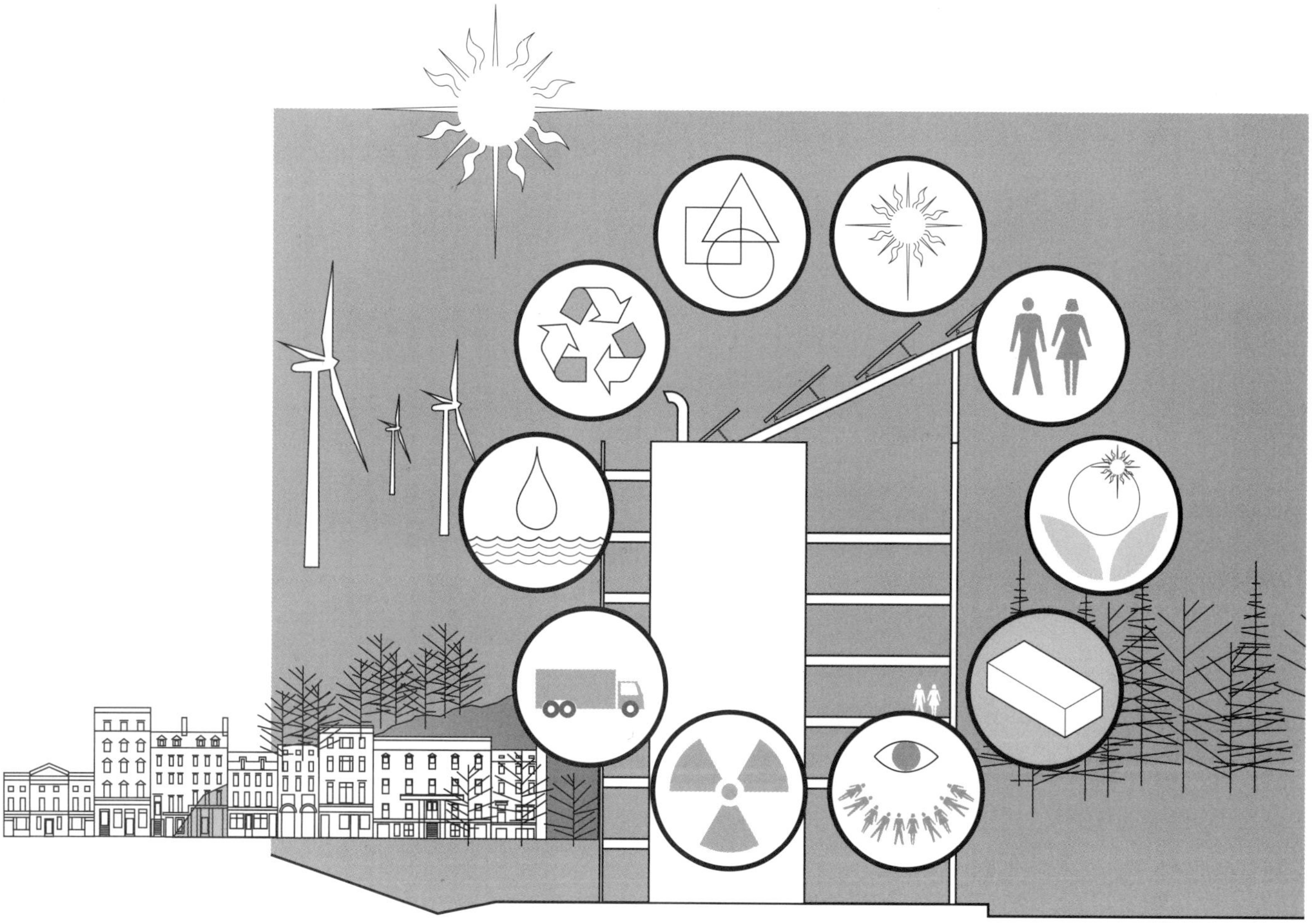

第2章

基本原则
First Principles

什么是绿色建筑？在引言部分我们了解了建筑对自然环境的重大影响以及减小这些影响的可能性，这不仅需要降低建筑的能耗和水耗，还要减小建造过程中消耗的材料和资源总量。减小建筑对自然环境的影响是绿色建筑的一个主要目标。

让一栋建筑成为绿色建筑，还有其他事情要做吗？在讨论绿色建筑及其众多规范、标准的时候，我们发现还有一些普遍接受的目标与减小建筑的环境影响并不直接相关。这些目标包括提高室内空气质量、提供建筑室内外景观、提升热舒适性能。因此我们可以并且应当扩大绿色建筑的定义，使其涵盖与人类健康息息相关的室内环境设计。

让我们从以下关键定义开始：绿色建筑是可以大幅减小对自然环境影响的建筑，是能够提供有利于人类健康的室内环境的建筑。

然而，另外一些问题接踵而至：当我们说到“大幅减小自然环境影响”（substantially reduced impact on the natural environment）的时候，减小的幅度到底是多少呢？为了获知减小的幅度，我们是否具有衡量建筑绿色性能的某种方法呢？如果有这样的方法，我们依据什么来衡量呢？我们是否可以将目标建筑与一个大小相同、形状相同、符合某种现行规范或标准的假想建筑进行对比，用相对指标来衡量建筑的绿色性能？或者我们可以通过与一栋类型相似的其他建筑对比来衡量目标建筑的绿色性能？

与以下内容对比来衡量一栋建筑的绿色性能：

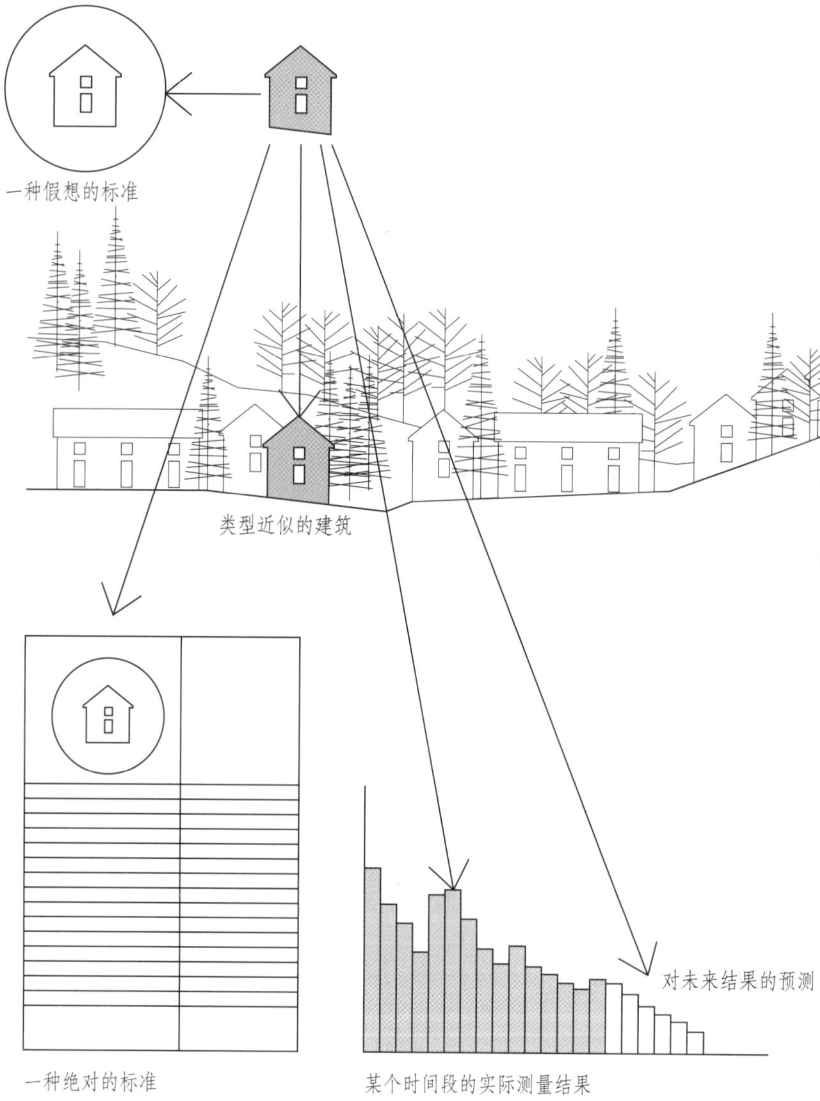

我们是否应该将目标建筑与某种绝对的标准进行对比？我们是否对预测建筑未来的环境影响感兴趣？或者对建筑过去某一时段的环境影响的实测值感兴趣？

2.01 我们应该如何衡量一栋建筑的绿色性能？

这些都是很重要的问题，是绿色建筑领域一直纠结的问题。我们将以人类特有的方式循序渐进地解答这些问题，尽管这一过程充满困难与挑战。

相对绿色和绝对绿色 Relative and Absolute Green

“我们应该采用什么基准？”为了回答这一问题，我们通常可以采用这样的方法：将拟建的绿色建筑与一栋大小和形状相同的假想建筑进行对比，假想建筑在设计和建造过程中没有任何绿色特征，但满足现行建筑规范和普遍认同的建造标准。我们姑且把这种方法称为“绿色建筑设计的相对方法”。相对于假想的、没有绿色性能的相同建筑物，这种设计方法的目标是大幅减小拟建绿色建筑物对环境的影响，同时有效促进人类健康。然而，另外一个重要问题出现了：我们是否也要明确地量测环境影响以及对健康的改善情况，比如建筑物是否满足单位建筑面积能耗和水耗的特定目标值，甚至是否达到零能耗和水耗的标准？

在用能和用水领域，对建筑物未来用途的预测很有价值，能够对决策和标准起到指导作用。另一广泛的共识是，除了预测之外还要检测建筑物实际的能耗和水耗，主动展示节水、节能效果而不是仅仅依赖于预测。

其他领域，比如节材和室内环境质量，相较于能耗和水耗，难以定义和测量，尽管如此，我们在绿色构成要素方面已经取得了长足进步，正在努力达成共识。洞悉绿色构成要素能够帮助我们设定目标，并检验我们达到目标的程度。

“什么是绿色建筑”这一问题的答案将不断变化演进，正如怎样的自然环境影响是可以被接受的，怎样的健康水平是人类渴望的，我们的标准是什么。事实上，有效地设计和建造绿色建筑，可能需要不停地追问“什么是绿色建筑”并不断寻找共识性的答案。

建筑设计与建造的宏图伟业充满挑战。任何一栋建筑都需要做出成百上千个决策，在项目策划、建筑形式、建造质量、经济投入、工程进度和规章制度方面不断地权衡取舍。绿色建筑则面临更大的挑战，因其具有更多的限制和难于达到的性能目标。设计和建造一栋经济实惠的绿色建筑——一栋满足使用者需求、性能良好的建筑，一栋不损害环境的建筑，一栋有益于人类健康，同时满足业主预算的建筑，就是绿色建筑的终极挑战。卓有成效的指导纲领有时会帮助我们应对如此众多的挑战。

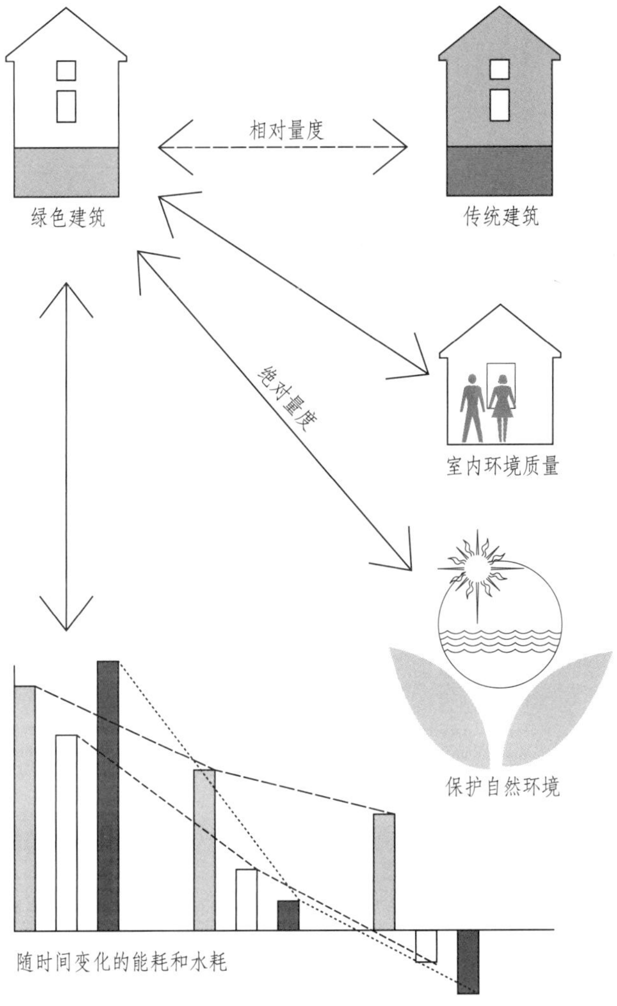

2.02 相对于绝对的绿色性能。

负荷与保护层 Loads and Layers

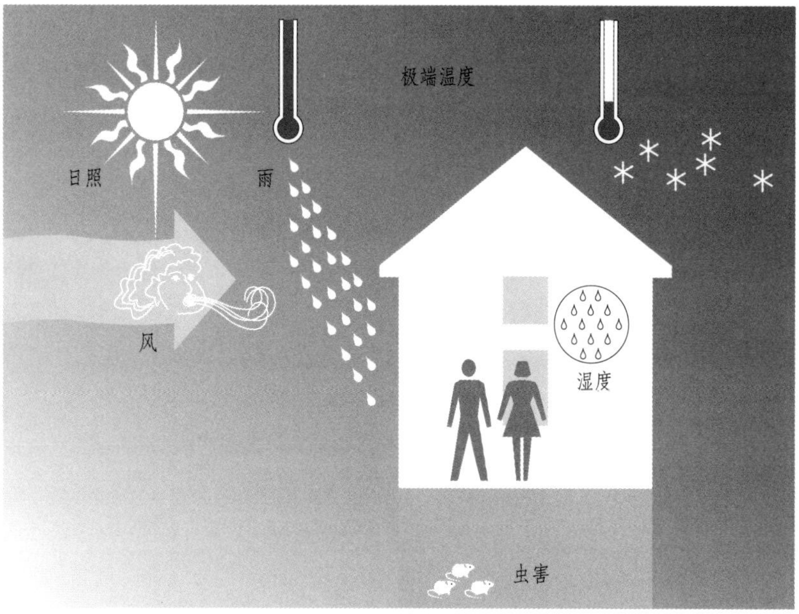

2.03 各种负荷。

建筑为使用者提供了庇护，使其免受各种户外因素的影响，这些户外因素我们可以称之为“负荷”。这些负荷往往以应力或荷载的形式作用于我们居住的建筑和我们的日常生活。其中一项重要的负荷就是极端温度，抵御极端温度是建筑采暖或制冷的主要原因。除了极端温度，我们还要躲避其他户外因素，比如狂风暴雨和炎炎烈日。我们需要抵御来自太阳紫外线的侵袭，它会引发皮肤癌，损坏艺术品和建筑材料。有些负荷的影响更加微妙，比如湿度，它会危及人体健康，侵蚀人类财产。有些负荷则比较简单，比如黑暗。有些负荷来自活生生的动物，比如昆虫、老鼠等啮齿类动物、鸟类及其他动物。而有些负荷则来自人类活动，比如噪声、空气污染和灯光污染等。

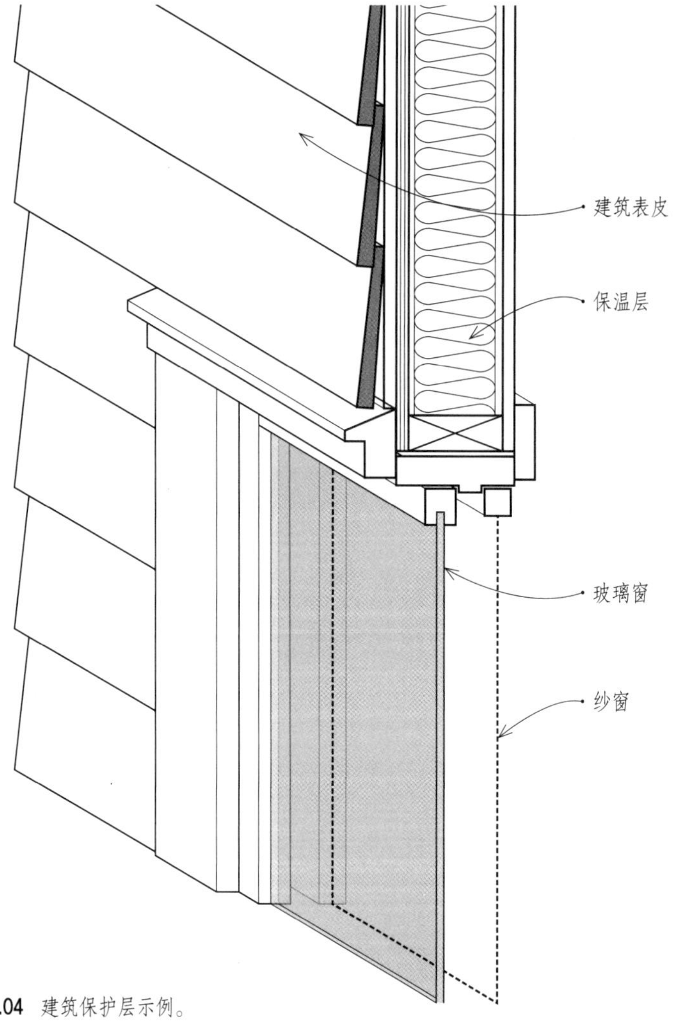

2.04 建筑保护层示例。

建筑对我们而言很重要，因为建筑是我们生活、工作、教书、学习、购物的地方，也是社交活动和重要事件的聚集场所。我们同样意识到，建筑的基本功能是提供一个能够应对世上各种负荷的庇护所。

我们把居所的保护层定义为抵御各种负荷的建筑要素。建筑墙体中的保温层用来减小外界极端温度的影响。建筑表皮作为保护层起到遮风避雨、拦截紫外线和其他负荷的作用。

有些建筑的保护层是经过刻意选择的，目的是让我们想得到的要素通过，同时过滤掉其他负荷。比如玻璃窗让日光进入建筑的同时可以避免极端温度的影响，纱窗在透过新鲜空气的同时把昆虫拒之门外。

绿色设计的一个原则是利用多层屏蔽提升建筑应对负荷的效率。例如，空气渗透被认为是产生建筑采暖和制冷负荷的主要原因。如果气流首先受到树木或其他风屏障的阻挡而减速，隔气层和密封条就能更好地抵御因气流而引起的渗透。换而言之，树木可以作为保护层发挥有效的作用。同理，密实性良好的墙体结合密封性很好的窗框以及带有密封垫的电源插座，空气就难以找到进入建筑的缝隙，因为墙体各保护层有序结合，共同抵御了气流的渗透。

绿色设计的另一个原则是通过各种保护层由外向内进行建筑设计。在上面那个示例中，可以用来抵御气流和空气渗透的全系列保护层包括：

- 选择避风的建设地点；
- 利用树木、篱墙和附近的建筑物作为风屏障；
- 设置连续式墙板；
- 设置保温层阻隔空气流动；
- 密封外墙组件，比如外部接口嵌缝、给电源插座设置密封垫；
- 设置不采暖的前庭以缓冲室内空间的热损失。

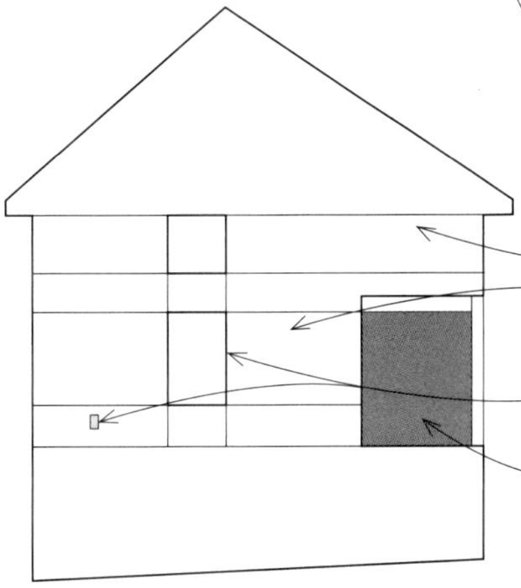

2.05 抵御风和空气的渗透。

从远离建筑物的环境开始由外而内的设计方法，类似于从源头解决问题而不是试图消除症状。如果一栋房子的症状是寒冷、四处透风，消除症状的做法是采取加热的方法，这种方法简单且低效。从源头解决问题的做法是采用多层屏蔽的结构化方法减小风荷载、阻止渗透。由外到内的工作方法类似于处理健康问题时医学上所主张的“预防胜于服药”（prevention instead of pills）。

能够帮助建筑物抵御负荷的多层屏蔽，其优先排序由外向内包括以下层次：

- 社区；
- 建设场地；
- 建筑形体；
- 建筑附近特征；
- 建筑外表皮；
- 不需采暖制冷的空间；
- 建筑内表面；
- 热工分区；
- 照明和其他电器负荷；
- 采暖与空调。

这些将在后面一一探讨。

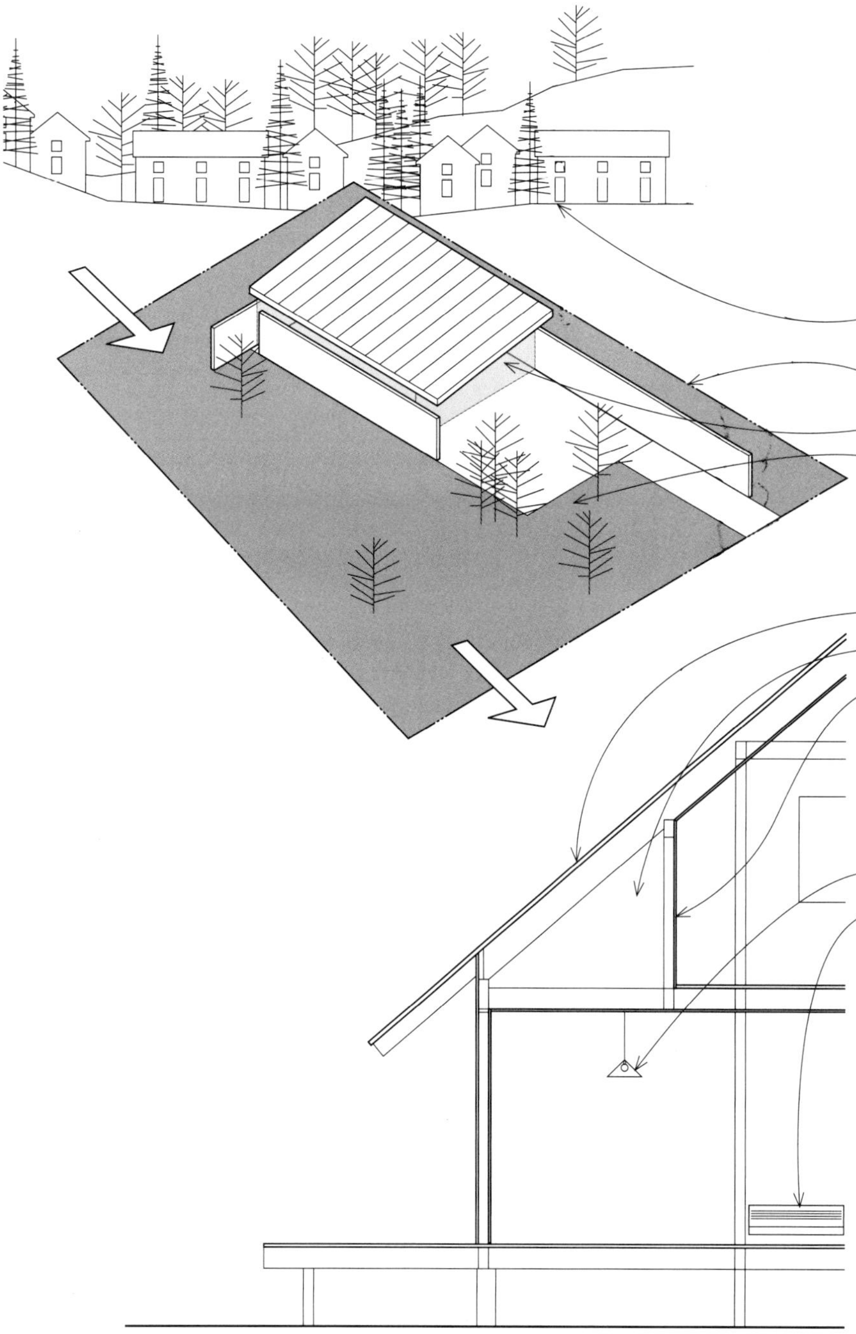

2.06 保护层的先后顺序。

连续性 Continuity

绿色设计的另一条原则是不仅要设计坚固耐用的保护层，而且要保证每个保护层的连续性。近年来已经达成共识：建筑物热边界层的连续性是非常重要的。当保护层中断或不连续时，其性能会被明显削弱。大多数传统建筑中都存在着此类不连续的问题。例如，在坡屋顶建筑的阁楼楼板中就发现了这种不连续性问题，包括：未覆盖的墙槽；灯具固定架、排风扇、管道通风口、烟囱等设施周边没有密封的空隙；不严实的阁楼开口。

建筑物中的实体缝隙并不是热边界被打断的唯一原因。热桥也会导致保温层的不连续，所谓“热桥”（thermal bridge）是指传导性材料刺穿或打断墙体、楼板或屋顶构件中的保温层。比如，框架墙内的木材或金属立柱就会成为热桥，使热量穿墙而过。

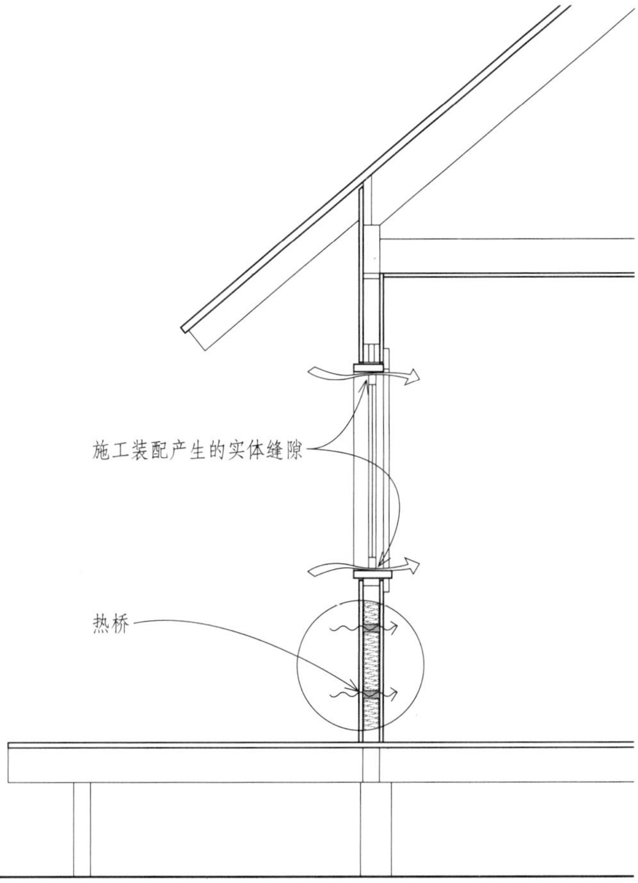

2.07 无论是实体缝隙还是热桥都会造成热边界的中断，从而减弱保护层的作用。

仅在墙体、楼板和屋顶一侧设置的裸露保温层是典型的弱保温层。比如，地下室的顶棚或管道井常常出现保温层断开的情况。阁楼中的支撑墙常常仅在一面设保温层，这种情况下保温层很容易受损或滑落。即使保温材料原封不动，气流也会很容易地沿着保温材料流动到室内温度比较低的墙面，从而加速空间的热损失。

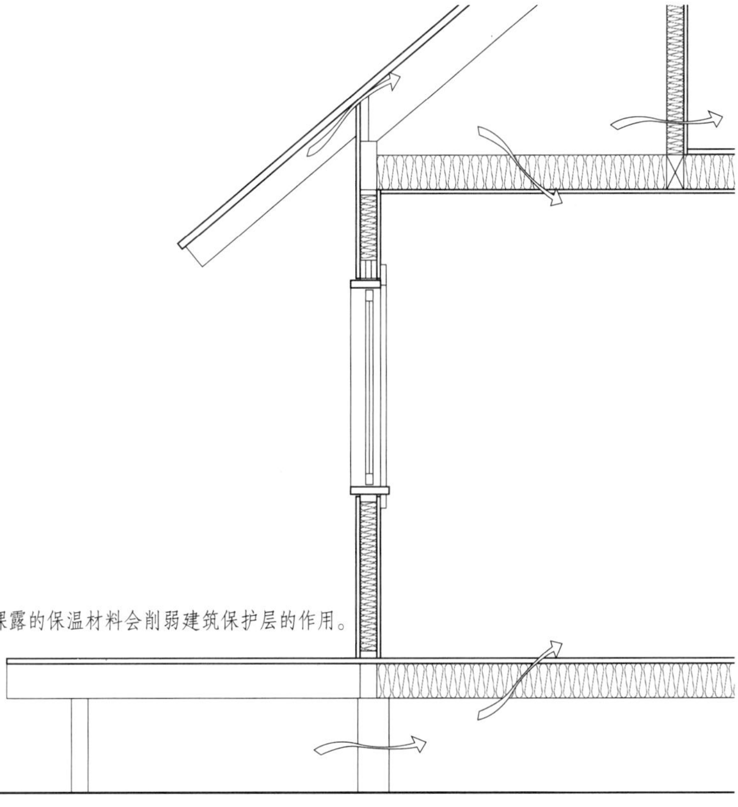

2.08 裸露的保温材料会削弱建筑保护层的作用。

弱保护层从一开始就不合格，有天生缺陷。我们把开始性能良好，经过一段时间后性能变差的保护层称为“非稳定保护层”（nonrobust layer）。一扇隔热性能良好的门，带有密封条、门帘和防风门，开始时性能良好，是很好的保护层。然而随着时间的推移，门框会变形、下沉，门帘会移位，门框周边的填缝剂会收缩开裂，密封条会受压或脱落，由于弹簧失效防风门可能难以关严。门就是一组非稳定组件，经年累月的磨损会削弱其保护层的功能。

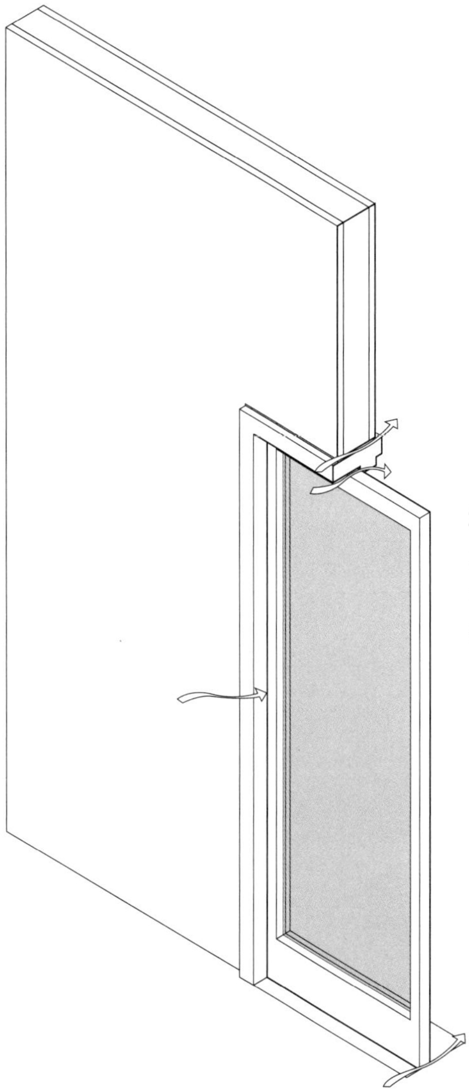

2.09 一般来讲，墙体是稳定的保护层，而作为保护层的门在长期使用过程中会出现门框变形、下沉，填缝剂收缩开裂以及门帘失效的情况，从而减弱屏蔽作用。

2.10 通过室内走廊进入各个单元的公寓楼与拥有独立外门的联排住宅比较。

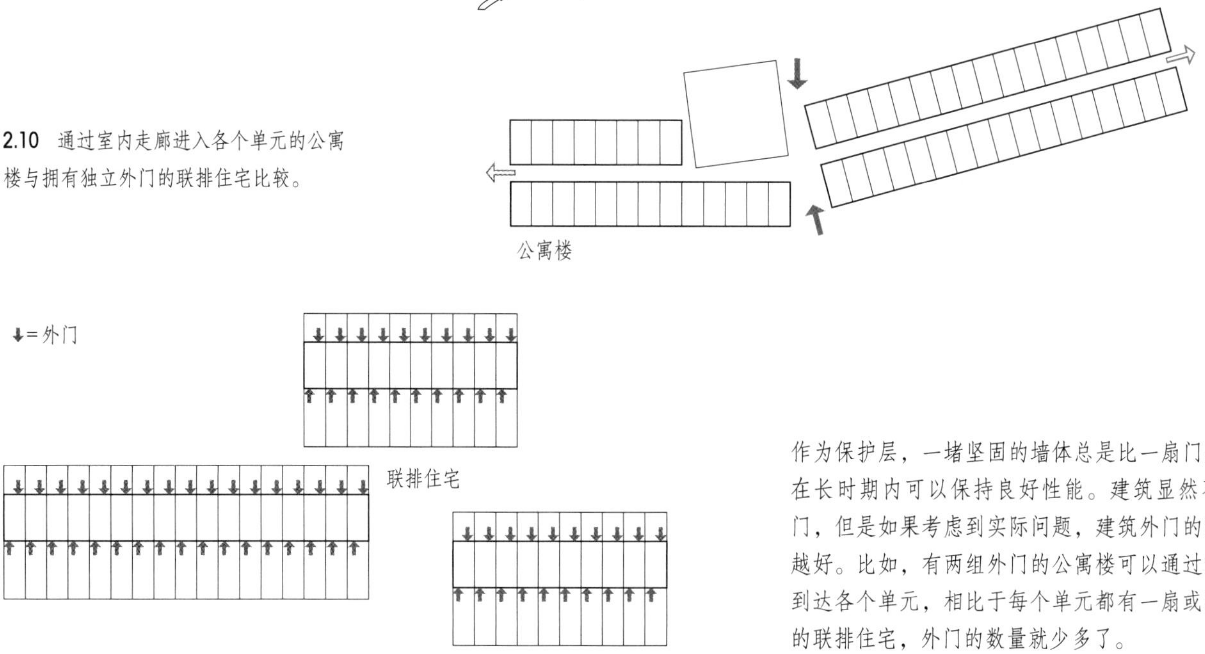

作为保护层，一堵坚固的墙体总是比一扇门更稳定，在长时期内可以保持良好性能。建筑显然不能没有门，但是如果考虑到实际问题，建筑外门的数量越少越好。比如，有两组外门的公寓楼可以通过室内走廊到达各个单元，相比于每个单元都有一扇或两扇外门的联排住宅，外门的数量就少多了。

整体设计 Holistic Design

绿色设计的另一条原则是整体规划，把建筑物及其所处的环境看作一个整体，从外向内设计时考量所有要素。能源使用与浪费也有多种途径。比如，采暖需要消耗能源，因为存在建筑围护结构传导和渗透损失、输配损耗、加热设备损耗。为了大幅度地降低此类能源损耗，建筑物必须作为一个整体对待，所有损耗必须降到最低。

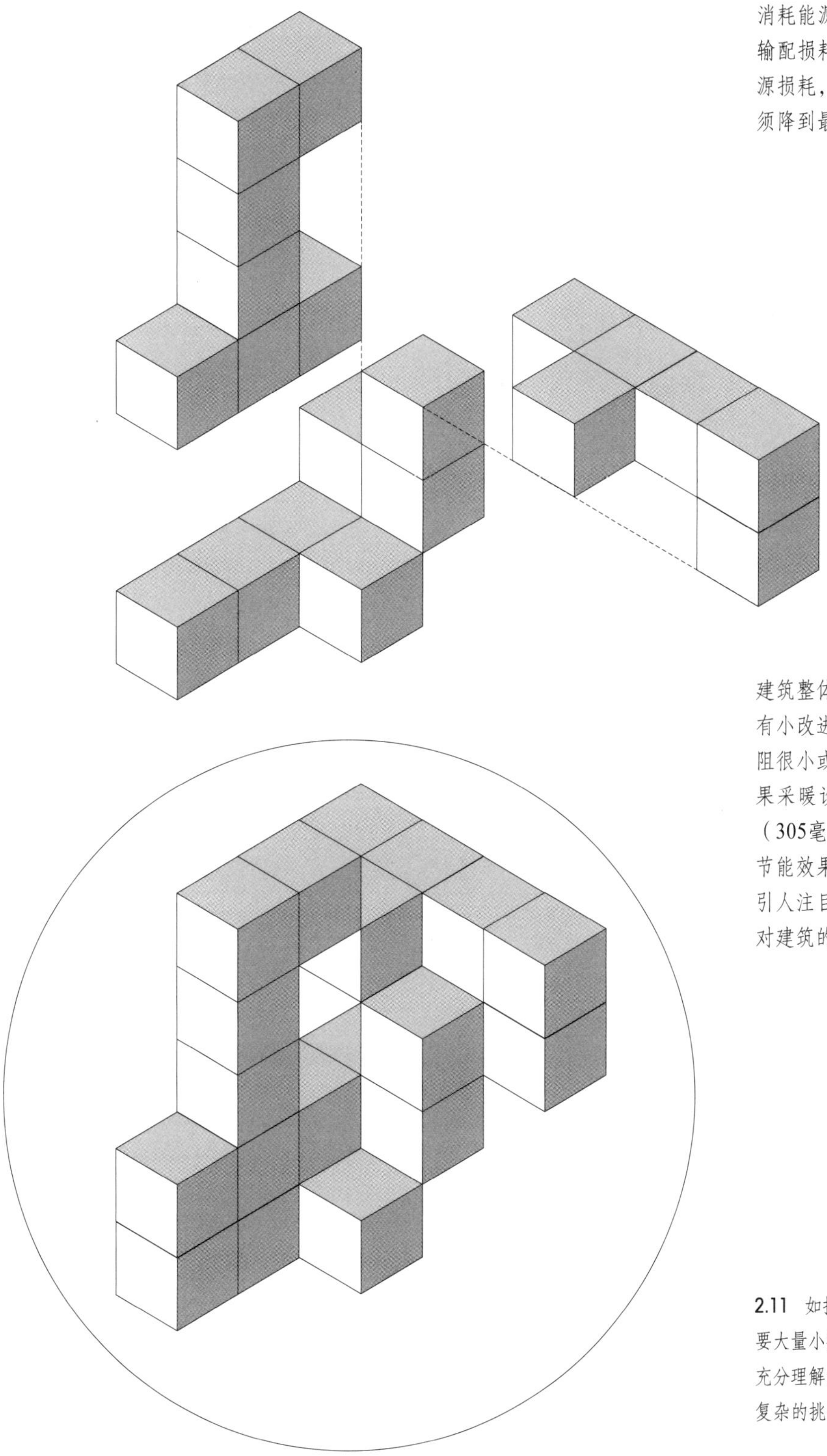

建筑整体化处理是指从很多小措施入手改进建筑，所有小改进汇集到一起成为重要的整体。如果窗户的热阻很小或隔热性能很差，如果阁楼构件四面漏风，如果采暖设备的分配系统效率低下，那么即使12英寸（305毫米）厚的超级保温墙体也不能保证建筑物的节能效果。经常可以见到，绿色建筑采用了一种非常引人注目的绿色组件，但是能耗依然很高，就是因为对建筑的整体性能关注不够。

2.11 如搭积木一样，行之有效的绿色设计需要大量小措施的积累，其成败完全取决于是否充分理解业主的关注点，是否能够很好地应对复杂的挑战，使建筑既绿色又经济。

整合设计 Integrated Design

在绿色建筑领域，整合设计已经成为一种越来越普遍的工作方法，有时也被称作“集成设计”（integrative design）。在整合设计中，项目的参与者包括甲方、建筑师、工程师、咨询顾问和承包商，他们组成一个团队，从项目的起始阶段就一起工作。这种合作方式的目标是，保证项目的所有利益相关方都对建筑的绿色性能做出贡献，重要观点和需求在方案设计之初就被考虑在内。整合设计已经为绿色建筑设计做出了非常重要的贡献，其中最显著的成果是推动了建筑能效的早期评估。

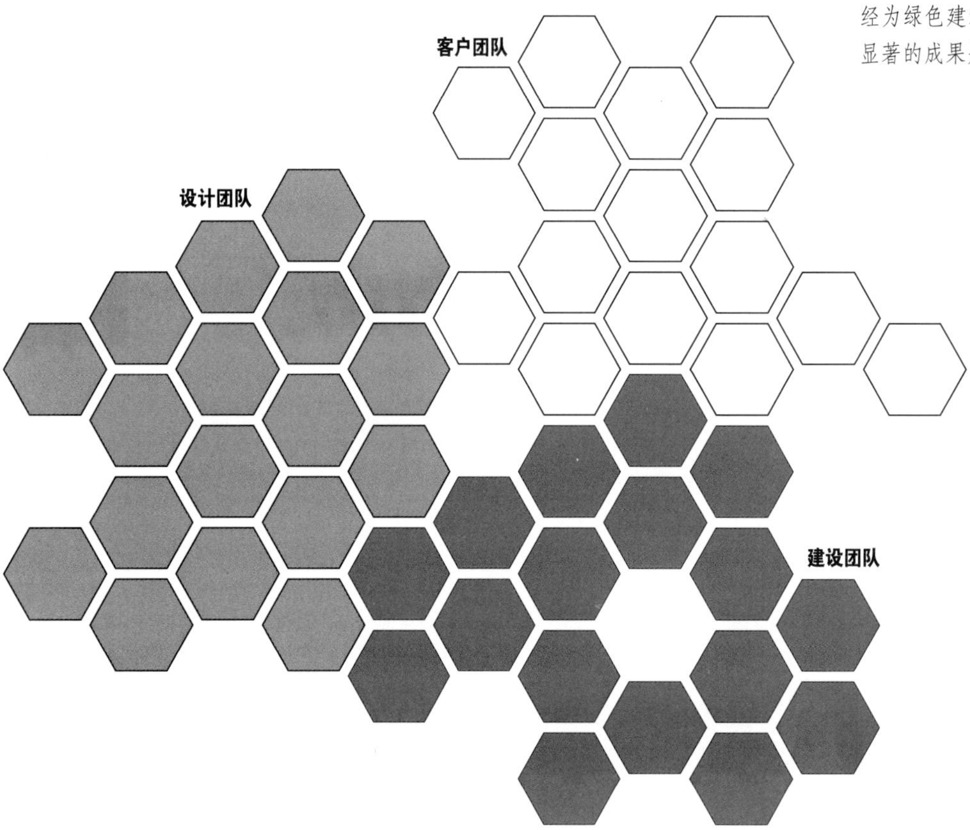

2.12 整合设计让利益相关的各方都参与进来一同工作，强调客户、设计和建设团队之间的联系和交流。

在由外向内进行设计时，我们并非不重视后期设计步骤，比如照明、采暖、空调系统的布局和规格。由各方参与的早期研讨是至关重要的。我们只是建议这些设计问题不能等到流程的最后才确定。

我们将阐明如何在早期就清晰且尽可能详细地理解业主的目标，包括哪些空间需要控制温度，建筑的预期使用人数和使用时间，等等。这些早期的决策会对其他决策产生很大的影响，比如采用何种采暖和制冷系统，而采暖和制冷系统又会影响到其他决策，比如建筑物的高度以及是否需要设备空间。这就是整合设计的大概意思，整合设计让建筑物的各部分协同工作，而不是作为拼合设计的独立碎片。

可负担性　Affordability

可负担性一直在房屋设计和建造中发挥着核心作用。建筑物是社会上耗资最大的项目之一。经济适用的住房表明一个社会有能力为穷人提供居所。房屋拥有者已经成为实现梦想的代名词。建造房屋的资本投入非常巨大，以至于倾其所有也不能一次付清，所以不得不借贷。那是一种特殊类型的贷款，需要几十年才能还清，这种贷款就是抵押贷款。

对绿色设计和建造而言，成本具有阻碍和机遇双重含义。有一种普遍的看法认为绿色建筑会提高成本，因此只有那些能够负担增量成本（added cost）的业主才能实现绿色建筑。这种看法其实是绿色建筑最大的障碍之一。

一种观点正在逐渐形成，那就是要从全生命周期的角度分析建筑成本，把绿色建筑预期寿命内低成本运行的费用考虑在内。绿色建筑的能源成本明显低于按照传统方式建成的建筑。有些绿色化的改造措施，比如地热采暖与制冷，与传统方法相比，能够明显降低建筑的维护费用。还有实例表明绿色建筑中人们的工作效率明显提高，这归功于良好的室内空气质量、热舒适性和视觉舒适度，因此长年累月带来的经济利益会抵消初建时期的高成本投入。

一项关于绿色策略的研究表明，绿色策略能够带来很多改进，事实上既能降低能源成本，又能降低建造成本。比如，如果顶棚不是特别高，材料和建造成本就会降低，照明所需的灯具就会减少，采暖与制冷设备数量也会相应减少。

绿色设计和建造并非成本高低的问题，其目标是真实地评估增加的建造成本与节省的建造成本、增加的运行成本与节省的运行成本，最终认识到实际投入成本与预期成本之间的关系。如果绿色建筑能够超越先行先试者的范畴并且说服那些担心绿色建筑成本增加而否定绿色建筑的人，可负担性问题最好在设计讨论时予以解决。

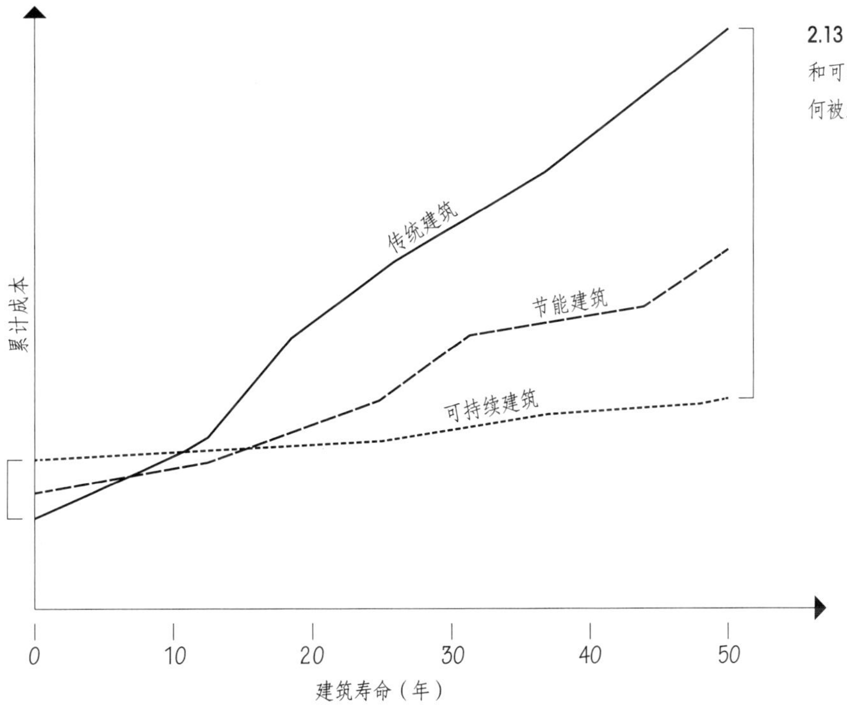

2.13 这是一个假设的图示，显示节能建筑和可持续建筑初期较高的建设成本，是如何被经年累月的较低运行成本抵消的。

能耗模拟 Energy Modeling

由于建筑设计是一个精细有序的过程，因此通过拟建建筑的能耗模型来检验其能耗协调情况相对比较容易。墙体设计、窗体设计、建筑形体、采暖系统选择以及其他概念设计参数的协调，一天之内就能完成。更高效的能耗模型能够检验诸如采光、能耗控制等系统具体的协调情况，这种能耗模型建模和解读的时间都会更长一些，尽管如此，相比于建筑生命周期的能源消费而言，这类模拟还是值得的。有了能耗模拟，就不需要再猜测建筑设计优化带来的节能效果。能耗模拟应被视为绿色建筑设计的关键环节。

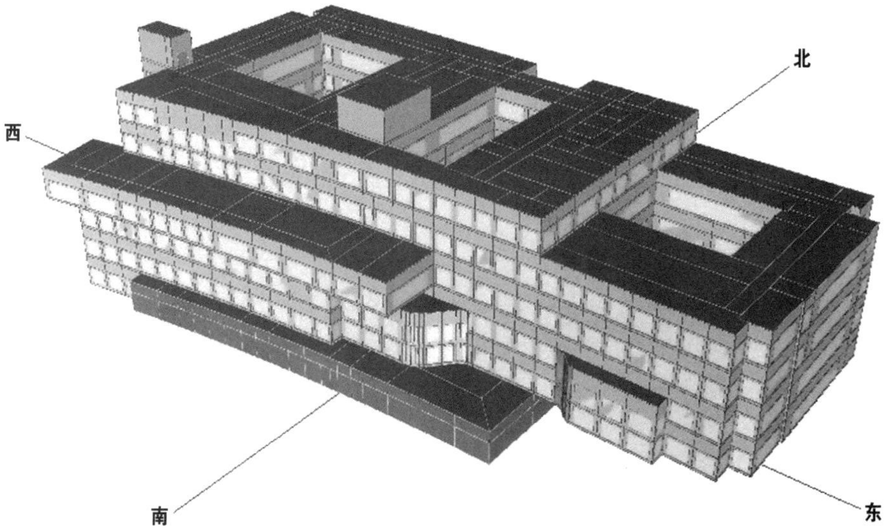

2.14 华盛顿西雅图退伍军人心理健康与研究综合体（VA Mental Health and Research Complex），由斯坦泰克建筑与咨询公司（Stantec Architecture and Consulting）设计完成。能耗模拟利用计算机软件分析建筑物中多项热工要素，包括：墙体及建筑表皮其他部分的材料；建筑的规模、形体、朝向；建筑如何使用、如何运行；地域性气候；系统性能；不同时间段内的用能情况。

绿色要素的必选项与可选项 Required Versus Elective Green

在考量建筑的绿色设计要素时，每个要素究竟是必选项还是可选项呢？

绿色设计的必选要素已经纳入我们的建筑规范中。这些必选要素规定了健康、舒适、材料安全和建筑性能的最低标准，并以能耗来限制这些环境影响因素。一栋完全按照规范来设计的建筑常被幽默地称为“法律允许的最糟糕的建筑”（the worst building allowable by law）。但其中的重点很明确：建筑规范要求的绿色设计元素旨在为人类健康和自然环境提供最低水平的保护。这样看来，在历史上一直发挥作用的“消费者保护”（consumer protection）意识也彰显出来。事实上，长期以来，能源规范中关于能效的条款一直是在保护消费者的基础上规定的——节省下来的能源支出抵消额外增加的建设投资。

绿色设计的可选要素超出了建筑规范的要求，更加注重减小环境影响、提供有利于改善人类健康的条件。可选要素是大多数绿色标准的基础，例如美国能源与环境设计先导（LEED）、被动屋标准（Passive House）、建筑2030（Architecture 2030）、能源之星（ENERGY STAR）和英国建筑研究所环境评估方法（BREEAM），尽管许多标准中都有一些强制性的要求，但是，这些标准中的规定总体而言是选择性的，其中大多数个性化要求都是可选要素。

绿色设计的可选项也是许多奖励计划的基础，例如公用事业回馈计划、州能源计划及州和联邦税收奖励措施等。这些可供选择的方法旨在探索和展示其实现的可行性，比如评估新技术和方法的潜力、奖励和肯定早期使用者，并为那些选择了更加健康的生活环境、同时减小环境影响的人，提供越来越绿色的建筑。

当我们面对气候变化可能引发的破坏性影响时，就出现了一系列新问题。对于建筑物用能所产生的二氧化碳排放量，是否存在可接受的水平？是否应该要求所有建筑物生产足够的能量来完全抵消其碳排放？我们不应该将零排放作为能源使用和碳排放的最低目标值吗？新建筑中是否允许使用或者少量使用化石燃料给空间供暖？与能源相关的建筑绿色特征正在发生快速变化。随着能源规范的逐步升级，许多绿色要素正在从可选变为必选，就司法管辖区而言，从各地到全国，都在主张减少建筑物的用能种类、降低建筑物的用能水平。

随着能源需求的这些变化，近年来出现了另一项原则，即绿色要素的可选项要有序过渡为必选项。例如，建筑2030标准在2006年就已提出，所有新建筑和重大改造项目的化石燃料减排标准在2020年应达到80%，2025年达到90%，到2030年实现碳中和。《国际节能规范》（IECC，International Energy Conservation Code）的3年周期，以及美国采暖、制冷与空调工程师学会（ASHRAE）90.1等标准也反映了向低能耗的有序过渡。然而，随着减少碳排放的紧迫性日益得到认可，我们可能看到更紧迫的方法会挑战有序过渡的原则。

应谨慎对待可能被误认为是第一原则的各种先验的观点。比如下面这些例子：

- 任何渐进式的绿色改善总比没有改善好。这里的风险是粉饰绿色，是指在没有可量化、可比较的绿色特征的情况下，人为声称是“绿色的”，例如“降低能源用量”“最大限度地减少饰面中有害挥发性有机化合物的使用”等说法。
- 特定的改进比其他改进方法更好或更重要。例如，“太阳能比风能好”“密闭性比保温层更重要”等说法。

每项绿色建筑改进都有其自身的优点和缺点，并且先验的观点阻碍了在特定新建筑中，对适用要素的权衡及审慎思考。

2.15 实施绿色建筑政策的各种方法。

		方法	例证
8	软	奖励	税收抵免、返还、低息贷款
7		认证	选择性的认证评价（LEED、BREEAM、能源之星、建筑2030等）
6		鼓励	纳入批量采购计划、行为示范（例如，市政当局为自己的建筑物设定量化目标）、成果演示
5		融资	创新融资（票据融资、资产评估融资、太阳能或地源井场等专业租赁）
4		支持	培训（针对专业设计人士、承包商、建筑运营商、建筑规范官员等）
3		宣传	绿色建筑之旅、网站、活动（例如，阻止使用化石燃料的活动等）
2		压力	能源使用对标，要求显示或列出能源分数，审查规划和开发
1	硬	要求/任务	建筑法规中的要求和规定

绿色建筑政策 Green Building Policy

一个组织、一个城市、一个州或一个国家如何激励人们思考并接受绿色建筑？可以采用多种方法来实施绿色建筑政策。

支持可选性绿色建筑设计的方式包括通过项目认证、财政奖励进行鼓励，进行更积极的培训和宣传，最后是施加社会压力，例如发布建筑能源使用情况。绿色建筑设计的必选项通常依赖于建筑法规，可能还有其他地方法律的补充，例如，禁止在新建筑中使用化石燃料提供空间采暖，已经变得越来越普遍。

重要的是要认识到每种方法可能的市场渗透水平。即使是慷慨的奖励计划，例如税收抵免和退税，最多只能达到10%~15%的市场渗透率，而且通常要低得多。即使是成功认证的项目也只能达到2%~3%的市场渗透率，而且通常也要低得多。建筑法规（如能源规范）的强制性要求，虽然实现了80%~90%的市场渗透率，但低于100%则表示不合规，可以通过加强执法来减少这种情况。如果认识到在新建筑中显著减少碳排放的必要性，那么可选的方法很可能无法实现所需的市场渗透，这表明依靠建筑法规来实现更深层次碳减排的重要性。

第3章

规范与标准

Codes and Standards

近年来已经开发出多种绿色建筑规范、标准和指南，其中每一项都体现了对保护环境和人类健康的可贵承诺。它们虽然在观念和价值上各有侧重，但都推动了绿色建筑的发展前行，同样每个标准或规范也都反映了略有不同的观点和价值观。

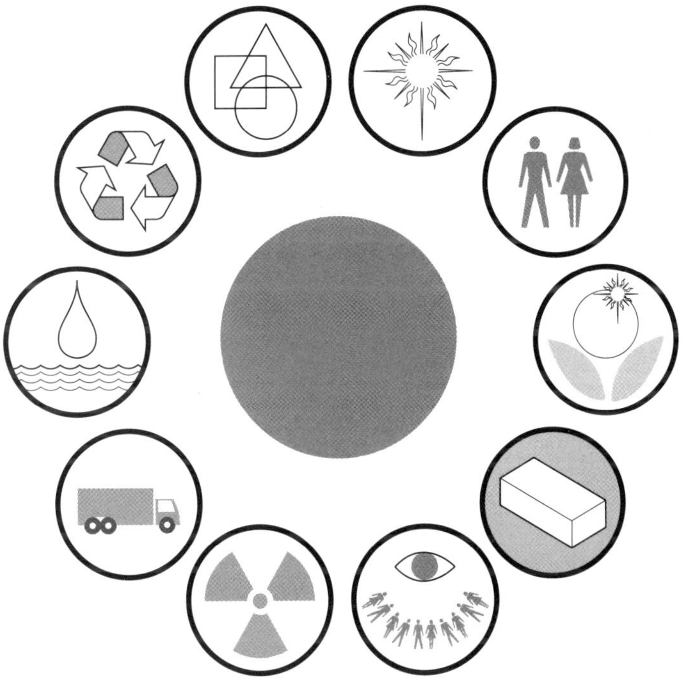

绿色建筑规范、标准和指南主要包括基地选择、节水、节能、材料选择和室内环境质量等条款。有些（但不是全部）法案中还包括声学、安全保障、历史文化意义、交通和美学条款。

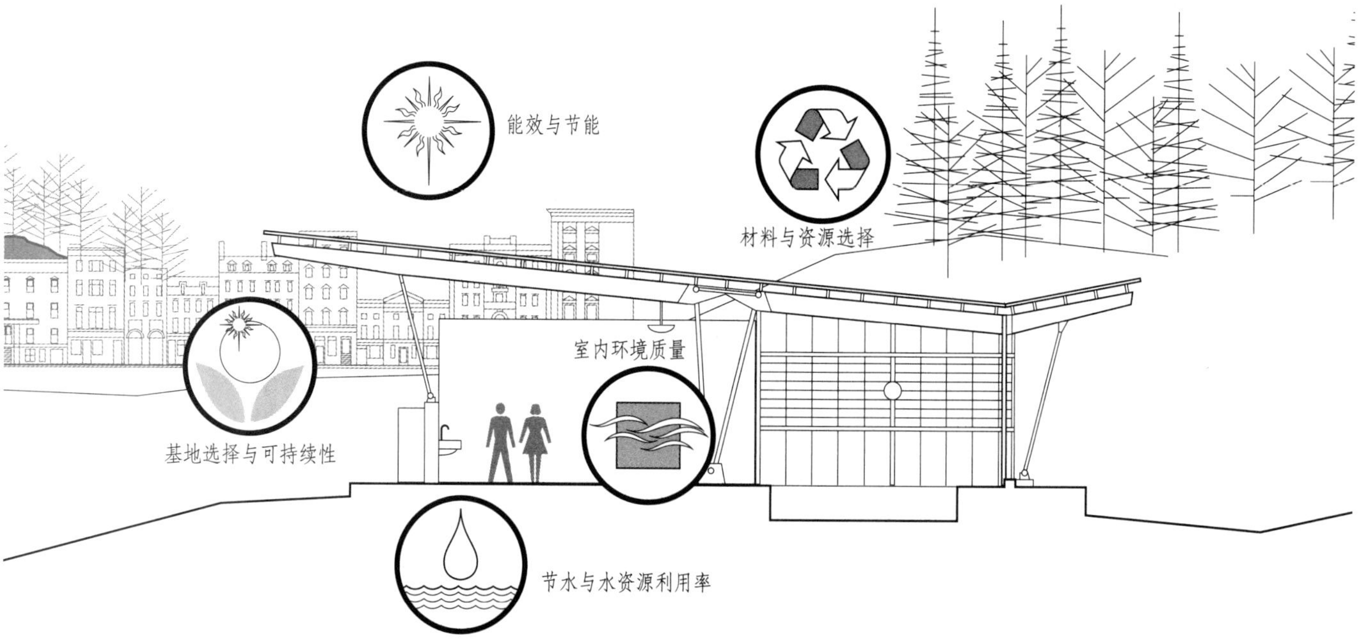

3.01 绿色建筑条款的典型分类。

能源与大气（可得分数33：新建建筑部分）

[ ] 先决条件1 基本调试及检验（必选）
[ ] 先决条件2 最低能效性能（必选）
[ ] 先决条件3 建筑整体能源计量（必选）
[ ] 先决条件4 基础制冷剂管理（必选）
[ ] 得分点1 强化调试 6
[ ] 得分点2 优化能效性能 18
[ ] 得分点3 先进的能源计量 1
[ ] 得分点4 电网协同 2
[ ] 得分点5 可再生能源 5
[ ] 得分点6 强化制冷剂管理 1

3.02 能源与大气，是LEED 4.1评价体系中环境影响类别之一，共有4个先决条件是认证项目必须满足的，但不得分。另外还有6个得分点，如果满足这些得分点，将会获得通过LEED认证所需要的分数。

许多这类体系都设置了一组绝对要求（必备条件）以及一组独立的最佳实践要点，目标是达到某一层次规定的门槛。判定的尺度或者是打分体系，或者是节能方面的目标能耗情况。隐含在这种方法中的共识是，绿色建筑评定应包含强制性要求和任选要求。强制性要求代表着绿色建筑必须跨越的门槛。在识别建筑特色时，为了体现灵活性和均衡性，通常会提供可选项清单，从中可以选择其他提升建筑性能的措施。这些措施附带的分数将被累计，目标是获得足够的分数使建筑获得绿色认证，或者进一步提升获得更高等级的绿色认证。

这些打分体系在促进绿色建筑设计方面起到了积极作用。也许是迎合了人类在调节自我、寻求组织体系、渴望识别性、进行文献记录、享受竞赛乐趣等方面以某种方式进行组合的需要，打分体系已经变成绿色建筑设计行为的一个主要焦点。

本书承认，打分体系对绿色建筑研究、绿色建筑科学和绿色建筑艺术起到了积极的促进作用。本书不想纠结于打分体系的合规性，相反，本书的目标是探求绿色建筑设计的表达策略，解决一些更加令人烦恼的问题，比如绿色建筑设计的真正含义是什么。我们还希望发现打分体系中的弱点，给出一些方法使建筑被设计得更“绿色”，而不是过于注重绿色建筑本身在相关规范、标准和指南中的得分值。

规范 Codes

我们先从《国际建筑规范》及其相关规范开始，这在绿色规范的讨论中可能有点出乎意料，因为《国际建筑规范》是美国大多数建设工程规范的基础。《国际建筑规范》包含数量广泛的绿色设计条款，包括《国际节能规范》中对节约能源的规定，《国际设备规范》中对通风和节水的规定。这些构成要素最初通过1978年的加州《T24》[译注]和1983年的《能耗模型规范》（Model Energy Code）得以广泛传播并在过去20年间逐渐发展起来，是今日绿色建筑标准的先驱。

这些建筑规范的条款都是有益的借鉴，因为在大多数情况下，它们是绿色建筑规范、标准和指南的底线。与大多数绿色建筑评价体系不同，建筑规范在绝大多数司法管辖区内，就是法律。任何推进绿色建筑的努力至少可以利用建筑规范的要求，同时倡导改进和执行其绿色规定。《国际建筑规范》及其附属规范由国际规范委员会（International Code Council）制定和维护。

最近，国际规范委员会与美国绿色建筑委员会（USGBC，the United States Green Building Council），美国采暖、制冷与空调工程师学会（ASHRAE，American Society of Heating，Refrigerating and Air-Conditioning Engineers）、北美照明工程学会（IES，Illuminating Engineering Society of North America）及美国国家标准协会（ANSI，American National Standards Institute）联合发布了《国际绿色建筑规范》（International Green Construction Code）。这项工作成果抓住了绿色建筑的广泛需求，同时兼容国际规范委员会的全系列建筑规范，提供了强制性规范，为各地区的普遍应用做好了准备。《国际绿色建筑规范》由ASHRAE的高性能建筑标准189.1提供支持。

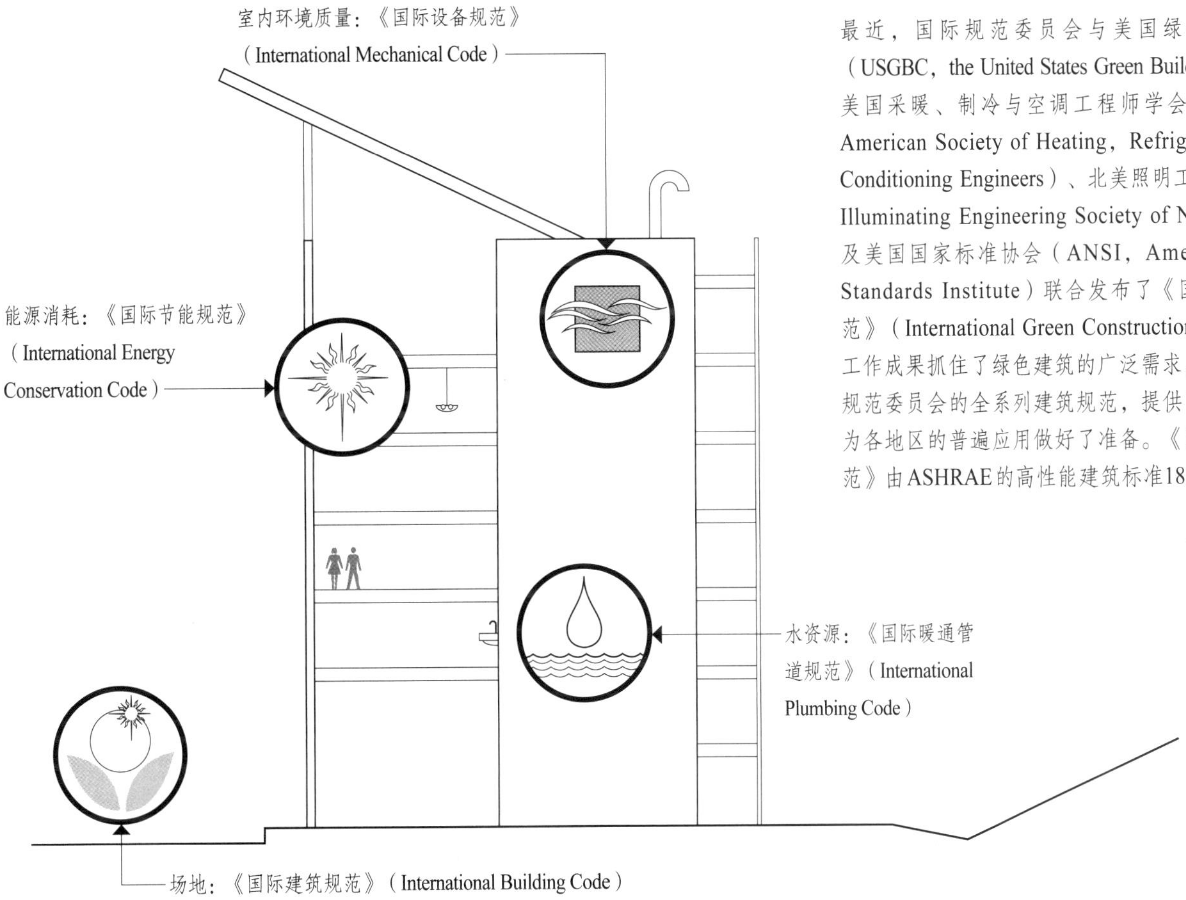

3.03 作为绿色建筑规范的《国际建筑规范》。

[译注] 加州即加利福尼亚州的简称，加州《T24》是《加州法规》（CCR，California Code of Regulations）的第24部分。CCR是自1978年加州议会延续至今的最新规则。

标准 Standards

能源与环境设计先导（LEED®，Leadership in Energy and Environmental Design）绿色建筑认证体系在绿色建筑标准中占据重要位置，起初在美国，后来逐渐影响到全世界。该体系的主要得分领域——可持续场地、水资源利用率、能源与大气、材料与资源、区位与交通、室内环境质量——已经成为绿色建筑设计宝典中的重要组成部分。美国绿色建筑委员会开发了这一评价体系，与其成员（包括联邦/州立/当地机构、供应商、建筑师、工程师、承包商和建筑业主）达成共识。为应对新信息和反馈意见，LEED体系一直不断地得到评估和改进。2003年7月，加拿大得到美国绿色建筑委员会的授权，根据加拿大的环境特点调整LEED评价体系。

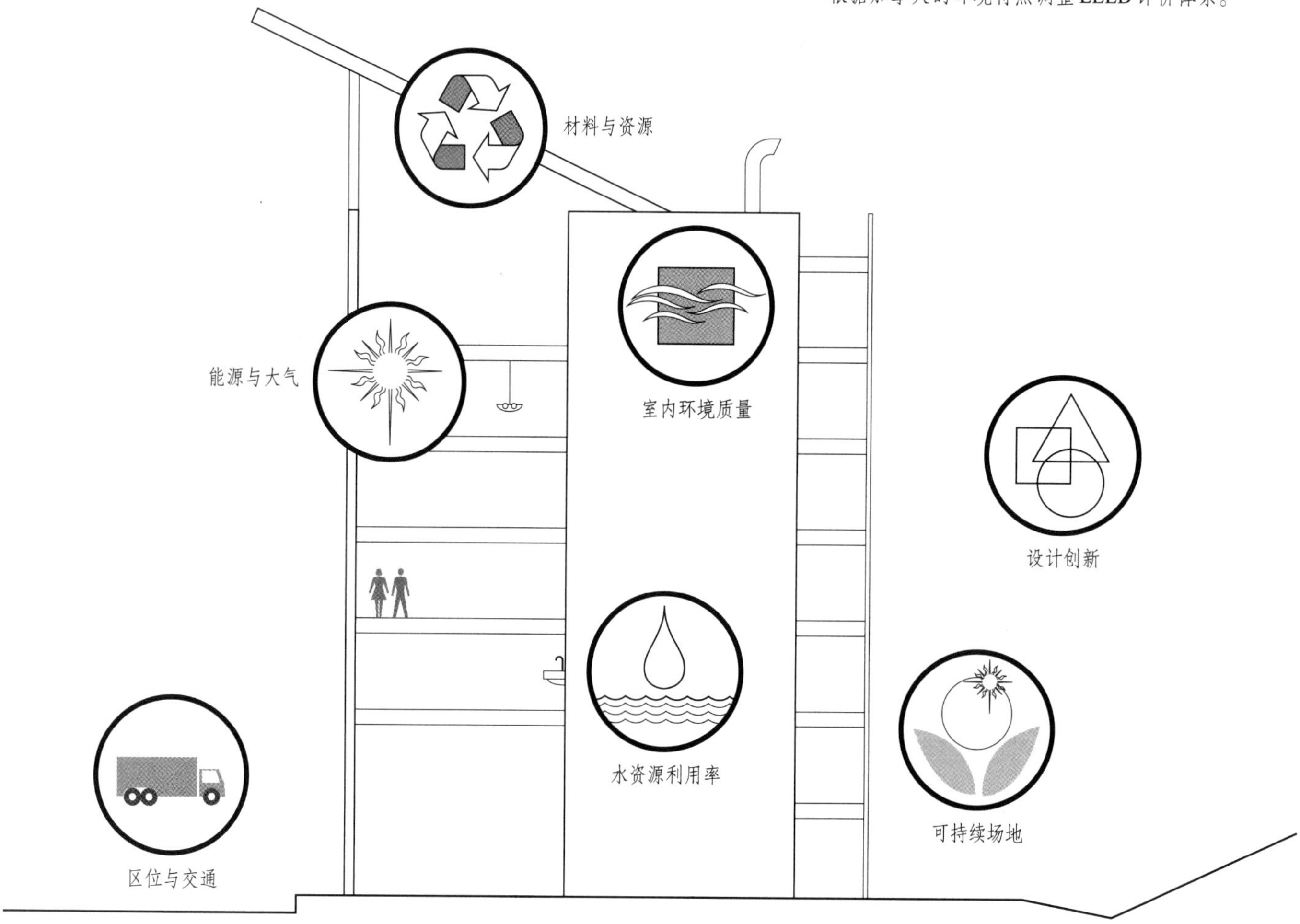

3.04 LEED绿色建筑认证体系核心要求领域。

LEED从新建建筑评价体系扩充到既有建筑、社区、开发商驱动的核心与表皮（core-and-shell）建筑、租户驱动的建筑室内等众多评价体系以及适用于特定领域的评价体系，如住宅、学校、医疗、商业零售等，使LEED评价体系达到不同寻常的广度和范畴。

建筑研究所环境评估方法（BREEAM，Building Research Establishment Environmental Assessment Method）是由英国建筑研究所（BRE，Building Research Establishment）建立的一个评价体系，用来衡量和评价建筑的可持续性和环境性能，包括以下方面的评估：管理、健康与幸福、能源、交通、水资源、材料、废弃物、土地使用与生态效益、污染、创新。BREEAM 建筑评估的评分表包括通过、良好、优秀、优异、杰出（Pass，Good，Very Good，Excellent，and Outstanding）五个级别的认证。这个绿色建筑评价体系发布于1990年，是最早的评价体系之一，已被广泛采用。BREEAM在欧洲得到了广泛应用，在世界其他地区的建筑领域也发挥了重要作用。BREEAM的一些方法已被借鉴到LEED评价体系和其他规范、指南和标准中。

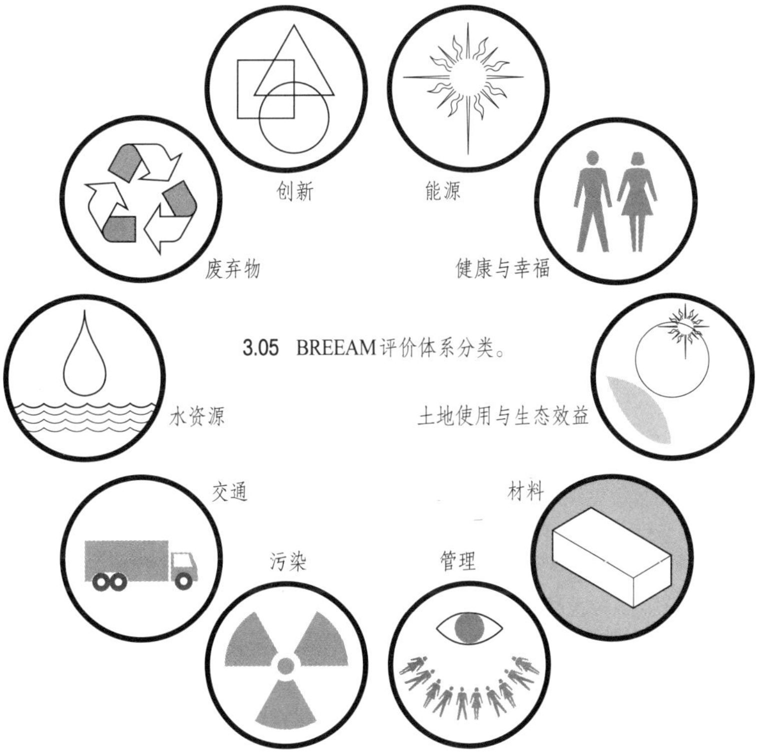

3.05 BREEAM评价体系分类。

绿色地球（Green Globes）是一个用于商业建筑的在线环境评价与认证系统，是LEED评价体系的替代版本，具有经济实惠、简单明了的特点。绿色地球评价体系侧重于包括建筑设计、运行和管理在内的全生命周期的评估，包括七个部分：项目管理，场地，能源，水，资源、建筑材料与废弃物，废气与废水排放，室内环境。绿色地球起源于BREEAM系统，但现在由“绿色建筑倡议”（GBI，Green Building Initiative）机构开发和维护。绿色地球使用1 000分制。项目必须达到35%的得分才能获得认证，一旦获得认证，可以获得一到四个绿色地球标志。该认证系统不需先决条件。

3.06 绿色地球在线环境评价与认证体系的商标图案。

被动屋（Passivhaus，即Passive House的德文简写）是一个在欧洲发展起来的标准体系，其目标是最大限度地提高建筑的能效并减小其生态足迹。虽然这一名称最初是针对居住建筑而言的，但现在被动屋标准中的原则也可用于商业建筑、工业建筑和公共建筑。被动屋标准的长处在于其方法的简洁性：将卓越的蓄热性能和气密性与热回收通风系统相结合，建造超低能耗的建筑，热回收通风系统用来提供室内环境质量所需要的新鲜空气。被动屋标准确立的极低的能耗目标刚好符合当今降低温室气体排放的迫切要求。这个标准既包括可以预测的设计目标——最大能源需求120千瓦时/平方米（11.1千瓦时/平方英尺）——也包括实际运行目标：在50帕斯卡的风压下，渗透率不大于每小时0.60空气交换次数。后者转译为以下条件：建筑细部必须精心设计以限制渗透，要认识到渗透在用能过程中的特殊地位和对建筑的不良影响。

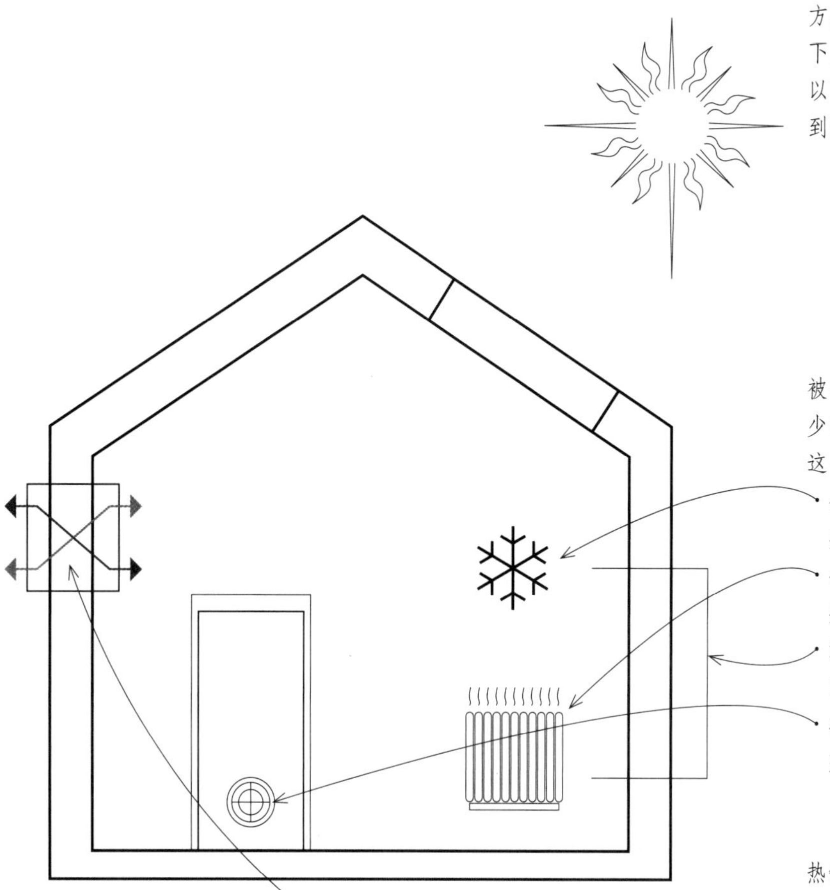

被动屋标准要求极低的渗漏水平、极高的保温性能和最少的热桥，窗户的传热系数（U-factor）很低。为了达到这一标准，建筑必须具有：

- 全年最大制冷用能15千瓦时/平方米（1.39千瓦时/平方英尺）；
- 全年最大供热用能15千瓦时/平方米（1.39千瓦时/平方英尺）；
- 满足所有目标的最大用能120千瓦时/平方米（11.1千瓦时/平方英尺）；
- 在50帕斯卡的风压下，渗透率不大于每小时0.60空气交换次数。

3.07 被动屋的要求和建议。

热舒适性是通过采取以下措施获得的：

- 高性能的保温且热桥最少；
- 被动太阳得热和室内热源；
- 卓越的气密性；
- 良好的室内空气质量，由带有高效热回收装置的全屋机械通风系统提供。

一项广泛用于住宅设计的标准是《住房抵押贷款行业国家住房能源评级系统标准》（Mortgage Industry National Home Energy Rating Systems Standard），由住宅能源服务网（RESNET，Residential Energy Services Network）和全国州能源官方协会（National Association of State Energy Officials）联合开发。该标准常被称为“家庭能源评级系统”（HERS，Home Energy Rating System），在美国已被广泛采用。HERS虽然强调节能，但在室内环境质量这一项上保留了多项要求，特别是在湿度控制、通风和燃烧器具的安全性方面。HERS通过引进第三方广泛参与评价、第三方职业认证、能耗预测的确认、视察和检测竣工房屋等措施，直接关注品质保证。HERS是《国际节能规范》（IECC）中能源评级指数（ERI，Energy Rating Index）绩效合规路径的基础，是一个将优于规范的标准纳入基本建筑规范的突出典范。

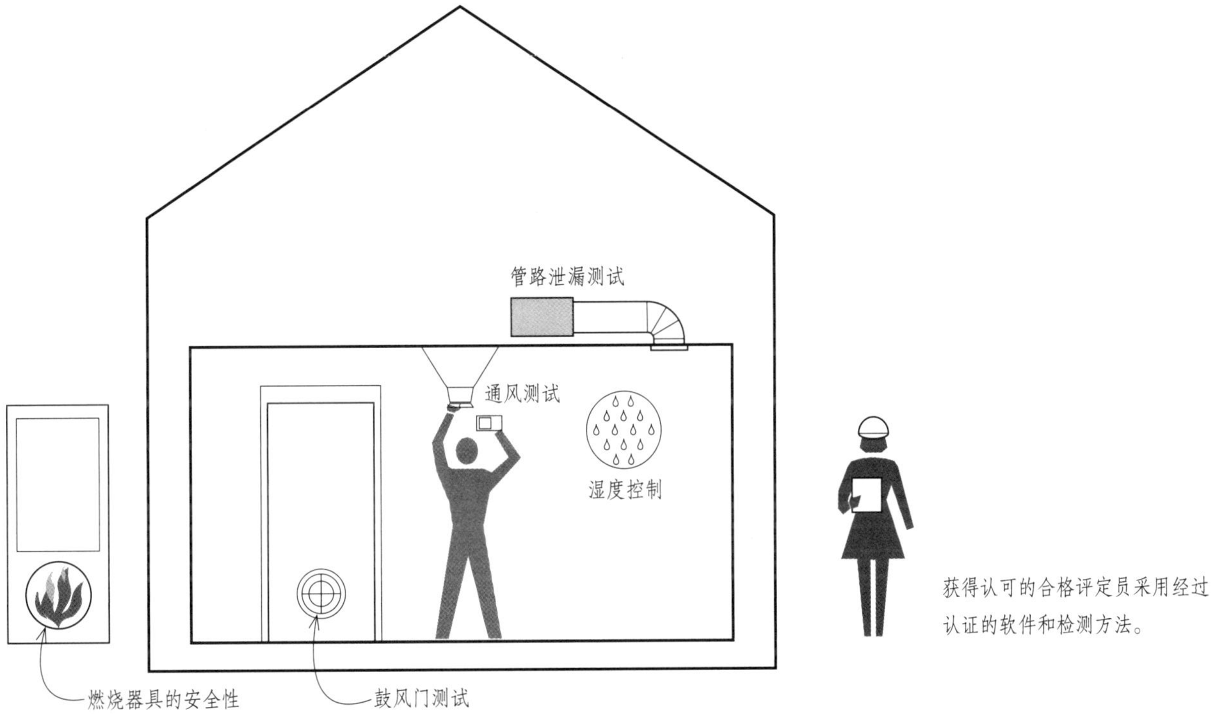

3.08 HERS评级体系要求。

《生存建筑挑战》（LBC，Living Building Challenge）是针对可持续规划、设计和建设的一项新标准，由国际生活未来研究院（International Living Future Institute）创建并执行，该标准适用于各种规模的开发建设，从建筑到基础设施、景观和社区。《生存建筑挑战》与众不同之处在于，它主张净零能耗（net-zero energy use）、净零水耗（net-zero water use）以及经过最少12个月的连续居住，实现彻底的现场废物处理。该标准在绿色建筑其他方面还提出了一些更大胆的条款，比如场地的选择与维护、材料选择、人体健康等。值得特别关注的是该标准把美学和公平引入绿色建筑设计领域。

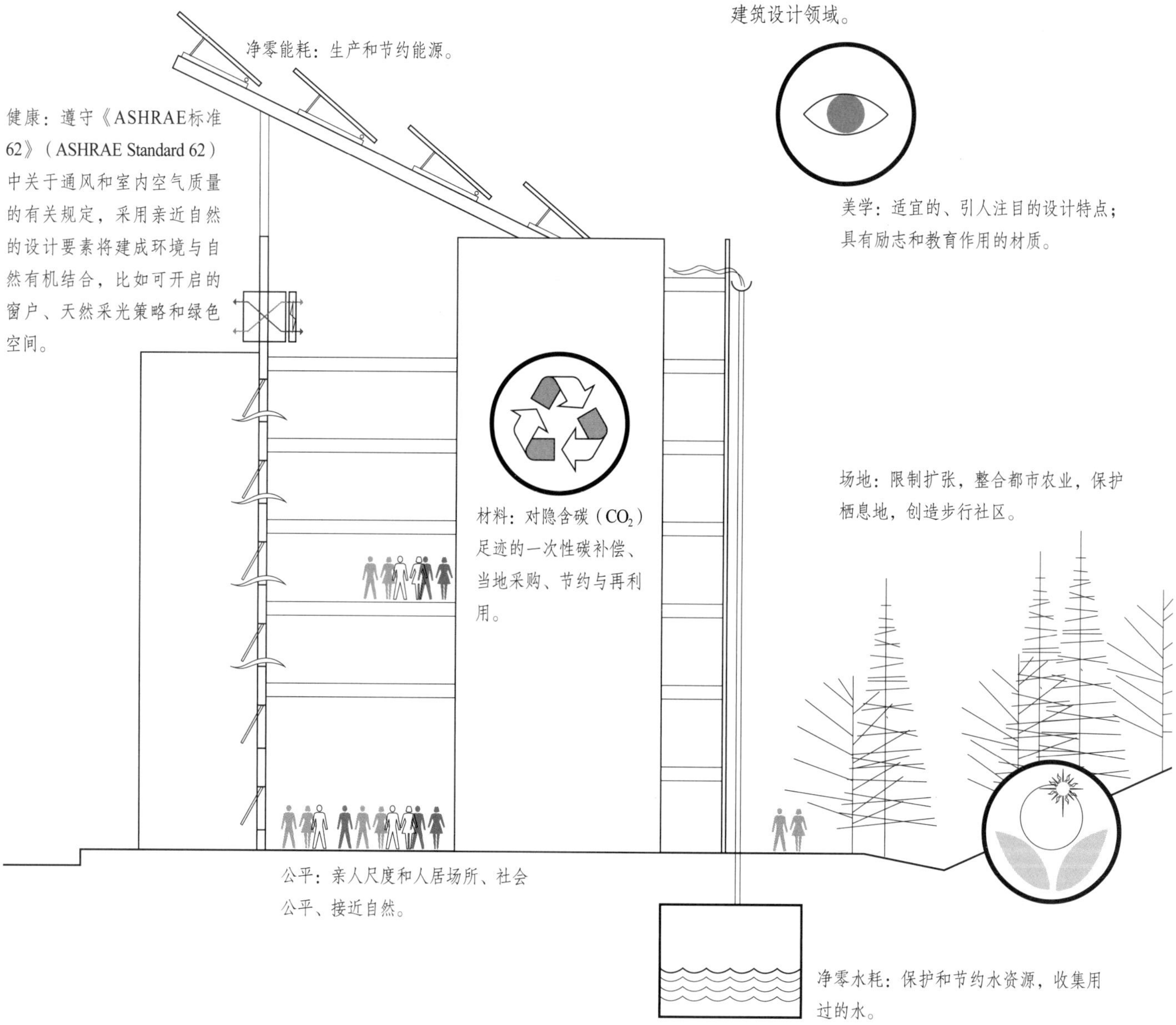

3.09 《生存建筑挑战》标准的目标。

指南 Guidelines

联邦和州立机构、大学、非政府组织、私营公司以及市政当局已经开发出很多绿色建筑指南。

《居住环境指南》（Residential Environmental Guidelines）就是其中一个绿色指南，由纽约的休·利奥·凯里炮台公园市政管理局（Hugh Leo Carey Battery Park City Authority）开发，1999年完成，2000年首次发布。像LEED认证体系一样，该指南包括节能、提升室内环境质量、节约材料和资源、节水和场地管理等内容，此外还包括教育、运行和维护的相关内容。

有些指南仅限于绿色设计的特殊领域。《可持续场地倡议》（Sustainable Sites Initiative）就是一例，该倡议由美国景观建筑师协会（ASLA，American Society of Landscape Architects）、奥斯丁（Austin）得克萨斯大学的伯德·约翰逊女士野花中心（Lady Bird Johnson Wildflower Center）、美国植物园（the United States Botanic Garden）联合提出。仿照LEED认证体系，这些指南更加深入地探究了场地的环境敏感性，阐明了各种生态系统服务（比如授粉）的益处，清晰阐述了许多有关绿色场地的原则，并通过一系列常规的先决条件和得分情况，展示了大量的最佳实践案例。

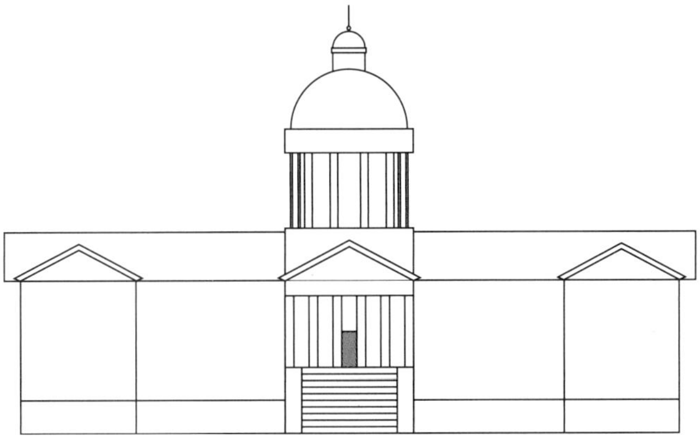

州政府

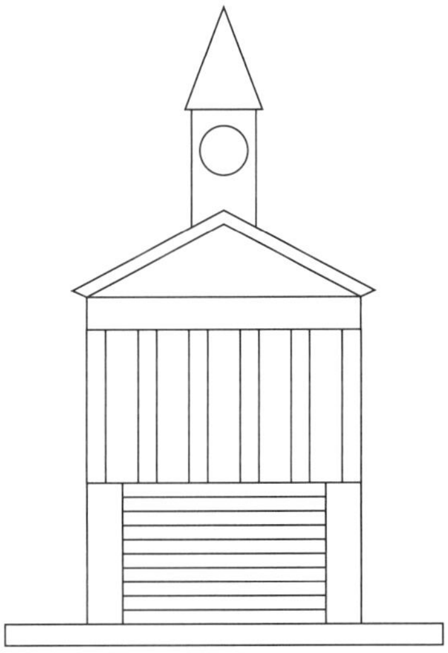

市政当局

大学

开发项目

3.10 运用特定绿色建筑指南的实体。

《2030挑战》 The 2030 Challenge

绿色设计中最引人注目的一个领域可能是建筑节能了。这有两方面的原因：20世纪70年代历史性的能源危机以及目前气候变化的危险。一项获得了特殊关注的指南是《2030挑战》，由“建筑2030”发布。“建筑2030”是一个由被动式太阳能建筑师先锋爱德华·马斯瑞尔（Edward Mazria）在2002年创立的倡导环保的组织。

受到美国能源部（DOE，the U.S. Department of Energy）、USGBC、ASHRAE和美国建筑师协会（AIA，American Institute of Architects）的支持，《2030挑战》呼吁所有的新建筑、开发项目、更新改造项目，其设计用能值要低于常规项目化石能源消耗量的一半，同时每年改造等量的现存建筑以达到类似的标准。《2030挑战》进一步提出化石能源减量标准，2020年减少80%，2025年减少90%，到2030年，所有新建筑达到碳中和（carbon neutral），即建造和运行都不再使用化石能源或会排放温室气体的能源。

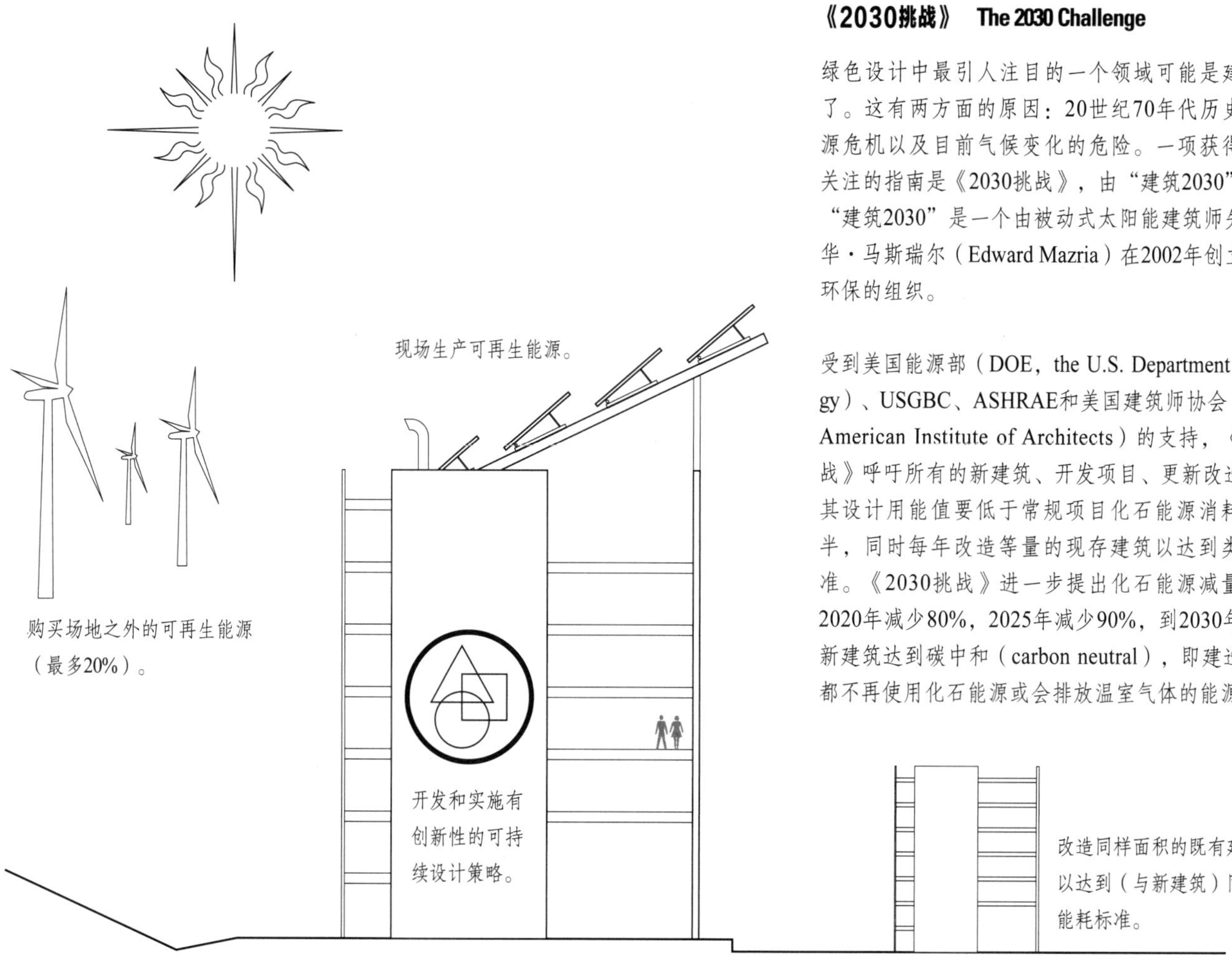

3.11 降低并最终扭转由化石燃料燃烧产生的温室气体排放增速的策略。

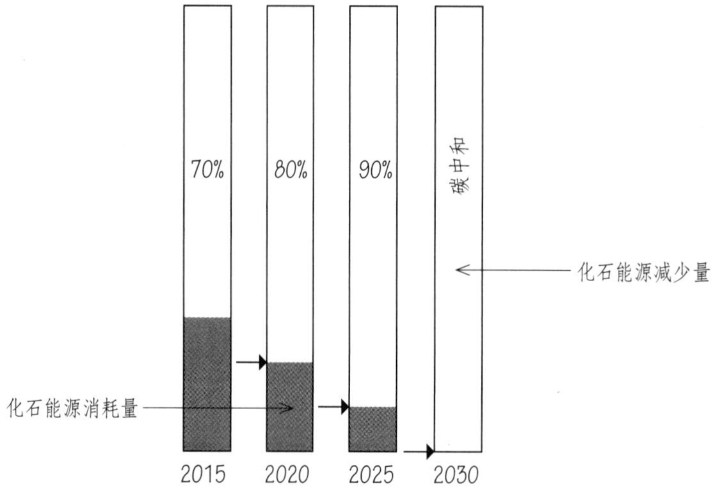

3.12 《2030挑战》设定的目标。

净零标准　Net-Zero Standards

最近的一项重大进展是为净零能耗（net-zero energy）或净零碳（net-zero carbon）建筑设计确定了标准。按照这些标准设计的建筑物，使用可再生能源来抵消其能源需求和碳排放。

净零中的“净”（net）指这些建筑物并非完全是自给自足，它们仍然需要连接到电网。这些建筑在夜间以及可再生能源产量较低的时段使用电网电力，若可再生能源产量超过建筑能源需求时则输出电力。以整年计算，建筑物的净能耗为零。如果建筑物输出到电网的能源多于从电网获取的能源，则净能耗甚至可能为负数。

有些定义删除了“净”字，仅指零能耗建筑。在本书中，我们仍然坚持使用“净零”这一广泛应用的术语。

例如，一栋完全依靠传统电力的建筑，设计阶段预计全年用电量为15 000千瓦时（kW·h），如果计划在场地内建设一个太阳能光伏可再生能源系统，其年发电量为15 000千瓦时，那么建筑物按设计运行的话，它将是净零建筑。

净零不仅指能耗净零，还指碳排放净零。在本书中，我们将更加宽泛地使用“净零建筑”一词，而不刻意指出净零能耗或净零碳排放，除非有必要特意指出。

当前新兴的净零能耗标准的范例包括《零法规》（ZERO Code，由“建筑2030”发布）、《LEED零标准》（LEED Zero，由USGBC发布）、《零碳建筑标准》（Zero Carbon Building Standard，由加拿大绿色建筑委员会（Green Building Council）发布）、《国际节能规范》（IECC）的零能耗附录、《正能量和碳减排标识》（Positive Energy and Carbon Reduction（E^+C^-）label，由法国GBC发布）、《零能耗标准》（Zero Energy Standard，由巴西GBC发布）和《净零标准》（Net-Zero，由南非GBC发布）。

净零设计与性能　Net-Zero Design Versus Performance

如果上述建筑建成后，实际用电量是18 000千瓦时/年，而不是15 000千瓦时/年，而太阳能光伏系统仅发电14 000千瓦时/年，那该怎么办呢？这时候这栋建筑的实际性能就不是净零。这就提出了净零设计与净零性能的问题。净零标准可能要求净零设计，也可能要求净零性能，还可能同时要求两者。不过，净零设计仍然很重要，因为它构成了许多新兴的净零法规和标准、奖励计划和认证的基础。按照净零法规，准入证明不可能等待一年的性能数据，因此必须以设计数据而不是性能数据为准。一些奖励项目规定了性能表现的奖励机制，以鼓励净零性能的实现，即使在建筑物建成后也是如此。

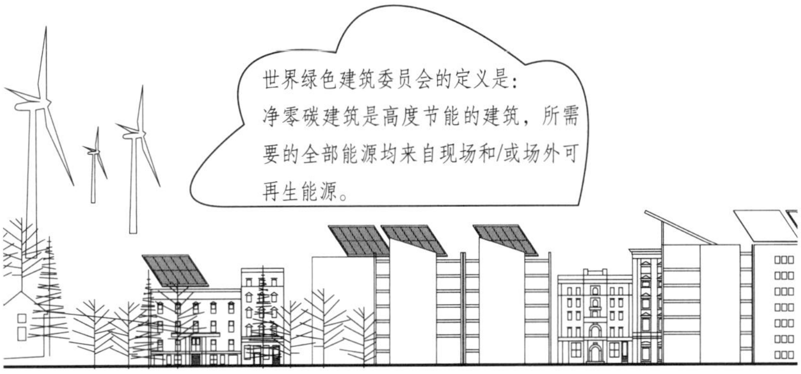

高阶净零　Advancing Net-Zero

目标：

- 到2030年，所有新建建筑必须以净零碳运行；
- 到2050年，100%的建筑必须以净零碳运行。

关键原则：

1. 测量和披露碳排量；

2. 减少能源需求；

3. 通过可再生能源取得平衡；

4. 提高验证能力和严谨性。

3.13　推进净零是世界绿色建筑委员会（World Green Building Council）的全球计划，旨在促进和支持净零碳建筑快速发展，到2050年达到100%。

度量净零建筑的性能比在设计阶段做评估稍微复杂一些。在建筑运行过程中，我们通常不会度量建筑物消耗多少能源，特别是在建筑装有可再生能源系统的情况下。我们通常会度量可再生能源系统产生的总能量，因为可再生能源系统本身就会提供这一结果，比如常用的太阳能光伏系统。另外，物业清单会报告市政电网向建筑物供应了多少能源，以及当可再生能源产量超过建筑物能源需求时，市政电网从建筑物获得了多少能量。但是，这三个数值（可再生能源总产量、市政电网供应建筑物的能量以及建筑物供给市政电网的能量）都不是衡量建筑物用能多少的指标。我们过去清楚知道的事情——建筑物的能耗等于市政电网供给建筑物的能量——现在却搞不清了。但幸运的是，我们可以计算出来。

例如，设想一栋具有太阳能光伏系统的建筑物：

- 暴露在阳光下，太阳能设备产生电能（S），其数值由太阳能系统本身计量，市政电表不会计量太阳能设备的产电量。如果在阳光充足的时间内建筑物中有用电负荷，则建筑物需要的负荷会消耗一定量（L）的太阳能，市政电表不会计量这一数值。
- 如果建筑用电负荷小于太阳能电池板产生的电力，多余的电量（$S–L$）将被发送到市政电网，市政电表会计量这个数值（以U_{out}表示）。
- 如果建筑用电负荷超过太阳能产能，则需要市政电网给建筑物供能（$L–S$），市政电表也会计量这个数值（以U_{in}表示）。比如当阳光很少或没有阳光时，就会发生这种情况。

需要注意的是，市政电表只能计量U_{in}和U_{out}，一些物业清单会同时报告U_{in}和U_{out}，而另一些账单则只报告U_{in}和U_{out}之间的差值（$U_{in}–U_{out}$）。结果是，如果我们只看账单，就不知道太阳能光伏系统产生了多少电能（S），更重要的是，我们也不知道建筑物需要多少电能（L）。对于大多数没有安装可再生能源设施的旧建筑而言，L等于U_{in}，但是对于安装了可再生能源设施的建筑物，我们却难以搞定。

解决方案是确保可再生能源产量（S）可计量，建筑物的业主能够读取可再生能源产量的数值，同时充分利用市政电表所提供的信息，即U_{in}和U_{out}读数。

于是

$U_{in}+S=U_{out}+L$

因为总需求等于总供给。

所以

$L=U_{in}+S–U_{out}$

现在我们知道了建筑物的用电负荷消耗了多少电能，把此数值与我们的能源模型进行比较，将会构成能源规划和能源改进的基础。

另一个选项显然是直接计量建筑能源使用量（L），这可能比间接计量更容易，其依据是可再生能源产量（S）、报告U_{in}和U_{out}的电网账单。直接计量建筑能耗（L）对净零能耗建筑设计而言，是一项重要的决策依据。

最后一个选项是忽略建筑物的用能，甚至忽略可再生能源系统的供应量，而只是检查电费清单。如果在一年内，$U_{out} \geq U_{in}$，那么建筑物就是净零。这是一种“黑箱”（black box）似的方法，虽然我们牺牲了关于建筑或可再生能源系统如何运行的认知，但我们仍然可以确定建筑是否为净零建筑。

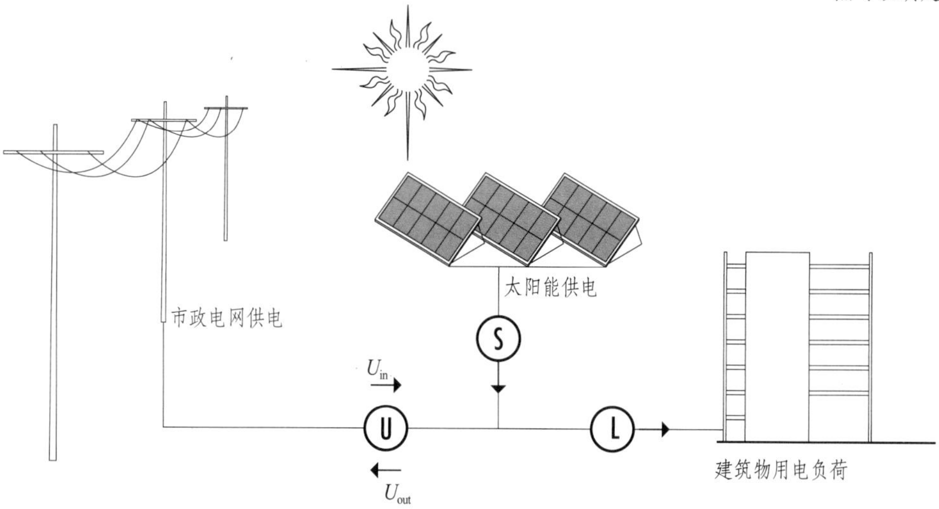

3.14 可再生能源系统示意图。

净零与化石燃料 Net-Zero with Fossil Fuels

虽然大多数净零标准目前仍然允许使用化石燃料，但是随着我们的不断探索，在未来的若干年内净零标准将会逐渐降低化石燃料的允许使用量。

在现行标准中，建筑物化石燃料的用量通过可再生能源的产能抵消，这一过程是以计算为依据的。有些净零标准，比如加拿大绿色建筑委员会的零碳建筑标准（Canada Green Building Council's Zero Carbon Building Standard），虽然现阶段允许使用化石燃料，但需要一个过渡计划来逐渐减少化石燃料的使用。

1. 零碳平衡：通过在建筑场地内或场地外产生的可再生能源来抵消温室气体排放。

2. 效率提升：重点是改善建筑围护结构和通风策略，减少维持建筑热舒适所需的能耗。

3. 可再生能源：整合建筑场地内的可再生能源，增强弹性调节能力，逐步实现分布式能源的未来。

4. 低碳材料：评估建筑结构和外围护层材料本身的碳负荷。

3.15 加拿大绿色建筑委员会《零碳建筑标准》的要点。

源能源与现场能源的核算 Source Versus Site Energy Accounting

到目前为止，我们一直在使用所谓的“现场能源”（site energy）来进行净零核算。现场能源包括建筑物运行消耗的能源以及场地内可再生能源设施产生的能源。这些值是通过现场直接测量、使用市政计量数据或其他直接计量方法获得的。

另一种核算形式是使用“源能源”，即生产和运输等过程中需要消耗的能源，例如从发电厂输送到建筑物的能源。源能源核算要使用系数来衡量现场用能情况。从历史上看，电力系数一般是3。然而，在电力结构组合更清洁的地区，该系数较低，并且随着电网脱碳，该系数会随着时间的推移而降低。化石燃料的系数略高于1。

碳核算与碳物理学 Carbon Accounting and Carbon Physics

在净零建筑中，允许化石燃料被可再生能源抵消，有利也有弊。

允许化石燃料被可再生能源（通常是可再生电能，例如来自太阳能光伏系统的电能）抵消，表面上的好处是促进可再生电能的生产和可再生技术的应用，这对于提升可再生电力产能很有帮助。它会减少其他建筑物中不可再生电能的用量，就像在一天中的不同时间允许来自市政电网的电力被多余的可再生电力抵消一样，从而减少了其他建筑物中不可再生电能的用量。

作为促进可再生能源及其技术发展的过渡性方法，该方法有一些优点。然而，从长远来看，这种方法不能消除化石燃料的使用。此外，假设我们实现了电网“脱碳”（decarbonizing）的目标（在发电过程中不再使用化石燃料），那么建筑物及其场地内使用可再生能源的需求就会减少，但是建筑物运行过程中消除化石燃料的需求依然存在。

净零标准的其他方面
Other Aspects of Net-Zero Standards

除了设计与性能的问题，以及是否允许使用化石燃料的问题，当我们设定净零建筑目标时，还会出现各种其他问题。

那么，应如何全面考量建筑场地内的可再生能源系统例如太阳能光热系统呢？对于这类系统，可再生能源完全产自场地，而且在场地内完全消耗掉。所以这里的答案很简单，在设计上，我们像对待可再生能源发电一样对待它，只是没有向电网输出可再生能源。对于基于性能的净零评估，由于可再生能源抵消了场地内的建筑用能，因此根本不需要测量。我们可能会选择对其进行测量，目的是了解它的工作过程，但实际上，我们并不需要为了确保净零建筑的性能而对其进行测量。

与新建筑设计相比，如何评估既有建筑的净零能耗呢？许多净零标准规定了对既有建筑的评估方法，其重点是运行中的计量，而不是预估的能源用量。

如何处理那些不可预测的负荷例如插座的负载呢？在设计中，通常使用ASHRAE 90.1等协议中的相应规定来计算此类负荷。在性能方面，此类插座的负荷是需要计量的建筑能源总负荷的一部分，必须用可再生能源抵消。此类负荷被称为“不受控制的负荷”（unregulated loads）。

如果不受控制的负荷异常大，例如工业建筑的负荷异常大，那该怎么办呢？工业过程中使用的能源通常不受建筑能源规范和绿色建筑设计的限制。然而，如果工业过程的能源使用与工业建筑本身的供热或制冷相互关联，那么事情就变得复杂起来。衡量一栋工业建筑是否达到净零，需要解决更复杂的问题。

如果建筑物不能安装任何可再生能源系统，或者不能产生足够的可再生能源来抵消建筑总能耗，那该怎么办？例如，一栋有很多楼层的高层建筑，通常没有足够的屋顶空间来安装足够大的太阳能光伏系统来满足其全部能源需求。城市中的建筑通常没有足够的场地面积来安置地面太阳能光伏系统。许多建筑被其他建筑或树木遮挡，因此无法发挥太阳能系统的能效。为了解决这些问题，许多净零标准都有规定，允许使用远程可再生能源，例如要求签订至少20年的远程供能合同。但是，请注意这带来的挑战：装有场地可再生能源系统的新建筑可以通过检查确保其完工，但远程可再生能源供给只能凭借建筑业主和能源供应商之间的合同。因此，最终的建筑检查不仅包括对实体建筑及其组件的检查，还包括对供能合同的检查。这是净零建筑的众多复杂性之一。一些净零标准认为远程可再生能源的价值低于现场可再生能源，因为相同的建筑能耗需要更多的远程能源。而另外一些净零标准则根本不允许使用远程可再生能源。

某些类型的生物燃料被认为是可再生的，通常用于供热。是否允许使用生物燃料，如果允许，允许使用哪些燃料和相关的燃烧设备，这是净零标准的另一个考量因素。一些净零标准明确允许使用生物燃料，而其他净零标准则仅允许使用现场收获的生物燃料；还有一些净零标准对生物燃料的使用保持沉默。

鼓励在绿色建筑中安装电动汽车（EV，electric vehicle）充电桩。这些充电桩虽然是建筑物的能源负荷，但它们与任何类型的建筑能耗都没有关系。相反，电动车的充电桩可以给业主的车辆，甚至非业主的车辆充电，满足不同人员的异地交通需求。因此，在评估净零建筑时，通常会从建筑能耗中减去电动车充电的能耗。为此，需要对电动车充电桩使用的电量进行独立计量。

一些净零标准除了要求净零外，还要求建筑达到最低水平的能耗。其理念是建筑不能完全依赖可再生能源，因为可再生能源系统本身可能会失效（在这种情况下，建筑会重新成为净能源消费者）。在没有更优于现行规范要求的情况下，现行能源规范可以达到此目的。

有时人们会提出这样的问题：“用于制造建筑材料的能耗呢？”这被称为“隐含能耗”（embodied energy）。隐含能耗是典型的建筑全生命周期能耗中的一部分，可以被测算计量，另一部分则是运行能耗。新兴的净零标准通常不规定隐含能耗，因为计算隐含能耗很复杂，同时建筑的运行能耗在全生命周期能耗中占绝大部分，所以优先解决运行能耗的问题。然而，随着时间的推移，我们认识到隐含能耗越来越重要。因为，运行能耗为净零的建筑，隐含能耗几乎占据了100%的全生命周期能耗。解决隐含能耗可能是净零建筑的下一个前沿领域。

净零标准一般对储能没有要求，无论是存储电能（电池）还是热能。储能将会在最大限度地减少市政电网电力用量方面发挥越来越大的作用，并且可以显著减少发电产生的碳排放。储能很可能成为净零建筑的另一个前沿领域。

净零建筑的风险 Risks of Net-Zero Buildings

正如前面已经提到的，净零建筑的风险是在可再生能源系统失败的时候，不得不依赖市政电网或其他能源。在使用可再生能源之前，我们试图尽量降低建筑本身的能耗，以最大限度地降低这种风险。本书的一个主要焦点是通过降低建筑成本，以可承受的方式减少建筑能耗。另一种策略是设计不用化石燃料供暖的电气化建筑，期望我们的电网在未来几年内实现脱碳。最大限度地减少建筑能耗和建筑电气化是降低净零建筑的风险、避免净零建筑退化为净耗能建筑和碳排放者的两种基本方法。

净零建筑的可负担性 Affordability of Net-Zero Buildings

净零建筑曾经被认为难以实现，原因是难以负担，然而，各方面的进步降低了其成本。这些进步如下：

- 开发负担得起的热泵。当今市场上，热泵技术日趋成熟，不再是只有少数人才负担得起的产品。事实证明热泵的成本已经低于化石燃料供热与传统空调制冷的组合模式。
- 开发经济实惠、高效发光二极管（LED）照明，它既减少了照明能耗，也降低了空调能源负荷。
- 开发负担得起的可再生能源系统，特别是太阳能光伏系统。
- 开发创新的融资/交付机制，例如社区太阳能。

设想一栋建筑拥有满足能源规范的围护结构（墙壁和窗户），如果这座建筑设计采用空气源热泵，其成本可能不会超过传统的符合规范的建筑，即采用合规的化石燃料供暖和传统空调系统的建筑。如果这座建筑采用光伏型太阳能系统来满足其能耗需求，并且太阳能系统通过节能获得了某种方式（如租赁、社区太阳能等）的资金支持，那么一座净零建筑就可以交付，没有任何额外的建筑成本。我们并不认为这是设计建筑能源系统或确定建筑成本的最佳途径。事实上，我们可能想要一个比现行法规更节能的建筑围护结构，以减少对太阳能系统的依赖，或者我们可能想要一个效率更高的地源热泵，或者我们可以选择通过预先支付来拥有太阳能系统。不过，一座符合规范的建筑物，安装了地源热泵，且因节能而获得了安装太阳能光伏系统的资金支持，这样的场景帮助我们描绘出净零建筑可负担性的选择：相对于传统建筑而言，净零建筑并不会增加前期成本。

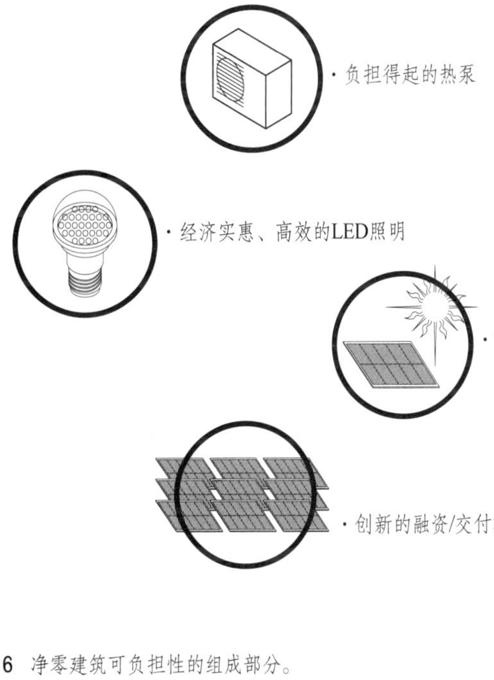

3.16 净零建筑可负担性的组成部分。

迈向未来 Moving Forward

凭借数十年优于规范的绿色建筑认证的经验，我们现在可以后退一步，评估绿色建筑认证的贡献和不足，同时尝试预测其未来。优于规范的认证体系，其贡献包括：绿色建筑认证是新兴绿色设计和施工方法的试验场，随后可以被纳入规范之中；绿色建筑认证可以创造对绿色建筑的需求；绿色建筑认证是对早期践行者的认可和肯定。优于规范的认证体系，其不足可以概括为：有时会增加建设成本和复杂性；可能影响施工进度；市场渗透率不超过几个百分点，因此无法为实现温室气体减排的紧迫目标做出更大的贡献。

可以预期，未来会把优于规范的认证体系进一步合并到建筑规范中。例如现在，一场要求所有建筑都设计为零能耗和零碳建筑的运动已经开始。由于零能耗和零碳已被广泛证明不仅可行而且可以负担得起，我们预计未来几年建筑规范将越来越多地要求净零能耗或净零碳排，并且在某些管辖区，这些要求已经存在。当这样的规范变为现实，那么在优于规范的认证体系中对能耗的要求可能会变得无关紧要。

随着净零标准越来越多地被采纳和完善，我们预计会一致要求阻止或禁止使用化石燃料；重视建筑材料的隐含能耗；鼓励场地内可再生能源的使用；促进现场储能；以及最终走向零碳排放。

3.17 随着对绿色设计和绿色施工等新领域的不断探索，优于规范的认证未来会一直持续。图中显示了一些未来优于规范的绿色建筑认证的新领域。

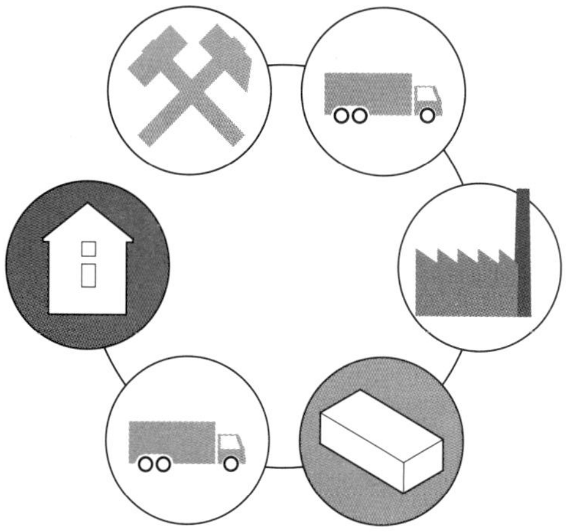

· 降低建筑材料的隐含能耗。

· 减少碳氢化合物材料的使用，提高建筑材料的可持续性。

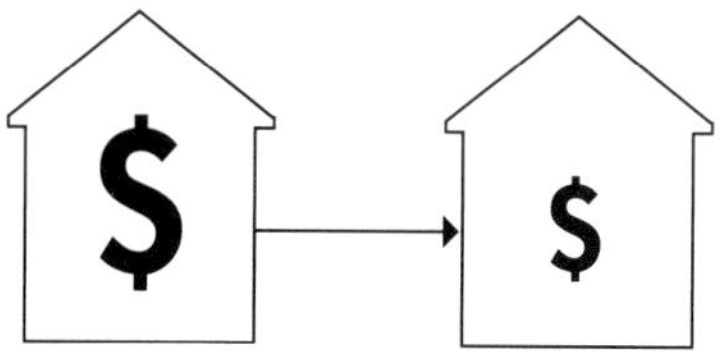

· 优化绿色建筑的可负担性。

· 探索仿生学前沿。

第4章

社区、气候和场地

Community, Climate, and Site

建筑所在的社区和场地，会提供各种信息，并影响到拟建建筑的各个方面。

绿色建筑在社区和场地选择方面的基本目标包括保护场地的敏感性、保护未开发的场地、修复和再利用以往开发过的场地、减小对动植物的影响、促进社区交往、减小交通对环境和能耗的不利影响。

这些目标的真实含义在于对自然界的深深敬畏，在开发区域与未开发区域之间寻求平衡，而不是把自然界仅仅看作人类生活环境的资源。同时，我们必须注意减少灯光污染，尽量减少建设垃圾，管理雨洪，节约用水。

有趣的是，在一个项目的早期阶段，有足够多的选项可以大幅地降低能耗和水耗以及改善未来建筑的室内环境质量。这些选项与建筑室内状况和室外做法息息相关，它们将被深入探究并成为贯穿本书的起始主题。

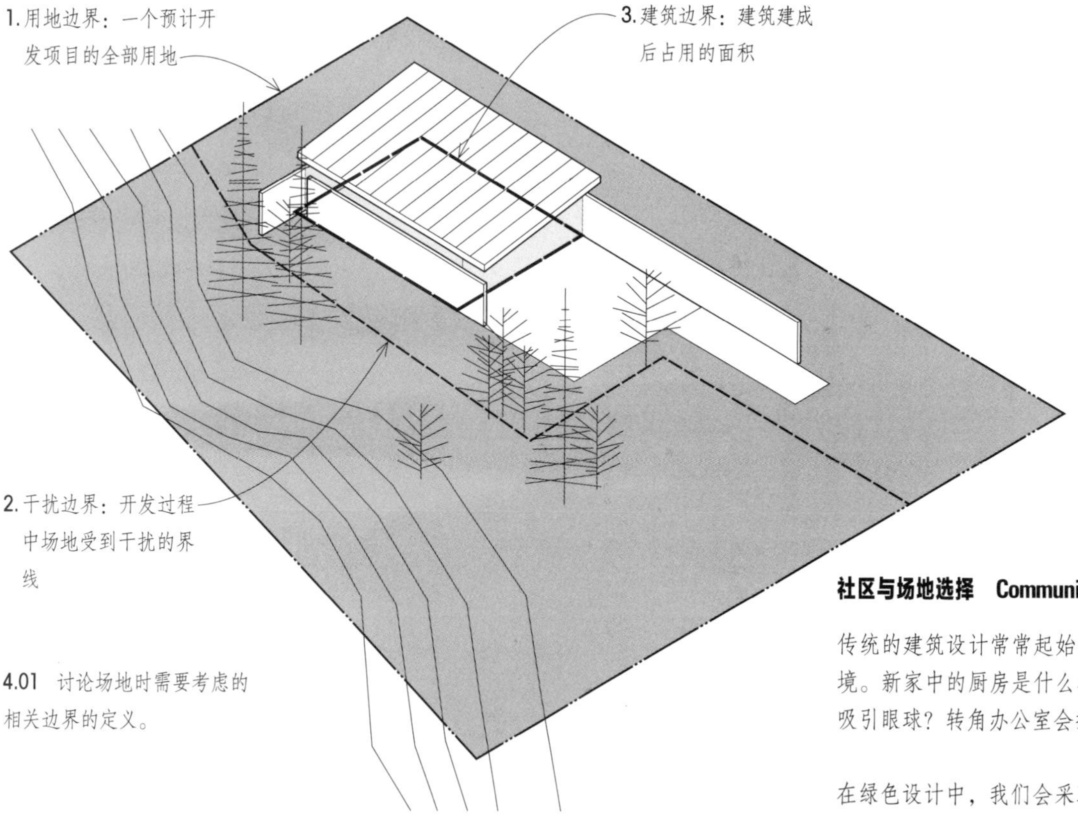

4.01 讨论场地时需要考虑的相关边界的定义。

社区与场地选择 Community and Site Selection

传统的建筑设计常常起始于业主在假想建筑中身临其境。新家中的厨房是什么样子？新办公楼的门厅是否吸引眼球？转角办公室会提供怎样的景观？

在绿色设计中，我们会采取不同的方法。我们的行程始于将建筑物置于社区中的场景，而不是想象我们在一个未建建筑中的场景。建筑坐落在哪里，临近学校、工厂还是社区中心？交通方式怎样？公共交通是否可达？

自内而外的工作方法

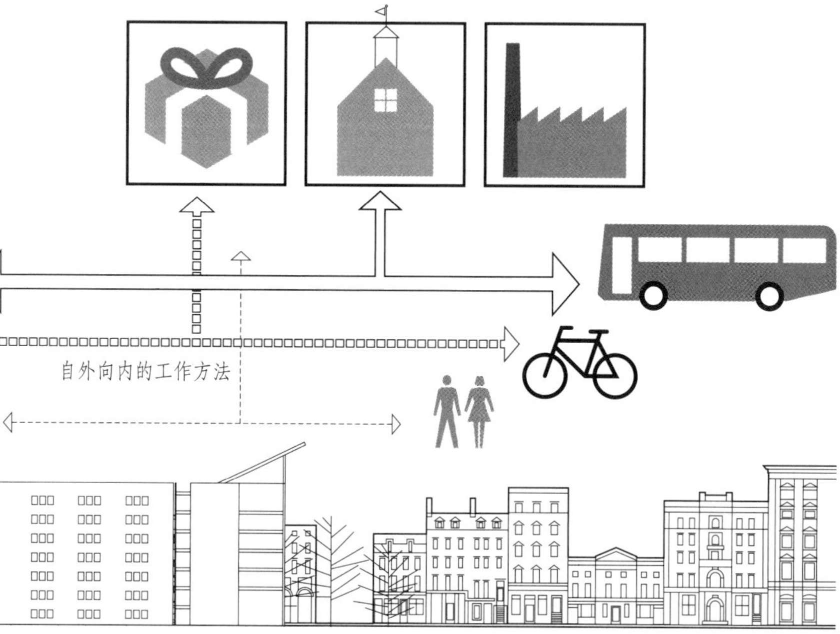

4.02 实现自外向内建筑设计的方法——考虑建筑在社区中的位置——而不是自内而外。

由于我们试图将建筑置于社区中考量，所以我们会问改造市中心的废弃建筑是否优于在未开发的乡村新建建筑，我们会问在现有城市环境中是否有可用的场地，或者我们会问临近公共交通的场地是否可用，无论是在郊区还是在农村。我们会与当地的规划部门协商，了解是否有社区开发项目正在进行，以减小新建工程的环境影响。我们尝试从社区角度而不是个体角度展开思考。

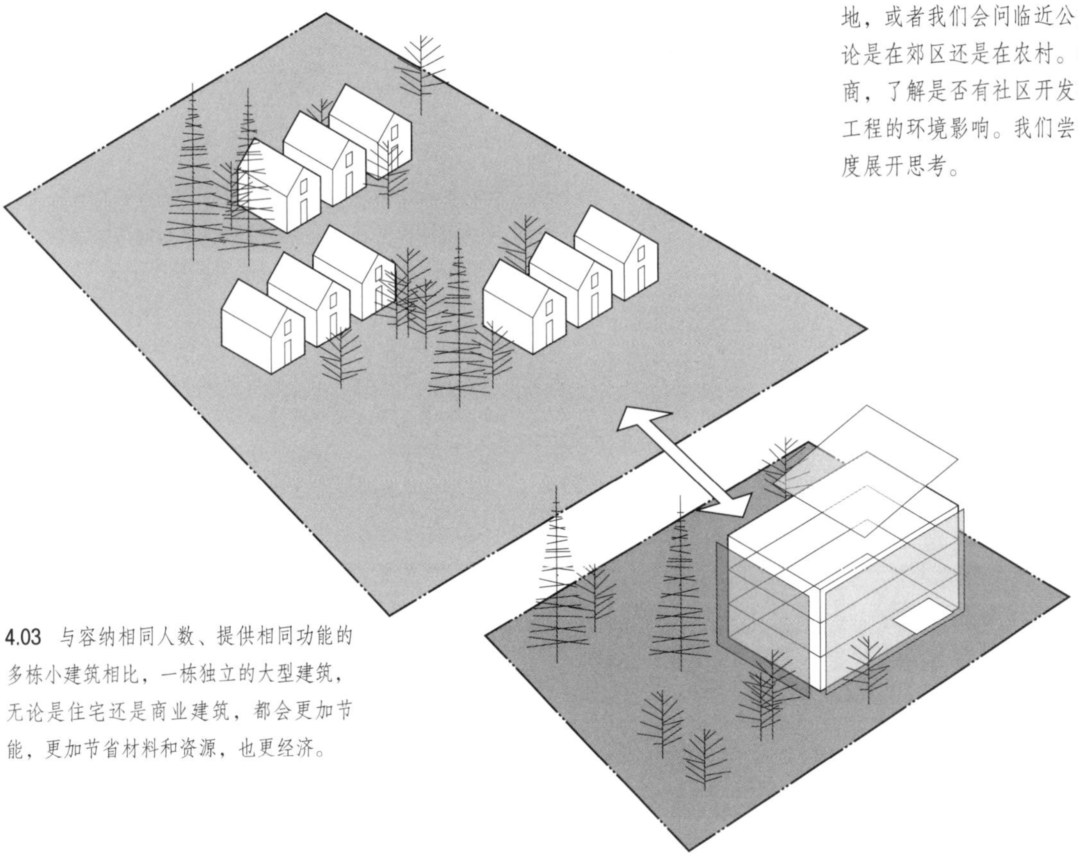

4.03 与容纳相同人数、提供相同功能的多栋小建筑相比，一栋独立的大型建筑，无论是住宅还是商业建筑，都会更加节能，更加节省材料和资源，也更经济。

建筑中的居民不是仅有的用能者，他们的能耗大小取决于建筑地点。除了能源供给方式和能源设备外，人们用能的多少也取决于建筑与社区中心和工作地点的距离。同样，泵水和输送电力的能源需求量随着建筑地点与社区中心距离的增加而增大。

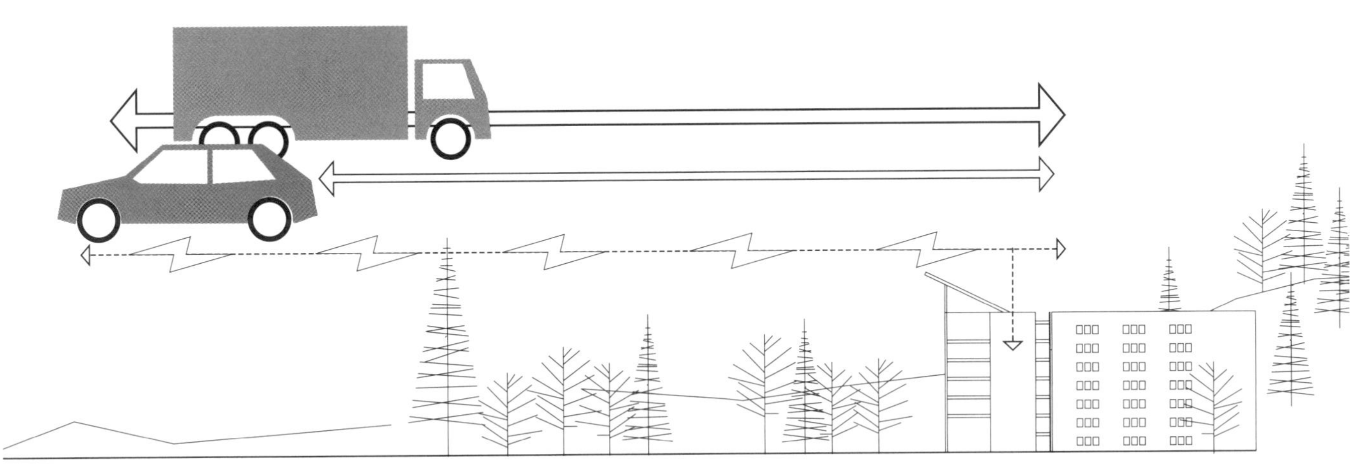

4.04 用于交通的能源消耗——上下班通勤和配送——将设备运输到距离较远的场地。

场所与绿色建筑 Place and Green Buildings

当我们首先聚焦于社区这一概念时，建筑学中所谓“场所”（place）的方方面面就开始发挥作用。

场所感是指一系列特定的地方传统和实践，这些传统和实践定义了一个社区中的人群，并且场所感通常与为生活和工作在那里的人们创造的特定意义有关。深思熟虑的建筑会通过以下方式支持或增强场所感，如城市设施可达性高、公共与私密以及内与外的关系适当、提供开放的公共空间等。

大多数绿色建筑设计实践与场所感良好的最佳实践相协调。绿色设计鼓励以下所有能够增强场所感的典型行为，如步行、骑自行车、混合交通、提供便利的城市设施、提供理想景观、多用途的规划、建筑立面靠近用地红线和人行道，以及保持良好、可达性高的开放空间等。

尽管如此，我们还是要注意在绿色设计中保留场所感，避免强加任何可能有损场所感的绿色解决方案。例如，并非所有人都觉得大型太阳能电池阵列有吸引力，或者都能欣赏高耸于建筑物或社区之上的风力发电机。绿色元素需要仔细地融入建筑和社区。

场所与其居民之间也存在重要的互惠关系。强烈的场所感被认为是对场所的滋养。深思熟虑的建筑、社区意识以及对环境的尊重共同创造并保持了场所感，作为回报，感受到场所感的人们会关照他们所在的建筑、社区和环境。

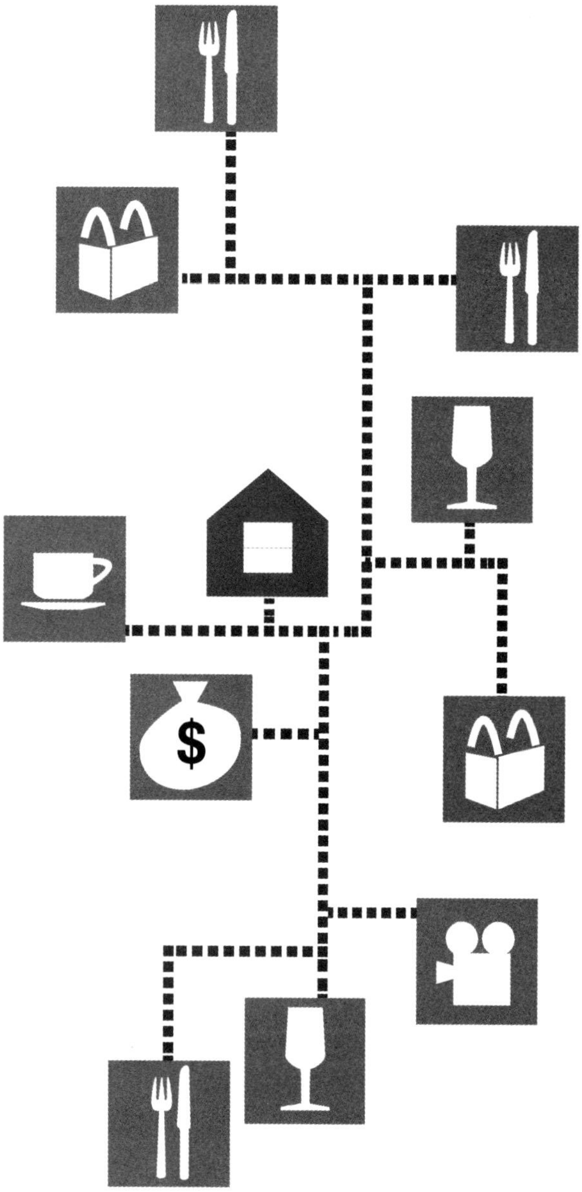

4.05 提供和保持城市设施和资源的可达性，是建筑与城市设计的重要功能。

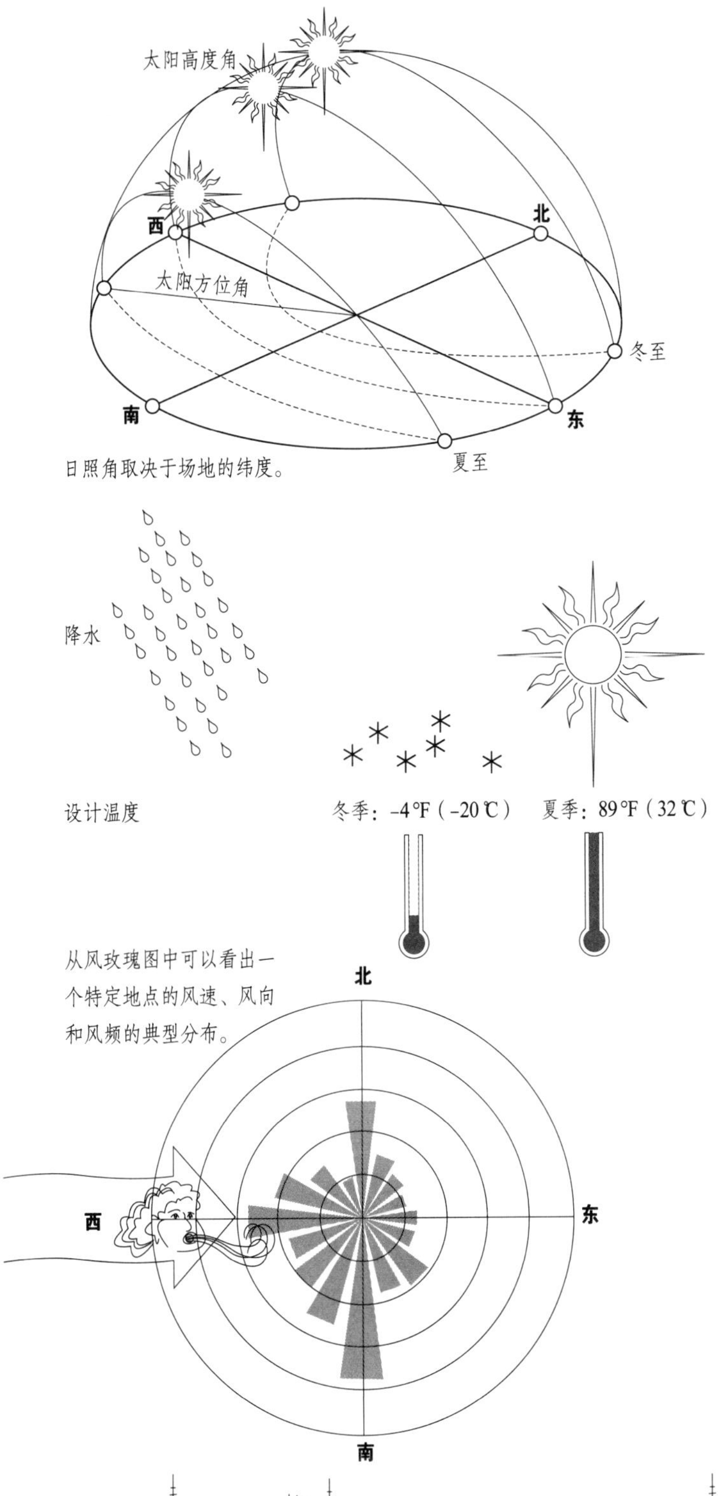

4.06 在建筑设计中，我们需要考虑纬度、地形以及特定地点和场地的主导气候。

气候 Climate

气候区对绿色建筑设计影响深远。无论是寒冷、炎热还是混合型气候——比如湿热气候或者干热气候——都会对建筑设计产生影响。气候区对建筑负荷的影响主要是室外温度、室外湿度和太阳辐射。这些影响很重要，会完全改变相同建筑类型在不同气候下的设计方案。气候的差别会影响到建筑设计的所有方面，包括墙体材料和构造、窗户的朝向与大小、供热系统的选择以及因为建筑外围护结构露点温度的不同而选择不同的潮湿控制方法等。地域性的微气候能够进一步影响白天阳光照射的时间、雨水量、局地风速和适合环境的植被类型。

地域性的水文地理情况在建筑物的环境影响中占有重要位置，对建筑物本身也有影响，比如对建筑室内环境质量的影响。场地的其他条件，从植被情况到前期开发情况，都会增加建筑物对环境的影响以及环境对建筑物的影响。

首先聚焦于社区，我们能够确定绿色建筑各项选择的环境影响，这些选择超越了建筑物本身，并最大限度地减少社区决策对每一栋建筑物的长期影响。

采暖与制冷的能耗取决于特定气候点的采暖度日数（HDD，heating degree days）和制冷度日数（CDD，cooling degree days）。这里通过一个示例来说明采暖度日数：

- 采暖度日数的规定与基准温度有关。在美国，基准温度为65 °F（18 °C）。
- 如果冬季的某一天，室外平均气温为45 °F，用65减去45就得到这一天的采暖度日数为20。
- 为了得到冬季全年采暖度日数的总和，我们只需要把每一天中平均室外温度低于65 °F的采暖度日数加在一起。

同样，我们可以确定某一具体地点的全年制冷度日数，如果平均室外气温高于基准温度50 °F（10 °C），就用那一天的平均温度减去50，然后把所有的制冷度日数加起来。

世界被划分为9个国际气候区，编号为0～8。气候8区最为寒冷，气候0区最炎热。几个气候区按湿度水平进一步细分。在地理距离邻近的区域，气候区经常会发生显著变化，这取决于海拔的快速变化、与海洋的距离以及其他地域性因素。粗略的世界气候区地图如图4.08所示；由于地域性变化和微气候可能不同，它只能被视为一般性的指南。

4.07 某地点全年采暖度日数计算示例。

日期	室外平均气温（°F）	65-室外平均气温（°F）（采暖度日数）
11月1号之前	>65	0（如果室外温度≥65 °F）
11月1号	>65	0
11月2号	45	20
11月3号	51	14
11月4号	43	22
⋮	⋮	⋮
3月28号	62	3
3月28号之后	65	0
每年采暖度日数总计		5 473

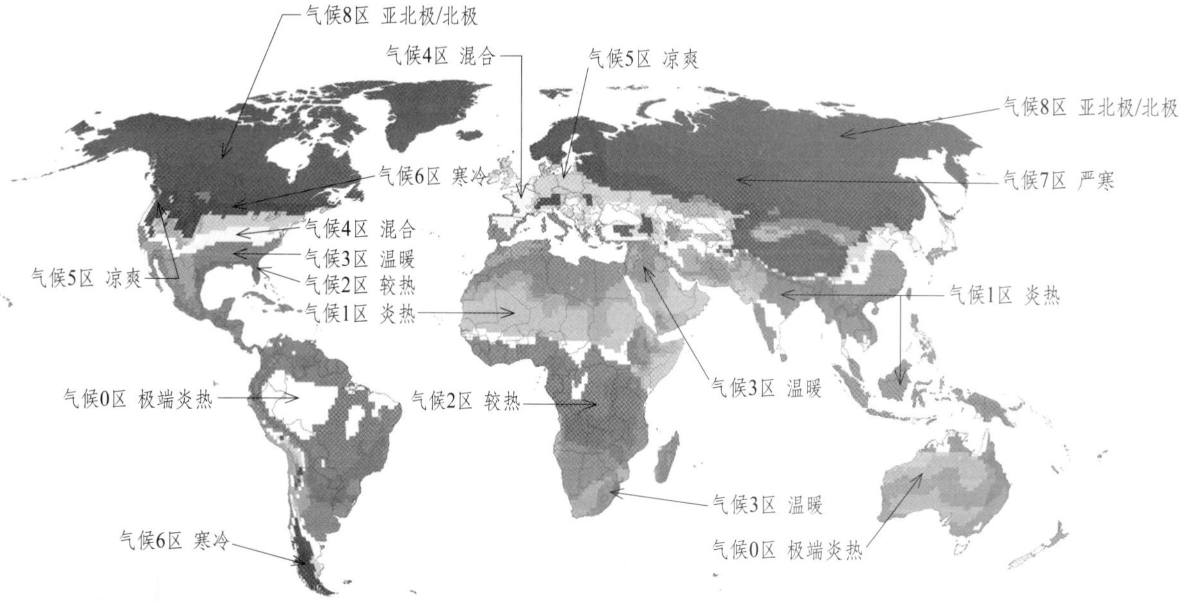

4.08 世界气候区地图。（来源：《ASHRAE标准169》）

《ASHRAE标准169》是《建筑设计标准的气候数据》（*Climatic Data for Building Design Standards*），其中包含了世界各地特定地点的气候区。美国本身拥有9个气候区中的8个，从佛罗里达州和得克萨斯州最南端的1区，以及夏威夷、波多黎各和维尔京群岛，到阿拉斯加北部的8区。但美国没有国际气候0区。

采暖和制冷度日数以及气候区主要用于根据所处位置的室外温度负荷对地理位置进行分类。它们可以很好地代表供暖和制冷能耗。

不同地理位置的另一组气候指标是采暖和制冷设计温度。这些数值代表着采暖或制冷设备的尺寸能够维持的极端温度。设计温度是根据一年中1%的时间较冷（对于供暖设计温度）或较暖（对于制冷设计温度）情况下的室外温度来确定的。

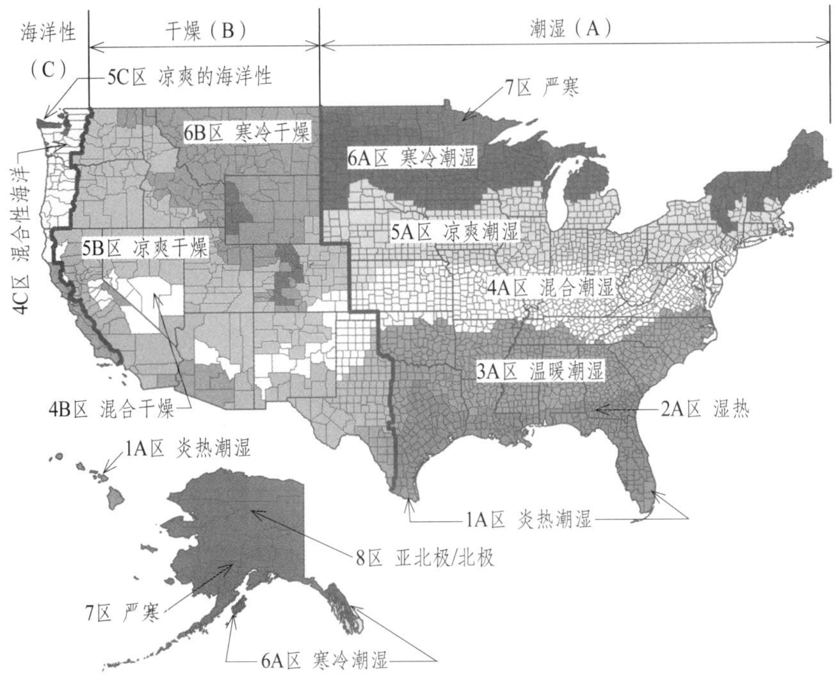

4.09 美国气候区地图。（来源：《ASHRAE标准169》）

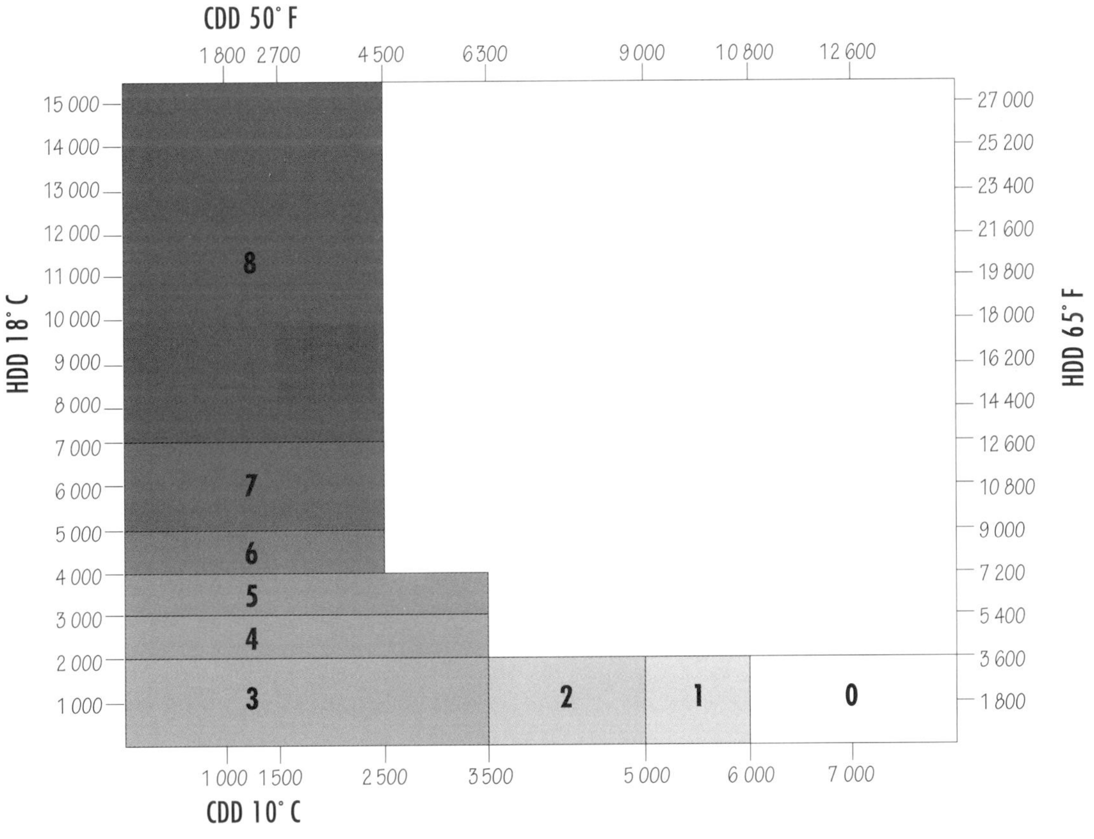

4.10 气候区与采暖度日数、制冷度日数的关系。（来源：《ASHRAE标准169》）

气候变化对建筑设计的影响
Impact of Climate Change on Building Design

当我们设计建筑物以减小它们对气候变化的贡献时，我们还必须考虑气候变化对我们设计的建筑物的影响。这些影响包括：

- 室外空气温度变化，会改变采暖和空调负荷；
- 室外湿度水平变化，也会改变空调负荷；
- 暴风雨的严重程度增加、降水事件增加，会改变地表径流，对地表水产生影响；
- 风、雨和雪负荷不断增加。

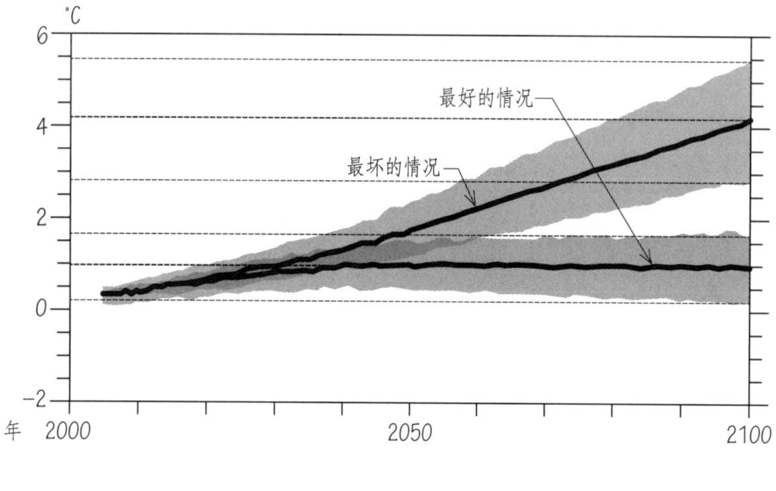

4.11 2006—2100年全球平均地表温度的年变化（对照1986—2005年）。图中显示了平均值曲线（实线）和独立模型模拟的5%~95%范围的预测分布（阴影）。（来源：政府间气候变化专门委员会（IPCC）的《气候变化2014综合报告》（*Climate Change 2014 Synthesis Report*），第58~59页）

图4.11显示了未来几十年全球地表温度的可能变化范围。当我们审视这些场景时，请记住，典型的建筑物寿命为50~75年，而许多建筑物的使用寿命超过100年。IPCC报告中的“平均地表温度”是指陆地（陆地上的气温）和海洋表面温度的平均值。我们将其作为平均气温的替代指标，这是我们感兴趣的领域。

在最糟的情况下，到2100年温度升高可能接近6 °C（11 °F）。在最好的情况下，到2050年全球变暖限制在2.6 °C（4.7 °F）之内，预计温度在那个水平达到峰值，然后开始回落。此外，我们不能忽视局部地区将会出现比预计的全球平均水平更极端的情况。

在短短几年内，气候变化引发了一门全新的建筑设计学科，即韧性设计（resilience）。即使在温度升高曲线的较低端，建筑的空调系统也可能会捉襟见肘，并且可能无法满足温度曲线较高端的要求。因此，为此类系统提供灵活性设计是明智的，可以满足未来的升级要求。这里的兴趣点不仅是冷却设备（中央空调、冷水机组等）的规模，而且包括分配系统的能力。如果分配系统规模过小，则大型的冷却设备也无法提供所需的制冷量。

虽然室外空气温度升高，但我们不能假设隆冬的温度也会升高，并且因此减小供暖系统设备的尺寸。IPCC报告称，“偶尔会出现极端寒冷的冬季”。越来越多的强风暴提示，需要关注韧性结构设计和韧性建筑材料的使用。

更严重的降水事件导致径流增加，因此需要特别注意将水引离建筑物和铺装区域。建筑设计越来越需要防止雨水和洪水的侵入；将关键建筑系统定位在预期洪水位之上更高的位置，是气候适应型设计的一个重要因素。需要保护的特殊要素是电气服务入口、消防控制系统，以及中央供暖和制冷设备。备用电源也将变得越来越重要，因其可以在停电期间为建筑物提供能源。

业主需求与价值观澄清

Owner's Requirements and Values Clarification

在设计阶段的早期，业主的目标就已经确立。《业主项目公约》（The Owner's Project Requirements）文件，详见本书第19章“绿色设计与建造的质量”，是所有参与方书写并达成一致的文件。在设计过程的起始阶段清晰确定业主要求，能够获得绿色设计方面的实质性进展。对很多业主而言，建筑开发常常是一种新鲜的体验，并且这一过程会成为业主终生难忘的学习经历，对于设计人员和建设者也是一次教学机会。绿色建筑更是如此，选择和权衡比比皆是，为业主澄清项目需求，也是澄清业主价值观的一种训练。关于社区和场地选择的初次讨论是澄清问题的最佳时间。

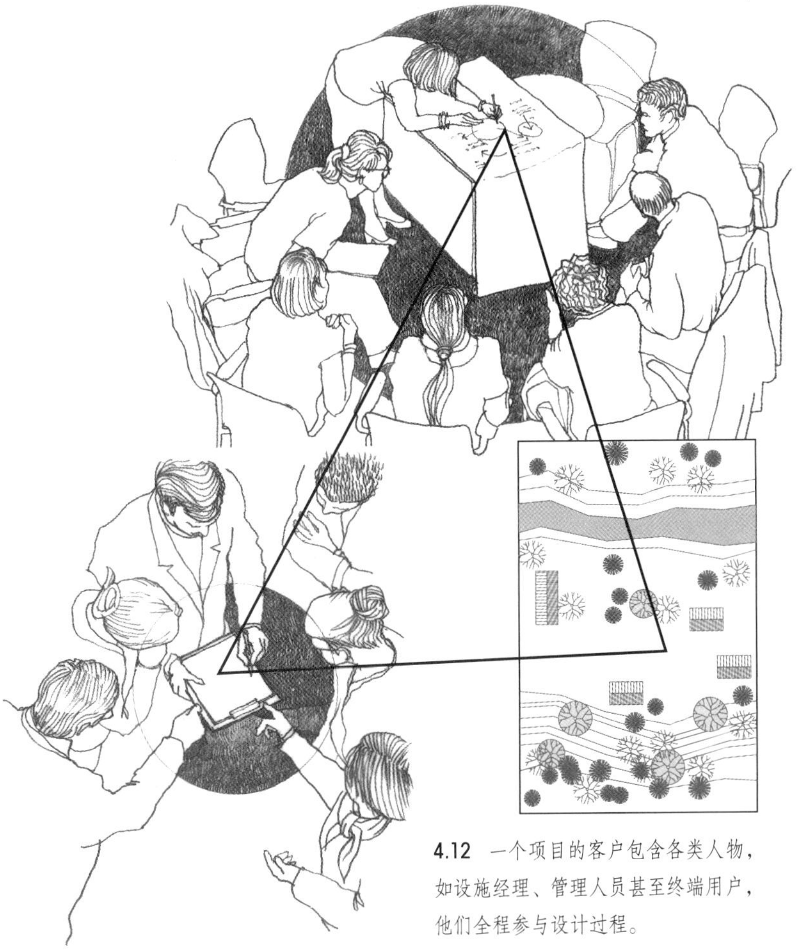

4.12 一个项目的客户包含各类人物，如设施经理、管理人员甚至终端用户，他们全程参与设计过程。

大型讨论会将社区与场地的评估进一步延伸到街区和城镇以及加强彼此间联系的绿色方法。这些话题超出了本书的研究范畴，但是与建筑选址高度相关。智慧增长理论（the theory of smart growth）聚焦于以社区为中心的发展，依托强大的可持续性基础。USGBC开发了一套针对街区的LEED绿色评价体系，提出了很多绿色特征，比如紧凑性、连通性和步行街道。其中很多要点与特定建筑的选择、需求以及对社区和场地周边可能产生的影响密切相关，对任何绿色建筑项目都有很大的借鉴价值。

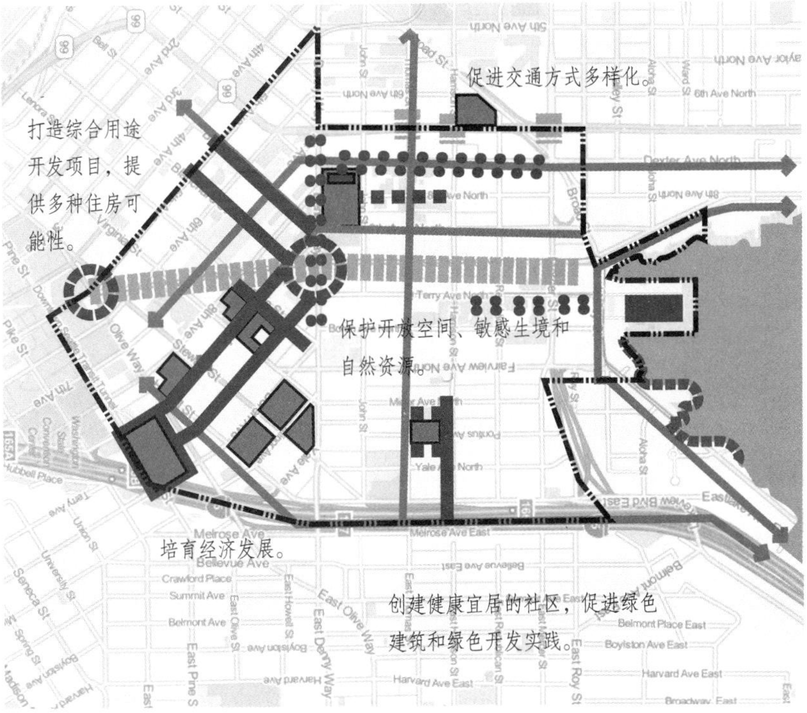

4.13 针对街区开发的LEED评价体系，将智慧增长、城市化和绿色建筑的原则整合在一起。

保护敏感场地 Protection of Sensitive Sites

绿色建筑项目优先保护敏感场地。敏感场地一般由联邦法律或法规界定，主要包括这些地方：基本农田、公园绿地、洪涝风险区、濒危物种栖息地、主要沙丘、原始森林、湿地、其他水体和保护区。

4.14 能被称为“敏感场地”的区域。

保护敏感场地从基地选址前研读一份详细的场地清单开始，接下来是场地开发之前研读关于敏感场地特点的文件。保护意味着不在这些区域搞开发，同时要避开周围作为保护层的缓冲区域。所谓“开发”（development），不仅包括建造房屋，而且包括修建道路、公园和其他基础设施。

4.15 在保护区域，只有用于教学、讲解或保护活动的房子才能例外地获得批准。

经常会有例外的建设情况，主要是用来支撑主题区域或者与主题区域直接相关的建设项目。比如在某一保护区内，由特定组织或机构指定位置，出于保护目的可能会建造一座房子。有时候这种特许是为了教学或讲解自然过程；其他时候，例外仅限于那些对保护这一区域具有积极支持作用的房子。至于公园，有时候也会获准建设房屋，前提是要为该建设区域置换一块同等或更大规模的公园用地，而且一般来讲，公园建设必须临近用地边界。

在美国，确定敏感场地的依据包括由美国农业部（USDA，the U.S. Department of Agriculture）所做的基础农田测绘、美国联邦紧急事务管理署（FEMA，Federal Emergency Management Agency）掌握的洪泛区信息、美国鱼类及野生动物保护局（FWS，Fish and Wildlife Service）提供的濒危物种栖息地详细目录和美国陆军工程兵团（the U.S. Army Corps of Engineers）提供的湿地确认导则。

保护与修复 Preservation and Restoration

绿地（greenfield）被定义为从未开发过的区域。棕地（brownfield）是指废弃的或未充分利用的工业和商业设施，这些设施具有实际的或可察觉的环境污染。灰地（greyfield）是指曾经开发过且没有被污染的区域，不需要整治，但残留着可见的开发痕迹和基础设施，如空置的房屋、器具和柏油路。曾经被开发过，但既不属于灰地也不属于棕地的场地，被宽泛地称为“已开发场地”（previously developed site）。需要注意的是，尽管如此，已开发地、耕地或林地通常仍被认定为“绿地”。

绿地

灰地

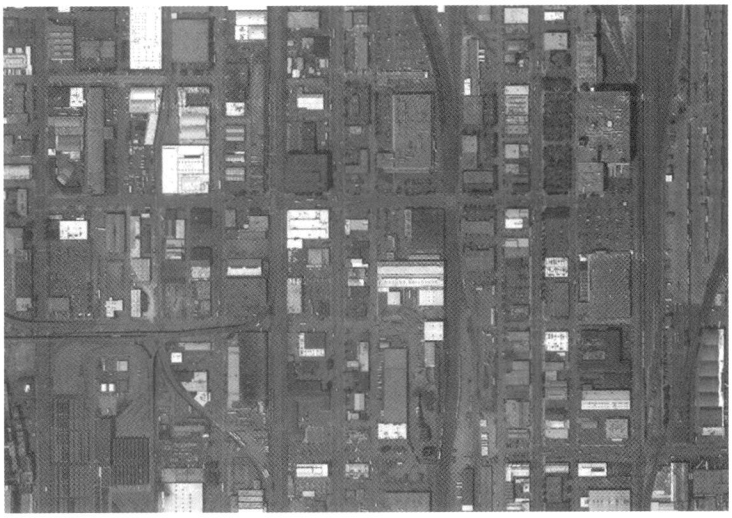

棕地

4.16 场地开发的分类。

在绿色建筑项目中，修复和再利用棕地被认为是积极的做法，因为它实现了两个特定的目标：第一，它避免了占用绿地或敏感场地进行开发建设；第二，其开发过程包括治理环境污染。同样道理，利用灰地和其他已开发场地进行建设也是受到鼓励的。

为了保护未开发区域，不鼓励在绿地上进行开发建设。限制绿地开发的力度，在不同标准规范中的规定是不一样的，触及绿色建筑争论的核心。LEED没有直接反对绿地开发，取而代之的是鼓励棕地再开发，提高城市密度，限制车行道、停车场和建筑物周边区域的绿地开发。《国际绿色建筑规范》将绿地开发限制在某些有限类型的绿地。《生存建筑挑战》大体上不允许任何形式的绿地开发，只有非常有限的例外。

非但不鼓励甚至还禁止绿地开发的言论，引起的有关场地问题的争论可能是最大的：到了某个时间节点，除了我们已经建设的地方以外，就只能决定不再建设了吗？

保护自然特征 Protection of Natural Features

获准在绿地上开发的项目，应将场地干预的影响降到最小。人们似乎正在达成共识，应将这种干扰限制在距离建筑物40英尺（12米）和距离人行道或车行道15英尺（4.6米）的范围内，虽然各种规范和标准的限定有所不同或者对其进行了补充说明。

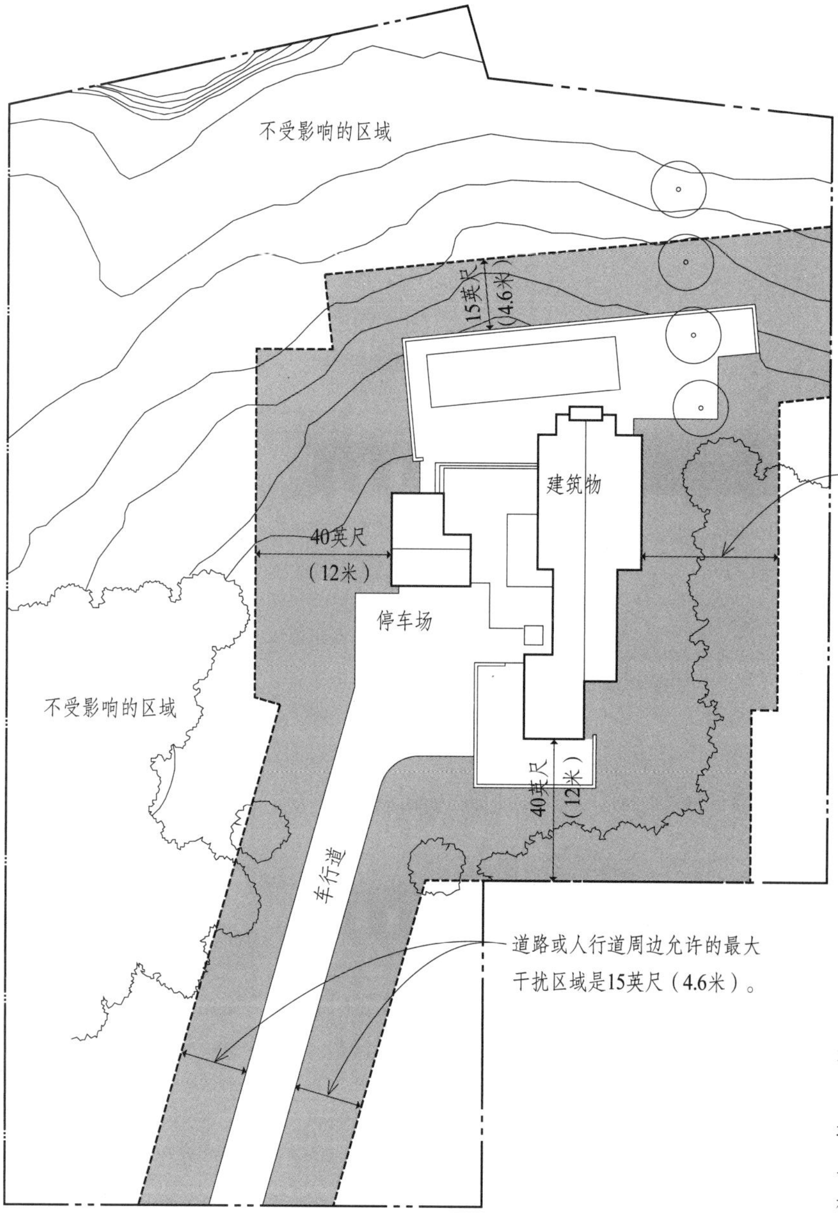

4.17 在绿地上建设时对场地干扰区域的限定。

绿色设计努力保护现有的土壤环境。绿色建筑项目通常要求提供书面的土壤保护方案。具体策略包括：就地挡土，存储和再利用土壤，建设过程中修复土壤受到的影响，在受到扰动和修复后的土壤上再次种植，精心规划建设进程和停车区域，制定措施防止建设过程中的土壤滑坡和风力侵蚀。要求运到建设地点的表层土不能取自敏感区域。

根据植被的碳吸收特性，保护植被和场地再植也是可取的。

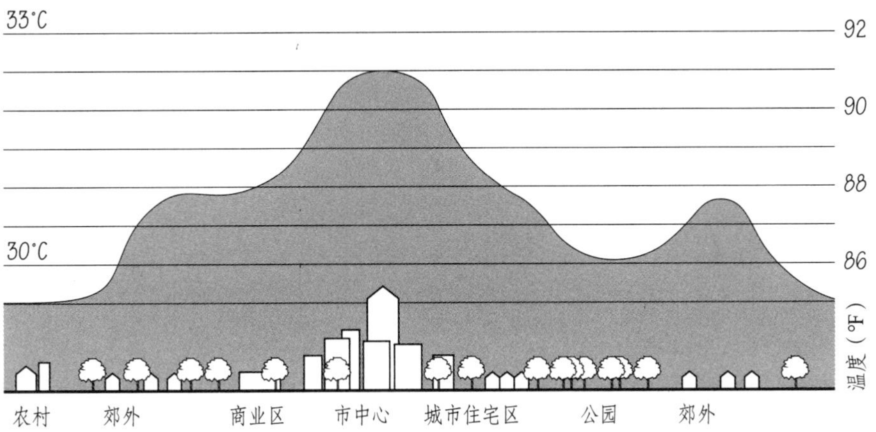

4.18 热岛效应来自建筑和硬质景观造成的温度升高。

减弱热岛效应 Heat Island Reduction

热岛效应（heat island effect）是指城市中的建筑物和硬质景观吸收并保留入射的太阳辐射的现象。当这些热量向周边环境释放的时候，就会形成比较明显的热岛效应，致使城市区域的温度高于周边乡村。建筑用能以及建筑阻碍了风带走热量等都会导致热岛效应的增强。

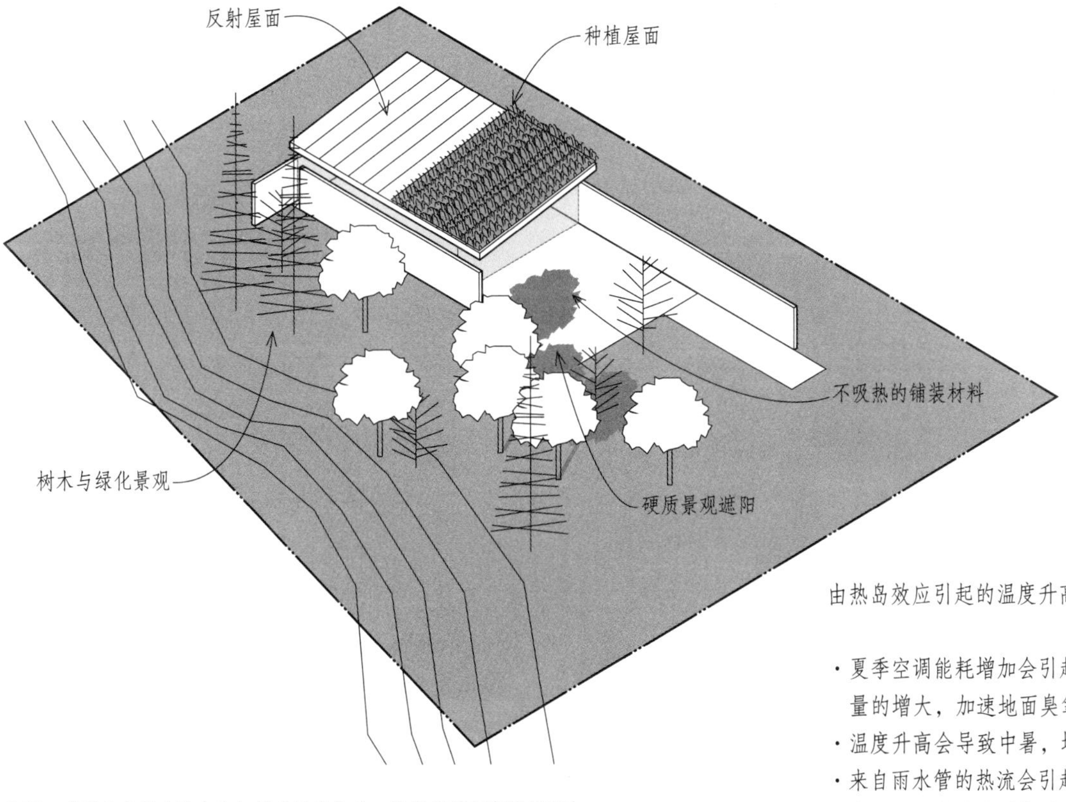

4.19 减缓热岛效应的方法包括采用浅色的、阳光反射率高的屋顶和绿植屋顶。没有屋顶的地方可以选择用不吸热材料进行铺装，种植树木和植被为停车场和其他硬质景观遮阳。

由热岛效应引起的温度升高会以这些方式影响到社区：

- 夏季空调能耗增加会引起空气污染物和温室气体排放量的增大，加速地面臭氧层的形成；
- 温度升高会导致中暑，增加热死亡率；
- 来自雨水管的热流会引起河道、池塘、湖泊的水温升高，加重水生态系统的负担。

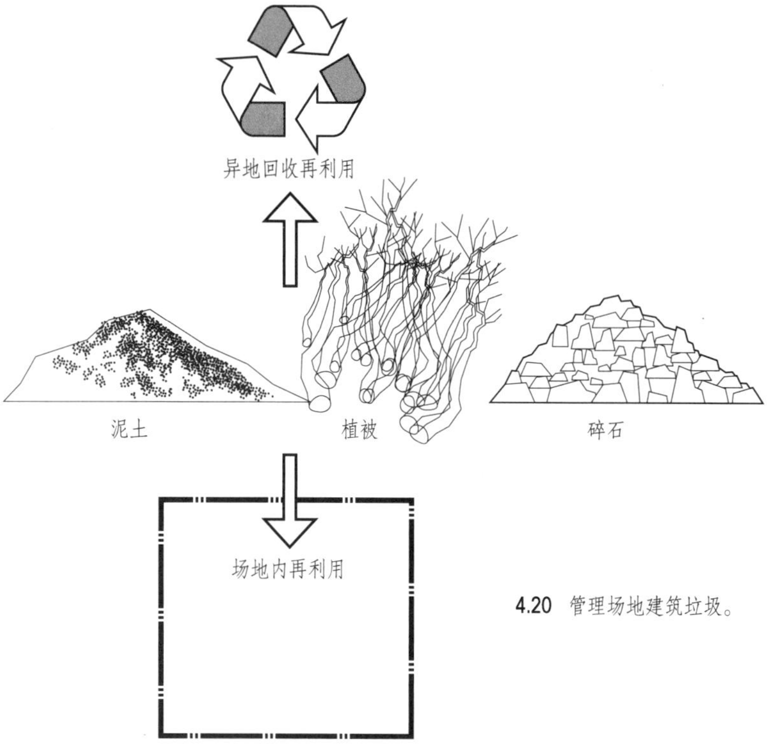

4.20 管理场地建筑垃圾。

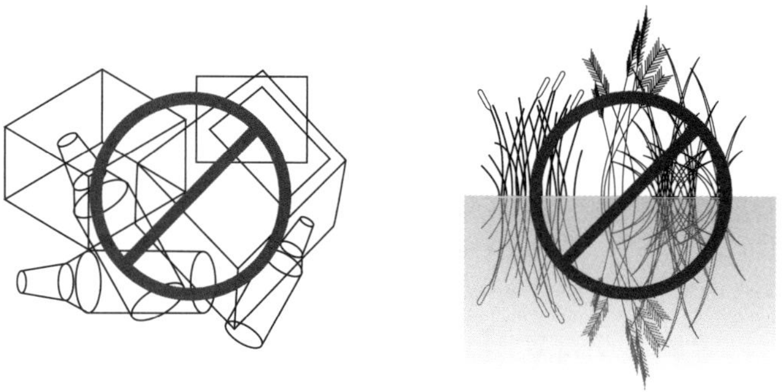

场地垃圾管理 Site Waste Management

在清理建设场地的过程中，会产生很多垃圾，这些垃圾通常在建筑材料入场之前就存在了。场地垃圾包括碎石、泥土和植被等。绿色建筑项目应避免把这些垃圾运送到垃圾填埋场或敏感场地。同样，危险的垃圾应以避免危害环境的方式处理掉。绿色建筑项目应有处理建筑场地垃圾的方案，最好与建材垃圾管理方案整合在一起，这一点将在后面讨论。

美国平均碳排放

交通方式	CO_2的排放量（磅）/乘客英里
小轿车（单人乘坐）	0.96
公共汽车	0.65
通勤铁路	0.35
自行车、步行	0.00

4.21 不同交通方式的碳排放水平不同。

运输问题 Transportation Issues

场地选择会影响交通方式并最终影响交通能耗和污染情况，除此之外，还可以进一步讨论促进绿色交通的方式。

精心的场地规划应与鼓励低污染交通方式的设施相结合。例如，安装自行车停放架，将自行车存储和遮蔽设施相结合，以及为行人提供步道。因为保证行人和骑自行车人的安全，就会带动更多的人步行或骑自行车，所以提供人行道、专用自行车道和现场交通标志是非常必要的。

LEED鼓励骑自行车出行，场地设有自行车停放架，而且建筑物内设有淋浴和更衣设施才能获得相应分值，这一点已经成为绿色标准的典范，目的是让骑自行车的通勤者在长途骑行后有机会梳洗。

为高效节能车、共乘车辆、低排放车辆和小型车提供优先车位，会促进节能型机动车的发展。建立充电站会支持电动车的发展。

选址临近公交站也会促进交通节能，另外限制停车位的数量不仅促进交通节能，还会减少基地铺装量。

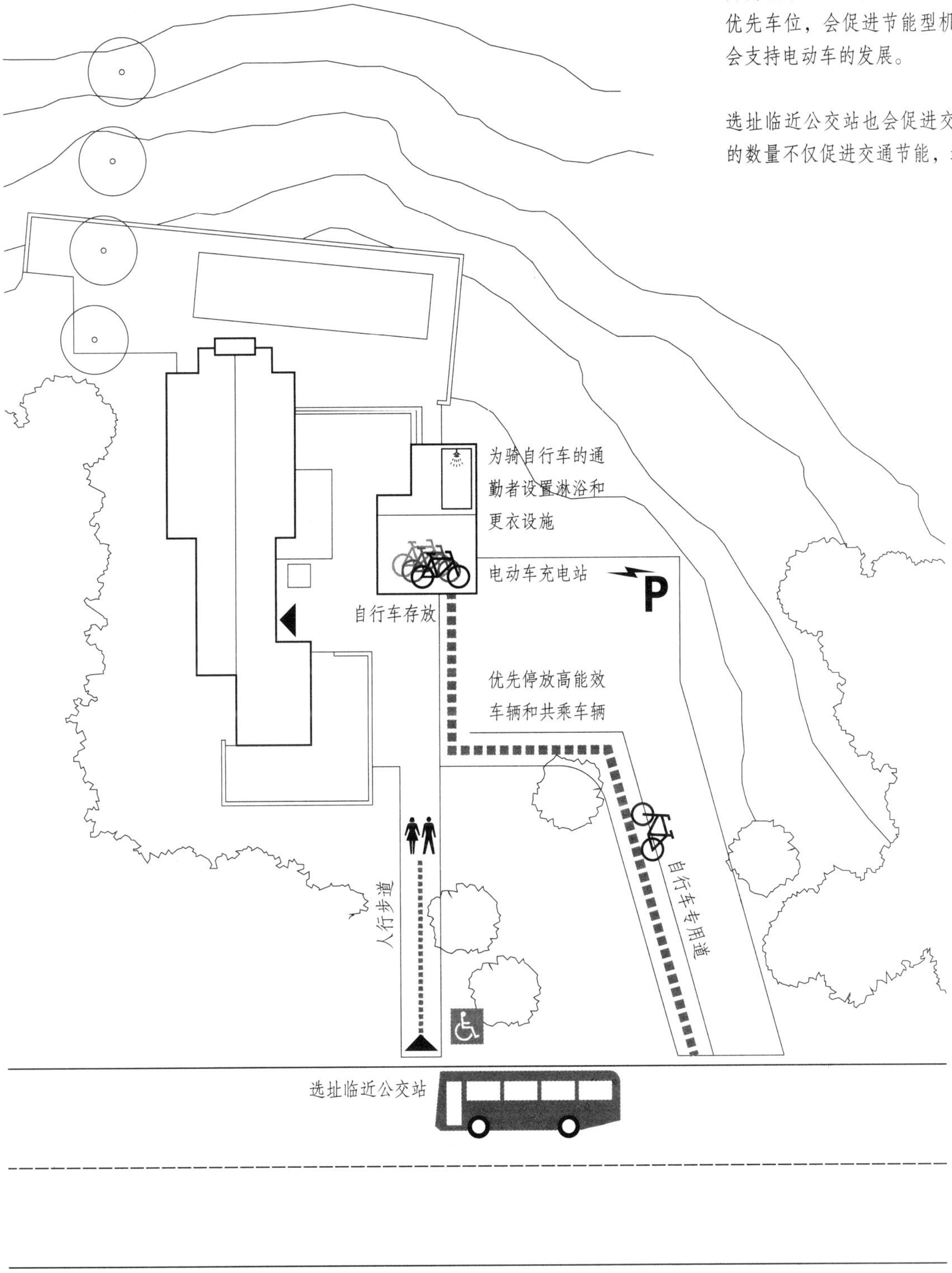

4.22 鼓励低污染交通方式的方法。

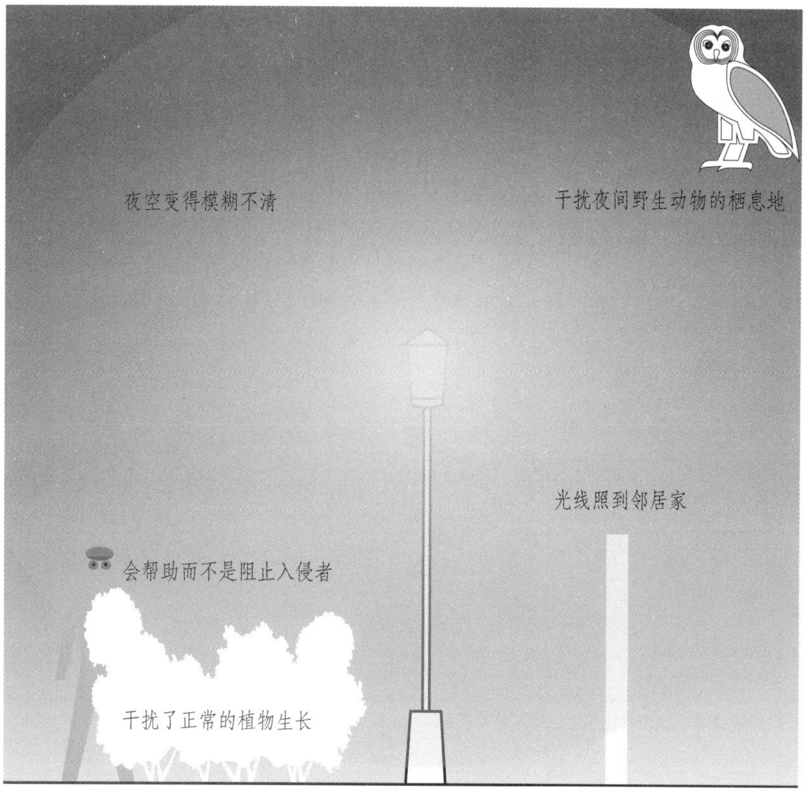

4.23 夜间照明会以多种方式影响室外环境。

减少灯光污染 Minimizing Light Pollution

灯光污染是指将人工照明引入室外环境。其副作用很多：灯光污染扰乱了日夜交替的自然模式和动植物以及人类习以为常的生活节奏，干扰了睡眠周期的自然节律，干扰了植物的正常生长，干扰了夜间野生动物的栖息地。

灯光污染影响了夜间观测天空和星系的能力。它会导致光线侵入，即光线从一户漏出照到另一户，引发邻里间的矛盾。灯光污染会带来安全隐患，比如会使司机遇到眩光和临时盲区。灯光污染浪费能源，带来一连串的环境和经济负面影响。

用于监控的夜间照明实际上会增加安全风险。虽然室外照明会让人产生安全的感觉，但是研究表明夜间照明可能不会降低犯罪率。夜里的长明灯不能发出犯罪行为的信号，而由运动传感器控制开关的夜间照明则有可能发出此类信号，阻止入侵者。室外照明还会引起眩光和阴影，从而掩饰了入侵者的进入。

降低或消除灯光污染的策略包括选择可以减少漏光的光控装置，定向控制光线向下而不是发散或照向天空。还有很多设计方法可以减少灯光污染，比如指定路径照明而不是更高的灯杆型区域照明；采用灯杆型照明（pole-mounted lighting）取代壁挂式照明（wall-mounted lighting）；将停车场、附属房屋等室外设施集中起来，同时靠近其服务的主要建筑；设计低位照明，消除朝天灯光；指定一些控制装置，比如使室外灯光大部分时间处于关闭状态的运动传感器。安置策略包括让照明设施朝下发光，调试室外照明控制器，如运动传感器延时装置和定时照明装置。还有一种选择是尽可能不设室外照明。

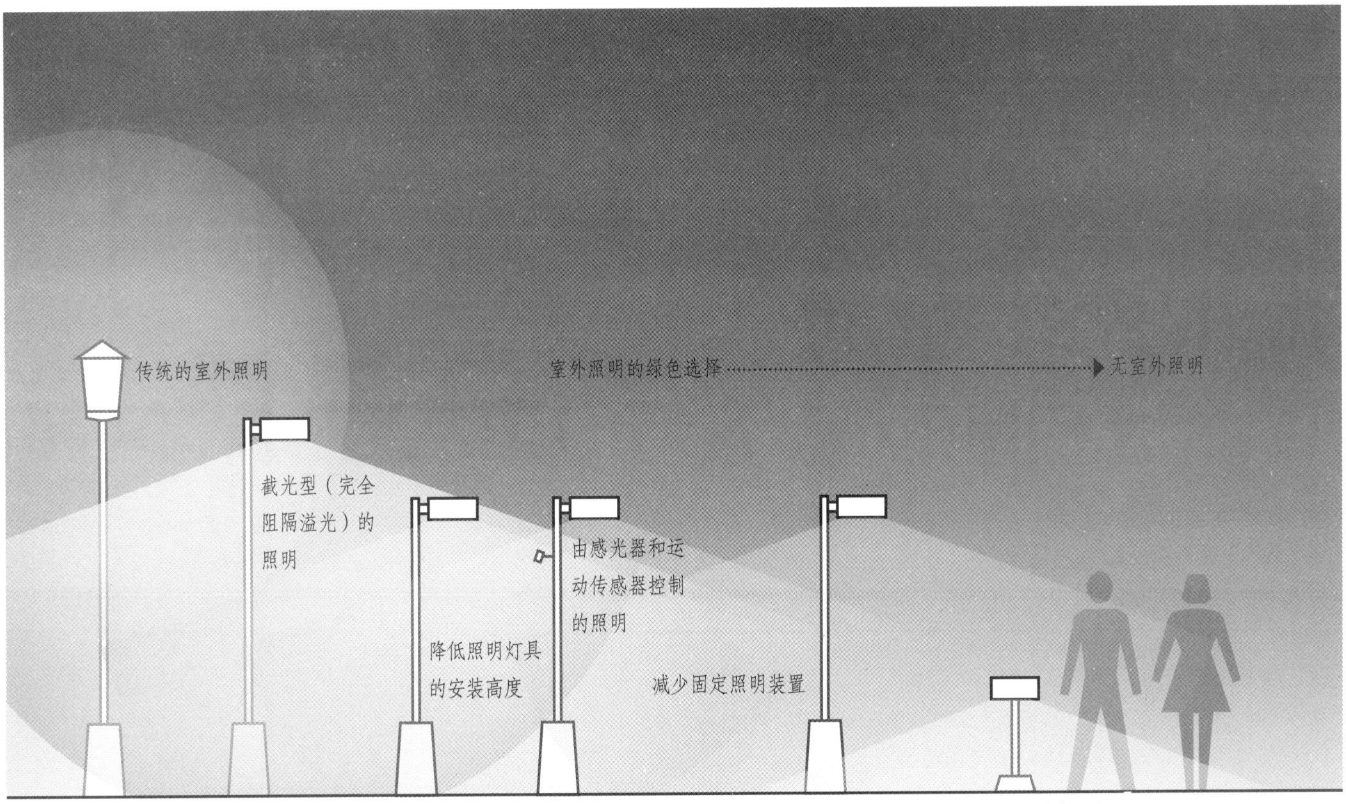

4.24 减小夜间照明影响的设计选项。

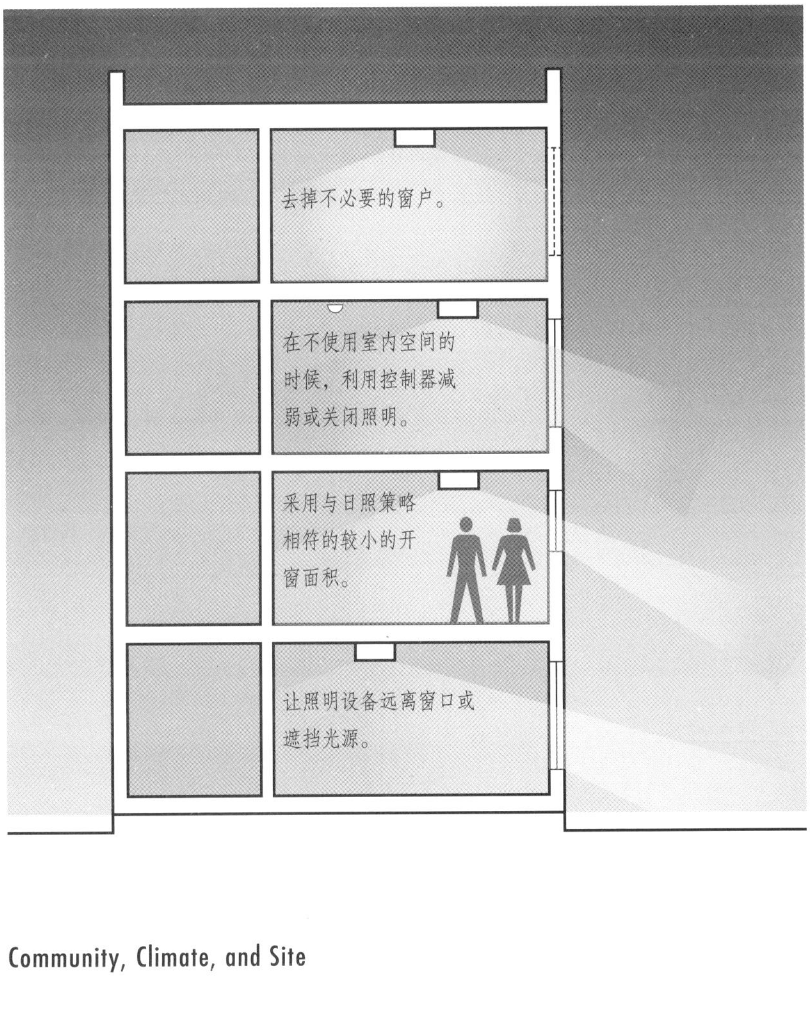

一个相关的议题是关于从室内照到室外的光线。解决这一问题的方法包括：安装照明控制器，在不需要的时候关掉灯；在深夜时段减弱室内的照明强度；在不需要窗户的空间避免开窗，比如楼梯井或工具区；在不需要大窗户的区域减小开窗面积；调整光源和窗户的相对位置；在近窗区域降低光照强度，遮挡光源；避免灯光直接照向室外。

不知何故，随着时间的推移，我们开始看到夜晚灯火通明、温暖而诱人的建筑物形象。一种经典的建筑渲染形式是建筑物夜景照明的效果。对于绿色建筑，我们认为这样的形象可能会导致能源浪费，以及对社区和建筑以外的自然世界施加人工室内照明。我们更喜欢强调自然光进入建筑物的景象，而不是室内光线溢出建筑物的画面。

4.25 减少光从建筑室内空间照到室外的方法。

场地策略与建筑用能 Site Strategies and Energy Use

场地选取对建筑用能的影响很大。一栋暴露在山顶上不受保护的建筑与受到树林和邻近建筑物遮挡的建筑相比，用能明显增多。这是因为冬季的寒风带走了建筑的热量，夏季的风会把室外的热空气吹进建筑。计算机模拟显示，一栋完全暴露的建筑与一栋遮挡良好的建筑相比，用能相差12%。研究表明，在苏格兰有树木遮挡的办公建筑在采暖用能方面每年节省4%以上。

除了树木的遮挡，建筑防风还可以通过周边建筑、库房、棚屋、围栏、防护墙、缓坡、或疏或密的灌木丛等设施的合理布局来实现。

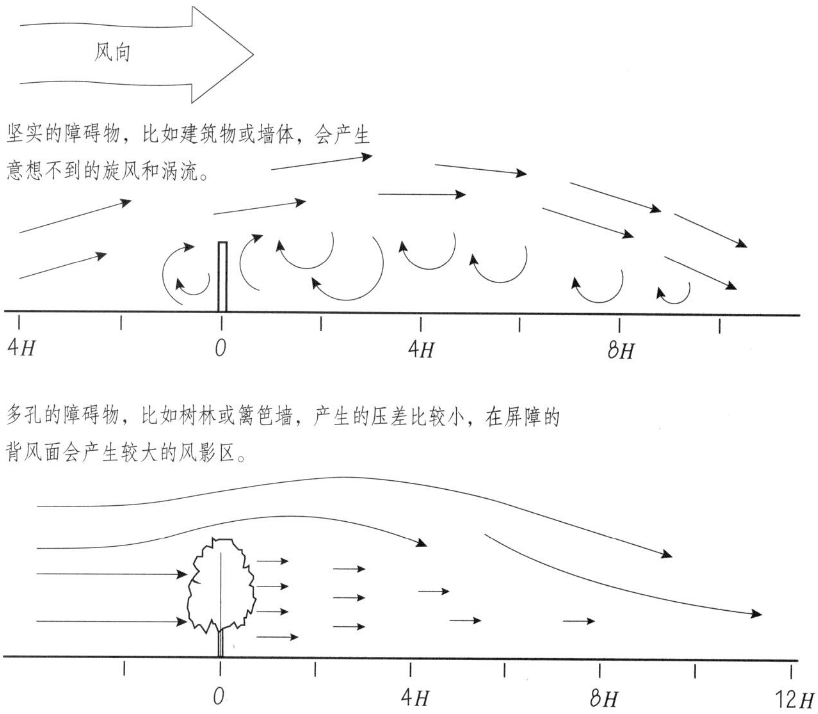

4.26 树木、构筑物、篱笆墙以及其他形式的屏障，能降低背风面的风速。在屏障高度5~8倍的范围之内，风速降低最为明显。H=屏障高度。

同样，采用落叶树木为建筑提供遮阳，夏季可以减少建筑的太阳得热，冬季可以使建筑获得太阳得热。大量研究表明，树木遮阳可节约高达18%的制冷能耗，而且由于树木挡风可以降低建筑的制热能耗，与其相关的节能量取决于树木的数量和位置。

场地规划不仅关乎景观和自然样貌。建筑物常常需要在场地安装室外设备，如空调冷凝器、冷却塔、带基座的变压器等。

与建筑物不同，室外的空调和热泵设备、冷却塔和变压器在不被植物和构筑物遮挡的情况下才能高效运转。

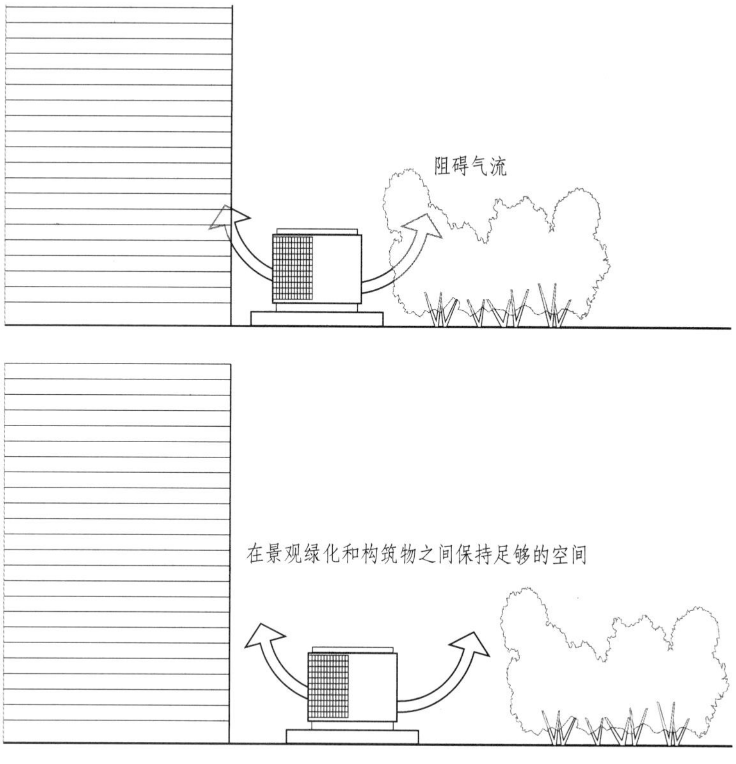

4.27 植物、墙体和其他阻碍气流的设施，如果布置在热泵和空调冷凝器的周围，会导致能耗的增加。

对空调机而言，尤其是如果建筑物的空调系统也是由热泵供暖的话，遮挡问题至关重要。存在三种不同的风险，且任何一种风险都会导致系统能耗增加20%以上：

· 由植物或其他障碍物造成的空气循环不畅；
· 由灰尘或花粉造成的热交换器污染；
· 废气回流。

前两种风险会减缓空气流动，因此降低空调系统的热交换能力。减弱的气流会带来制冷的压力，从而迫使冷凝器一直工作，由此带来耗电量的增加。有时候为了遮挡室外设备，常会把设备贴近建筑物或用灌木遮挡设备。随着灌木不断生长，热交换器被植物叶子覆盖，导致耗电量增加。室外设备与建筑物或植被之间保持距离就会解决这些问题。为了便于清洁，需要在设备附近配有用软管连接的水龙头。

虽然废气回流问题有所不同，但结果是一样的。因为空调冷凝器把室内热量排放到室外，冷凝器排出的气流是热的。空调器在制热模式下，相反的情形发生了，室外设备变成了热泵，从室外空气中吸收热量输送到室内，室外设备排出的气流是冷的。如果这种气流再循环或者再次进入压缩器，无论是制冷还是制热模式下，能耗量都会显著增加。把室外设备放在围合或者半围合的地点，比如门廊下面、楼梯井中或者封闭的阳台上，都会导致气体回流和能耗增加。

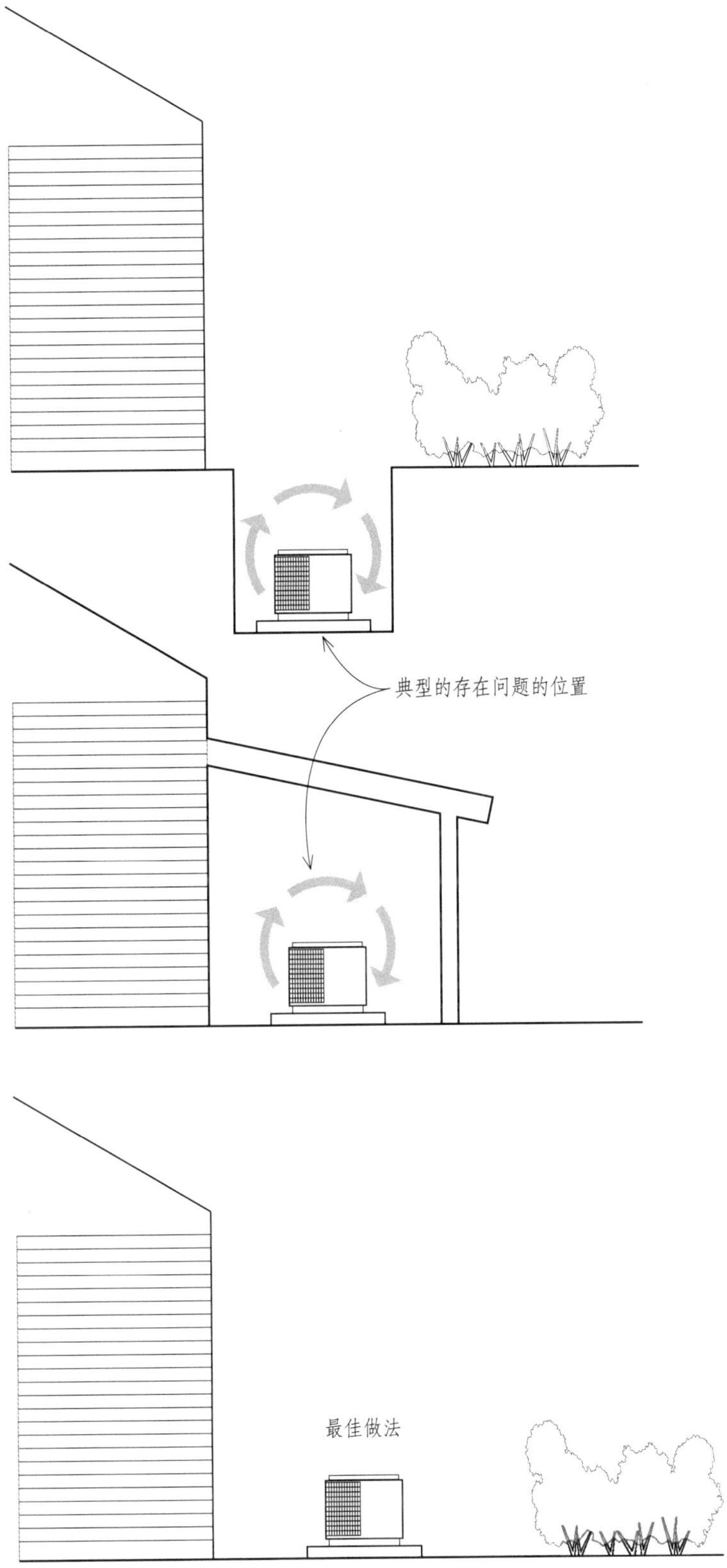

4.28 热泵和空调冷凝器不要安放在所排出气体可能回流进入设备的地方，这样无疑会增加能耗。

场地水资源保护、管理与品质提升 Site Water Conservation, Management, and Quality Enhancement

利用缓冲区将水体和湿地与建设场地分开从而使其得到保护，除此之外，绿色项目的目标还包括减小雨水径流的负面环境影响，减少室外场地使用饮用水。

不透水的表面、建筑物以及传统的雨洪排水系统，会在自然水文循环路径的周边形成高速的支流，阻止雨水渗透到土地里。这会带来许多问题，包括土壤侵蚀、生境受损、洪涝灾害、水体污染、含水层枯竭、给流经的水体带来物理或化学损害。同时，已经被输送到场地的用水，通常是饮用水，被用来灌溉或做成喷泉，这样的用水方法只会增加径流量，使上述问题更加严重。

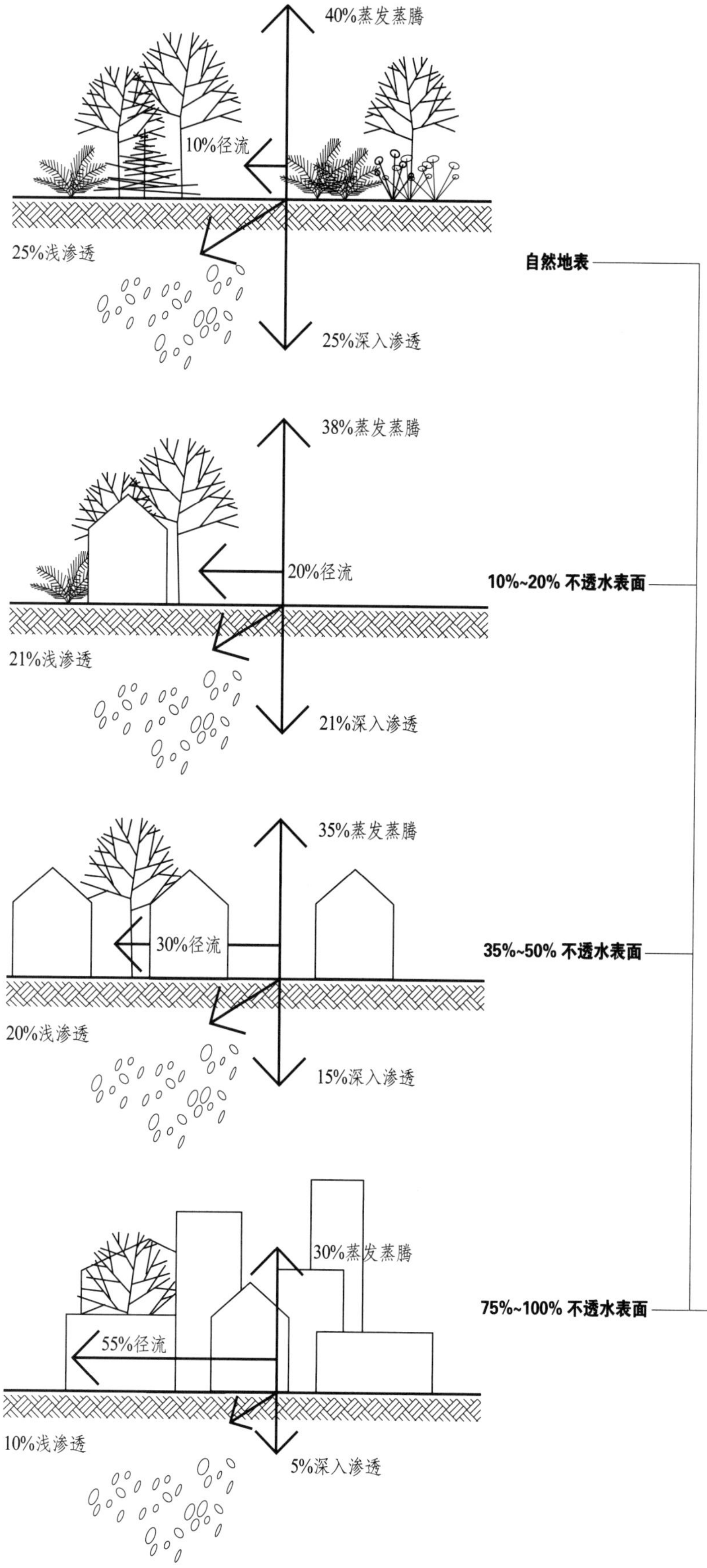

4.29 与城市化进程相关的水循环变化。
（来源：美国环境保护署（Environmental Protection Agency））

雨水径流量 Quantity of Storm Water Runoff

径流是指流经铺装地面的雨水，它增加了雨水管网系统的负荷，并使雨流路径上洪涝灾害和水流冲蚀的风险加大。地表径流会在流经路径上带走表面污染物。径流还会因为自然水文过程而减少雨水的循环。一般而言，雨水流经表层土壤和底层土壤时会得到有效过滤，而速度过大的地表径流深入土壤时会逐渐降低流速，这一过程会破坏地下含水层，减弱土壤的过滤能力。

根据由内而外的思路，选择场地时应尽量利用公共交通和非机动交通，降低硬质铺装停车位的需求，通过社区连通和紧凑型开发降低场地停车的需求。

减少地表径流的另一项策略是促进地表渗透，将不透水地面换成透水材料，比如透水铺装、透水沥青、透水混凝土和植被景观等。

减少地表径流的其他方法包括场地雨水回收、雨水再利用、用于非饮用目的的灌溉和冲厕等。

最后，我们的目标是保持场地开发前后相似的水文状况，尽可能把水留在场地内。

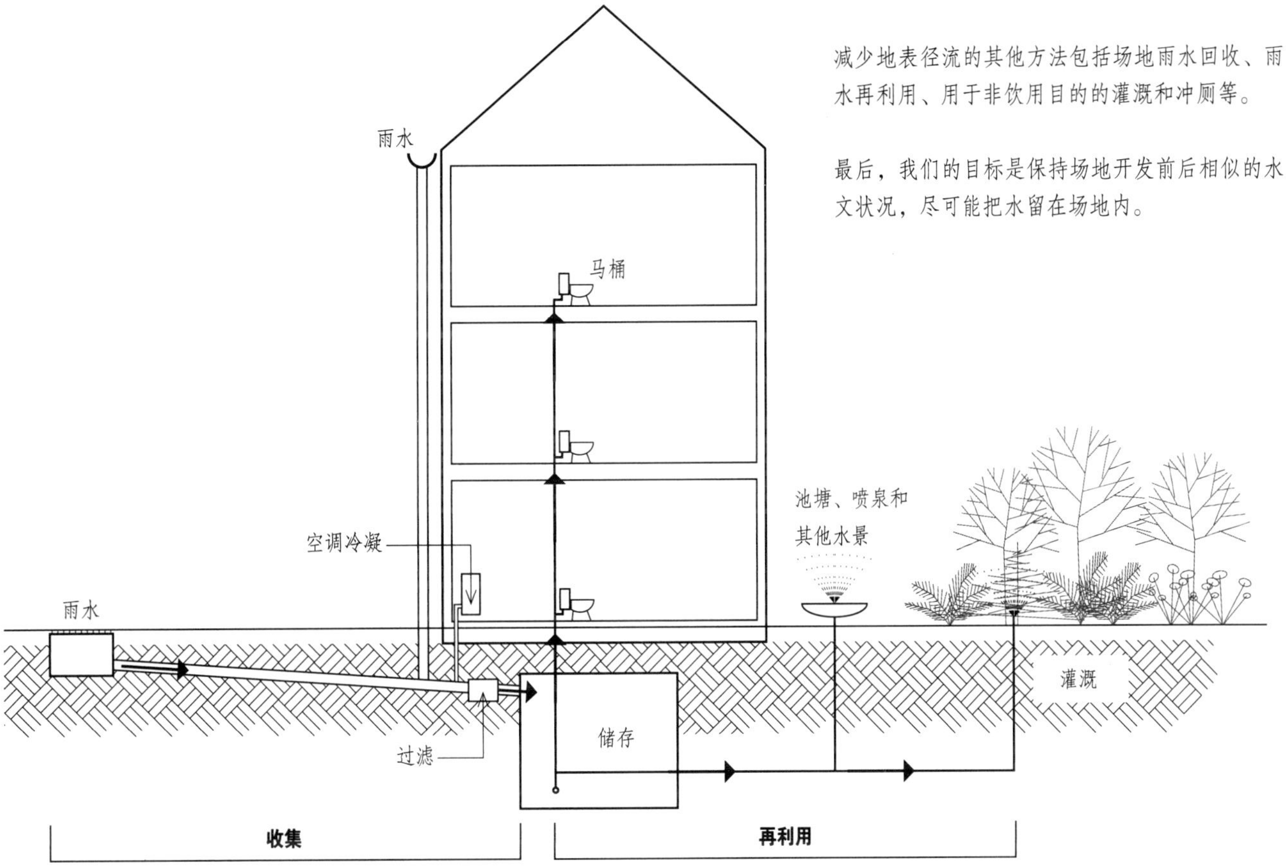

4.30 通过收集和再利用减少雨水径流量。

雨水径流质量 Quality of Storm Water Runoff

我们不仅要减少雨水径流量，还要提高雨水径流质量。这样做的好处是可以改善场地内的水质以便再利用，同时提升场地外下游河道、湖泊、海洋等的水质。水质提升有益于动植物的自然栖息地，对人类的用水也同样有益。

通过水体总量管理，水质已经得到一定的提升。减少雨水径流量，降低其流速，会减少其夹带的污染物，比如杀虫剂、重金属、油脂、生物垃圾、废物以及其他沉积物。

下一步是减少污染源。需要重申一下，已经迈出的重要一步是场地设计开始前的场地选择。需要特别指出的是，建筑场地临近社区中心或者在社区中心范围内，而且能够方便地抵达公交系统，就会减少机动车出行需求，从而减少与机动车相关的污染，例如轮胎在场地中行驶时留下的油脂。

绿色建筑的场地还应减少现场的污染源。建筑内部产生的污染源将在第13章“室内环境质量”中讨论。建筑物外部的现场污染源包括杀虫剂、除草剂、杀菌剂、化肥、动物粪便以及室外构筑物和设施的表面处理剂。现在已有处理这些污染源的成熟方法，比如虫害综合管理和有机园艺等方法。

绿色建筑的挑战演变成：在建造过程中以及建筑完工后，建筑设计如何才能最好地支持这些实践？我们可以采用那些不需要高毒性处理或不需要表面处理的室外构筑物、室外设施和材料。我们鼓励景观绿化选择耐受力强的本地植物，减少杀虫剂、除草剂、杀菌剂和化肥的用量。总而言之，涉及减少污染源时要遵循“少即是多”（less is more）的原则，即减少室外构筑物、减少人工景观绿化意味着减少各种化学品的使用量。

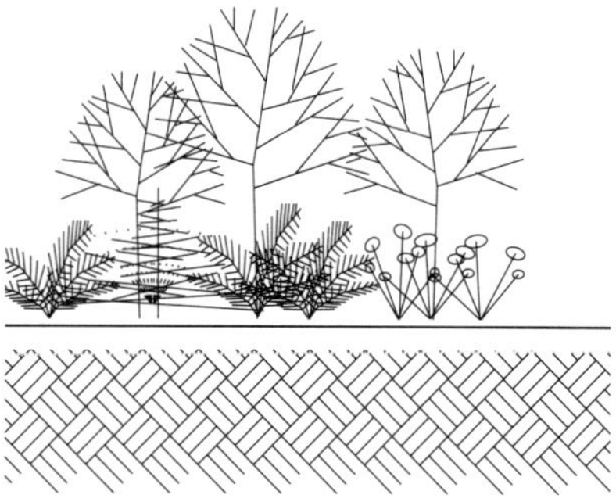

本地植物或耐受力强的植物会减少除草剂的使用。

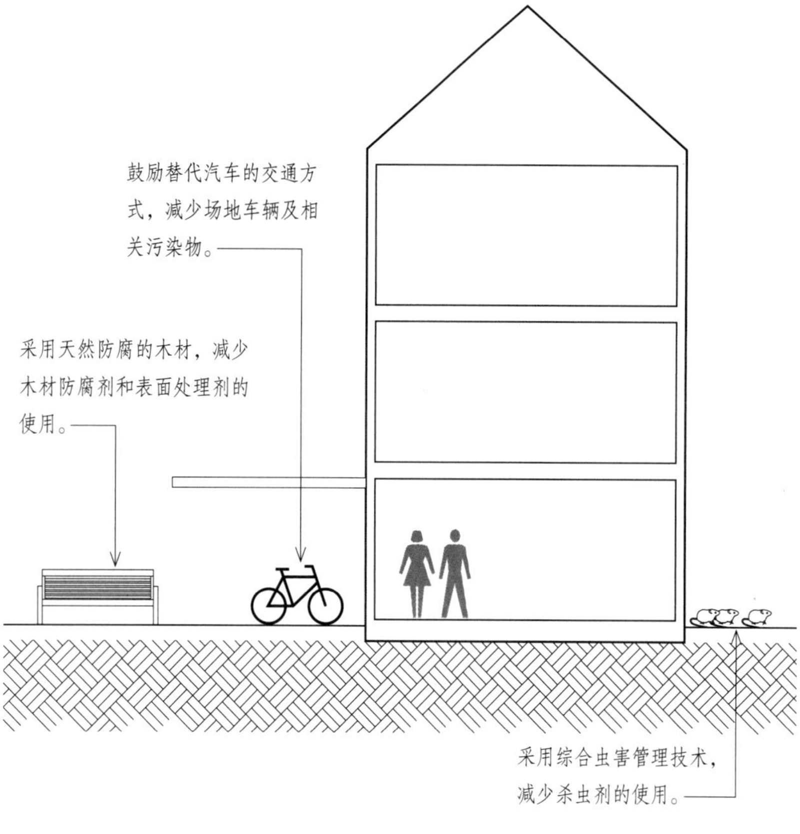

4.31 提高雨水径流质量的策略。

如果雨水不可避免地携带污染物，那么我们就应该鼓励雨水过滤，在雨水径流通过表层土壤进入深层土壤的过程中对其进行过滤。

必须特别注意，施工过程中应尽量减少沉积物和其他杂质的产生和夹带。建设过程本身就具有破坏性，因而产生了很大的污染量，即使污染是暂时的，也会造成严重的、持久的环境损害。污染源包括冲洗卡车或其他设备上的混凝土。混凝土冲洗最好在场地外进行，如果冲洗过程在场地内进行，则需远离水体或雨水管道，并将冲洗后的废水排放到防护良好的临时坑内，以便从场地转移进行集中处理。冲洗混凝土的废水以及其他废弃物处理的方法应在建设说明中做出明确规定。沉积物缓冲区可用来防止沉积物扩散到场地之外或流到敏感区域。

输送水 Transported Water

输送水是指被运送到建筑场地的水，或者是由市政水网提供的饮用水，或者是从地下含水层抽取的井水，通常这些水的水源都是在场地外，通过输送而至的。

输送水的一个主要目标是减少用于其他非饮用项目的饮用水，即减少饮用水资源的消耗，降低泵水的能耗需求，减少水处理中化学物质的应用，从而减少径流量。减少使用管网供水的策略包括采取节水措施，在合适的情况下尽量使用非饮用水。

使用高耐受性植物和本地物种营造景观，可以减少场地上饮用水的用量，因为这些物种的浇灌用水量很少。更高效的灌溉方法，比如滴灌（drip irrigation）以及可以根据天气做出调整的灌溉系统都会大幅减少水资源消耗。装饰性的喷泉也能通过设计减少用水量，比如选择流速低的喷泉，池面较小、蒸发量小的喷泉等。用程序控制的喷泉或定时开放的喷泉也能减少用水量，因为所有喷泉不会同时工作。喷泉用水计量也会帮助我们控制用水量。

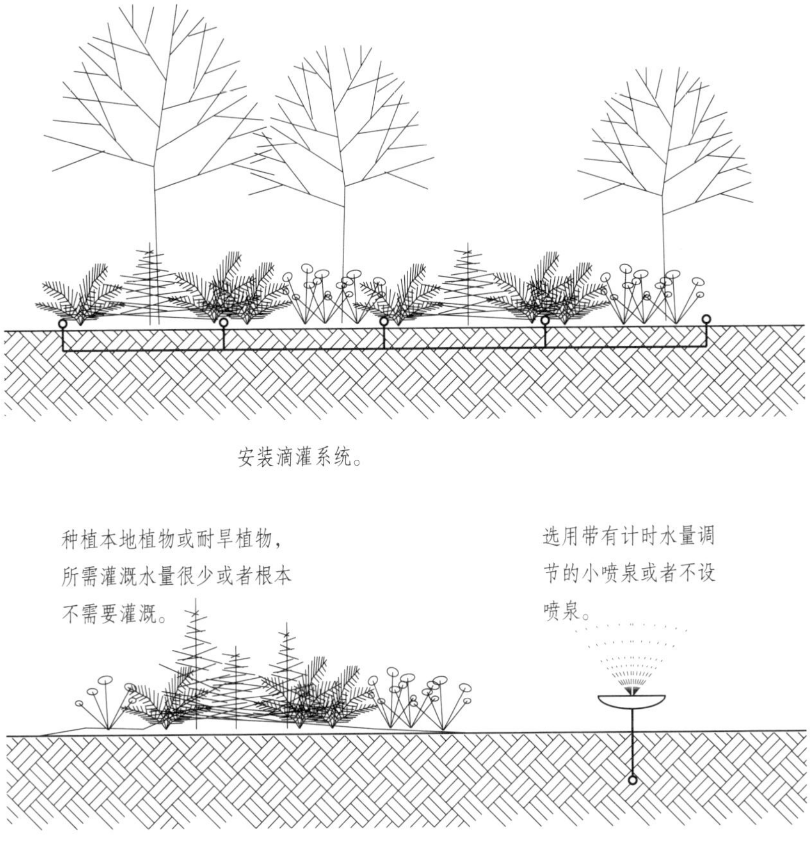

4.32 减少场地上输送水用量的方法。

室外水对室内环境质量的影响 Impact of Outdoor Water on Indoor Environmental Quality

缺乏管理的地表水会对室内环境质量产生负面影响。严重的室内环境质量问题（如霉变），都是由水侵入建筑机体、湿度过大引起的。水的入侵不仅是由于雨水落到屋顶和墙面，也可能是因为地表水流入地下室这类地方造成的。这种情况一旦发生将很难处理，建筑中的居民会出现过敏症状，闻到令人讨厌的异味，经受霉菌引起的其他不良反应。在出现霉菌之前，阻止地表水流入建筑，是比较容易解决这些问题的。

提供透水面层，让地表水渗入土壤而不是流向建筑。我们通过场地分类形成一个保护层，让地表水向远离建筑的方向流动。安装基础排水系统作为第二个保护层，在水渗入建筑之前，利用碎石、排水垫、带孔排水管来收集和转移地下水。室外防水层是第三个保护层。室内的防水和排水措施是最后的选择，但是我们不想依赖这些措施；我们希望由外而内解决这一问题。从源头阻止这一问题会比问题已经形成需要从内部解决更高效。

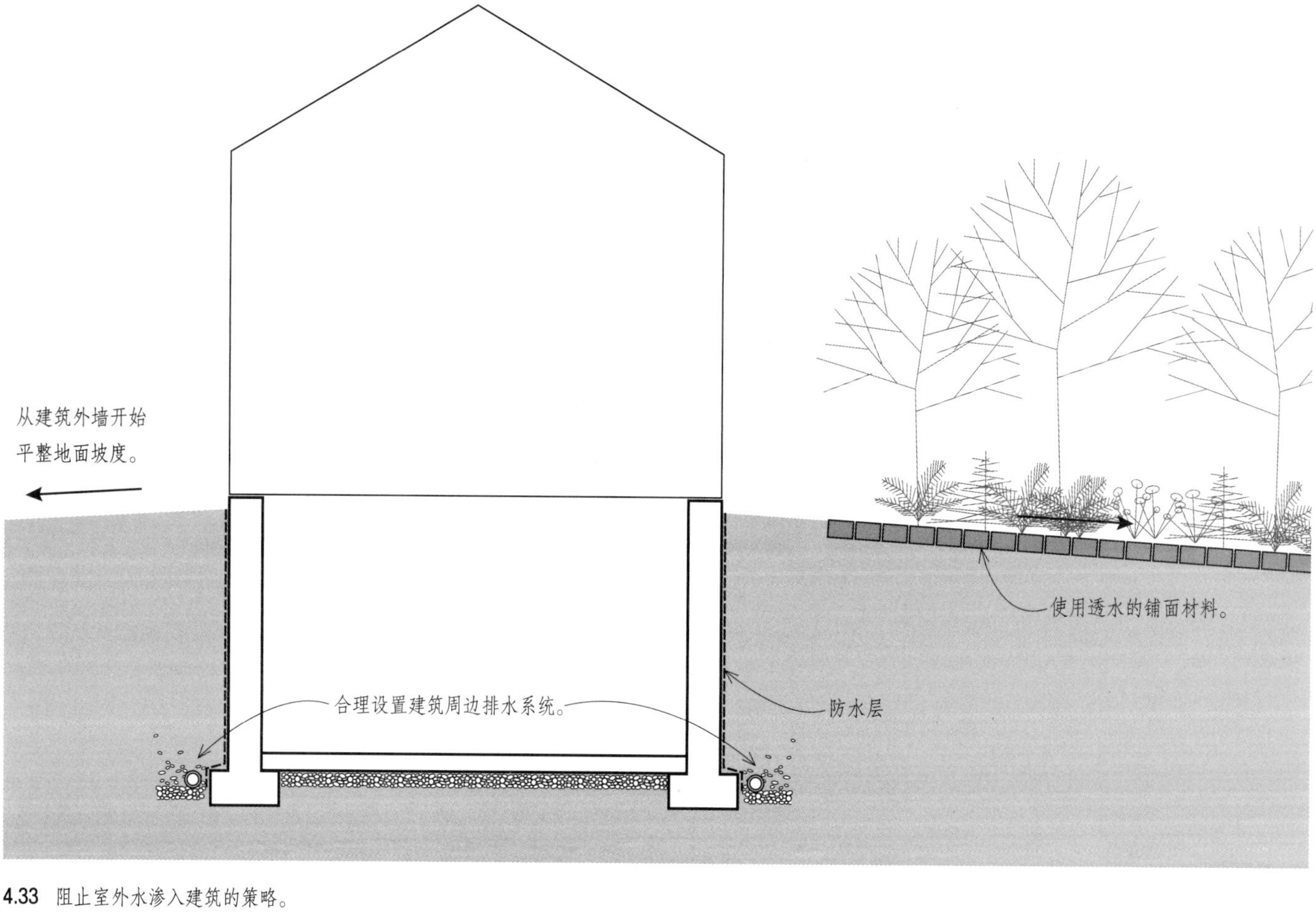

4.33 阻止室外水渗入建筑的策略。

其他场地问题 Other Site Issues

有趣的是，树木和其他植被虽然对建筑避风遮阳很有帮助，但是如果离建筑太近则会增加室内湿度，并带来其他室内环境质量问题。树木和植被的根系、树枝会威胁到建筑结构。藤类植物能穿透防风窗，将窗户和窗框分开，并对建筑的壁板和屋顶造成更大的损害。建筑物需要一个缓冲区来保护自身免受这类植物的伤害，这个缓冲区也是一个保护层。唯一的例外大概是刻意种植的绿化屋面，具有减弱热岛效应、减缓雨水径流、吸收空气中二氧化碳的作用。绿化屋顶专题将在第7章“外围护结构”中阐述。

绿色场地设计还能提高室内环境质量，使建筑内部免受污物和潮湿的影响，这一点能从居民的鞋子上得到验证。

开发有效的足底污物屏障系统始于建筑自身的建造方法，包括合理选择景观材料和植被，选用有质感的铺装材料而不是碎石，设置有效的污物清除装置或者入口脚垫，或者在所有入口处蹭掉鞋上的污物。我们甚至可以考虑在主入口外面放置鞋刷，所有这些措施都会大幅降低污物进入建筑的可能性，并且每项措施都作为一道屏障把足底污物挡在外面。

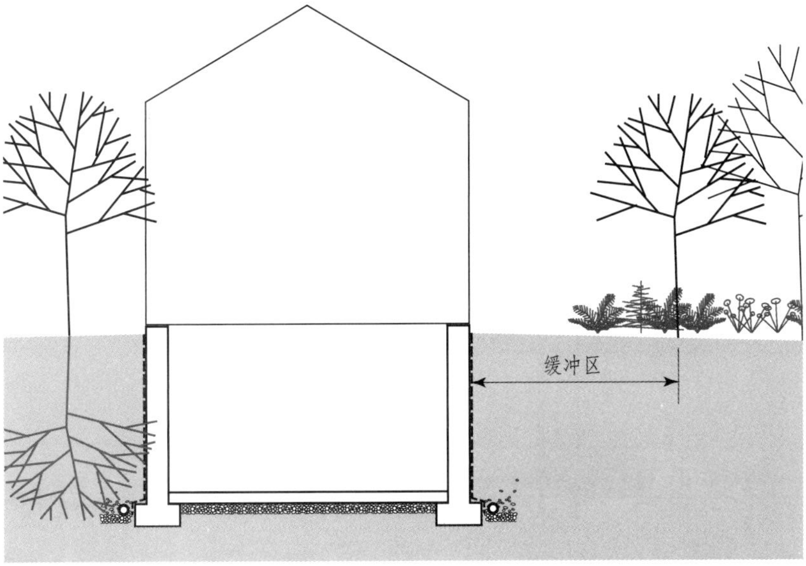

4.34 在建筑物与周边植被之间设置缓冲区是非常明智的，否则树木或灌木的根系和树枝会破坏并刺穿建筑外围护结构。

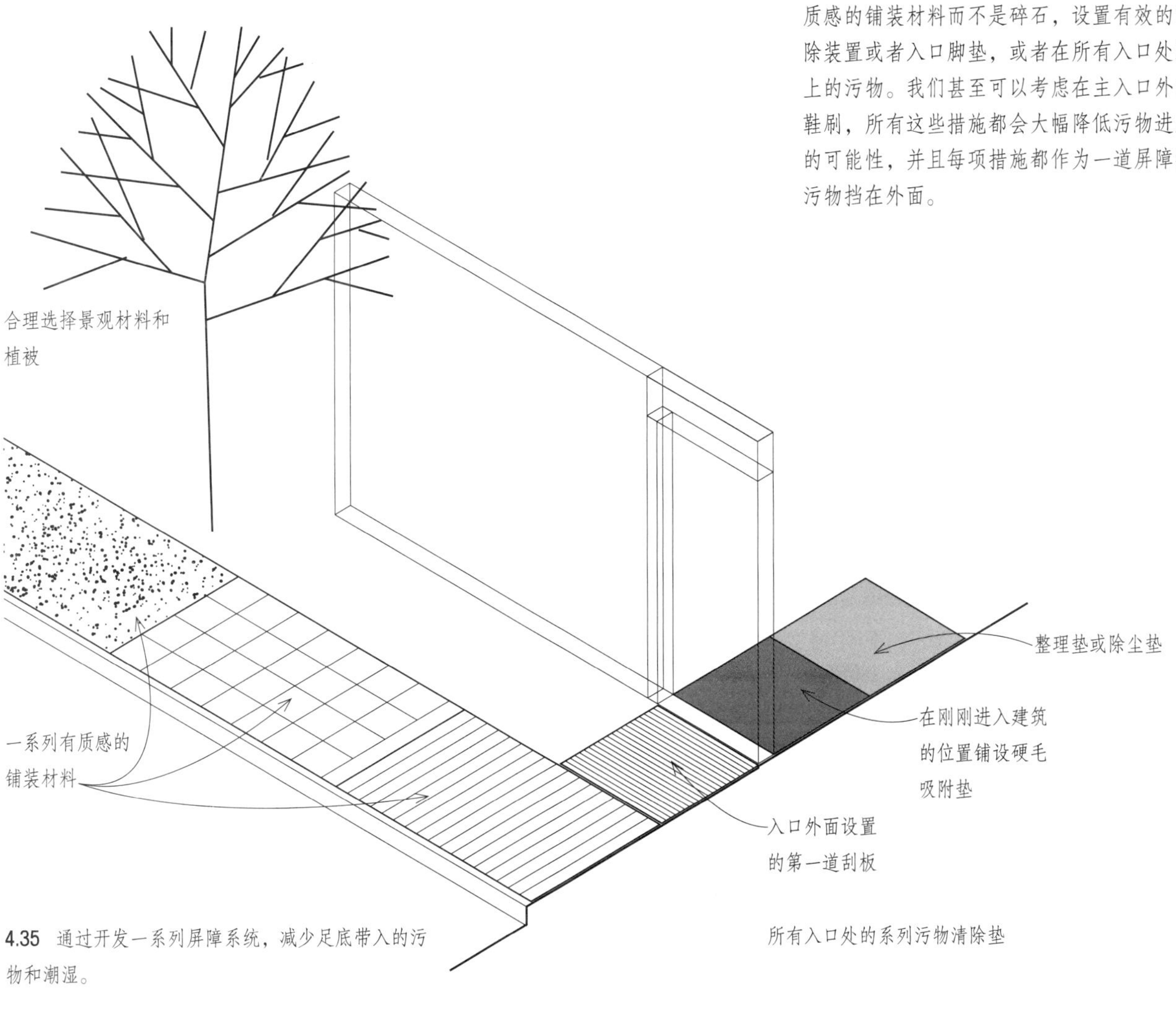

4.35 通过开发一系列屏障系统，减少足底带入的污物和潮湿。

如果闭环地源热泵也在考虑范围之内，那就必须做早期的土壤环境评估，以全面衡量这些热泵的效力。比如，如果土壤的热传导性差，打井的区域就会扩大，闭环地源热泵系统的费用就会很高。

这里又出现了另外一个问题，即传统的草坪是否适合绿色建筑场地。草坪的维护需要化肥、杀虫剂和其他化学药品。草坪在干燥的气候中需要浇灌，除草时能耗集中。岩石花园、本地植物和透水铺装可以替代传统的草坪。

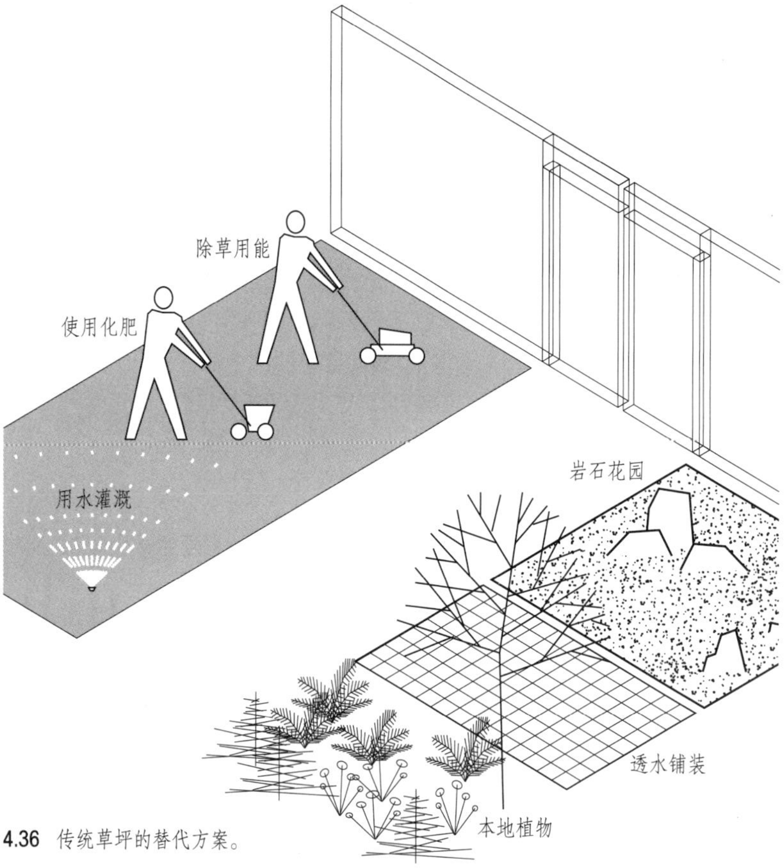

4.36 传统草坪的替代方案。

场地与可再生能源 Site and Renewable Energy

与场地相关的最后一点是可再生能源。出于各种原因，太阳能板的最佳安装位置是在建筑屋顶。然而，当屋顶不能容纳大量太阳能板的时候，一个选择就是把太阳能板安装在场地的地面上。太阳能板的场地规划必须研究阴影情况，包括树木和周围建筑可能带来的潜在阴影。如果我们打算通过种树来给建筑挡风，这些树木与建筑之间要有足够的距离以免遮挡太阳能板。

同样，如果考虑使用风车，进行可行性研究的最佳时间是场地选择和规划阶段。在地面上安装太阳能板和风车，必须考虑它们与建筑之间的距离，使挖沟和架线的费用控制在合理范围内。最后，可再生能源部件安装在地面上的美学效果可能比较敏感，应在场地设计过程的初期通过效果图加以判断。

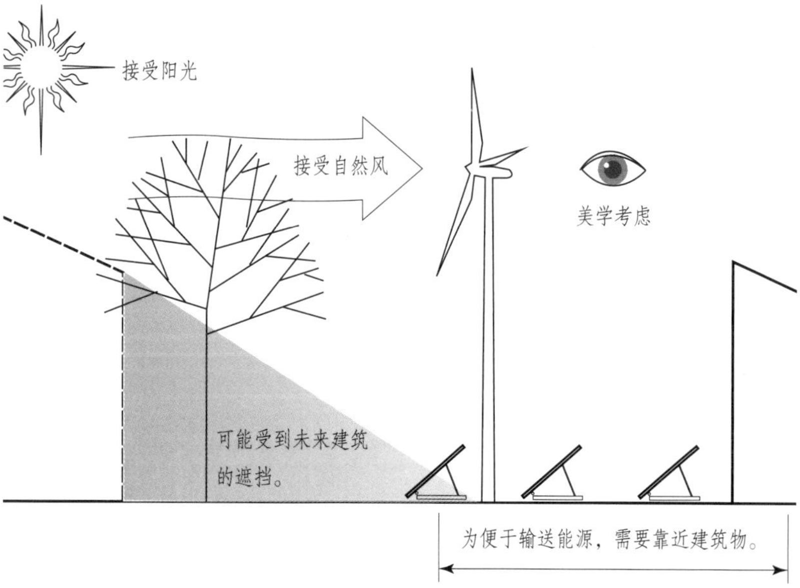

4.37 场地设计需要考虑风车和地面铺设的太阳能板。

第5章

建筑形体与仿生学

Building Shape and Biomimicry

谈到建筑形体，我们指的是建筑物坐落于基地面积之上的突出部分以及建筑的规模、高度、层数以及建筑物的整体外形。从传统意义上讲，关于这些问题的讨论聚焦于建筑的朝向，即建筑与阳光、街道和景观之间的关系。这里，我们不仅要审视建筑的朝向，还要研究建筑的两个几何特性：建筑面积和建筑外表面面积。这两个特性对建筑能耗、材料消耗、可负担性等影响很大。我们还将分析仿生学的方方面面，即在建筑设计中模仿自然形态。

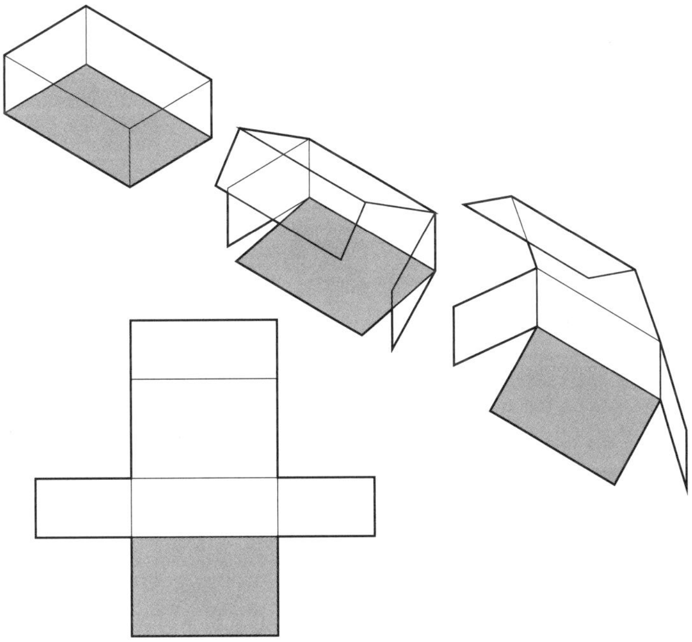

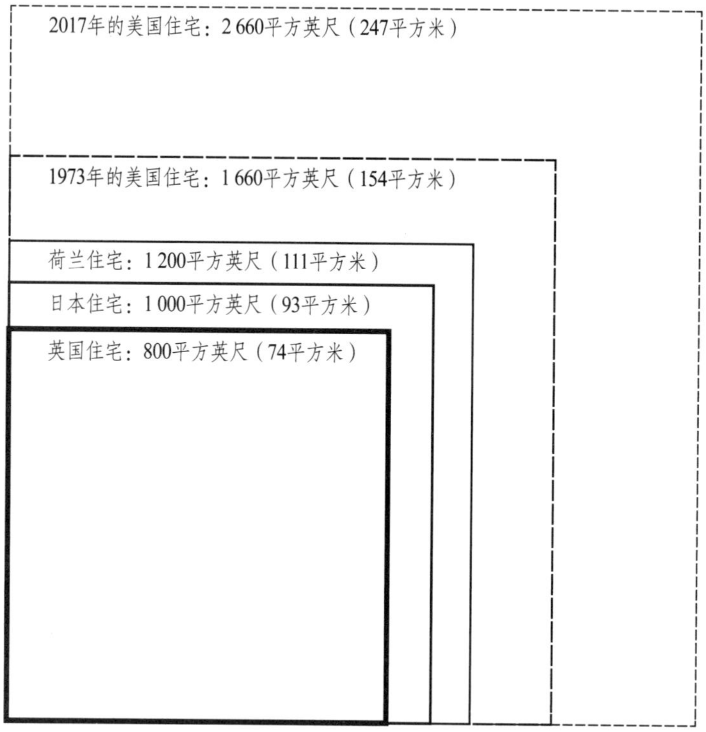

5.01 平均住宅面积。

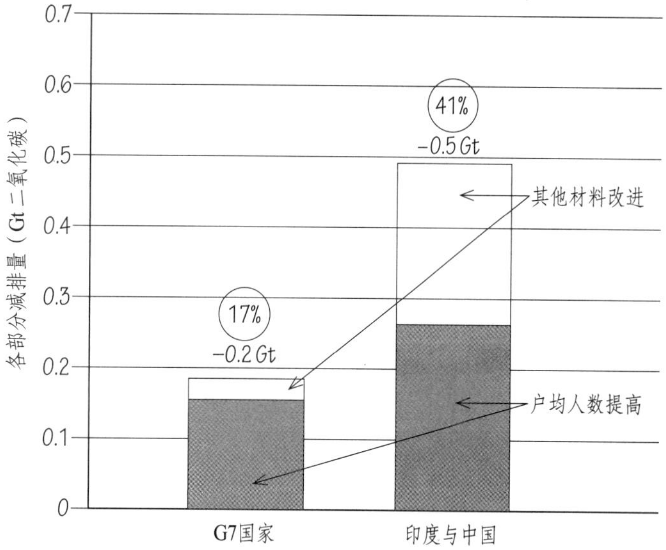

5.02 2030年建筑物潜在碳减排量。

（来源：联合国环境规划署《2019年排放差距报告》，第59页）

建筑面积 Floor Area

简单地讲，建筑面积会影响建筑材料的使用和能源消耗，因为建筑面积越大，不仅需要的建造材料越多，而且需要用于采暖、制冷、采光、通风等需求的能耗越高，这些能耗都随建筑面积成比例地增长。

一栋建筑到底应该有多大面积，这个问题与绿色建筑设计紧密关联。比如，美国住宅的平均面积从1973年的1 660平方英尺（154平方米）增加到2017年的2 660平方英尺（247平方米），面积增长超过60%。典型美国住宅的面积大约是荷兰典型住宅或日本典型住宅的两倍多，几乎是英国典型住宅的3倍，而美国的户均人口与这些国家相同，都是平均每户2.5人。即使适度减小建筑面积，同时完全满足其功能需求，都会大幅度降低能源和材料的消耗，降低建筑成本。

LEED的居住建筑评价体系，即LEED住宅评估系统，认可建筑面积与能耗的关系，并调整得分来奖励小型住宅。然而，大多数其他绿色建筑评价体系并不会给面积较小的建筑加分。

通过对建筑面积的简短讨论可以得到以下结论，这些结论虽然看上去不言而喻但值得反复强调：小房子与大房子相比能耗低、用材少。减少房间面积、增加人员密度是建筑变小的一种方法，同时还有其他方法可以做到这一点，包括创造性地应用存储空间，将把不需要采暖制冷的空间移到热围护结构以外。

联合国最近的一份报告强调了考虑建筑规模的重要性，该报告指出："如果将人均建筑面积减少20%，那么到2050年，G7成员国的住宅可以减少50%～60%与建筑材料生产相关的排放量，还将减少高达20%的供暖和制冷需求。"（《2019年排放差距报告》（Emissions Gap Report 2019），内罗毕：联合国环境规划署，第59页）。更高的户均人数/建筑密度（即人均建筑面积更小）所带来的潜在减排量高于所有其他潜在减排领域的总和。见图5.02。

例如，如果我们设定一个目标，将建筑尺寸减小20%，那么尺寸缩小节省下来的建造成本，可用于建筑节能和太阳能设施的支出，刚好可以满足建筑净零能耗的要求。节省的成本还可用于支付其他绿色项目。因此，缩小建筑尺寸不仅可以通过节省材料来减少碳排放，而且可以节省需要付出的成本，消除能源使用中的碳排放。

对于许多建筑类型来说，尺寸减少20%或更多是非常合理的。我们已经讨论了单户住宅的规模，并且认为住宅通常是过大的，至少在美国是这样。再举一个例子，20年前美国酒店房间的平均面积是350平方英尺（32.5平方米）。最近，减少房间面积的趋势很强烈，连锁酒店推出了房间面积在170~250平方英尺（16~23平方米）范围内的新酒店，微型酒店的房间更小。这一趋势如此强劲，以至于包括之前所有酒店在内的平均房间面积已降至330平方英尺（31平方米）。办公建筑也出现了同样的面积缩小的趋势，最近北美人均办公空间约为150平方英尺（14平方米），低于2010年的225平方英尺（21平方米）。2018年美国的公寓平均面积为941平方英尺（87平方米），比10年前减少了52平方英尺（5平方米）。

当我们考虑建筑尺寸的问题时，我们可能会问这样的问题：建筑面积很大，其目的是什么？我们为什么要设计这么大的建筑？为什么人们会反对缩小建筑面积？答案也许是我们试图满足人类对丰富性的需求。

但是，一座大型建筑真的能满足我们所追求的丰富性吗？一座大型建筑，无论是房子、办公室还是酒店房间，是否仅仅提供了一种空洞的丰富，而不是满足了对丰富的更深层次的需求呢？难道不能以更适度的比例代替面积大小，来传递一种更丰富的感觉吗？通过美感、归属感、场所感来做到这一点？难道我们不能通过温暖的内饰，通过光线、颜色和纹理，通过家具的品质和布置，通过便利的设施，通过完善的功能，简而言之，通过更深层次的建筑意义来满足我们对丰富的深切需要吗？

在绿色设计中，我们可以考虑采用更有意义的视觉和功能的丰富性来代替对空间丰富性的错觉。我们简单地用大房子购买丰富性的努力可能没有奏效。也许最好的丰富性是创造出来而不是买来的。大房子可能只是一种过于粗糙且并未完成的丰富形式。其他形式的丰富性实际上可能更高级、更微妙、更持久。

适度是一种古老、深刻且经久不衰的价值观，可以很好地用于绿色建筑。美国作家拉尔夫·沃尔多·爱默生（Ralph Waldo Emerson）用“经济”（economy）一词来指代我们努力实现的适度，并写道：“让我们了解经济的含义。经济是人类的一项崇高职责——当它的目标是伟大的，当它是对朴素品味的谨慎表达时，它就是一种圣礼。”

5.03 通过设计满足更深层次的丰富需求。

表面积 Surface Area

第二个建筑几何特性，即表面积，在减少建筑能耗方面起着决定性作用。所谓“表面积”特指接触室外环境的建筑外表面的面积。冬季建筑的热量散失与建筑的表面积成正比。夏季表面积对制冷需求的影响很大。因为绝大多数建筑能耗主要来自采暖和制冷，所以表面积成为建筑节能的一个关键指标。

同样，减少建筑的表面积对于降低材料消耗和建设成本意义重大，因为建筑外墙和屋顶是集中用材的部位。

建筑表面积对建筑能耗的影响，可以从控制热损失的热传导方程中看出来：

热损失（Heat loss）=（A/R）×（$T_{室内}-T_{室外}$）

其中：

A表示建筑物的外表面积；

R表示热阻；

$T_{室内}$和$T_{室外}$分别指室内、室外空气温度。

以往，为了减少热损失，绿色建筑设计的重点是提高外围护结构的热阻或材料热阻。这是有意义的，同时也是行之有效的。在设计过程中，建筑表面积（A）可能没有得到应有的重视，尽管表面积具有同样重要的作用。此外，增大热阻意味着材料用量增加、建设成本提高，与此相反，减少外表面积不仅会降低热损失，还会减少材料用量，降低建造成本。

前面已经讨论过建筑面积的重要性。现在假设一栋建筑的建筑面积已经最终确定，能够满足特定的建筑目标，一个有趣的指标是建筑的表面积与其建筑面积的比率。不同建筑形体可以通过这一指标进行比较。我们把建筑表面积与建筑面积的比率定义为面积系数（area ratio）。面积系数越大，单位建筑面积的采暖与制冷能耗就越高。

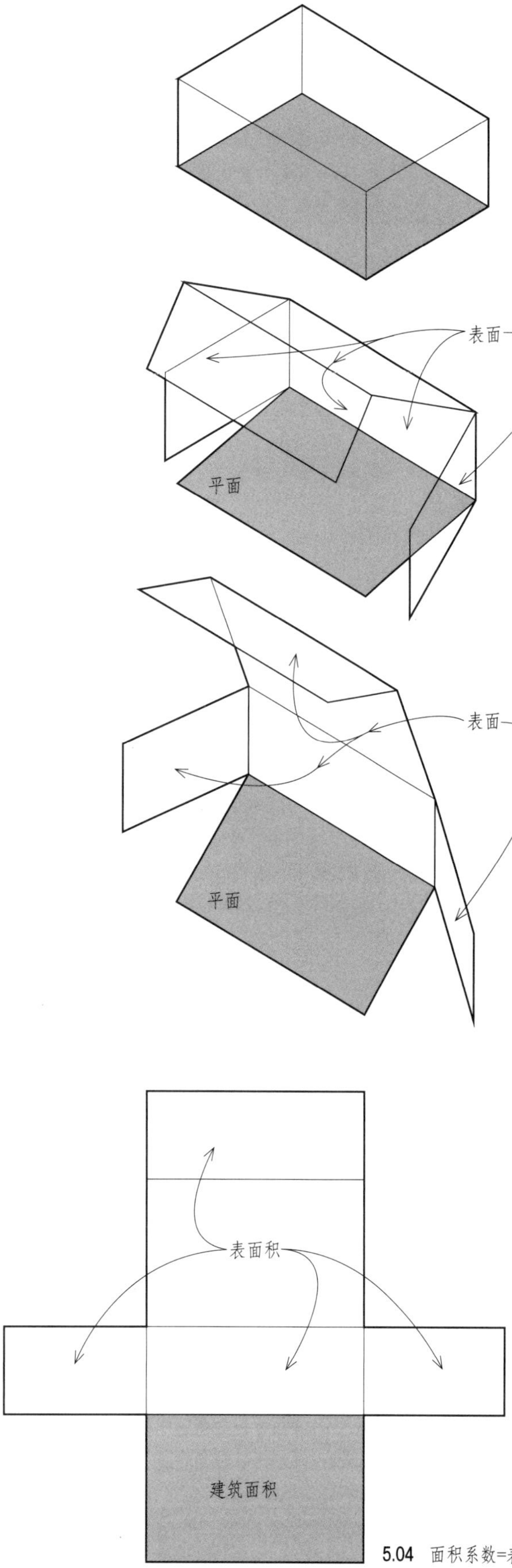

5.04 面积系数=表面积/建筑面积。

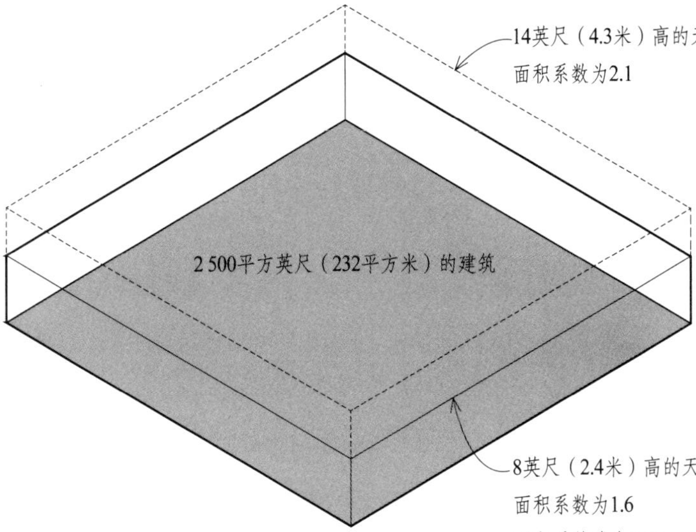

5.05 面积系数与层高的关系。

例如，一座单层、正方形、平屋顶，建筑面积为2 500平方英尺（232平方米）的建筑，我们可以检验房屋高度从14英尺减到8英尺（从4.3米到2.4米）的效果。14英尺高度的面积系数是2.1，8英尺高度的面积系数则刚过1.6。顶棚高度降低以及较小的面积系数对能耗的影响如何呢？面积系数减少24%，则采暖能耗降低27%。面积系数对能耗的影响很大，节能率与面积系数变化率在数值上差别不大。事实上，节能率略高于面积系数减少率。在建筑设计中，从一系列空间高度中审视和选择的机会并不少见。例如，典型的超市顶棚高度范围为12～18英尺（3.7～5.5米），然而8英尺以上的空间基本不会用到，因为它超过了人能达到的高度。绿色建筑设计并不是要求顶棚高度一定很低，但是对于过高空间的需求要认真审查。高高的顶棚下常常是低效的空间，降低顶棚高度能为降低能耗、减少材料使用量、节约建设成本提供巨大潜力，而对建筑功能却毫无损伤。

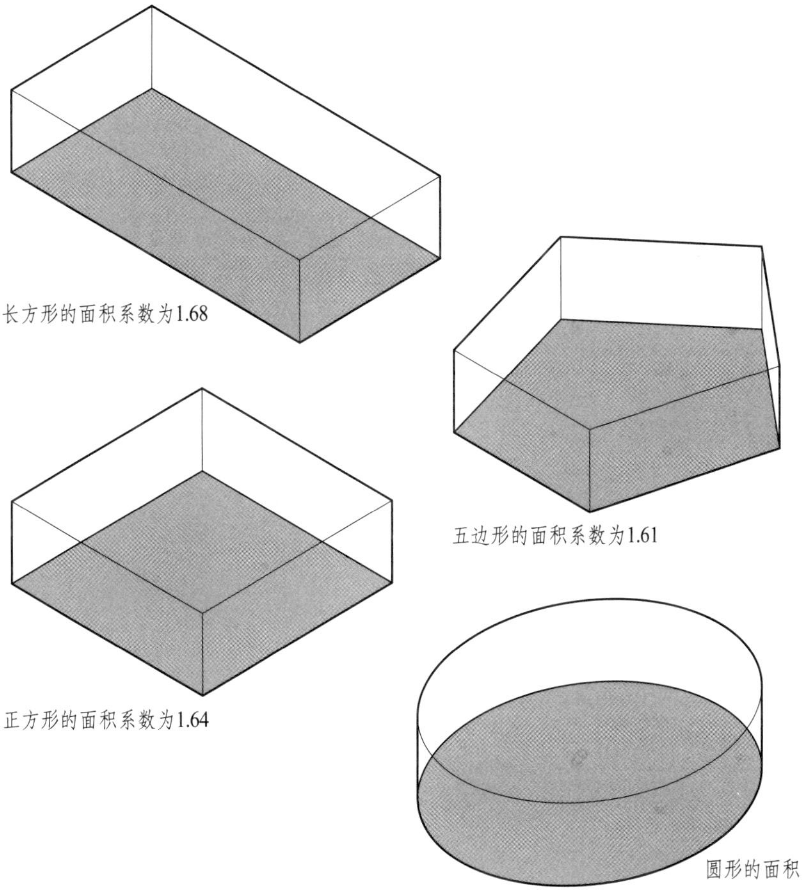

5.06 面积系数与建筑形状的关系。

我们可以单层、8英尺高（2.4米），建筑面积为2 500平方英尺（232平方米）的建筑为例，检验不同形状建筑的情况。特别考虑以下建筑平面形状：正方形、长宽比为2：1的长方形、五边形、八边形和圆形。长方形建筑的面积系数为1.68，正方形建筑的面积系数则是1.64，五边形、八边形、圆形建筑的面积系数分别为1.61、1.58和1.57。虽然后面三种形状是罕见的，但我们还是可以看到圆形平面、柱状体量的建筑面积系数最小。这种比较更重要的意义在于，我们发现几种形状的面积系数差别并不大。既然形状对面积系数的影响较小，我们就可以灵活地选用这些形状。

复杂的形状对面积系数和能耗的影响很大。L形平面常见于居住建筑和公共建筑中。比如，3个比邻的正方形构成一栋单层L形平面的建筑，如果建筑高度是正方形边长的一半，这一比例通常适合规模不大的L形建筑，则面积系数为2.33。同样建筑面积情况下的简单正方形平面，面积系数为2.15，与L形平面相比面积系数减少8%。选用简单的建筑形状比L形建筑更加节能。

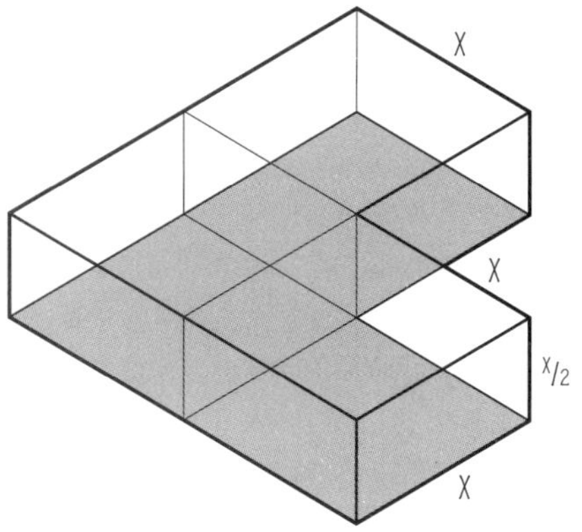

5.07 L形建筑的面积系数。

建筑面积=3×X^2
表面积=7×X^2
面积系数=7/3=2.33

带有庭院的平面是另外一种常见的建筑形式。假设一栋正方形建筑，中央是正方形庭院，正方形建筑的边长是庭院边长的3倍，同样是单层建筑，高度为庭院边长的一半，那么庭院建筑的面积系数刚好是2。相比而言，没有庭院的正方形建筑，在建筑面积相同的情况下，面积系数是1.71，与庭院建筑相比，面积系数减少14%。

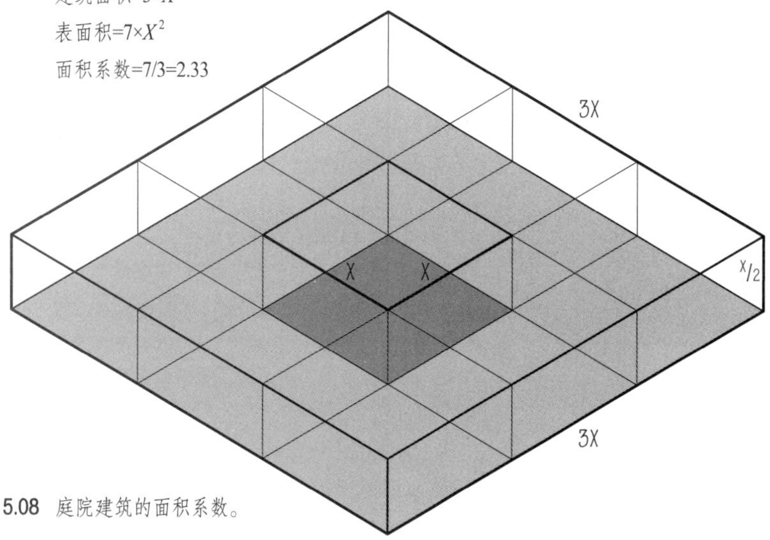

5.08 庭院建筑的面积系数。

建筑面积=8×X^2
表面积=16×X^2
面积系数=16/8=2

如果建筑形状为C字形，而不是正方形，则其面积系数与庭院建筑的情形相仿，同样减少14%。形状复杂的建筑比形状简单的建筑成本高，C字形建筑据说比简单的正方形或长方形建筑的造价高3.5%。

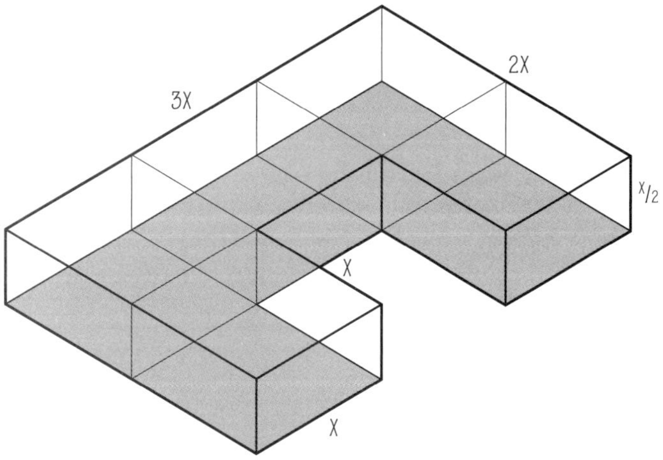

5.09 C字形建筑的面积系数。

建筑面积=5×X^2
表面积=11×X^2
面积系数=11/5=2.20

接下来看看被称为“联排住宅”（row housing）的居住建筑会有哪些好处。联排住宅是指把建筑单元并排连接成一栋建筑。我们以一栋独立的两层长方形住宅为例，其建筑面积为1 600平方英尺（149平方米），宽20英尺（6.1米），进深40英尺（12.2米），每层层高为9英尺（2.7米），那么其面积系数为1.85。两栋独立的建筑并排在一起，比如双拼住宅（duplex），其面积系数显著下降了24%，为1.40。两栋建筑拼接起来，共用的分户墙使建筑暴露部分的表面积大大减少。拼接第三个单元面积系数降为1.25，拼接第四个单元面积系数为1.18，拼接第五个单元面积系数为1.13，拼接第六个单元面积系数为1.10。与独栋建筑相比，6个单元组合的建筑面积系数减少了41%。我们还注意到，从独栋到两个单元拼接，面积系数减少最为显著。

即使我们不会扩展为6个单元的建筑，两个单元的双拼住宅也比独栋住宅效率高很多。然而，双拼住宅（面积系数比独栋住宅低24%）与6个单元拼接住宅（面积系数比独栋住宅低41%）的差别依然显著。联排住宅节省了可观的材料、能源和建设成本。我们知道联排住宅中的共用分户墙可能会影响采光和景观，这在特定的项目中可能不被接受。然而，这种方法可以用于许多建筑类型，比如商业零售建筑，只需要在店面部分安装玻璃窗，不能开窗的共用墙体可以满足商品货架的要求。

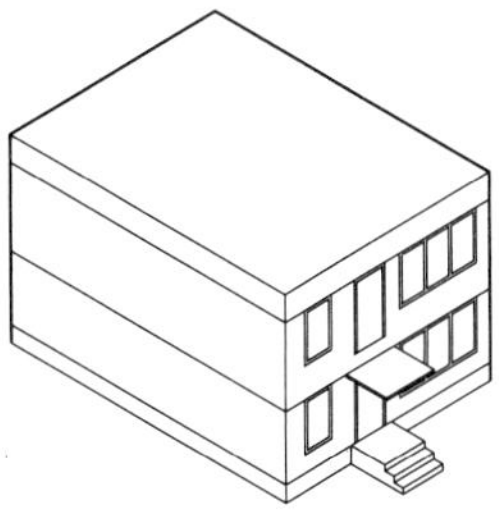

独栋建筑的面积系数为1.85

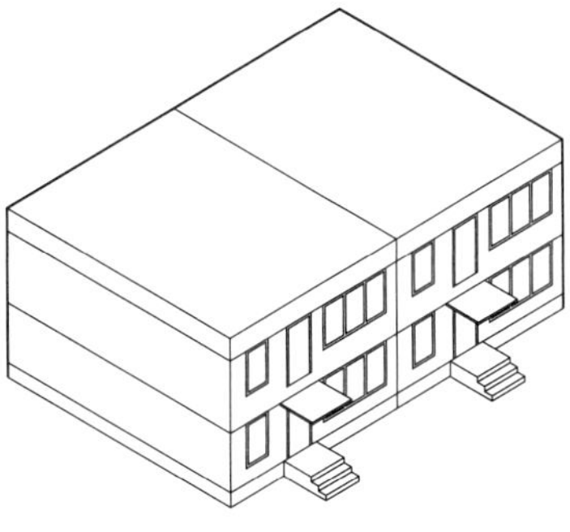

双拼住宅的面积系数为1.40

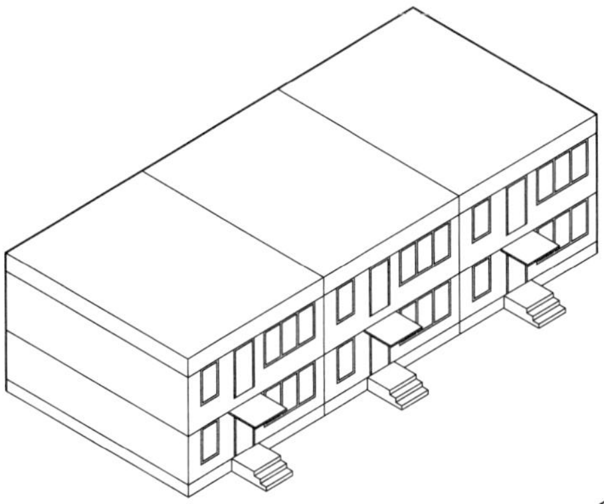

三拼住宅的面积系数为1.25

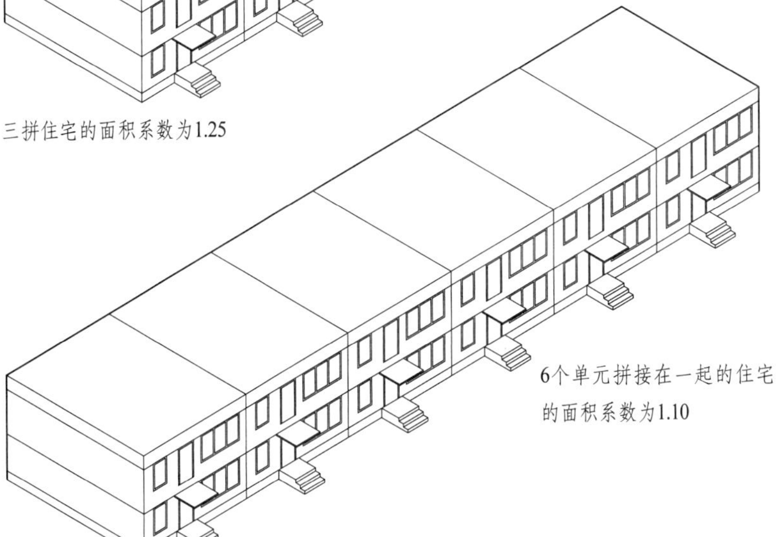

6个单元拼接在一起的住宅的面积系数为1.10

5.10 联排住宅的面积系数。

今天的建筑，面积系数到底是多少呢？典型的小建筑，比如住宅，面积系数通常是2.0~3.0。现实中的建筑因为在简单的形体上增加了大量突出物、线脚、挑檐、老虎窗、裸露的楼板以及其他复杂构件，面积系数明显增大。在同样建筑面积的情况下，减少建筑形体上面的复杂构件，面积系数达到1.5是没有问题的，简单的建筑形体能耗肯定低。考虑到简单的形体用材少、建造成本低，我们基于绿色设计和可负担性，开始研究“简化”（simplicity）这一偏好。对某些建筑而言，简单的建筑形体可能不受欢迎，但是对于那些接受简单主张的建筑，能耗和造价的潜在降低幅度将是可观的。

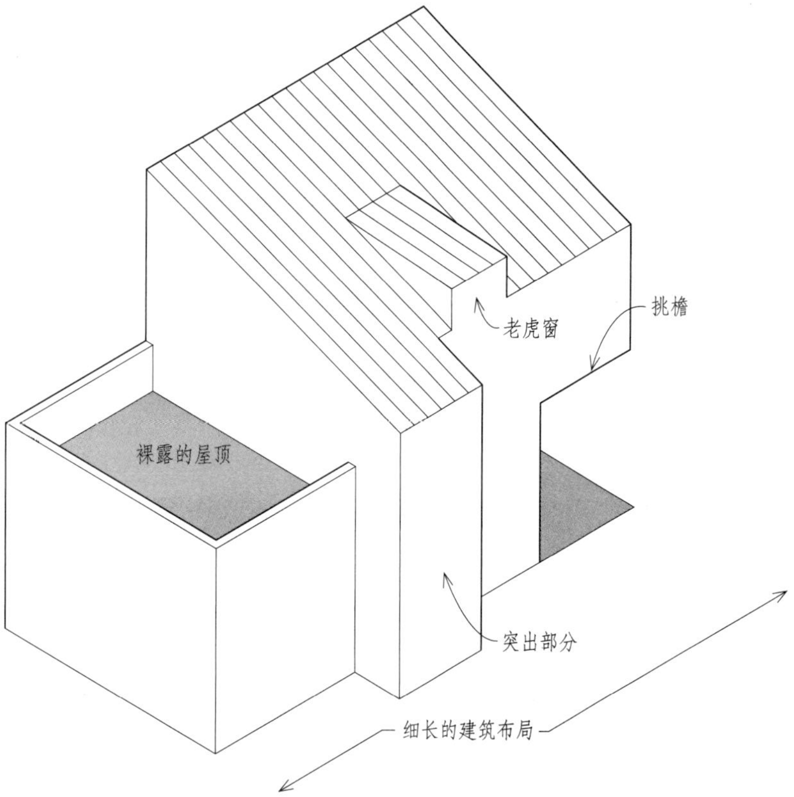

5.11 增加面积系数的建筑元素。

坡屋顶也会影响面积系数。比如，一栋边长20英尺（6.1米）、高9英尺（2.7米）的正方形独栋建筑，如果屋顶的一边抬高9英尺成为坡顶，那么其面积系数比9英尺高的平顶建筑增加36%。同样，如果屋顶是拱形的，中间升高9英尺，其面积系数比平屋顶建筑增加17%。

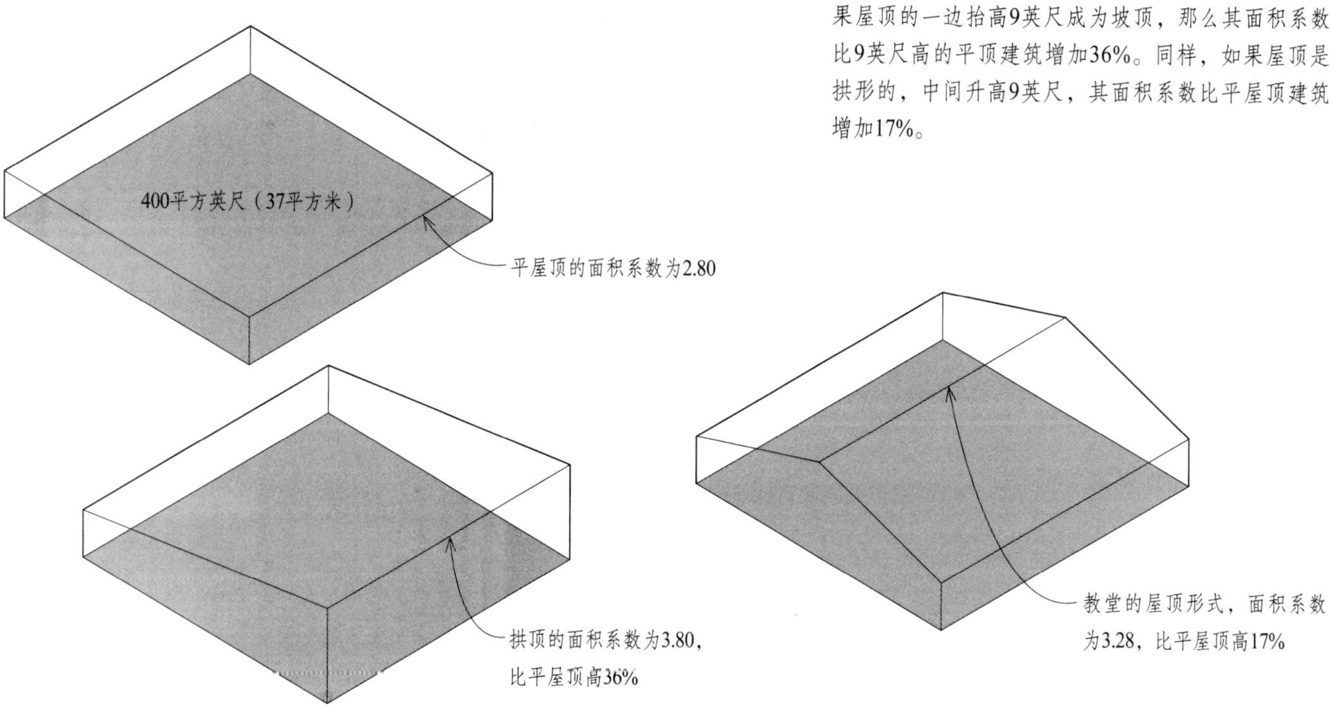

5.12 不同屋顶形式的面积系数。

面积系数还受到建筑层数的影响。我们还是以一栋简单的正方形建筑为例，建筑面积为2 500平方英尺（232平方米）、高8英尺（2.4米）。此处的2 500平方英尺指的是整栋建筑的面积，不是一层投影的面积。在这个例子中，2 500平方英尺的面积均分给各楼层。如果建筑为单层，则面积系数为1.64；如果是两层结构，则面积系数为1.41；如果是三层结构，则面积系数为1.44。可以清楚地看到把同样的建筑面积分成较小的两层，比大面积的单层建筑有好处，因为在两层建筑中，暴露的屋顶面积减小了。但是，随着建筑升高到三层，体量变得又高又瘦，暴露的外墙成为主导因素，使面积系数又开始增加。这表明对于建筑面积2 500平方英尺的房子而言，两层是最佳层数。

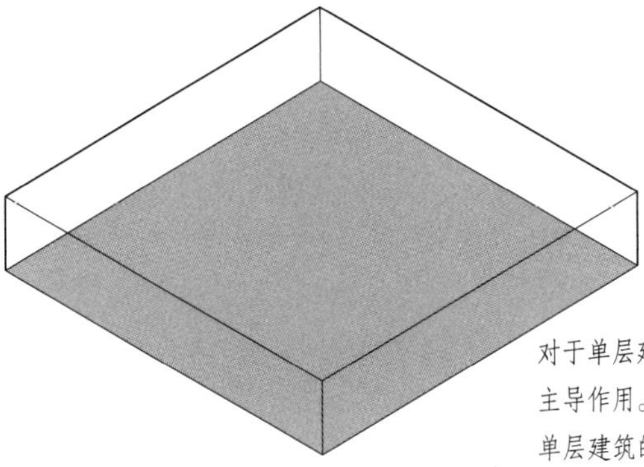

对于单层建筑，屋顶面积起主导作用。
单层建筑的面积系数为1.64

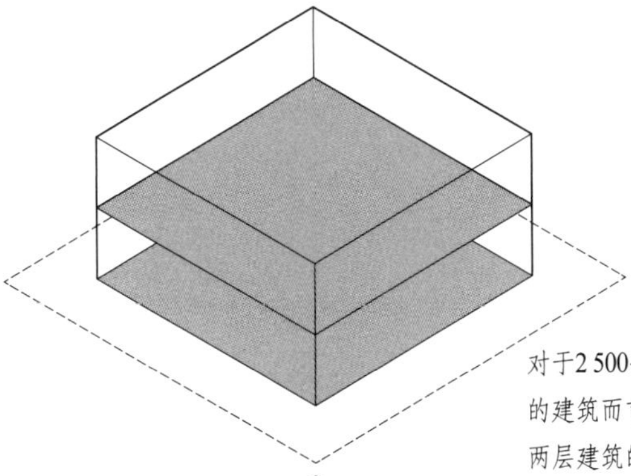

对于2 500平方英尺（232平方米）的建筑而言，最佳层数是两层。
两层建筑的面积系数为1.41

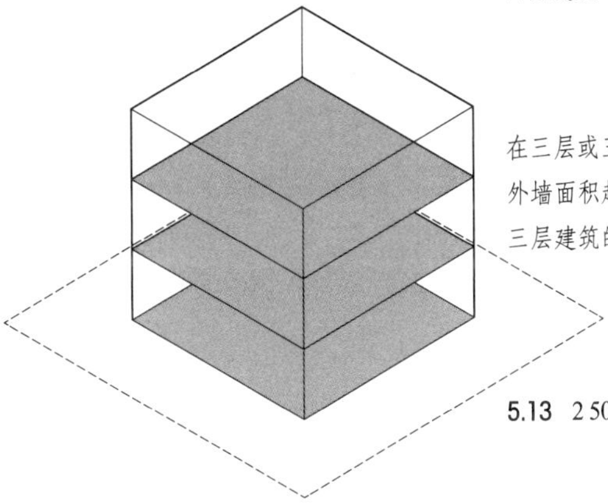

在三层或三层以上的建筑中，外墙面积起主导作用。
三层建筑的面积系数为1.44

5.13 2 500平方英尺（232平方米）建筑的最佳面积系数。

5.14 最佳层数与建筑面积的关系。

建筑面积（平方英尺（平方米））	**最佳层数**
< 1 000 (93)	1
1 000~5 000 (93~465)	2
5 000~10 000 (465~929)	3
10 000~30 000 (929~2 787)	4
30 000~60 000 (2 787~5 574)	5
60 000~100 000 (5 574~9 290)	6
100 000~150 000 (9 290~13 935)	7
150 000~240 000 (13 935~22 297)	8

建筑层高不同，则最佳层数略有变化。此表层高设定为10英尺。

对于单层建筑而言，建筑面积在1 000平方英尺（93平方米）以内，高度不超过10英尺（3米）时，面积系数最小。建筑面积从大约1 000~5 000平方英尺（93~465平方米）时，最佳层数是两层；从5 000~10 000平方英尺（465~929平方米）时，最佳层数是三层；从10 000~30 000平方英尺（929~2 787平方米）时，最佳层数是四层；依此类推。建筑面积200 000平方英尺（18 581平方米）时，最佳层数为八层。需要指出的是，能带来最小面积系数的最佳层数随着总建筑面积的增加，建筑内部空间会出现一个核心空间（a core of interior space）。

有些建筑，比如公寓和酒店，因为视线的需要，不能有核心空间。我们把这些建筑称为“表皮主导”（envelope-dominated）的建筑。有些高层建筑必须保证良好的视线，内部不能有过多不采光的核心空间，这类建筑的面积系数随着建筑高度和层数增加而降低。例如，一栋50英尺×200英尺（15米×61米）的建筑，层高为10英尺（3米），每层建筑面积为10 000平方英尺（929平方米），如果是单层建筑，则面积系数为1.5，两层建筑面积系数降为1.0；十层建筑的面积系数为0.6；二十层建筑的面积系数是0.55。对于表皮主导的建筑，如果仅从面积系数的角度考量，则建筑越高，面积系数越小。

然而，随着建筑升高，有两个不相关的因素会对面积系数降低带来的节能效果产生影响：树木和周边建筑挡风效果缺失；烟囱效应增强——冬季由温差引起的驱动力使空气向建筑上部流动。对于表皮主导的建筑，比如公寓和旅馆，最佳高度是中层区间，即面积系数刚好低于一层到两层建筑的面积系数，而烟囱效应和迎风面尚未变成主导力量。

关于建筑高度的另外一个限制因素是屋顶面积能否满足太阳能系统的需要。绿色建筑希望获得净零能耗的效果，但往往缺乏足够的场地空间。研究表明，当建筑高于两层时，由于屋顶面积有限，采用屋顶太阳能为建筑供电的可能性变小了。

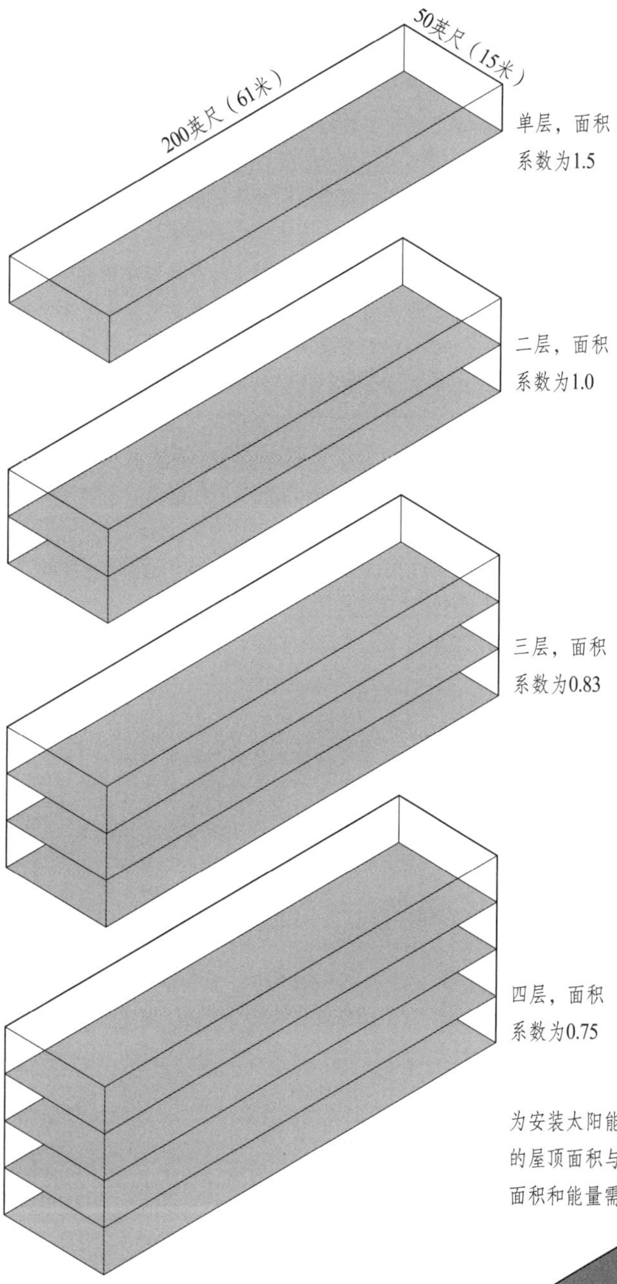

5.15 在基底面积一定的情况下，面积系数随着层数的增加而减小。

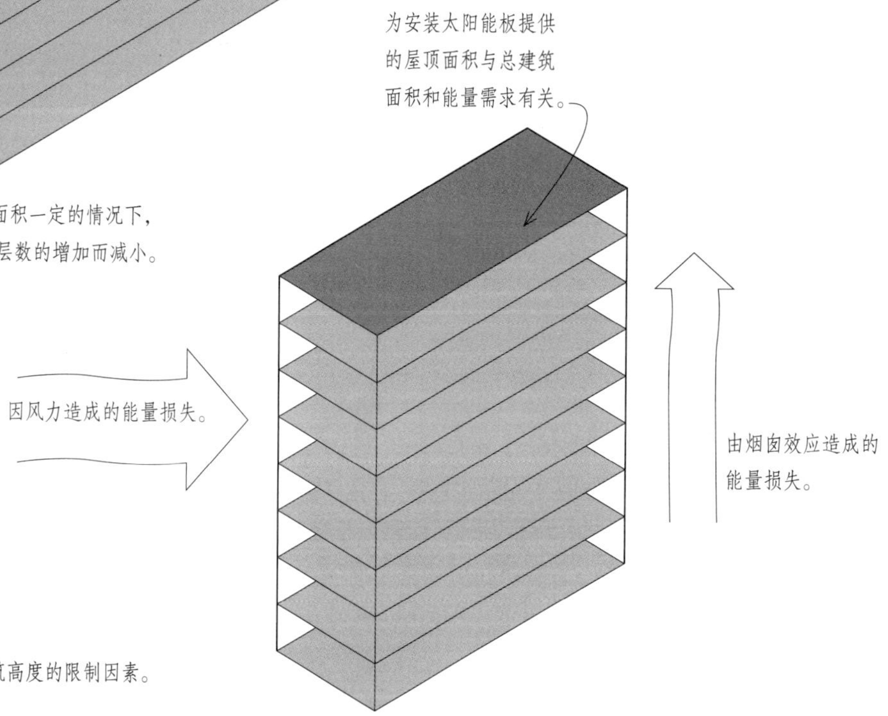

5.16 绿色建筑高度的限制因素。

表皮主导的建筑，比如公寓或旅馆，都对视野有要求，它们有一个共性问题：双面负荷的走廊和单面负荷的走廊哪个更好？答案是有双面负荷走廊的建筑，其面积系数要小很多。假设一栋公寓建筑200英尺（61米）长，五层高，里面是20英尺（6.1米）进深的公寓、5英尺（1.5米）宽的走廊、10英尺（3米）层高。如果该建筑是单面负荷的走廊，其面积系数为1.1，如果改为双面负荷的走廊，面积系数会减小32%，达到0.74。可以采用走廊不到建筑尽头的方法，提升双面负荷方案的优势。

对于这类表皮主导的建筑，另一项策略是减小室内空间沿外墙的长度。这意味着应该设计进深大、房间长边垂直于外墙的建筑。

以上面的建筑为例，五层高、具有双面负荷走廊的建筑面积系数为0.74。假设走廊每侧有8个房间，每个房间都是20英尺×25英尺（6.1米×7.6米），25英尺长那边沿着外墙。如果我们变换一下每个房间的方向，让20英尺长的那边沿着外墙，同时保持房间面积不变，则房间与外墙垂直方向的进深变为25英尺。建筑整体进深加大，长度变短，每个房间面积仍然是500平方英尺（46平方米）。外墙长度减小使面积系数减小7.5%，为0.69。这就是建筑尺度上一个小小改变带来的结果，外墙可以开窗的长度稍微缩小，但从表面上看所有窗户的面积都保持不变。这一做法有效降低了采暖和制冷能耗，因为在保持房间面积不变的情况下，建筑的表面积减小了。还要指出，因为走廊变短会减少采光能耗，总建筑面积和外墙面积也相应减小，从而节省了建造成本。

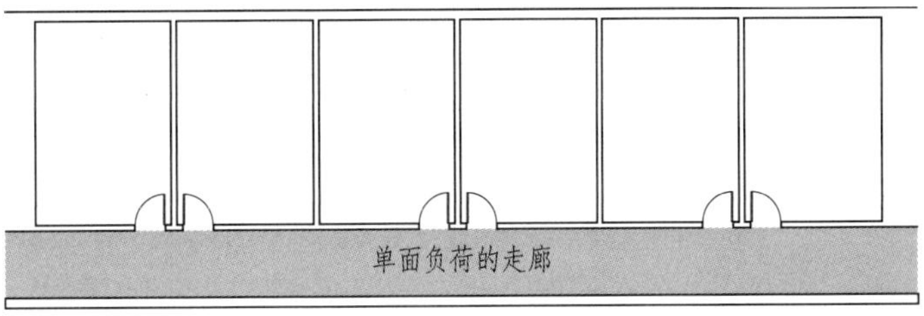

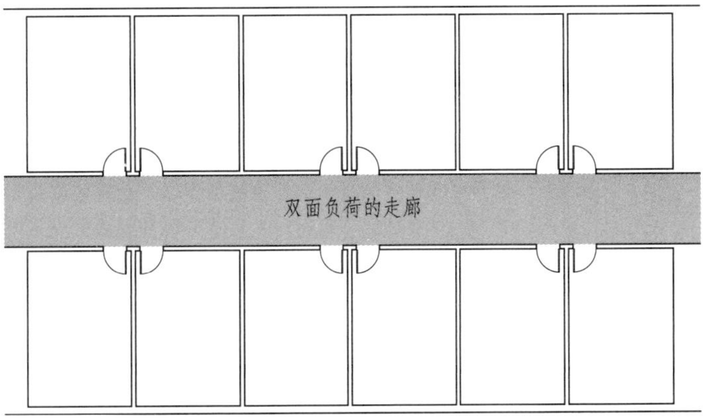

5.17 与相似情况下带有单面负荷走廊的建筑相比，带有双面负荷走廊的建筑的面积系数较小。

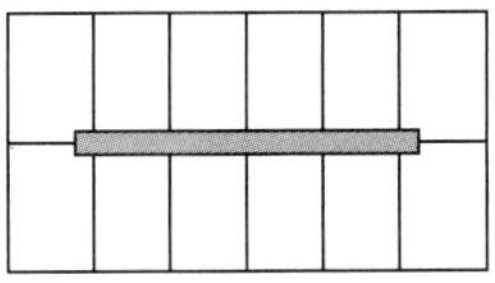

可以采用走廊不到建筑尽头的方法，进一步提升节能潜力。

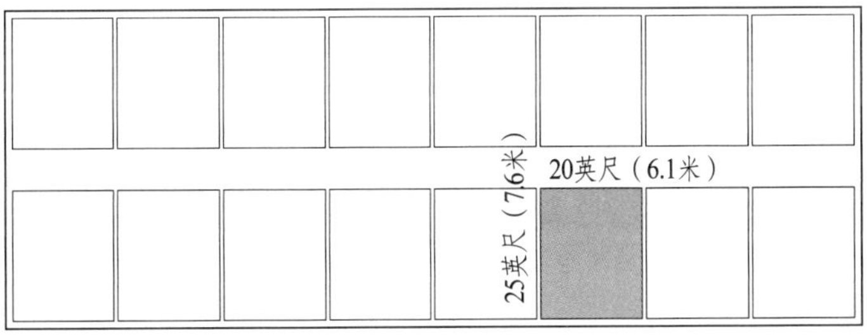

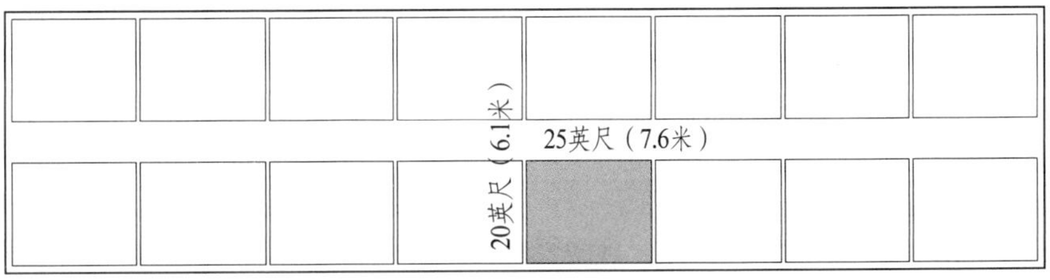

5.18 如果采用与外墙垂直方向的更大进深，即使可用的建筑面积保持不变，建筑的面积系数也会减小，从而更加节能，减少了建造成本。

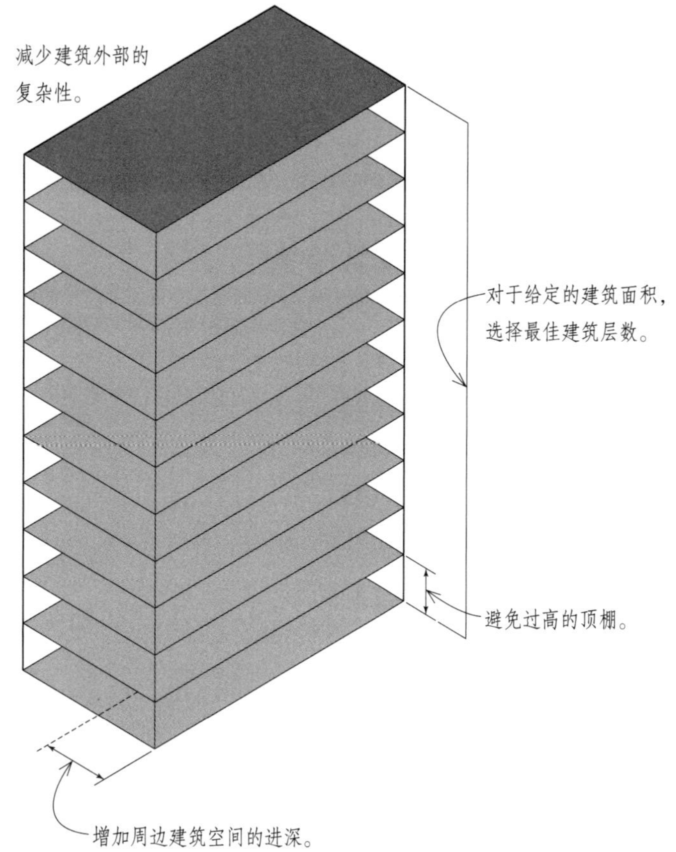

5.19 减小建筑面积系数的方法。

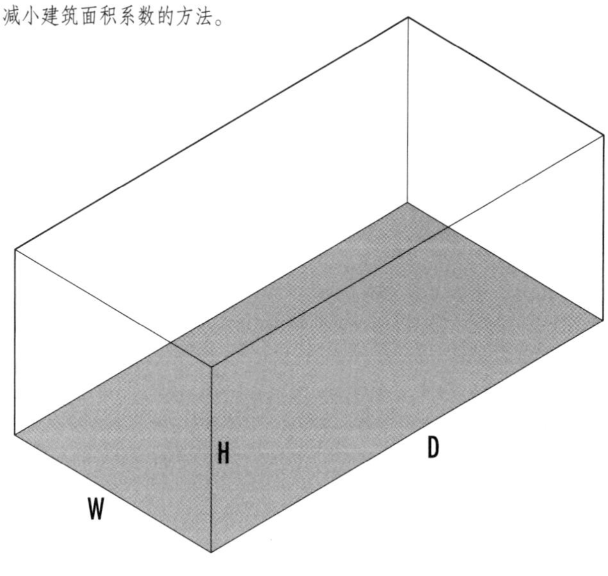

体积 $= H \cdot W \cdot D$

表面积 $= 2(H \cdot W + H \cdot D) + D \cdot W$

$$\frac{\text{表面积}}{\text{体积}} = \frac{2(H \cdot W + H \cdot D) + D \cdot W}{H \cdot W \cdot D}$$

5.20 体形系数。

我们已经看到建筑表面积与其建筑面积的比率对能耗的影响非常之大。可以采用很多策略来减小面积系数，包括：降低层高、避免高顶棚；采用联排建筑布局或者把多个小房子连成一栋大房子；对于特定的建筑面积采用最佳层数；沿建筑外墙的空间采用较大的进深；减少建筑表面的复杂性。

保持较小的面积系数还有很多其他好处。顶棚不高可以降低人工照明的用能，同时也会提升舒适度，因为温度分层不明显，这会进一步降低能耗。简单的屋顶形状会为太阳能板提供便利。

应用面积系数的最佳时机是在同样建筑面积或同样人员密度的前提下进行方案比选的时候。比较建筑面积不同或人员密度不同的建筑的面积系数是错误的。例如，一栋有四间卧室、面积为3 000平方英尺（279平方米）的住宅，与另外一栋1 500平方英尺（139平方米）、有四间卧室的住宅相比，前者的面积系数可能更小，但是大房子的小面积系数并不表示大房子更节能。减小建筑面积应该先于考量面积系数。只有建筑面积和人员密度已经确定了，才是设法减小面积系数的最佳时刻。

对于某些建筑形态，较小的面积系数导致外墙面积减小，从而影响视线和采光。视线的要求在任何时间和任何地点都应该获得满足。然而，通常情况下都会找到在减小面积系数的同时满足视线需求，保证采光方面节能的设计选项。减小面积系数的方法应被视为一种有用的辅助工具，常备于绿色建筑设计师的工具箱里，而不是一种不顾建筑设计效果的呆板做法。

有些建筑设计人员选用体形系数（surface-to-volume ratio，表面积与体积的比率），而不是表面积与建筑面积的比率（surface-to-floor area ratio），作为应该减小的指标。表面积与建筑面积的比率具有无量纲的特点，因此在两种常用的度量体制（国际单位和英制单位）中是相同的，而体形系数随着长度测量单位的不同而变化。体形系数因为顶棚高度增加而减小，可能让人误认为高大空间更节能。总而言之，无论是表面积与建筑面积之比的面积系数还是表面积与体积之比的体形系数，两个指标都意识到建筑外表面积的重要影响以及减小外表面积的重要性。

形体效率 Shape Efficiency

由于最佳面积系数随建筑物的大小而变化，因此很难直接比较面积系数，除非两栋建筑的大小（建筑面积）相同。我们可以通过定义形体效率来标准化地度量、描述建筑物的形状。形体效率是指，针对给定的建筑面积，最佳设计的建筑面积系数与实际建筑的面积系数之比。例如，我们可以将最佳形状的建筑物定义为层高10英尺（3米）、平面为正方形的建筑，建筑层数保证最低面积系数。

例如，一栋假想建筑的面积为7 500平方英尺（697平方米），四层，层高12英尺（3 658毫米），总表面积（墙壁和平屋顶面积）为11 800平方英尺（1 096平方米），则面积系数为11 800/7 500≈1.6。相反，如果建筑层高为10英尺，平面形状为正方形，且采用7 500平方英尺最适合的建筑层数，即三层楼，则表面积为8 500平方英尺（790平方米）。其面积系数8 500/7 500≈1.1。因此，假想建筑的形体效率为1.1/1.6≈69%。这说明，我们有可能让建筑形体更加高效，并且能减少多达31%的建筑采暖能耗，同时也大大降低了建筑成本。虽然我们可能不会把建筑形状改为正方形，但有可能逐步调整形状，以降低能耗和建筑成本。请注意，采暖能耗可能减少的百分比等于1减去形体效率值。

我们是提倡层高10英尺的正方形建筑吗？当然不是！我们想说的是，建筑物在形体效率方面确实有不同的可能性，通过量化建筑物的形体效率，我们可以确定可能的改进措施，从而达到节能和节省建造成本的双重目标。说到那些可负担性优先的建筑，例如经济适用房，应该考虑更有效的形体吗？绝对是的，我们已经知道并这样做了。形体效率只是让我们可以得到量化的结果，并指导我们考量不同的设计选项。

还需要注意的是，我们所指的形体是不导热的围护结构形状，即被保温材料包裹的建筑形体。因此，可以首先建立高效的基本形体，同时在高效的基本形体外部增加进一步提升性能的构件。参见图5.21。

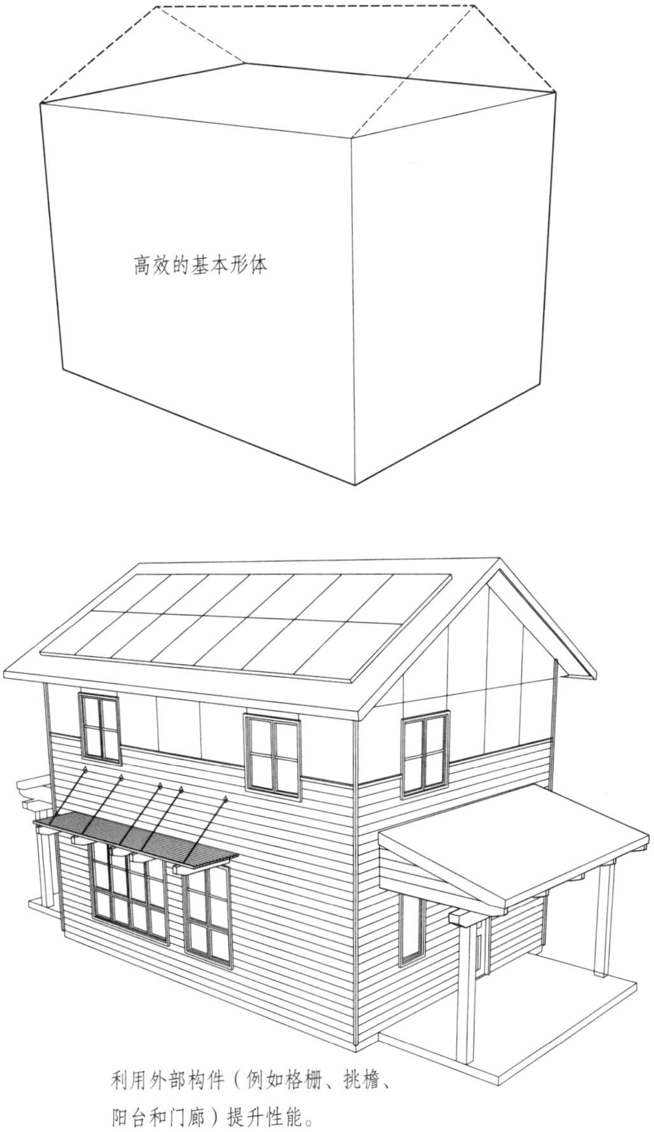

5.21 在一个高效的基本形体外部增加进一步提升性能的构件。美国华盛顿州贝灵厄姆马德罗纳街2938号（2938 Madrona Street, Bellingham, Washington, U.S.A.），2013年。建筑师：格雷格·罗宾逊（Greg Robinson）。

朝向 Orientation

我们已经研究了建筑面积和房子形态对建筑能耗的强大影响，我们现在转向“朝向”，即建筑面对的方向。朝向影响到冬季建筑物能够获得多少太阳得热（solar gain），反之夏季因为不想要的太阳得热需要付出多少制冷量。朝向还会影响到通过建筑物的气流量，因为不同朝向的风压不同。

在此我们聚焦于既没有被动式太阳能特性（如蓄热体或其他形式的储能构件），又没有被动式太阳能控制装置（如夜间保温窗）的建筑。我们聚焦于采暖和制冷，关于采光另行讨论。

为了优化建筑朝向，最好根据计算机模拟做出决定。计算机模拟可以很快完成，而且许多模拟软件都能让建筑旋转，因此可以快速检测不同朝向的效果。首先，模拟的结果似乎不言自明，但是我们注意到，一栋正方形建筑，如果四边开窗相同，那么就没有最佳朝向。例如，上述正方形建筑的主入口朝向任何一个主要方向，建筑用能量总是相同的。因此，关于最佳建筑朝向的讨论聚焦于那些各方向开窗面积不同的建筑，与太阳得热和热损失相关。

在北半球，如果建筑的四边之中只有一边开窗，能耗最低的朝向一般是窗户朝南。无论建筑处在寒冷地区（采暖为主）还是炎热地区（制冷为主），这一点都是正确的。需要注意的是，结论并非表述为“在南面墙上尽可能多地开窗……”，而是“如果窗户只能开在一面墙上，最好把窗户开在南向的墙上”。

如果窗户需要开在两面相对的墙体上，则在南、北墙面上开窗的建筑能耗低于在东、西墙面上开窗的能耗。其节能效果在温暖的气候中更为显著。

5.22 如果只在建筑物的一面开窗，那么窗户应该朝南。

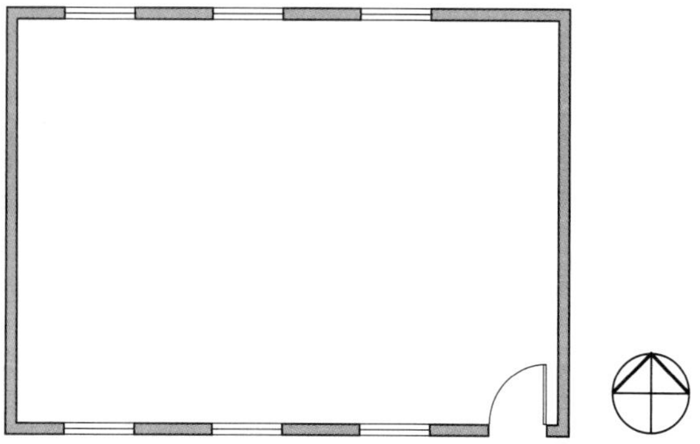

5.23 如果建筑物对边设有大小近似的窗户，那么应该是南、北两边开窗。

如果需要在建筑的相邻两边开设窗户，那么窗户开在东向和南向时能耗最低，在温暖气候区和寒冷气候区都是如此。紧随其后的是窗户开在西向和南向的情况，实际上能耗几乎同样低。如果窗户需要设在建筑的相邻两边，最好不要开在北向和东向，或者北向和西向。开窗位置产生的节能效果在温暖气候区和寒冷气候区大体相同。

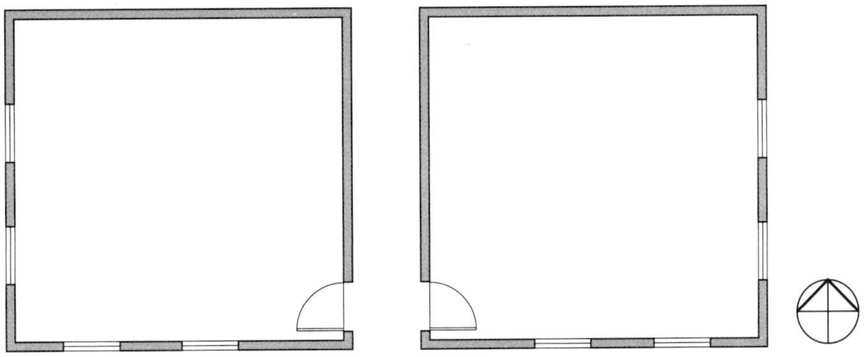

5.24 建筑相邻两边开窗，窗户应该开在南向和西向或者南向和东向。

上面的实例都是聚焦于正方形建筑。对于一栋各边窗墙比（window-to-wall ratio）相同的长方形建筑而言，肯定是长边上的开窗面积大，其与正方形建筑对边开窗的结论相同：建筑长轴为东西向，且南北向开窗面积大于东西向时，建筑能耗最低。需要进一步澄清的是，结论不是“在南北两个方向尽可能多开窗……”，而是“在一栋长方形建筑中，如果各边窗墙比相同，建筑的长轴为东西方向时，则建筑朝向最优”。与以采暖为主的北方相比，以制冷为主的南方受益更明显。

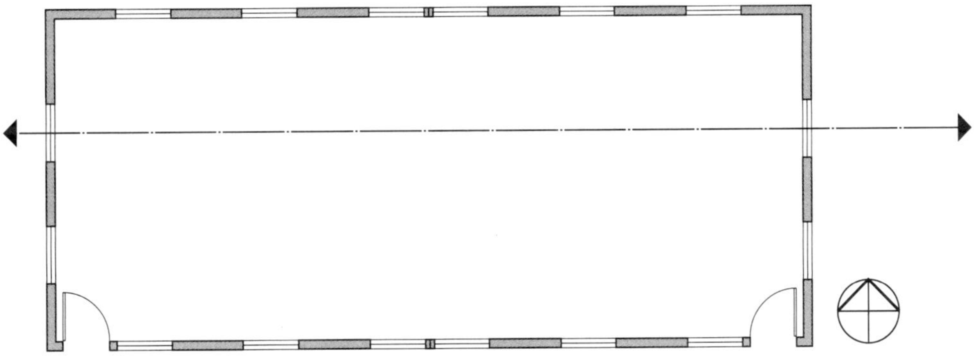

5.25 长方形建筑如果四边窗户分布均匀，主朝向应该沿着东西轴线。

上述讨论不包括与风向有关的朝向问题，比如需要微风穿堂而过的时候。通风最好的朝向可能与太阳得热和热损失的最佳朝向不同。

绿色建筑标准与建筑形体

Green Building Standards and Building Shape

两项不同的绿色建筑标准采用不同的方法，对于建筑形体给出了有趣但不同的结论。

LEED评价体系把建筑设计方案与相同形状的参照建筑相比。假想的参照建筑与LEED认证的建筑形态相同，但没有绿色特性，如隔热性能良好的墙体。LEED认证的建筑比参照建筑更节能，因而得分，认证建筑不会因为更节能的形体而得分。

参照建筑或基准建筑与LEED认证的建筑形状相同，但没有绿色特性。

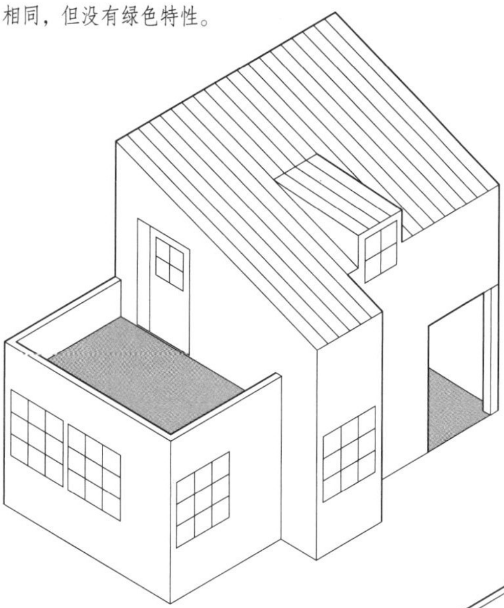

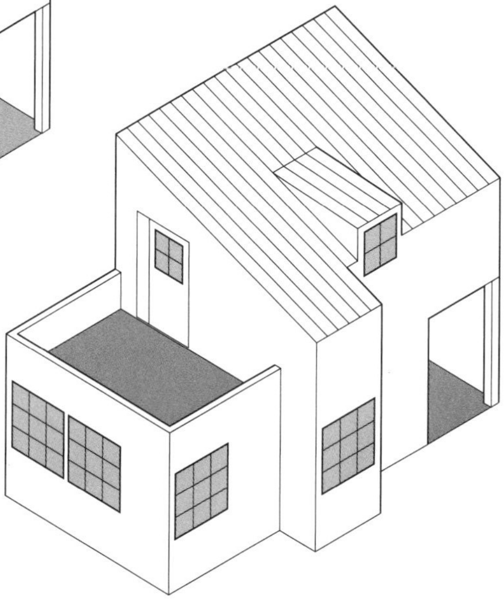

LEED认证的建筑与参照建筑形体相同，只是增加了一些绿色特性，如保温性能良好的表皮、高性能的窗体以及高效的采暖系统等。

5.26 LEED认证的建筑，因为其预计用能或能耗模拟值低于参照建筑而得分。

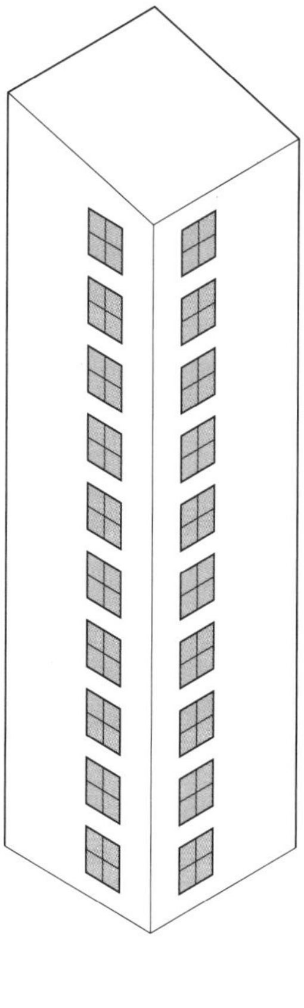

5.27 一个极端的例子：一栋又高又细的建筑只有一个房间，其能耗会低于同样形状的参照建筑，但是如果该建筑不这样高的话，就会更加节能。

我们看一个极端的例子，一栋单层办公建筑，建筑面积为1 000平方英尺（93平方米），只有一个房间，顶棚高度为100英尺（30米）。这栋建筑如果保温性能良好就能得到LEED能耗方面的重要分值，甚至可能得到LEED最高等级——白金级的分值，但是其单位面积的能耗其实是很高的。

与LEED评价体系形成对照的是被动屋体系（Passivhaus），Passivhaus强调单位建筑面积的用能。如果用Passivhaus来评价的话，上面的实例得分不高，实际上可能会因为其单位建筑面积能耗高而得不到认证。但是Passivhaus聚焦于建筑面积，容易产生其他的问题。

来看另外一个极端的实例，一栋单层建筑面积很大，比如一栋建筑面积为100 000平方英尺（9 290平方米）的独户住宅。如果这栋大房子有保温性能良好的墙体及屋顶、高密闭性和小面积开窗，它会很符合Passivhaus的能耗标准。再次强调，Passivhaus的能耗标准依据的是单位建筑面积的能耗。然而，如果这栋房子里只住着4个人，与普通住宅相比，其能耗费用会非常高。

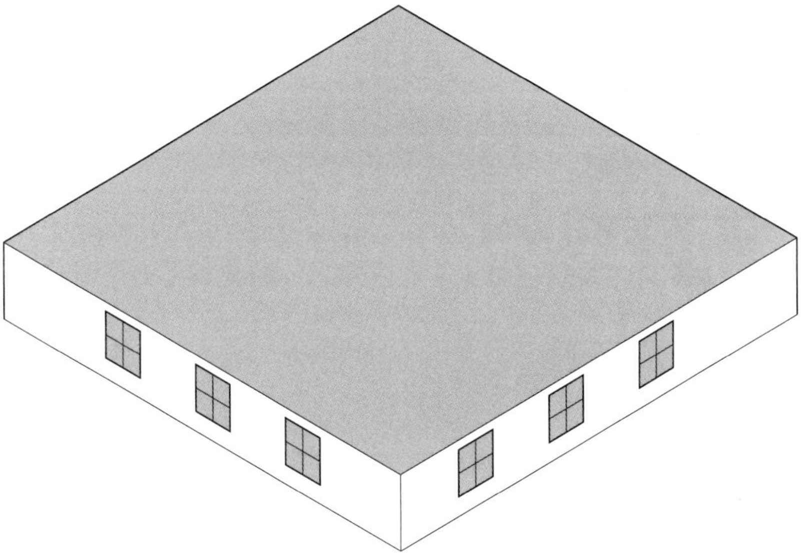

5.28 一个极端的实例：一栋大面积、低矮的平屋顶建筑，单位建筑面积能耗很低，但是这栋房子的能耗可能高于形状并不简单的另外一栋建筑。

从前面两例中可以看到，LEED评价体系和Passivhaus在建筑规模和形体方面各有弱点。有趣的是，又高又细的建筑能满足LEED标准但仍然能耗很高；而一栋大面积、低矮的平屋顶房子会满足Passivhaus的要求，其能耗也很高。事实上，一栋大面积、低矮的平屋顶房子在LEED评价体系中也会得到不错的分值，但实际能耗很高，尽管LEED住宅评价体系（LEED for Homes）对住宅面积做了规定，会处罚那些面积超标的建筑但是对建筑高度却没有规定。其他的评价体系也存在同样的问题。HERS与LEED相仿，根据参照建筑确定评价等级，而能源之星评价体系类似于Passivhaus，根据建筑面积评定等级。

建筑形体对能耗的影响大于墙体的热阻值、窗户的传热系数或其他热工性能。这就是需要早期检查并仔细推敲建筑形体的原因。建筑形体会主宰建筑能耗，不论墙体的保温性能多么好，采暖系统多么高效，也不论在建筑中采取了多少其他节能改进措施。

其影响力在于提出正确的问题。不要询问这样的问题："我们应该选择怎样的建筑形体才能满足需要，然后使建筑逐渐变绿？"我们应该扪心自问："怎样才能用一个独特的绿色建筑形体来满足我们的需要？"

如果我们审查很多已经获得认证的建筑，其趋势可能是完全相反的。这些建筑可能声称"我们可以做到绿色，同时与众不同"，获得认证的绿色建筑形体常常是复杂的或者又高又细，面积系数很大。通过高效的独立构件，如热阻值很高的墙体、传热系数很低的窗户，这些建筑能够宣称它们不是在"漂绿"（greenwashing），这个词的意思是采用虚假或肤浅的方法来达到绿色。但是这些基本的建筑形体常常是完全无效的。因此除了"漂绿"之外，我们遇到了另外一个风险，我们暂且称之为"刷绿"（greensplashing），即引人注目的绿色建筑设计名义上是绿色的，甚至会被认证为绿色，但实际上完全无效，因为它们拥有复杂的形体或者在其他方面低效的形体。

核心空间与周边空间

Core Spaces versus Perimeter Spaces

大型建筑，比如巨大的办公建筑和室内商场，中心会形成没有外墙和屋顶的核心空间。这种内部空间全年一般只需要制冷，即使建筑是在寒冷气候区。

当室外空气温度低于室内空气温度时，制冷只需要把室外空气引入室内。一些热泵系统也能把热量从核心转移到周边区域，当核心空间需要制冷，同时周边空间需要采暖的时候，这种热泵系统会在很大程度上提高节能效果。核心主导的建筑的这些特点引起了一系列问题：如果建筑拥有不需采暖的大型核心空间，对于建筑节能真的有益吗？核心部分的建筑面积与周边空间的建筑面积是否存在最佳比例？在经济性方面是否有好处？

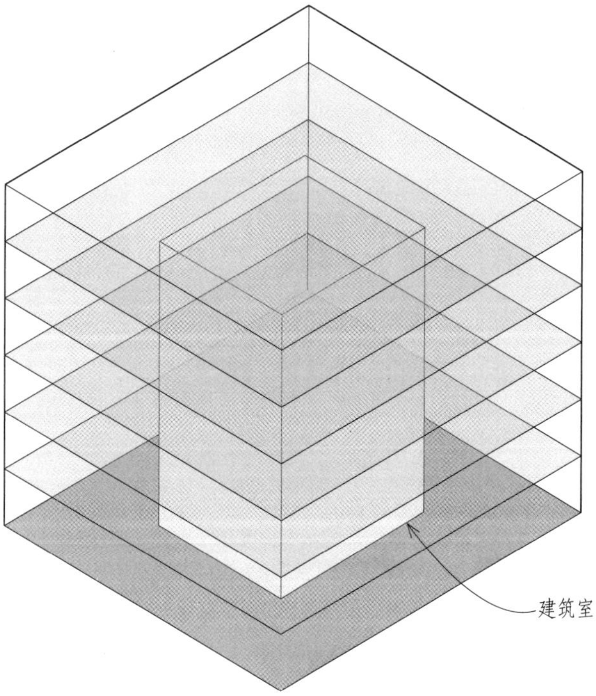

5.29 大型建筑通常会在内部空间中形成没有外墙、楼板和屋顶的核心。

存在这样一个问题，即核心空间产生热量时并非总是周边空间需要热量的时候。周边空间一般只在冬季需要供热，而核心空间却是全年产热的。因为夜间没有阳光并且人工照明和设备使用率降低，所以周边空间在夜间需要更多热量，而许多建筑的核心空间，比如写字楼，通常是在白天上班时间产生更多的热量。尽管如此，核心空间产热用于周边空间采暖还是具有很大潜力的。对于一栋特定的建筑，核心与周边空间之间的平衡需要通过能耗模型才能给出明确的分析。

如果能够接受任何特定的绿色建筑都在室内设置核心空间——换而言之，接受没有窗户、没有风景和采光的核心空间，用热泵把核心空间的热量传递到周边——这种核心空间就会很高效。值得一提的是，设有室内核心空间也会降低每平方英尺的建造成本。核心区域不需要昂贵的外部围护设施，无论墙体还是屋顶都有保温、抵御天气变化的要求，都需要表皮、窗户和外门等。

那么室内核心空间的面积越大越好吗？答案应该是否定的。如果核心部分的面积增加到周边区域面积的两倍或者更大，有些情况就会发生。首先，核心空间产生的热量超过了周边区域的需要量，那么同时制冷和采暖的双重目的优势就不复存在了。其次，当室外温度低的时候，可以提供给核心空间的室外自然制冷就需要经过更大的距离，风扇电机和热泵的寄生功率就会增加。最后，核心空间变得很大，建筑物中大多数的使用者会失去与室外环境的联系，因为没有天然采光也看不到外面，室内环境质量也会恶化。那么，如果大面积的核心空间能够被接受的话，计算机模拟结果可以有效解答有关能耗的问题。在某些特定条件下，增加核心面积可能在能耗和经济性方面都获得重要收益。

仿生学 Biomimicry

5.30 哥伦比亚麦德林蜂巢景观亭（Garden of the Orquideorama），Plan B建筑师事务所和JPRCR建筑师事务所合作设计（Plan B Architects+JPRCR Architects），1973年。亲生物设计的一个实例。

仿生学是对自然生物结构、模式和过程的模拟，应用于人体工程学的结构、模式和过程，通过发明创造解决人类问题。Biomimetics是另一个广泛使用的术语，被认为是Biomimicry（仿生学）的同义词。

仿生学与亲生物设计（biophilic design）和仿生设计（biomorphic design）具有共同特征，但不是同义词。亲生物设计反映了人类对自然的热爱，从而促进人与自然环境的关联。仿生设计关注自然形体的美学方面。仿生学可以包括亲生物设计和仿生设计，但也包括那些超越自然关联和源于自然审美灵感的功能特征。因此，我们使用“仿生学”这个术语作为亲生物设计、仿生设计与融合了受自然形式启发的功能要素设计的统称。

5.31 仿生物形态设计的一个例子：悉尼歌剧院，约翰·伍重（Jørn Utzon），1973年。标志性的外壳结构由预制的和现浇的混凝土肋组成。

建筑中的仿生学包括受自然启发的形式，例如带翼的建筑、壳体和穹顶结构、模拟岩石洞穴的空间，以及圆形而非线性或矩形墙体和屋顶的使用。自然形态中光与通风的有机结合也是仿生学在建筑中的典型应用。这种集成可能包括表面元素，如天窗与多个通气点结合，以及室内气流的自然通道与自然光照进建筑深处的通道相结合。仿生学还可以扩展到在建筑的内部和外部广种植被，用于空气净化、水过滤、屋面绿化等。

我们在寻求天然采光和通风最大化的同时，还寻求建筑表面积最小化，以最大限度地控制失热和得热，尤其是在寒冷气候区。自然的形状是否支持最小化表面积的目标呢？我们已经观察到，圆柱形建筑比矩形、正方形或多边形（例如五边形）建筑更高效。因此，自然的形状趋向于圆形和曲线，确实比标准的方形或矩形更高效。

仿生学的前景在于自然界中形式与功能的极其多样性，这种多样性已经发展了数百万年。这一悠久的历史提供了经受时间和变化考验的、不断优化的功能和形式。仿生学的价值延伸到我们人类与自然界并行的需求：获得新鲜空气、清洁水和自然光，调节热舒适度，为我们自己提供安全可靠的场所。

我们可以将仿生学分为两个领域——材料和过程。材料中的仿生学提高了结构效率，摆脱了原始状态并降低了对隐含能耗和碳的需求。过程中的仿生学包括调节温度、有效利用能源以及提供天然采光和通风。

大自然的复杂性、美丽和功能几乎是无限的。这个讨论只是开始介绍仿生学在绿色设计中的可能性。当我们从大自然中汲取灵感时，还必须对各种可能性提出批判性和实用性的看法。我们正在考虑的要素是否可以负担得起？它们是否具有可衡量的收益？主要用于展示的仿生学很可能在展示建筑中占有一席之地，但它可能并不满足所有人对可负担性、低影响建筑的迫切需求。我们的希望是以自然为灵感的绿色设计经久不衰。

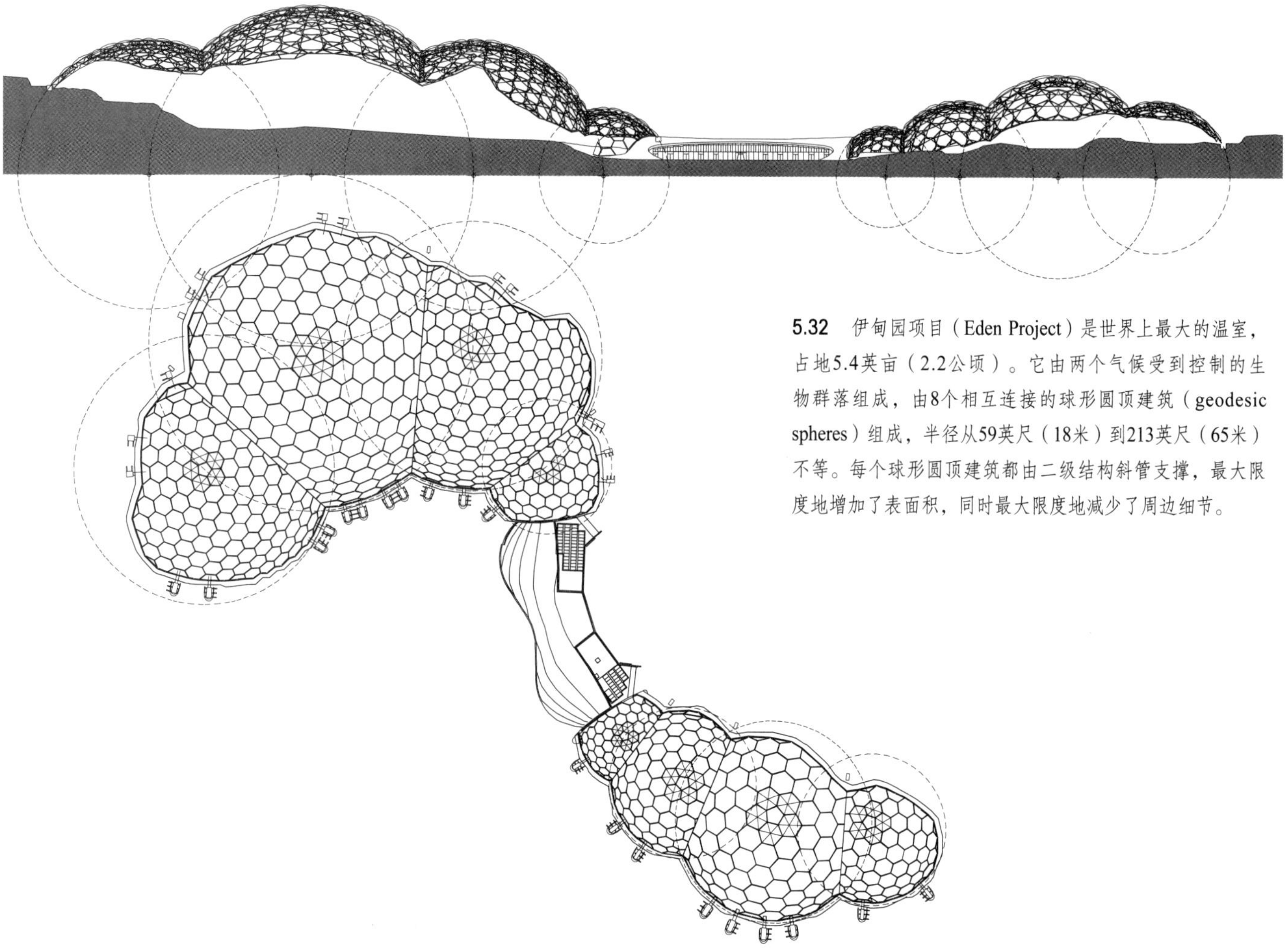

5.32 伊甸园项目（Eden Project）是世界上最大的温室，占地5.4英亩（2.2公顷）。它由两个气候受到控制的生物群落组成，由8个相互连接的球形圆顶建筑（geodesic spheres）组成，半径从59英尺（18米）到213英尺（65米）不等。每个球形圆顶建筑都由二级结构斜管支撑，最大限度地增加了表面积，同时最大限度地减少了周边细节。

第6章

建筑细部设施

Near-Building Features

建筑细部设施包括挑檐、雨棚、太阳能板、阳台和百叶窗等构造和装置。很多这样的设施可加以有效利用，形成附加的保护层。然而如果使用不当，一些建筑细部设施会无意间增加建筑的能耗。

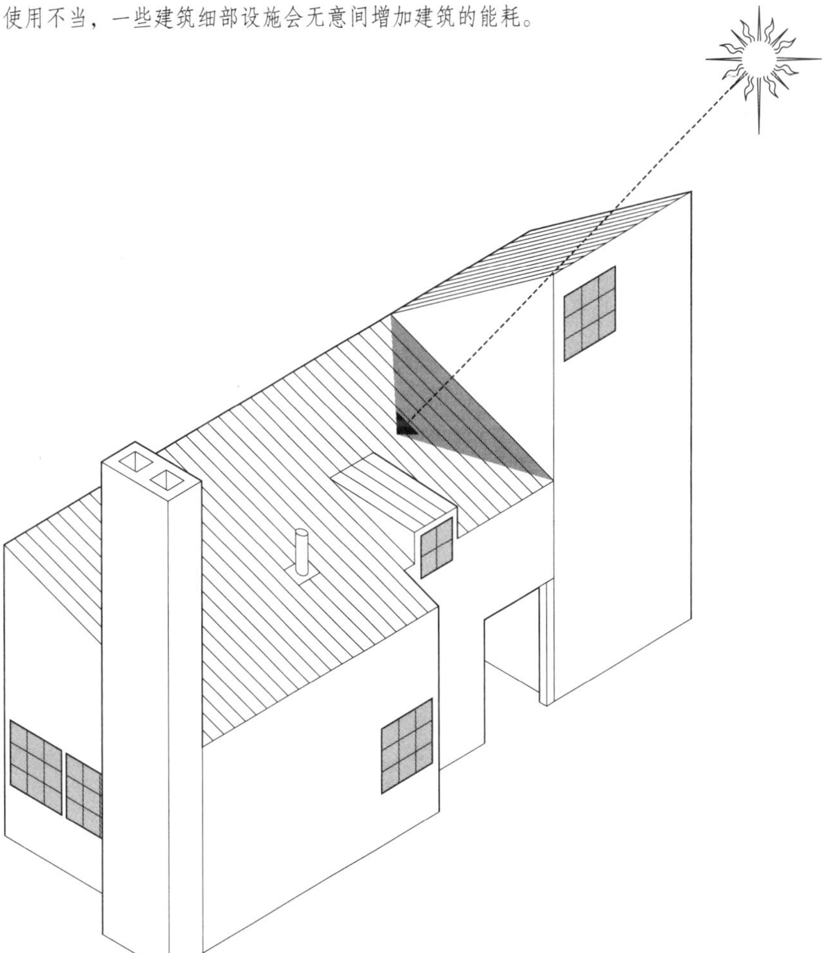

挑檐和雨棚 Overhangs and Awnings

在北半球，挑檐和雨棚朝东、南或西，可以降低夏季的太阳得热，因此降低空调所需的能耗。如果尺寸合适，这些构件能让建筑在冬季得到太阳的热量，而冬季的阳光是有益的。挑檐还可以保护墙体和窗户免受雨水侵蚀，保护建筑材料，如木材和某些种类的填缝剂，使它们不会因为暴露于阳光的紫外线下而变质。室外的百叶也有同样的功能。与室内窗帘或遮阳设施遮挡太阳光线相比，室外的遮阳百叶具有更大的价值，因为阳光照到建筑之前就被遮住了，而室内遮阳则难以避免阳光已经穿过窗户把热量带到室内。

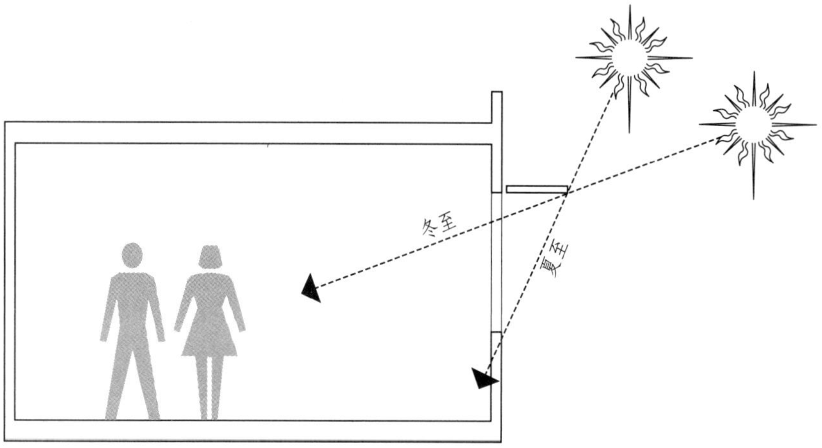

在北半球，建筑物上的水平挑檐在南向时最有效；相反在南半球，建筑物上的水平挑檐在北向时最有效。

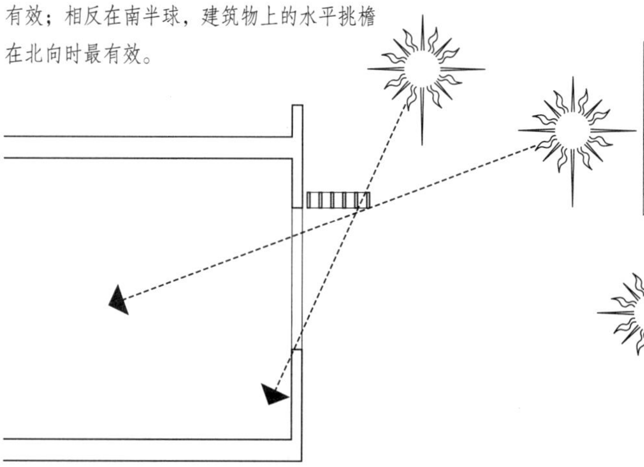

垂直百叶在东西向时是最有效的。百叶可以手动也可以自动控制，随着时间或者光电控制而调整以适应太阳入射角度。与墙体分离可减少传导得热。

平行于墙面的水平百叶允许墙体附近的空气循环，从而减少了传导得热。百叶可以手动也可以自动控制，随着时间或者光电控制而调整以适应太阳入射角度。

6.01 遮阳设施使窗户和其他透明部分免受阳光直射，从而减少眩光和温暖季节过多的太阳得热。

可以用多种方法来确定挑檐合理的尺寸，包括数字计算、建筑模型、计算机模拟。下表是不同纬度情况下，48英寸（1 219毫米）高、朝南的窗户需要的挑檐进深，目的是保证8月22日中午时刻，在各纬度都能实现整窗高度的遮阳。刚好，在遮阳需求最高的温暖气候区，挑檐最短。

纬度（°）	遮阳板进深（英寸（毫米））
24	11(279)
32	16(406)
40	26(660)
48	36(914)

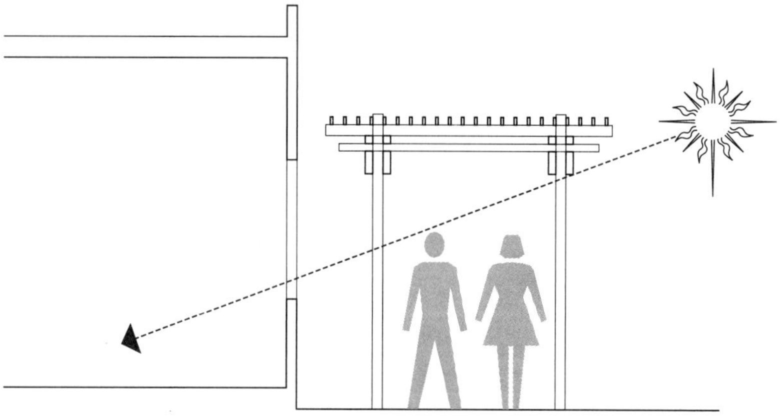

6.02 格架和其他室外构架，如果距离、高度和朝向合适的话，也能提供遮阳，特别是在东、西两个方向，需要更大挑檐进深的时候。

东西向挑檐进深要大很多，达到6英尺（1 830毫米）或更多，超出了可行的限度。不过可以用竖向百叶或鳍状遮阳设施代替，它们能为东西方向提供更为有效的遮阳保护。格架、其他室外构架，甚至植物都是室外遮阳的备选。

太阳能板 Solar Panels

太阳能板通常是一个阵列，由太阳热量收集器或光电模块组成。因为我们的设计程序是从外向内的，在完成建筑的屋顶设计之前，必须高度关注太阳能板可能的安装位置。

屋顶是安装太阳能板的理想位置。建筑内在的结构使得在屋顶安装这类设施比在地面安装更经济，因为在地面安装需要独立的基础。屋顶的高度使其不会被建筑物自身、附近建筑、构筑物和植物遮挡。接近屋顶的机会有限，因此降低了太阳能板遭受偷窃、破坏和其他损伤的风险。

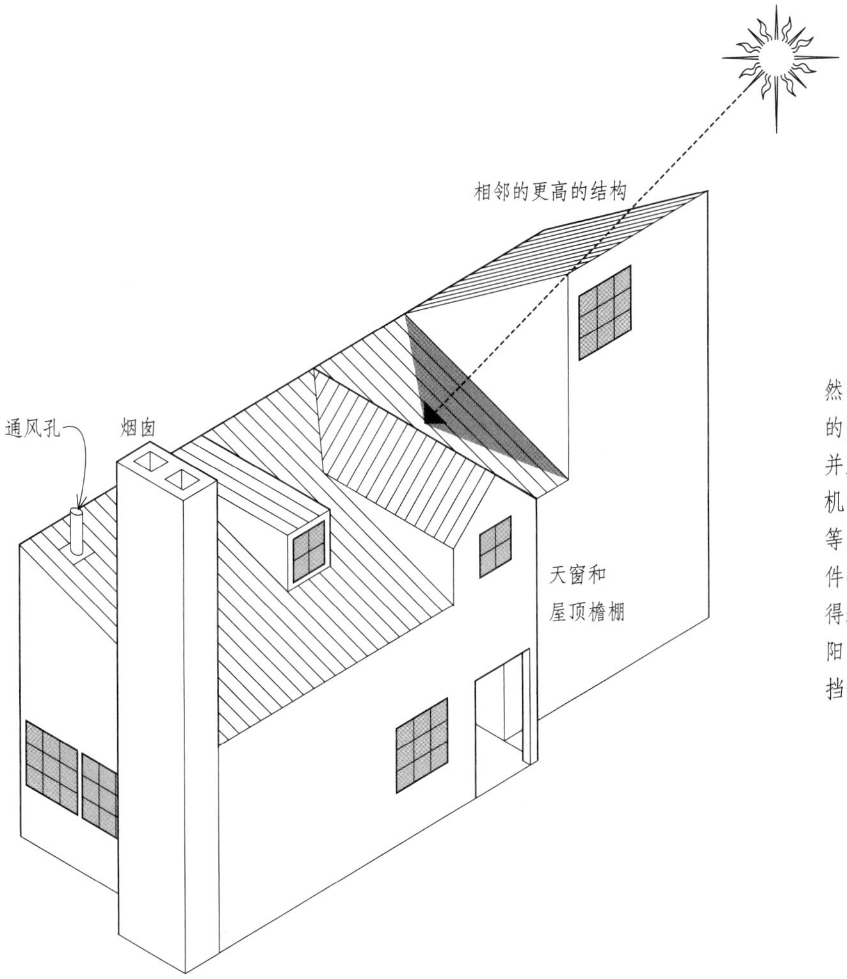

然而，屋顶的设计或建造常常没有考虑到太阳能板的安装。屋顶朝向与阳光的关系常常不是最佳的。并且，安装在屋顶上的建筑构件，如烟囱、管道和机械通风孔、天窗、楼梯间阁楼、碟形卫星天线等，常常影响安装太阳能板的最有效位置。这些构件会阻碍大面积屋顶连成片，把屋顶分成小块，使得连续安装太阳能板更加困难。有些屋顶连一块太阳能板也装不了。有时候一栋建筑更高的部分会遮挡部分屋面，减小了可以安装太阳能板的面积。

6.03 障碍物会使安装太阳能板最有效的位置受到干扰。

有限的屋顶面积以及屋顶上面的各种障碍物常常会限制太阳能系统的容量。大力发展太阳能供能甚至零能耗设施是大势所趋，却因为太阳能板安装面积不足受到严重阻碍。特别是高层建筑，有限的屋顶面积已被认为是实现零能耗建筑的主要限制因素。因此，屋顶上的各种障碍物，在实现净零能耗目标的路上，已经变成严重的阻碍。此外，如果安装人员为了适应有障碍物的屋顶而调整太阳能板的位置，则太阳能板的安装成本就会增加。

屋顶上太阳能板的美学效果同样很重要。如果屋顶不能从美学角度整合太阳能板，许多建筑的业主就会一口否定安装太阳能系统。如果屋顶设计能够从美学方面整合太阳能板，安装太阳能板的概率就会提高，无论是在建设初始阶段还是在未来使用阶段。

屋顶形式粗略地分为平顶和坡顶。常见的坡屋顶形式包括单坡屋顶、双坡屋顶、四坡屋顶、不对称双坡屋顶。还有不常见的折线屋顶和金字塔屋顶。在一栋建筑中常常混合几种屋顶形式。不同类型的屋顶安装太阳能电池板的能力不同。

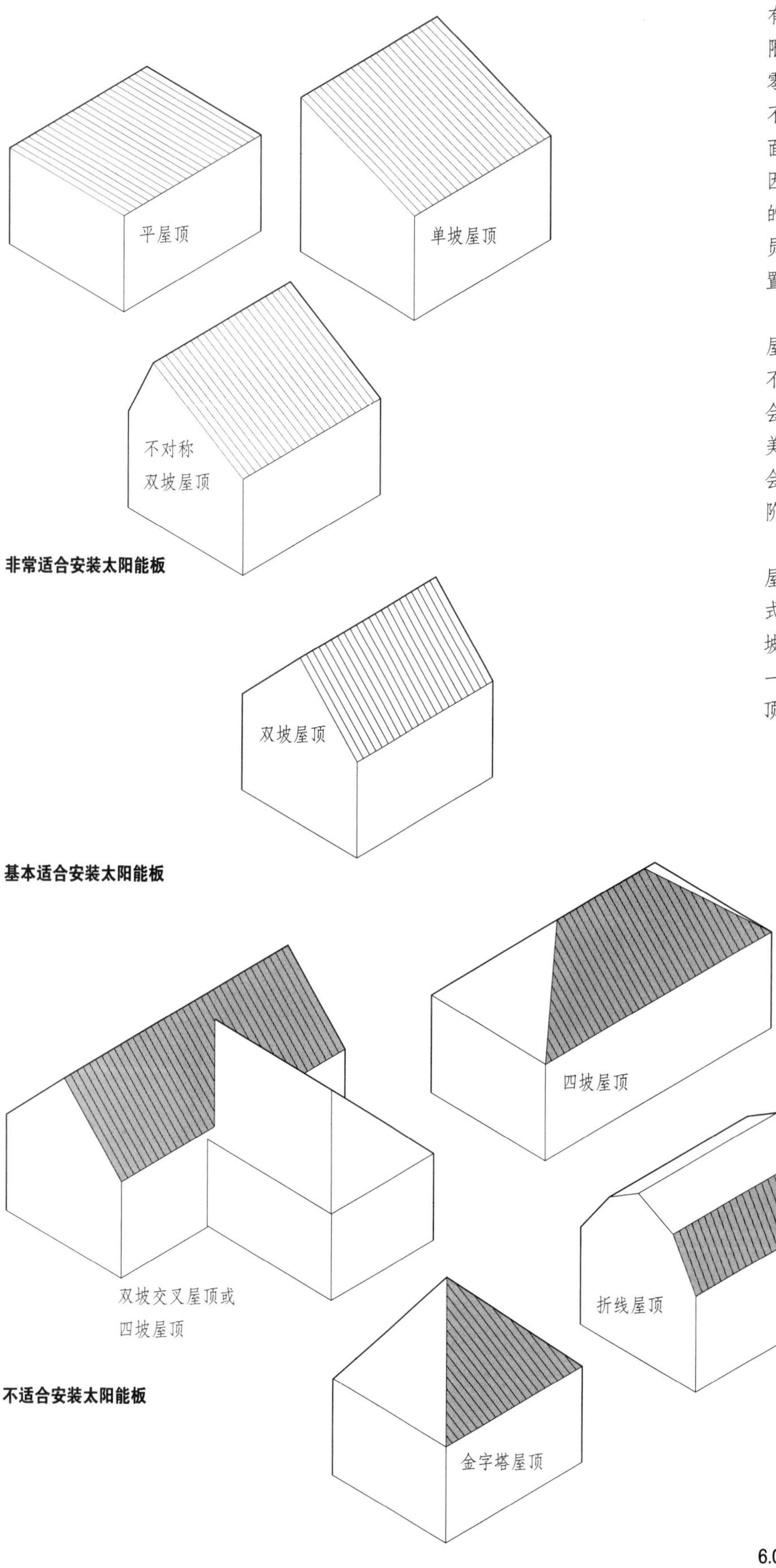

6.04 各种屋顶形式与安装太阳能板的相对适合程度。

无论是在建造初期还是在未来的某个时段，平屋顶都容易安装太阳能板，并且为太阳能板阵列的朝向提供灵活性。在北半球，朝南的单坡屋顶或主要坡向朝南的不对称双坡屋顶，也适于安装太阳能板；在南半球，则是朝北的坡屋顶适于安装太阳能板。

因此，让屋顶适合安装太阳能板的最佳做法如下：

- 选择一种适合安装太阳能板的屋顶设计。适合安装太阳能板的屋顶形式从高到低的优先顺序是：
  - 平屋顶；
  - 单坡屋顶；
  - 不对称双坡屋顶；
  - 双坡屋顶；
  - 四坡屋顶。

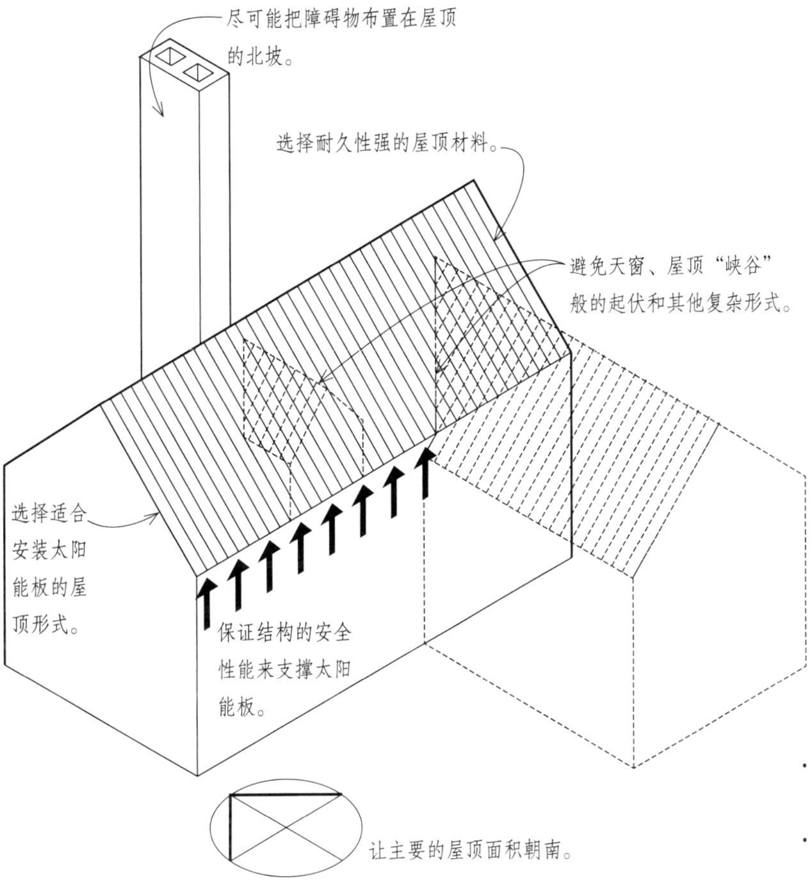

6.05 让屋顶易于安装太阳能板。

- 屋顶主坡朝向赤道（北半球应该朝南，南半球应该朝北）。
- 把屋顶通风管道，如水暖通风井和排风扇，布置在屋顶北坡或者墙上的合适位置。
- 为太阳能板提供连续大面积的屋顶，屋顶通风管道集中布置，减少天窗和其他屋顶突出物。
- 屋顶线尽量简单、方正，避免复杂的屋顶设计，比如起伏变化过多的样式。
- 避免屋顶相互遮挡的设计。
- 设计结构牢靠的屋顶，以承受太阳能板的附加重量。
- 选择耐久性强的屋顶材料，避免为了重铺屋顶而移动太阳能板。

太阳能板的倾角或坡度影响其能量输出。根据给定的地理位置，计算机模拟能方便地确定太阳能板的最佳倾角和方位角以获得最大的太阳能年产量。有时候太阳能板的倾角会根据夏季或冬季的最大产能量来确定，以更好地匹配特定月份的建筑负荷。

太阳能电池阵的倾角和朝向要求允许在一定范围内变化。即使不处于最佳的倾角和朝向，太阳能板还是会有一定的能量输出。例如，在最佳倾角加/减10°的范围内，太阳能光伏发电系统供能的损失一般低于2%。然而，明显偏离最佳倾角则会显著降低产能量。在美国北方，竖直方向的太阳能板比最佳倾角的太阳能光伏发电系统年产能量低大约30%，在美国南方则降低大约50%。在美国北方，水平方向的太阳能板比最佳倾角的太阳能光伏发电系统产能量低大约20%，在美国南方产能量降低大约10%。

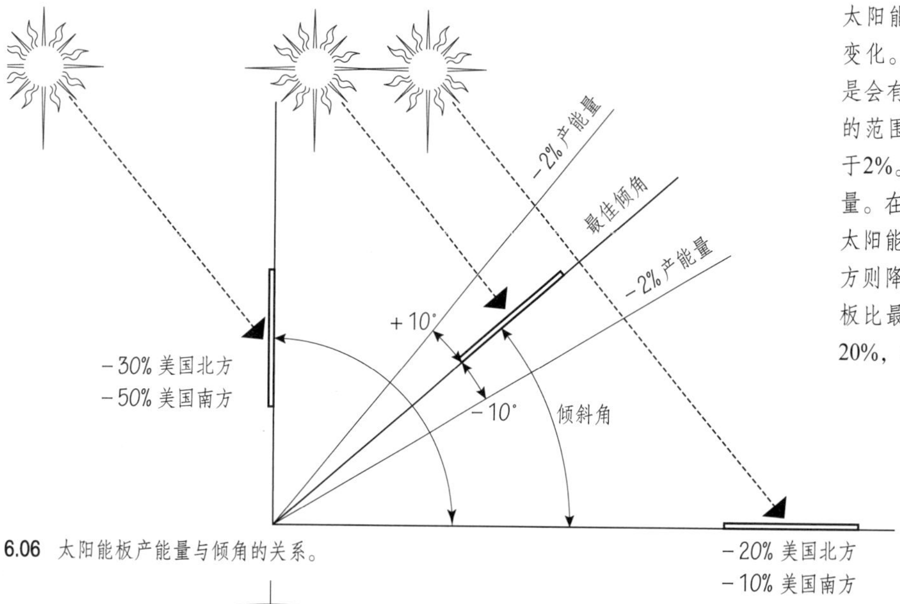

6.06 太阳能板产能量与倾角的关系。

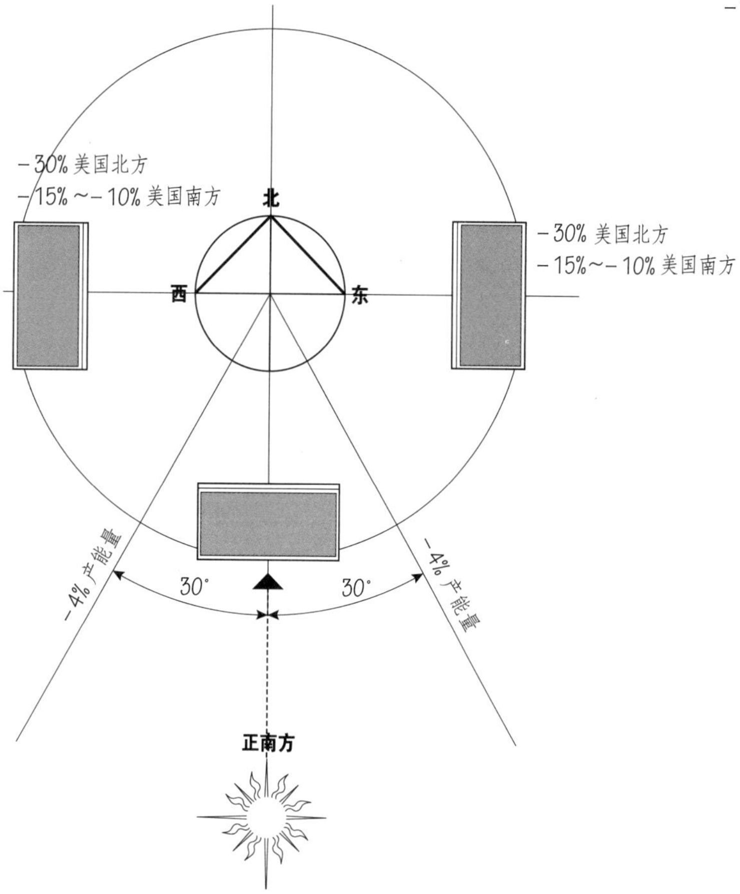

6.07 太阳能板产能量与朝向的关系。

与倾角一样，太阳能电池板的朝向也允许在一定范围内变化。北半球在正南方向加/减30°的朝向之内，产能量降低不到4%。在美国大陆的北部，太阳能板如果朝向正东或正西产能量会损失大约30%，在南方则损失10%~15%。可以通过降低太阳能板朝南的最佳倾角来减少这一损失。

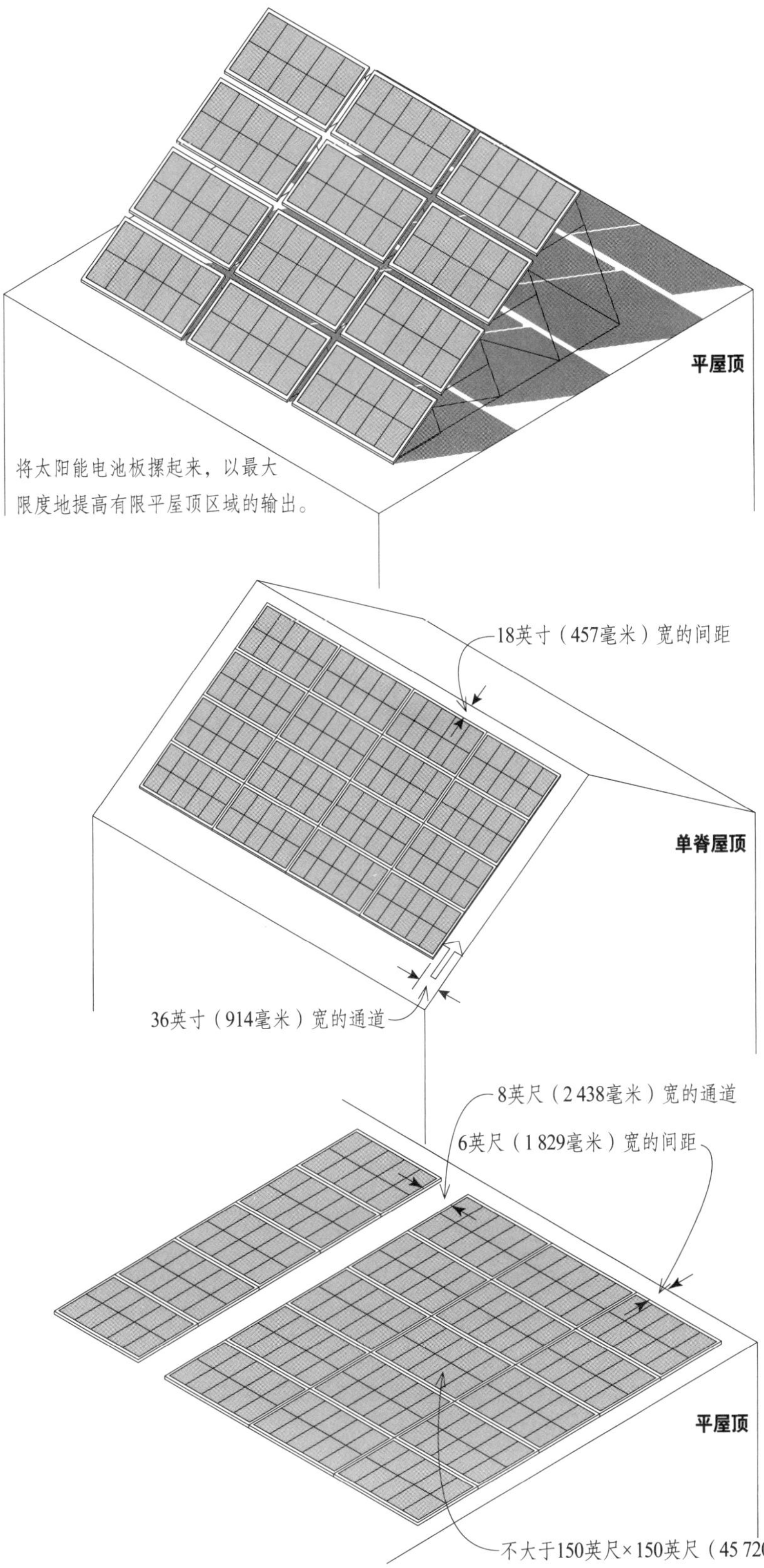

6.08 在单脊屋面或平屋顶上设置太阳能板。

在美国大陆，坡屋顶上的太阳能电池板，其最佳倾斜角度通常接近建筑物所在位置的纬度。

在平屋顶上的大多数位置，太阳能板的倾斜角一般很小（通常为4°～5°）以便产生更多电力，这样可以安装更多电池板并且电池板之间的间距最小。由于电池板几乎是平坦的，因此而导致的电力产量损失可以通过安装更多电池板来抵消。我们甚至会考虑将太阳能板平放在平屋顶上，不过还是要保持小幅倾斜，以防面板上积水。

对于空间有限的平屋顶，为了布置尽可能多的太阳能板以最大限度地提高容量——例如，为了实现建筑零能耗——往往使用一组摞起来的太阳能板来获得最大容量，其外观像一个棚屋。

屋顶太阳能板周边需要的间距
Required Clearances Around Rooftop Solar Panels

在美国，不久前的规定还是，太阳能板顶部与单坡屋顶（例如典型的山墙屋顶）的屋脊之间需要36英寸（914毫米）的间距，目的是发生火灾时为屋顶通风。最近已经减小到18英寸（457毫米），屋顶坡度小于2/12的情况除外，并且有些地方允许水平通风，在这种情况下太阳能板与屋脊之间不需要留缝。虽然需要两条36英寸（914毫米）宽的通道通向屋顶，但在某些地方，可以在不铺设太阳能板的一侧提供一到两条通道。四坡屋顶和带天沟的坡屋顶对通道有其他的规定。

在平屋顶上，太阳能板阵列周围需要6英尺（1 829毫米）的间距。太阳能板阵列的面积不能超过150英尺×150英尺（45 720毫米×45 720毫米）。在150英尺×150英尺的阵列之间，需要8英尺（2 438毫米）宽的通道。屋顶出口和天窗周围需要4英尺（1 219毫米）的间距，并且从屋顶边缘到这些构件之间要有4英尺的通道。

阳台 Balconies

在结构设计完成之前，应当考虑阳台的作用。在热传导领域，阳台可以被看作延伸的表面，加快了热传导的速度，其作用与汽车散热器上的散热片、采暖制冷设备的热交换器相似。有确凿证据显示，冬季阳台会引起严重的能量损耗，通过毛细作用带走建筑热量。从本质上讲，阳台增大了建筑的表面积，引起了热量散失。

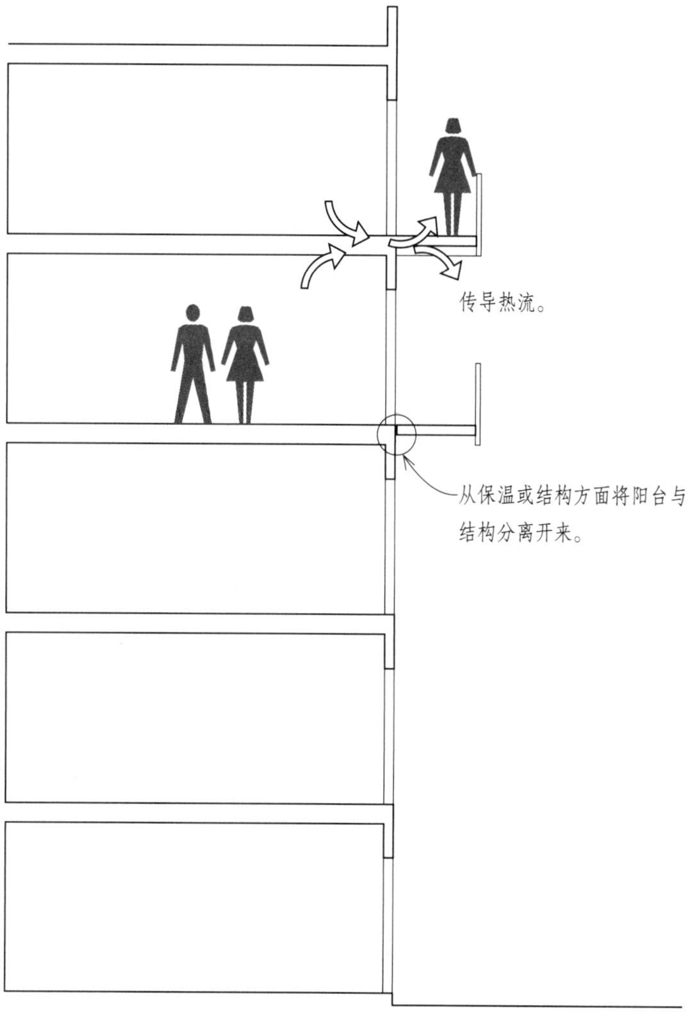

6.09 阳台会借助毛细作用带走建筑热量。

我们可以想方设法从保温方面将阳台与建筑结构分开，建筑内部的热量就不会通过阳台的楼板和墙体传导到室外。通过在阳台结构与主体建筑结构之间增加绝缘垫片能够实现热分离，或者采用与主体建筑结构无关的外部独立结构支撑阳台。

阳台常装有大面积的玻璃门，这样的门本身就是建筑的一大弱点。大面积的玻璃推拉门，一般是金属框架，沿着门的周边不仅透风而且其热阻值相对较低，传热系数很高，通过玻璃本身会导致不当的得热或失热。应尽可能考虑使用面积较小的、带有保温层的门通向阳台。

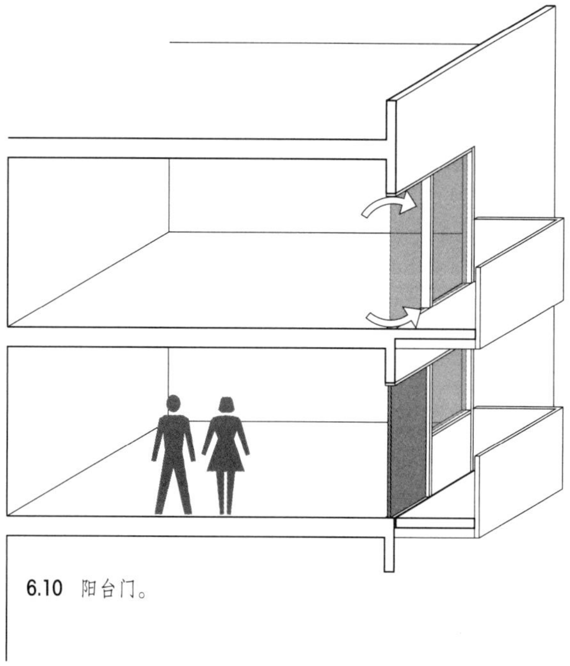

6.10 阳台门。

建筑立面 The Building Facade

在从外到内的进程中，建筑立面在绿色建筑设计中起到核心作用。窗户、窗墙比、门、装饰特征、建筑层高、屋顶线、入口和门厅、室外照明以及从室外看到的内部照明——这些都影响建筑物显示在外的关键形象。其中很多元素会切实影响建筑的能耗。立面在建筑形象发展进程中的地位与其设计顺序密切相关，一般是建筑概念化的基本要素之一。重要的是，早期的建筑效果图通常是在节能设计开始之前完成的。这些效果图会得到业主以及其他权威机构的认可，如获得了当地区划董事会的批准，这样就会在评估能耗表现之前，使人们期待并接受效果图的形象，因此会阻碍能源优化所致的形象调整。

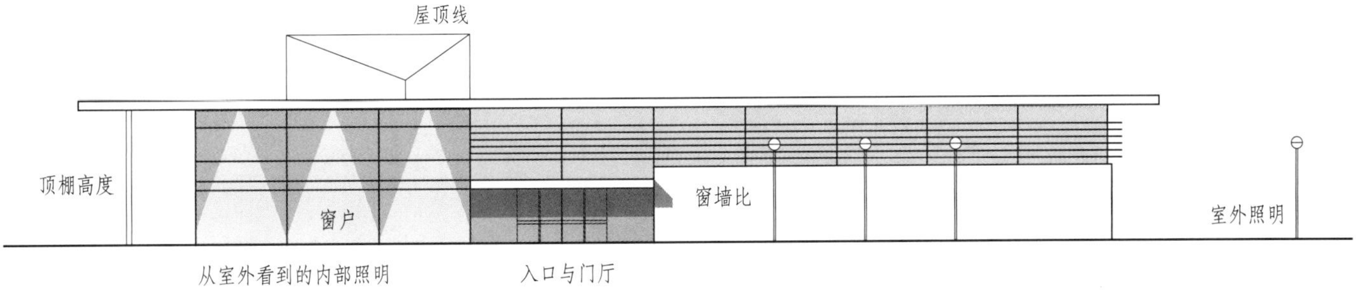

6.11 可以提高或降低能效的建筑立面要素。

对于绿色建筑而言，整合的设计过程会避免在评估建筑能耗表现之前，就确定建筑的立面和最终形象。这使得决策方能够尽早接受一个独特的绿色设计方案。尽早评估立面元素的能耗表现是真正的由外而内的设计，并且代表着一种最为重要的使建筑变绿的方法。

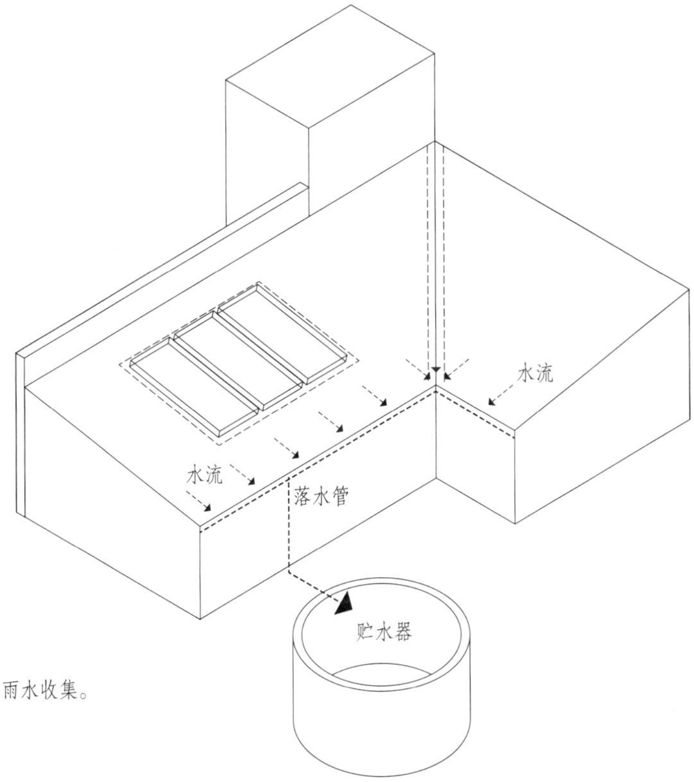

6.12 雨水收集。

雨水收集 Rainwater Harvesting

关于雨水收集的方方面面应在考虑建筑细部样貌时予以归总。例如，排水沟和落水管需要协调规划，使雨水汇集到一点，最好全部储存以备未来使用，而不是仅仅离开建筑流到排水系统中。如果存水地点在建筑外部，其位置需要仔细考量。关于雨水收集的进一步细节将在第12章“热水和冷水”中阐述。

屋顶利用 Use of the Roof

绿色建筑有很多设施都需要屋顶。除了传统的安装在屋顶的构件（如采暖制冷设备、排风扇）以及屋顶的其他用途（如用作露台和阁楼），很多绿色设施都需要争取屋顶空间：

- 太阳能光伏发电模块；
- 太阳能集热器和可能的储能构件；
- 天窗和自然光控制器；
- 绿色屋顶上的植被；
- 新鲜空气加热系统。

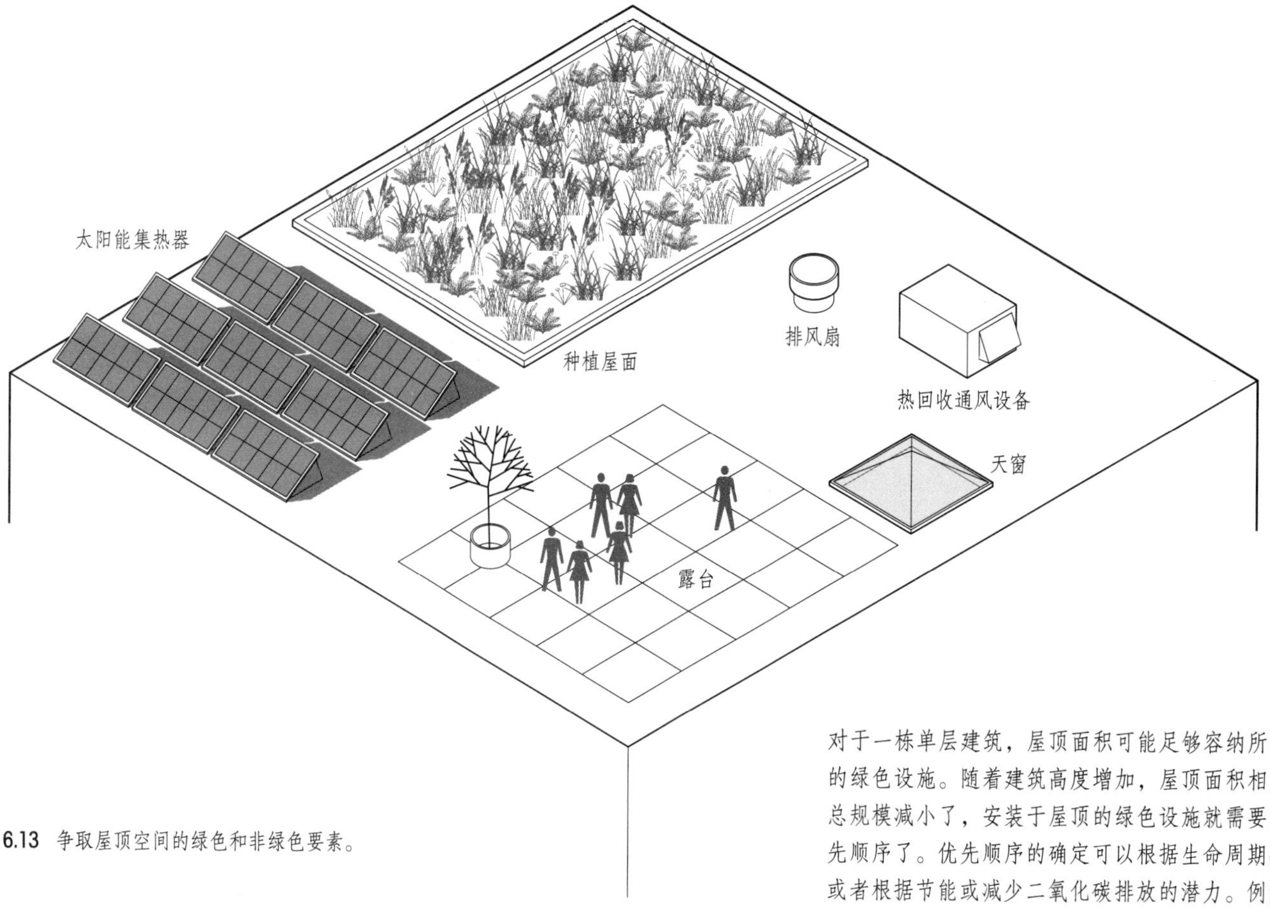

6.13 争取屋顶空间的绿色和非绿色要素。

对于一栋单层建筑，屋顶面积可能足够容纳所有需要的绿色设施。随着建筑高度增加，屋顶面积相对于其总规模减小了，安装于屋顶的绿色设施就需要区分优先顺序了。优先顺序的确定可以根据生命周期分析，或者根据节能或减少二氧化碳排放的潜力。例如，一栋建筑可用的屋顶空间有限，其追求的目标是零能耗，那么就要优先安排太阳能设施，因为太阳能设施对节能的贡献较大，然后才考虑天窗或种植屋面，因为这些措施对节能贡献不大。

非绿色元素，比如阁楼、露台、采暖空调设备等，如果占据屋顶会影响实现绿色目标的设施安置，那么就需要审慎考虑是否可以把它们放在屋顶以外的其他地方。

电动汽车充电站 Electric Vehicle Charging Stations

电动汽车（EV，electric vehicle）非常适合绿色建筑。它们清洁、安静、高效。电动汽车还提供了电气化的承诺，由不断绿色化的电网和/或现场可再生能源供电。绿色建筑设计可以通过充电站，更好地适应不断增加的电动汽车数量，电动汽车充电站也被称为“电动汽车供电设备”（EVSE，electric vehicle supply equipment）或简称“充电点”（charging points）。

建筑/场地设计注意事项 Building/Site Design Considerations

电动汽车充电站的设计需要考虑以下因素。

普遍可达性及便利性 General Accessibility and Convenience

- 充足的空间保证安全便捷的充电。
- 在车辆和建筑物之间设置人行道。
- 在建筑内外或场地内设置充电站。
- 每栋建筑的充电站数量。
- 防止跳闸的电缆布线；使用可伸缩电缆。
- 不使用时，放置车辆端连接器（即充电枪）的吊架。

不过，电动汽车制造商还未对车辆充电口的位置进行标准化设计。目前的充电口位置可能在车体前后左右任何位置。因此，相对于停车位置和方向，电动汽车充电口在哪儿还不好说。

轮椅使用者 Wheelchair Users

- 坚固、光滑、平整的地面。
- 充电站和汽车之间有足够的空间供操作轮椅。

不利天气的防护措施 Weather Protection

- 避开洪水区。
- 使用可伸缩的充电电缆。
- 高于地面，防止冰雪积聚在电缆上。
- 如果可能，安装在室内车库中。

保护充电站免遭车辆损坏 Protection of Charging Stations from Vehicular Damage

- 建议使用护柱、壁挂式护栏或车轮挡块来保护充电站。

标识 Signage

- 标识应体现充电站的存在、非电动汽车用户的停车限制、电动汽车用户的停车优先权等。
- 包括独立式标识、壁挂式标识和停车位。

6.14 电动汽车充电站。

计量与通信 Metering and Communication

- 主要考虑是否每个充电桩都需要计量（测量/跟踪能源使用）。
- 计量的原因包括如何配置充电桩、分担建筑能耗以及评估建筑物是否为净零能耗，车辆充电通常不计入净零评估（因此必须从建筑总能耗中扣除）。
- 人们越来越关注与需求控制相关的充电站，目的是让充电设施在电力需求高峰期中断充电。
- 不同的电动汽车充电桩具有不同的功能，可满足上述部分或全部功能（总用电量计量、配置、安全/解锁、需求控制选项等）。
- 如果需要在地下室为电动汽车充电可能会给无线通信带来挑战。
- 是否允许任何人都可使用充电桩，或者需要某种安全/解锁方式？

充电器的类型 Charger Types

充电器尚未实现标准化。因此，需要规定连接器的类型（充电电缆在车辆端的形状和电气特性）、建筑物端的连接形式（墙壁插头或硬接线）、充电模式（交流或直流，以及充电速度），还有电压和电流额定值。

最简单的充电器通常随电动汽车一起提供。最常见的车辆端连接器是2型连接器。在建筑物端，它只需插入墙壁上的插座。除非车辆发生意外，没有计量或通信功能。其本身没有充电桩。

- 1级充电器使用120伏电压，主要用于慢速充电，在标准插座使用120伏电压的国家，如美国和加拿大，就是这样。
- 2级充电器使用240伏电压。在欧洲和世界大部分地区插座的标准电压是240伏。在美国和加拿大，240伏电压用于大型电器（例如干衣机和火炉）的插座。
- 3级充电器尚未被标准正式定义，但该术语非正式地用于指代高速直流充电器。

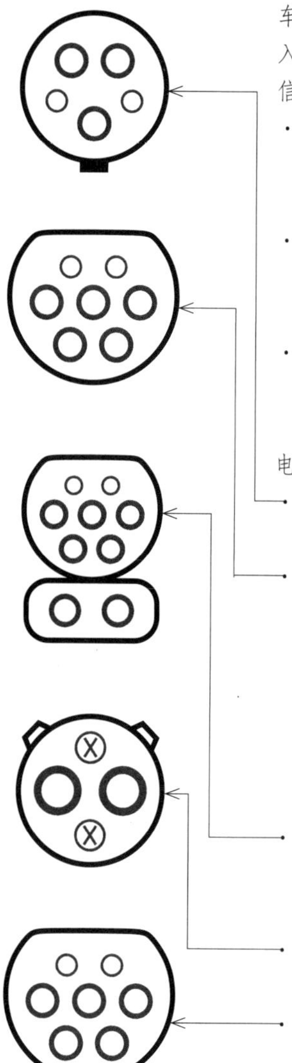

6.15 电动汽车充电插头。

电动汽车充电站具有车辆端连接器，可分为多种类型。

- 1型插头——圆形，单相——最多可充电7.4千瓦（230伏，32安），但不常用。
- 2型插头在车辆上越来越普遍/标准。它基本上是圆形，但有一边平直。它可以使用单相和三相电源。2型插头被非正式地称为“曼奈柯斯”（Mennekes，德国公司名称，该公司确定了插头的一种欧洲标准——译注）插头。在私人建筑中，充电至22千瓦很常见；在较大的建筑物中，充电功率高达43千瓦（400伏，63安，交流电）。
- 组合充电系统（Combined Charging System）或CCS插头是2型插头的一个版本，增加了用于快速充电的触点。它允许交流和直流充电，最高可达170千瓦。
- CHAdeMO插头允许快速直流充电，在高达500伏的电压下提供超过60千瓦的功率。
- 特斯拉超级充插头（Tesla Supercharger plug）是特斯拉充电系统和网络的一部分，也允许快速直流充电。它是2型插头的改进版本，使用480伏电源，可提供高达250千瓦的功率。

电气要求 Electrical Requirements

用电量（千瓦时/年）不是建筑设计需要考虑的关键因素，只会影响有关计量的决策（见上文）。如果出于任何原因需要的话，那么乘用车目前每行驶100英里使用25～38千瓦时的电量。

对建筑设计来说更重要的是电压、相位和电流要求，因为这些会影响电气服务和电池板设计。电动汽车随车附赠的简易充电电缆插入插座，插座所在的电路还有其他荷载，但在永久性硬接线装置中，每个充电器通常需要在电气面板中拥有独立的分支电路。

每栋建筑的电动汽车充电器数量 EV Charger Quantity per Building

新建筑需要设置几个充电站？答案取决于驾驶员数量、电动汽车数量、电动汽车充电器的充电速度和车辆电池容量等因素。需要考虑以下因素。

- 要获得LEED对绿色车辆的评分，电动汽车充电选项要求2%的停车位配备充电器。为了获得BREEAM的分值，电动汽车充电选项要求提供不少于总停车容量3%的充电器。
- 当地政府可能会规定具体要求。例如，洛杉矶市要求5%的高层非住宅建筑停车位使用电动汽车充电器。
- 最近几年，电动汽车新车的年增长率超过50%。法国、英国和印度等国家已承诺在未来10～20年内全面淘汰汽油和柴油新车。很有可能，今天设计的新建筑最终会在生命周期相对较早阶段看到100%的电动汽车停在建筑外面。因此，规划更多的充电器可能是明智的。即使在施工时没有安装更多的充电器，也要预留充足的电力服务和未来额外断路器的供给，以便将来大量增加充电站。

第7章

外围护结构

Outer Envelope

“envelope”一词是指建筑的外围护结构，包括诸如墙体、门窗、屋顶、基础等建筑部件。此外，使用“enclosure”这个词描述建筑外围护结构的人也在增多。

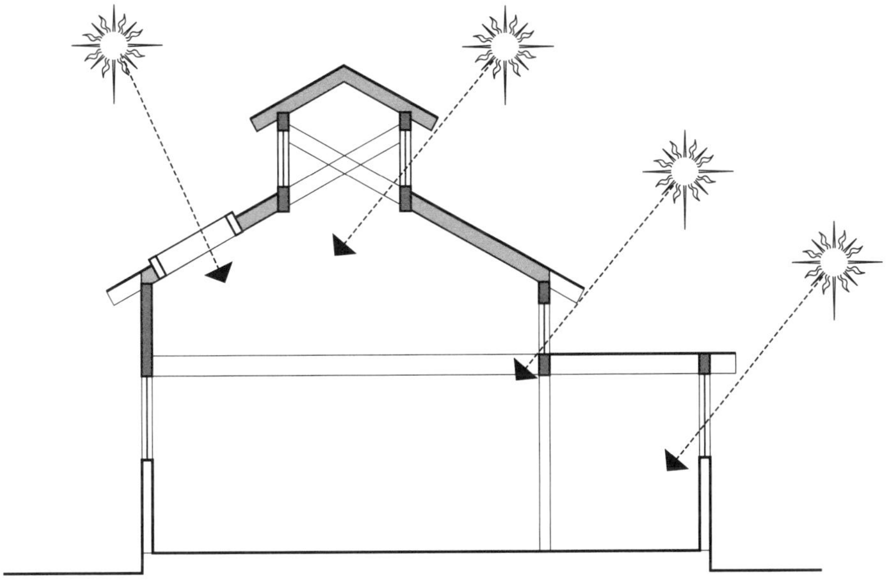

内围护结构与外围护结构 Inner and Outer Envelopes

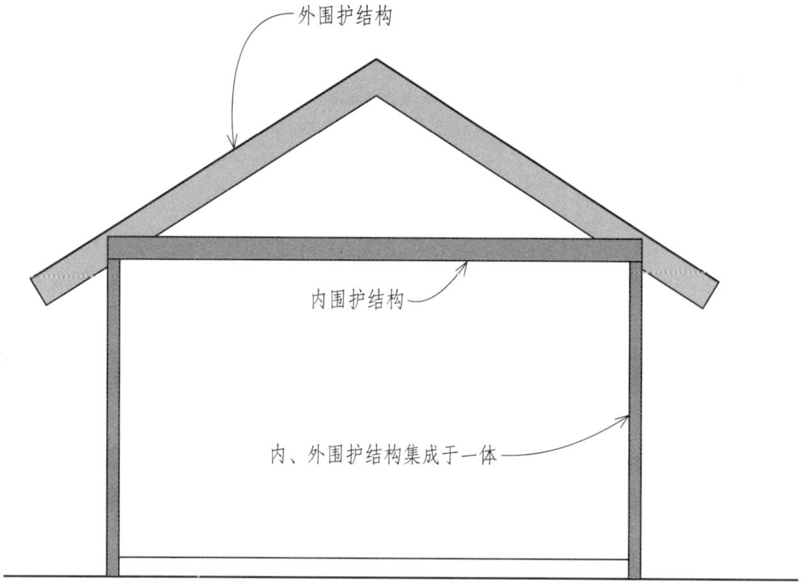

7.01 内外围护结构。

我们之所以区分内围护结构与外围护结构，是因为建筑通常包含两种围护结构。例如，对于一栋带有阁楼的坡屋顶建筑来说，屋顶层是外围护结构，阁楼楼板则充当了内围护结构。外围护结构包括建筑与外界空气或土壤接触的部件。内围护结构是指那些与人工调节空间（conditioned space）接触的部件。在很多情况下，内、外围护结构是集成于一体的，比如很多墙体都是这样。

外围护结构通常是庇护建筑的最重要屏障。由于我们是从外而内进行设计的，我们会不断增加庇护层的数量，使外围护结构在保护使用者免遭外界负荷的侵扰（比如抵御大风和极端温度的影响）时不会太孤立。同时，我们认识到外围护结构是组成建筑的最重要因素，因此我们想方设法加强这一关键构造层，使其提供的居所能够持久，并尽可能避免能量散失。

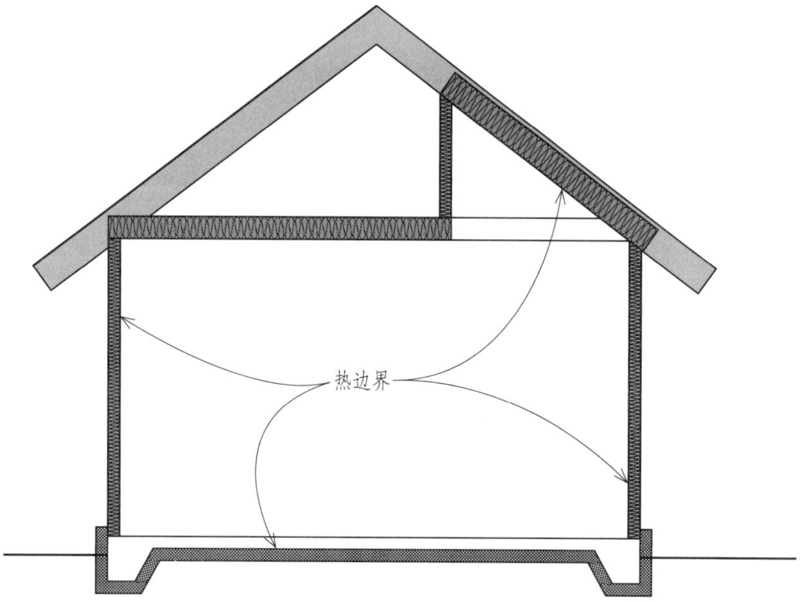

7.02 建筑的热边界。

除了内、外围护结构，我们也关注“热边界”（thermal boundary）这个概念。热边界由敷设了保温层的建筑表面组成。它可以位于外围护结构中，例如敷设了保温层的屋顶；也可以位于内围护结构中，例如敷设了保温层的阁楼楼板；还可以置于内、外围护结构之间。

内、外围护结构的同时存在会导致一些迷惑，尤其是当热边界没有被正确定义的时候。我们会探寻几种常见的情境，这些情境导致了热边界定义不清或者根本没有热边界的状况。如果我们清晰明确地定义了热边界，就可以使内、外围护结构为我们所用，创造多层次的庇护，有效阻隔外界负荷。

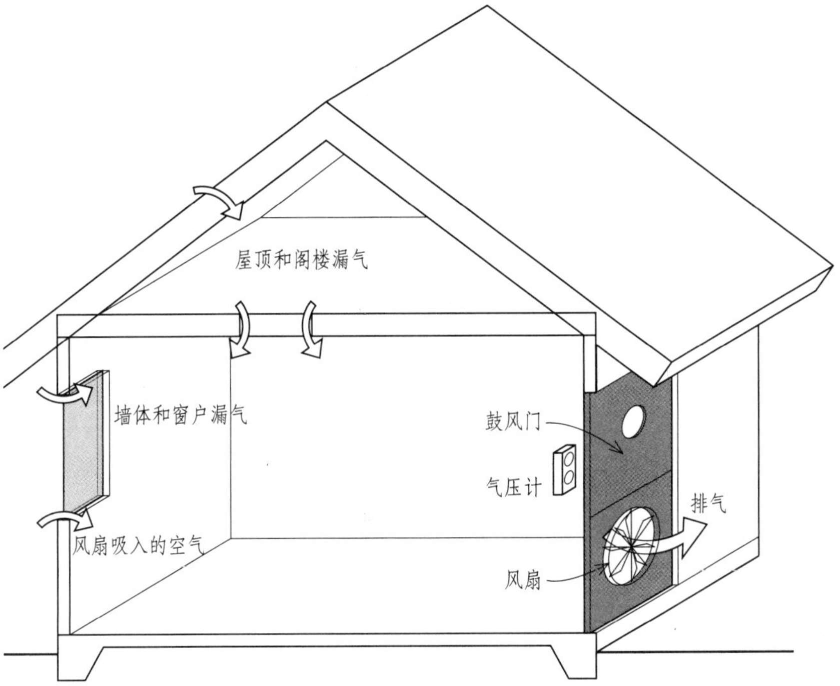

7.03 鼓风门测试。

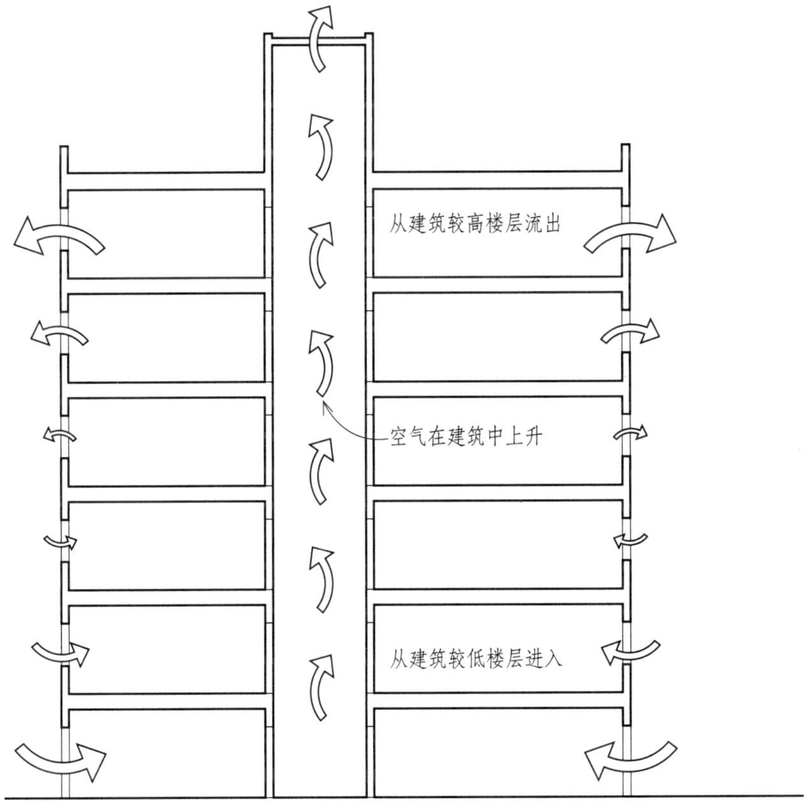

7.04 冬季烟囱效应导致的空气流动。

渗透风 Infiltration

渗透风对建筑能耗的影响很大，它通常被用来描述建筑和室外的空气交换。虽然“infiltration”这个词的理论定义，是指进入建筑物内部的气流，与“exfiltration”刚好相反，后者是指离开建筑物的气流。不过“infiltration”这个词更倾向于表达进入和离开建筑物的气流，包括同时或交替发生的情况。近年来，人们对渗透风的原理及其对建筑能耗的影响有了更深入的了解。鼓风门测试（blower door test）可以对一栋建筑进行加压或减压，从而能够量化渗透风的数值，确定其发生的位置。鼓风门测试已经被广泛用于独户住宅（single-family home）的气密性测试，偶尔也用于大型建筑，通过鼓风门测试获得的规律适用于所有建筑类型。

鼓风门测试提供的信息在评估过程中易于理解。当鼓风门对建筑进行减压时，可以感到建筑周围的室外气流通过门、窗框、电源插口、通风格栅、照明设备、墙板接缝、排气烟道、管道及穿线部位冲入室内。

近年来，人们对烟囱效应有了更多的认识，它是渗透风的一个重要动力，冬季气流从建筑较低的楼层进入，通过烟囱效应上升到较高的楼层排出。在开启空调制冷的建筑中，烟囱效应也可能逆向发生。尽管在高层建筑中烟囱效应最为明显，但是在两层建筑甚至带地下室的单层建筑中烟囱效应也会发生。冬季，轻微开启地下室或首层的窗户时，可以感受到冷空气流入。

烟囱效应不是渗透风的唯一动力。风压也是导致渗透风的重要因素。而且，即便没有风或烟囱效应，渗透风也会发生在许多建筑的裂缝和开口处，这是因为建筑中的气流受到多种压力变化的驱动，例如排气扇、通风进气系统、管道加热和冷却系统，甚至开关门窗。

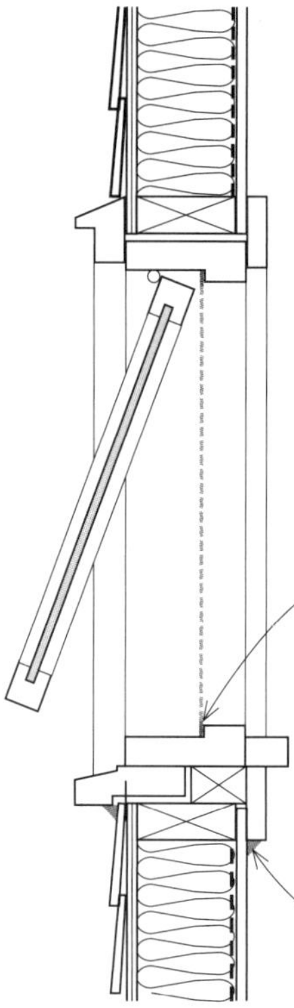

7.05 两类需要密封的连接处。

渗透风会发生在建筑的许多部位，即便是一栋看上去设计良好、施工精细的建筑也不例外。窗户和门是渗透风的两个重要源头，它们代表了两种不同的渗透风模式。第一种模式是气流通过可以活动的部件，如旋转门、双悬窗的窗扇。门或窗扇在框架内的可活动性为渗透风提供了天然的机会。第二种模式是气流通过门或窗框与墙体之间的缝隙渗入，这些缝隙通常都用塑胶进行封堵。第二种模式下的渗透风是在固定部件之间发生的。

对于这两种不同的模式，阻止渗透风的方法是不同的。一方面，阻止活动部件间的渗透风，在密封时需要保证部件的可活动性，如密封胶条（weatherstripping）。密封胶条有许多形式，如弹簧金属（spring metal）、V形胶条、各种封闭门窗的泡沫胶条。另一方面，固定表面之间的渗透风问题，比如窗框与墙体之间的缝隙，可以用嵌缝膏或泡沫等材料填实，这类材料不需要保证建筑构件的活动性。

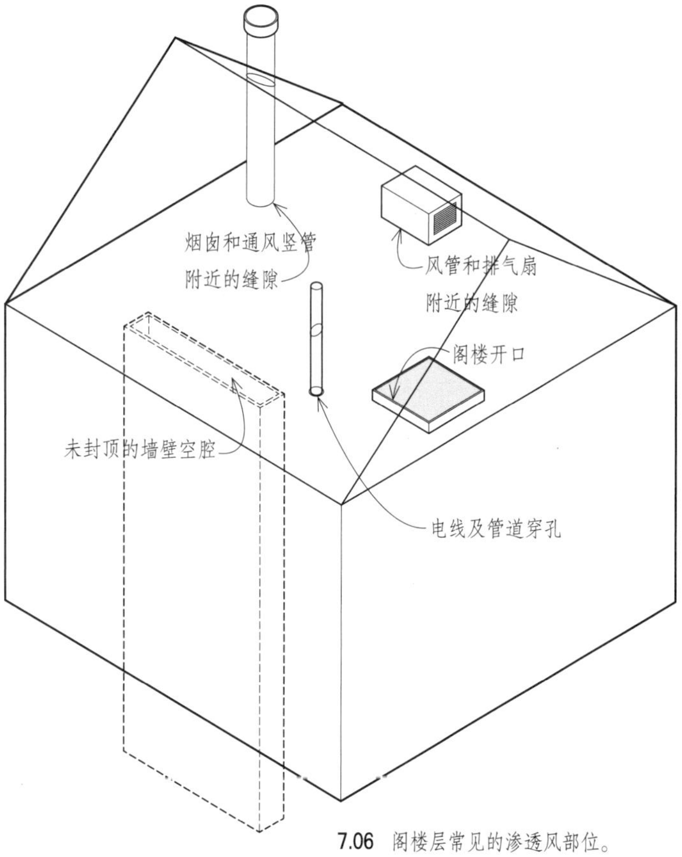

7.06 阁楼层常见的渗透风部位。

阁楼层是另一类常见的渗透风部位，包括阁楼开口、未封顶的墙壁空腔、照明凹槽附近的缝隙和裂口、烟囱、通风竖管、风管、排气扇、穿线管以及消防喷管。

建筑围护结构上有意设置的让空气或其他气体通过的开口，是另一类发生渗透风的部位。这些开口包括壁炉、柴炉烟囱（wood stove chimney）和其他燃烧通风口、衣物干燥通风口、排气扇通风口及通风进气管道。当这些设施不在使用状态时，便成为发生渗透风的场所，应该对其进行控制。

这些开口有的会设置风挡板（damper）来减少渗透风的发生，但是它们通常密封不严。这些逆向风挡板通常只能阻挡一个方向的气流，却允许其他方向的气流通过。通常，风挡板允许气流通过的方向和烟囱效应作用的气流方向是一致的。因此，即使关闭了风挡板，这些挡板也会无意间打开让空气流出建筑。

墙体内部与墙体周边是发生渗透风的另一个微小却很常见的部位。空气会从板壁材料的裂缝中进入，在隔气层中密封不实的接缝、面板（sheathing）的缝隙、框架构件间的多孔保温材料中流动，通过电源插座、开关或内墙的缝隙和孔洞进入建筑。空气会从墙体顶板和墙体基础上的架空底板（sill plate）进入建筑内部，会从分体式空调或热泵系统的外墙穿墙管道中进入建筑，这些部位被管道保温材料或设备自身遮挡。穿墙式空调和窗式空调是漏气特别严重的部位。有研究表明这类空调一个典型单元的透气量与一个6平方英寸（3 871平方毫米）的洞口相当。

最后一类渗透风的情况可能是灾难性的，这就是建筑围护结构上的非正常开口，例如由于冬季室内过热而开窗、破损的窗户和门框、阁楼或室外等处破损的管道系统等。

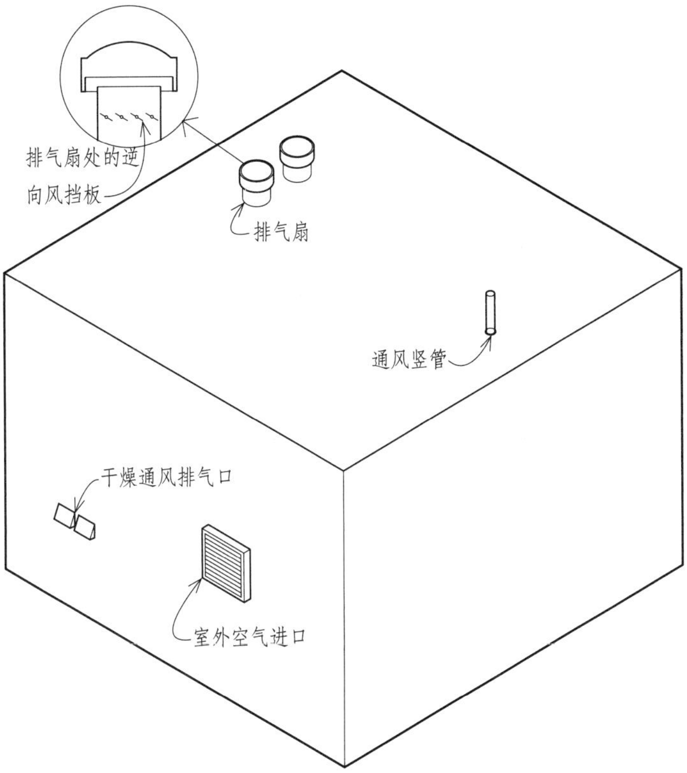

7.07 建筑围护结构上有意设置的开口。

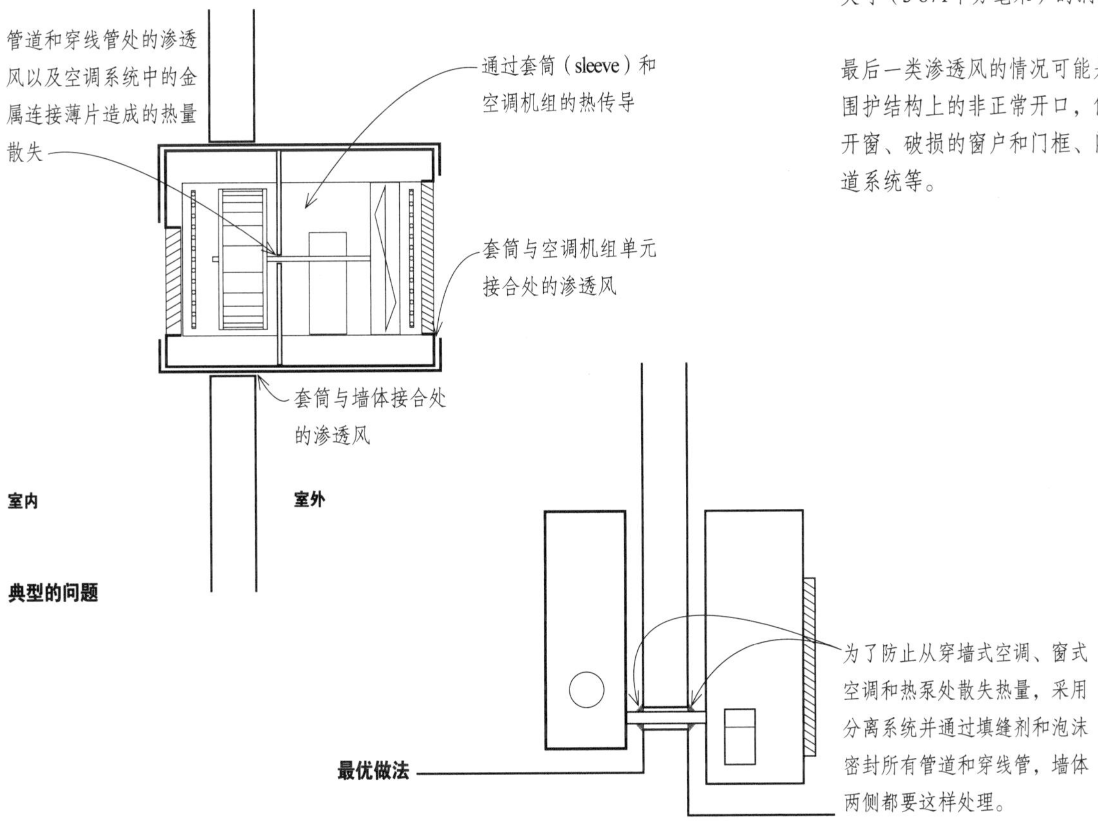

7.08 房间空调设备造成的热量散失和渗透风。

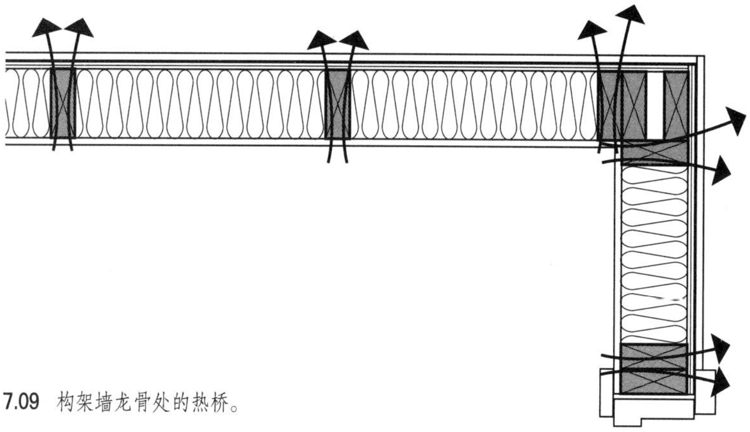

7.09 构架墙龙骨处的热桥。

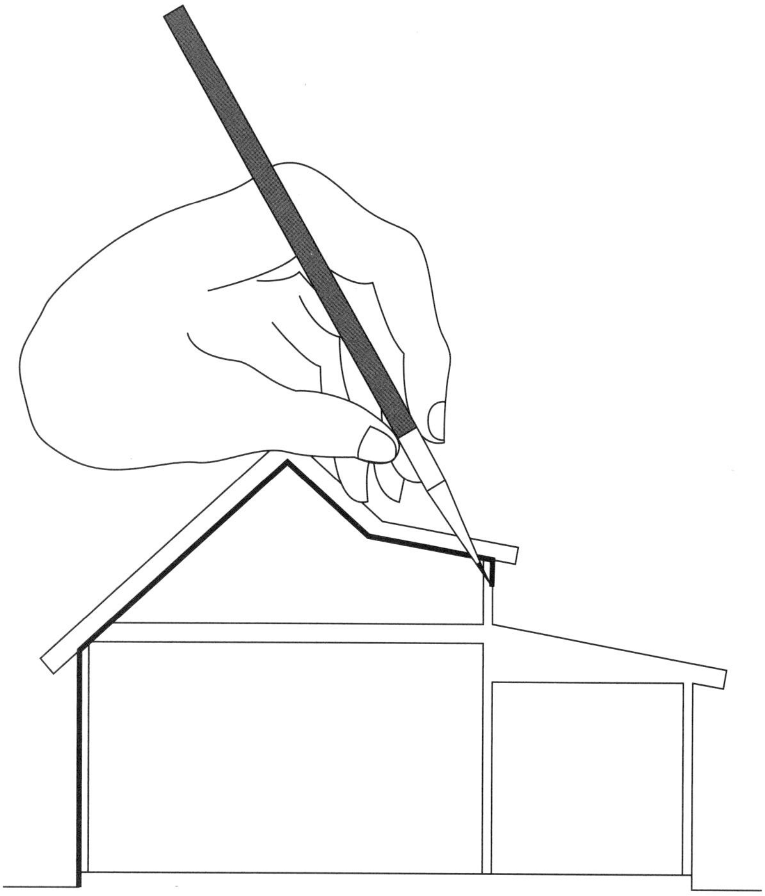

7.10 设想我们在一张白纸上勾勒一栋建筑的剖面时，应该能够沿建筑边缘不抬笔连续地画出一条不被渗透风的空隙和热桥所打断的路径。

热桥 Thermal Bridging

热桥是一个近年来在建筑构造领域备受关注的问题。热桥是指刚性非保温材料穿透保温层的情况，热量可以通过热桥在建筑室内、空调房间与室外环境间传递。热桥最常见的例子是构架墙（frame wall）或屋面中的木质或金属龙骨。已经证实，热桥会使木框架墙体的热阻值降低10%，会使金属框架墙体的热阻值降低55%。

另一类热桥包括过梁、墙体窗台板和顶板、支撑外墙的结构梁和混凝土板、支承角钢、承重墙升起形成的女儿墙、阳台和门廊、基础底板和墙体的许多细部。

窗框和窗台也有形成热桥的风险，就像门框和其他穿透保温层的构件一样，如天窗和顶层阁楼。主要建筑构件之间的界面——墙壁和屋顶之间、墙壁和地基之间、墙壁和墙壁（角落）、墙壁和地板以及墙壁和窗户之间——总是会出现热桥作用的建筑细部，无论我们多么努力地去避免热桥。

屋顶被穿透的部位常常出现热桥——屋顶安装设备需要结构支撑处，屋顶暖通空调（HVAC）装置和通风扇的围板处，还有屋顶管线、管道系统和视觉屏障的支撑构件处。几乎所有这些支撑构件都穿透了平屋顶上的刚性绝缘层。

当我们讨论外围护结构的时候，要将渗透风和热桥的问题谨记在心，思考将两者影响最小化的方法。

连续性与不连续性 Continuity and Discontinuities

由渗透风和热桥导致的热传导，让我们了解到连续热边界的重要性。要达成热边界的连续性有很多障碍。建筑是由许多部件固定在一起构成的，这些部件的每一个连接处都有可能不连续。围护结构也会被门窗、管道、电线贯穿，这些均可能导致围护结构的不连续。

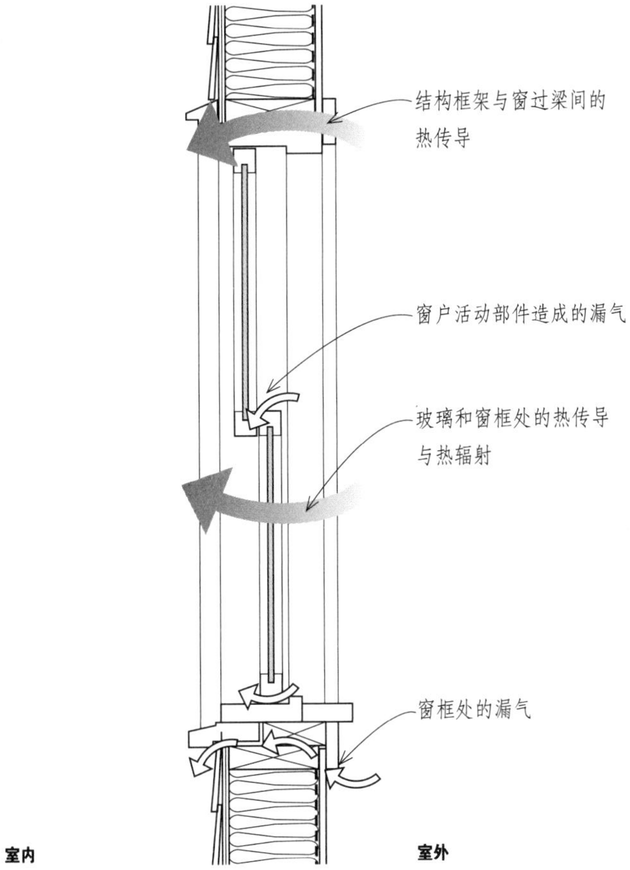

7.11 通过窗户的热量散失和渗透风路径。

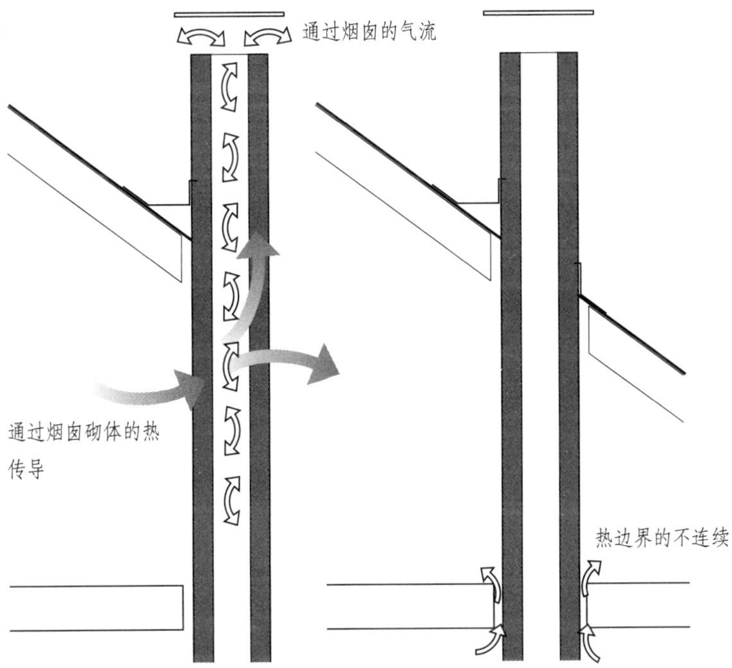

7.12 烟囱位置造成的潜在不连续性。

另外，建筑中任何一处贯穿，无论是门窗、阁楼开口、嵌入灯槽还是任何其他不连续的部位，都会为能量散失提供多种路径。例如，窗户不仅通过玻璃的热传导散失热量，还会通过以下方式散失热量：玻璃表面上下的热对流、窗框的热传导、墙体框架（wall framing）与窗过梁的热传导、窗扇与窗框间的漏气、窗框与建筑间的漏气、框架与墙体空腔间的漏气、室内和室外间的辐射散热等。此外，误开的窗户、破损和破裂的窗户、开启或破损的防风窗（storm window）都会导致无意间的能量流失。

另一类常见的不连续是由传统的石砌烟囱造成的。如果烟囱位于墙体外部，热量不仅会横向通过墙体从室内传导至室外，还会竖直地通过屋顶传导至室外。烟道也会造成不连续性，冬季室内温暖的空气通过烟道上升流出建筑，室外冷空气则下降流入室内。如果烟囱位于建筑内部，由于要向上贯穿楼层和屋顶结构，需要清除烟囱周边的可燃性材料，这将导致热边界的不连续。

这些不连续性所导致的能量散失将会随着时间而增加。我们仍然以窗户为例。窗户本身并不十分坚固，随着窗框的固定和移动、窗口嵌缝（window caulking）的干燥和开裂、重复开启和关闭窗户导致密封胶条的松动、双层或三层玻璃中的气体泄漏和封边条破损，通过窗户散失的能量越来越多。类似情况同样发生在门和其他可移动表面的开口，例如阁楼开口经常会变形或破损。甚至一些没有可移动构件的部位也会因为破损而导致不连续，例如墙体或阁楼贯穿部位的裂缝。一旦建筑物中出现裂缝和孔洞，它们很可能会随着结构的固定和移动而逐渐加大。

外围护结构的许多部位，保持连续的热边界会遇到空间上的挑战。它几乎是一个拓扑问题（a problem of topology），是关于空间表面及其连接的数学研究。保温材料一般不是结构材料。保温层不具有足够的承重、抗剪和抗风等结构特性。出于许多原因，比如控制湿度、保证蓄热体（thermal mass）在热边界之内的需要，我们希望保温层位于建筑外侧。但是，当保温层位于建筑外侧时，它就不能得到建筑要素的保护，并且必须经过曲折的路径才能完全包围建筑，因为建筑物有基础、墙体、屋顶和多种突出的构件，比如女儿墙和门廊。

我们可以将保温层移到建筑内侧，但这样我们就会失去蓄热体在热边界之内的优势。我们还必须注意墙体或屋顶内水蒸气凝结导致的潮湿问题。我们可以在某些部位将保温层设置在内侧（例如屋顶），在另一些部位将保温层设置在外侧（如墙体），不过在多个表面相交的时候，我们将面临挑战。我们可以将保温层设置在结构构件之间，如在轻型木框架（light-wood frame）结构和轻型金属框架（light-gauge metal frame）结构建筑中常用的方法，不过能量会通过热桥流失。

最后，我们可以将保温层连续地敷设在面层或壁板与建筑主体结构之间，这种做法在低层建筑和高层建筑中均获得认可。但是仍要特别关注保持保温层的连续性，这在各种结构贯穿处（structural penetration）及墙体与屋顶、墙体与楼板、墙体与基础交界处都是挑战。

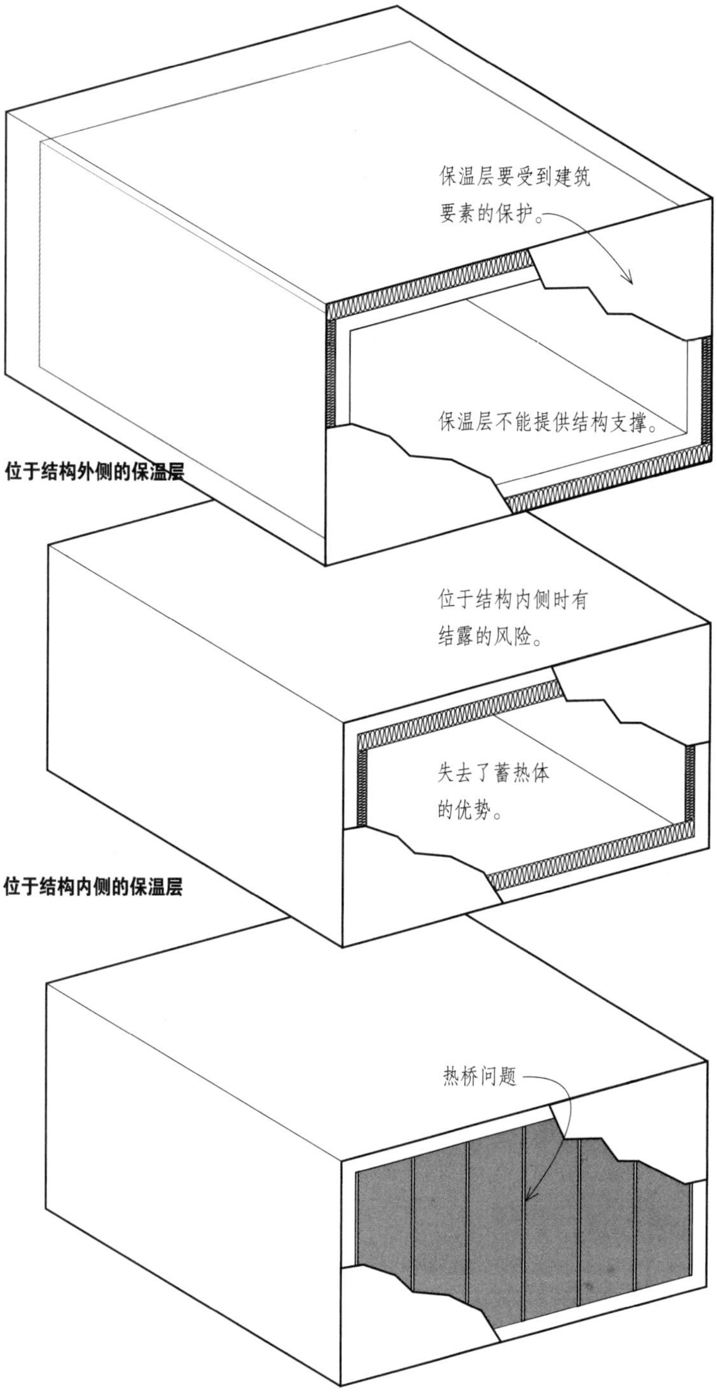

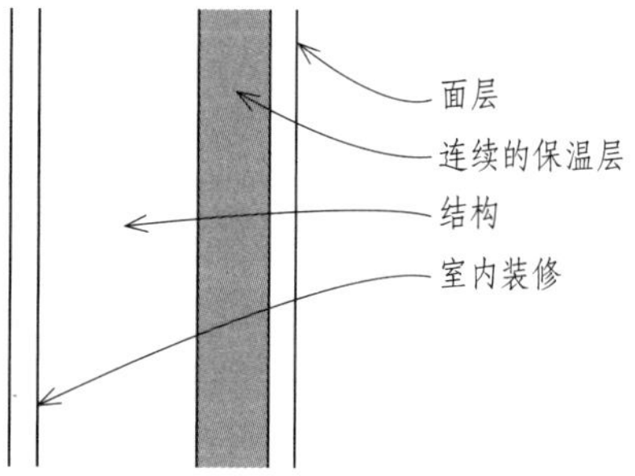

可能的解决方案

7.13 保持热边界连续性的拓扑问题。

墙体 Walls

砌体墙 Masonry Walls

对于低层和高层建筑，砌体墙经常使用混凝土砌块（CMU，concrete masonry unit）作为主要结构材料。各种面层材料用于保护建筑外部，如砖、石、灰泥、赤陶土和金属壁板（metal siding）。同样地，建筑内部也使用各种室内装修材料，如木质或金属龙骨表面的石膏板和内垫条（furring strip），有些情况下，混凝土砌块直接裸露在室内。

高性能混凝土砌块比传统混凝土砌块轻40%，热阻值（*R*-value）在2.5~3.0之间，热阻性能比传统混凝土砌块高30%。如果用珍珠岩或其他保温填料进行隔热处理，对于标准8英寸（203毫米）厚的高性能混凝土砌块，其热阻值可以达到7~11，对于更厚的混凝土砌块，其热阻值更高。

以下情况可能导致砌体墙发生热桥，但每种情况均可以被减弱或消除：

- 支承角钢用于支撑墙体面层（例如砖（墙）），为热桥提供了途径。一种提高其保温性能的方法是在支承角钢和主要的混凝土砌块间设置保温垫片或间隔钢支架（spaced steel standoff）。
- 当砌体墙高于屋檐线形成女儿墙时，女儿墙本身成为热桥，因为它位于外墙刚性保温层和屋面保温层之间，而屋面保温层在抵达墙体的位置终止。一种提高其保温性能的方法是将墙体保温层延续至女儿墙顶部，然后往下与屋面保温层相接。女儿墙顶部被覆盖在连续保温层上的盖板保护着。
- 任何贯穿热边界（thermal barrier）的结构钢都是热桥。一种提高其保温性能的方法是用不锈钢代替普通的碳素钢，因为不锈钢的热传导性能低于碳素钢。另一种方法是在任何一个贯穿的结构钢外表面都做保温层。
- 阳台等外部结构会打断保温层的连续性。一种提高其保温性能的方法是用外部支撑，避免其与主体建筑的结构和保温层直接相连。另一种方法是在阳台结构与主体建筑结构之间设置绝热垫片（nonconductive spacer）。

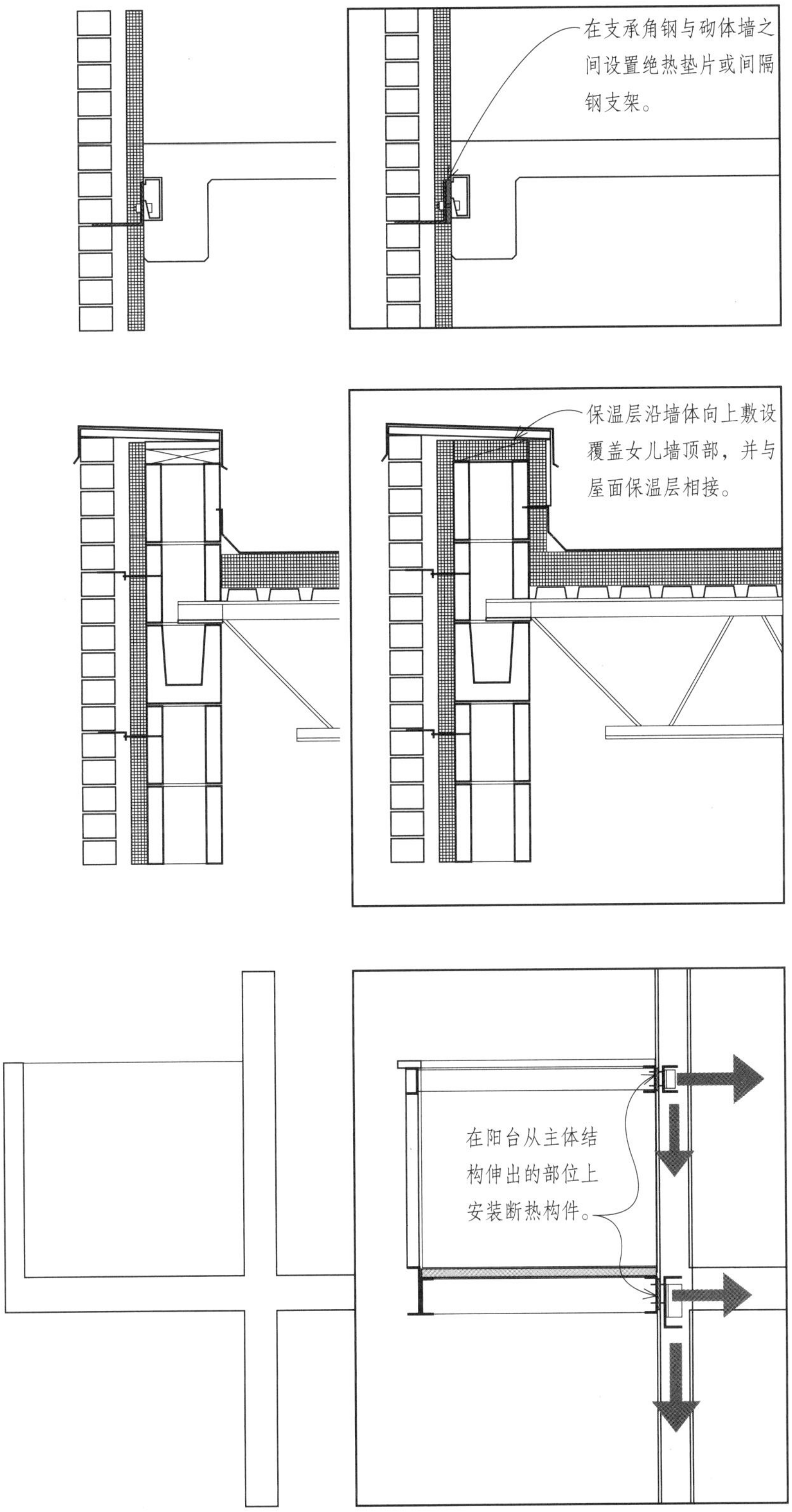

7.14 减弱或消除砌体墙热桥的方法。

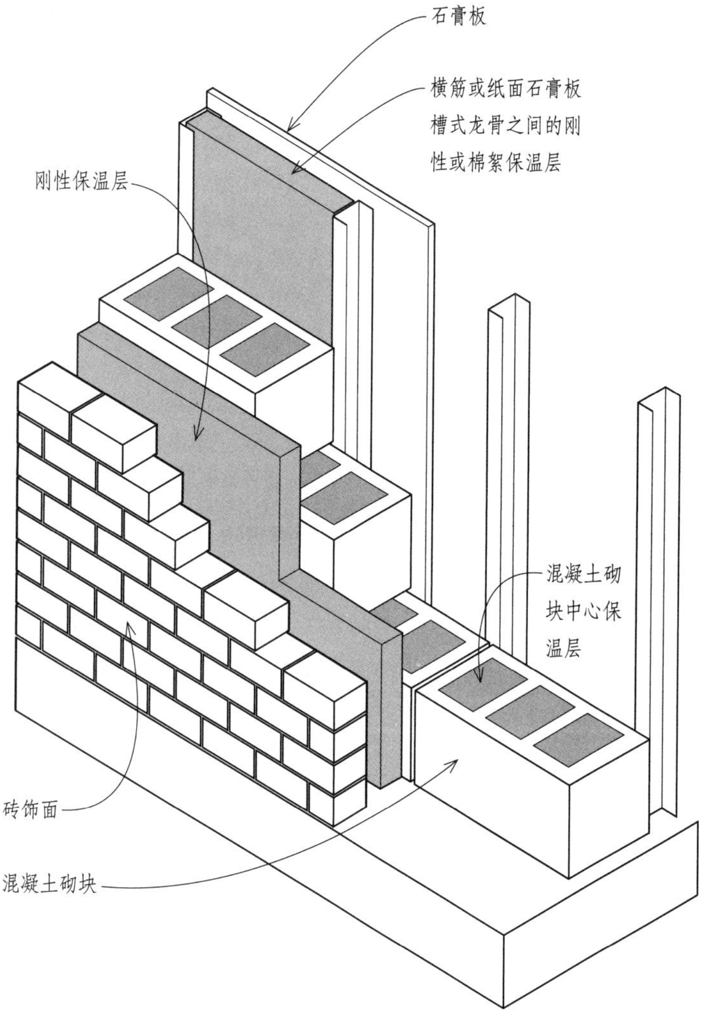

7.15 砌体承重墙保温层。

对于砌体墙，在主要墙体外侧、面层或壁板内侧设置保温层效果最好。这样可以保证蓄热体在保温层之内，可以更好地适应温度变化并起到储存热量的作用。此外，还能降低寒冷气候条件下的结露风险。如果将保温层设置在主要墙体内侧，在寒冷气候条件下墙体内表面有可能温度很低，当遇到从保温层透过的湿热空气时，就会导致空气中的湿气在低温表面结露。

砌体承重墙与面层之间的保温层通常是刚性的。保温层的类型和厚度首先是由能源规范决定的；其次作为增值投资，可以通过增加保温层厚度来降低能耗。

通过在砌体墙内侧的龙骨间固定石膏板使墙体内部空腔绝缘，可以形成第二个保温层。在外墙已经设置保温层的情况下，墙体内侧温度不会很低，因此设置第二个保温层不会出现结露的风险。虽然轻钢龙骨或Z形槽式金属龙骨（Z-channel）常被用作龙骨框架，但也可以考虑使用热传导性更低的木龙骨。内部空腔常用于室内装修和电线走线，无论使用棉絮或是刚性保温层，增加第二层保温均是很好的做法。在混凝土砌块中填充保温材料是第二层保温的另一种类型。

刚性保温层是砌体墙的主要形式，保温层接缝处的封堵十分重要。封堵有助于阻止空气在墙体中的流动，并且可以阻止渗入外墙面层的水分。

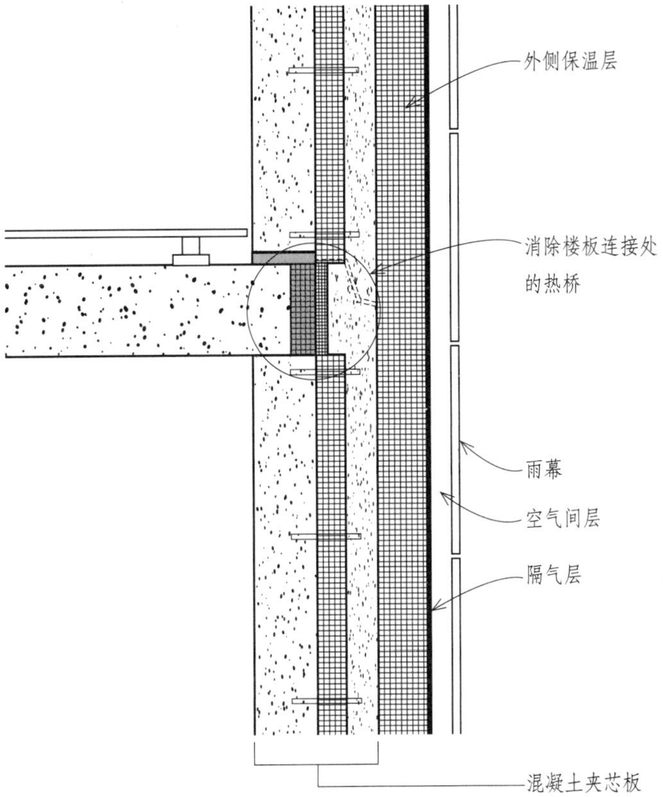

7.16 提升混凝土夹芯板建筑的保温性能。

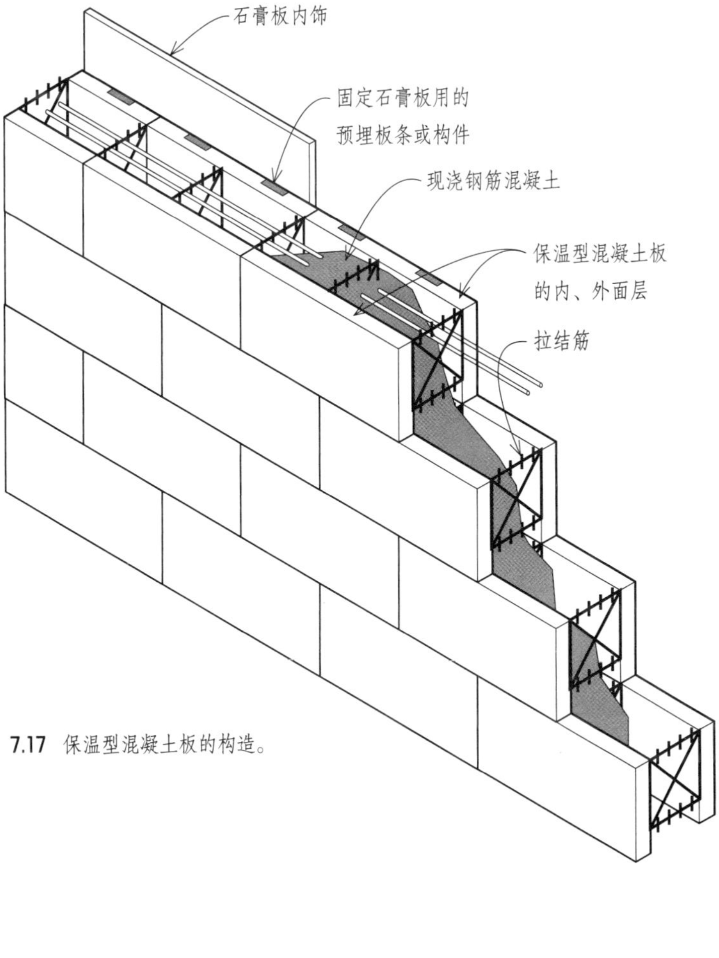

7.17 保温型混凝土板的构造。

浇筑混凝土墙 Poured Concrete Walls

浇筑混凝土墙有多种形式。它们可以是预制的，或是在施工现场水平浇筑然后吊起，抑或是现浇成型。与砌体墙一样，浇筑混凝土墙可以有各种室内装饰和外部面层系统，也可以完工后裸露表面。

承重混凝土夹芯板是一个绿色的选择，它是在刚性保温层两侧夹上预制混凝土薄板，通过一系列断热连接件绑固到一起。这样的装配组件重量轻，经久耐用，防火性能好。为了保证保温层的连续性，防止成型过程中发生热桥，保温层的边缘必须全部保持连续。

值得一提的是，混凝土夹芯板与设有保温层的砌体空腔墙是类似的，混凝土夹芯板的两层混凝土板与两皮（wythes）砌体墙类似，混凝土夹芯板的刚性保温层与砌体墙空腔中的刚性保温层作用相同。在某些设施中，还会在夹芯板的外侧加设一个保温层并敷设面层。

浇筑混凝土的另一种形式是保温型混凝土板（ICF，insulated concrete form）。保温型混凝土板与混凝土夹芯板相反，它不是保温层夹在两层混凝土板之间，而是混凝土板夹在两个保温层之间，例如发泡聚苯乙烯泡沫板（EPS，expanded polystyrene foam），两个保温层同时充当混凝土浇筑成型的模板。同样，保温型混凝土板内侧可以进行装饰，外侧也可以有各种类型的面层。石膏板是一种典型的内饰，它可以固定在内侧保温层中预埋的构件上。保温型混凝土板的一个好处是内侧保温层不存在由板条或龙骨引起的热桥。连续的现浇混凝土墙体也保证了热围护结构的连续性。

木框架墙　Wood-Frame Walls

传统的轻质木框架使用轴线间距16英寸（406毫米）的木质龙骨，龙骨间的空腔填充保温材料。石膏板是最常见的内装材料，外侧面层通常是防护板、木材、挤塑板或各种复合面板。传统木框架墙的龙骨形成了热桥，并且许多框架连接部位容易造成墙体的渗透风。

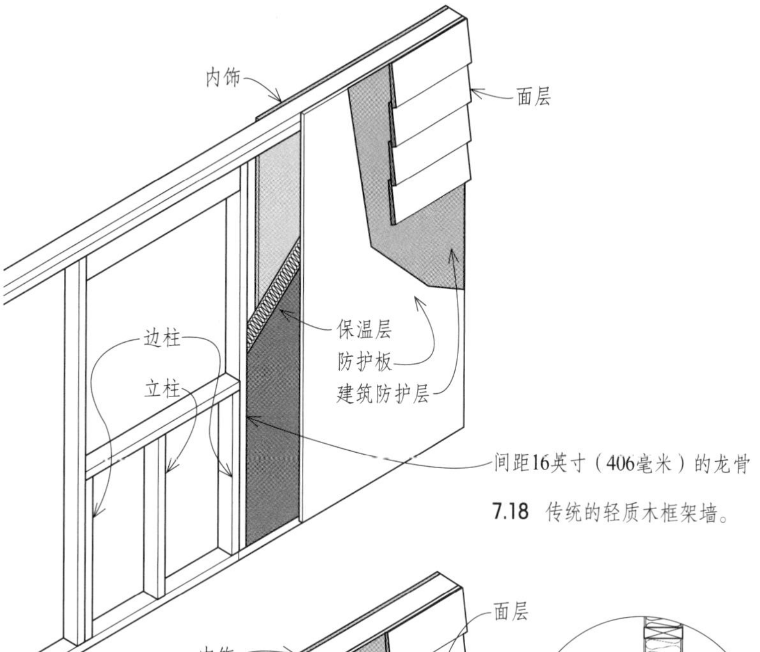

7.18　传统的轻质木框架墙。

“改进的框架”（advanced framing）是一个总称，用于涵盖减少热桥连接的各种传统框架设计细节。例如：用轴线间距24英寸（610毫米）的龙骨代替轴线间距16英寸（406毫米）的龙骨；在门窗洞口处使用独立完整的顶板和龙骨，在非承重墙处使用独立的横梁（header）或不设横梁；简化角部框架。通常情况下，刚性保温层设置在龙骨框架外侧，位于龙骨防护板之上、面层之下。

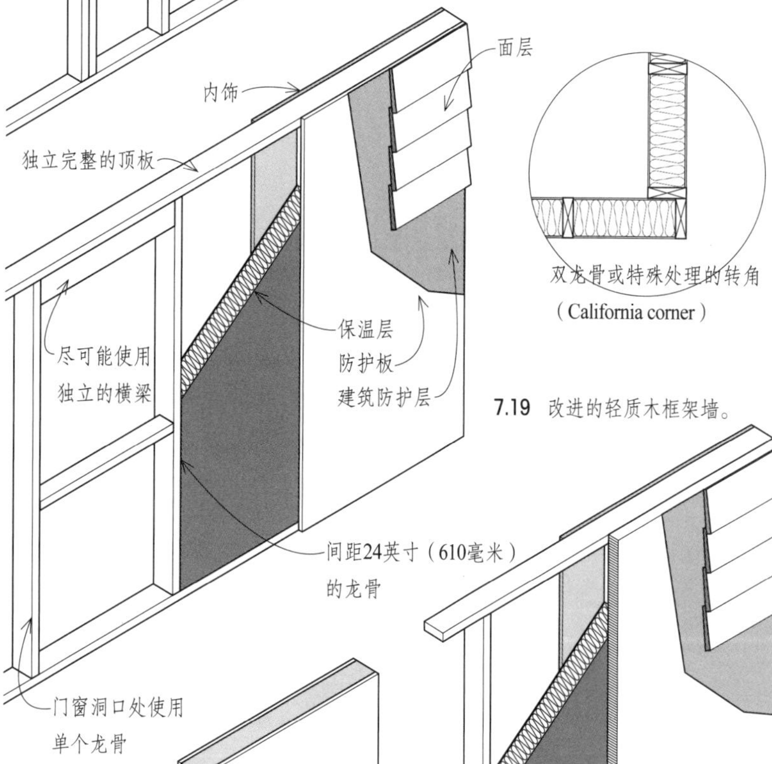

7.19　改进的轻质木框架墙。

木框架墙有几种节能变体，包括：使用双龙骨框架，为了减少热桥，每排龙骨相互偏移或分开；用预制结构型保温板（SIP，structural insulating panel）代替普通龙骨框架；使用各种阻止渗透风的保温材料，例如致密纤维、喷涂泡沫、硬质泡沫板。

木框架墙很常见。它的隐含能耗*低；可以使用回收的结构材料；如果将热桥最小化，可以有很好的热阻性能；如果注意气密性细部设计，建成后还能防止渗透风。

*关于隐含能耗的讨论参见第17章“材料”。

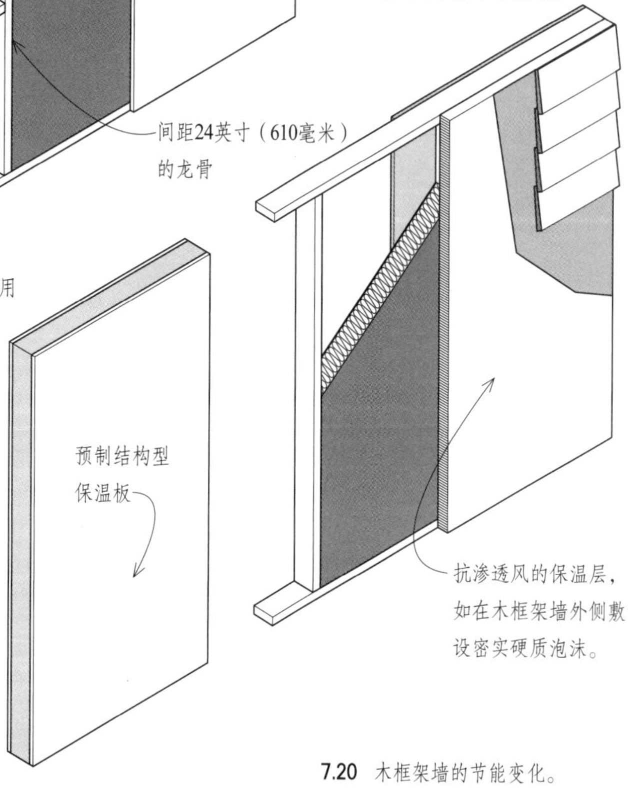

7.20　木框架墙的节能变化。

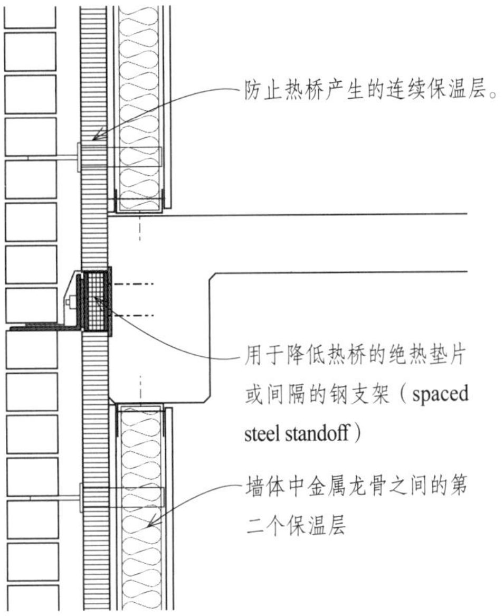

7.21 金属框架墙细部。

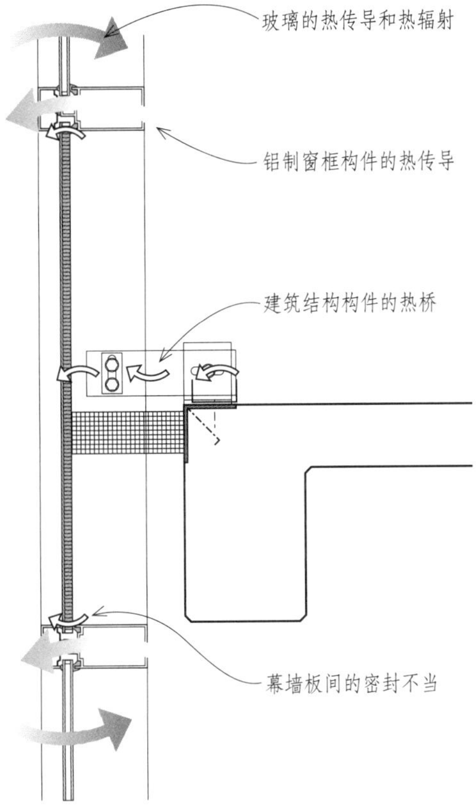

7.22 幕墙造成的能量流失。

金属框架墙 Metal-Frame Walls

金属框架墙与木框架墙有许多相似之处。它是一种常用的结构形式，对此设计师和建筑工人有丰富的经验。

它与木框架墙一样，在各种组装墙体中属于隐含能耗最低的一类。对绿色建造而言，金属框架墙与木框架墙的局限也是类似的。龙骨容易形成热桥，许多框架连接处容易形成渗透风。钢材的热传导性较高，会导致金属龙骨的热桥比木质龙骨的热桥更高。克服这些缺陷的方法与木框架墙类似。应该考虑使用改进的框架，例如使用间距24英寸（610毫米）的金属龙骨来降低材料用量和热桥。框架外部应使用密实刚性保温层来提高热阻性能，同时可以降低热桥并减少渗透风的发生。应该特别注意密封连接处和其他渗透风部位（例如墙体贯穿处）的气密性。

幕墙 Curtain Walls

幕墙在高层建筑中很常见。它们是非承重构件，通常由透明玻璃、金属框架支撑（通常是铝）的不透明窗间墙组成。之所以称之为“幕墙”，是因为它们从建筑结构框架悬挑出来。虽然幕墙不能承重，但它们必须能够承受横向风荷载及地震荷载，并将这些荷载传递到建筑结构。幕墙可以预制或现场装配，如果是预制的，我们把独立的部分称作“组合板”（unitized panel）。

幕墙容易造成各种情况的能量流失，包括玻璃的热传导和热辐射、铝制窗框构件的热传导、结构构件的热桥、幕墙板间的密封不当等。

即便拥有高性能的玻璃、保温的窗间墙和断热窗框，幕墙仍然是能耗性能表现较差的部件。幕墙一般热阻较低，热阻值在2~3之间。高性能的幕墙热阻值在4左右，目前最好的幕墙热阻值仅达到6~9。

7.23 美国外墙材料隐含能耗。

外墙类型	隐含能耗（MMBtu/SF）美国北部	美国南部
2×4钢龙骨墙体		
轴线间距为16英寸（406毫米），带砖面层	0.10	0.10
轴线间距为24英寸（610毫米），带砖面层	0.10	0.09
轴线间距为16英寸（406毫米），带木质面层	0.07	0.07
轴线间距为24英寸（610毫米），带木质面层	0.06	0.06
轴线间距为16英寸（406毫米），带钢质面层	0.24	0.24
2×6木龙骨墙体		
轴线间距为16英寸（406毫米），带砖面层	0.09	0.09
轴线间距为16英寸（406毫米），带钢质面层	0.23	0.23
轴线间距为24英寸（610毫米），带灰泥面层	0.07	0.07
轴线间距为24英寸（610毫米），带木质面层	0.05	0.05
结构型保温板（SIP）		
砖面层	0.15	0.14
钢质面层	0.30	0.29
灰泥面层	0.14	0.13
木质面层	0.12	0.11
8英寸厚的混凝土砌块		
砖面层	0.26	0.26
灰泥面层	0.25	0.25
钢质面层	0.41	0.41
2×4钢质龙骨墙体（轴线间距为16英寸（406毫米））	0.24	0.24
6英寸厚的现浇混凝土		
砖面层	0.13	0.13
灰泥面层	0.11	0.11
钢质面层	0.28	0.28
2×4钢质龙骨墙体（轴线间距为16英寸（406毫米））	0.11	0.11
8英寸厚的吊装混凝土板		
砖面层	0.14	0.14
灰泥面层	0.12	0.12
钢质面层	0.29	0.29
2×4钢质龙骨墙体（轴线间距为16英寸（406毫米））	0.12	0.12
保温型混凝土板		
砖面层	0.16	0.16
灰泥面层	0.14	0.14
钢质面层	0.30	0.30

来源：美国能源部

墙体系统的选择 Choosing Between Wall Systems

通常，建筑墙体结构的选择是综合权衡造价、结构需求、防火等级、材料，以及专业设计人员和当地承包商的经验的结果。建筑美学，包括立面或饰面，也影响结构系统的选择。绿色建筑还要考虑其他方面，例如热特性——热阻和蓄热性、渗透风控制、湿度控制和材料隐含能耗。

木框架墙隐含能耗最低（0.07百万英热单位/平方英尺（MMBtu[译注]/SF）），在整体热阻相同并且同样是灰泥面层的情况下，钢框架墙隐含能耗紧随其后（0.08 MMBtu/SF）。现浇混凝土、吊装混凝土板和保温型混凝土板等各类混凝土墙体的隐含能耗在0.11~0.14 MMBtu/SF之间。结构型保温板（SIP）的隐含能耗是0.14 MMBtu/SF。8英寸（203毫米）混凝土砌块墙体的隐含能耗是0.25 MMBtu/SF。关于隐含能耗的更多信息参见第17章“材料”。

木质面层隐含能耗最低，灰泥面层和砖紧随其后。钢质面层隐含能耗最高。

[译注] MMBtu（million British thermal unit）代表百万英热单位。英热单位是英、美等国家采用的一种计算热量的单位，缩写为“Btu”。它等于1磅纯水温度升高1°F所需的热量。

保证连续性 Ensuring Continuity

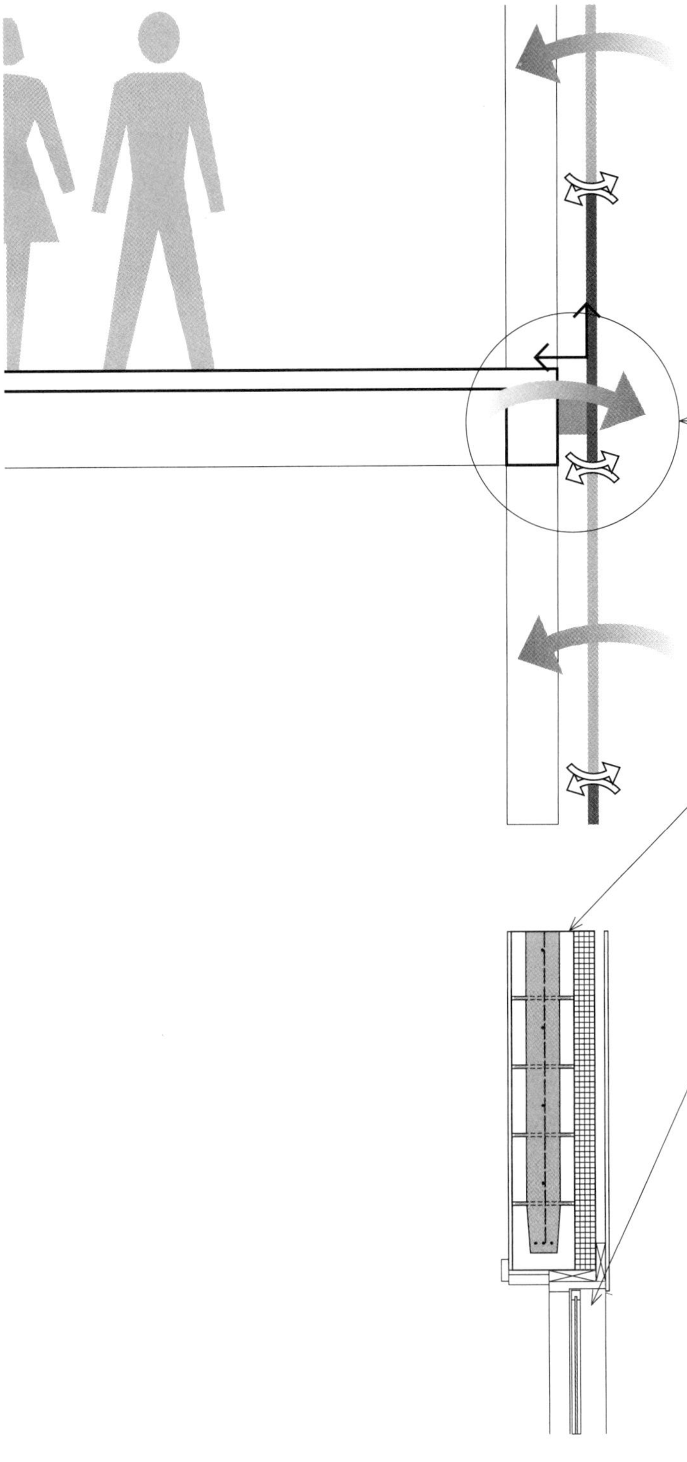

通常，设计绿色建筑时主要关注点在于提升墙体保温性能。这也是建筑规范推行建筑节能的一个主要手段。提升墙体保温性能可以节能。然而，如果不解决渗透风、热桥等问题，保温性能的提升将受到限制。

以下几种墙体设计和建造的途径，可以减小渗透风和热桥的影响：

- 关注细部设计。降低渗透风需要关注可能发生渗透风的部位，做好气密性设计和建造。同样，为了防止热桥产生，设计阶段就要进行合理的细部设计并将其应用于建造阶段。

- 提供质量控制。为了保证有效的气密性并防止发生热桥，需要通过质量控制来保证那些目前还没有被普遍接受的最佳做法确实得以实施。

- 选择本身就具有连续性的结构，从而减少在建造和使用过程中发生问题的可能性。例如，在刚性墙体表面固定刚性保温层，而不是在框架墙体的空腔中填充保温层。

- 使用多个连续的构造层来阻止渗透风。

- 减少不连续位置的数量，例如在可能的情况下减少门窗数量。

对于容易产生热桥的结构细部，一个特殊的挑战是：负责这些细部的人通常是结构工程师或承包商，他们不了解热桥对能耗的影响、能耗模型及能耗权衡评估。因此，整合设计的价值再次体现出来，通过建筑师、结构工程师、能源顾问和承包商之间的交流，使能耗权衡评估成为可能，并降低由热桥带来的能量损失。

7.24 减小渗透风和热桥影响的途径。

继续向前 Moving Forward

热桥仍然是一个挑战，为此人们需要继续寻求成本最优的和稳健的解决方案。连续保温层（CI，Continuous Insulation）已成为一种广泛使用的解决方案，通常效果很好。然而，连续的保温层会增加建筑成本、墙体厚度及建筑的隐含能耗。即使保温层连续，那些穿透保温层的结构部件和紧固件也会不断产生令人讨厌的热桥。采用连续保温的最重要驱动因素，即木材和轻型金属框架之间存在热桥，我们已经开始看到构件内部可以减少热桥的选项，这样就会减少对连续保温层的需求。也许仿生学将引导我们使用网状框架结构和其他形式，这些形式不仅可以减少结构用材，还可以减少热桥。在这个领域，我们开始看到有希望的新概念。

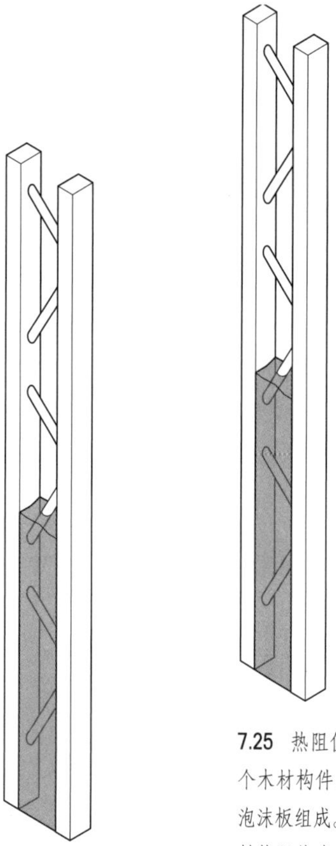

7.25 热阻值为20的Tstud™是一种工程建筑产品，由两个木材构件、一个内部桁架系统和一个现场发泡的闭孔泡沫板组成。虽然与2×6的立柱尺寸相同，但该立柱的初始热阻值为20，并且几乎完全通过立柱实现断热。

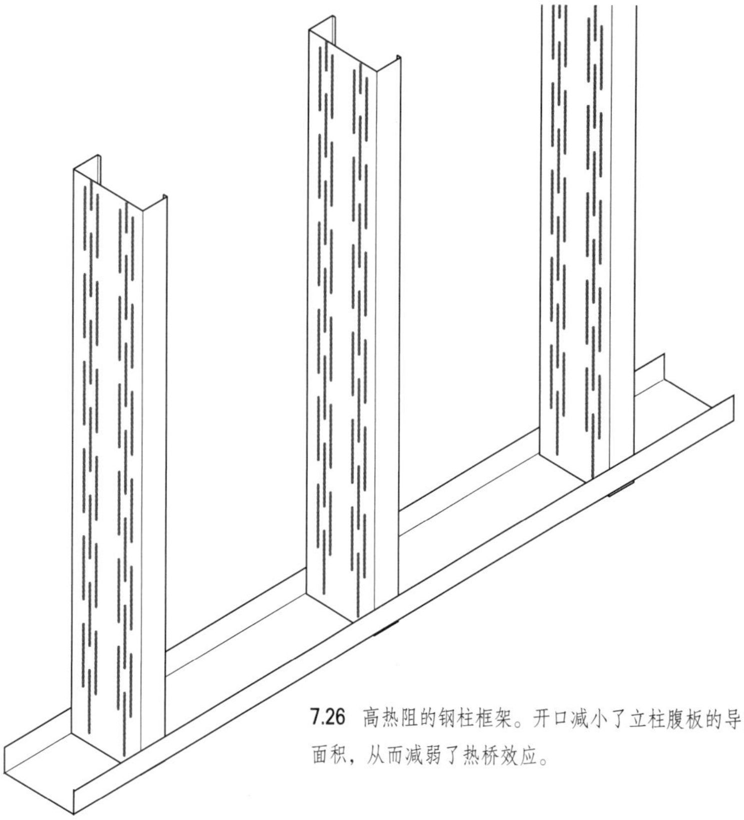

7.26 高热阻的钢柱框架。开口减小了立柱腹板的导热面积，从而减弱了热桥效应。

7.27 窗户可以引进景观和微风，迎接自然光进入建筑，并赋予建筑自然美景（上图），但是窗户也造成了建筑的能量损失以及烟囱效应、眩光和对流等不舒适的问题（下图）。

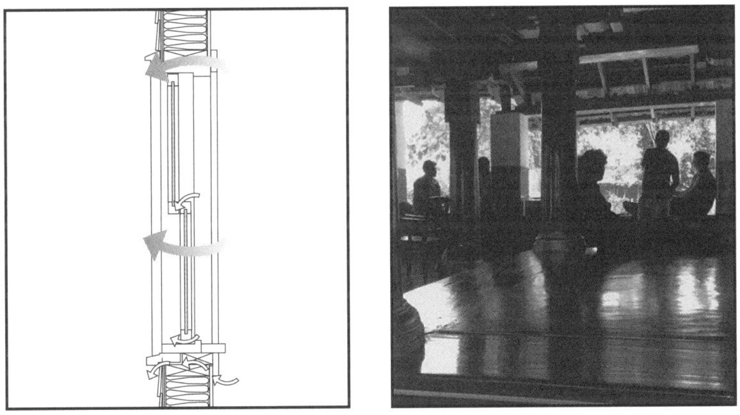

窗户 Windows

在建筑众多部件中，窗户是一个大难题。窗户让自然光进入建筑，为居住者提供了风景，提供与室外环境和社区的联系，对于许多人来说，窗户赐予了建筑自然的美感。然而窗户也是建筑能量流失的主要部位，还会造成穿堂风、眩光、对流、热辐射损失等不舒适的问题。

高性能窗户 High-Performance Windows

绿色建筑的首选是考虑使用高性能窗户。高性能窗户的演变可以追溯至古代，自公元前250年巴比伦吹制出玻璃开始，直至17世纪晚期法国研制出抛光玻璃板。

1950年左右，防风窗产生，它在窗户主体外增加了第二层玻璃。防风窗的本意不是为了节能，如字面意思一样，它是为了保护窗户主体不受风暴的影响。防风窗也被称为“飓风窗”（hurricane window），第二层玻璃使窗户主体与防风窗之间多了一层空气。空气层有很好的保温效果。这是一个显著的性能提升，其热阻性能几乎是普通单层玻璃窗的两倍。普通木框单层玻璃窗的传热系数是1.1。防风窗的传热系数降低到0.5左右。

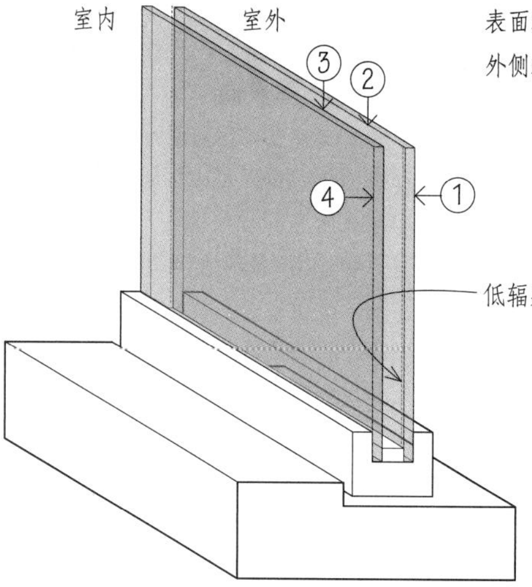

双层玻璃

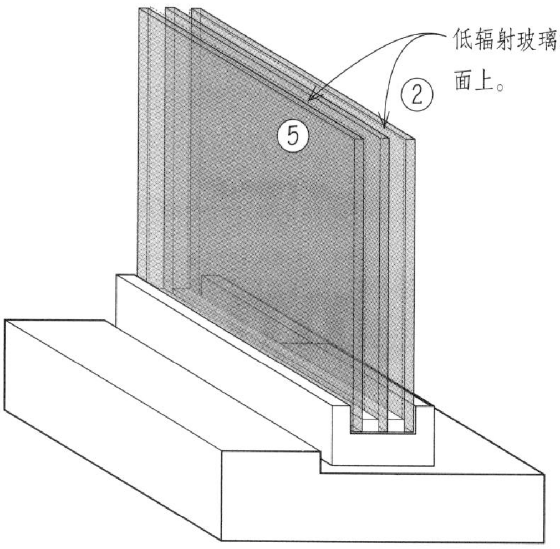

三层玻璃

7.28 多层玻璃窗的表面编号。

双层玻璃窗，发明于20世纪30年代，从20世纪50年代开始得到商业推广，由工厂加工生产，将双层玻璃嵌入木窗框并带有完整的门窗五金。双层玻璃窗与防风窗性能类似，但可靠性更高；防风窗总会在不经意间开启。

由于20世纪70年代早期的能源危机，低辐射技术开始兴起，并于20世纪80年代应用于玻璃领域。低辐射（low-e，low-emissivity）玻璃窗是在外层玻璃的内表面涂装薄薄一层金属或金属氧化膜形成的，可见光可以进入但波长较长的辐射热却被反射。这就意味着，冬季更多的热量可以保留在室内；夏季室外热量则被阻挡在外。

20世纪80年代，窗户生产商引进了乙烯基和木–乙烯基复合窗框，降低了窗框的热损失。随后，保温材料被填充入窗框的空腔。几乎同时，引进了非金属垫片使窗户与墙体分开，以降低窗框的热传导损失。

20世纪80年代晚期引进了充气玻璃，在多层玻璃窗的玻璃空腔间充入一种或多种无色惰性气体。由于惰性气体比空气密度高，因此极大地降低了玻璃空腔间的对流并降低了玻璃整体的热传递。氩气是最常用的惰性气体。氪气虽然密度更高、更有效，但也更昂贵。氩气填充的双层低辐射玻璃窗的传热系数可以达到0.30左右。填充惰性气体的三层低辐射玻璃窗的传热系数可达0.20~0.25。

高性能窗户拥有更高的热阻值和更低的传热系数，在节能的同时降低了结露和结霜的可能性。它们可以使玻璃内表面的温度与室内空气温度接近，减少了对流和辐射热损失，从而提高了建筑在冬季的舒适度。夏季，较低的太阳得热系数降低了太阳辐射得热并减少了室内过热引起的不舒适。

天然采光 Daylighting

对于绿色建筑，窗户通过天然采光提供了节能潜力。天然采光可以是侧面采光也可以是顶部采光。侧面采光由墙面上的窗户提供，顶部采光由各种安装在屋顶上的窗户提供，包括天窗和屋顶气窗（roof monitor）。

适合天然采光的玻璃与观景玻璃是不同的。最佳的天然采光途径是均匀分布在建筑平屋顶上的顶部采光，光线可以均匀地洒满空间。但这仅限于单层建筑、多层建筑的顶层或使用光导管（light tubes）可以达到的楼层。对于侧面采光，窗户宜安装在墙体上部靠近顶棚的位置，使光线尽可能地照到空间深处，并且不会产生眩光。

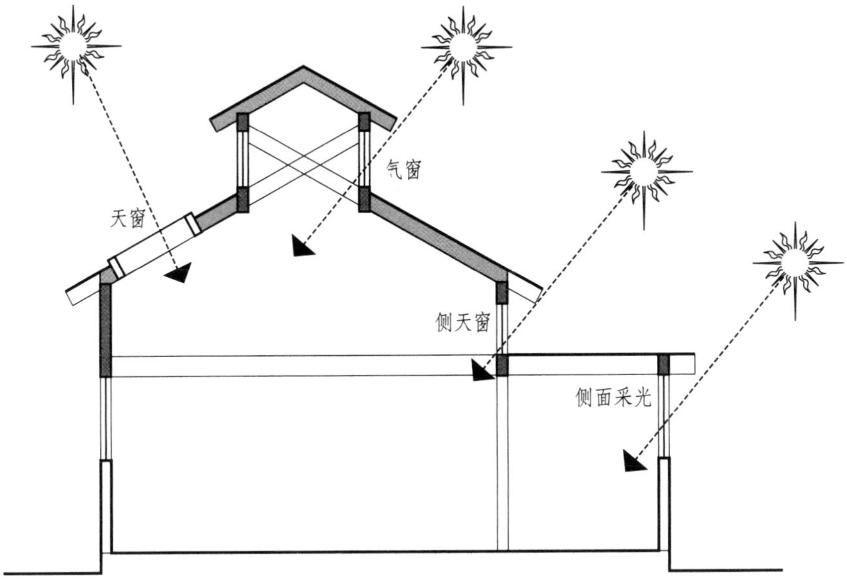

7.29 天然采光选项。

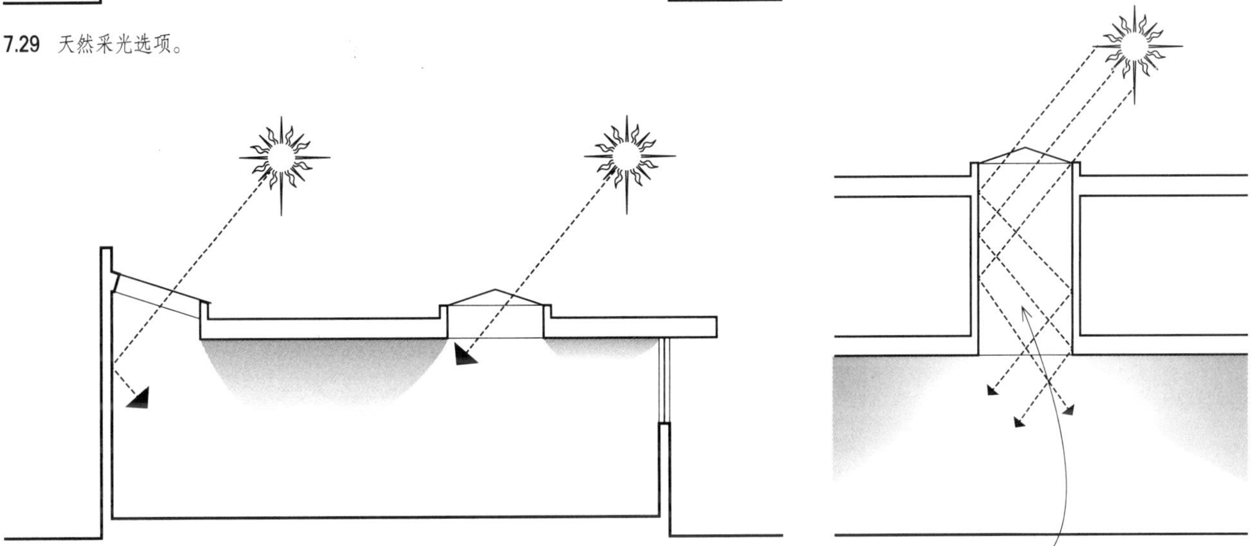

7.30 虽然各种光导管产品已经可以让光线穿透阁楼和顶层到达下部的楼层，但顶部采光仍在很大程度上局限于单层建筑和多层建筑的顶层。

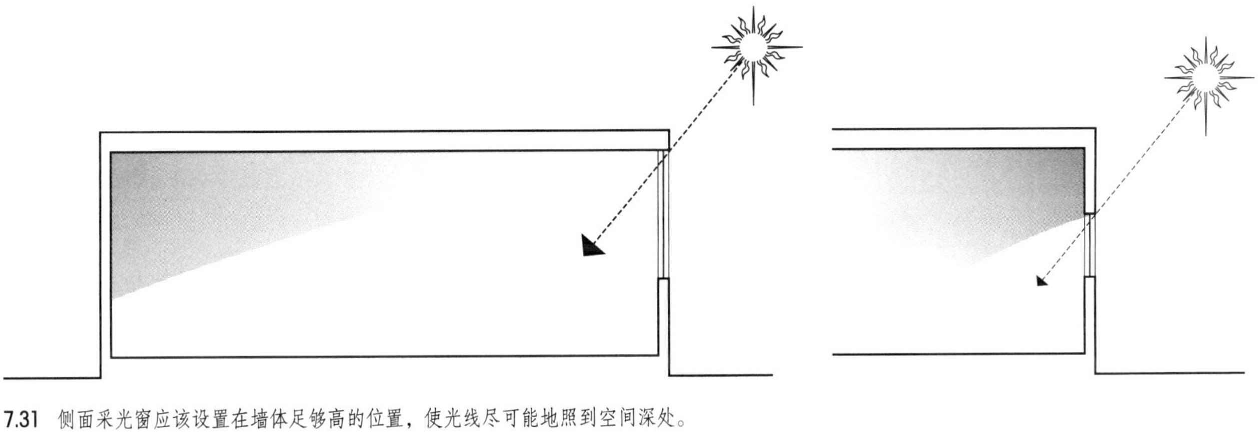

7.31 侧面采光窗应该设置在墙体足够高的位置，使光线尽可能地照到空间深处。

7.32 全局光照技术示例，它使用了复杂的公式来更加准确地模拟空间或场景中的照明。这些公式不仅考虑了从单一光源或多光源发出的直射光，还追踪了光线从一个表面到另一个表面的反射或折射，特别是漫射光在空间或场景的表面间发生的内部反射（inter-reflection）。

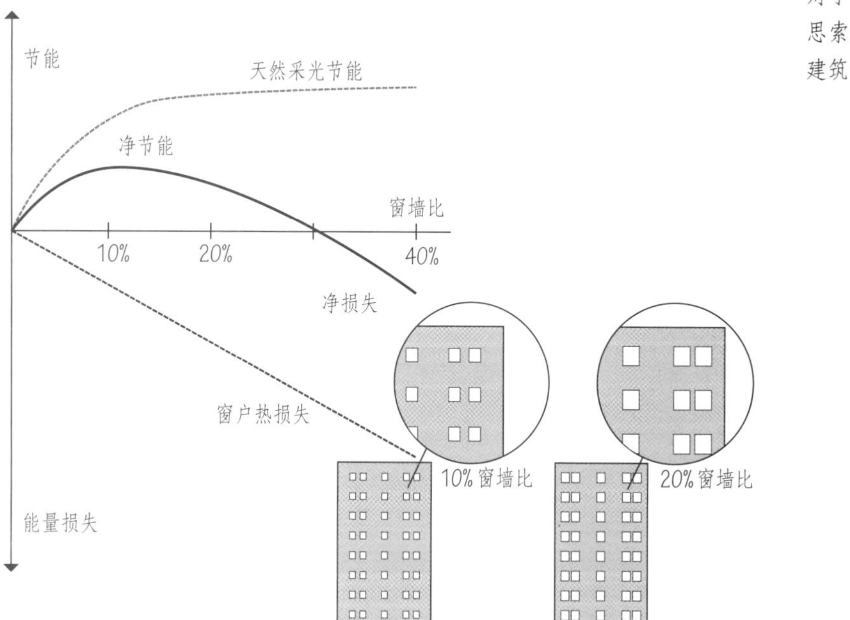

7.33 优化采光窗尺寸的例子。

天然采光是一个复杂的话题，最好用照度模型来处理，通过权衡窗户的采光增益与采暖、制冷能量损失对能效进行优化，同时防止眩光的产生，实施的时候要特别关注采光控制。天然采光设计最好在外围护结构设计和人工照明设计开始之前，此时外围护结构可以获得优化。

采光设计不仅仅是在建筑上添加窗户。它在很大程度上是采光节省的能量与更大面积窗户导致的采暖、制冷能耗增量之间的权衡。随着采光窗户面积的增大，人工照明用电量降低，但窗户的热损失也同时增大。从历史上看，对于较小的窗户，电力照明的需求会因天然采光增加而减少，其节能量大于窗户冷热负荷的热损失，因此可以节省净成本（net saving）。然而，采光节省的电能随着窗户的增大会达到最大值，但窗户面积增大导致的热损失则会一直增大。因此，窗户存在一个最佳尺寸，超过最佳尺寸时，热损失会抵消天然采光节省的能量。

近年来，由于人工照明技术的能效不断提高以及越来越多地使用控制措施来缩短人工照明的时间，采光带来的节能潜力有所减小。如果增加建筑内表面的反射率，则成本会进一步减少。随着这些变化，对于那些具有高效照明设施，但每天白天几乎不需要照明的建筑，例如住宅和酒店，采光可能根本无法节省任何能源。即使对于写字楼等白天使用率较高的空间，其高效控制的LED照明设备，也使我们达到了这样的状态，即在大多数需要供热的气候条件下，采光几乎没有节省能耗。采光的计算机模拟是必不可少的，可以确认是否真正节能。

对于许多建筑类型及使用者，如果为了天然采光而不假思索地使用推荐的玻璃尺寸，而不考虑窗户的热损失，建筑能耗将会增加而非降低。

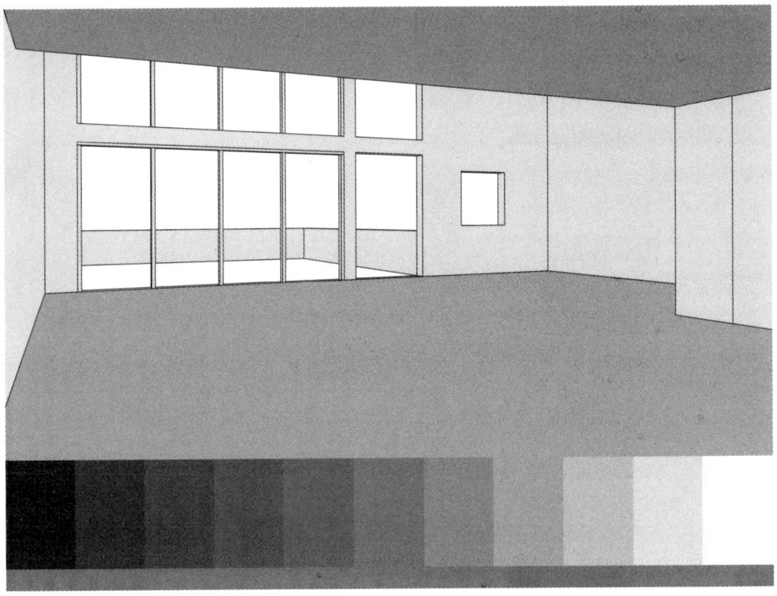

7.34 空间天然采光策略受到房间表面反射率的影响。

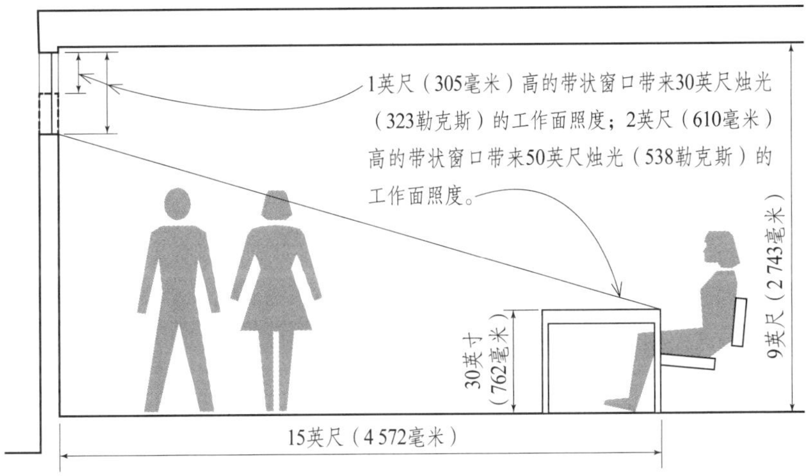

7.35 工作面照度估算举例。

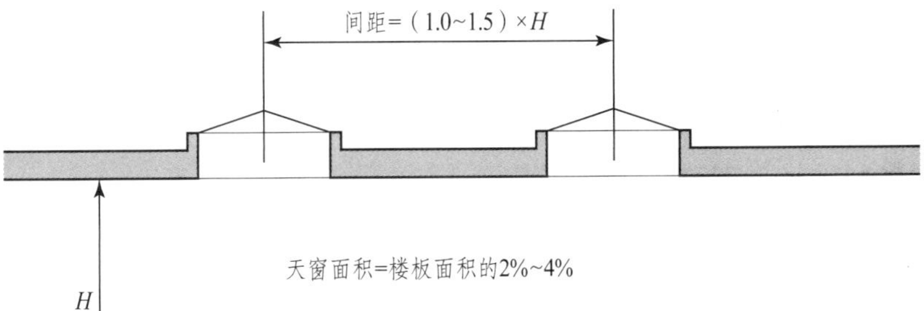

7.36 天窗采光的经验法则。

天然采光策略的成功很大程度依赖于内表面（如天花板、墙体、楼板和家具）的反射率。比如，将内表面反射率从50%提高到70%时，一个12英尺×15英尺（3.7米×4.6米）办公室所需的玻璃面积可以降低50%，从25平方英尺（2.3平方米）降低到12平方英尺（1.1平方米）。为天花板、墙体、楼板、窗帘和家具选择反光饰面是一项重要且实惠的绿色改善措施。但是利用较高的反射率为采光带来好处的同时，最好同时减小采光窗尺寸和减少采光窗数量，从而降低热损失。

虽然采光设计应基于计算机模拟，但粗略的估计在方案设计阶段可能很有用。例如，我们可以估算，在一个9英尺（2 743毫米）高的房间里，有一条带状窗户，窗上部靠近天花板，那么1英尺（305毫米）高的窗户就可以将30英尺烛光[译注]（323勒克斯）的照度传递到15英尺（4 572毫米）的空间中。50英尺烛光（538勒克斯）的照度，则需要2英尺（610毫米）高的窗户。

天然采光的目标包含两层含义：一是为了减少人工照明用电量而特意设计的天然采光，二是为了不可替代的美学效果而设计的视窗，区分二者很有意义。后者可以被称为“天然采光附加值”（incidental daylighting），不仅为按需而设的天然采光带来额外的好处，而且二者合二为一，是避免双重能量损失的有效手段——避免了人工照明和窗户热损失引起的能耗增加。

天窗、气窗等顶部采光有许多优势，包括更好的照明均匀度、更简单的控制方式、更大的空间覆盖率以及更少的眩光问题。如侧面采光一样，顶部采光窗也不宜过大，否则热损失会超过采光节约的能量。顶部采光窗的最佳尺寸应该通过计算机模拟计算得出。根据经验法则，顶部采光天窗面积宜为建筑面积的2%~4%，单元间距宜为层高的1~1.5倍。由于大多数的美国商业建筑是二层或更低，美国建筑屋面下60%的建筑面积可以采用顶部采光。在众多顶部采光方式中，天窗比气窗的光照更加均匀，并且全年采光时数也更多。

[译注] 英尺烛光是指距离一束烛光光源（点光源或非点光源）1英尺远时，于光线正交面上的光照度，缩写为“1 ftc”（1 lm/ft^2（流明/平方英尺）），即每平方英尺内接收1流明光通量时的照度，并且1英尺烛光=10.764勒克斯。

天然采光的优势只有在一并考虑了控制室内人工照明的情况下才能发挥出来。如果不对人工照明进行控制，那么天然采光不但不能减少照明负荷，还会因为增加了热负荷而导致用能增加。照明控制主要有两种类型：分挡开关（stepped switching）与连续调光（continuous dimming）。两者均使用了感光器（photosensor）来监测天然采光水平（daylighting level），自动调节电气照明的输出功率使之达到某一空间照度的理想值或建议值。如果从窗户获得的天然采光可以满足使用者的需求，那么照明控制系统可以自动关闭所有或部分灯具，或者把灯光调暗。当采光水平值降低到预设以下时，照明控制系统可以立即反应，打开灯具。这些日光采集控制系统可以与占用传感器结合来自动控制灯具的开关，进一步提高节能水平，并且可以让使用者通过手动控制调节灯具照度。有些控制系统还可以通过改变顶部灯具中不同颜色LED灯的密度来调节灯光的色彩平衡。

自动灯光控制系统需要仔细地设置启动点（setpoint），从而在保证节能的同时避免灯光运转带来的滋扰。例如，对于一间设有一个分挡开关灯具的办公室，其适宜的采光需求水平是30英尺烛光。上午，当一朵云遮住了太阳，空间内的采光水平低于10英尺烛光时，自动灯光控制系统就会开启电气照明。当太阳出现，采光水平迅速从10英尺烛光上升到远远高于30英尺烛光时，电气照明关闭。如果控制空间的采光水平高于31英尺烛光就关闭灯具，低于30英尺烛光就开启灯具，那么有可能造成每当一朵云遮住太阳时，灯具都会迅速开启和关闭，这将成为滋扰。

如果控制采光水平低于30英尺烛光时开启灯具，高于50英尺烛光时关闭灯具，灯具不会在每一朵云路过时都快速开启和关闭，但是将导致办公室采光水平忽高忽低，这是另一种形式的滋扰。同时，也会导致灯具开启的时间比需要的更长，导致节能量降低。在灯光启闭滋扰循环（nuisance cycling）与采光水平波动滋扰间寻找平衡是一个挑战。自动调光控制系统在某种程度上可以解决这个问题，但仍需要仔细进行设置。采光传感器也必须精心设置位置与朝向，避免被其他人工照明激活。

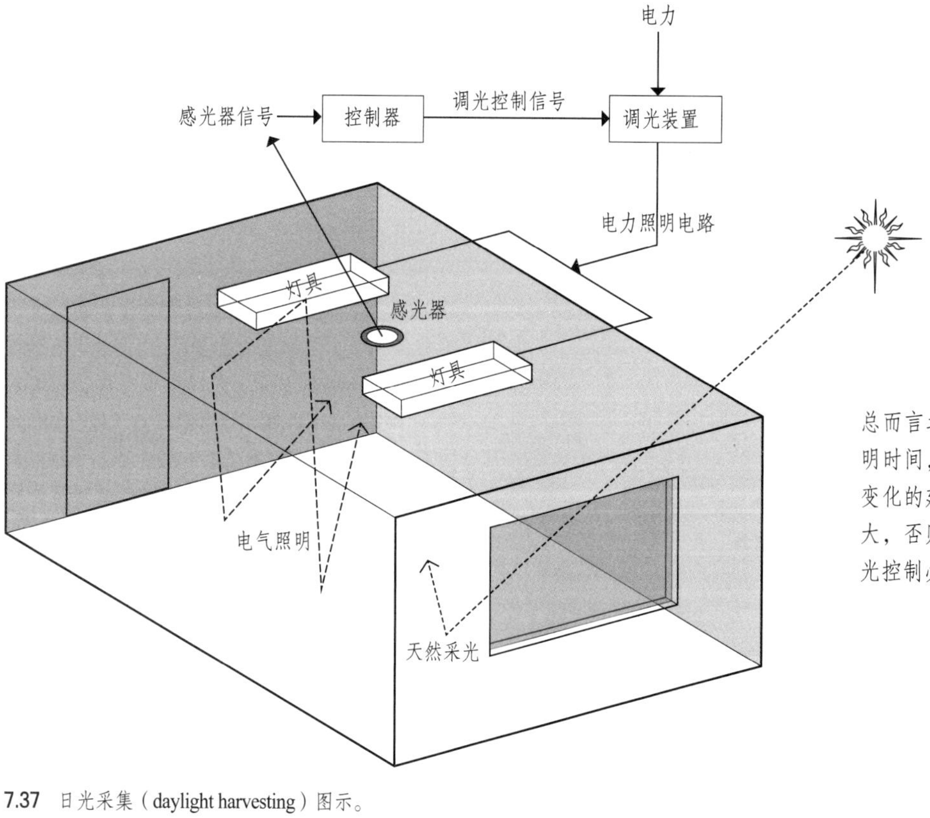

7.37 日光采集（daylight harvesting）图示。

总而言之，天然采光可以为那些每天需要很长的照明时间，并且可以接受采光水平随时间与空间发生变化的建筑节省能源。为了节能，窗户尺寸不宜过大，否则将会导致窗户热损失增多。同时，自动灯光控制必须妥善设计、安装、运转、操作和维护。

视野 Views

透过窗户的视野提供了与外界环境的重要联系，让使用者可以了解外界天气状况，并有助于人们精神健康与高效生活。LEED评价体系将距离楼板30~90英寸（762~2 286毫米）之间的窗户定义为视窗。BREEAM将视野定义为：从28英寸（711毫米）的桌面高度处可以看到天空，并且窗墙比最小为20%。《健康建筑标准》（WELL Building Standard）寻求面向窗户、最小为11°的视角。

对于采光，需要仔细确定视窗的尺寸，以避免产生不当的窗户热损失。例如，窗户的下沿高于30英寸（762毫米），仍可提供较好的视野；同理，窗户的上沿不必达到90英寸（2 286毫米）也能保证良好的视野。LEED将视窗的上沿定义为90英寸，是为了表明此区域之上为天然采光窗的范围，而不是要求视窗必须达到这一高度。而且，窗户没必要为了良好的视野而占据整面墙。BREEAM将视野定义为：在距离外墙23英尺（7米）的位置可以看到室外，并且窗墙比最小为20%。

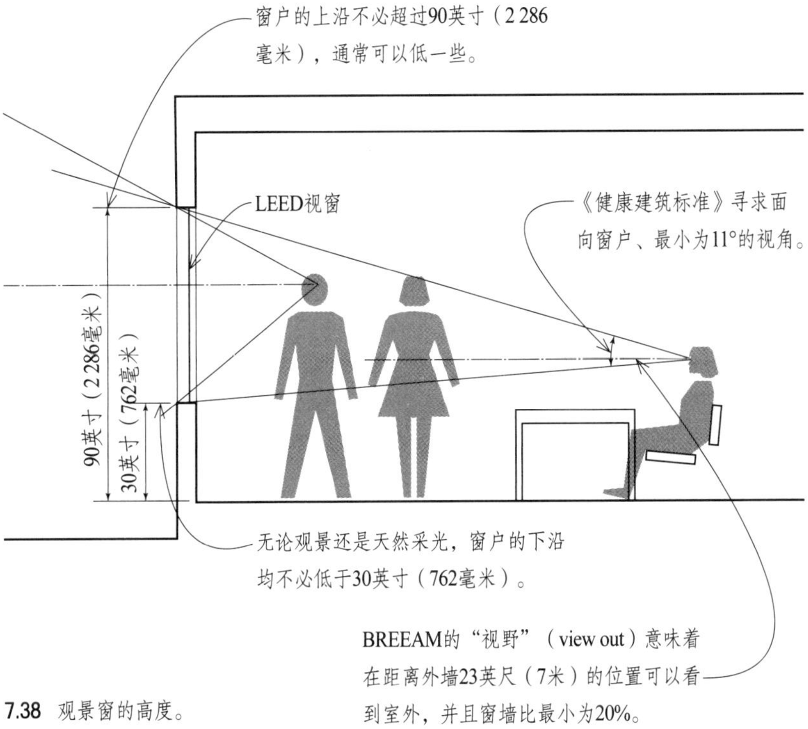

7.38 观景窗的高度。

LEED建议观景窗仅在经常使用的空间中设置，在不常用的空间中没必要设置。在建造过程的每一步，我们都要谨记窗户带来的大量热能损失，思考减少热损失的有效方法。

LEED提出的其他观景策略包括：室内开窗，让室内人员通过周边空间看到室外；采用较低的室内分隔防止阻挡视线。

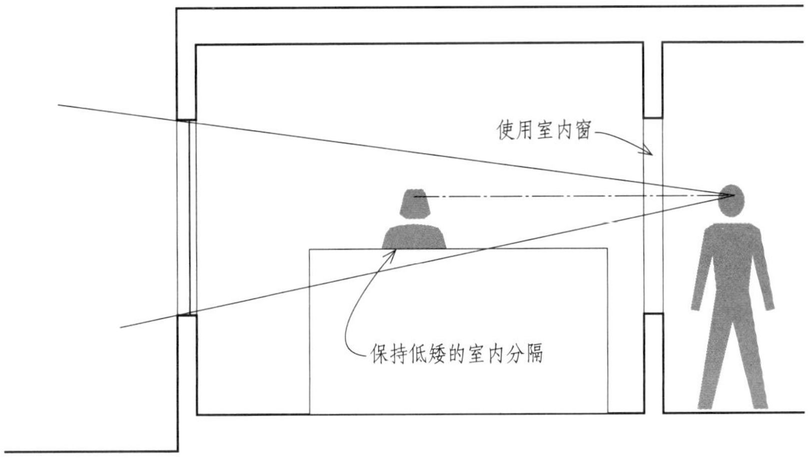

7.39 拓展内部空间视野的其他策略。

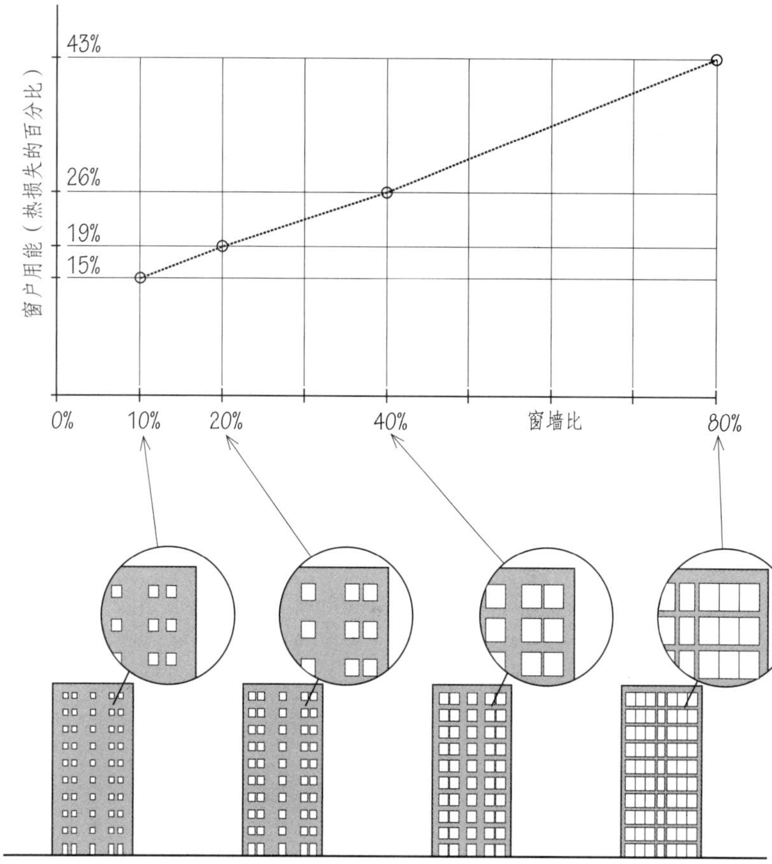

7.40 窗户的热损失。

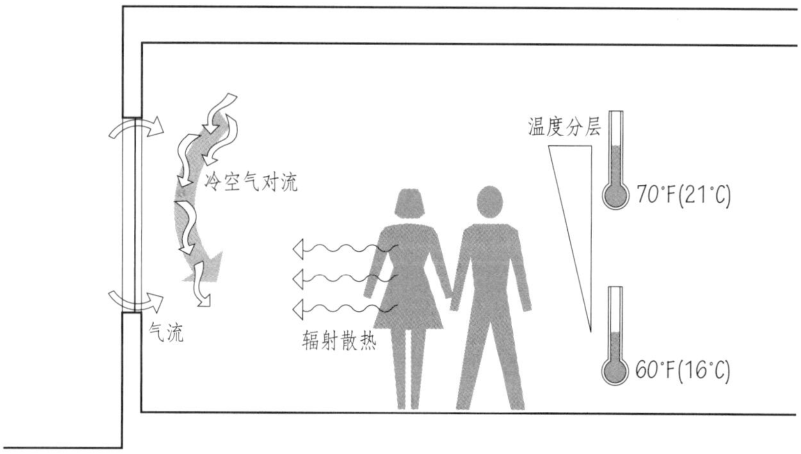

7.41 与窗户相关的舒适问题。

窗户热损失 Window Losses

与天然采光和视野带来的好处相反，窗户有多项明显的节能缺陷。窗户冬季通过热传导、渗透风和热辐射散失热量，夏季则相反，成为得热的重要来源并需要空调制冷。无论是低层建筑还是高层建筑，与墙体相比窗户的建设成本都比较高。

窗户损失的能量很多，一面典型墙体的热阻值在10~30，均值为20左右，而一个典型双层窗的热阻值在2左右，只有普通墙体的$^{1}/_{10}$。高性能窗的热阻值在3~5之间。这还不包括渗透风、热辐射、墙体框架和窗户热桥散失的热量。还有许多微小的能耗，例如窗户在夜间难以反射室内灯光，因此需要更多的人工照明。考虑到所有这些能量损失，窗户的能耗通常比它们所替代的墙体高10倍以上。因此，一栋典型建筑从窗户散失的能量占25%，窗墙比较高的建筑从窗户散失的能量更多。

窗户带来的影响除了更高的用能和建设费用，还有不舒适的问题。为了避免穿堂风，把家具搬离窗户；为了抵抗开窗处的寒冷，通常把采暖设备布置在窗下。这些常见的事实都是窗户引起不舒适的表现。然而，将热源设置在窗户下只会加剧冬季窗户的热散失，这是因为窗户内表面的温度比室内空气的平均温度高。冬季，人体与窗户之间会通过辐射热传导而散失热量，热量通过窗户散失到室外寒冷的表面。即便是固定窗也会导致不舒适。在设有通高窗户的房间内，经常出现显著的温度分层现象，使用者头部与脚部的温差可以达到10 °F（5.6 °C）或更多。最后，窗户经常会产生眩光，以至于窗户需要着色、设置百叶窗或拉下窗帘，这些做法将抵消窗户最初设计的观景或采光功能。

对于暴露在太阳下的窗户，窗户的热散失，有一部分会被冬季太阳得热所抵消。

减少窗户热损失 Reducing Window Losses

绿色建筑如何减少窗户热损失？第一，对于一些不需要窗户的空间，如车库、楼梯井、楼梯平台、走廊、壁橱、地下室、洗衣房、入口、门廊以及其他停留时间很短的使用空间，应避免开窗或减少窗户数量。

第二，对于小办公室、卧室等常用房间，在可能的情况下，设置一个或两个窗户，而非三个或更多。应该谨慎地选择窗户尺寸。一个3英尺×4英尺（914毫米×1 219毫米）的窗户差不多是一个4英尺×5英尺（1 219毫米×1 524毫米）窗户面积的一半。一个2英尺×3英尺（610毫米×914毫米）的窗户差不多是一个3英尺×4英尺（914毫米×1 219毫米）窗户面积的一半。

第三，在不必开启窗户的地方，用固定窗代替可开启窗。固定窗减少了渗透风，但仍需要注意防止窗户与墙体结构间的漏气。例如，单悬窗比双悬窗发生渗透风的可能性小，但是并没有牺牲可开启的面积。

如果是为了自然通风而设置的窗户，平开窗和上悬窗比推拉窗和双悬窗提供更多的开启面积，推拉窗和双悬窗的开启面积只有其总面积的一半。平开窗或上悬窗比垂直或水平推拉窗的气密性更好。因此，如果不需要为了采光或观景而设置整面玻璃时，平开窗或上悬窗提供了一种开窗面积更小、更节能、通风效果更好而且更实惠的选择。

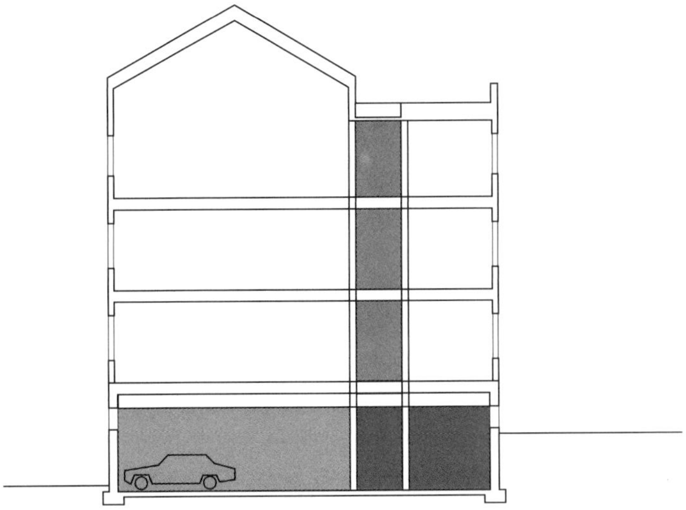

7.42 尽量在公用设施及服务空间减少窗户数量或不开设窗户。

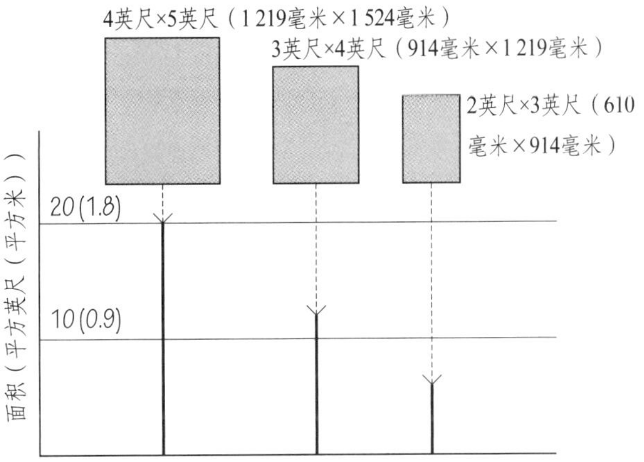

7.43 窗户尺寸和窗户面积的比较。

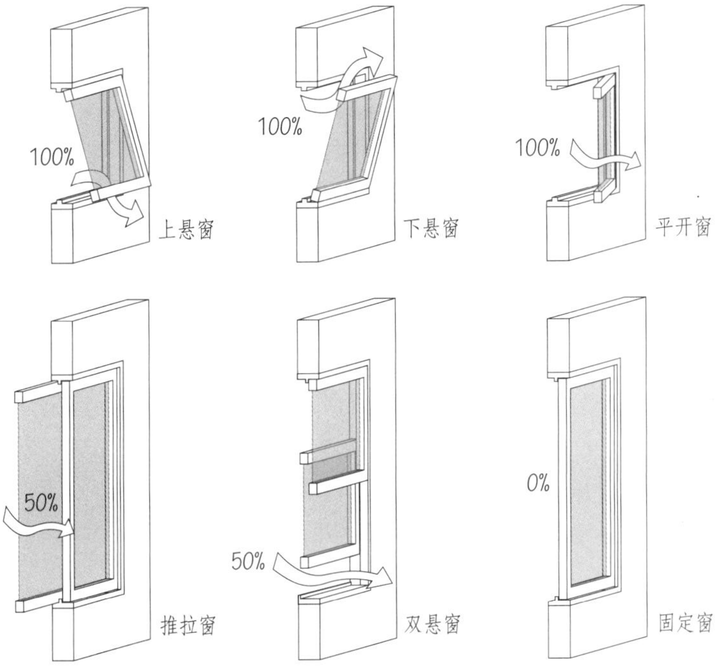

7.44 各类型窗户通风的相对效率。

对于一个给定的开窗面积，少量的大窗比大量的小窗更加节能。窗框是能量损失的主要薄弱环节，渗透风可同时发生在窗户的可开启部位和窗户周边的墙体框架或结构处，沿窗框的热传导损失也高于玻璃中心。一个4英尺×6英尺（1 219毫米×1 829毫米）的窗户周长为20英尺（6 096毫米），而两个3英尺×4英尺（914毫米×1 219毫米）的窗户，面积同样是24平方英尺（2.2平方米），总周长却是28英尺（8 534毫米），增加了40%。四个2英尺×3英尺（610毫米×914毫米）的窗户，同样也提供了24平方英尺（2.2平方米）的窗户面积，总周长是40英尺（12 192毫米），比一个4英尺×6英尺（1 219毫米×1 829毫米）的窗户周长增加了100%。八个1英尺×3英尺（305毫米×914毫米）的窗户，总周长是一个4英尺×6英尺（1 219毫米×1 829毫米）窗户周长的3倍多。需要注意的是，比例也很重要。一个1英尺×24英尺（305毫米×7 315毫米）的瘦长带形窗，面积同样是24平方英尺，周长则有50英尺。因此，矩形比瘦长形窗好一些，但是正方形与略呈长方形的窗差别较小。

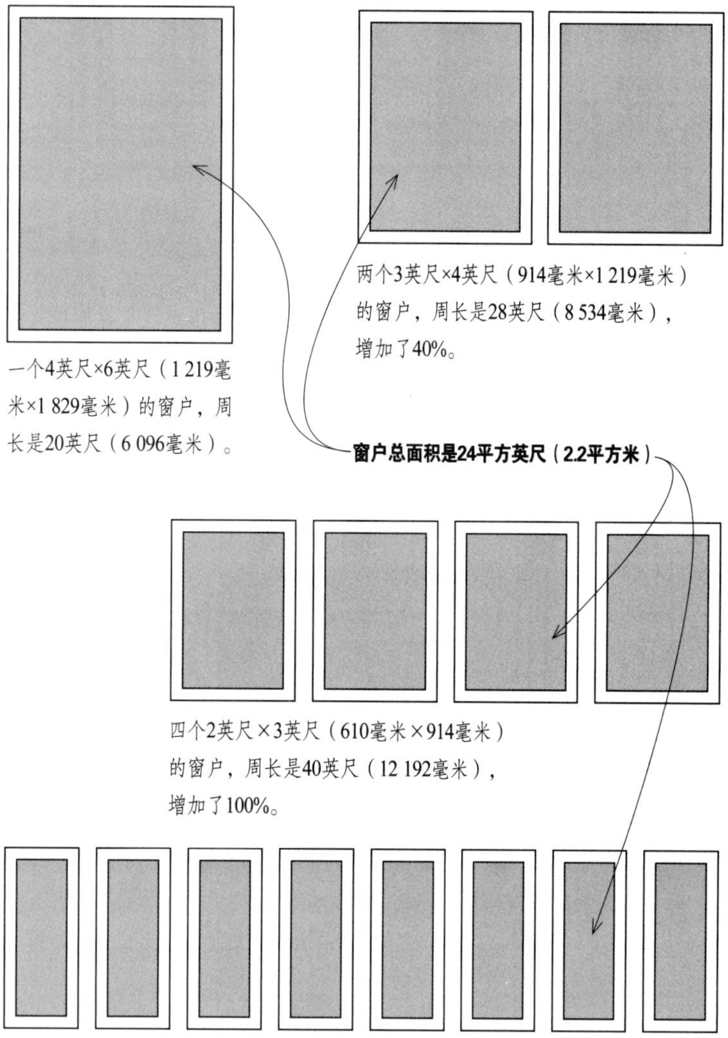

7.45 窗户越大，单位面积的周边渗透风和热传导越低。

在窗户总面积一样的情况下，少量的大窗比大量的小窗建设成本更低。例如，一个3英尺×4英尺（914毫米×1 219毫米）的双悬窗，其成本比两扇2英尺×3英尺（610毫米×914毫米）的窗户低约25%。

窗户的其他特性，如视野大小、景观质量及采光，都需要综合考虑能耗进行窗户尺寸、数量的权衡和取舍。在这样的评价中，需要特别注意保持空间的视野和提供日光，因为它们是人们非常重视的内容。

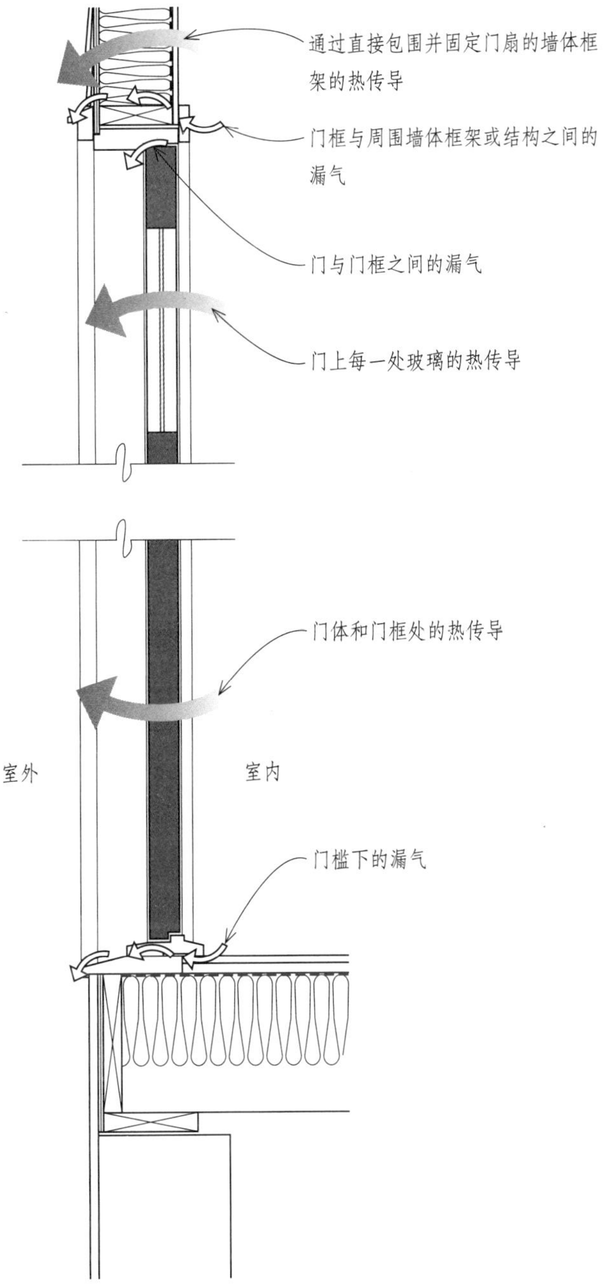

7.46 通过门的热散失和渗透风路径。

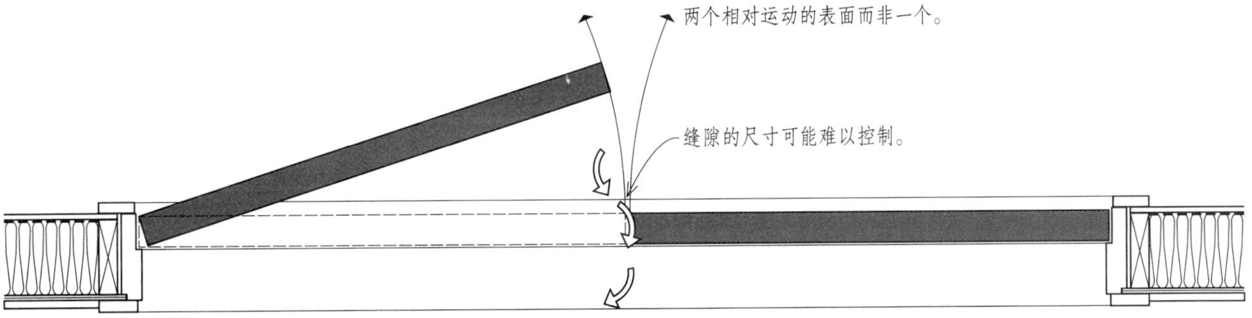

7.47 双开门密封的两处挑战。

门 Doors

门在许多方面与窗类似。外门同样贯穿建筑围护结构或热边界。每一扇门都有如下漏气或渗透风的路径：门与门框之间；门框与周围墙体框架或结构之间；门槛以下。每一扇门也有如下通过热传导得失热的路径：通过门体、通过门上的玻璃、通过门框以及通过门周围的墙体结构。

但是，在能量流失方面，外门与窗户还是有许多不同之处的。实体门的失热情况好于窗户，保温门会更好一些。建筑中的门通常比窗户少，虽然有些建筑类型的门也很多，如联排别墅和带室外入口的旅馆。

无意间把没有保温的内门用作外门是一个常见的错误，特别是在采暖空间与附属的非空调房间之间，如车库或阁楼。

虽然建筑中的外门比窗户少，但它们的开启和关闭比窗户更加频繁。这些操作导致密封胶条和门扫（door sweep）等防止漏气的部件经常处于相对运动状态，它们比窗户中的可动部件经受着更多的磨损。

双开门更不易密封严实，因为它不止有一个可动的部件和一个固定构件；相反，双开门有两个可动部件需要互相密封。两扇门之间通常没有密封胶条，或者间隙过大无法用密封胶条弥合。

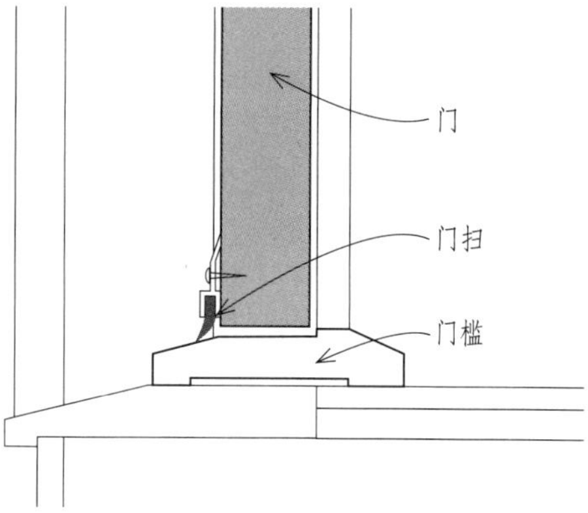

7.48 外门下沿的密封胶条。

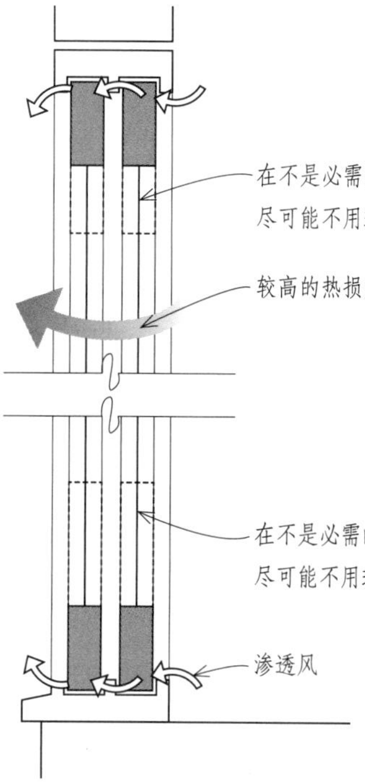

7.49 玻璃推拉门。

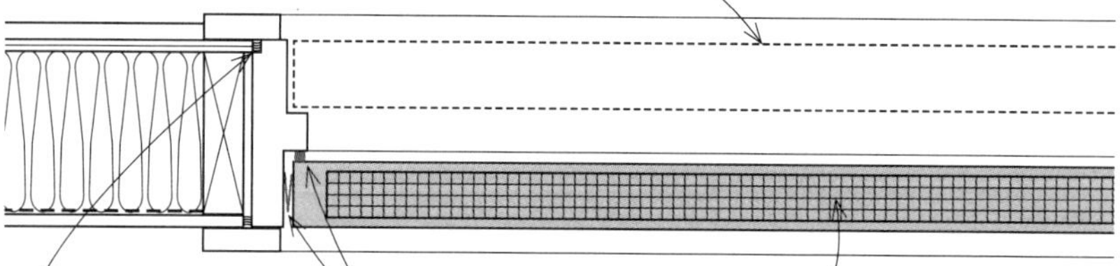

7.50 门的最佳实践。

由于外门经常位于建筑底层和通向屋顶的顶层，它们比窗户更容易受到烟囱效应的影响。

外门的底边比较特殊，因为将密封胶条设置在固定表面（比如门槛）上是不行的，那样会经常受到人流踩踏而磨损。为了解决这个问题，人们发明了门扫。门扫的柔性部分通常是刷子、塑胶条或橡胶条。门扫可能不完全贴合并且过一段时间就会损坏。由于门扫是一个易受损的位置，因此需要另一层保护，如防风门。然而，有效的防风门也需要品质好的门扫、密封胶条和嵌缝材料。

推拉外门通常是全玻璃的，它们特别容易出现对不齐和渗透风的问题。

门上的每一处玻璃都与窗户一样，热量散失较多。因此，门上的玻璃应当只在那些有视野和安全需求的情况下使用。如果不是非得用热量散失很高的全玻璃门不可时，就尽量减少使用全玻璃门，如推拉门或阳台门。商业建筑的前厅门、侧门及后门，有时也不需要全玻璃门。

绿色建筑中的门需要考虑以下方面：

- 减少建筑中外门的数量；
- 尽可能不用推拉门；
- 尽可能减少双开门；
- 在可能的情况下门扇尽量不用玻璃；
- 采用保温外门，并在空调空间和非空调空间之间设置保温门；
- 尽可能使用防风门，它们提供了额外的保护层，不仅增大了热阻而且能更好地防止渗透风；
- 门框和门槛下部内、外侧均嵌缝填实，防风门也同样嵌缝填实；
- 考虑在建筑入口处设置空气屏障（air lock）；
- 对门框周围进行保温；
- 密封门，通过测试确保门能承受一定的压力。

屋顶 Roofs

能源规范和《ASHRAE标准189》等高性能建筑标准对屋面保温提出了要求，它们通常会针对特定的地理位置进行优化。如墙体一样，屋顶也会由于热桥而散热，但连续的保温层可以阻止热量散失。由于建造屋顶是为了防止水分下渗，所以屋顶通常不会漏气。然而，屋顶通风口（roof vent），比如屋脊通风口，就是一种特意将空气引入阁楼的手段，这会在无意中导致一些问题，尤其是坡屋顶的房子。

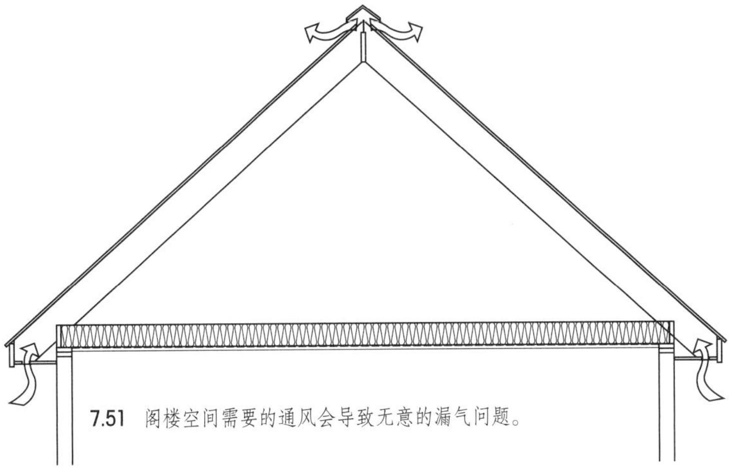

7.51 阁楼空间需要的通风会导致无意的漏气问题。

坡屋顶 Pitched Roofs

从能耗的角度来看，有关屋顶最重要的进展是，发现了空气从建筑泄漏到阁楼空间，然后从坡屋顶阁楼通风口泄漏到室外的情况有多么严重。阁楼空间的漏气量和漏气类型非常多。空气可以从阁楼开口和墙体空腔的顶部泄漏，可以从烟囱和通风口泄漏，可以通过没加盖的通道、电线及其他管线的穿孔处泄漏，可以通过排风扇和嵌入的灯槽处泄漏，也可以从隔墙的边沿处泄漏。

漏气的另外一个负面影响是在寒冷的气候中，形成屋面冰坝。这是由于泄漏的空气融化了屋面上的雪，融化的雪水沿着屋面流下，在屋面排水沟、屋面边沿及檐沟（gutter）处重新结冰而成。

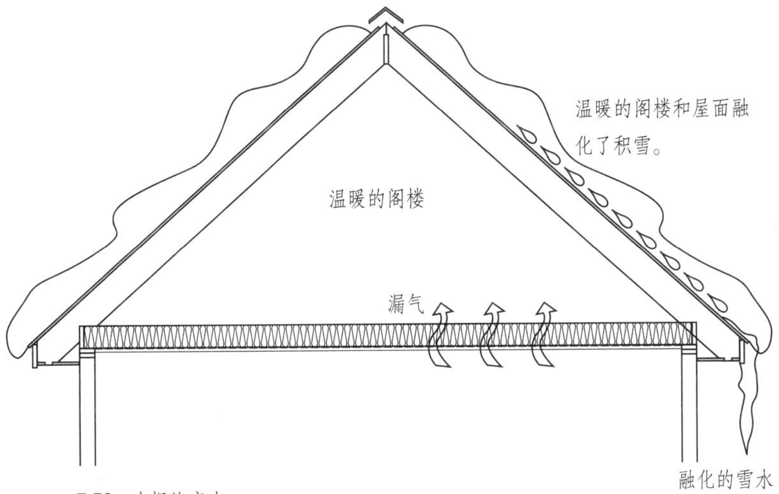

7.52 冰坝的产生。

为什么坡屋顶和阁楼有这么多渗漏问题？答案或许在于对屋顶功能及顶层天花板——或换言之——阁楼楼板功能的混淆。坡屋顶的功能主要是防止雨水进入建筑。阁楼楼板的主要功能是充当热边界。然而，这种功能角色的划分导致阁楼楼板的密封不当。如果阁楼楼板也如墙体或平屋顶那样具有防水功能，那么它就不太可能发生漏气现象。

平屋顶比坡屋顶建筑更绿色的原因主要有二：平屋顶避免了坡屋顶及通风阁楼空间中很容易发生的多种渗漏问题，并且平屋顶更易于安装绿色构件，如太阳能板和种植屋面。

平屋顶比坡屋顶价格更实惠。坡屋顶实际上是两个独立屋顶结构的价格，一个是屋顶，另一个是阁楼楼板。而平屋顶仅需要一个屋顶结构。据估算，平屋顶的造价比坡屋顶低22%。我们知道平屋顶也有许多弱点，如不好看、容易积水并且不利于积雪滑落。如果坡屋顶对于建筑美学至关重要，或出于其他原因不可避免，那么无论是坡屋顶还是阁楼，都必须注意提供一个厚实且连续的热边界。

关于绿化或种植屋面我们可以单独进行讨论。针对种植屋面的高造价与其热能效益的大小，有许多争论。不过，从减少热岛效应、控制径流以及为建筑顶层提供绿化空间的角度看，种植屋面还是有一些优势的。如果随着时间的推移，种植屋面的成本可以更加低廉，并且更加耐久，那么平屋顶与坡屋顶相比，其接受度会更高。

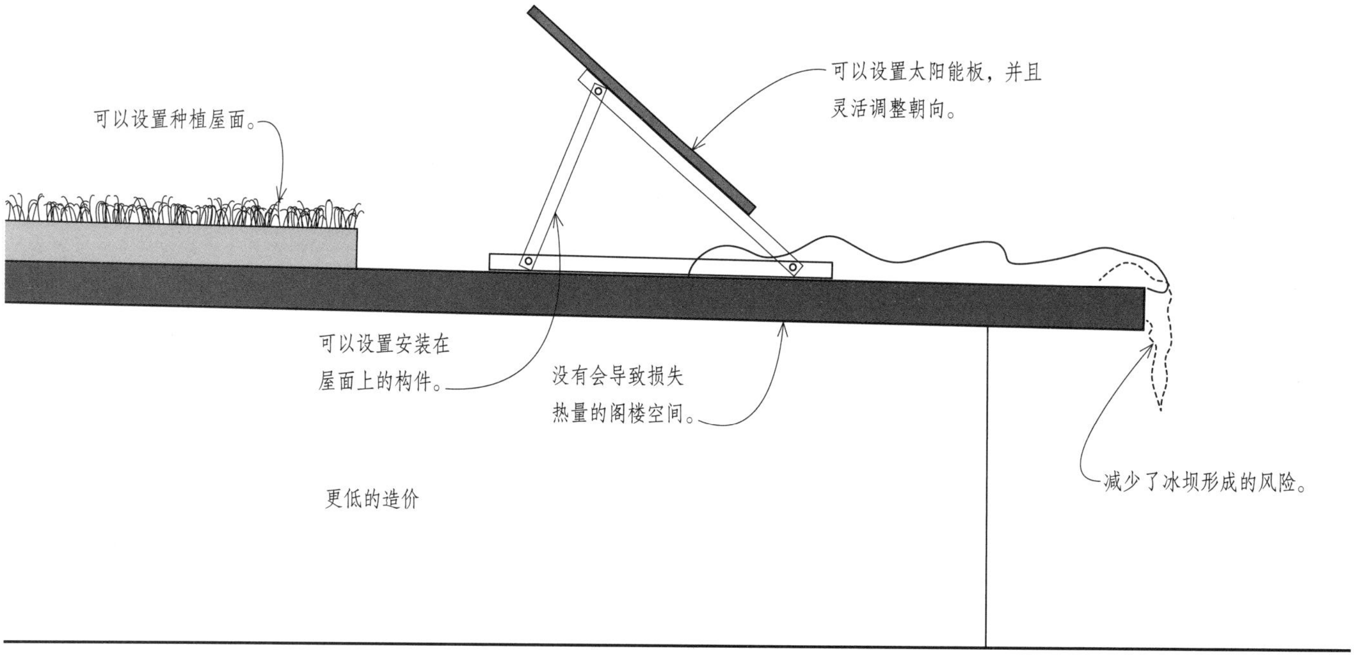

7.53 平屋顶的绿色优势。

楼板 Floors

我们用关于楼板（特别是位于板式基础之上的楼板）的讨论来结束外围护结构的检视。地下室和设备空间会在第8章“非空调空间”中进行讨论。

建筑通过板式基础之上的楼板向下部的土壤传热。土壤的温度通常低于建筑中的空气温度，冬季浅层土的温度范围在30~60 ℉（-1.1~15.6 ℃），这与地理位置有关。然而，冬季建筑内的空气温度大约为70 ℉（21.1 ℃），因此土壤会从上部的建筑中吸收热量。有学者研究了33个节能住宅，发现通过土壤散失的热量占总热量散失的24%，并推测在非节能住宅中这一比率会更高。边缘保温非常重要，冬季热量会通过楼板边缘和土壤传递到冷空气中。红外探测可以显示这些热量散失。由于热量传导到外部，因此建筑楼板边缘在红外探测中显示为暖色。

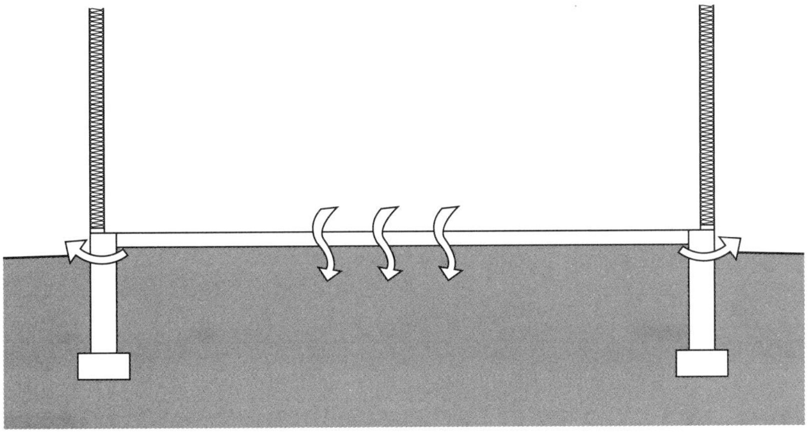

7.54 通过板式基础上面的楼板失热。

楼板保温层的连续性是一个挑战。一面带有保温层的墙体通常会位于实心混凝土楼板上部，而后者是热的导体。如果楼板的保温层位于上表面，楼板就位于热边界之外，热桥存在于墙体内、外侧与楼板连接的部位。如果楼板的保温层位于下表面，除非对边缘进行保温，否则热桥会存在于楼板边缘处。为了保证连续性，对楼板外部（无论是边缘还是下部）进行保温更加有效。

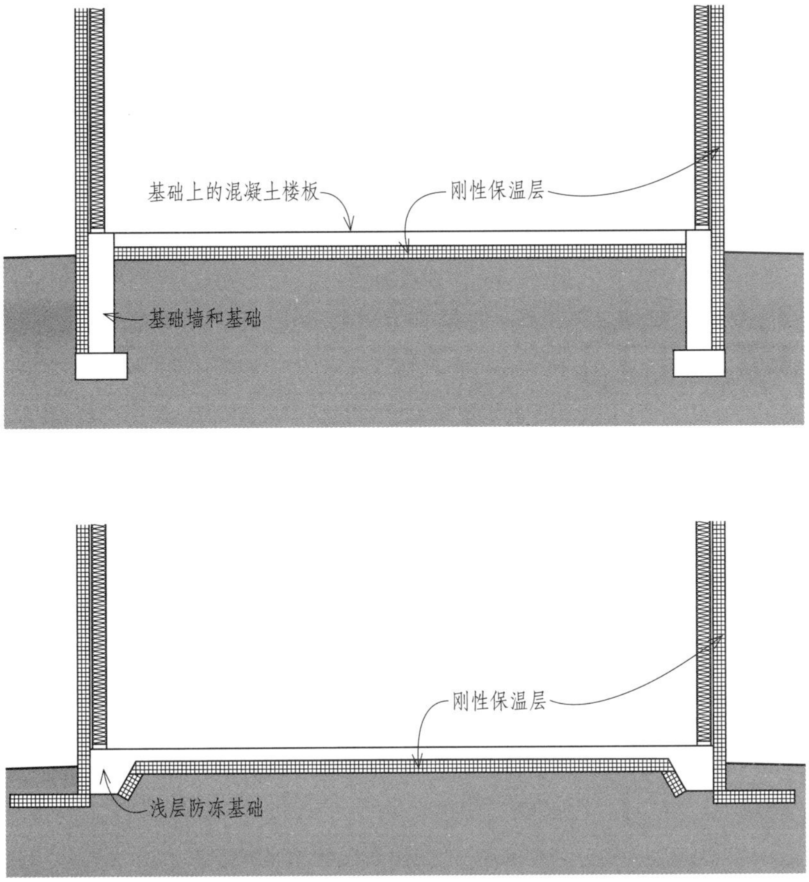

7.55 为板式基础上的楼板提供连续的保温层。

为了使建筑采暖更加舒适和均匀，地板辐射采暖系统逐渐成为趋势。由于辐射采暖系统提供的舒适性更高，室内空气温度可以适当降低，从而具有一定的节能潜力。但是，对于基础上的楼板而言，即使基础板已经在下部做过保温，热量仍然可能会散失到土壤中。如果考虑在板式基础的楼板中设置辐射采暖系统，即使楼板已经做了全面的保温，也要评估一下散失到土壤中的热量。

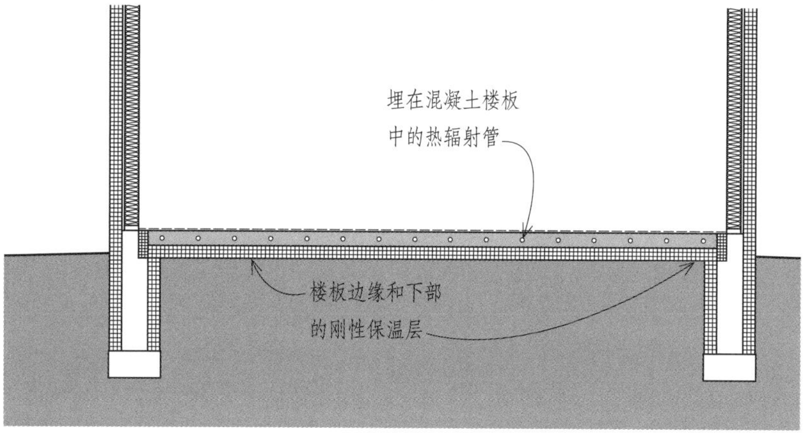

7.56 辐射采暖系统。

对楼板进行保温既是为了节能，也是为了舒适性。冰冷的地板会使脚部感到不适，并且会吸收人体的辐射散热，使人体感到寒冷。

防止板式基础上的楼板返潮也十分重要。否则，与楼板接触的材料就会变得潮湿，空间也会变得潮湿。为了防止发生这类问题，需要设置一整套保护层：散水引导地表水远离建筑；周边排水系统用来引流建筑物附近的积水；增加砾石底板来减少楼板与潮湿土壤的接触；设置坚固且连续的防潮底板。

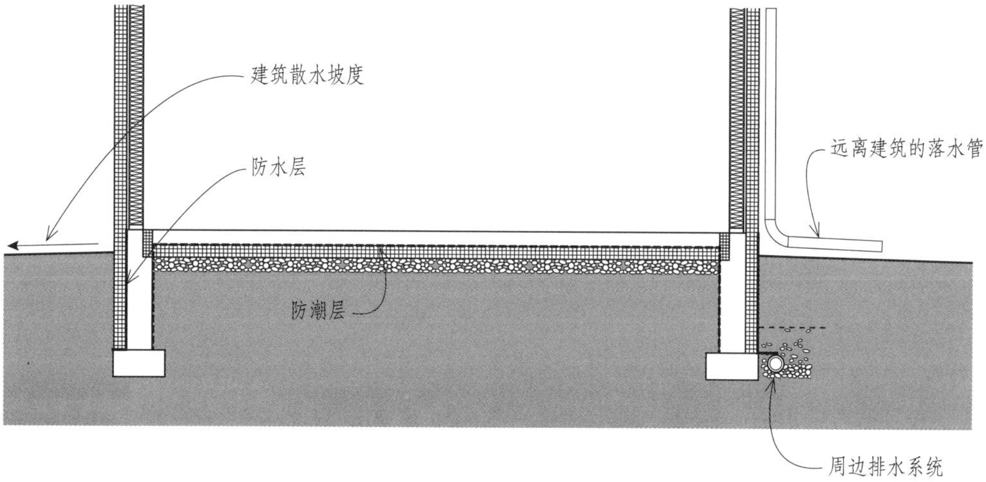

7.57 防止板式基础上楼板返潮的方法。

第8章

非空调空间
Unconditioned Spaces

非空调空间是指那些不需要采暖和制冷的空间。建筑外围护结构与内围护结构之间，会存在许多非空调空间。这些空间包括阁楼、地下室、低矮设备空间（crawlspace）、附加车库、前厅（mud room）、门廊、机房和储藏间。

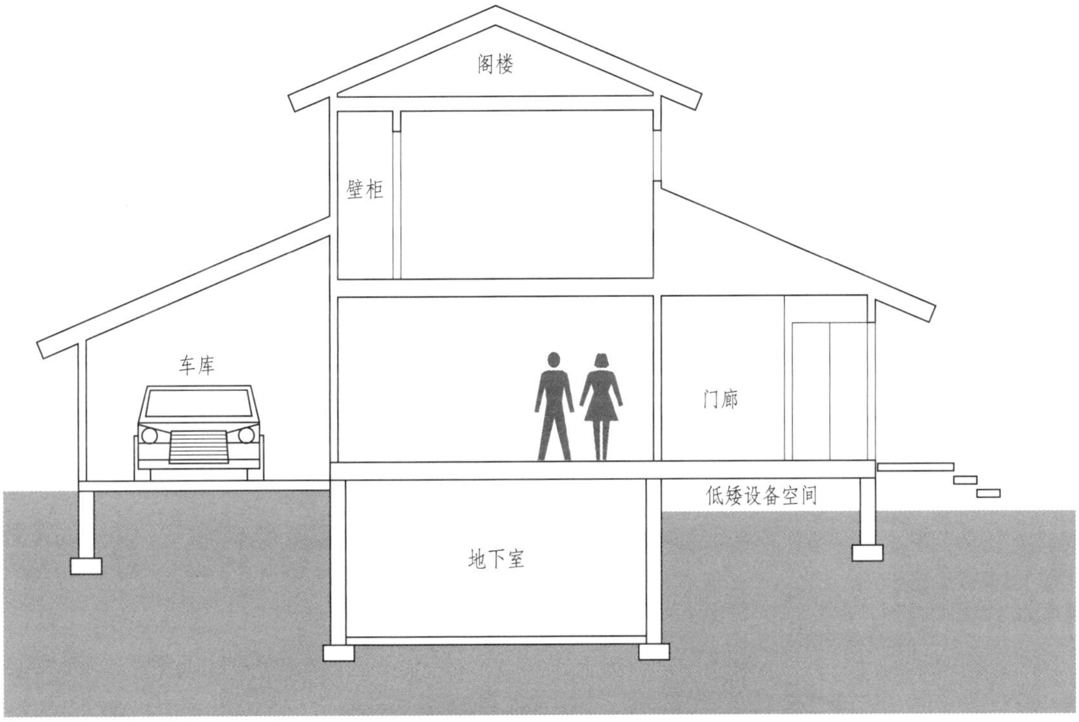

8.01 非空调空间。

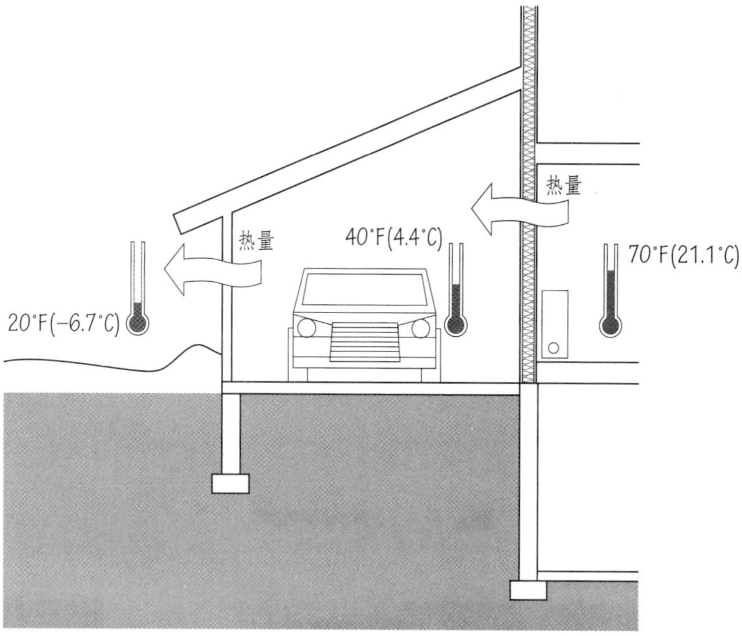

8.02 非空调空间的热损失。

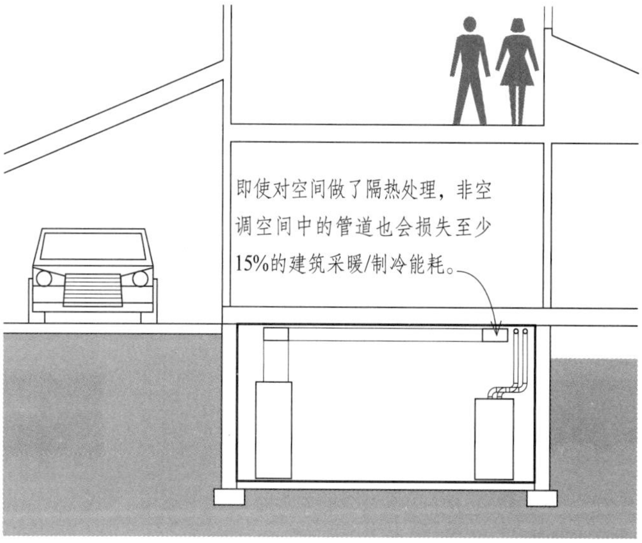

8.03 输送系统的能量损失。

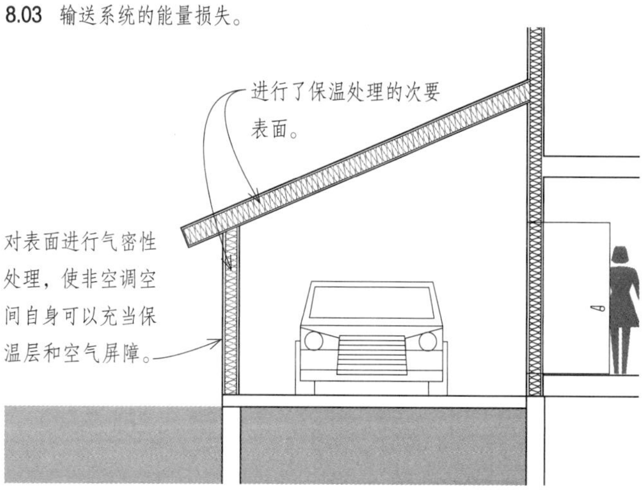

8.04 利用非空调空间来降低能耗。

非空调空间会被动地获得采暖或制冷。冬季，热量通过共享的墙体，从采暖空间传递到非空调空间，然后从非空调空间传递到室外。夏季也同理，热量会通过非空调空间传递到室内。通常，非空调空间的温度介于空调空间与室外之间。因此，即使非空调空间是被动地获得采暖或制冷的，这部分热传递最终还是由空调空间提供，因此通过非空调空间的热散失是要耗能的。

非空调空间还有第二个与能耗相关的弱点。它们通常是采暖或制冷输送系统所在的地方。这些输送系统包括风管、管道或两者兼有。根据定义，非空调空间不需要采暖或制冷，因此从这些输送系统中散失到非空调空间中的热量都导致了能源浪费。

需要关注非空调空间的这些能耗弱点。我们可以做到，不仅解决这些问题，而且将非空调空间作为另外一个保护层进行利用。存留于非空调空间中的空气本质上是可以用作保温隔热介质的滞留空气。而且，非空调空间通常有至少一个表面是未经保温的，它们位于非空调空间与室外之间或非空调空间与相邻的空调空间之间。可以通过增设保温层经济实惠地形成另一层保护。最后，非空调空间可以充当空气屏障，减少人们进出建筑导致的渗透风。

在本章节的后半部分，我们会检视各种常见的空间类型，看看它们中哪些可以从通常的空调空间转变为非空调空间。这将会进一步降低能耗和建设成本。

地下室 Basements

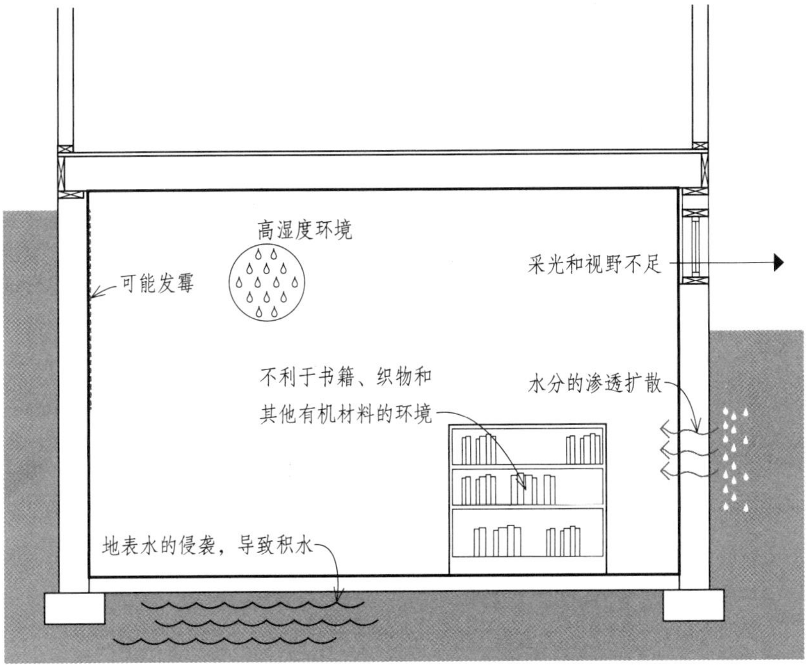

8.05 地下室的环境质量问题。

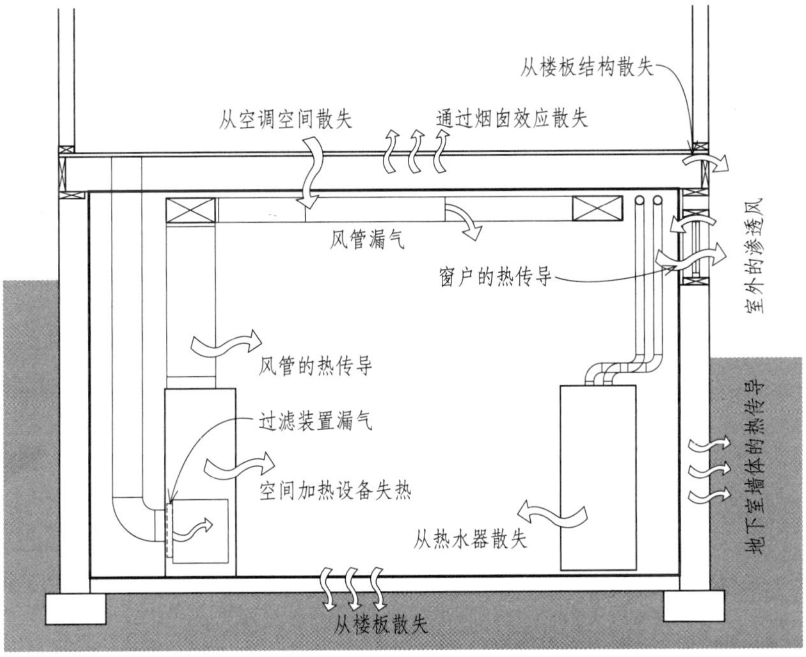

8.06 地下室空间的能量散失。

地下室在住宅中很普遍，也常见于许多商业建筑。这些半地下或完全地下的空间可以很方便地提供储藏和工作区域，用来放置机械设备，隐藏各种设施，如管道和电力输送系统。地下室有时会用作影视厅或书房（den），在采光和通风合适的情况下，也会用作办公室、卧室甚至设施齐全的公寓。从采暖和制冷的角度看，地下室一般是埋于土壤中的，因此其得热和失热少于完全暴露于室外的空间。但是，地下室还是会散失或得到很多热量。

消极的一面是，如果湿气通过混凝土基础墙和楼板进入空间，那么地下室会非常潮湿。地表水也会由于重力作用进入地下室。由于非空调空间具有的实用性功能，地下室的挖掘和地基工程建设通常会相对昂贵一些。由于地下室不能提供天然采光和良好视野，因此作为使用空间并不受欢迎。

地下室常常既不属于空调空间，也不属于非空调空间。这导致人们在决定这些空间到底是否应该使用空调时犹豫不决。地下室顶板有时会进行保温，然而通常是没有保温层的，因此它们成为上方采暖空间向地下室散失热量的途径。

地下室是采暖和制冷输送系统散失大量热量的地方。最新研究证实了这部分失热的影响非常大。能量通过设备和输送系统（包括加热和冷却装置、风管、管道、阀门和泵）的热传导散失。能量也在空气系统进气和排气过程中，通过管道接缝处、连接处、空气处理机组本身和过滤装置的漏气而散失。对于将采暖和制冷设备及输送系统置于地下室的建筑而言，建筑采暖空调能耗的15%以上在地下室的输送系统中散失。地下室中的输送系统也容易随着时间推移而老化。管道的保温层可能会脱落或移除，却没有得到及时更换；风管保温毡（duct blanket insulation）可能会被挤压，导致热阻下降；管道漏气可能随着时间推移而恶化；本应关闭的风管格栅（duct grille）可能无意中被打开。

另外一种可归因于地下室的能源损耗与烟囱效应有关。地下室增加了建筑层数，从而放大了烟囱效应，即使只有一层的建筑。地下室通常会漏气，在冬季，冷空气很容易从窗台板、安装不牢靠的窗户、地下室门等部位进入地下室。与上层的采暖空间相比，地下室的气密性通常不佳，因此烟囱效应引发的气流（stack-effect air）可以很容易地通过出入口、管道、电线穿孔及下层的楼板和连接处等位置从地下室进入首层。一旦冷空气进入采暖空间，就会增加建筑的用能负荷。热空气随后会通过上层的窗户、墙体和阁楼离开建筑。

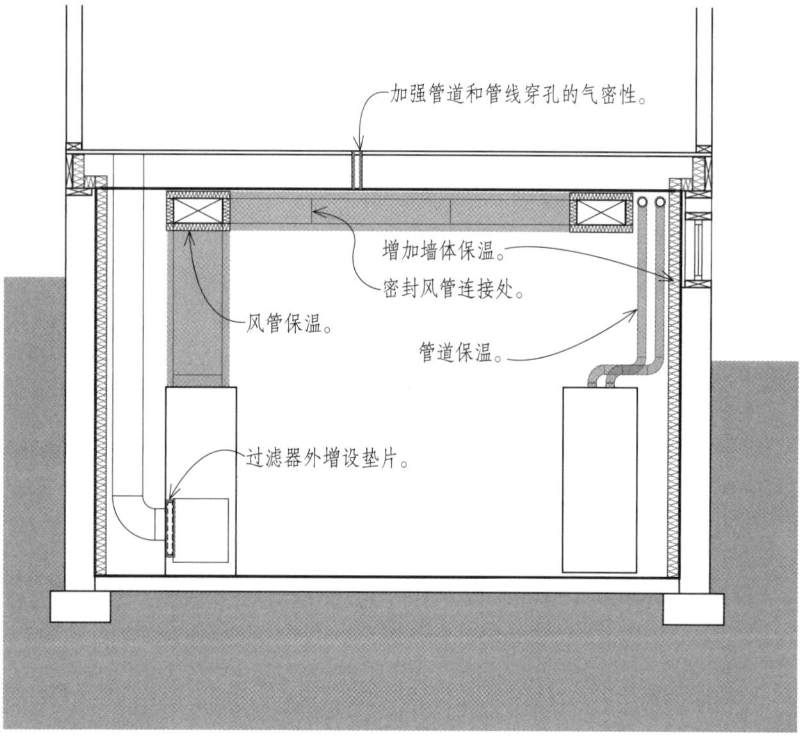

8.07 降低地下室空间的能量损失。

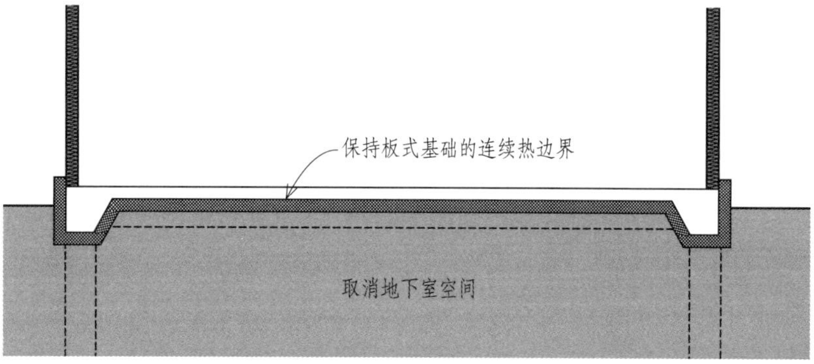

8.08 消除地下室的能量损失。

增加墙体、窗户、地下室顶板的气密性，并确保地下室通往上层的门密封良好，地下室就会更加节能。也可以对风管、管道和管道配件进行保温，并确保管道的气密性。对墙体和地下室顶板进行保温，提高窗户的热工性能，可以降低热传导损失。

一个常见的误解是对地下室墙体进行保温就是将其纳入热边界，因而否定任何地下室的热损失。然而，只要地下室是非空调空间，地下室的热损失就不可避免，而且损失量惊人。例如，在ASHRAE关于确定住宅热分布系统的设计和季节性效率的测试方法中，对一栋典型的房屋而言，当对地下室墙体进行保温时，输送系统的热损失仅有很小的下降，从19.1%下降到17.6%。

另一个选择是将地下室排除在绿色建筑之外。当消除了采暖和制冷输送系统的热损失，减少了烟囱效应及通向上层采暖空间的渗透风，消除了上层空间通过基础墙体和楼板向地下室的热传导损失后，我们获得的节能潜力是很大的。

不使用空调的地下室历史上一般用作大型机械设备室，虽然100年前就需要大型机械设备室，但那时的锅炉比现在的大很多。因此现在地下室的面积已经远大于机械设备室需要的面积。

地下室湿度较高，不是储存纸张、书籍、衣物及其他有机材料的理想场所。潮湿的环境及任何聚集的水分都会导致室内空气质量问题。由于部分或全部位于地下，地下室空间的天然采光和视野问题也是一个挑战。

当全盘检视地下室的能耗问题、空气质量问题及视野和天然采光问题后，我们需要思考的问题是：如果不采取切实措施来防止这一系列问题发生的话，地下室能被认定为绿色建筑中的健康空间吗？

阁楼 Attics

与地下室一样，阁楼强化了建筑的烟囱效应。这主要是因为阁楼在冬季会漏气。热传导损失也是一个问题，并且会由于阁楼较大的表面积而加剧。通常情况下采暖输送系统并不在阁楼中，而是布置在地下室。但是如果采暖输送系统安放在阁楼中，其热损失可能会更加严重。和地下室不同，阁楼是有专门通风的，因此，冬季阁楼的温度与室外温度接近；夏季，由于阁楼中滞留热量，阁楼的温度甚至会比室外温度更高。风管中的空气与风管周围的环境空气温差更大，因此放置在阁楼中的风管热损失更大。

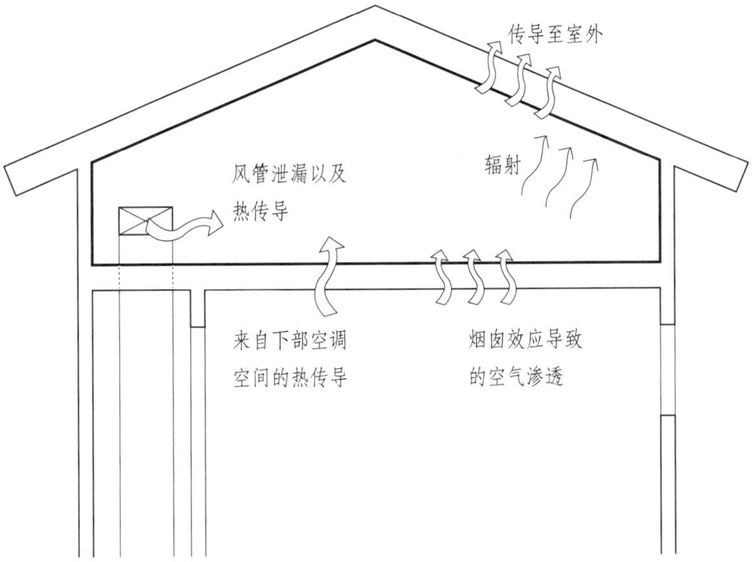

8.09 阁楼空间的能量损失。

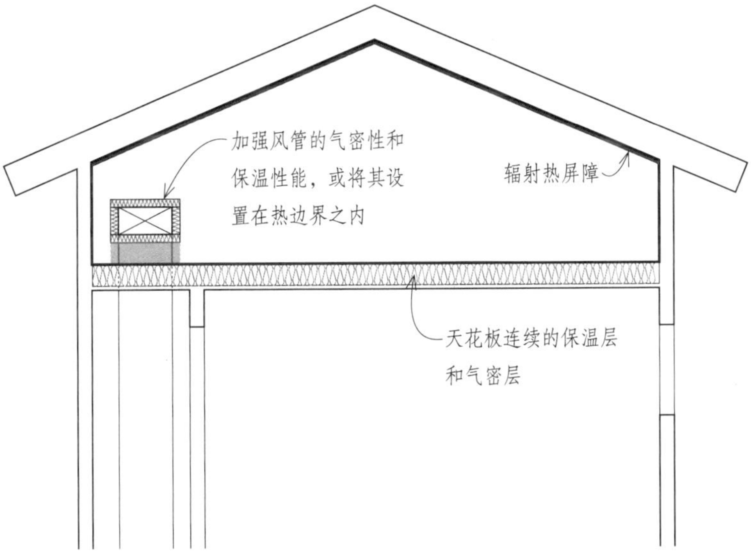

8.10 降低阁楼空间的能量损失。

与地下室一样，增强气密性会使阁楼更加节能，比如，给阁楼楼板或屋顶板（或两者一起）增设保温层、对任何一个输送系统进行保温和密封处理，最好不要将输送系统设置在阁楼中。另一种可能是在屋顶板上设置保温层将阁楼纳入热边界。第三种选择就是不设阁楼。

低矮的设备空间 Crawlspaces

低矮的设备空间实际上是比较浅的地下室，通常位于地基上方。低矮的设备空间主要是在第二次世界大战以后发展起来的，历史上一直作为通风空间。它们经常出现在活动房屋的下方。

近年来的研究发现，传统上用于通风的低矮设备空间存在许多与地下室一样的问题，比如较高的湿度、热传导损失、输送系统热损失、烟囱效应引起渗透风造成的能量损失，以及不适于用作居住空间等。安装在低矮设备空间中的管道在冬天有冻结的危险，还有安装在低矮设备空间楼板下部的保温层有脱落的可能。

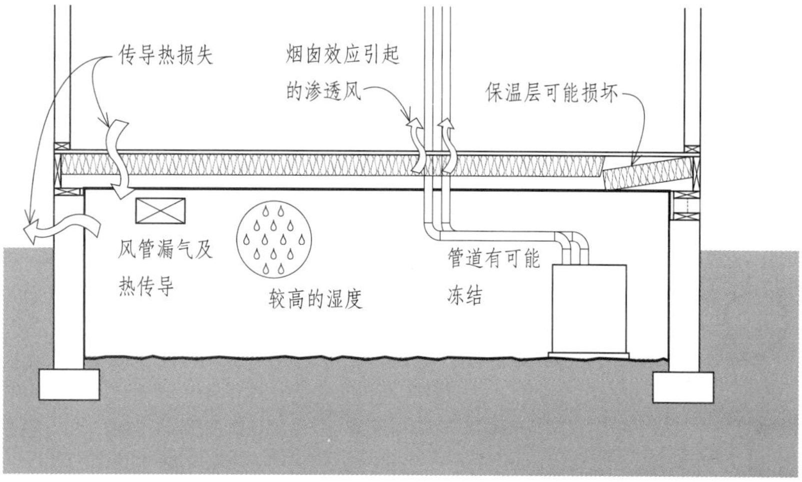

8.11 低矮设备空间的问题。

关于低矮的设备空间，正在形成的一个共识是：通过消除通风，对封闭墙体进行保温，在楼板上设置密实的防潮层防止水分进入室内空间等手段，将其纳入热边界。这些措施使低矮的设备空间更加节能，消除了管道冻结的风险，减少了潮湿及其引发的室内空气质量问题。此外，在低矮设备空间的天花板上增加保温层，可以给建筑提供另一层保护。

给低矮设备空间的墙壁增设保温层，消除渗风口，在地板上安装隔汽层，这样一来能耗、舒适度和湿度控制的改善非常显著。低矮设备空间的能量损失降低80%以上，冬季温度由极冷转为温暖（接近室内空气温度），管道冻结风险也被消除，湿度由80%多降低到60%以下。应该特别注意隔汽层的质量，在不通风的狭窄空间中，隔汽层出问题的话可能导致空间恢复到原来的高湿度。

与阁楼和地下室类似，另一个解决方案是将其排除在绿色建筑设计之外，这个方法会消除低矮设备空间的所有问题，而非仅仅减轻问题的不良后果。

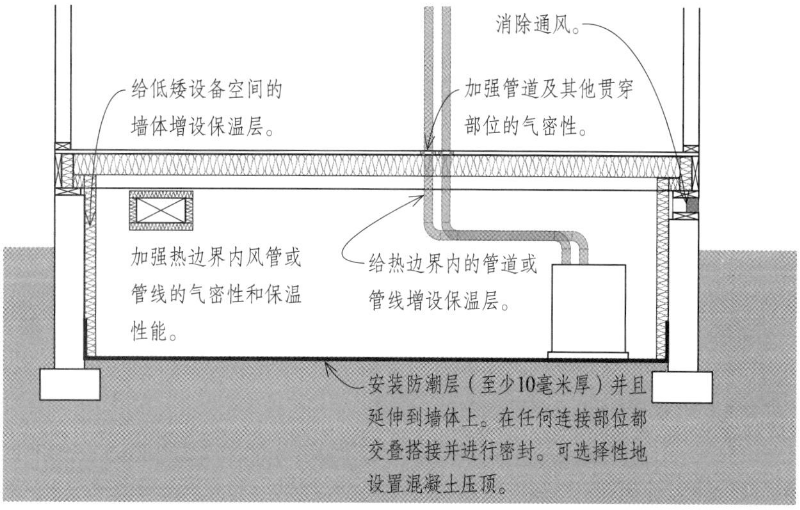

8.12 降低低矮设备空间的热损失。

车库 Garages

车库可以是独立的或是依附于建筑的，可以是开敞的或是封闭的。

封闭且依附于建筑的车库有许多与阁楼、地下室和其他非空调空间相似的能耗问题：传导热损失、渗透风热损失以及输送系统通过这些空间时的热损失。关于车库热边界定义不清的问题，前面已经讨论过。车库的另外一个缺点是，空间中存在车辆尾气和化学品，导致空气质量下降。

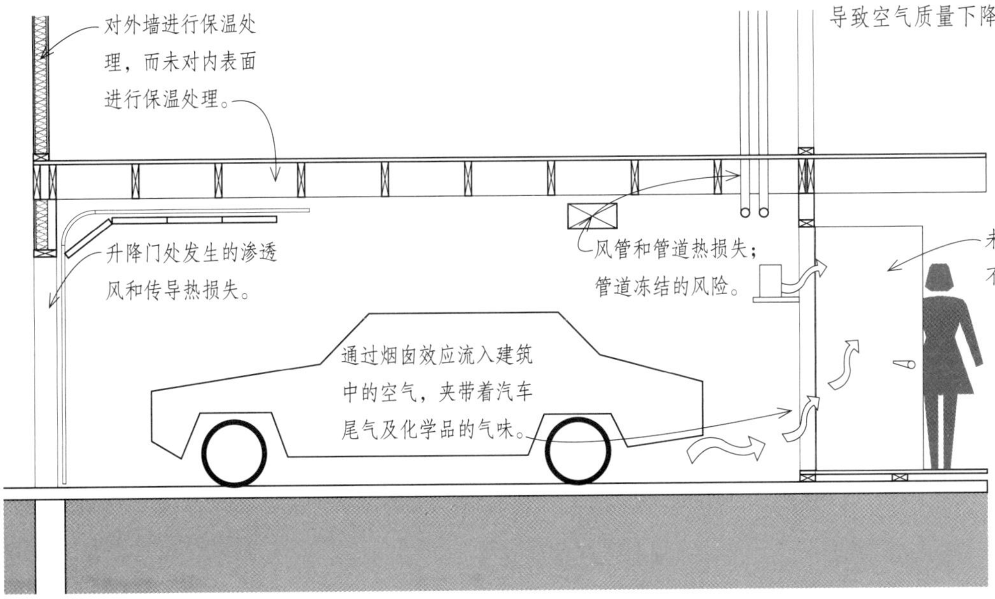

8.13 车库存在的问题。

车库可以成为采暖空间和室外环境间有效的热缓冲区。需要关注热边界的定义、设计和运行。通过增加气密性、设置保温层、使用保温升降门，可以提高车库外墙的性能。这些措施均加强了外围护结构的性能，把车库转变成建筑的另一个防护层。

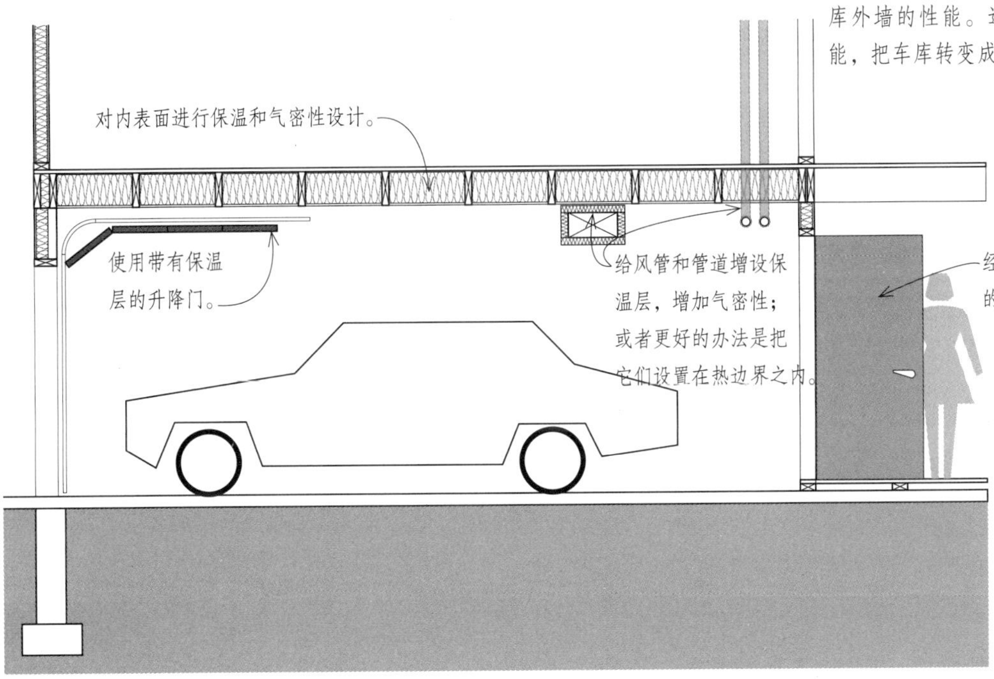

8.14 减少车库热损失。

被忽视的非空调空间

Unrecognized Unconditioned Spaces

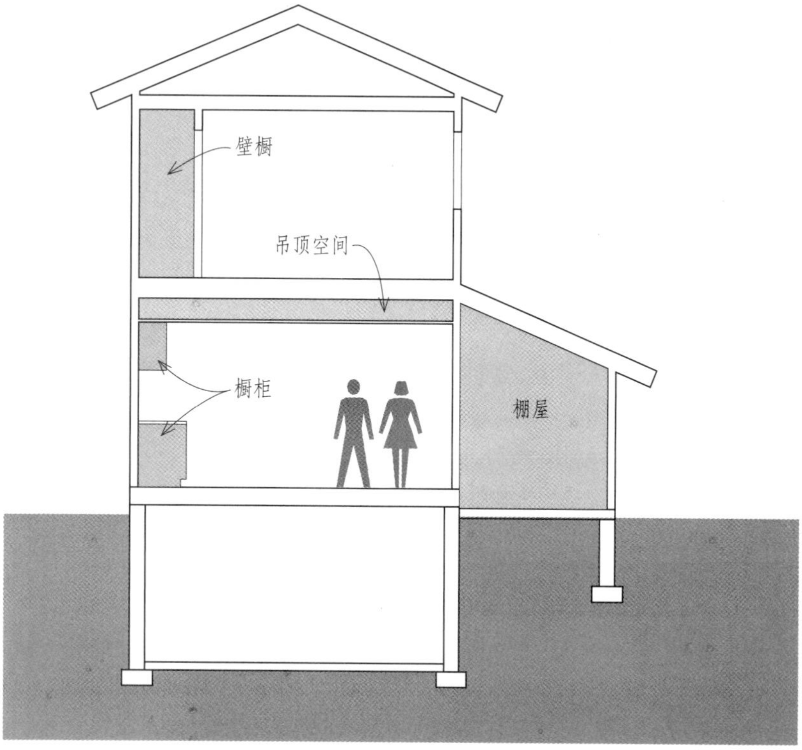

8.15 被忽视的非空调空间。

有一类空间可以称作“被忽视的非空调空间”。这些空间包括依附于建筑的棚屋、壁橱以及天花板上部的空间。这些空间可以充当有效的额外保护层。为了保证效果，需要做到以下几点：

- 这些空间至少有一个面与外墙或屋顶相接；
- 采取有效措施降低这些空间与室内（如果在热边界之内）或者室外（如果在热边界之外，如依附于建筑的棚屋）的空气交换；
- 考虑增加保温层来形成另一层保护。

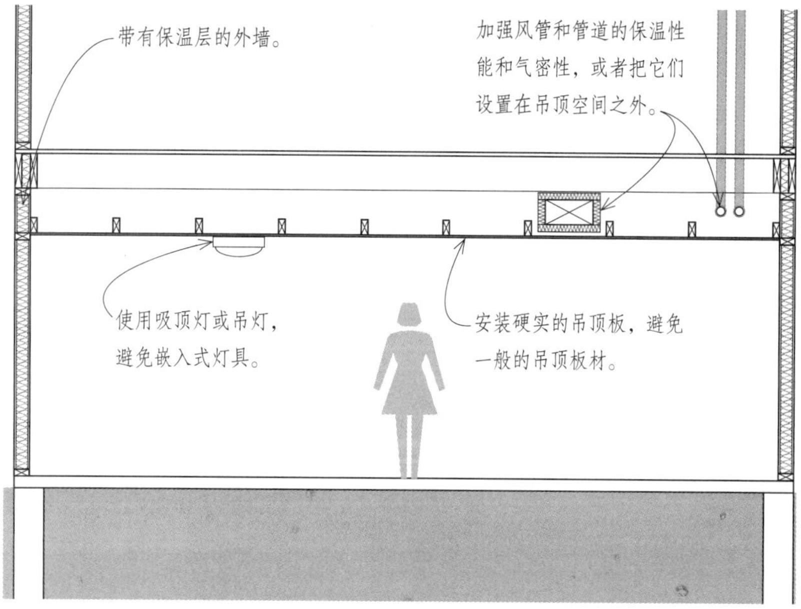

8.16 降低吊顶空间的热损失。

天花板上部的吊顶空间（plenum）是一类常用的空间。在商业建筑中，这个空间常用来布置采暖和制冷输送设备及其他设备。习惯上，能源规范没有要求吊顶空间中的管道和风管必须进行保温，因为它们位于热边界之内。然而，吊顶空间中的能量散失，会导致这部分空间无意间被加热或冷却，从而改变吊顶空间的温度平衡，增加吊顶空间周边外墙与室外的热交换，或者当吊顶空间位于顶层时，增加屋顶与室外的热交换。吊顶板使吊顶空间与下部空调空间之间可以自由地进行空气交换。建造吊顶空间的绿色方法有：不要将输送系统布置在吊顶中，或给其中的输送设备增设保温层、加强气密性；避免使用嵌入式灯具；使用硬实的吊顶板而非多孔板。这些改进措施将吊顶空间转变为更加有益的非空调空间，可以用来充当室内和室外的缓冲空间。

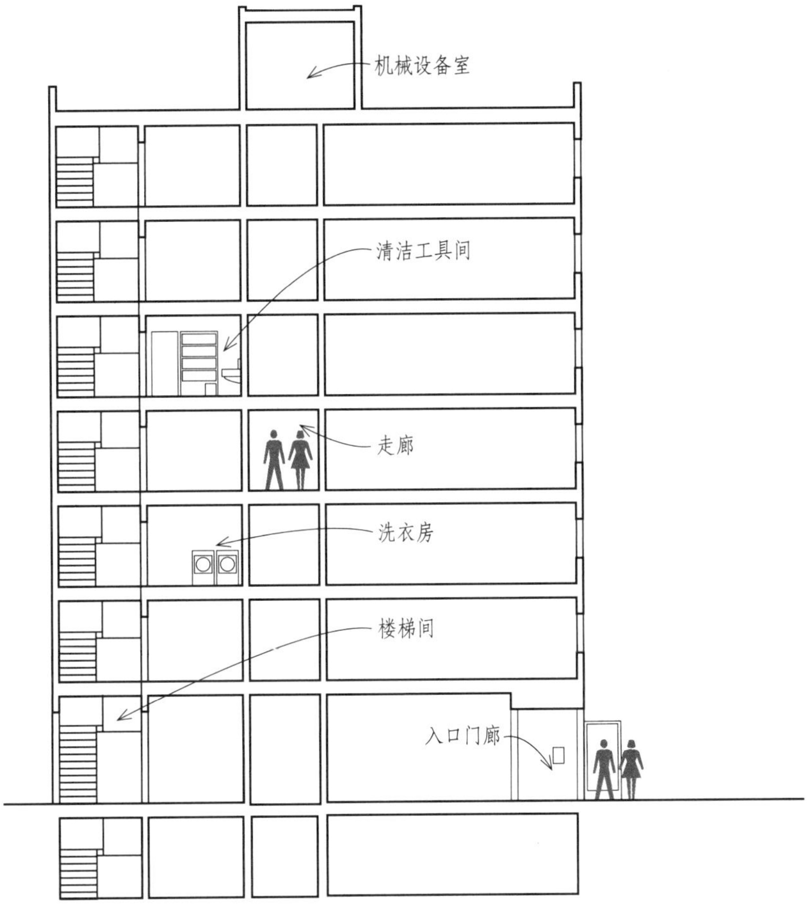

8.17 一些设有空调但其实不需要空调的空间。

走廊、楼梯间和其他空间

Corridors, Stairwells, and Other Spaces

建筑中某些空间是有空调的，然而这些空间其实不需要空调。这样的空间包括走廊、楼梯间、机械设备室、洗衣房、清洁工具间、入口、门廊、前厅等。对于这些不必设置空调的空间，没有空调可以更加节能。

例如，走廊和楼梯间不需要常开空调。冬季，人们往来于建筑前门入口和使用空间时通常是穿着大衣的。对入口、走廊和楼梯进行供暖通常会导致过热，引发人们的不适。对走廊、楼梯等空间进行供暖的唯一原因是：这些空间在白天充当室内空间使用，这种情况可能出现在老年住宅或疗养院等建筑类型中。

甚至可以将一些楼梯置于室外。许多建筑只有两层，仅需要一个楼梯从一层通向二层。换言之，如果一层和二层不必从室内相连，就可以将楼梯挪到室外。这样做有许多好处：减少了需要空调的建筑面积，降低了烟囱效应，并且可以降低建设成本。将楼梯置于室外的做法在老式高级建筑中很常见，并且国际上许多建筑类型也常采用这种形式。对于一栋2 000平方英尺（186平方米）的二层建筑，将楼梯置于室外可以减小2%~3%的建筑表面积，并减少了相应的采暖和制冷能耗。对于多层建筑而言，室外楼梯显然不可行，然而即便是封闭的室内楼梯间，也可以不对其供暖并将楼梯间置于热边界之外。

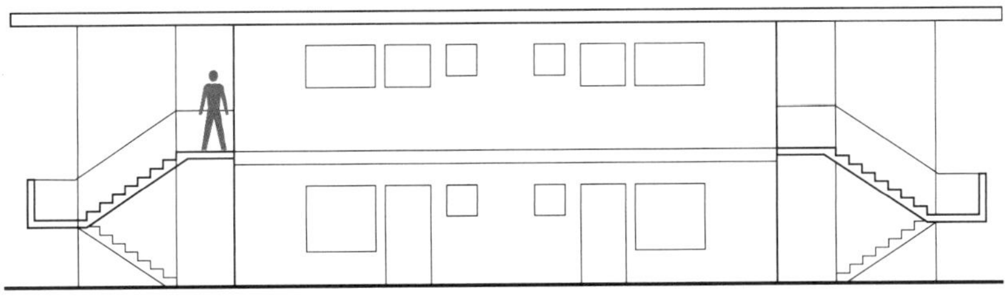

8.18 室外楼梯有时会是一个可行的选择。

如果我们选择了楼梯间不设空调的方式，则需要在能耗、建造成本和舒适度方面做出重要的权衡，具体取决于楼梯间的位置以及热边界（即有保温层的墙体，也称为“隔热墙”（insulated wall））的布局。建筑物墙体的总能量损失可能会超过10%，具体取决于楼梯间和墙体保温层的位置。最节能的选项是楼梯间位于建筑和热围护结构之外，垂直于建筑，即短边靠在建筑上。应该注意的是，这样做会导致冬季楼梯间的温度最低。有趣的是，最不节能的布局是相同的楼梯间也在建筑外部，但长边靠在建筑上，而热围护结构将楼梯间包含在内。这是由于外墙表面积大，尽管外墙有保温层，还是会损失更多热量。最实惠的选项是将楼梯间布置在建筑物的角落，因为只需要两面墙而不是三面墙，并且将楼梯间布置在热边界以内是有意义的，这样可以保证楼梯间的温度。

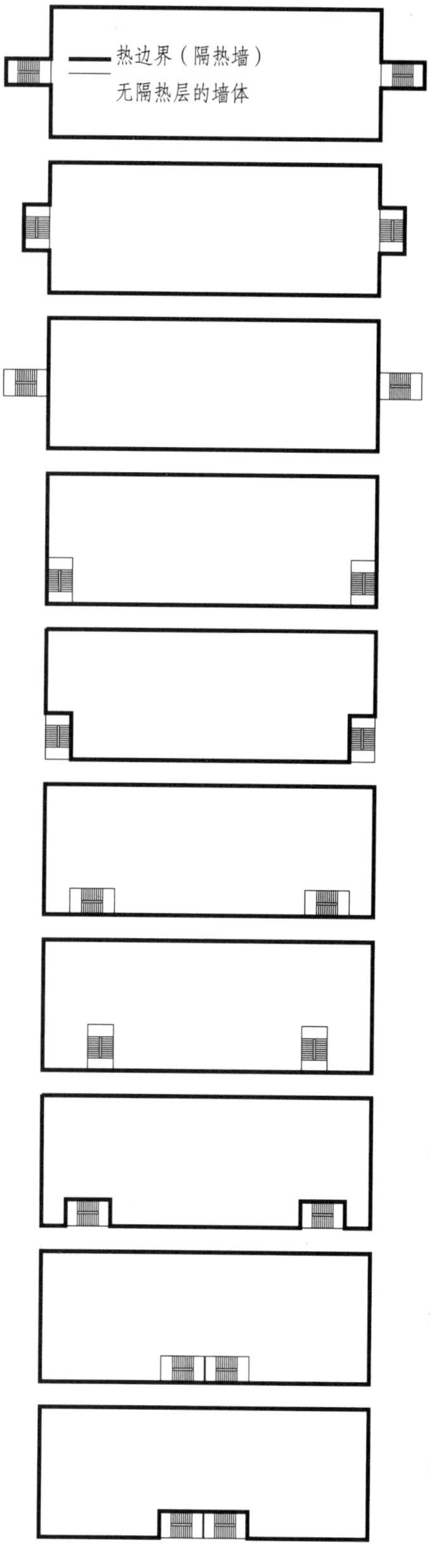

能耗	成本	楼梯间冬季温度
高	高	中
最高	低	温暖
最低	中	最冷
低	最低	温暖
低	最低	寒冷
中	中	温暖
中	最高	最暖
高	中	寒冷
低	低	温暖
中	低	寒冷

8.19 根据楼梯间和隔热边界的位置权衡能耗、建造成本和舒适度。

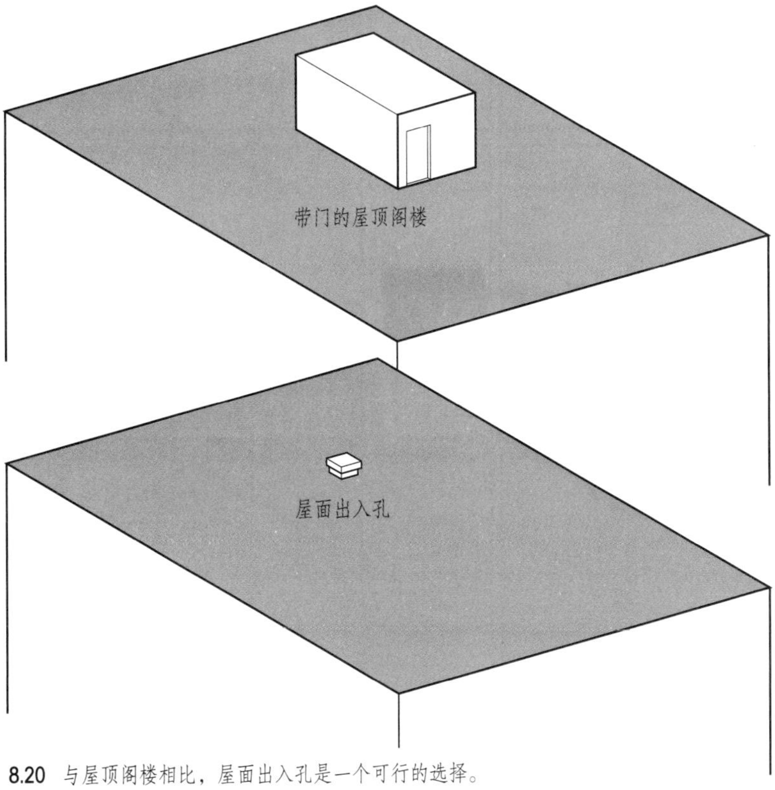

8.20 与屋顶阁楼相比，屋面出入孔是一个可行的选择。

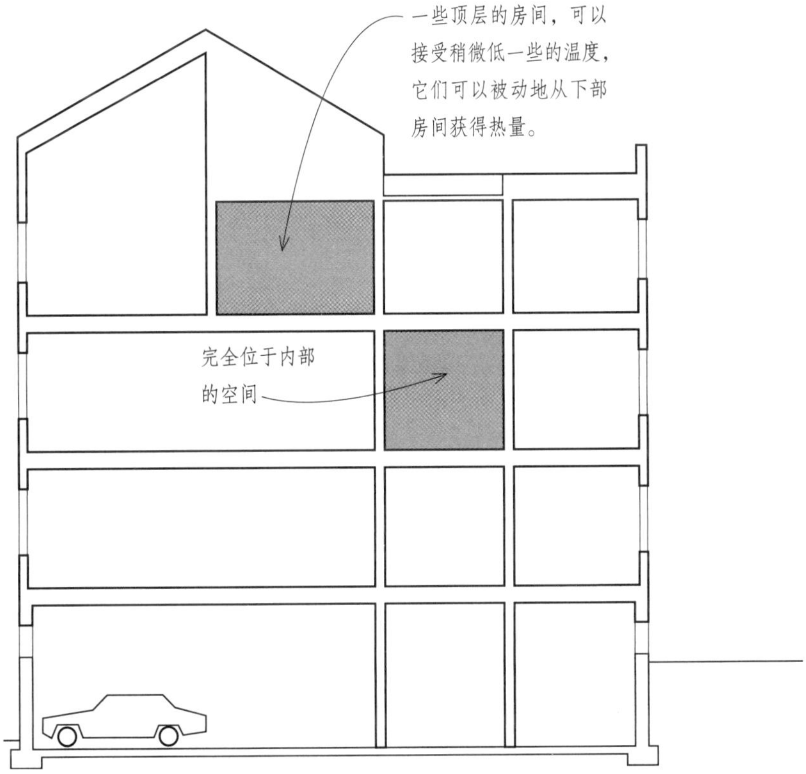

8.21 不需要供暖的其他房间。

另外，可以展开一个有趣的讨论：对于平屋顶建筑，楼梯间是否有必要高出屋顶。在高层建筑中，一个或多个楼梯井会高出屋顶，形成带门的屋顶阁楼，方便人们进入屋顶层。然而，屋顶阁楼会占用平屋顶面积，这些面积本可以用来放置太阳能板或其他绿色构件。屋顶阁楼增加了建筑表面积，会导致热量散失，也会增加建筑成本，并且在热边界上造成了较大的穿孔。一个简单的出入口可以减轻这些能耗问题并降低成本，但楼梯带来的便易可达性也会消失。

入口门廊经常是制冷或供暖的，有时甚至过热。由于穿过门廊的客流以及不断开关门引发的局部渗透风，对门廊供暖或制冷而言只会增加建筑的用能。显然，如果楼宇工作人员长时间驻留在门廊或入口，那么必须设置空调。否则，对这些空间供暖或制冷只是可选项，可以考虑取消。

对于不需空调的空间，不设空调可以降低建设成本、降低供暖和制冷费用并且常常会提高室内环境的舒适度。

进一步移除房间中的空调
Further Removing Conditioning from Rooms

对于绿色建筑，不仅是非空调空间或偶尔使用的空间，还可以让更多的房间降低供暖和制冷负荷。一个设计并建造良好的热围护结构，可以在很大程度上调节建筑中空气温度的变化，遏制寒冷气流，减少窗户内表面和墙体温度过低情况的发生，从而减少了建筑中需要供暖和制冷的部位。

例如，完全位于建筑内部的房间就不需要供暖。对于绿色建筑，一些暴露在室外、位于边缘或屋顶上的房间也可以不用供暖。有研究表明，可以仅对住宅的起居室进行供暖和制冷，而不需要对部分或所有卧室都进行同样的供暖和制冷。对于一些舒适度要求较高的房间，是否供暖的决策最好基于计算机模拟。许多计算机程序都可以预测非空调空间的最低平衡温度，保证房间温度可以维持在满足舒适度要求的区间之内。

设置储藏空间 Locating Storage

如果我们考虑取消阁楼、地下室和低矮的设备空间，就需要扩大储藏空间，因为那些被取消的空间通常可以用来储藏。取消这些可能出问题的空间会带来能耗和环境上的好处，这样一来，增加的储藏空间则成为绿色建筑设计的关键因素。

我们不需要很方便地从室内进入储藏空间，并且储藏室的温度也可以低一些，因此我们可以考虑使用依附于建筑的棚屋作为储藏空间。储藏空间依附于主体建筑，可以充当一个额外的保护层。从室内进入也是可行的，但要特别注意热边界的连续性。一个较好的选择是：储藏空间仅能从室外进入，门安装得严丝合缝并且对与主体建筑共用的墙体及储藏室自身的外墙都要设置保温层。

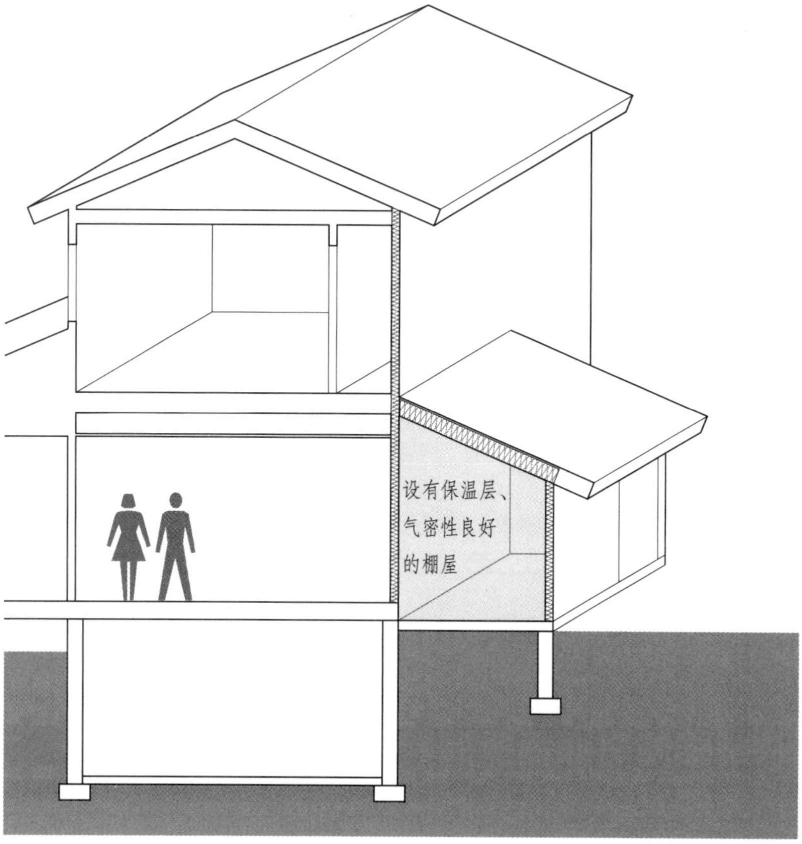

8.22 一个保温和气密性良好的棚屋可以充当额外的保护层。

当储藏空间必须从室内进入并且需要较高的温度时，可以考虑使用壁橱。这些壁橱最好与外墙相邻，充当额外的保护层。对于浴室、门厅等天花板较低的空间，可以将屋顶以上的空间作为储藏空间。

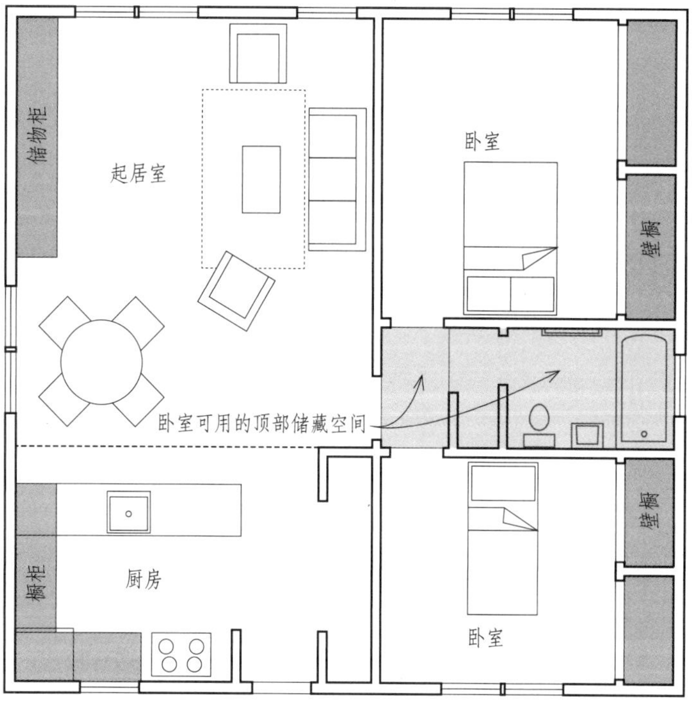

8.23 可以充当额外保温层的储藏空间。

控制非空调空间的温度
Controlling Temperatures in Unconditioned Spaces

虽然难以精确控制非空调空间的温度，但我们可以通过空间设计进行一定程度的温度控制。

冬季，为了避免管道或储存的液体冻结，我们可以在非空调空间与室外之间设置保温层，在非空调空间与相邻的空调空间之间不设保温层，从而提高非空调空间的温度。为了保持非空调空间的温度大致介于室内温度与室外温度之间，我们可以将其所有表面都做上保温层。非空调空间与室内和室外间的空气流动也影响着空间温度。如果需要更精确地预测非空调空间温度，就要借助计算机模拟了。

通过非空调空间实现热损耗节流

Throttling Heat Loss Through Unconditioned Spaces

对于室内和室外之间的无空调空间（阁楼、地下室、低矮设备空间、附属车库、楼梯间等），援引一个我们可能称之为“热损耗节流”（throttling heat loss）的原理有助于理解。当热量首先穿过第一个界面（空调空间和无空调空间之间），然后穿过另一个界面（无空调空间和室外之间）时，我们需要决定两个界面中哪一个应设置隔热层，答案是两个界面中面积较小的那个铺设隔热层会最节能。

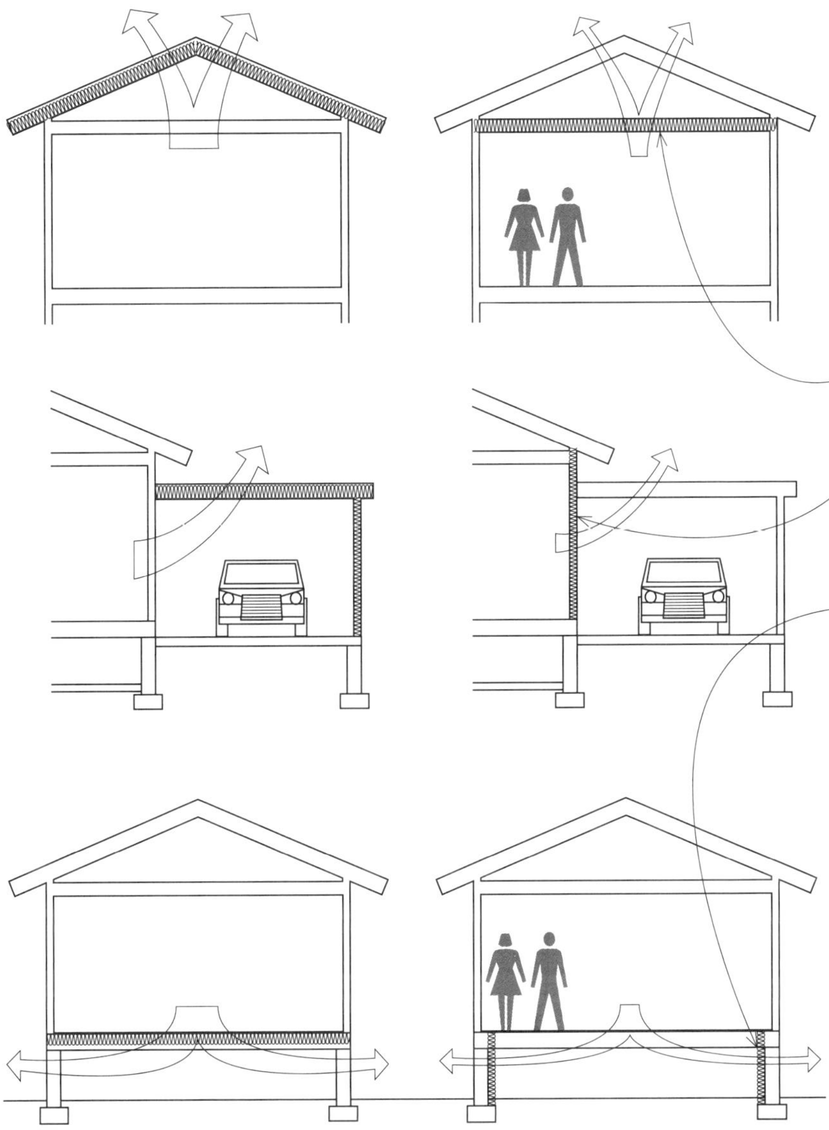

8.24 在面积较小的界面设隔热层可以实现热损耗节流。

- 例如，坡屋顶下的阁楼，在阁楼的地板设置隔热层比在阁楼上方的屋顶设置隔热层热量损失更少。
- 在建筑和附属车库之间的墙壁设置隔热层比在车库墙壁和屋顶设置隔热层热量损失更少。
- 在低矮设备空间的墙壁设置隔热层比在低矮空间的顶板（即上方建筑物的地板）设置隔热层热量损失更少。

在面积较小的界面设置隔热层的原因是，根据热力学第一定律，流入和流出无空调空间的热量必须相等，并且与两个界面的面积除以热阻值（R值）成比例。我们可以将这种比例关系表示为：

$$Q \sim A/R$$

其中Q是热损失，A是界面的表面积，R是热阻（R值）。

如果我们在面积较大的界面设置隔热层，那么热量可以很容易地通过面积较小的界面，因为这个界面未设隔热层，然后热量会很容易地穿过面积较大的、设置了隔热层的界面，因为其表面积大。给面积较小的界面设置隔热层，我们就可以通过隔热层和较小的表面积这两方面的措施限制热流。这样就做到了热量节流。

通过无空调空间实现热损耗节流的原理，并不完全符合渗透和通风效应、太阳得热和其他交互效应。但这仍然是一个有用的起点。请注意，第141～142页对楼梯间的讨论中，该原理解释了为什么垂直于建筑物的外楼梯间是最节能的。

大多数情况下，在面积较小的界面铺设隔热层也是最为经济实惠的选择，因为需要的保温材料最少，因此隐含能耗最少。

可能由于其他原因，需要在无空调空间面积较大的界面上设置隔热层，例如提高无空调空间的温度，防止管道在无空调空间中冻结，或者在极少数情况下，比如由于某种原因，在外表皮更容易设置隔热层，从而降低建筑成本。但需要再次声明，“给面积最小的界面设置隔热层”的原则是一个有用的起点。计算机模拟有助于优化决策。

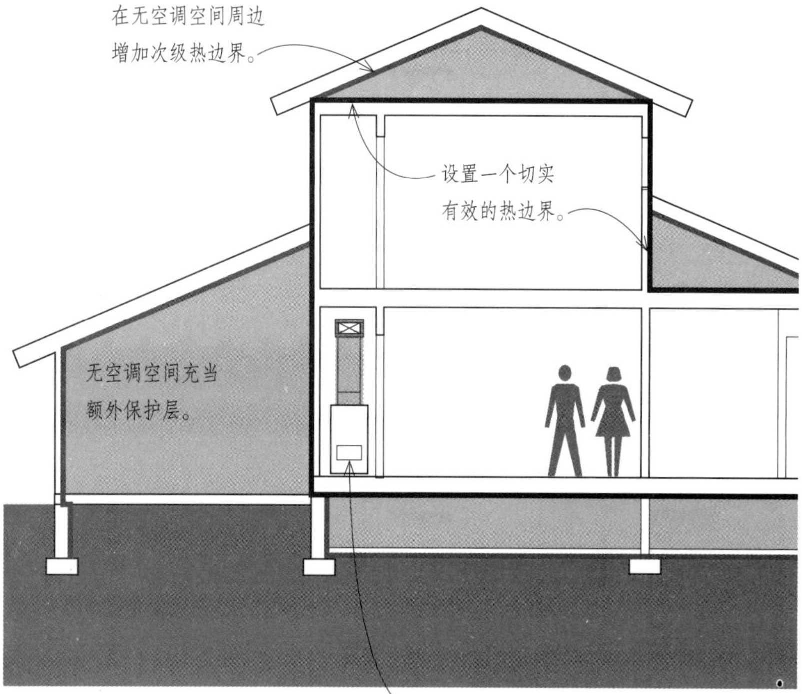

8.25 避免无空调空间的能量损失。

无空调空间——总结
Unconditioned Spaces—Summary

总的来说，为了避免建筑能量损失并将无空调空间转变成节能的有利条件，我们需要注意几个细节。

- 为了保温并减少空气泄漏，应该提供至少一个清晰完整又切实有效的热边界。
- 考虑设置次级热边界（second thermal boundary），这样无空调空间就可以成为一个有力的额外保护层。例如，一个附加车库，已经在其自身与采暖建筑之间设置了保温层，还可以在车库的外墙上设置保温层，并提高其气密性。
- 如果只有一个界面设置保温层（例如，在无空调空间和室内之间，或在无空调空间和室外之间），则在表面积较小的界面设置保温层以减少热量损失。
- 避免在无空调空间中安置供暖、制冷和输送系统。
- 将无空调空间安置在它们能充当额外保护层或室内外缓冲区的位置。
- 考虑取消走廊、楼梯、机械设备室和储藏间等空间的供暖，将其从空调空间转变为无空调空间。

第9章

内围护结构

Inner Envelope

在第7章中，我们区分了外围护结构与内围护结构。外围护结构是与室外环境接触的，而内围护结构则与室内空调空间接触。

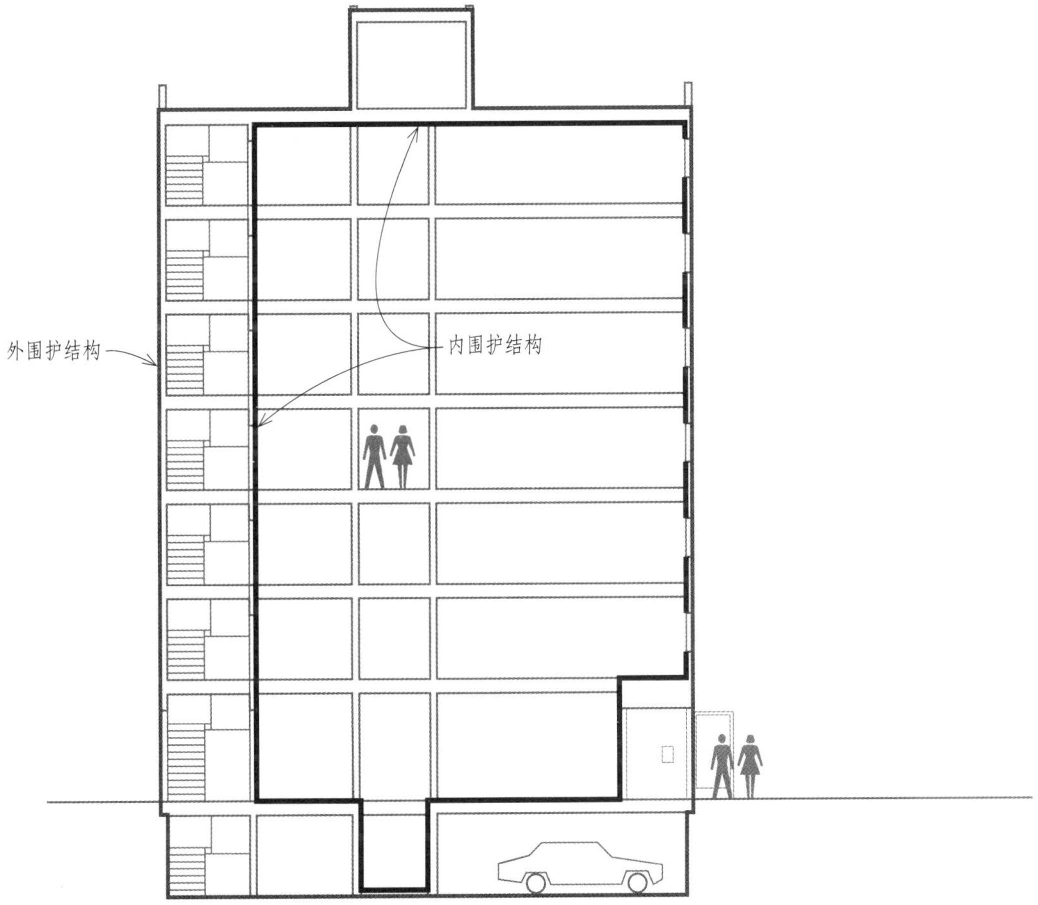

9.01 内围护结构。

弱点 Vulnerabilities

在第8章讨论阁楼及其他非空调空间时，我们提到过内围护结构的弱点。外围护结构，如坡屋顶或车库外墙等，常常给人们一种错误的印象，即内围护结构不需要保持热完整性（thermal integrity）。事实上，所有的热边界都要切实有效。表面不能严重漏气，因为漏气是能量损失的主要原因。另外，墙体、楼板和屋面保温层的两个面都需要保护。如果没有两面的保护，保温层很容易受到物理破坏、意外脱落以及穿透或绕过保温层的漏气的影响。密集纤维、刚性保温板、发泡胶等阻止空气流动的保温材料的出现，可以防止漏气问题的发生，即防止穿透或绕过保温层的漏气。然而，仍有物理破坏和脱落的风险。

阁楼中的保温层常常会脱落或受扰动。一般来讲，阁楼经常需要维修，如安装和布置数据线、安装排气扇和太阳能板等。即使是钻一个很小的孔洞，也需要清除几平方英尺的保温层来保证屋顶表面的施工。通常，这些清除掉的保温层不会再补上。久而久之，阁楼就会变成裸露屋顶表面的拼合物。

切实有效的保温层是指保温材料两面均有刚性表面的保温层，最好结合一个可以降低热桥损失且气密性良好、不漏气的刚性保温层一起使用。稍差的保温层是指保温材料只有一面为刚性表面的保温层。非常差的保温层则仅有保温材料层，通常由贴面纸（paper facing）或胶带固定。性能差的保温层在阁楼的楼板、支撑墙以及地下室中的天花板周边等处很常见。性能很差的保温层并不普遍，但也常见于新建建筑中，整齐地排布在阁楼支撑墙和吊顶上方等部位。性能差的保温层在建筑运行过程中会导致严重问题。

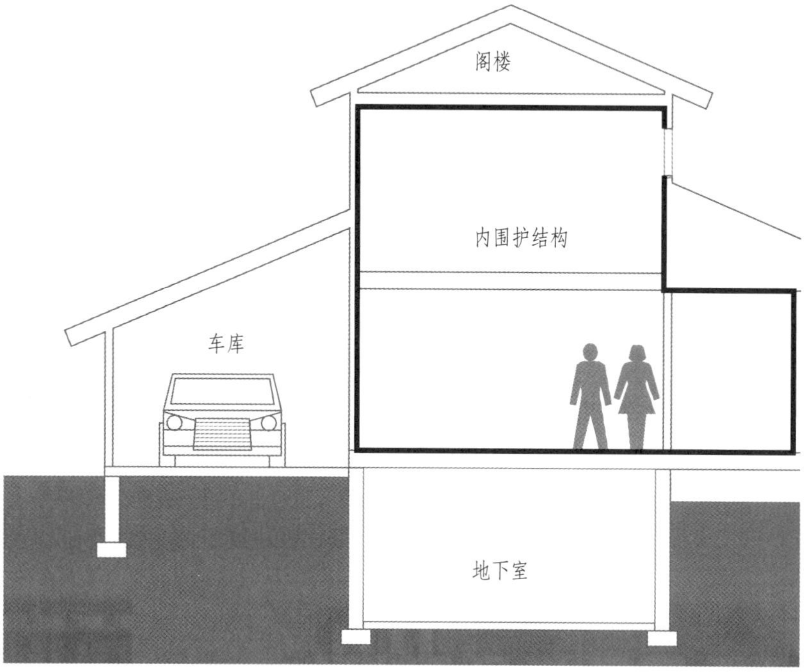

9.02 低层建筑的内围护结构。

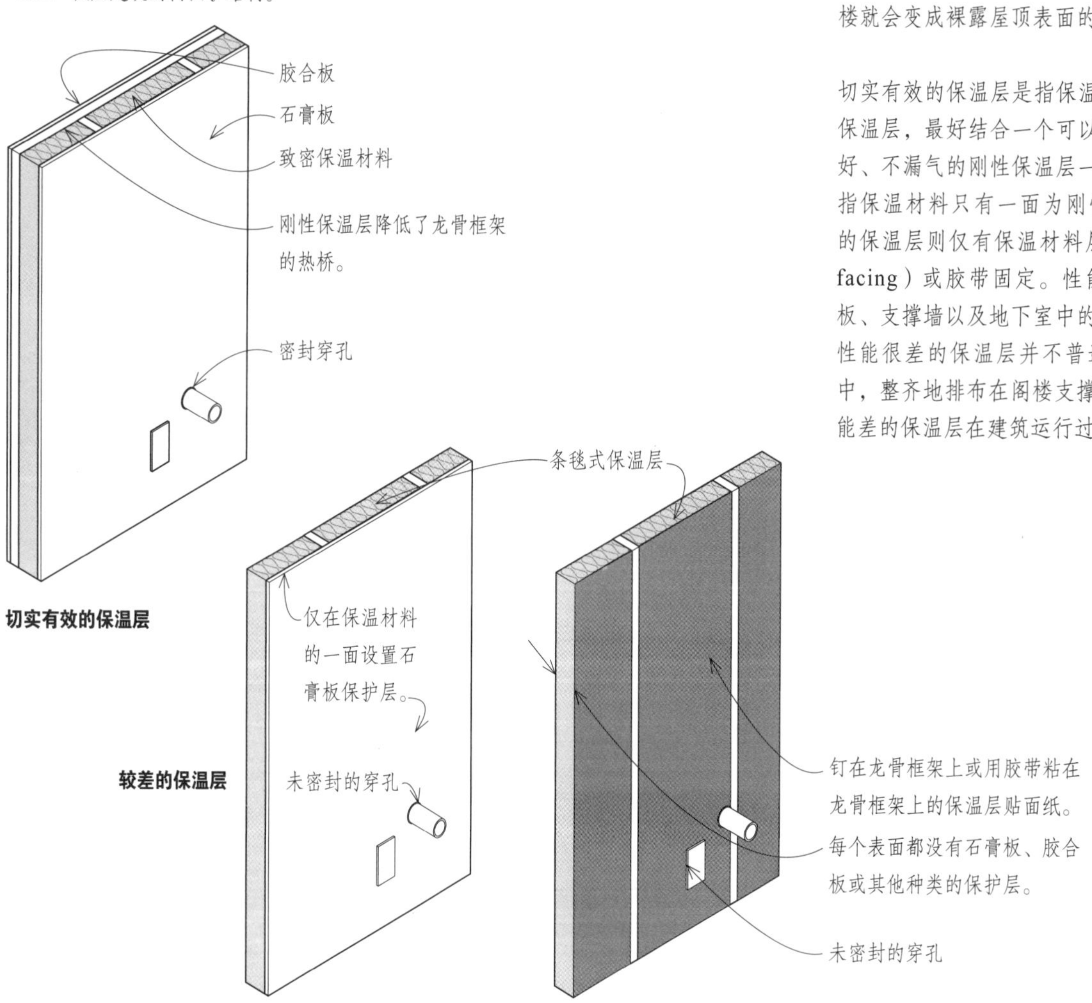

9.03 性能从强到弱的保温层。

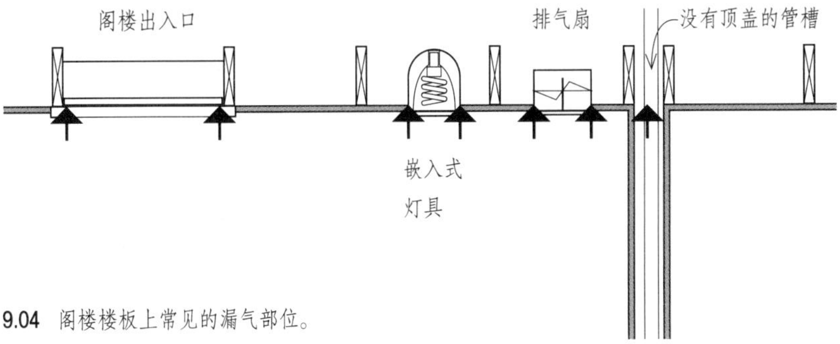

9.04 阁楼楼板上常见的漏气部位。

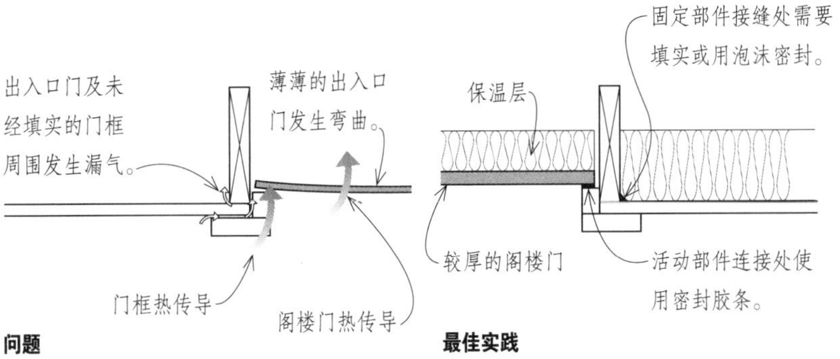

9.05 阁楼门。

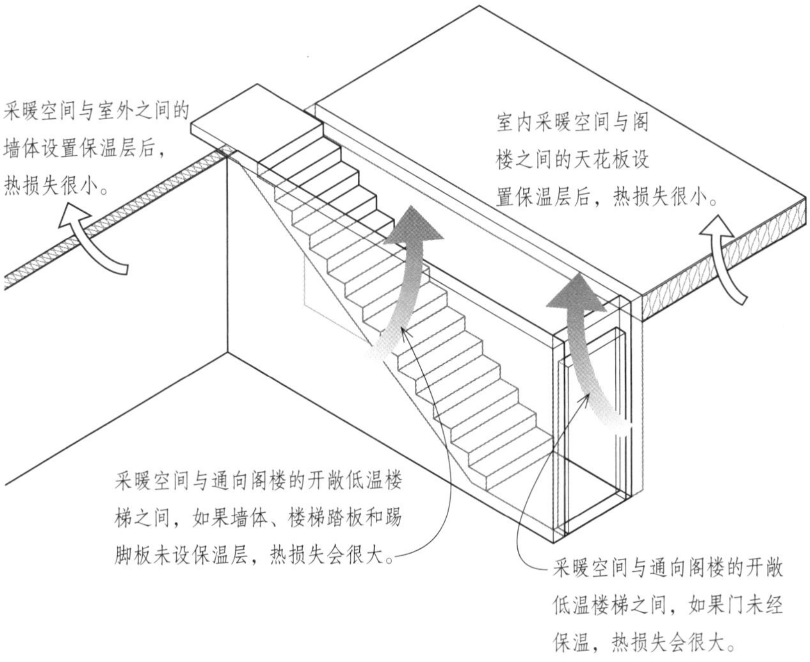

9.06 通往阁楼楼梯的热损失。

阁楼楼板是内围护结构的薄弱环节。因为要安装嵌入式灯具、排气扇，布设风管、电线，设置出入口，阁楼楼板上会有许多穿孔；管槽（chase）可能没设顶盖；烟囱和通风口附近可能存在缝隙；此外，阁楼楼板的保温层还经常受扰动或脱落。

内围护结构一个特别脆弱的部位，是阁楼的出入口。最新研究表明，一个简单的阁楼出入口有几处弱点。一扇由厚1/4或1/2英寸（6.4或12.7毫米）的胶合板制成的阁楼门，由于热应力的作用会随着时间推移而弯曲，造成空气从门框流失。当胶合板厚度达到3/4英寸（19毫米）时，才能具有保持其形状的刚度。然而木材间的刚性密封不足以防止漏气的发生。还需要在连接处使用密封胶条来进一步防止漏气，并且要使用插销（latch）保证密封胶条处于压缩状态，才能大大降低漏气发生的可能性。门和门框间完成密封后，于门框和天花板之间可能还存在漏气，需要通过填实来防止漏气。最后，也要对阁楼门进行保温，从而减小传导热损失。

通往阁楼的步行楼梯比阁楼出入口有更多缺点。从室内通向阁楼的门通常是不做保温的，虽然通风阁楼的温度与室外已经很接近了。这个门也通常不使用密封胶条，由此使得空气通过烟囱效应渗进阁楼。门框周围一般也不填实。更甚的是，人们常常把采暖空间与阁楼楼梯之间的墙体当作内墙，从而不做保温和气密性处理。阁楼楼梯间的墙体通常是不封顶的，导致阁楼与下部采暖空间的墙体空腔间发生热交换。楼梯踏板和踢脚板通常都不属于热边界的一部分，因而都不做保温或气密性处理，虽然它们位于采暖空间与无空调的阁楼之间。对于从一楼通向二楼的楼梯来说，缺少保温层是一个很常见的问题。这些楼梯上方的阁楼空间是不封顶的，楼梯上部裸露的天花板和墙体也是未设保温层的。

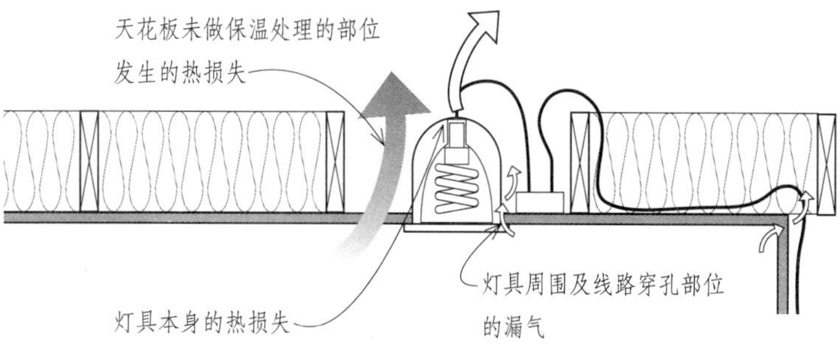

9.07 嵌入式灯具的典型问题。

嵌入式灯具是建筑顶层内围护结构的另一个薄弱之处。同样地，这是一个多元而非单一的问题。灯具产生的热量进入阁楼然后散失掉。灯具本身就是采暖空间与阁楼非空调空间之间的热桥。灯具周围可能发生漏气。阁楼上各种灯具的电线必须从下面的建筑空间中引上来，因此除了灯具本身，这些线路穿孔也会发生漏气。

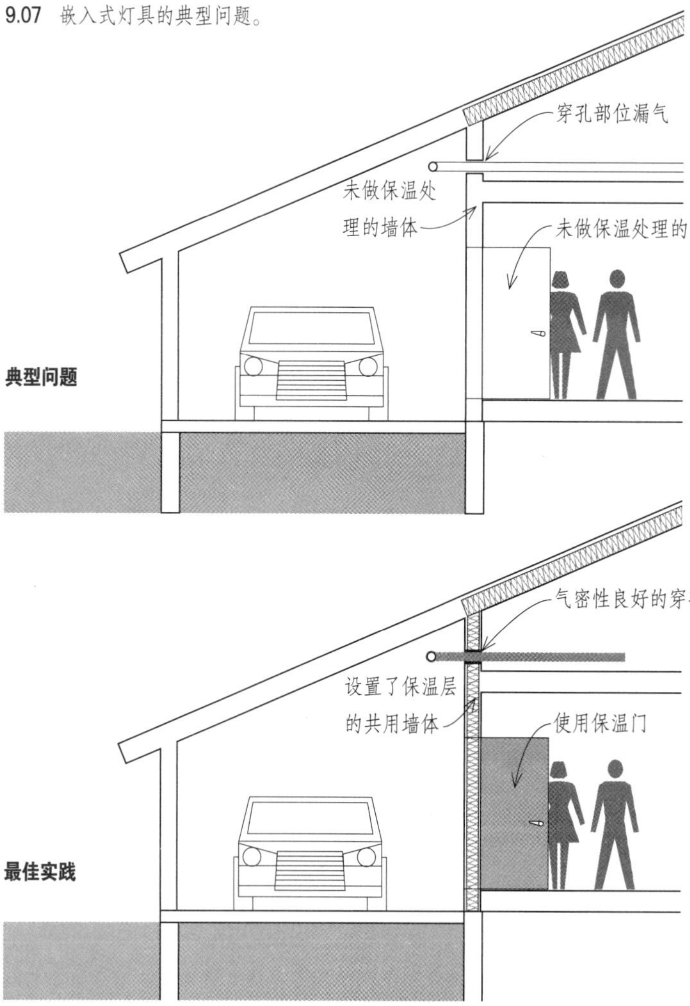

9.08 当不采暖的车库与建筑相邻时，要保持热边界的完整性。

无论是住宅这样的低层建筑，还是拥有综合停车场的大型建筑，依附于建筑的车库，其内围护结构通常会比较薄弱。这些薄弱部位主要位于车库和建筑空调空间之间的墙体或天花板处。同样地，薄弱部位是由于墙体或天花板缺乏保温层、门未做保温处理以及可能发生漏气的穿孔导致的。

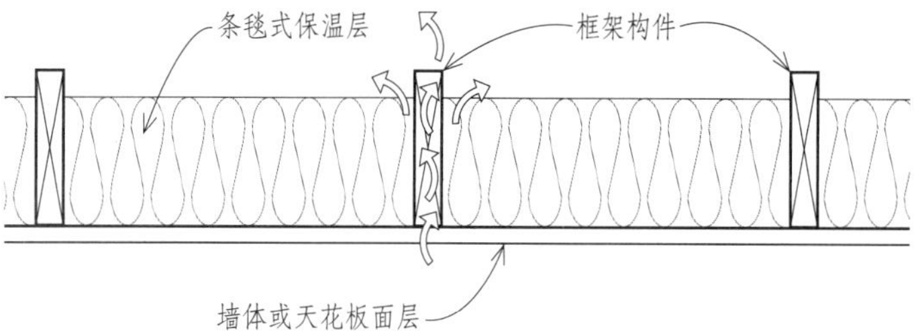

9.09 龙骨或格栅等框架构件的传热。

我们已经讨论过，在内围护结构中，如阁楼楼板、车库与采暖空间之间的墙体等，因为保温层仅有一面刚性保护层，另一面没有刚性保护层而成为热边界的薄弱环节。这种薄弱环节的另一个负面影响是：作为墙体龙骨或阁楼格栅的支撑框架成为热桥，加剧从采暖空间到非空调空间的热损失。这种情况不同于墙体空腔产生的热桥，因为没有第二层刚性表面（如外墙的护套或壁板）作为保温层。因此，在这种情况下，木框架不仅会形成热桥，而且会变成一系列的散热片。热损失不仅是一维的，贯穿木框架的另一面；而且是二维的，通过木框架的两侧散热。

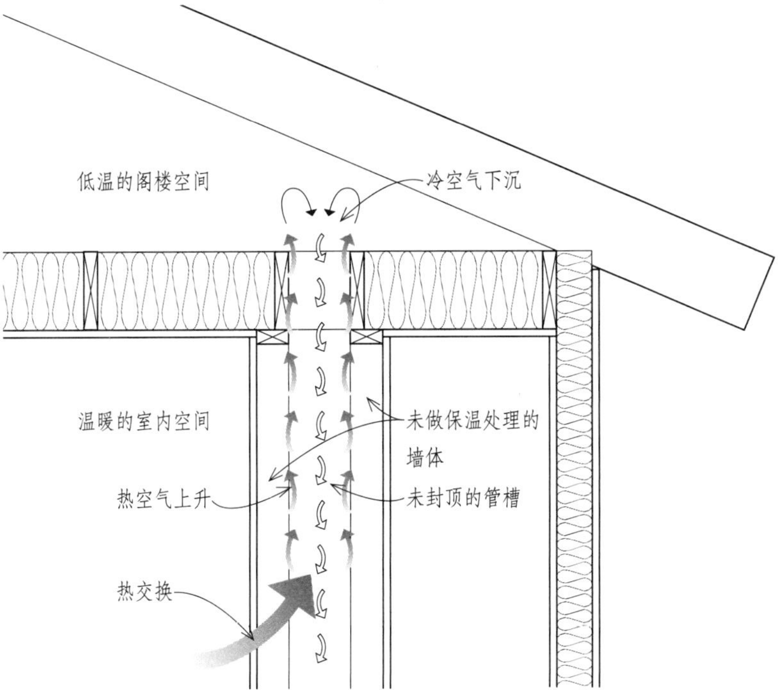

9.10 温暖室内空间与低温管槽间的热交换。

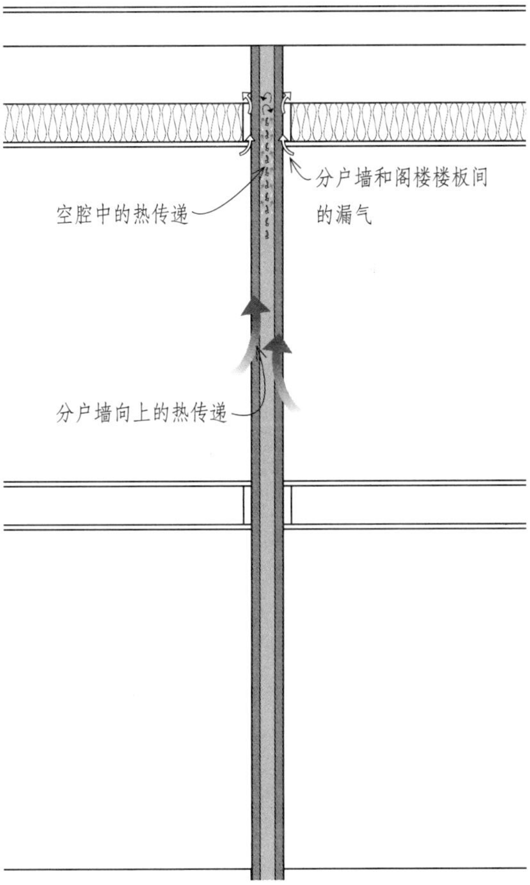

9.11 空心砌块分户墙的能量流失。

未封顶的管槽和墙体空腔是阁楼楼板特别薄弱的部位。问题的严重性取决于可以让空气流动的开口大小以及下方管槽和墙体空腔的内墙面积，热量会通过开口、管槽和墙体空腔加热上升的气流。即使下方的墙体是密闭的，空腔的大小已经足够维持热虹吸（thermo-siphoned）作用：冷空气从阁楼向下流入空腔中，经加热后，空气又上升流回阁楼。

阁楼的另一处薄弱部位是分户墙（party wall），它是指隔开两户的防火墙，它从基础升起，穿过阁楼直达屋顶。根据红外成像照片，冬季这些墙体的温度比阁楼空间的温度高一些，意味着热量正在散失。分户墙能量流失的方式有三种：分户墙与阁楼楼板间缝隙处漏气；部分墙体的混凝土砌块空腔中的热虹吸作用导热，即采暖建筑中的热空气上升，经阁楼空间冷却后又再次下沉；再有就是分户墙向上的热传导。

在地下室和低矮设备空间，隔热层的薄弱部位通常是位于地下室或低矮设备空间上的横跨构件（spanning member）之间悬吊的保温层，这些保温层很容易受扰动，并经常脱落。啮齿动物干扰和咬掉暴露的保温层是另一个常见问题。当保温层的贴面纸沿其边缘钉在支撑框架上时，几乎没有什么可以阻止空气在边缘处自由流动。例如，一个面积1 000平方英尺（93平方米）的地下室，大约有超过1/4英里的保温层边缘钉在框架上。空气向上流动，穿过多孔玻璃纤维料的保温层，到达底层楼板下面，或是通过楼板本身的孔洞、缝隙到达上面的采暖空间。

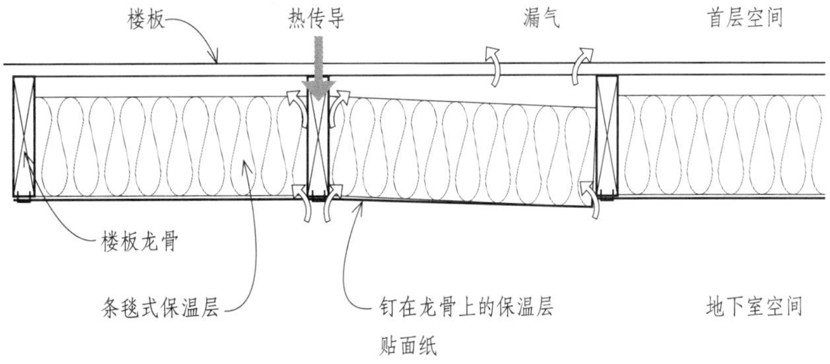

9.12 地下室空间天花板的能量流失。

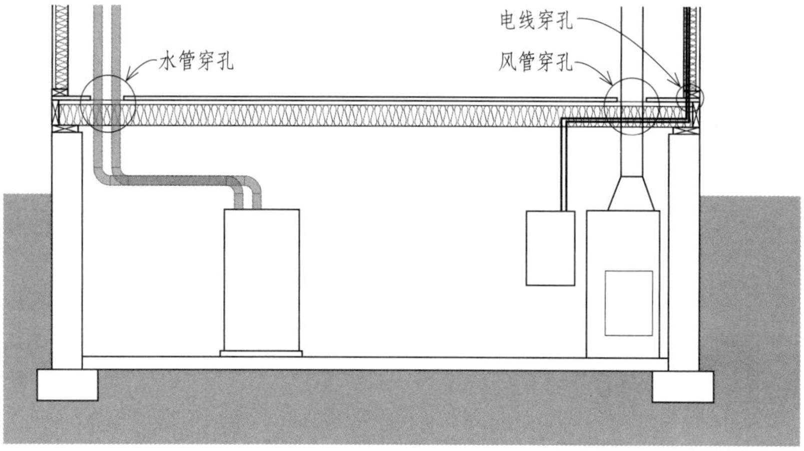

9.13 地下室和低矮设备空间天花板漏气的部位。

地下室内围护结构或低矮设备空间的天花板是许多设备贯穿的部位。如冷热水管、风管、电线、数据线和网线、排水管道及其他贯穿内围护结构的设备。如果不密封这些穿孔，地下室的空气就会由于烟囱效应而上升。

地下室和低矮设备空间，像阁楼一样，门或出入口也是薄弱部位。因为在一般情况下，地下室的温度不像阁楼那么极端，所以这些弱点可能不那么显著。但研究显示：开启地下室的门会增加建筑的能量流失。

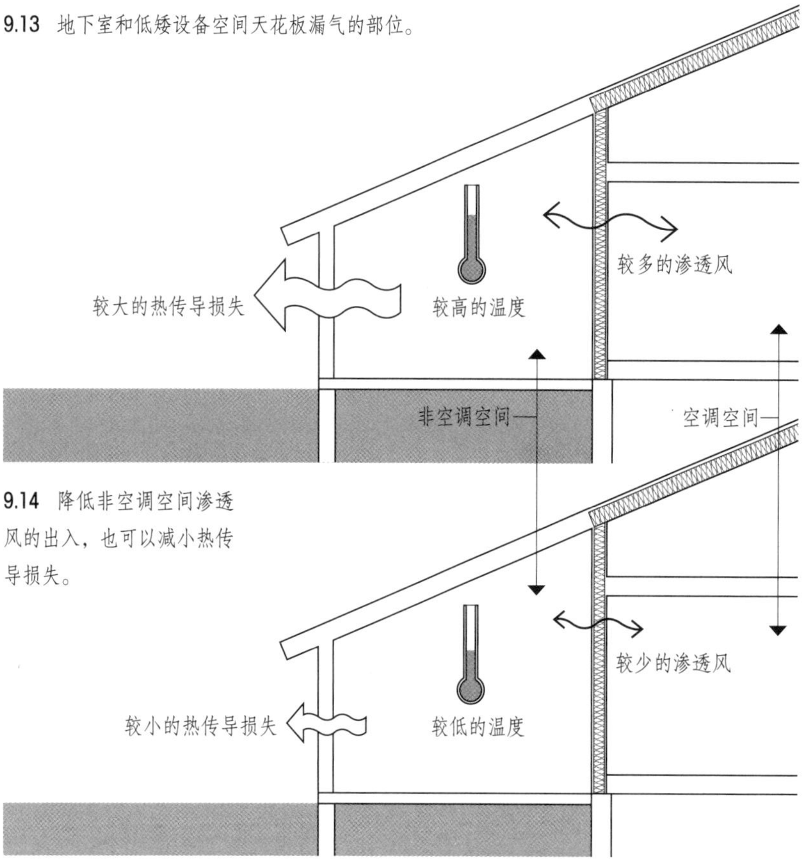

9.14 降低非空调空间渗透风的出入，也可以减小热传导损失。

解决方案 Solutions

针对内围护结构的薄弱部位有如下解决方案。

首要的是消除内围护结构上的孔洞，从而减少漏气。优先解决气密性的原因是：

- 气流自由出入临近内围护结构的非空调空间，降低了这些空间作为保温层或温度缓冲区的效果；
- 必须在安装保温层之前密封这些孔洞，因为一旦安装了保温层，再想找到这些孔洞并密封它们会变得非常困难。

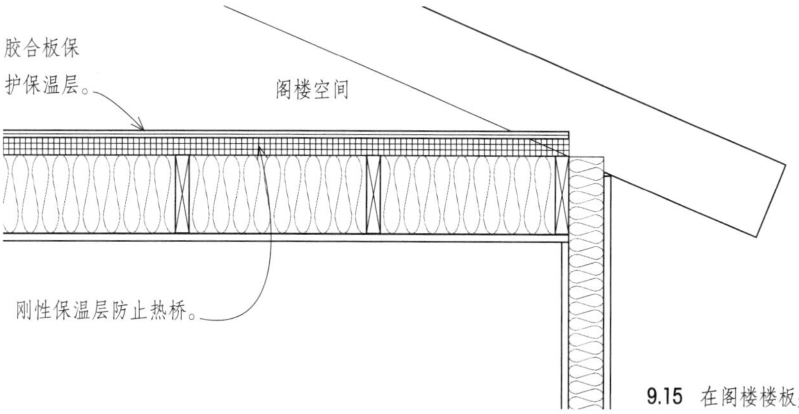

接下来，切实有效的保温层需要在其两面都设置刚性保护层。在可能的情况下，尽可能保证保温层的连续性并减少热桥的发生。

9.15 在阁楼楼板处设置切实有效的保温层。

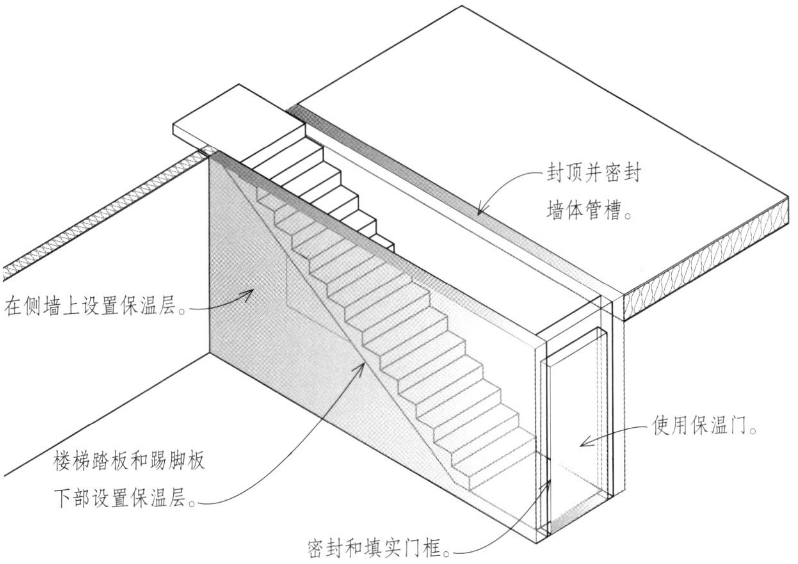

9.16 防止阁楼楼梯的热损失。

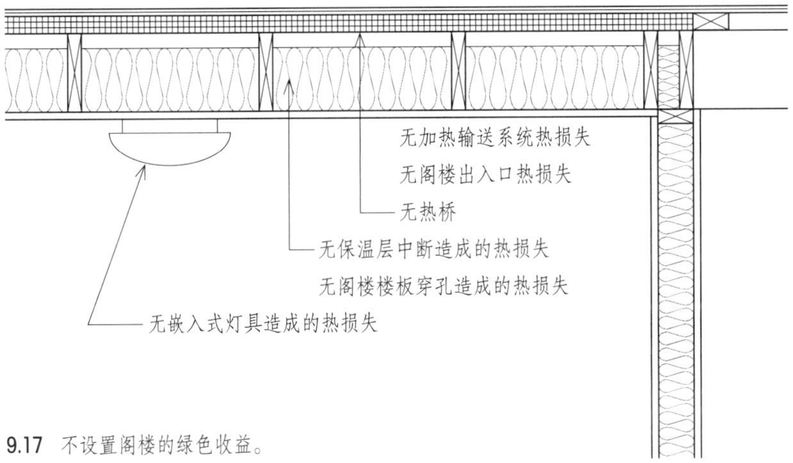

9.17 不设置阁楼的绿色收益。

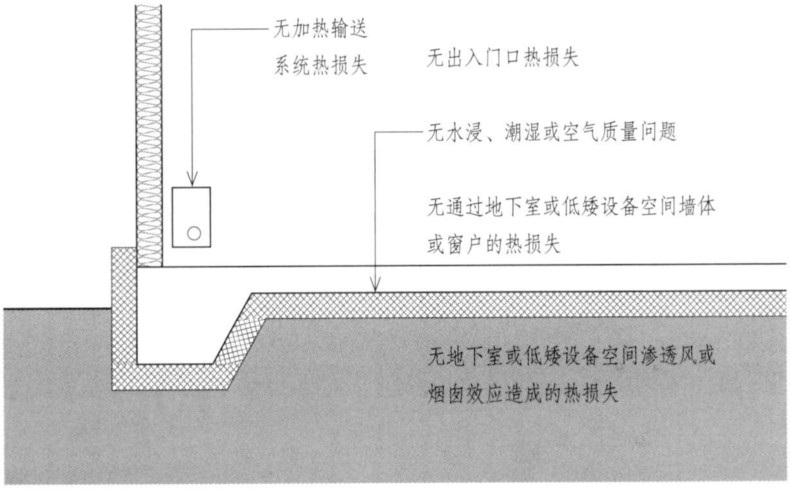

9.18 不设置地下室或低矮设备空间的绿色收益。

可能的话，也要消除其他部位（如嵌入式灯具）的不连续性。对于从采暖空间通向非空调空间的楼梯和出入口要进行全面和整体处理，以保证内围护结构不存在保温层或气密层不连续的情况。这些出入口比较复杂，我们需要特别关注其细部设计，不仅要关注门或出入口本身，还要关注周围的框架和通道。门和出入口要进行保温；有相对运动的部件表面要安装密封胶条；对固定表面的连接处要填实，比如门框与墙体之间。阁楼管槽和墙体空腔应该封顶，加强气密性，做好保温处理。

阁楼的复杂性使之很容易产生不连续性和能耗问题。简单的屋脊线可以降低这类风险。如前面提到的那样，避免设置阁楼并且将建筑设计成平屋顶或缓坡屋顶可能是一种解决方案。让我们看一下这样会消除哪些问题：没有阁楼就不会出现阁楼楼板的穿孔；不会有未经保温的薄弱表面；不会有易损的阁楼出入口或阁楼门；不会出现由嵌入式灯具带来的问题；不会出现输送系统在阁楼中的热损失；不会发生热桥问题；并且降低了寒冷气候中冰坝出现的概率。

同样地，让我们考虑一下用板式基础代替地下室和低矮设备空间的好处。对于板式基础，各类服务设施，如水管、电线和数据线，可以密封良好地从混凝土板穿过。不会再出现地下室中加热输送系统的大量热损失，这在地下室中很常见；不会出现地下室或低矮设备空间引发的烟囱效应；不会有与门或出入口相关的热损失；不会有通过墙体和窗户从上部采暖空间传递到地下室或低矮设备空间的热传导损失。还有一个额外的好处：潮湿地下室和低矮设备空间带来的空气质量问题不复存在。

总的来说，内围护结构是相对较弱的保护层，需要特别关注和强化。强化内围护结构的经济成本如何呢？通常，加强内围护结构确实会增加额外的成本。在保温层内、外两面设置刚性保护层增加了建设成本，保证阁楼楼梯、出入口、阁楼楼板和地下室屋顶的隔热连续性也同样会增加建设成本。然而，另外一些措施则会降低成本，如不用嵌入式灯具。如果我们考虑取消地下室和阁楼这些薄弱部位，则能进一步降低建设成本，当然我们要考虑在其他部位另外提供储藏空间。

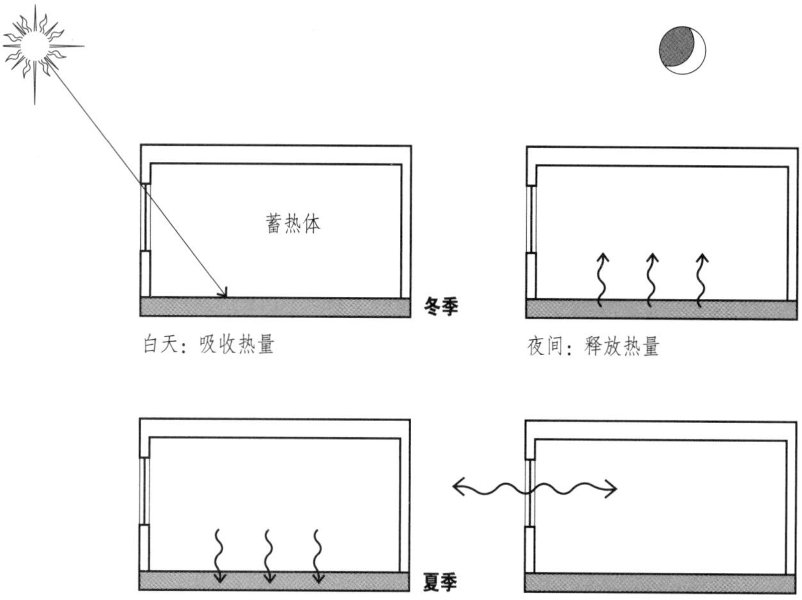

9.19 蓄热体原理图。

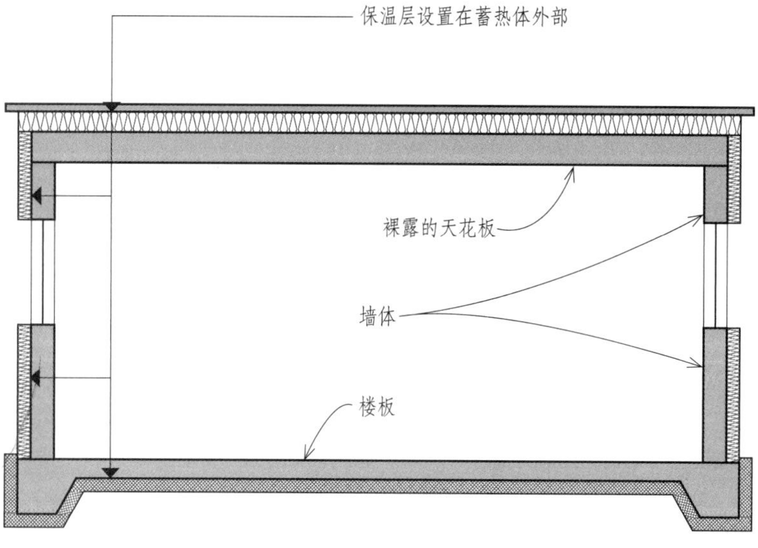

9.20 布置蓄热体的几种选择。

蓄热体 Thermal Mass

蓄热体是指那些能够吸收和储存热量的建筑构件。蓄热体位于热边界之内时最有效。冬季，在有太阳辐射时，蓄热体吸收并储存太阳热量；在没有太阳辐射时，蓄热体将热量缓慢地释放到建筑室内。夏季，蓄热体也可以作为被动式制冷措施用于夜间通风，夜晚蓄热体将吸收的热量释放到温度低的夜间空气中，白天就可以对空间进行冷却。蓄热体最好位于它服务的空间中，例如冬季布置在朝南的空间中。如果无法达到这个要求，蓄热体需要与其服务的空间通过空气循环风管或水循环管道相连。

蓄热体可以有多种形式，但通常由质量较大的墙体、楼板和天花板构成。为了达到被动采暖或制冷的效果，蓄热体通常是整体策略的一部分，比如使用合适的热回收系统、可移动的窗体保温或隔热帘等控制装置，来避免夜间热损失或促进夜间通风冷却。

只有当能耗模拟预测使用蓄热体会降低能耗时，我们才能在建筑中使用蓄热体。如果任意使用蓄热体，反而会增加建筑用能。各种研究表明：使用蓄热体的节能效果从负值（即建筑用能增加）到节能10%以上。

蓄热体的隐含能耗通常较高，因此在使用时应进行仔细的权衡。例如，一面带有4英寸（102毫米）厚刚性泡沫保温层的6英寸（152毫米）厚混凝土墙体的热阻值是17，但由于蓄热体的作用，其热阻与热阻值为27的木框架墙相当。然而，为了使热阻值达到27，如果这额外的10个单位由6英寸（152毫米）厚的混凝土墙体提供，其隐含能耗比使用2.5英寸（63.5毫米）厚刚性泡沫保温层的木框架墙多2倍以上。

楼板和天花板也可以充当蓄热体。如果天花板要充当蓄热体，它就必须裸露着，不能藏在天花板装饰层后面。

装饰面层 Finishes

从社区、场地到外围护结构和非空调空间，再到内围护结构，我们发现自己正好置身于有人为空调环境的建筑中。然而，还有更多的保护层可供我们利用。例如，室内装饰面层就可以发挥有效的节能效果；反之，如果使用不当，则会增加建筑能耗。

装饰面层的热特性和辐射特性
Thermal and Radiant Properties of Finishes

地毯有着微弱的热阻，大概在0.5~2.5范围。使用地毯后，热阻值可以额外增加0.6~2.1。除了传导得热，地毯还可以减少辐射热损失，从而降低室内空气温度。地毯可以降低建筑的噪声传播。满铺地毯（wall to wall carpeting）的原理与墙体保温层需要保持连续的原理是一致的。然而，地毯是不能代替底板刚性保温层（subslab rigid insulation）或表面保温层（surface insulation）的。

消极的一面是，许多地毯含有化学物质，虽然一些低化学物质含量的地毯也是存在的。而且地毯需要真空吸尘，这也会增加一部分用能。地毯还会降低混凝土楼板蓄热体的效果。最重要的是，地毯反射率很低，从而需要更多的人工照明或增大窗户面积保证采光。

对于窗户而言，隔热帘是有益的装饰。隔热帘可以为窗户增加5个单位热阻的保温效果，使窗户的热阻增大1倍或2倍。此外，隔热帘可以包含一层辐射屏障，从而减少辐射散热。如果隔热帘与窗框密封良好，还可以增加气密性，减少渗透风。

其他的装饰面层也可以提供许多热量和太阳辐射方面的益处。三层玻璃可以降低温暖气候地区多余的太阳得热。辐射挡板（radiant shield）可以置于暖气后方，用来反射墙体散失的热量。百叶可以减少眩光，夏季还能阻止少量太阳得热，冬季可防止辐射热散失到室外。然而我们要记住，室外遮阳能更有效地减少太阳得热。此外，百叶还有着较高的反射率，因而能减少人工照明的需求。

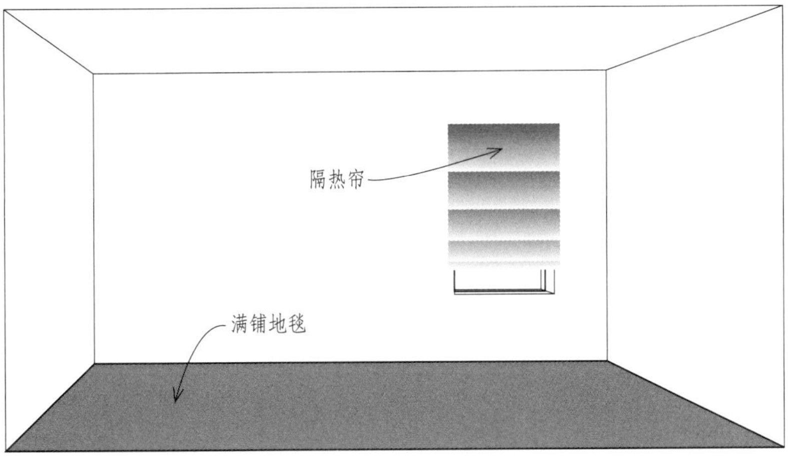

9.21 装饰面层作为保护层。

照明反射率 Lighting Reflectance

饰面的热特性和辐射特性只能提供很小的增益，但是它们的照明反射率却会对建筑用能产生重大影响。使用反射率高的室内面层会带来两个显著的节能效果：

1. 减少人工照明，从而节约了电能。
2. 达到相同照度所需的天然采光量少，即所需的窗户更少或窗户面积更小，从而降低了采暖和制冷费用。其他相互关联的节能收益会进行叠加，如减少了灯具花费，并降低了空调需求及相关能耗。

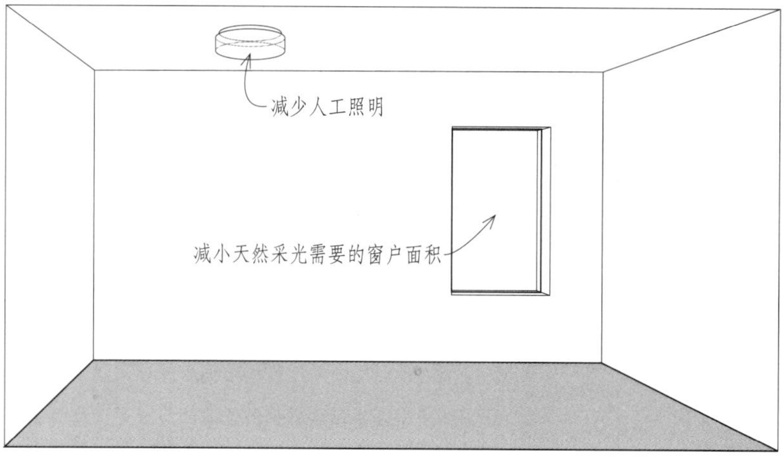

9.22 反光饰面的好处。

反射率可以通过在表面附近放置照度计进行测定。首先将照度计面向光源，测试有多少光线可以到达表面，然后将照度计面向需要测定的表面，测量有多少入射光线反射回来。

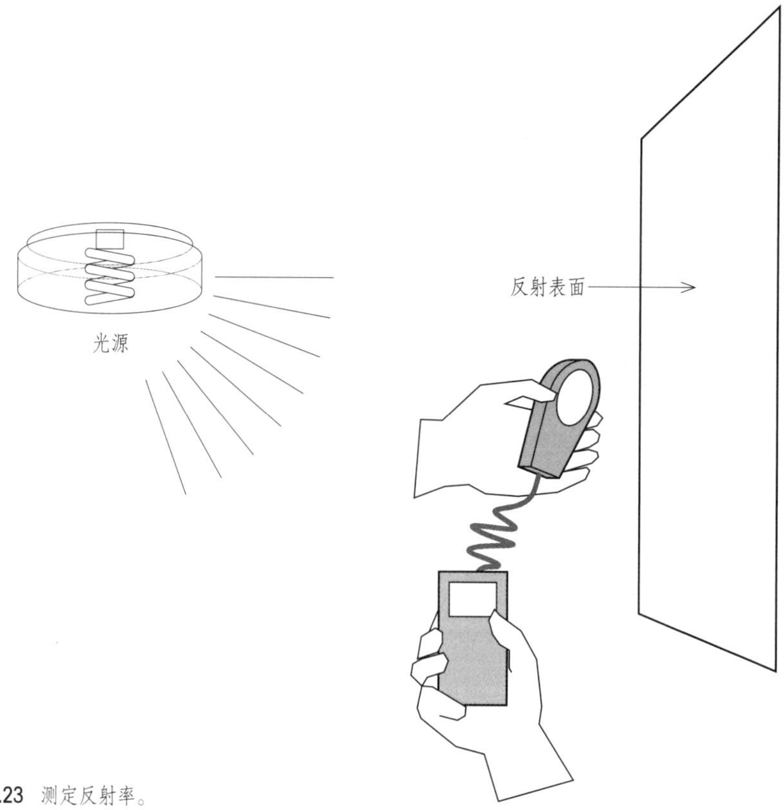

例如：
将照度计面向光源：100英尺烛光
将照度计面向反射表面：45英尺烛光
反射率=45/100=45%

9.23 测定反射率。

9.24 各种饰面的反射率（%）。

涂料	
高度反光的白色	90
标准的白色	70~80
浅奶油色	70~80
浅黄色	55~65
浅绿色*	53
黄绿色*	49
中蓝色*	49
中黄色*	47
中橙色*	42
中绿色*	41
中红色*	20
中褐色*	16
深蓝灰色*	16
深棕色*	12

*表中是哑光漆数值，光面漆的反射率在此数值上增加5%~10%。

木材	
枫木	54
白杨木	52
白松木	51
红松木	49
花旗松木	38
桦木	35
榉木	26
橡木	23
樱桃木	20
地毯	
少量维护保养，深色	2~5
中等维护保养	5~9
高度维护保养	9~13
极高程度的维护保养	>13
油毡	
白色	54~59
黑色	0~9

混凝土	
黑色抛光混凝土	0
灰色抛光混凝土	20
浅色抛光混凝土	60
反光混凝土楼板涂层	66~93
墙体	
黑色镶板	10
粗布	10
胶合板	30
室内陈设	
灰色塑料涂层钢桌	63
布告栏	10
灰色织物隔断	51
工作台面	4~85
吊顶板	
标准吊顶板	76~80
高反光吊顶板	90

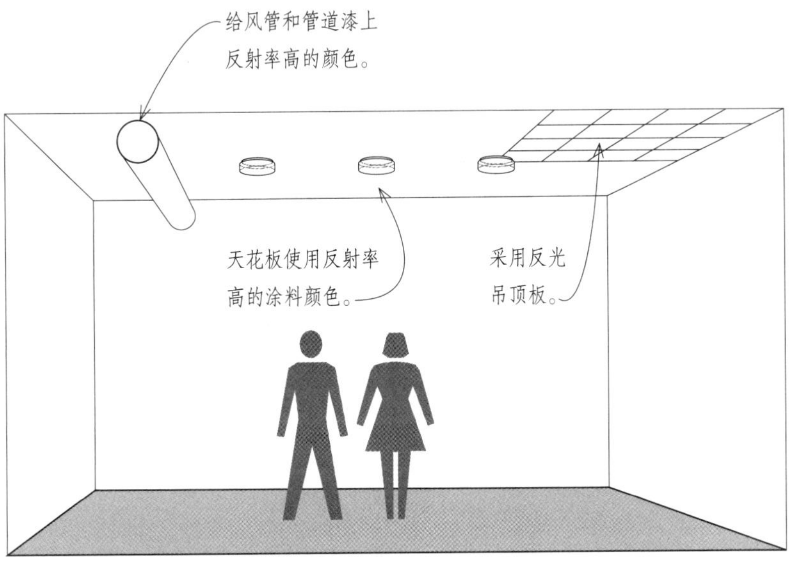

9.25 天花板反光策略。

对于墙体和天花板，首选反光表面，这样能降低对人工照明的需求。反光楼板和室内陈设也可以为此做出贡献。楼板的反射率一般默认为20%，然而这并非确定如此。一些硬木地板的反射率可以超过50%，许多商业地板产品的反射率可以高达75%，据报道一些混凝土地板涂料的反射率能达到93%。工作台面的反射率范围也很广，从低于10%到高达85%之间的均有。如果早期阶段就确定饰面设计，则可以利用室内反射表面，优化最终的照明设计。

虽然白色表面的反射率确实很高，但它们并非唯一的选择。研究表明，许多涂料颜色都有着较高的反射率，其他各种表面也是如此，例如某些金属和木材饰面、反光百叶窗及反光混凝土涂层。

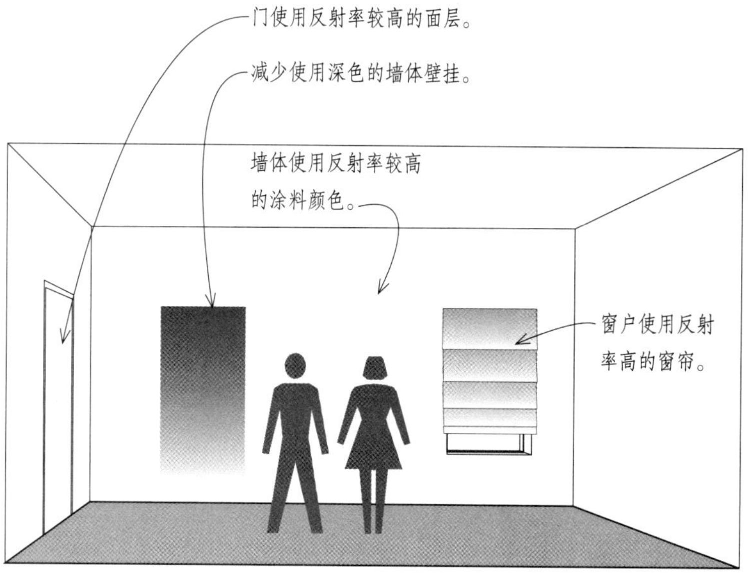

9.26 墙体反射策略。

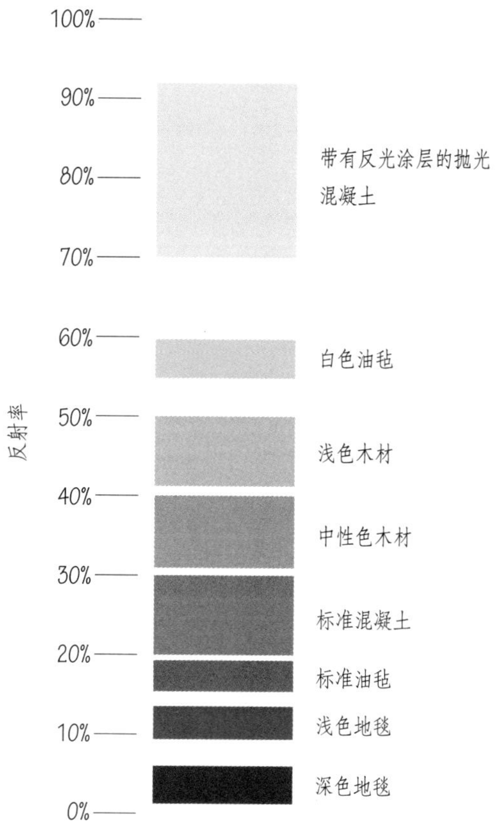

9.27 楼板反光策略。由于照明设计时楼板反射率的默认值是20%，因此楼板反射率比天花板和墙体有着更高的提升潜力。

例如，一个室内表面反射率高的建筑各部分反射率为天花板90%，墙体60%，楼板30%；而一个标准的室内表面的反射率数值是天花板80%，墙体50%，楼板20%。两者相比，前者对人工照明的需求会减少11%。反射率更高时照明节能会更多。当天花板为90%反射率，墙体为70%，楼板为40%时，可以降低28%的照明用能。注意：较高的表面反射率意味着使用灯具较少，从而可以降低建设成本。

在照明设计中，采用的墙体反射率通常是50%，显然其有着很大的提升空间。关键是：我们不但要选择反射率高的墙体饰面，而且要避免使用不反光的墙面覆盖物，如织物；我们还要考虑门和固定于墙面的陈设使用反射率较高的面层，如工作台面和橱柜。同样，反射率高的窗帘比不反射的窗帘更佳，不过目前大多数窗帘都是不反射的。在最需要人工照明的夜晚，没有窗帘的窗户反射率极低，除非我们使用反光百叶或遮阳帘，否则会需要更多的照明。

需要特别提到的是，地毯的反射率相对较低。据研究，反射率高于9%的地毯需要高度的维护。当高于13%时，则需要极高程度的维护。假定地毯的标准反射率是10%，加入反射率为50%的浅色木材面层或面板，就可以减少36%的照明能耗和灯具数量，并且能让天然采光的效率最大化。

为了使高反射率面层达到节能的效果，我们需要协力完成以下事情：

- 在设计前期选好这些面层；
- 将这些反射率值传达给采光设计师以便优化采光设计；
- 保证施工过程中这些面层的安装；
- 记录这些面层的信息，便于未来重新粉刷面层以及其他更新，如更换吊顶板等。

业主应该知晓反射率的重要性和意义。这就凸显了整合设计的价值，在整合设计中，业主积极参与设计过程，照明设计师及其他各方都会同意使用高反射率的材料来降低人工照明能耗，选择适合天然采光的开窗方式。通常，灯光设计是按照天花板反射率80%，墙体50%，楼板20%进行设置的。这些数值太常用了，以至于大多数照明设计软件和程序都将其设为默认值。使用高反射率面层的时候，为了获得照明节能效果，我们要特别注意不能仅仅选择这些面层材料，还要相应地设计照明系统。

第10章

热分区和热分层

Thermal Zoning and Compartmentalization[译注]

热分区和热分层通过内部层次分隔，限制建筑中不需要的热量和空气流动来降低能耗。

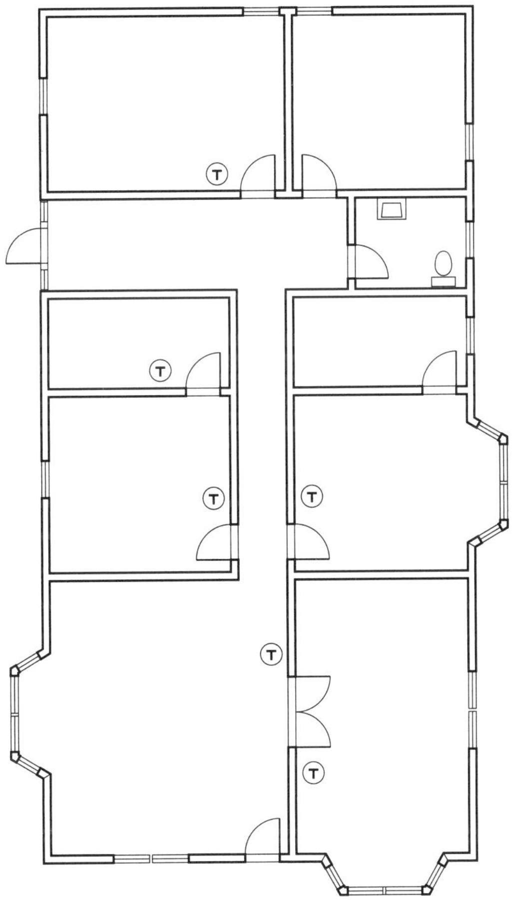

10.01 对于建筑中不同的区域，结合独立温度控制装置设置热分区。

[译注] 根据文中内容，zoning指平面的分区，compartmentalization指竖向的分层。

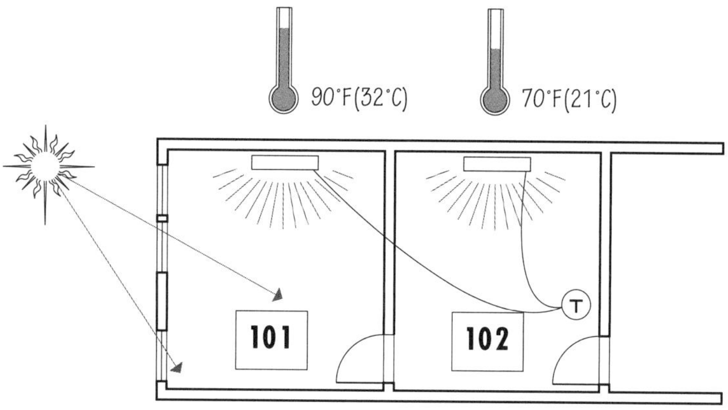

不设分区　用一台恒温调节器（thermostat）控制不同房间的热量。太阳得热使101号房间过热。

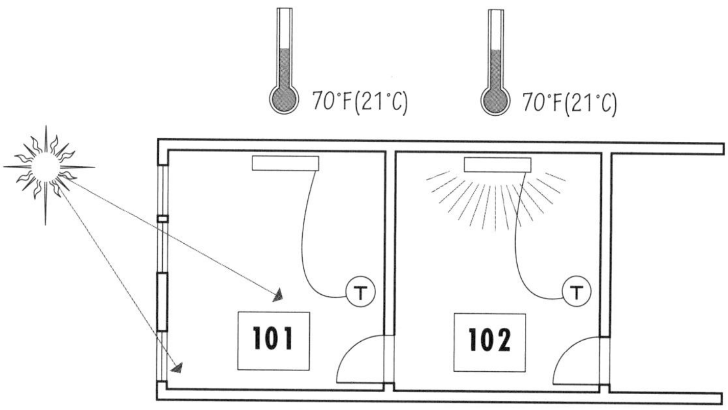

分区　101号房间单独设置恒温调节器，在太阳得热的时候停止供热设备的运行，因此节能。

▲
10.02　阻止过热空间受到其他热源的影响。

10.03　让空调房间在某些时段不使用空调。▶

热分区　Thermal Zoning

热分区使建筑的不同区域可以进行独立的温度控制，并且可以更好地响应个人温度偏好。它主要通过以下两种方式实现节能：

- 热分区可以使过热的空间免受其他热源的影响，比如建筑南向的太阳得热，会议室、教室和其他集会场所由于人员占用率（occupancy rate）高带来的热量以及通常情况下较高的室内机械设备及照明得热等。
- 热分区可以使空调房间在某些时段不使用空调，运用这种方式，能够在冬季降低某些空间的空气温度或者在夏天提高空气温度，从而降低冷热负荷。

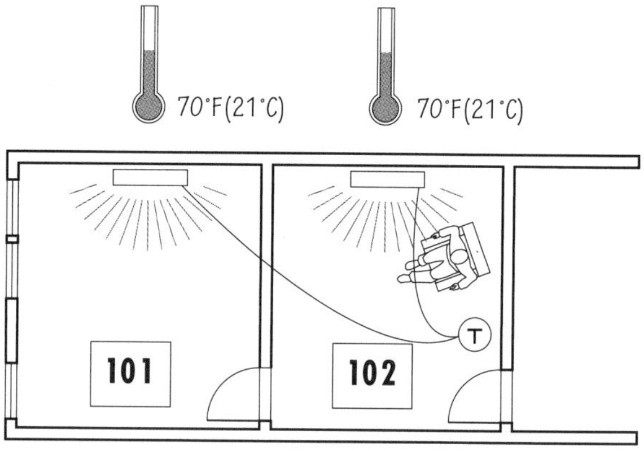

不设分区　用一台恒温调节器控制不同房间的热量。尽管101房间没有人使用，但两个房间都有供热。

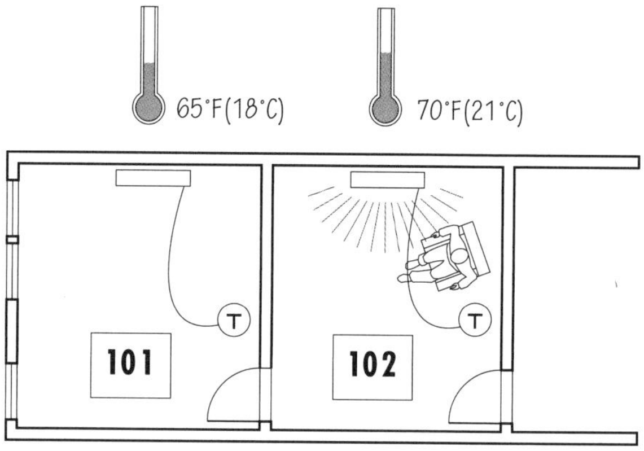

分区　101房间单独设置恒温调节器，在房间内没有人使用的时候停止供热，因此节能。

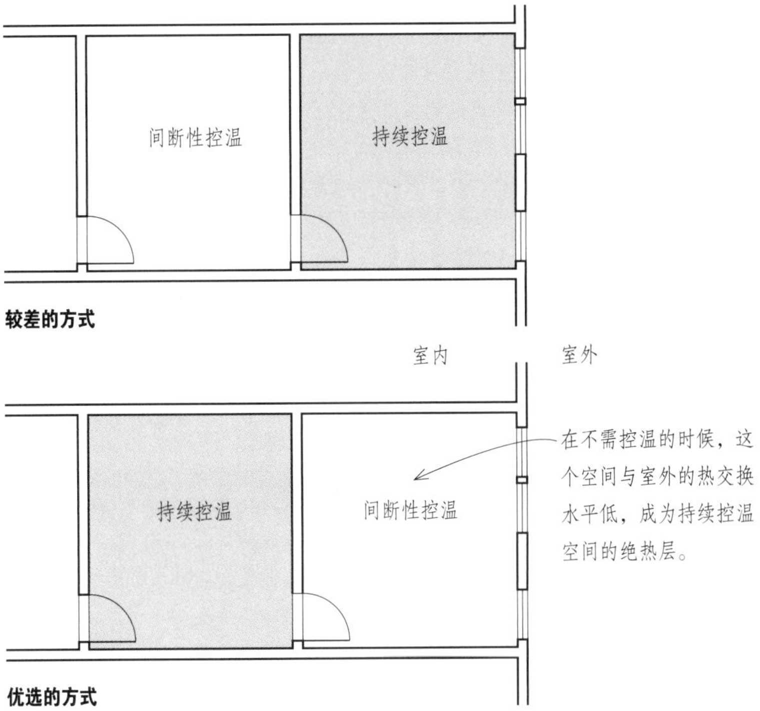

10.04 间断性控温空间的位置设定。

基于上述分析可知，热分区可以实现显著的节能，因此确定哪些空间不需要持续的供热或制冷是非常重要的。

对于那些有时不需要调温的空间，在可能的条件下最好把它们布置在与外墙相邻的位置。这样的话，不需要调温的空间会帮助减小供热空间向室外传热的能量损失。

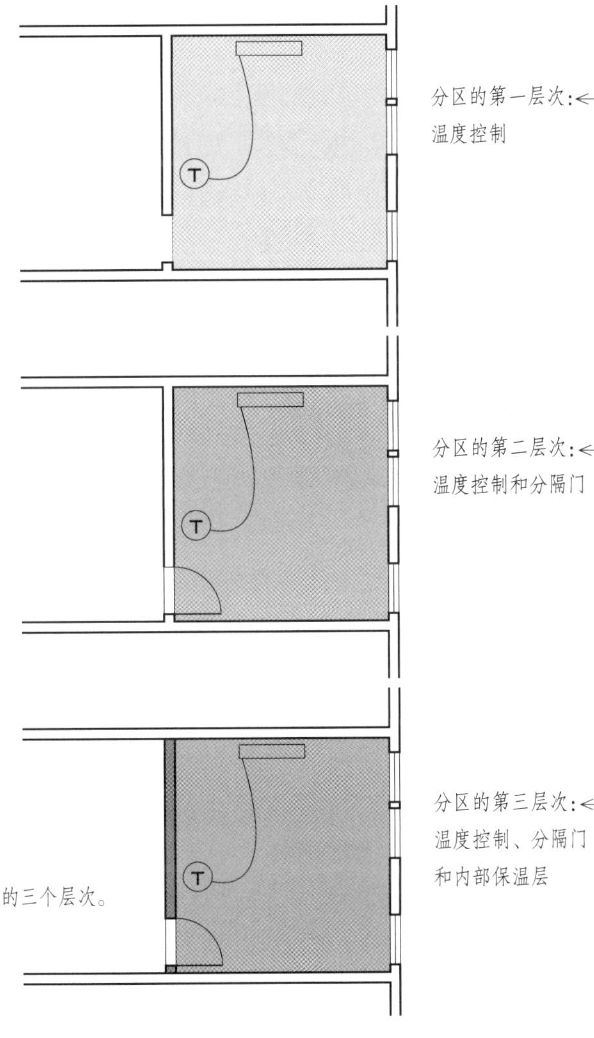

10.05 热分区的三个层次。

我们可以从三个层次考虑热分区：

1. 温度控制：必选项。如果没有温度控制，热分区是不可能的。温度控制意味着一个区域拥有独立的温度调节器或者其他控制设备，在此设备控制下把暖气或冷气传递到特定区域。

2. 封闭区域的分隔门：推荐项。为了提升一个区域的节能效果，在控温和暂时不控温的区域之间，应该设置分隔门阻止空气流动造成的能量损失。一个例子就是在两层的办公建筑中，应该在楼梯段的顶部或者底部设置分隔门，从而形成两个区域——楼上和楼下。

3. 区域的隔热：可选项。用于分隔区域的内墙、地板和天花板应隔热并密封，门应有密封条。对于一个长时间空置的空间，这样做的意义特别大。类似的例子包括住宅中的客房、书房或者酒店的客房等。

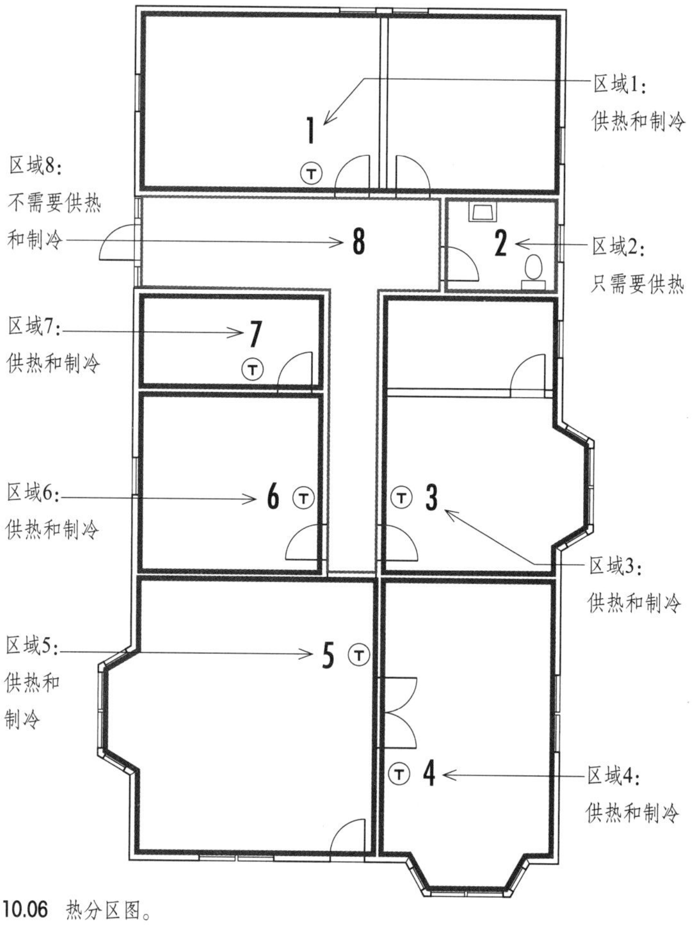

10.06 热分区图。

由于一些供热和制冷系统不支持热分区，所以在选择一个合适的、支持热分区的供热和制冷系统之前，应该首先确定热分区。

有关热分区的图表应该包含在工程文件中，图表可以告诉人们哪些区域被哪些温度控制器控制着，哪些空间应该供热但不需要制冷，哪些空间完全不需要控制温度。

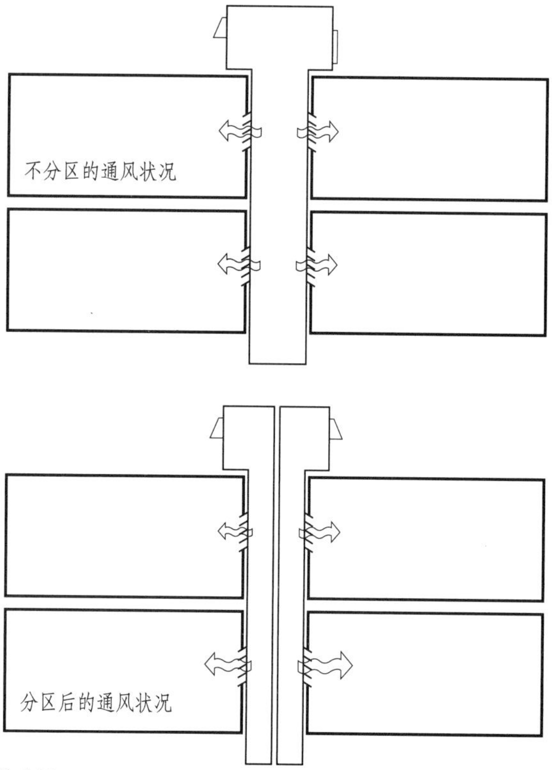

10.07 通风系统分区。

将一栋建筑划分为多个区域，这一概念也可用于通风设计。大型商业建筑通常采用大型空气处理系统，服务于建筑的绝大部分空间。这样的大型系统不能很好地应对局部的通风需求，因此面临着两类问题：特定区域通风过量造成能源浪费；特定区域通风不足，造成室内空气质量不佳。将一栋建筑划分为几个较小的区域，每个区域的通风系统恰好能满足该区域自身的通风需求，同时以较低的能耗水平保证较好的室内空气质量。

热分区对于建造成本的影响可能是负面的也可能是正面的。需要增加额外的温控器、分隔门或隔热层的时候，成本就会升高。不过，空间中无需采暖或制冷的话，成本就降下来了。

热分层 Compartmentalization

一个与热分区相关但是又有其自身特性的主题是热分层。热分层是指科学地分隔建筑面积，以减少这些区域之间不利的气流。热分层的主要目标是减少由烟囱效应导致的空气流动。热分层同时用于控温和不控温的空间。

我们在讨论阁楼地板和地下室顶棚气密性的时候，已经接触到某些形式的热分层。在中层建筑（medium-rise building）和高层建筑（high-rise building）中，热分层变得更加重要，因为这些建筑的竖向高度是造成烟囱效应的驱动力之一。然而在两层的建筑或者单层带地下室的建筑中，也不能忽略热分层，正如研究表明，即使在低层建筑（low-rise building）中烟囱效应也是很活跃的。

层与层之间的路径都有哪些呢？楼梯是主要的路径，尤其是楼梯开敞的时候。其他常见的路径包括贯穿建筑高度的电梯井（elevator shaft）和管道井（chase for plumbing）、通风井（ductwork）及其他设备（utilities）管井等。

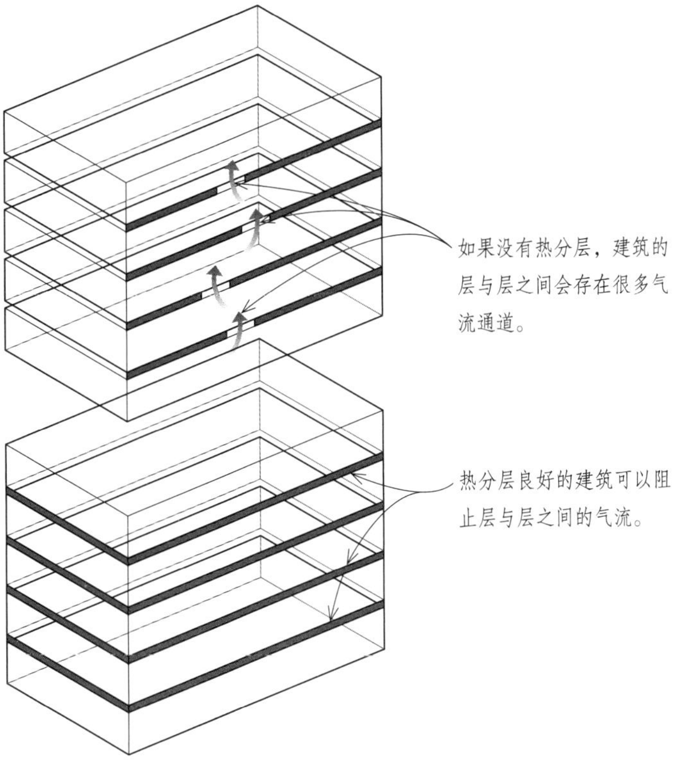

10.08 热分层的好处。

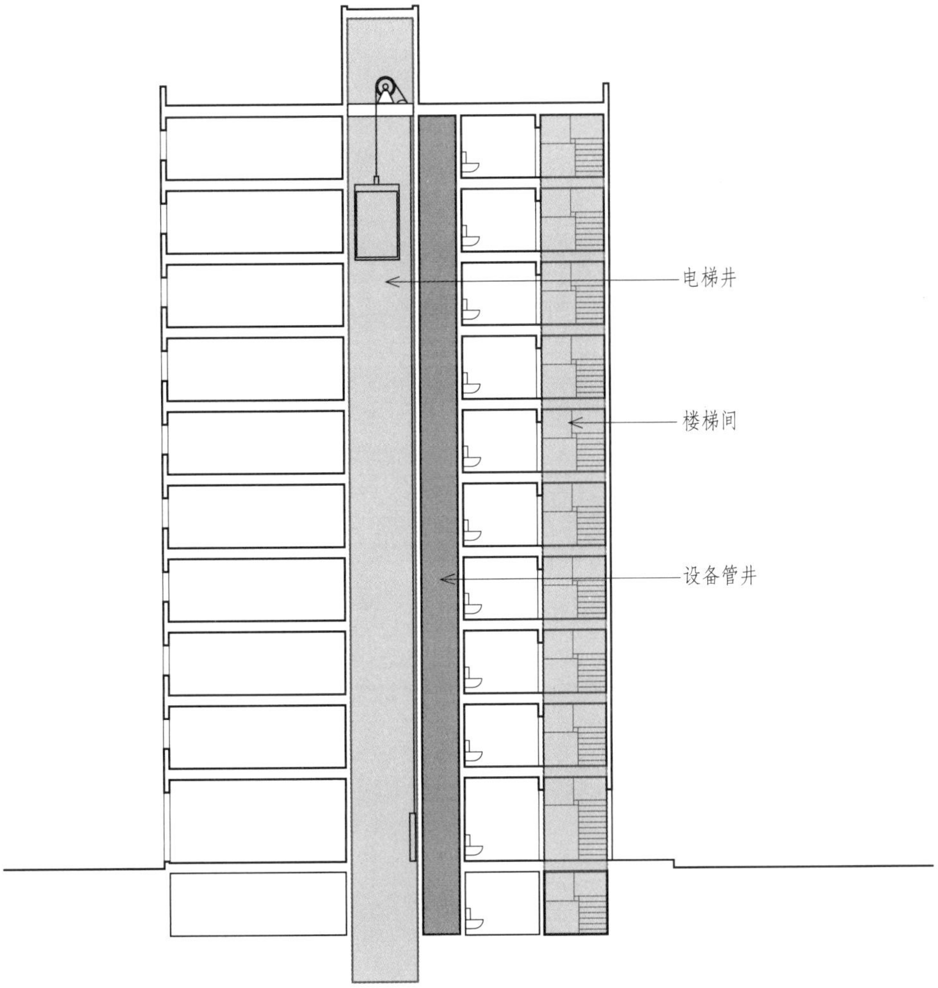

10.09 建筑中的竖向通道。

当我们想方设法限制这种气流的时候，看一看冬季烟囱效应的气流路径是有启发的。设想来自室外的气流，进入建筑内部并向上流动，到达建筑顶部后再流出到室外。空气会在低于中性压力面（neutral pressure plane）的任何一点进入建筑。在中性压力面处，室内外的气压没有差别，所以不会因为烟囱效应产生气流渗透。我们可能会假想中性压力面通常位于建筑高度一半的地方，其实它的实际位置会随着渗透点的相对位置沿建筑高度而变化。

渗透点的位置越是低于中性压力面，由烟囱效应引起的空气渗入就会越多。因为渗透点越接近地面，建筑中由烟囱效应引起的真空压力（vacuum pressure）就越大。因此可以预判出建筑底层空气流入的位置，特别是地下室和建筑首层。气流可能通过开敞的前门、窗框四周的缝隙、装卸平台、后门等进入建筑。地下室和建筑首层，由于烟囱效应造成的空气负压最强，通常也是最为开敞的部分。因此对付烟囱效应的第一项防卫措施应该设在底层较大的入口处。例如，前门处的空气屏障会有效阻挡烟囱效应导致的气流，并且在首层其他开门的地方也应该考虑采纳这项措施。同时应该清楚识别各种各样的其他开口并进行密封处理。

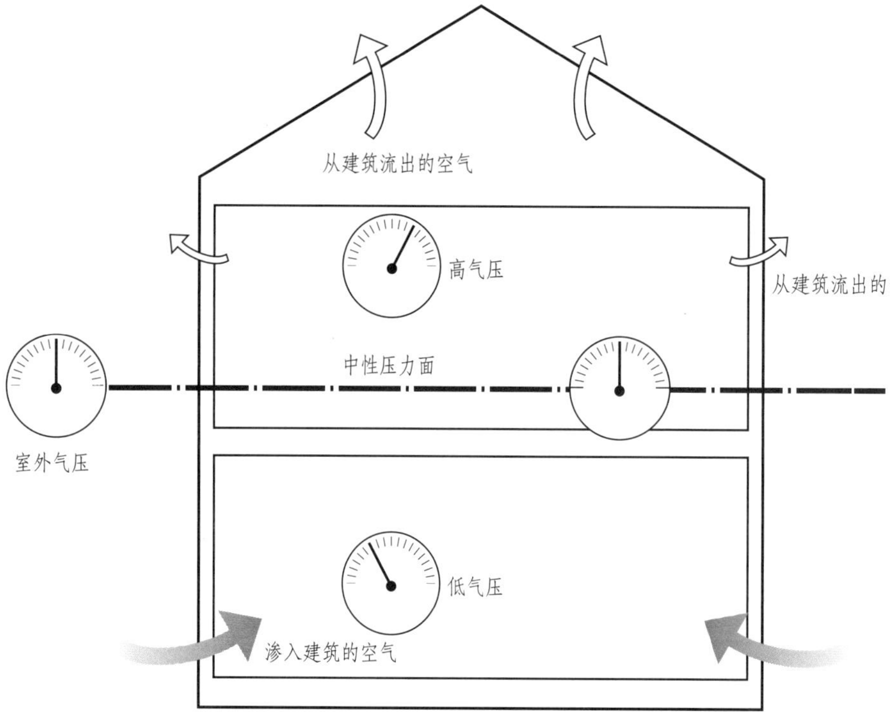

10.10 中性压力面。

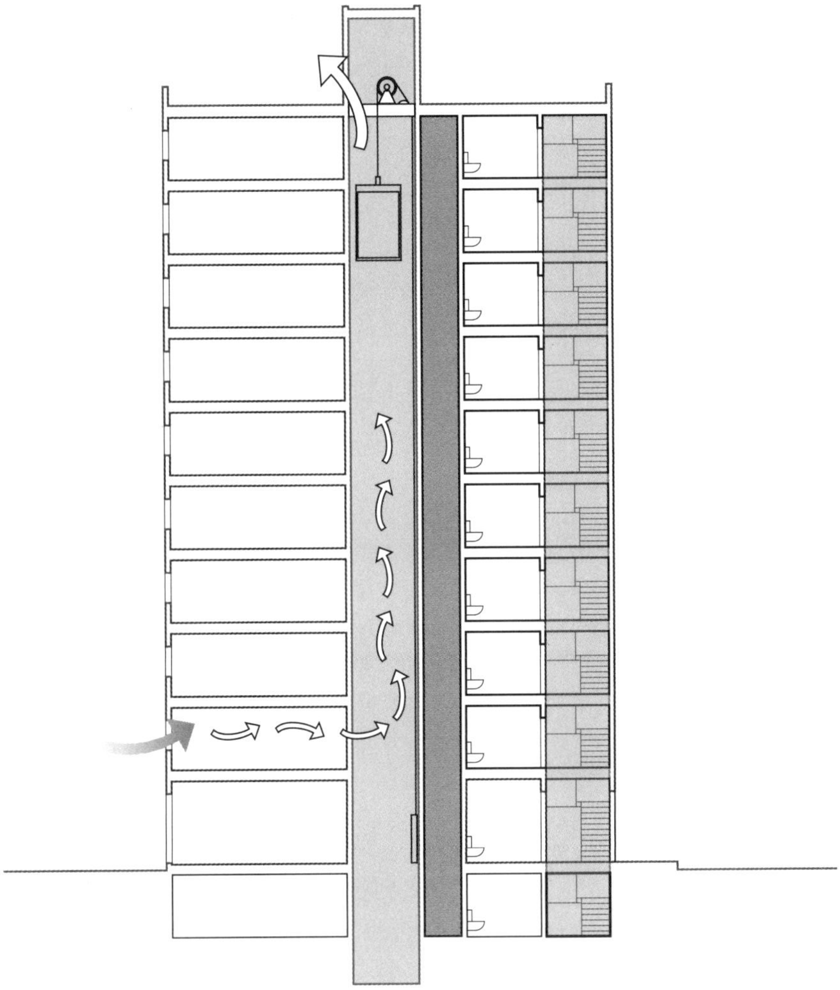

10.11 由于烟囱效应空气在建筑中的运动轨迹。

现在，为了从建筑内部上升，气流首先需要横向移动到楼梯井、管道井和电梯井等处。因为气流会从开敞的门道、关闭门扇的下方以及房间和走廊通过，所以我们可以二次利用对热分区有积极作用的分隔门来阻止气流在寻找上升路径过程中的横向移动。在气流移动的路径上设置可以关闭的门会减少空气的流动，装密封胶条的室内门会进一步减少空气的流动。注意设置保护层，阻止气流移动路径上由烟囱效应引起的多点渗透。

接下来，气流一定会进入楼梯间、电梯井、设备管道等竖向通道。厨房和浴室中通常设有管道连接装置和通风竖井。连接水槽和马桶的管道进入竖井的地方、通风格栅与管道系统的连接处等，就是气流寻找的入口。管道挡片（pipe escutcheon）能减少空气的流动，但是为了取得更好的效果，挡片周边的沟槽应用嵌缝膏密封。

在竖向管道中，层与层之间的密封装置可以高效地阻止烟囱效应引发的空气流动，这通常也是防火规范要求的。对于楼梯间而言，门扇上的密封胶条和门扫可以有效减少烟囱效应造成的气流。为了阻止气流从管道进入设备管井并在烟囱效应作用下上升，管道必须密封良好，管道支路到格栅的连接处也需要密封良好。参见图10.12。

给管道井中的管线和风管增加保温层也可以降低管道井中的温度，因此可以降低由于烟囱效应产生的气压和气流。

楼梯间中不设采暖，也可以降低由于烟囱效应产生的气压和气流。我们可以认为这也是一种热分层的形式。

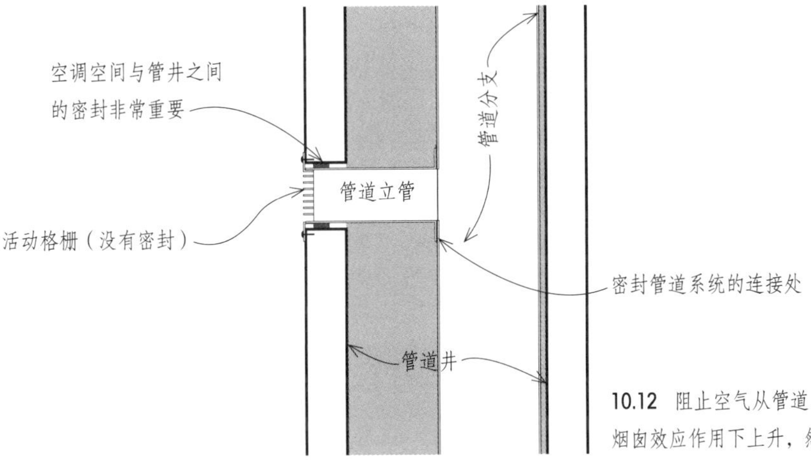

10.12 阻止空气从管道系统或空调空间进入设备管井并在烟囱效应作用下上升，然后在上面的楼层离开管道井。

随着气流升起到上层，逐渐增加的烟囱效应正压会尽力将气流排出管道井和楼梯间。因此，阻止空气进入这些通道的密封方法，同样被用来阻止空气从上层离开井道。同样，内门也被用来阻止空气外流。这刚好证明了坚固耐用的顶棚有多么重要以及阁楼为何如此脆弱。如果建筑拥有坚实的顶部，比如刚性的平屋顶，那么烟囱效应导致的气流就不会通过屋顶流到建筑以外。气流通过窗、墙的流出也受到限制。如果墙的整体性好，气流只能通过窗户流出。如果窗户的面积小，数量少，密封良好，我们就能有效阻止烟囱效应导致的空气流动。要特别留意窗框，那里密封不严的开口常常会被各种装饰所遮挡。

因为电梯门的气密性不好，我们必须尽可能地阻止建筑中的气流到达电梯，这意味着要阻止气流进入通向电梯的走廊，或者把电梯隔离在各自的走廊隔间内。电梯井的百叶可以安装低泄漏、自动控制的风挡，并且保持关闭状态，当然应该规定与消防控制系统互联互动。

除了减少不受控制的气流路径外，分层的另一种基本方法是首先减少气流的产生——即减小建筑空间之间的压力差。

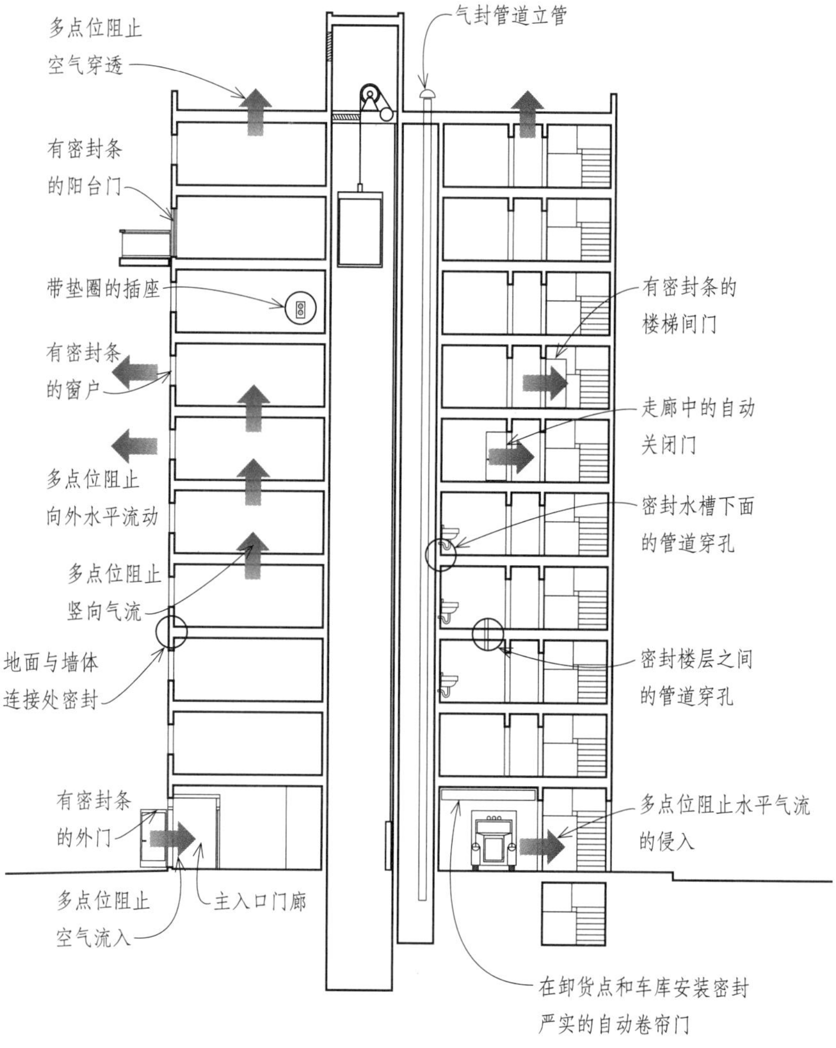

10.13 热分层策略。

热虹吸气流 Thermosiphon Airflow

热虹吸气流是指在采暖季节，向下流动的冷空气与建筑内部因为烟囱效应而向上流动的空气平行移动。可以在楼梯踏板处感觉到向下流动的冷空气，与此同时人体头部的高度则会感受到上升的温暖气流。这种向下流动的冷空气会对较低楼层的供暖分配系统产生额外的负荷。据估计，由于热虹吸效应，在具有开放式楼梯的两层建筑中，例如典型的住宅建筑，多达80%的热负荷由一楼的供暖分配系统承担。

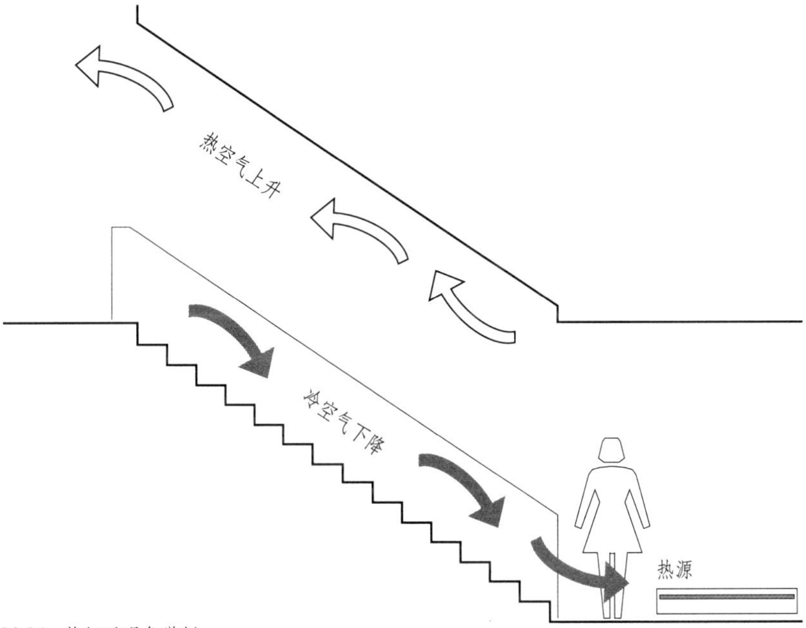

10.14 热虹吸现象举例。

这种不受控制的上下层气流产生的影响是多方面，并且被认为是常见现象，例如隆冬时节楼上的房间过热而楼下空间较冷，继而楼上房间打开窗户降温的时候会进一步增加总体能耗。

即使楼上的门（例如卧室门）关闭时，热虹吸气流也会出现，空气仍会流过门底缝隙。有史以来，大多数带有开放式楼梯的两层建筑，例如住宅和许多小型商业建筑，都被设计为一个热分区，因此加剧了热虹吸气流。现在有一种趋势是将小型的两层建筑分成至少两个热区，楼上和楼下，这样做的效果很好。不过，即使建筑的楼上和楼下有独立的热分区，热虹吸现象仍然存在，这意味着更多的、并不需要的热量传到楼上，特别是在楼上无人居住的时候（比如住宅建筑的卧室日间空闲、商业建筑在晚上和周末空闲）。防止热虹吸气流、充分利用楼上/楼下热分区的完整解决方案是设置带有挡风条的门，将楼上和楼下分开。这种做法不仅适用于地下室和阁楼的门，而且适用于高性能两层建筑的主要楼层之间的楼梯。在这里，我们将热分区和热分层相结合以达到最佳效果。采用这种策略，估计可节省5%～10%的供暖能源，可以防止楼上过热，并允许楼上和/或楼下能够有效地独立控制（未使用空间中供暖和制冷的温度控制点）。

总之，热分层是绿色建筑设计和施工中一个重要的新兴领域。该策略通过消除气流路径和平衡压力来消除气流的驱动因素，防止不受控制的气流在建筑物的不同区域间移动。热分层的其他好处包括控制建筑空间之间的噪声、控制火灾和烟雾，以及防止污染物在不同空间传播，改善室内空气质量。热分层与渗透风控制之间也存在密切关系。

室内微气候 Interior Microclimates

建筑有室内微气候，即使在一个热分区内也会出现空气温度的变化。

室内微气候变化的原因包括温度分层（垂直空气温差）、热虹吸气流、室内局部热源（机器或人）、来自窗户的太阳得热以及供暖和制冷的管路位置。例如：由于冷空气的热虹吸现象形成的“水坑”（puddling），造成下沉空间过冷；暖空气的烟囱效应造成阁楼空间过热；以及办公桌位于空调送风口下造成过冷。空气分层本身就会导致温度差别，室内空间垂直升高1英尺，温度变化区间为0.3～1.4 ℉（即垂直变化1米，温度变化为0.5～2.6 ℃）。微气候不仅影响舒适度，由此产生的温度变化还会影响能耗。为了让一处人居空间内达到舒适的条件，其他空间可能必须过热或过冷。

用于应对室内微气候的舒适性问题、避免能量损失的策略包括：

- 避免将主要人居空间设计为下沉空间或阁楼等高架空间，除非这些空间是独立的热分区和/或热分层；
- 在床、桌子和沙发等舒适度要求高的关键位置上方精心设置供暖和制冷设备；
- 谨慎选择窗户的大小和位置；
- 在不必要的地方避免使用拱形空间；
- 做好分区和分层；
- 使用温度较低的供暖系统，例如地板辐射供暖和热泵。

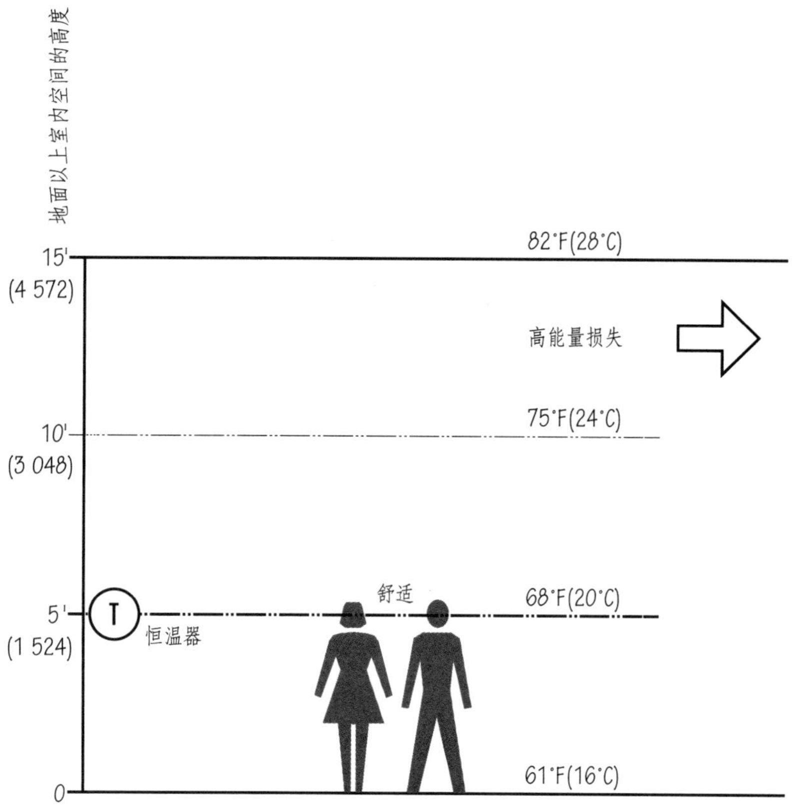

10.15 温度分层。

第11章

照明、插座与过程负荷

Lighting, Plug, and Process Loads

在由外向内的设计过程中，设计人员应当在人工照明（artificial lighting）设计之前，更早地检视天然采光的各种选项，将其作为外围护结构设计的一部分。在本章中我们将会探讨让人工照明更加高效的方法。

应该注意的是，随着人工照明变得更加高效，天然采光带来的节能潜力已经大大减小。在许多情况下，采光不会节省成本，因为玻璃的热损失超过了天然采光的节能量。因此，绿色设计在人工照明中的重要性变得越来越重要。止步于天然采光的绿色设计可能会失去重要的节能机遇。

虽然近几十年来已成功减少照明能耗，但其他电气负载却显著增加，这些负载通常被称为“不可控”（unregulated）负载或插座及过程负载（PPL，plug and process load）。我们可能觉得在建筑设计中对插座及过程负载的控制能力有限，但实际上我们可以做一些事情来最大限度地促成其节能。插座及过程负载的有效控制是绿色建筑设计和施工的下一个前沿。

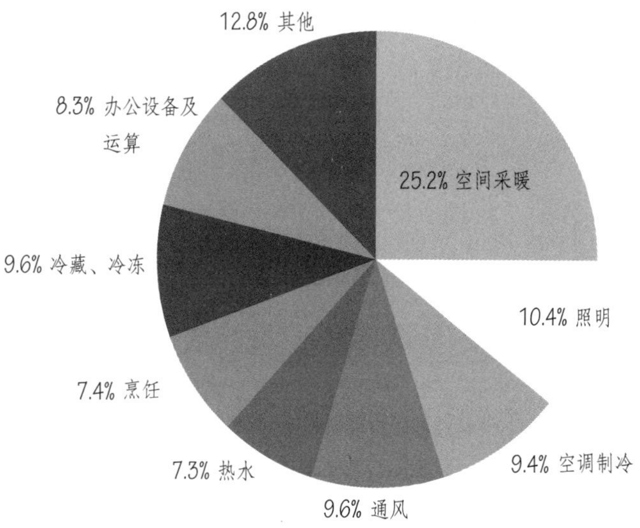

11.01 公共建筑中各项能耗百分比，可与照明能耗进行对比。

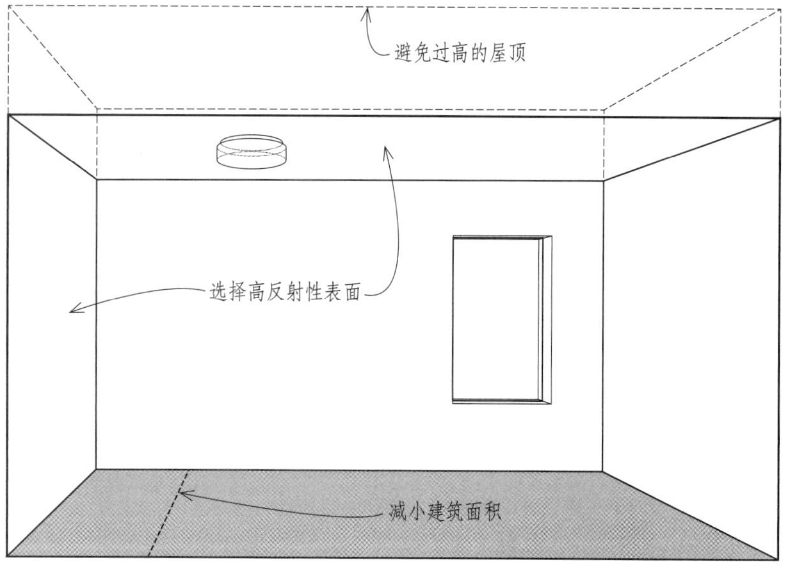

11.02 减少人工照明的空间设计方法。

照明 Lighting

照明是建筑的一项主要能耗，在公共建筑中，其能耗占第二位，仅次于空间采暖能耗。通过设计，照明能耗可以减少到原来的25%（即减少75%），在许多情况下甚至可以更低。

通过空间设计降低照明需求 Space Design to Minimize the Need for Lighting

人工照明的需求已经因为智能化的空间设计而降低。回顾设计的早期阶段，如果一个特定的建筑能被设计成更小的建筑面积，那么人工照明的总量就会减少，建筑照明需要的总能耗也会相应减少。

而且，当建筑规模较小的时候，同样的天然采光可以照射到大部分建筑面积，天然采光的利用率明显高于大型建筑。

在设计初期避免过高的屋顶，同样会受益。例如，一个8英尺（2 438毫米）高的天花板与10英尺（3 048毫米）高的天花板相比，同一空间在获得同等照明水平的情况下，人工照明节省5%。

早期设计中可能已经选择反射率高的表面，从而降低照明需求。前面的实例已经提到，如果屋顶、墙面、地面的反射率提高10%，在空间获得同样照明的情况下，照明能耗会节省13%。进一步提高屋顶、墙面和地面的反射率，节能量可能会超过30%。

优化照明设计 Optimized Lighting Design

通过空间设计来最小化人工照明的需求后，我们可以继续进行照明设计了。对于绿色建筑而言，需要按照逐个空间的顺序，进行亮度计算（photometric calculation）或用计算机软件来检测灯具选择和灯具布局是否合适。过去，大部分照明设计是凭经验法则（rule of thumb）进行的，通常会导致照明量高于实际需求。逐个房间进行照明设计是绿色建筑设计的最佳方式。如果不是根据每个房间进行设计，那么建筑照明量可能会过高，灯具数量可能会多于需求造成能耗加大，使用的材料也会相应增加带来材料能耗的增长。

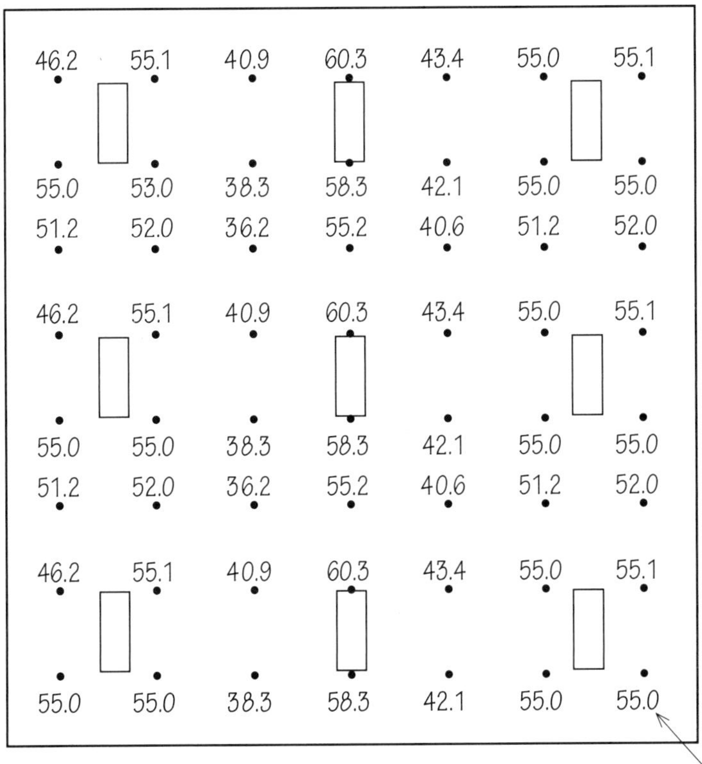

11.03 亮度计算案例：

灯具数量	9
平均照度	55.4英尺烛光*
照度最高值	60.3英尺烛光
照度最低值	36.2英尺烛光
总功率	291瓦
照明功率密度	0.44瓦/平方英尺

*1英尺烛光=1流明/平方英尺或10.764勒克斯

注释：显示的数字是房间内不同点的照度，单位是英尺烛光。

11.04 照明工程学会推荐的照度举例。

任务区	英尺烛光（勒克斯）
会议室	30(323)
计算机屏幕和键盘	30(323)
教室（读书写字）	40(431)
体育馆，一般活动	30(323)
商店和实验室	100(1 077)
制造组装	
简单	30(323)
复杂	100(1 077)
精细	300(3 230)
加工	
粗糙的工作台或机械加工	30(323)
中度的工作台或机械加工	50(538)
精细的工作台或机械加工	300(3 230)
维护	50(538)
走廊（地面处测试）	5(54)
楼梯	
一般	5(54)
人流量大	10(108)

在设计照明时，推荐的光照水平范围很宽泛。对于绿色建筑，请考虑按照最新版照明工程学会（IES）手册中推荐的特定照度水平进行设计。IES多年来一直在修改推荐值，推荐值一般低于早期的数值或过时的在线资源提供的数值。推荐较低照度意味着能耗显著降低。例如，50英尺烛光的光照水平所消耗的能量是20英尺烛光光照水平的两倍多。我们可以把逐个房间进行设计、满足但不超过IES推荐值的照明，称为“正确照明”（right-lighting）。

照明功率密度（LPD，lighting power density）是单位面积（平方英尺）照明的功率消耗（瓦）。LPD是一个重要的照明设计度量标准。各种能耗规范和标准都规定或推荐了照明功率密度的最大值，以整栋建筑为基础或是对各个空间进行逐一规定。LPD要求的最大值被称为“照明功率限额”（LPA，lighting power allowance）。

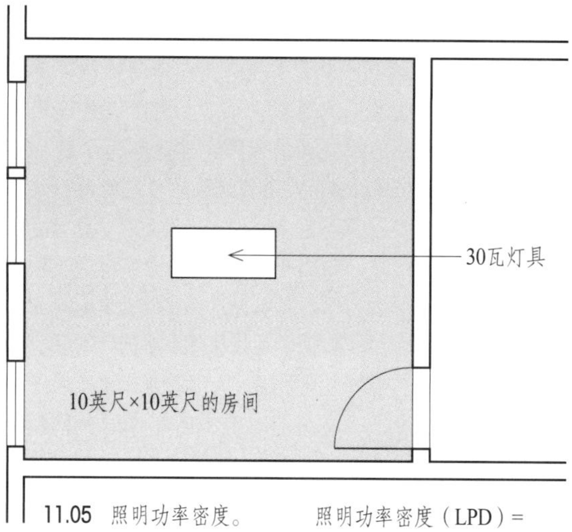

11.05 照明功率密度。

照明功率密度（LPD）=
功率消耗（瓦）除以建筑面积（平方英尺）=
30瓦/（10英尺×10英尺）=0.3瓦/平方英尺

由于规范和标准中引用的照明功率限额，针对建筑设计的不同情况具有一定的内在弹性（built-in flexibility），所以规范和标准中规定的数值一般高于实际需要和可达到的数值。绿色建筑可以比较容易地达到较低的照明功率密度，即使是满足规范和标准规定的高性能要求。然而，达到较低的照明功率密度，需要上述方法的组合，包括逐个房间进行照明设计，采用照明工程学会推荐的较低照明水平进行设计，选用反射率高的墙面、天花板和地板，安装高效的照明灯具等。

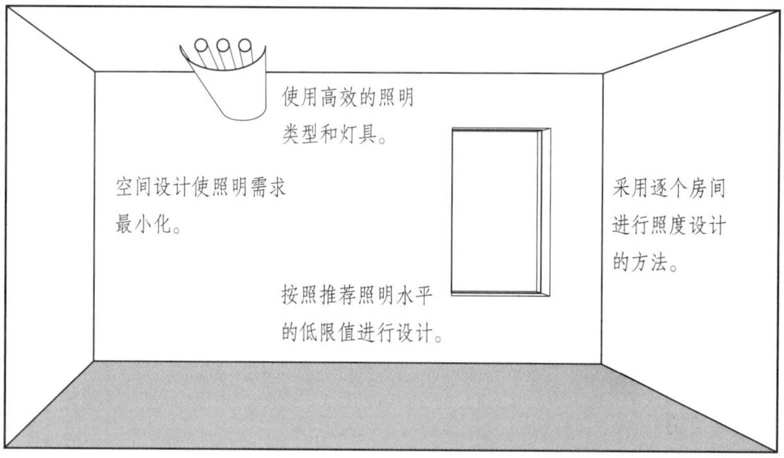

11.06 照明设计的综合策略。

通常认为，工作面照明能够降低照明水平并减少能源消耗，同时保证个体在进行某项活动时获得足够的局部照明。然而，研究表明，成功的、低能耗的工作面照明是很难实现的。尽管工作面照明仍被视为一项节能策略，但是绿色建筑设计最好不要完全依赖工作面照明带来的潜力。其实，灵活控制且高效节能的普通照明是一种更加明智的方法。为了让以后的工作照明更加合理，应该考虑在需要工作照明的位置安装足够多、使用方便的插座。

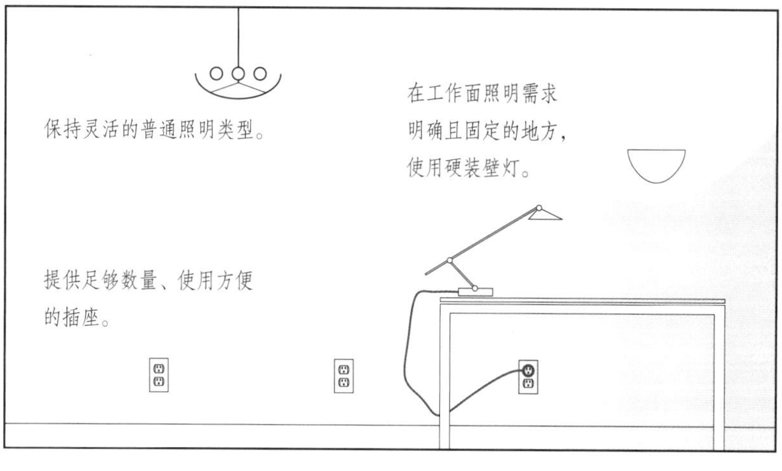

11.07 工作面照明策略。

节能灯具和设施　Efficient Lamps and Fixtures

某些类型的光源和灯具比其他类型更高效节能。例如，LED灯的效率明显高于白炽灯、卤素灯和荧光灯。此外，对于一种特定的照明形式，某些种类的灯具会比其他类别更高效。例如，表面安装或嵌入式的线性或平板灯具，比嵌入式筒灯更节能。

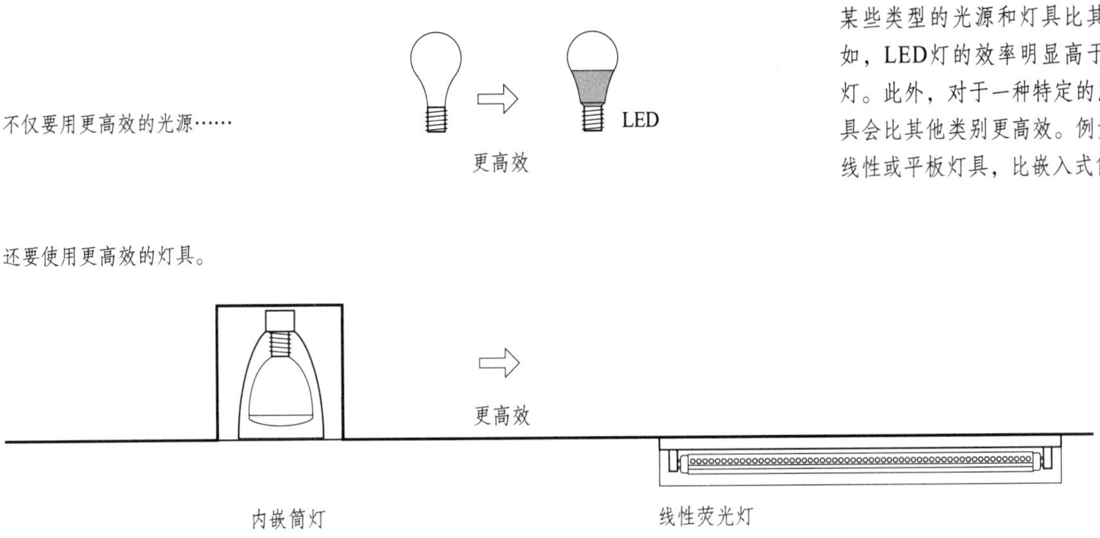

11.08 使用更高效的光源和灯具。

选择灯具的一个重要标准是发光效率（luminous efficacy），用流明/瓦（lm/W）表示。通过观察研究，烛光具有0.3流明/瓦的发光效率，白炽灯的发光效率基本在10~20流明/瓦的范围内。更高效的紧凑型荧光灯（CFL，compact fluorescent lamp），其发光效率明显升高，一般能达40~80流明/瓦的范围。线性荧光灯更加高效，功效能达到50~100流明/瓦的范围，可以确信它们比点光源灯具（比如射灯）更高效。

LED灯具的发光效率在60～145流明/瓦范围内，代表了当前的最高水平。与荧光灯一样，线性和平板LED灯具比点光源LED灯具（如筒灯和其他小灯）效率更高。LED灯具还可以提供更多照明，因为它们是定向的——LED灯发出的光指向特定方向——与管状或圆形灯形成对比，管状或圆形灯则是多向发光。选择节能灯具始终都很重要。比如，并非所有LED灯具都同样高效。灯具设计联盟（Design Lights Consortium）是一个提供高效灯具目录的非营利机构。

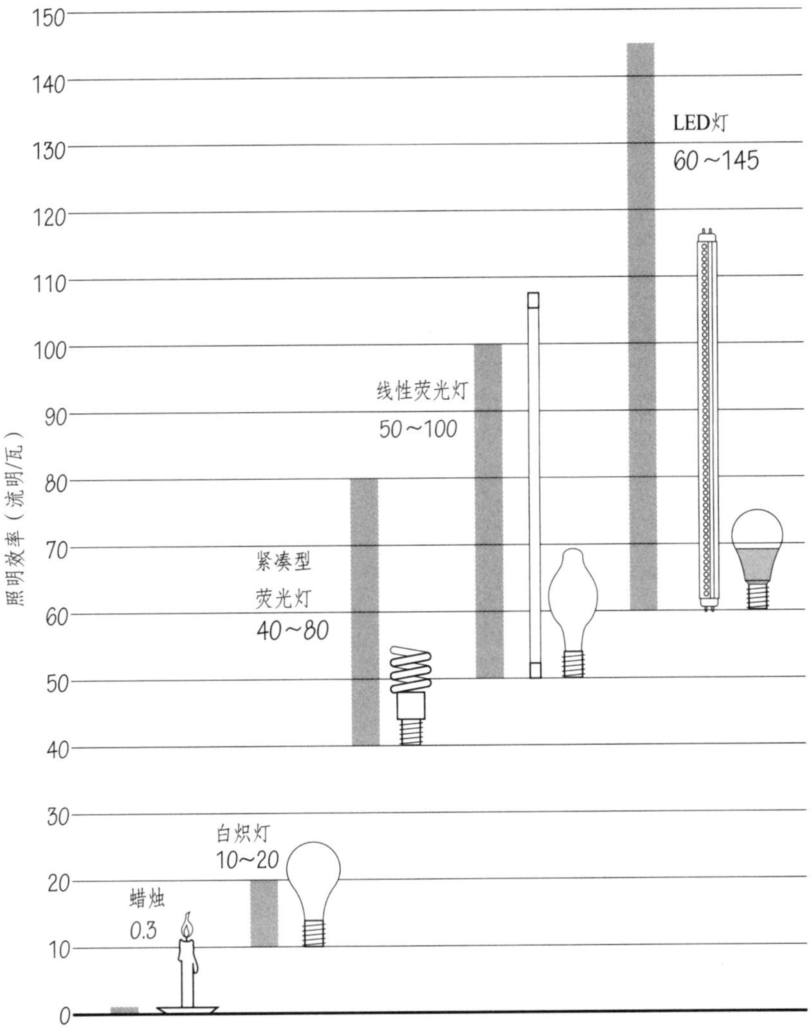

11.09 照明效率粗略统计表。

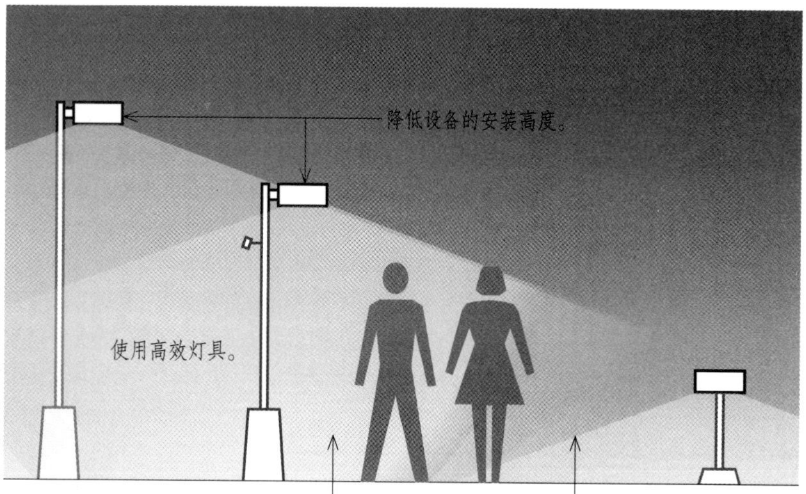

11.10 高效的室外照明策略。

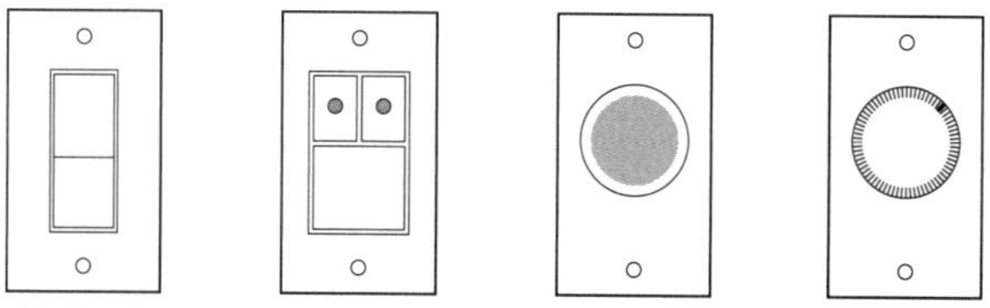

11.11 四种灯光控制装置。

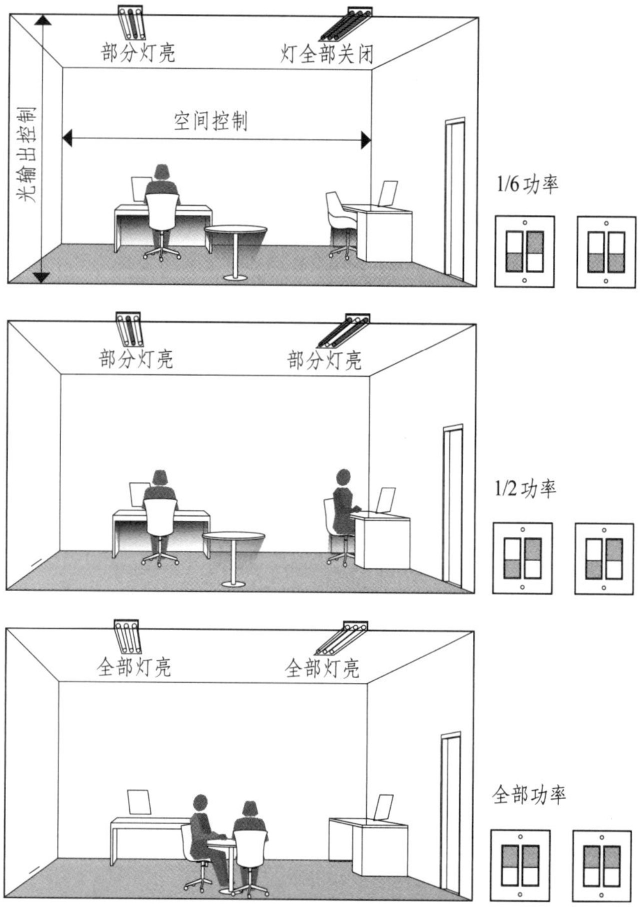

11.12 内侧/外侧分别控制照明。

室外照明 Exterior Lighting

室外照明可以采用多种和室内照明相同的方法来实现高效节能：高效照明灯具；计算机控制的逐个区域照明设计，提供不超过需求水平的安全照明；低矮的灯具设施，使照明接近需要的地点且更高效；高效的照明控制。前面已经讨论过减少灯光污染的额外的挑战，这与减少能耗的目标达成了一致。

在设计的早期阶段与业主进行积极讨论，以一块一块的独立区域为基础，认真评估室外照明的需求量。这样做就能减少照明、投资、能耗以及灯光污染。比如，低照度的人行道照明可以采用接近地面高度的灯具，而不用电线杆上的灯具。《业主项目公约》会细化各种室外照明要求，如停车场、建筑入口、安全保障、装饰需要以及夜晚室外休闲或运动等其他目的的灯光要求。一个核心问题在于，是否每种照明都是必需的。从项目中清除不必要的灯具可以减少建造成本、材料消耗和能源需求。

控制设施 Controls

主要有四种类型的控制设施，每一种都能降低照明能耗，可以单独使用也可以组合使用，它们分别是手动控制器（manual control）、运动传感器（motion sensor）、光电传感器（photosensor）和定时器（timer）。

手动控制通常是通过切换开关和调光器来操作。在一个单独的空间里，使用一种以上的控制方式，可以更加灵活地控制照度水平，也更节能。即使是小房间，也建议安装至少两个开关，每个开关控制部分灯具。这些控制器既可以关闭或调暗独立的灯具，也可以关闭或调暗一套灯具中的不同光源。对于大面积的房间，推荐安装更多的开关。如果房间有两个入口，每个入口处都应设置开关，这被称作"三向开关"（3-way switching）。

请注意空间控制和照度控制之间的区别，空间控制是指一个空间内的不同区域被独立控制；照度控制是指灯具的光输出是可以变化的。最佳实践是同时提供空间和照度控制，允许根据空间中的日常变化确定发光位置和光照水平，尽量减少耗能。

为某种特定的用途选择合适的运动传感器，可以保证系统正常运行。被动式红外传感器（passive infrared sensor）通过检测空间使用者散发的热量来工作，适于布置在使用者视线直达的地方。超声传感器（ultrasonic sensor）的工作原理是检测使用者对传感器发出的超声信号做出的回应，所以它们不需要设置在使用者的视线范围内。然而，超声传感器有时可能被相邻空间的动作错误地激活。双重运动控制技术，将被动式红外传感器和超声传感器的优点结合起来。

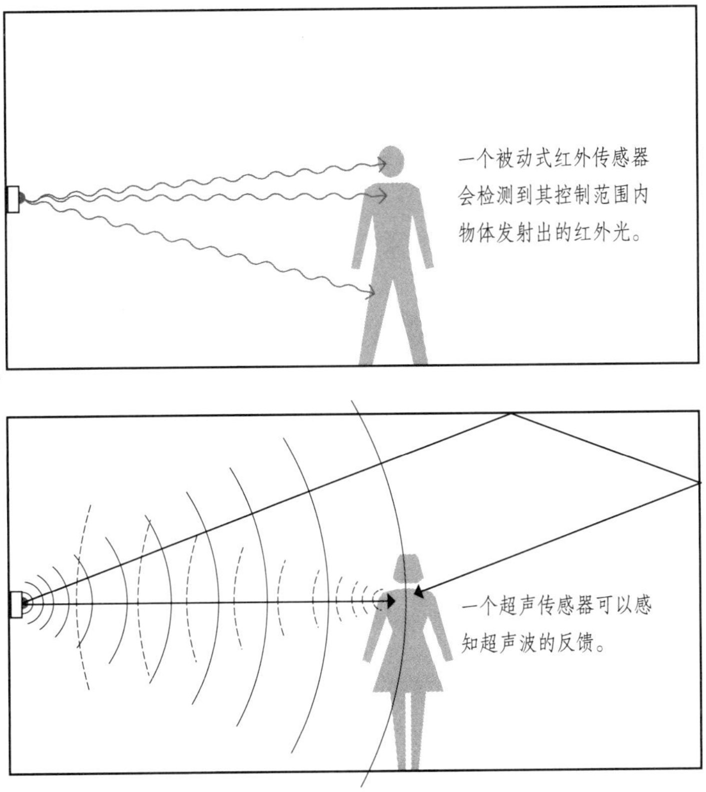

11.13 被动红外传感器和超声传感器。

对运动传感器进行调试非常重要。运动传感器会在探测不到使用者后的一定时间内保持开灯状态。这种设置称为“延时断电”（off-delay）。比如，《ASHRAE标准90》规定的最长延时断电时间为30分钟，人们发现在高层公寓建筑的走廊照明中，缩短延迟断电的时间，使其低于30分钟，就会节约几乎3倍的能源，节能率从24%~74%。公寓走廊里可能97%以上的时间都没有人，但是30分钟的延时断电意味着整个白天灯都会亮着，因为走廊里的运动传感器在每个30分钟之内都会探测到使用者。缩短延时断电时间，才能让运动传感器真正探测到没有使用者的时段。缩短运动传感器延时断电时间带来的节能效果在其他高频率使用的空间中也能看到，比如学校和办公建筑的大厅和走廊。对于所有的照明控制设施，实现适当延时断电的最佳机会，是在施工文件中明确这项设置。

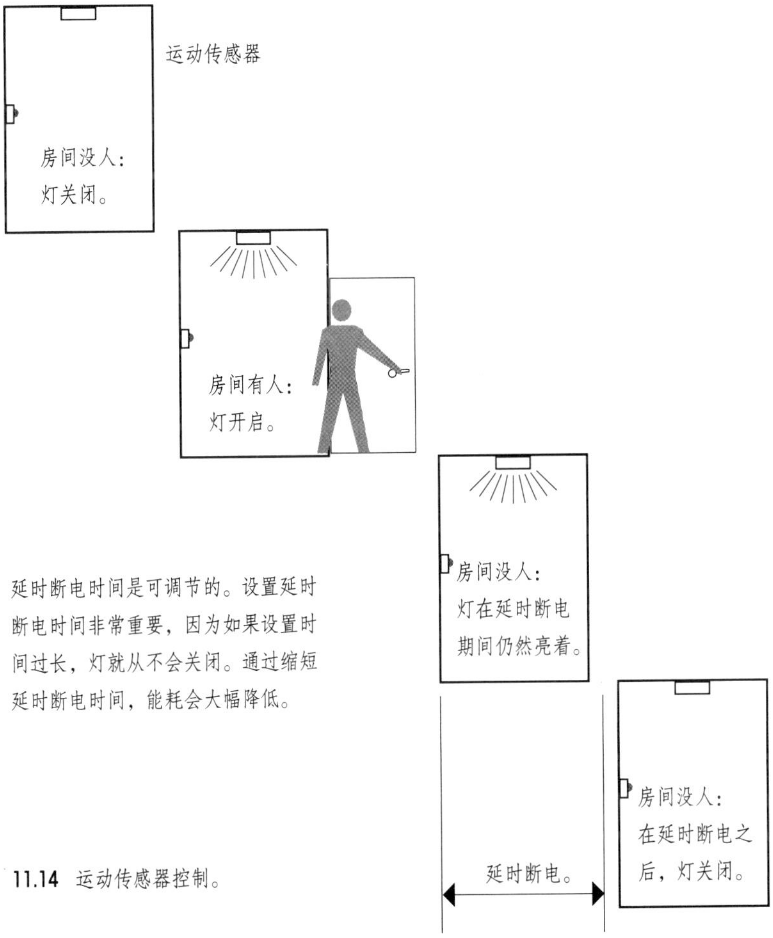

11.14 运动传感器控制。

手动开启的运动传感器，也被称为“空置传感器”，要求使用者手动开灯。运动传感器在检测不到动作后，经过一段设定的时间（延时断电）后会自动关灯。

如果没有开启手动传感器，那么短暂使用的时候，照明灯会保持关闭，比如短暂通过某一空间。

11.15 手动开启的运动传感器。

手动开启的运动传感器（manual-on motion sensor）也被称为“空置传感器”（vacancy sensor），要求空间内的使用者手动开灯；运动传感器在监测不到动作之后会自动关灯。这种控制方式适用于不需要持续人工照明的空间，比如天然采光充足的办公室，或者短暂停留、不需要灯一直亮着的洗衣房。手动开启的运动传感器，能有效避免在一个空间中开灯后忘记关闭。另一方面，自动开启的运动传感器更适用于使用者不熟悉开关位置的空间，或者经常要去的地方，如公共厕所、车库和走廊等。

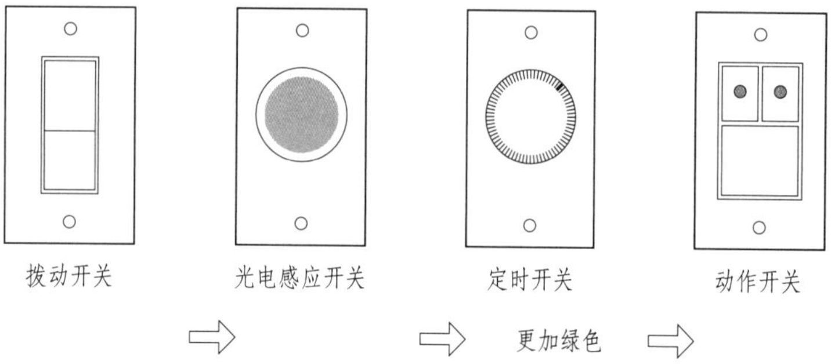

11.16 控制室外照明的更加绿色的选项。

最节能的室外照明控制方式可以通过提出以下两个问题获得：

1. 在各种室外照明需求中，哪种灯光可以被运动传感器控制？如果恰当使用运动传感器，一般能达到照明用能最少并减少灯光污染的目标。与运动传感器在室内的应用一样，室外运动传感器的延时断电时间应尽量设定得短一些，最好是5分钟甚至更短。用于控制室外照明的运动传感器最好与光电传感控制器（photosensor control）结合使用，避免室外照明灯由于白天中的动作被无意中点亮。注意此类控制方式的层级：室外照明只有在同时感知到动作并感应到环境光不足的时候才会开启。

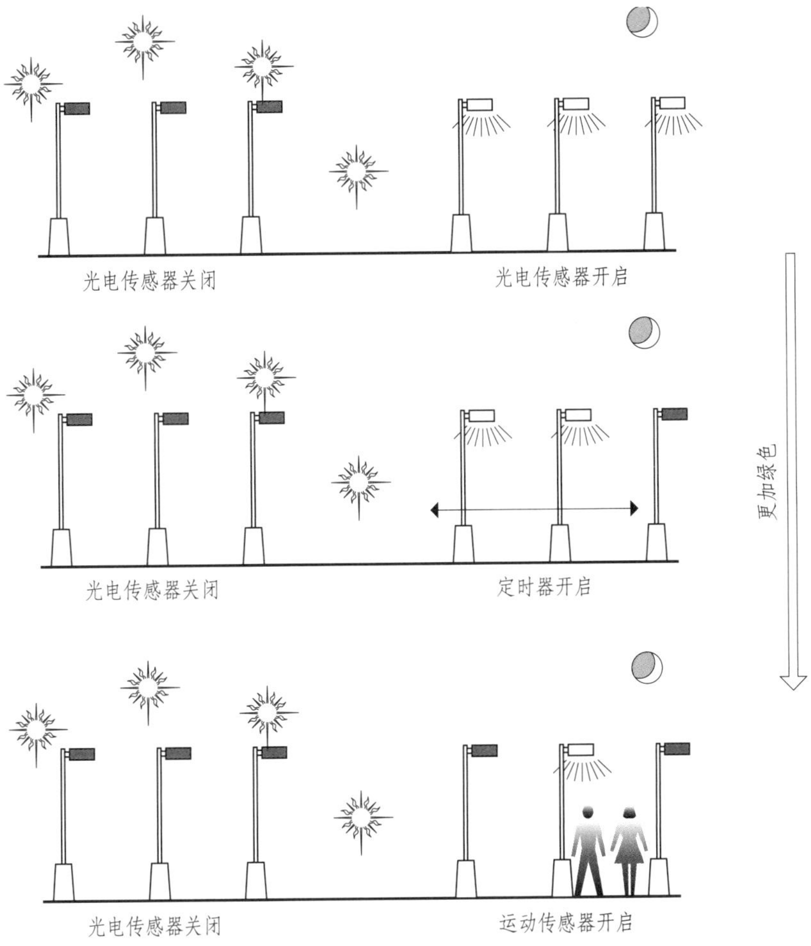

11.17 更加绿色的控制室外照明的选项。

11.18 标准室外照明水平。

状态	**英尺烛光**	**勒克斯**
太阳直射光	10 000	100 000
全日光	1 000	10 000
阴天	100	1 000
薄暮	10	100
迟暮	1	10
夜幕降临	0.1	1
满月	0.01	0.1
半月	0.001	0.01
无月之夜	0.000 1	0.001
乌云密布之夜	0.000 01	0.000 1

如果有些室外灯夜晚必须连续照明，那么可以采用光电传感器来开灯，目的是保证照明灯在室外已经黑暗的时候才会开启。对于节能设计，提出下一个问题是有启发性的：

2. 出于安全或通行需要的照明，需要整夜开启还是只在夜晚通行时开启？如果是后者，那么就需要光电传感器来开启照明灯，同时还需要一个定时器来关闭它们。这样整夜照明所需能耗的大约50%就能被节省下来。这里需要再次指出的是，在《业主项目公约》中，应针对每一处室外灯明确安全需求和夜晚通行要求，包括夜晚何时可以关灯，定时器将据此履行义务。

要注意：室外照明灯一般需要两个单独的控制器，以避免灯在不必要时打开，要么是光电传感器加上运动传感器，要么是光电传感器加上定时器。手动控制是另外一个选项，但是最好也与光电传感器相结合，避免室外照明灯在白天的时候被无意间开启。

像运动传感器一样，室外光电传感器需要合理安装并正确使用。它们最好不要对着人工光源，比如夜晚路过车辆的前灯，以免激活传感器、关闭灯光，造成不必要的麻烦。室外照明传感器是否能达到最大的节能效果，取决于光照水平能否合理设定。光电传感器应该设定为室外易于接受的人工照明水平。

当光照水平在10英尺烛光上下的时候，光电传感器通常被设定开启照明。这一设定值其实过高。这些过高的设定值会导致室外照明灯在阴天的时候无意间亮起。根据室外照明的不同用途，各种规范和标准推荐的光照水平只有0.5~2.0英尺烛光，如人行道或停车场的灯光。室外照明的需求照度应该写在施工文件和委托文件中，光电控制设施应该设定为：当环境光照水平低于需求照度时，开启室外照明。

光电传感器的无控制作用区（也称为“死区”（deadband））也应该详细说明。无控制作用区是断路设定值（cut-out set point）和通路设定值（cut-in set point）之间的差值区域。无控制作用区的设定值应比通路设定值高得多，以避免灯光的滋扰循环。举例来说，如果设计光照水平是1英尺烛光，光电管设定应该是：当环境光照水平低于1英尺烛光的时候开启灯光，当环境光照水平升至3英尺烛光的时候关闭灯光。在这个案例中，无控制作用区的设定值是3−1=2英尺烛光。

11.19 光电传感器设定值过高导致的结果。

室外照明控制值设定得是否正确，可以通过建成之后的检查进行评估。如果室外灯具在乌云经过的时候开启，或者天亮之后很久不能熄灭，或者黄昏之前过早开启，且灯光开启后不能改变灯具周围环境的亮度，那么光电控制的设定值就是太高了。注意只能在低亮度的情况下才能进行光电管控制值的调试。仅仅通过遮挡光电传感器来看灯是否能够开启，并不能说明设定值是否正确。

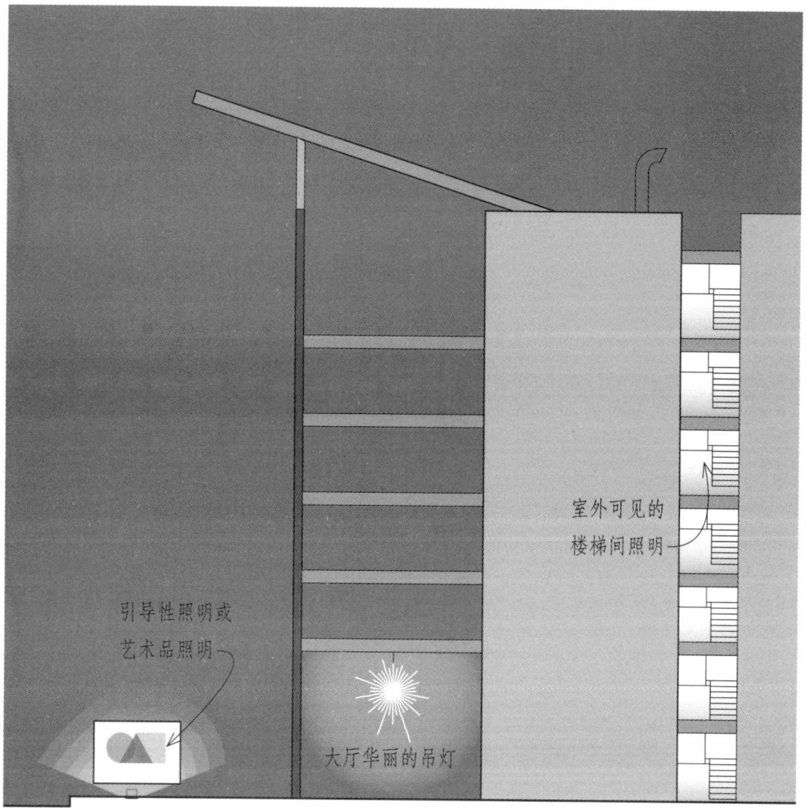

11.20 建筑装饰照明。

装饰照明 Decorative Lighting

在绿色建筑的语境中，装饰照明值得探讨。装饰照明包括：为了突出立面或其他外部要素而设置的室外照明；灯光广告牌；为突出艺术品或零售展示而设置的灯光。装饰灯通常是低能效的，尽管可以使用高能效的灯具和控制设施。

除了高效的灯具和控制设施之外，绿色建筑设计通常会确认这个问题：对特定的建筑而言，每盏装饰灯都是必要的吗？过去，建筑在方案设计阶段已经被概念化，往往通过渲染被室内灯光照亮的窗户来传递一种温暖的感觉。这种渲染会导致夜晚也要保持照明的灯光设计和控制要求，以及只注重外部观赏效果，而不是根据使用者对室内照明的需要而进行窗户设计。

在一些绿色建筑规范、标准和指南中，装饰照明都受到限制或者被排斥。而且，由于装饰照明通常是低能效的，所以在绿色建筑设计中，最好以批判的眼光逐项检视装饰照明的需求。经常反问，每个装饰灯真的需要吗？

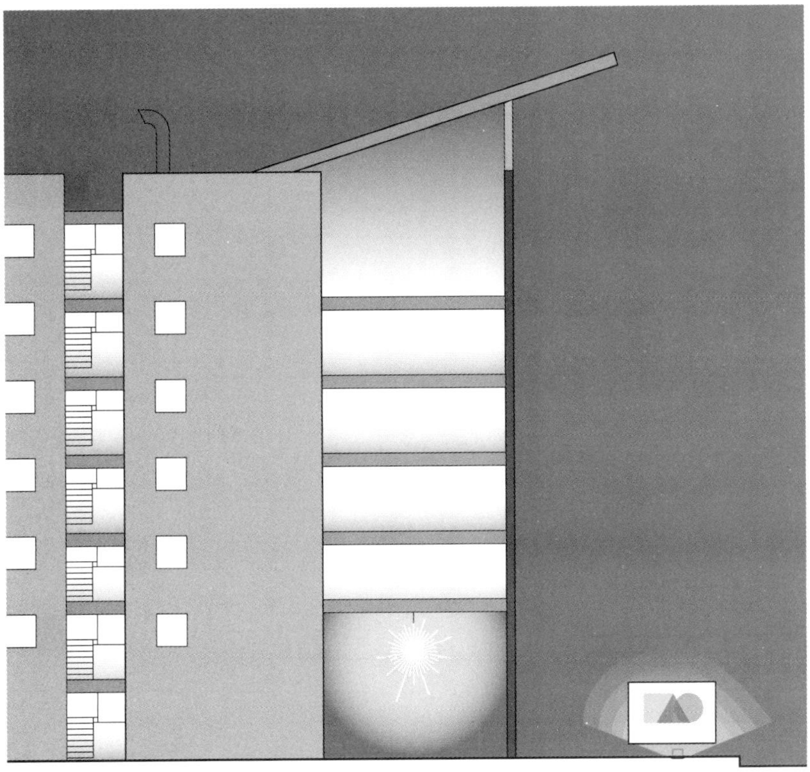

11.21 建筑效果图通常会强调建筑的室外照明设计，而不是使用者需要的室内照明。

其他照明问题 Other Lighting Issues

减少照明能耗带来的额外好处是减少了空调的使用。虽然减少空间的照明增加了冬季供暖的需求，但是由于电是低效的供热方式，所以减少照明需求仍会带来节能和成本收益。由于供热系统与照明何时开启无关，所以减少照明不会增加建造成本。不过，夏季的制冷系统与照明开启之间关系密切，减少照明当然会降低建造成本，尤其在小型制冷系统的项目中。然而，只有在制冷需求确定之前已经明确照明设计，这些节余才会发生。

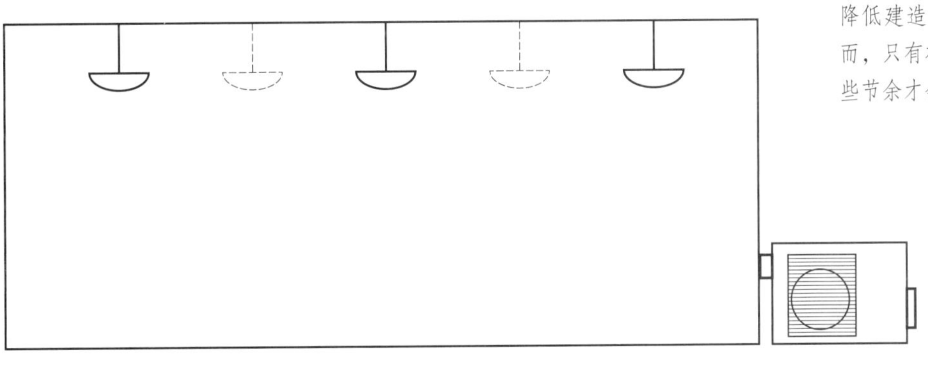

11.22 减少照明通常会使空调系统负载降低。

高效的照明设计通常会降低建造成本，因为设置了适量的而不是过度的照明。另一方面，高效的灯具和更加节能的照明控制设施，与传统的节能选项相比，一般投资更高。

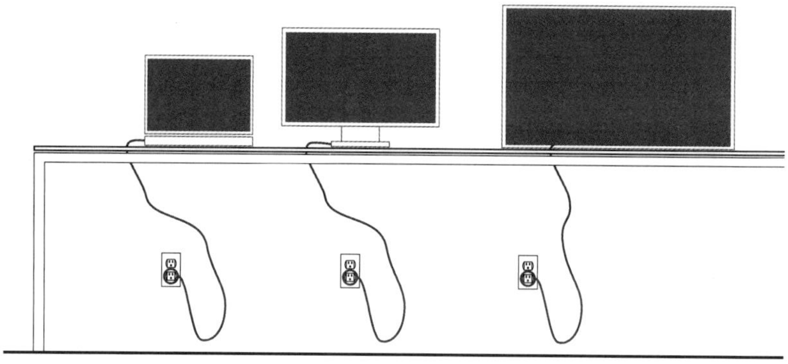

11.23 插座负载的增长。

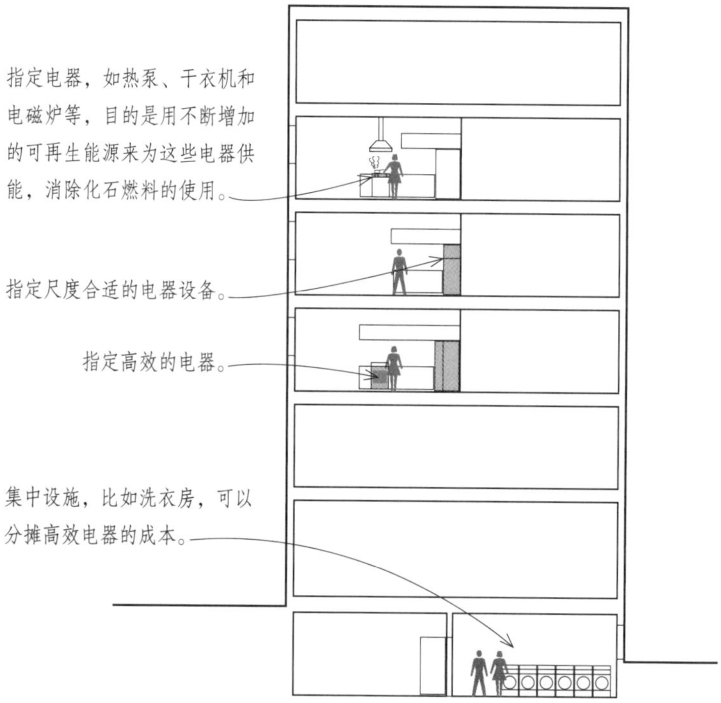

11.24 减少电器插座负载的策略。

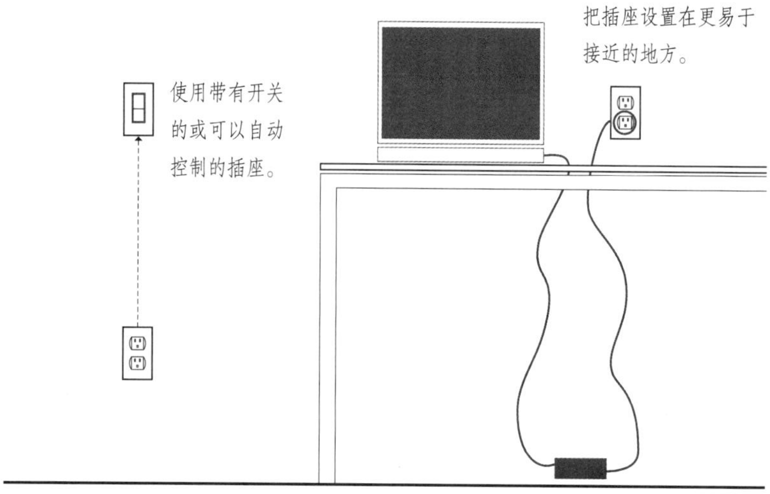

11.25 减少电源引发插座负载的策略。

插座负载 Plug Loads

插座负载是导致建筑能耗迅速增加的一个重要因素，近年来的平均增长率为3%。各种各样的插座负载估计占住宅建筑能耗的43%、商业建筑能耗的34%。随着供暖和制冷能耗不断减少，在低能耗建筑中插座负载预计将增长到建筑用能的50%以上。与小型电器设备数量及其用能量的快速增长相比，能效受到有效控制的主要电器的用能量增长并不多。

传统的建筑设计把插座负载留给建筑业主或者使用者。然而，在很多案例中，电器设备现在已经由设计人员来选择了。并且插座负载的用能还会通过其他方式受到设计的影响。

对于大型设备，比如冰箱、洗碗机、洗衣机等，可以指定能效高的型号。有些时候，改变燃料或者设备类型，就能达到节能或减少碳排放的目的，比如热泵干衣机（heat pump clothes dryer）就是一个例子。

设备集中使用——比如，公寓楼中设置洗衣房，而不是在每个公寓单元中安装独立的洗衣机——会使高效设备的增量成本分摊到每个用户。在这样的情况下，提供高效的生活热水也会变得更经济。集中的洗衣房还会减少穿越建筑的供水管线、干燥通风管道、煤气管道和通风管道等。与每套公寓都安装洗衣设施相比，建筑的透风率会明显降低。

电器应该有合适的尺寸。比如一个15立方英尺（0.4立方米）的冰箱能够满足一室公寓的需要，就不要采用22立方英尺（0.6立方米）的冰箱。高效的电器还应该高效地使用。比如，冰箱不要放在火炉旁或其他比较热的地方，会降低冰箱的效率。制冷机械，比如步入式冷库（walk-in cooler）的压缩机或者其他商业制冷机械，也不要放在过热的位置。

很多电子产品的电源设备，比如便携式计算机和手机的电池，会持续消耗电量。把插座设置在更容易接近的高度而不是临近地面的高度，会发现人们在不使用的时候更有可能拔掉电器插头或者关闭电源。换句话说，如果为插座提供方便的控制措施，就容易降低插座负载，比如将控制开关固定在墙上（wall-mounted）触手可及的高度。

越来越多的规范和标准提出要求，由计时器、占用传感器或其他控件控制的插座要占到一定的百分比（通常至少是50%）。零售的插件控制器一般不能满足这些要求；插座必须是硬连接的。在规划和设计这些受控插座的使用方面，需要对业主加以指导。如果正确使用，这些插座有可能节约能源。如果没有使用这些插座的方法，这些控制器就达不到节能的目的，有可能根本没用，在这种情况下，业主将无法节约能源，并且只会用插座不受控制的部分。设计专业人员应该让业主参与讨论，确定插座应使用哪种类型的控件，并在设计中指定这些控件，直至最终使用。要提出的问题包括：

- 首选哪种类型的控制器：定时器、占用传感控制器或其他？
- 定时器有效地消除了非使用时段的待机能耗，而传感控制器可以减少暂不使用时段的能耗。业主是否会同时考虑定时器和传感控制器，以最大限度地节省能源？
- 控制是集中设置（例如，通过楼宇自动化系统），还是独立设置（例如，控制单个插座或一组插座）？
- 插座控制需要哪些可选或附加功能，例如功率测量或独立控制双工插座上每个插座？人们已经发现，对独立负载进行功率测量是减少能耗的有效方法。对负载进行功率测量可以识别出用能大户，从而引导行为的改变以减少能耗，并且功率测量可以识别出即使不使用也会持续耗电的插座负载，然后通过空闲时段断电模型解决这一问题。

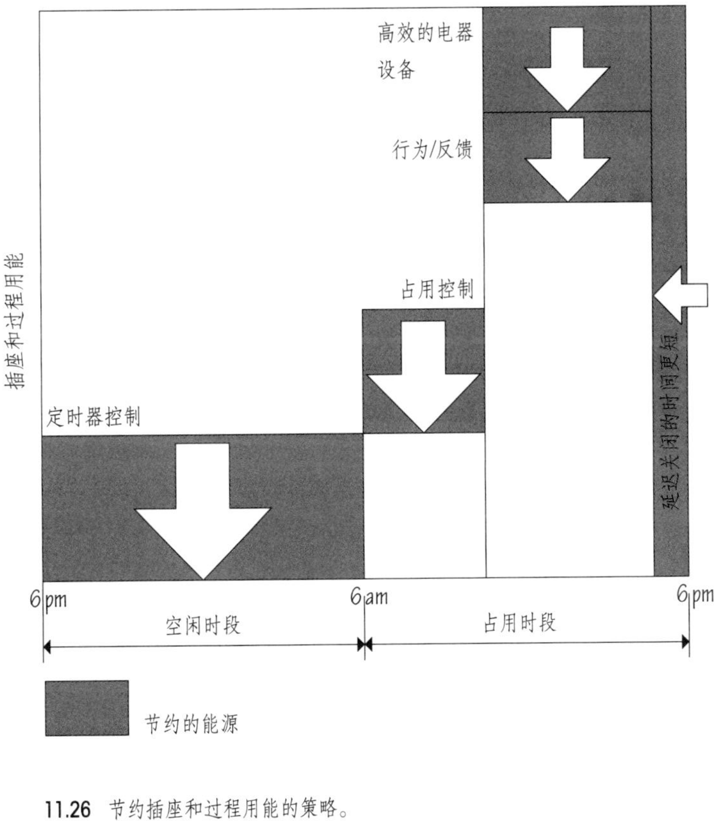

11.26 节约插座和过程用能的策略。

甚至在特定策略中，也可以获得进一步的节约效果。例如，插座负载的占用传感控制器经常设置为20分钟关闭延迟。关闭延迟表示在人们离开空间后设备保持全功率运行的时间。如果将关闭延迟设置为10分钟或更短，就可以实现进一步节约。

插座和过程负载的节能是不可预测的，并且不同的改进措施尚未得到普遍证实。已经发现一些改进措施效果很好，例如打印机和复印机的自动控制，以及在空闲期间关闭电源的措施。其他控制措施的结果好坏参半，例如工作站控制设施。总体而言，实际的节能量少于预期值且一般来讲节能量有限。人们发现实际平均节能率为10%~15%，有些研究则显示为零节能，而不是预测或声称的经常超过30%的节能率。一些能源改进措施给人们带来不便，因此人们会绕过那些不便的控制设施，从而完全失去了节能的机会。

图11.26显示了插座和过程负载的各种节能形式。最佳实践是采用多项改进措施，而不是仅通过单一策略来实现部分节能。如果插座和过程负载最终占到我们用能量的50%以上，并且如果个别方法的节能量很小，我们则需要寻求切实有效的节能措施，而不是微不足道的减量。

就照明插座负载而言，在建筑设计中可以通过使用高效的硬接线灯具来减少插座负载用能。这将取代仅用插入式灯具的照明方式，插入式灯具通常是不节能的白炽灯或卤素灯泡。不仅灯具可以更高效，而且照明设计也能通过灯具的规划统一和均匀分布变得更高效。灯光控制也可以更高效，无论是通过使用运动传感器、光电传感器、定时器还是通过容易接近的墙上开关，让人们可以更轻松地开灯和关灯。应提供数量充足、使用方便的电源插座来保证充足的工作照明。

互联网控制方式的出现为控制插座负载、降低能耗提供了更多的可能性。这些控制方式将会随着时间的推移变得越来越方便适用、经济实惠。以太网供电（POE，power over ethernet）是另一种新兴技术，将电源和控制结合在一起。

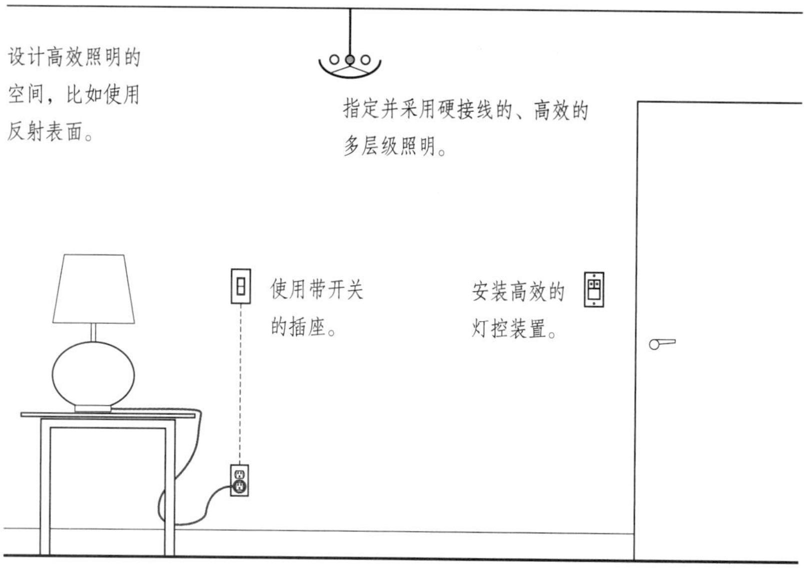

11.27 减少照明插座负载的策略。

大型电力负载 Large Electric Loads

大型电力负载包括驱动电梯、扶梯、机械设备的风扇和电泵的电动机。另外，大型变压器也是一种常见的电力负载类型。

应该注意检测长时间运行的大型电机。绿色选项包括使用优质高效的电动机、变速驱动器、有效的设计以及在不用的时候能够关闭电动机的控制装置。

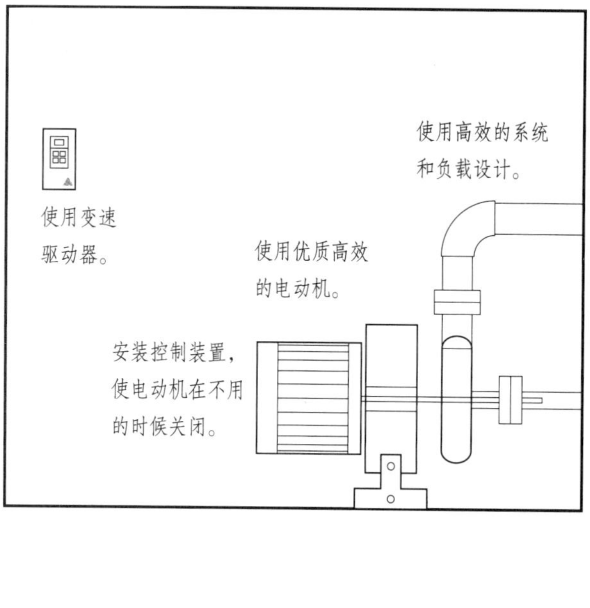

11.28 减少大型电机能耗的策略。

据估计，在现代多层建筑中，电梯占用了3%～5%的建筑能耗。低层建筑通常使用液压电梯（hydraulic elevator），因为价格比较低。高层建筑使用带有AC电动机的变压、变频（VVVF，variable-voltage，variable-frequency）驱动器，因其具有更高的能效和更快的速度。

电梯的能耗取决于很多因素，包括使用频率、电梯容量和电梯效率。使用高效的驱动装置，可能减少电梯的能耗，如反馈制动（regenerative braking）装置。使用高效的灯具（如无人时自动关闭灯具），以及无人时自动关闭通风扇电动机等，也会降低电梯能耗。先进的控制装置会进一步降低能耗，比如：优化电梯轿厢行程的算法，可以使轿厢停在最需要的地方；在建筑中有多部电梯的情况下，使用率低时自动停运部分电梯。为了估算用能量，假定液压电梯在轻负荷（light-duty）、低层建筑中运行时每次启动耗电量为0.02~0.03千瓦时，在重负荷或中高层建筑中运行时，每次启动耗电量会升高。如果改用高效驱动装置，每次启动耗电量会降到0.01~0.02千瓦时。高层建筑中带有变压、变频驱动装置的电梯，每次启动耗电量为0.03~0.04千瓦时，在使用反馈制动或者DC脉宽调制驱动（DC pulse-width modulated drive）装置时每次启动耗电量可以降低到0.02~0.03千瓦时。

传统的自动扶梯每年每部用电量为4 000~18 000千瓦时。变速电动机可以感知扶梯上有没有乘客，从而使电动机减速，实现节能，或者在使用率很低的时候停运部分扶梯来减少能耗。

美国的变压器必须满足2016年已经提高的最低效率标准，现在是在15千伏安变压器的97.89%和1 000千伏安三相变压器的99.28%之间。虽然已经没有所谓的超高效变压器，但仍有可能获得高于最低联邦标准的变压器。变压器必须通风良好，并安置在低温环境中才能以更高的效率运行。因此，变压器不应放在炎热的房间或者没有充足空气流动的封闭室外区域。

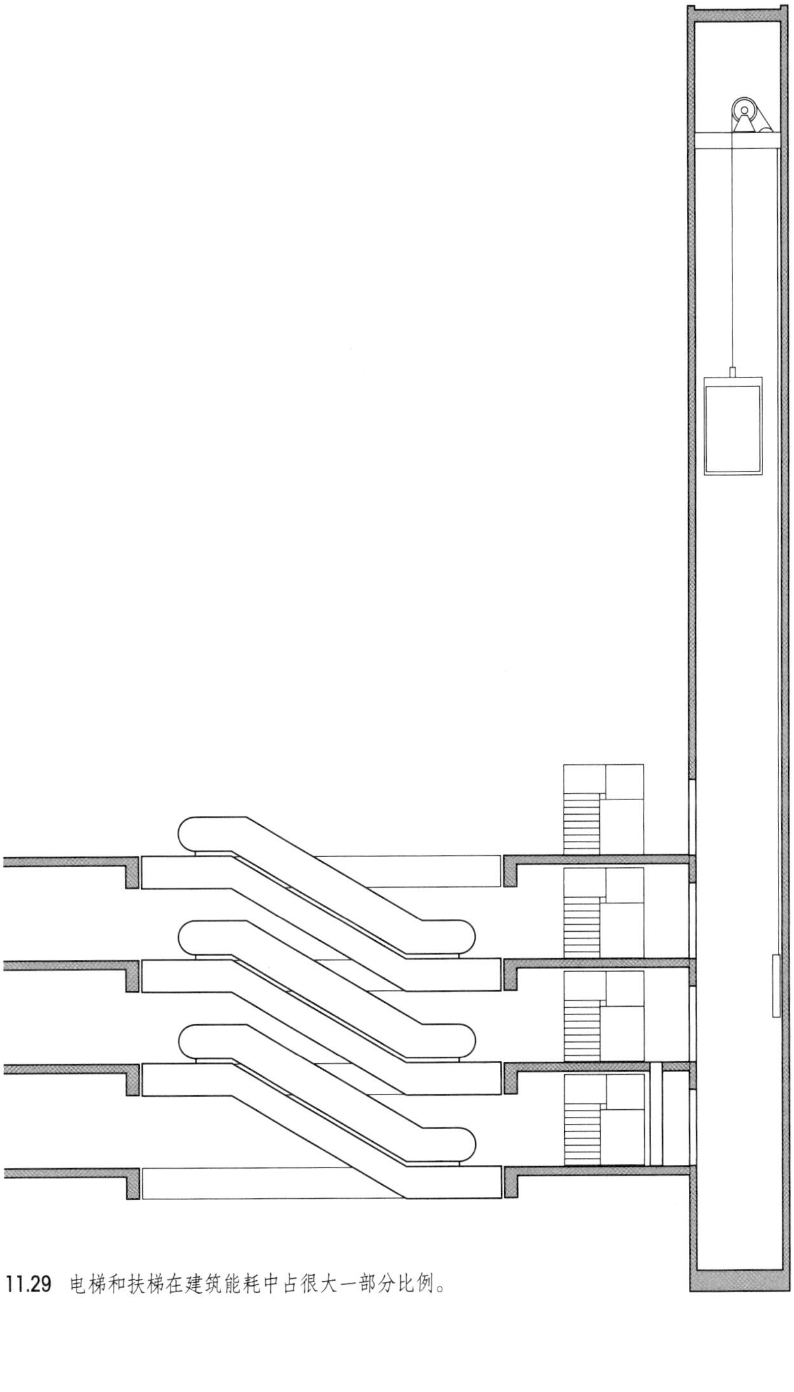

11.29 电梯和扶梯在建筑能耗中占很大一部分比例。

专业设计人员的新角色

A New Role for the Design Professional

将插座负载排除在专业设计人员职责范围之外的传统做法正在发生变化。专业设计人员被要求更多地参与插座和过程负载的控制。否则，他们无法控制一座建筑物是否真的达到净零排放——也就是说，设计的可再生能源系统是否真的能够满足建筑物的能源需求，以及预计的能源账单/成本/排放量可能是多少，就会不得而知。虽然建筑设计可以通过受控开关等减少插座和过程负载的能耗，但专业设计人员可以进一步在减少此类负载方面发挥积极作用。例如，对于大型电器，专业设计人员应尽可能提倡高能效的电器，满足能源之星标准的，甚至更好的，像能源效率联盟（CEE，Consortium for Energy Efficiency）发布的高能效设备目录。专业设计人员还可以与业主一起就高效插座和过程负载的采购政策、高效的租户装修规范，甚至在租户租约中提出能效条款。能效倡导者对专业设计人员而言是一个值得呼吁的角色。专业设计人员在节能插座应用和降低过程负载方面可以提供很多指导和服务，这可能是专业设计人员的另一项业务。

11.30 专业设计人员可以通过以下方式在减少插座和过程负载方面发挥积极作用。

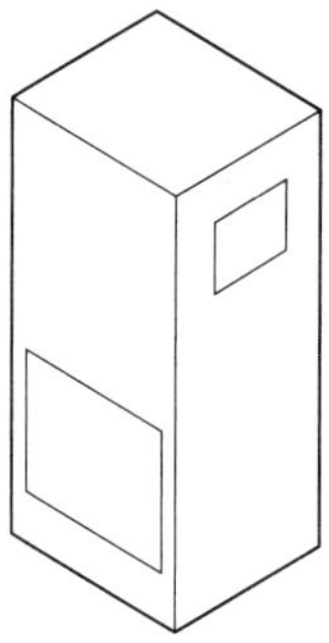

指定高效的设备，例如能源效率联盟的高效设备目录中列出的电器设备。

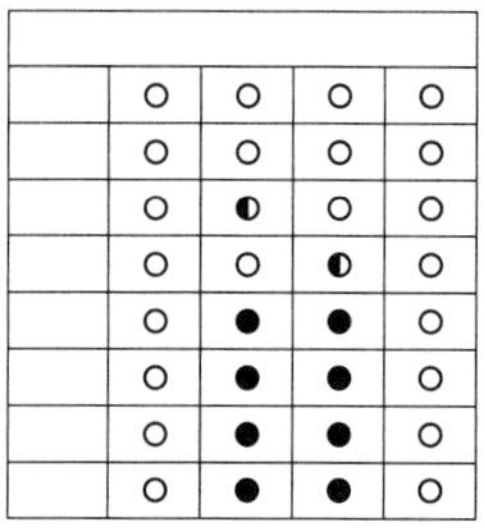

倡导高效的租户装修规范。

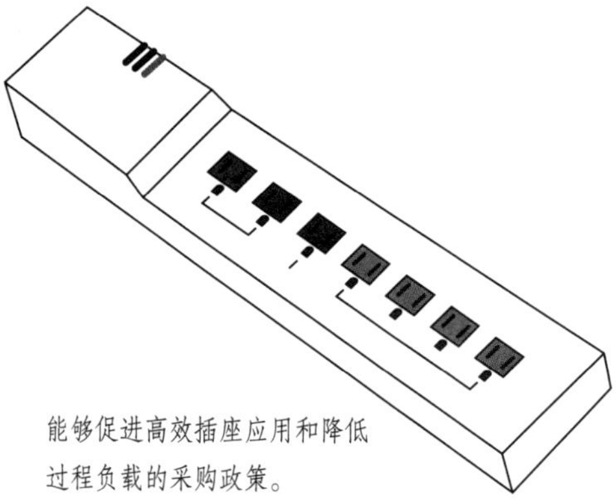

能够促进高效插座应用和降低过程负载的采购政策。

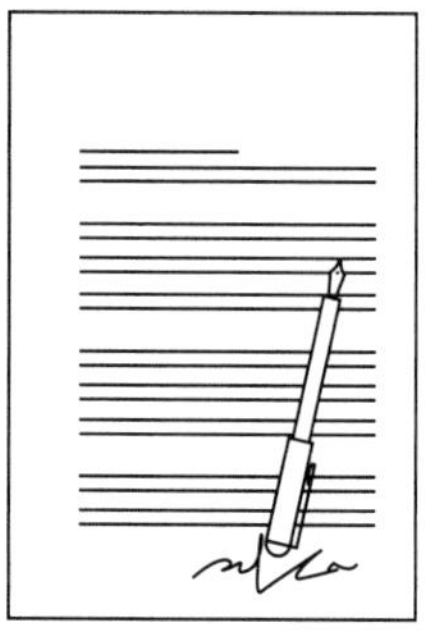

在租户租约中推荐节能条款。

第12章

热水和冷水

Hot and Cold Water

水越来越被视作有限的资源。在评估水对绿色建筑的提升效果时，冷热水的传送和消耗都应予以考虑。减少热水消耗既能节水，又能节约水加热的用能。

场地水源利用（site water use）已经在前面的第4章“社区、气候和场地”中谈到。本章聚焦于室内水的利用。

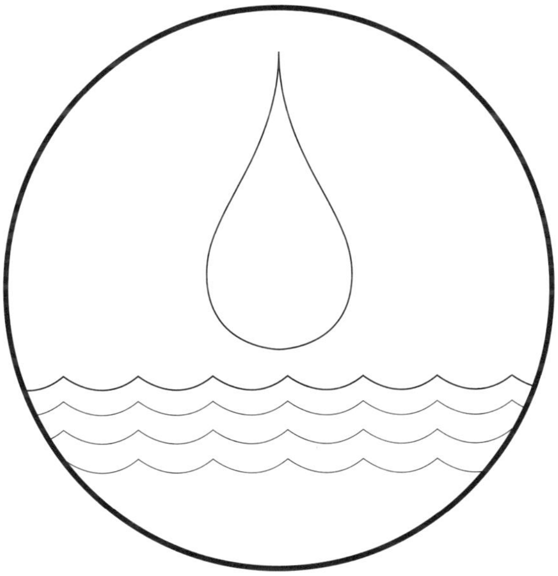

减少用水量 Reducing Use

首先测试用水负荷，这是减少水和能源用量的最有效方式。从终端使用开始，第一步是使用高效的器具——即末端效应相同，但用水量较少的器具。

高效洗碗机比标准洗碗机节能12%，节水30%。与标准洗衣机相比，高效洗衣机的能耗和用水量分别减少约25%和33%。低流量淋浴喷头和水龙头起泡器也可以减少用水量。

双冲式马桶（dual flush toilet）在冲洗废液时用水量较少。无水小便器（waterless urinal）完全不用冲水，取而代之的是，在下水道中使用油性液体密封（oil-based liquid seal）来阻止气味返回建筑室内。堆肥厕所（composting toilet）也不需要用水。

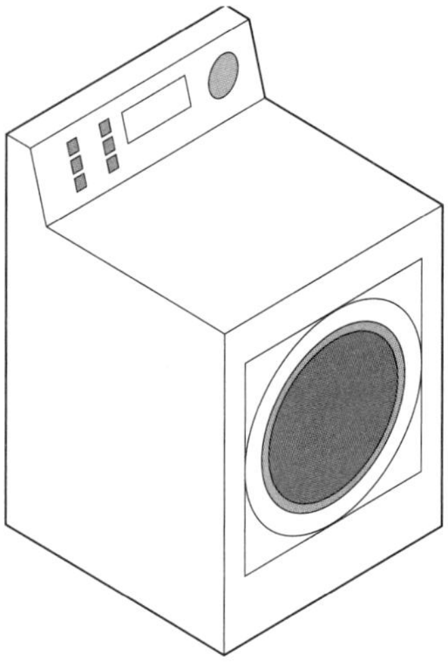

高效洗衣机的前端装有沿水平轴线高速旋转的滚筒，其用水量少于传统洗衣机。

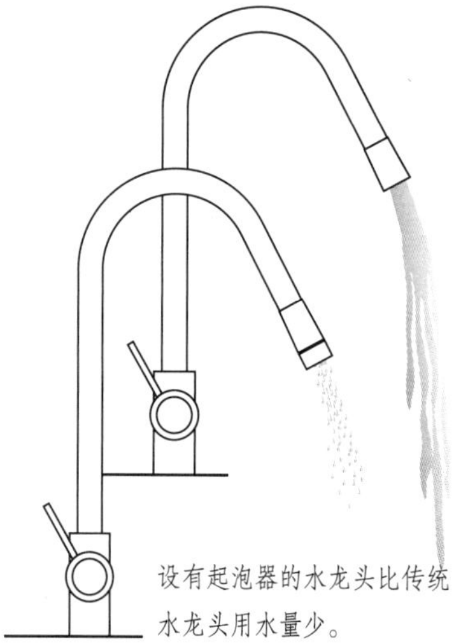

设有起泡器的水龙头比传统水龙头用水量少。

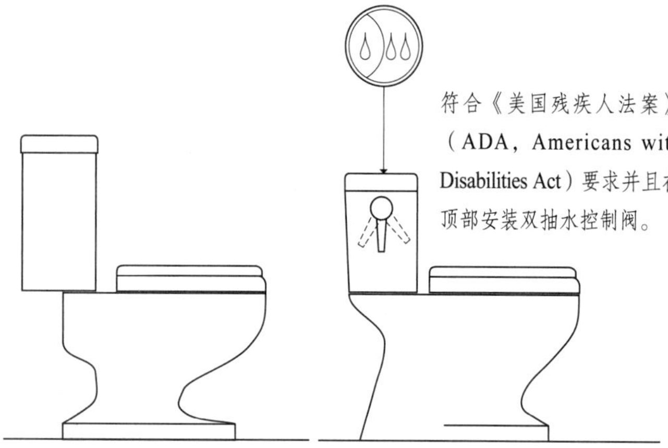

符合《美国残疾人法案》（ADA，Americans with Disabilities Act）要求并且在顶部安装双抽水控制阀。

传统抽水马桶

节水型的水箱比传统水箱容量小。

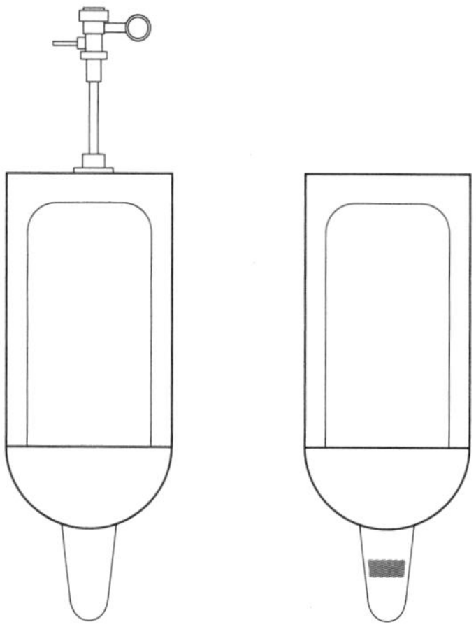

无水小便器使用液体密封胶，它可以漂浮在存水弯收集的废液顶部，这样排出的液体可以通过，但气味不能逸出下水道。

传统的小便器

12.01 高效的器具。

12.02 美国环境保护署（EPA）的自愿水感应规划列出的低用水量装置。

装置	**联邦要求**	**EPA的水感应要求**
淋浴头	2.5 GPM*	2.0 GPM
小便器	1.0 GPF**	0.5 GPF
住宅卫生间	1.6 GPF	1.28 GPF
商业水龙头		
私人卫生间	2.2 GPM	1.5 GPM
住宅水龙头		
浴室	2.2 GPM	1.5 GPM

*GPM：加仑/分钟（gallons per minute）
**GPF：加仑每次冲水（gallons per flush）

节水标准不断发展。例如，加州制定了比EPA的水感应要求更高效的要求，包括淋浴喷头1.8 GPM、小便池0.125 GPF、住宅浴室水龙头1.5 GPM和住宅厨房水龙头1.8 GPM。

作为荷载，水不仅包括水流，还包括持续时间。我们可以通过降低流速（flow rate）、缩短持续时间来减少水的用量。流量限时开关，比如那些在公共盥洗室能自动停水的开关，可以通过限制水流的持续时间来减少水的用量。同样地，淋浴喷头和水龙头上的控制杆，可以用来临时停水，这样可以方便地留住混合后的冷热水，减少水流持续时间，同时也会节能。

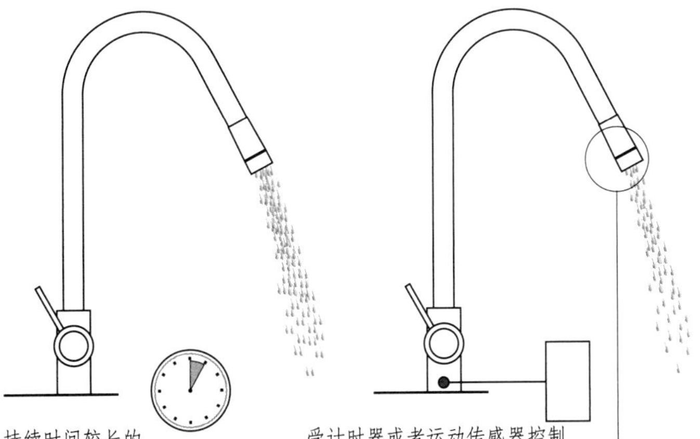

持续时间较长的水流

受计时器或者运动传感器控制的持续时间较短的水流

12.03 控制水流持续时间作为一种减少水量需求的策略。

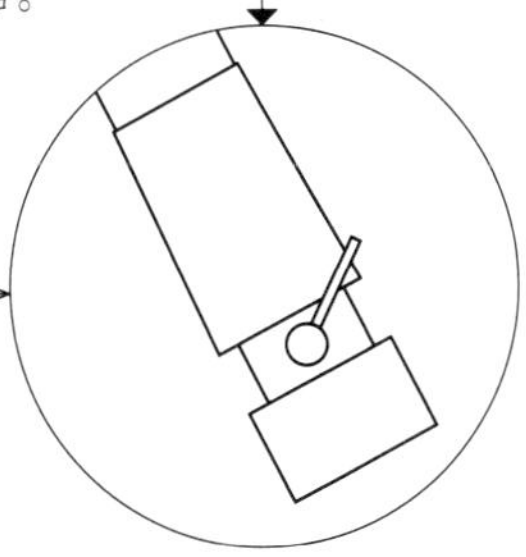

12.04 带有临时关闭阀的水嘴起泡器（faucet aerator）可以留住混合后的冷热水，同时节约能源。

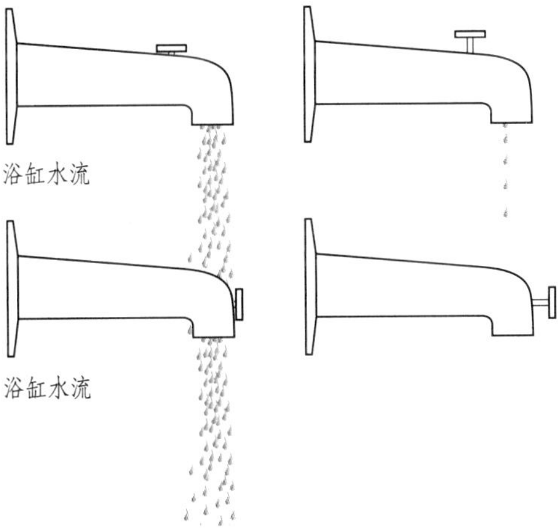

一个传统的水龙头和拔起的分流阀在淋浴模式的时候会漏水。

在淋浴模式下，带有防漏分流阀的水龙头里，水压压住阀垫片防止渗漏。

12.05 传统的浴缸龙头和防漏的浴缸龙头及分流阀。

一项重要的水荷载是由渗漏引起的。我们可能认为渗漏是一种异常的情况，一种不能通过建筑设计来控制的故障。然而，一些渗漏之所以很普遍，因为它们是某些类型设备固有缺陷造成的。设计中不用这些设备就会消除此类渗漏。比如，带有把手的浴缸出水口，当把手置于提供淋浴热水的位置时，常常会漏水。一项研究发现，34%的这类装置存在漏水情况，平均漏水量为0.8加仑/分钟（GPM）。在浴缸出水口的末端使用带把手的分流阀，就可以消除漏水。另一个例子是在马桶的进水阀处安装渗漏监测器。

热水 Hot Water

厨房、浴室、洗衣房和其他消耗所用的热水通常是一项很大的能量负荷——是住宅建筑中排行第三的负荷，是继空间供暖、照明、制冷之后排位第四的能量负荷。随着建筑围护结构、供热/制冷系统和照明系统变得越来越高效，热水很可能成为许多建筑类型中最大的终端能耗。通常情况下，办公建筑使用热水较少，而其他建筑类型如医院、宾馆、公寓和工厂等热水的使用量很大。这种消耗性热水通常被称为“生活热水”（domestic hot water）或者“服务性热水”（service hot water）。它不应该跟建筑内用来加热空间的热水系统混为一谈。

由于我们希望避免使用化石燃料来加热水，因此绿色建筑热水供暖的焦点正在迅速转向热泵。热泵需要用电，其电力越来越多地由太阳能光伏和风能等清洁能源提供。热泵从周围空气中或地下收集免费热量，对电力的使用比传统的电阻热水器更高效。

热泵热水器有三种常见类型：混合式、分体式和地源式。混合式系统和分体式系统都是空气源热泵。混合式系统从热水器周围的空气中获取热量，也可以置于室外通过管路连接，从室外空气中获取热量。分体式系统从外部空气中获取热量。地源热泵从地下或地下水源获取热量。

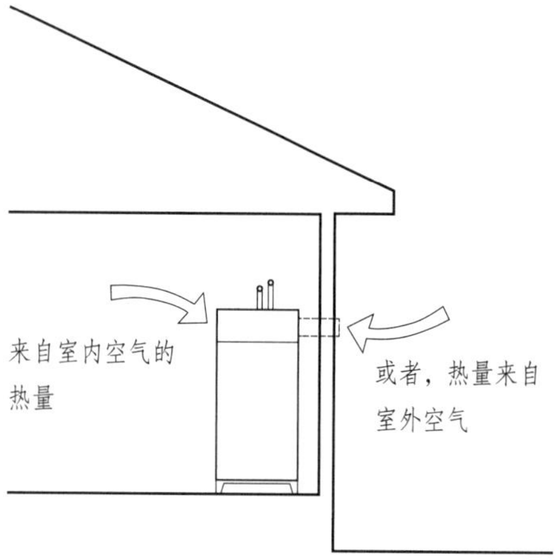

混合热泵热水器

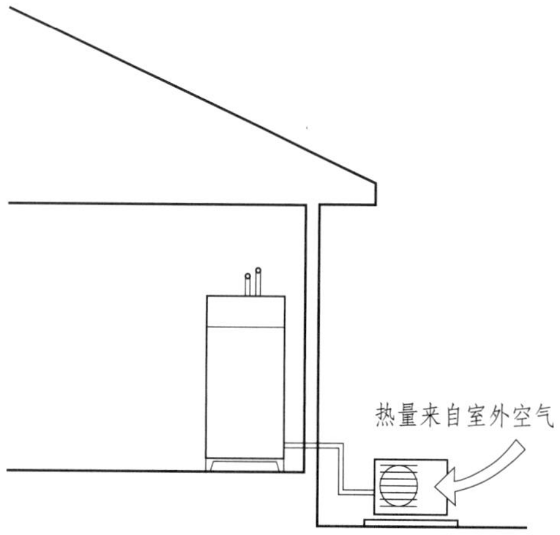

分体式热泵热水器

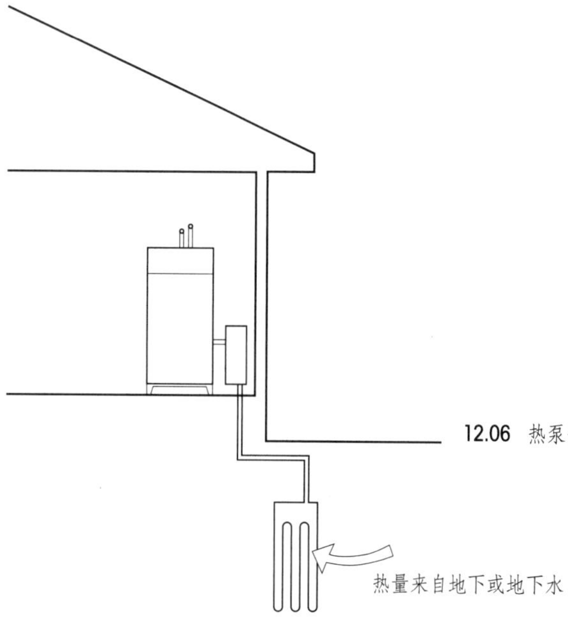

12.06 热泵热水器的种类。

地源热泵热水器

12.07 热泵热水器年能耗举例。

用途	年电阻能耗	年热泵能耗 （假设年平均效率=2）
住宅	1 000千瓦时/人	500千瓦时/人
办公建筑	0.2 千瓦时/平方英尺	0.1 千瓦时/平方英尺
酒店建筑	6 千瓦时/平方英尺	3 千瓦时/平方英尺
学校建筑	2 千瓦时/平方英尺	1 千瓦时/平方英尺

12.08 寒冷、适中、炎热气候中热水器的年度性能系数（COP）。（来源：国家资源保护委员会（National Resource Defense Council））

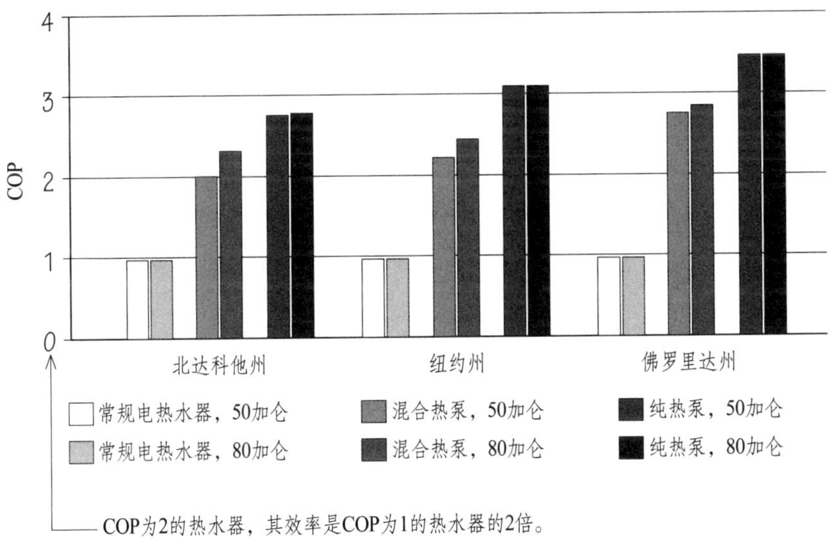

我们可以通过比较热泵热水器与电阻热水器的能耗来估算热泵热水器的年能耗。只需简单地将电阻热水器的能耗除以热泵热水器的效率，后者通常以性能系数（COP，coefficient of performance）或能量因子（EF，energy factor）的形式给出。举例如图12.07所示。

热泵热水器和电阻热水器在能耗方面的差异是显著的。尽管我们可能愿意使用电阻热水器，因为使用简单、安装成本低，但热泵热水器的能耗通常可以减少50%~60%。

虽然热泵热水器比电阻热水器效率高很多，但其效率也可能被高估。制造商经常声称节省了80%或更多，这表示效率为5——在年平均基础上不可能这么高。研究发现，热泵热水器的额定效率也往往高于其在建筑物中实际运行时的效率。例如，研究发现典型混合热泵热水器的实际年平均效率约为2.1（与平均3.3的额定效率相比），高效分体式热泵热水器的实际年平均效率为2.4（与3.0~5.0的额定效率相比）。

实际效率受多种因素影响。目标水温越低，热泵热水器的效率就越高。粗略的经验法则是，水温每升高4.5 °F（2.5 °C），效率（性能系数或能量因子）就会降低0.1。当热源温度较高时，热泵热水器的效率也更高，无论是热水器周围的空气还是地源热泵的地下温度。粗略的经验法则是，源端空气或水的温度每增加2.5 °F（1.4 °C），效率（性能系数或能量因子）就会增加0.1。如果尺寸过大，热泵热水器的运行效率也会降低。例如，一项研究发现，每天用水量为60加仑时效率为2.4 COP，但每天使用30加仑水时效率仅为1.8 COP。

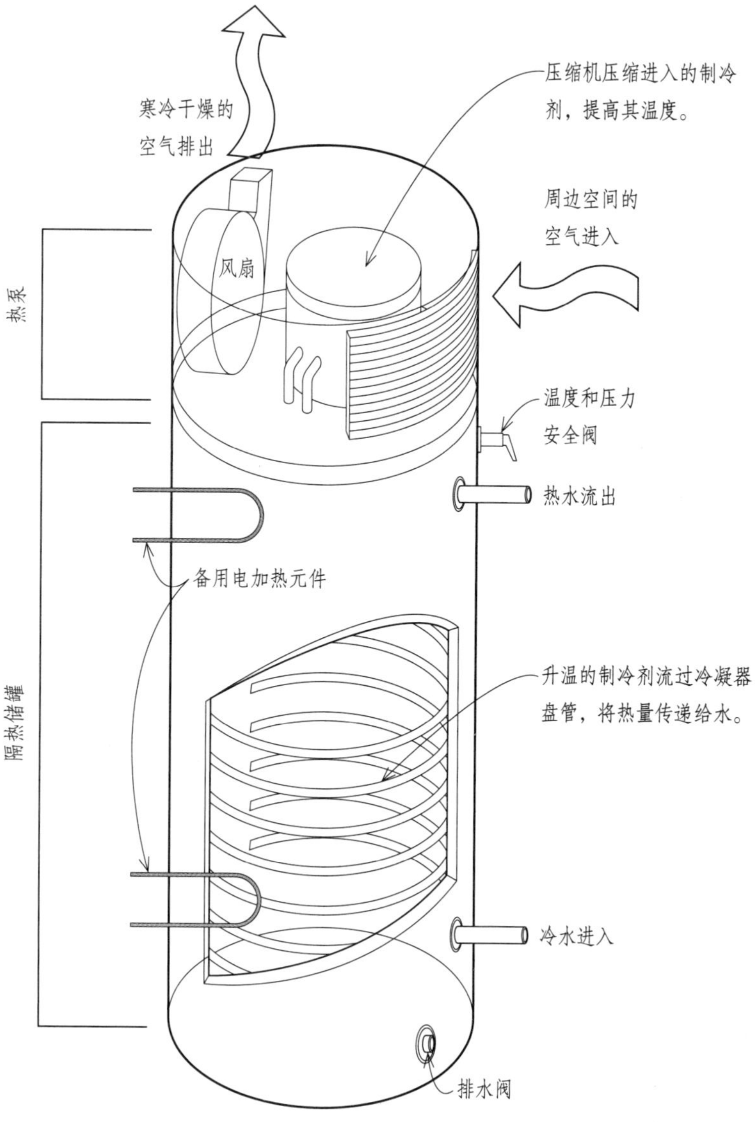

12.09 混合热泵热水器。

混合热泵热水器 Hybrid Heat Pump Water Heaters

“混合”一词来自这类热水器既是热泵又是电阻热水器的事实。当需要的热量比热泵单独所能提供的热量多的时候，电阻元件用作热泵的补充。

典型的混合热泵热水器的最高水温为140 °F（60 °C），出厂设置为120 °F（49 °C）。它们通常使用制冷剂134a（有关制冷剂的更多信息，请参见第14章）。这些设备的高度为60～75英寸（1 524～1 905毫米），直径为22～28英寸（559～711毫米）。通常需要在设备顶部和设备之间留有空隙以便维修。它们在35～45 °F（2～7 °C）以下不能作为热泵运行；低于一定的温度，就需要备用的电阻加热。混合热泵的噪声等级通常为48～55分贝，其噪声与窗式空调相当——比冰箱声音大，但比真空吸尘器安静。当热泵热水器位于有人的室内空间时，其噪声成为一个需要着重考虑的因素。混合热泵热水器的安装成本高于电阻热水器或典型的化石燃料热水器，但低于分体式热泵热水器或地源热泵热水器。

混合热泵热水器可以去除空气中的水分，这通常被认为是一件好事。然而，这意味着必须有排水管排除水分。混合热泵热水器不应被视为高湿度地区除湿机的替代品。因为这些热水器提供的除湿是不受控制的——它不会响应特定目标空间的湿度，只是水加热时的副产品而已，除湿量也很小。研究发现这类热水器每天的除湿量在1～4品脱（0.6～2升），远低于每天额定30品脱（17升）的小型住宅除湿机所提供的除湿量。

混合热泵热水器既可以从加热器周围的空气中吸取热量，也可以从相邻空间或室外吸取热量。它们通常位于地下室，没有管道。在地下，它们基本上是从相邻的地下土壤和地下室的热源中吸取热量。当它们位于供热和制冷的空间内时，会从供热系统中吸收热量，并在需要空调时提供自然冷却。由于热泵热水器噪声大，通常布置在壁橱中，可采用以下三种方式之一：A.如果壁橱或房间大于700立方英尺（20立方米），则对空气流通没有特殊规定；B.带百叶门；C.管道通向室外。参见图12.10。

如果位于供热/制冷的空间内，或位于供热空间的壁橱中且未通过管道连接到室外，则混合热泵热水器会从建筑的供暖系统中吸收热量。这样就不够节能、高效。如果建筑供热使用化石燃料，那么最终结果是在供暖季节，加热水要使用大约50%的化石燃料和50%的电阻热。在供暖季节，热泵无法从任何地方吸取“免费热量”（free heat），它只能将热量从一个地方转移到另一个地方，它的用电量最终基本上相当于电阻热。如果空间供热采用电阻加热，即使热泵正在输送热量，热水在采暖季节也会使用与电阻加热器相同的热量。

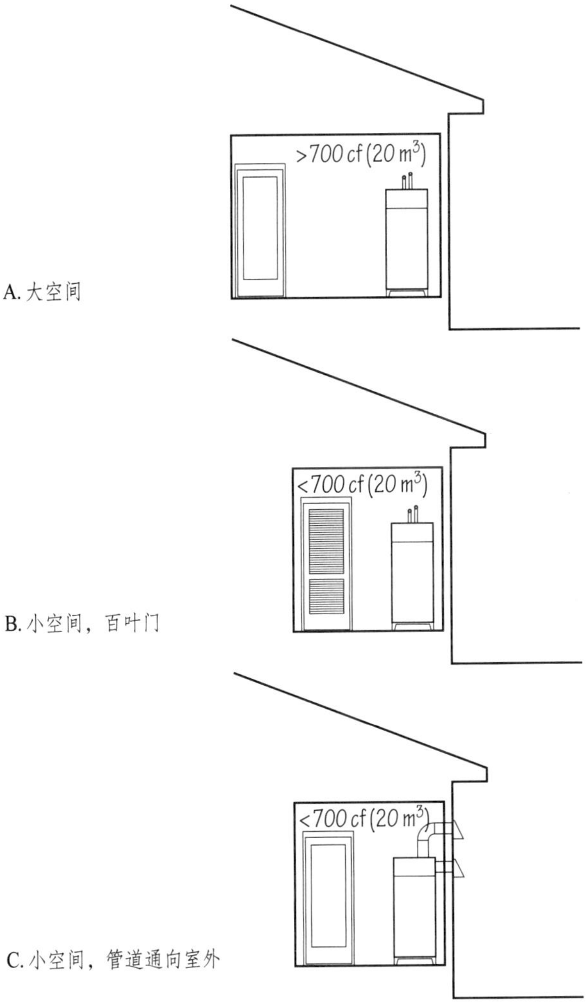

12.10 混合热泵热水器配置。

对于热泵热水器而言，唯一有意义的空间供热形式是空间本身也用热泵供热。在这种情况下，来自室外（空气或地下）的免费热量通过空间供暖热泵转移到室内空间，然后通过热泵热水器转移到水中。然而，两级热泵会损失整体效率。在这种情况下水加热的整体效率为：

$COP（总）=（COP_A \times COP_D）/（COP_A + COP_D - 1）$

其中COP_A为空气源热泵的COP，COP_D是家用热泵热水器的COP。

例如，如果采暖热泵的COP值为3，而热泵热水器的COP值为2，则总体效率为（3×2）/（3+2–1）=1.5。

有些制造商建议仅设置一条管道，用于汲取室外空气或排气。从能效角度看，都不建议使用这两种单管道配置方案。一个只用于排气的管道，将导致冷空气渗透进入室内，并被建筑空间供暖系统加热，从而产生类似于根本没有管道的效果。一个只用于汲取室外空气的管道，将导致室外冷空气进入室内，成为建筑空间供暖系统的负载。

混合热泵热水器确实可以给周围的空间降温。然而，除了最热的气候区外，在几乎所有气候条件下，这种降温效果都很弱。

混合式热水器的一个缺点是，如果热泵发生故障，热水器将恢复其备用电阻加热，因此热泵的能效优势就不存在了。

应该注意的是，典型的混合热泵热水器在热泵模式下的热量输出非常低——低至4 000～5 000 Btu/h（1.2～1.5千瓦）。低容量是其需要电阻加热器作为备用加热元件的原因，这通常会增加13 600 Btu/h（4千瓦）的热量输出。这也是混合热泵热水器水箱尺寸较大的原因，水箱容量通常为50～80加仑（189～303升）。

分体式热泵热水器

Split System Heat Pump Water Heaters

典型的分体式热泵热水器，如果使用410a这类制冷剂，则最高水温可达130～140 ℉（54～60 ℃）；如果它们使用新兴的替代制冷剂，例如二氧化碳（制冷剂744），则水温可以达到175～195 ℉（79～91 ℃）。二氧化碳制冷剂是一项重大进展，因为二氧化碳在泄漏时作为温室气体排放物，对环境的影响微乎其微，而其他常见制冷剂对环境的影响较大。分体式热泵热水器由两部分组成，一部分组件在室外，通常称为“室外单元”（outdoor unit），另一部分组件是位于室内的储水箱。它们可以在更低的环境空气温度下运行并从中提取热量，其允许的环境空气温度比混合热泵热水器低得多，在某些情况下可低至–20 ℉（–29 ℃）以下。它们的噪声等级各不相同，但噪声来自室外单元，与噪声来自室内的混合热泵热水器相比，并不令人反感。

分体式系统的热泵热水器在温暖的气候下运行效率更高。一项研究认为分体式热泵热水器在休斯敦（气候2区）的能源因子为3.5，在西雅图（气候4区）为2.9，在明尼阿波利斯（气候6区）为2.7。一些分体式热泵热水器使用电阻加热器作为备用元件，因此实际上是混合热水器，但我们通常只对室内水箱式一体化的热泵热水器，采用“混合”（hybrid）命名。

由于分体式系统的水会循环到室外，因此需要防冻保护。防冻保护，无论是用防冻剂还是用电热胶带，都会降低能效并增加能耗。因此，室外管道应尽可能缩短。

分体式系统可以是更大系统的一部分，该系统还可以为室内空气供热或制冷。

地源热泵

Ground Source Heat Pumps

地源热泵从地面或水体中吸取热量来加热水，通常也用于空间采暖和制冷。大多数地源热泵使用制冷剂410a。地源热泵最高水温通常低于140 ℉（60 ℃），但使用制冷剂（例如134a）的热泵可以达到更高的温度。与混合热泵热水器一样，地源热泵将压缩机置于室内，因此噪声控制是一个需要考虑的重要因素。与空气源热泵不同，热泵放在哪里对其效率影响不大。相反，其效率取决于热水温度、土壤条件和井场大小。

在第14章中，我们将讨论地源热泵如何成为建筑供暖和制冷的最有效方式。但是，在水加热时不一定如此。由于热水需要全年加热，空气源热泵（分体式系统和管道通到室外的混合热泵热水器）可以在夏季和过渡季吸收温暖的室外空气热量，此时它们作为热水器的运行效率很高。在温暖的气候中，以全年平均量为基础来考量水加热的话，空气源热泵通常比地源热泵更有效率。在寒冷气候下，空气源热泵和地源热泵的效率大致相当。

最佳实践 Best Practices

对热水器的选择应基于多种考虑，包括成本、噪声、能效、空间、制冷剂等。然而，绿色建筑的最佳实践可以包括：

· 尽量减少或避免使用电阻热；
· 尽量减少或避免使用温室气体排放量大的制冷剂；
· 确定可接受的、最低的热水设定温度；
· 指定高能效热水器；
· 不要让热泵热水器的尺寸过大。

使用二氧化碳作为制冷剂的新兴分体式热泵热水器可以满足上述大多数条件，并且已经有多家制造商。

另一项减少能耗的策略是缩短热水器和使用点之间的距离。这可以通过在使用点布置热水器，或集中热水使用点来实现，比如在浴室和厨房中应考虑这类措施。

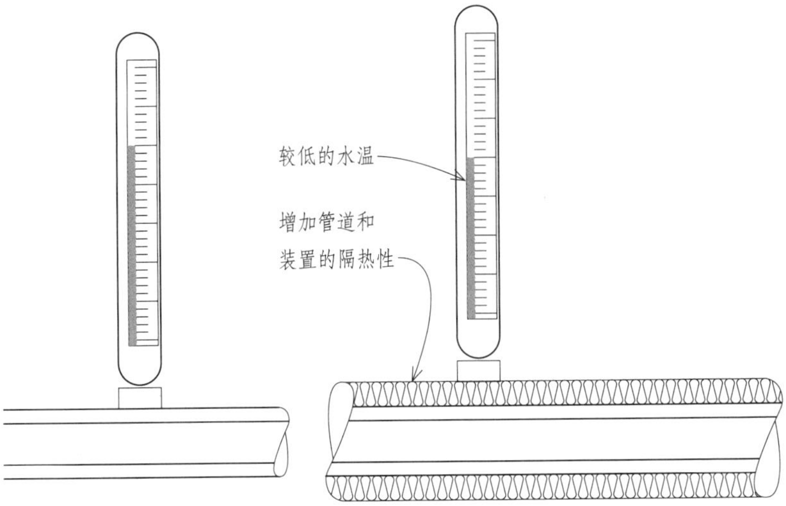

12.11 降低水温、增加管道和装置的隔热性可以帮助减少热水的损耗。

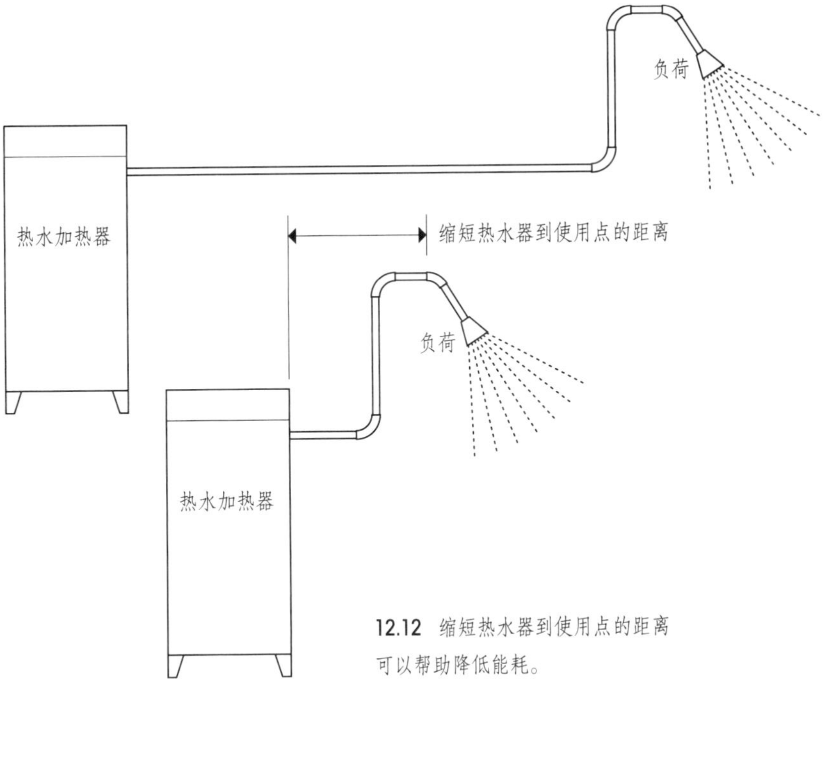

12.12 缩短热水器到使用点的距离可以帮助降低能耗。

新型水源和热源 New Water and Heat Sources

一旦用水点的负荷降低，渗漏和热损失减少，并提前规划好高效的热水加热，可以进一步通过多种再生的方法来减少热水需要的水量和热量。

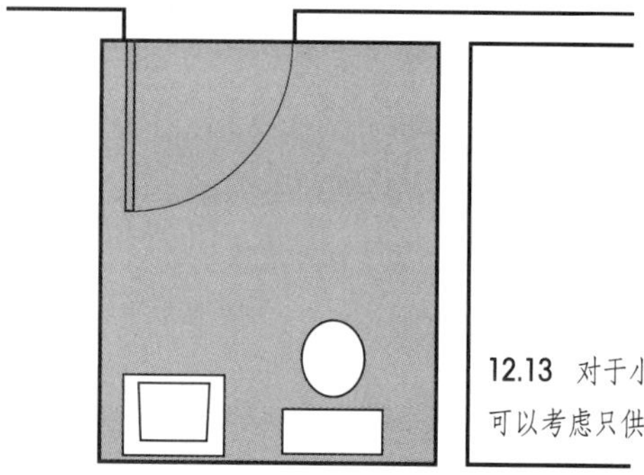

12.13 对于小盥洗室的水箱，可以考虑只供应冷水。

水循环和热循环 Water and Heat Recycling

水循环可以使同样的水用于不同目的。比如，净水可以先用来洗手，然后存放在马桶冲水槽里，用于冲厕。废水可以过滤后在建筑中再利用。同样，废弃热水的热量也可以通过灰水热回收装置（gray water heat recovery）得到再利用。这就减少了外来冷水升温所需的能量负荷。

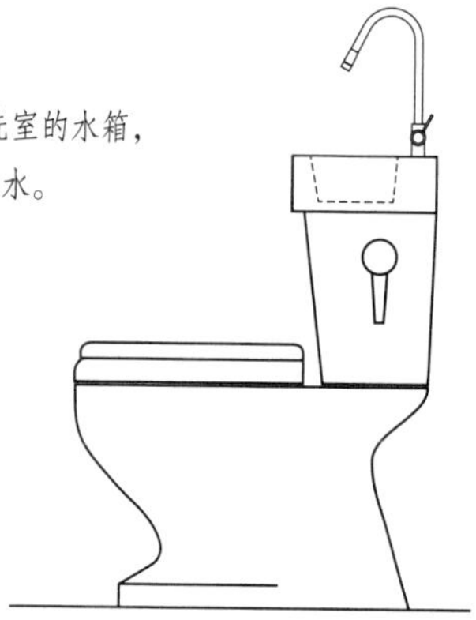

12.14 马桶上的水槽。

热回收最适合用于持续使用冷水的负载，例如淋浴。已发现热回收装置用于住宅可节省约20%的能源。

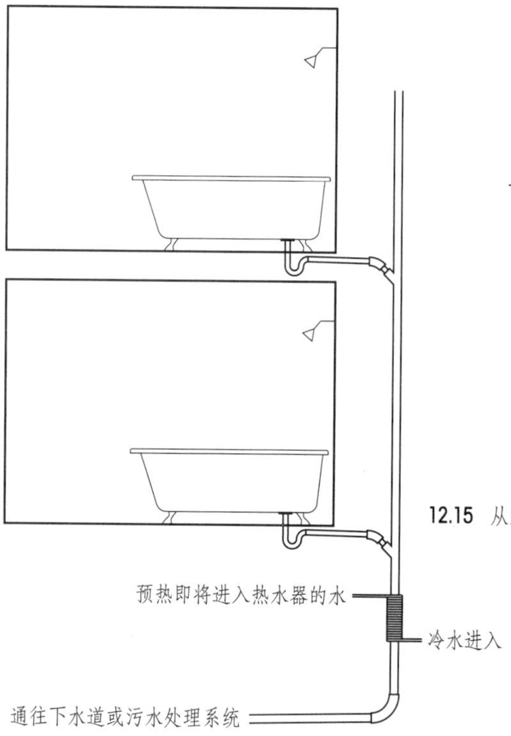

12.15 从灰水中回收热量。

冷凝水回收 Condensate Recovery

冷凝水可以从空调回收，空调产生的冷凝水一般不含杂质，尽管水流很小，断断续续的，并且冬天没有。根据建筑和气候条件的不同，冷凝水产量变化很大。一个经验法则是每年每平方英尺产生1~2加仑水（每0.1平方米3.8~7.5升），但是在北方气候区不太需要空调的建筑或者干燥气候不太需要除湿的建筑中冷凝水就少，对制冷和除湿要求高的建筑（比如美国东南部的建筑）中冷凝水就多。冷凝水必须收集起来，或者输送到存储点或者立即使用，比如送到收集雨水的储水池，或者用于开放式冷却塔池（open cooling tower sump）。

最后，随着负荷和热损失的减少，人们的关注点会转向水源和热源的再利用。

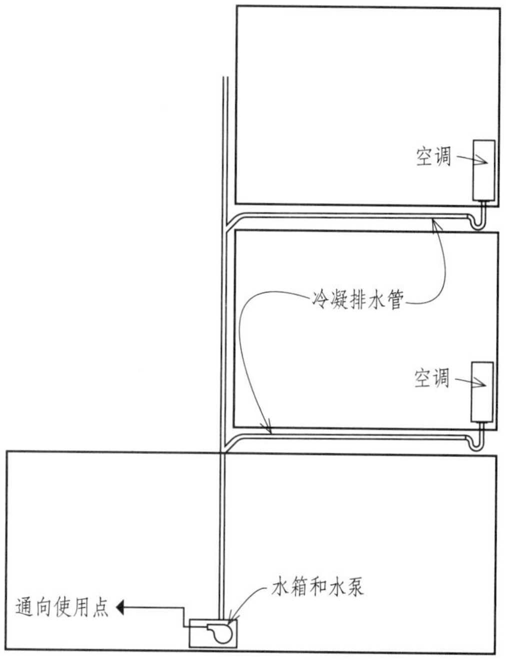

12.16 冷凝水回收。

雨水收集 Rainwater Harvesting

雨水可以收集起来供建筑使用，以减少市政用水或者井水的用量。雨水收集系统包括：收集区域，通常是建筑的屋顶；可以输送雨水并储存起来的运输系统；储水池或者水箱；过滤和消毒处理系统；在雨水较少时可以供水的备用系统；溢流管道；把水送到需要地方的输送系统。

正如前面提到的，雨水檐沟、落水管和排水管的位置和坡向，应有利于从中央疏导和收集雨水。一个经验法则是，对于小型建筑，檐沟的最小宽度是5英寸（127毫米），并且落水管的设置应该满足每100平方英尺（9.3平方米）的屋顶面积有1平方英寸（645平方毫米）的落水管面积。

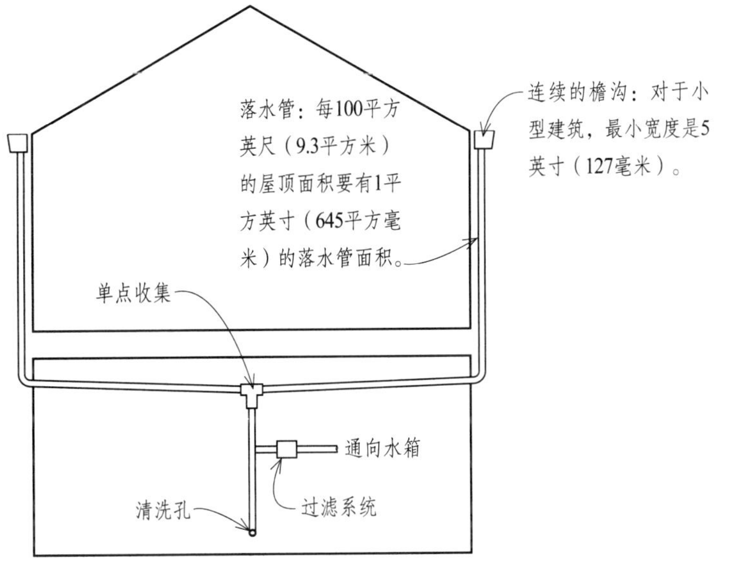

12.17 雨水收集系统：收集和过滤。

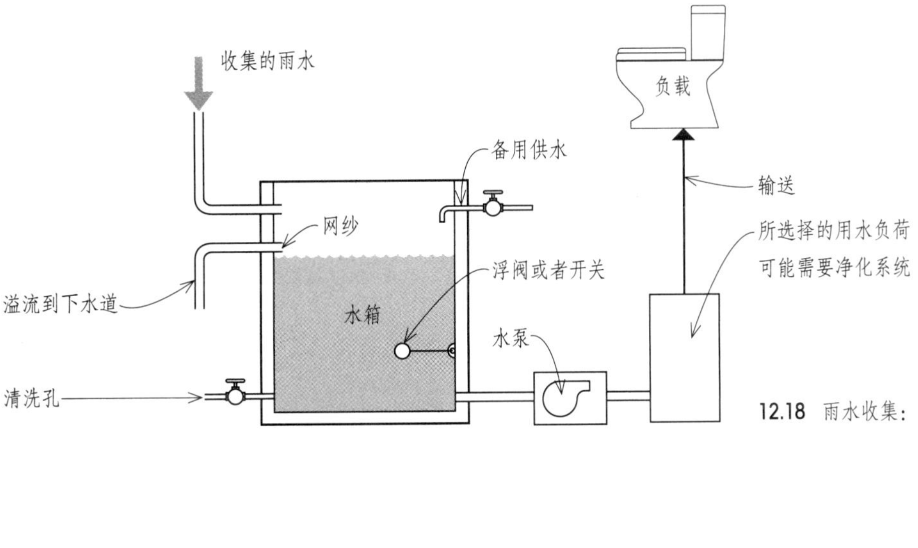

12.18 雨水收集：储存和输送。

在寒冷气候区，储水装置必须放置在室内或者地下以防止收集的水结冰。水箱可以由多种材料制成，包括钢材、混凝土、木材、玻璃纤维或者塑料。

最常见的雨水用途是冲厕。这样的话，建筑中的马桶应与雨水储存系统的管道相连，而不是与冷水输送系统相连。通常，这些装置使用水泵将水送到马桶。然而，如果水存储在比马桶高的地方，可能就不需要水泵了。雨水收集系统通常有一个浮阀（float valve），雨水量少的时候，可以由建筑供水系统给水箱供应冷水。如果马桶使用冲水阀，就要选择能够提供冲水阀所需要的最小压力（一般是10磅/平方英寸（psi，pounds per square inch））的水泵。或者，马桶的水箱就可以充当雨水收集系统的水箱。

雨水本身是干净的，如果空气受到污染，雨水就会在下落过程中被污染，此外，在收集、输送、存储和使用的过程中也会被污染。防止污染最好的办法是不要让屋顶积水，因为屋顶积水会滋生细菌。其他可能的生物污染包括鸟类和其他小动物的粪便。雨水在从屋顶流下来的过程中，也可能遭遇来自屋顶碎片或建筑材料浸出物的化学污染。雨水还会带走一些颗粒，比如树叶、细枝和其他残片。如果雨水以非饮用方式使用，比如冲厕，主要的处理步骤是清洁过滤，清除残留物。如果雨水是用来饮用，则需要特殊处理，通过消毒杀菌来清除生化污染。

雨水收集系统最好使用软件设计，以当地的雨水情况、可用屋顶面积和用水量预测为基础。

零水耗建筑 Zero-Water Buildings

零水耗建筑通常采用以下策略：

· 尽量减少用水量；
· 使用收集的雨水等作为替代水源；
· 场地内水资源再利用；
· 尽量减少排水；
· 计算消耗的淡水量，将等量的水返回其源头。

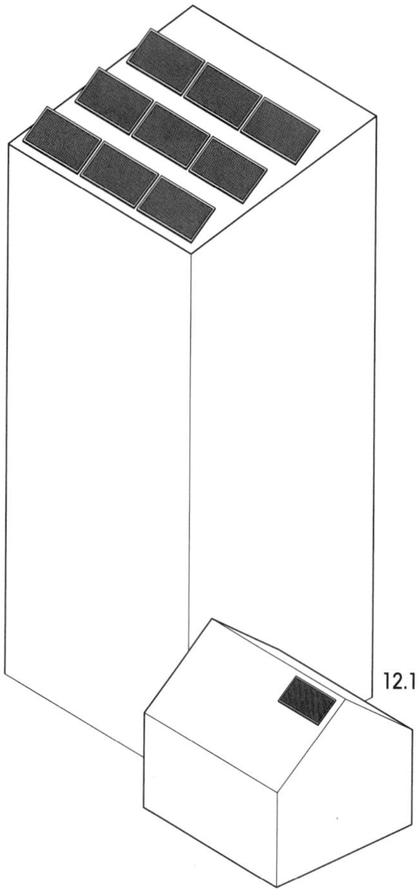

12.19 太阳能热水器。

太阳能 Solar Energy

太阳能非常适合给生活热水加热。对于全年需要集中供应生活热水的建筑来说，比如公寓、宾馆、医院和一些工厂，太阳能意义重大。在世界各地的独栋住宅中，太阳能热水占据了一席之地，特别是在不结冰的气候下，室外的水管线路可以简化，不需要防冻保护。随着热泵热水器的出现和太阳能光伏系统成本的迅速下降，出现了一个问题，即太阳能光热水加热，或太阳能光伏发电与热泵水加热（HPWH，heat pump water heating）的组合，哪个更有意义。如果太阳能光热系统需要使用一定的、通常来自电阻元件的备用热量，那么太阳能+HPWH的组合可能更有意义。在水不会结冰的气候下，热虹吸式太阳能光热系统，因其具有简单性和经济性的特点，仍然很有应用价值。在其他情况下，可能需要逐案比较。关于太阳能，更详细的内容将在第15章“可再生能源”部分讲述。

水的改善成本 Cost of Water Improvements

各种水质改善措施对成本的影响是什么呢？高效的低水位终端器具，通常比标准器具的成本高，尽管两者成本的差距正在减小。缩短热水器到使用终端的距离会显著降低造价，因为热水不需要由水箱供给，因此就不需要水箱了。高效的热水器比标准热水器价格高。太阳能热水器和雨水收集系统将增加建造成本。总之，能够有效节水并寻求不用化石能源加热生活用水的建筑，是需要多花钱的。

关于水的小结 Water Summary

总而言之，实现高效的热水系统的途径包括：尽可能减少负荷，减少损耗，使用高效的热水器，将热水器和输送系统完全布置在供暖空间，并尽可能靠近使用终端。在此过程中，目标是在一定范围内使用太阳能来减少热量需求。同样，对于冷水，可以通过利用雨水，从而在一定范围内尽最大可能减少负荷和损耗。

第13章

室内环境质量

Indoor Environmental Quality

室内空气质量　Indoor Air Quality

高品质的室内空气质量要保证空气污染物（如灰尘颗粒、二氧化碳、危险的化学物质、烟灰、异味、湿气、生物污染物等）的浓度不会令人反感。空气污染物是建筑的一个负担，但是来源复杂，因为污染物不仅来自建筑外部，还会来自建筑内部。

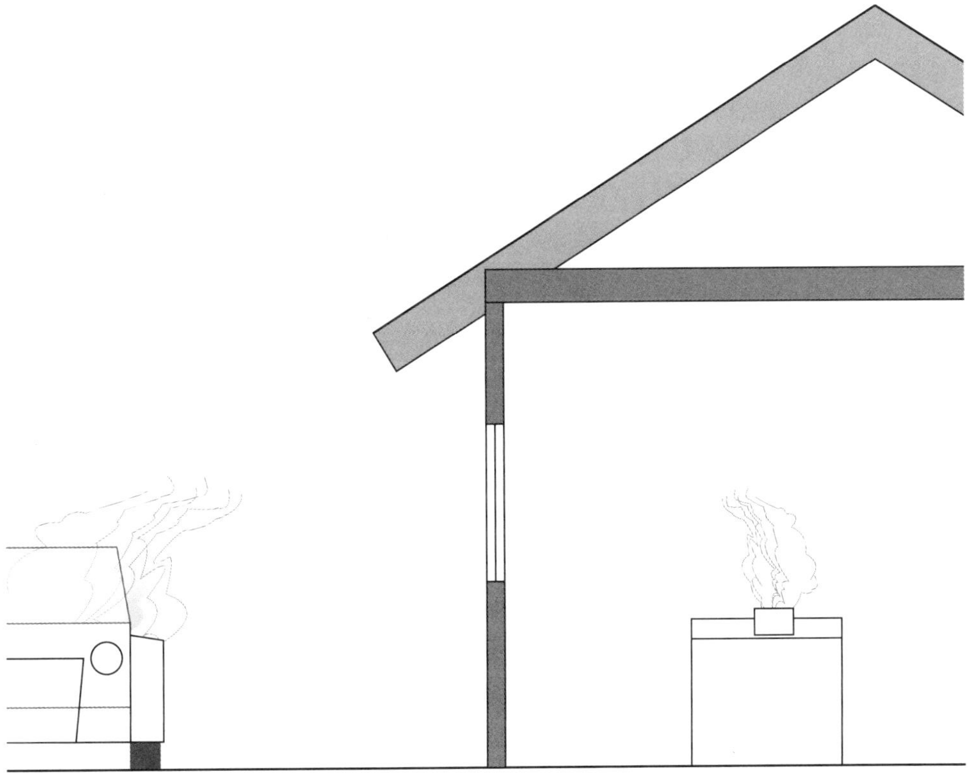

13.01　空气污染物不仅来自建筑外部，还来自建筑内部。

典型问题

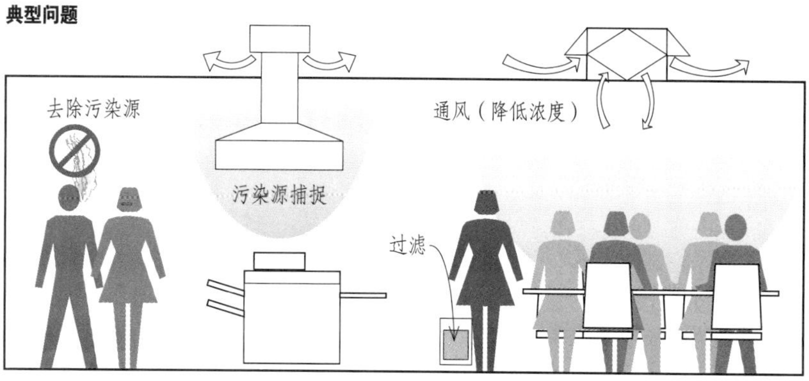

最佳实践

13.02 提供高品质室内空气质量的方法。

提供高品质室内空气质量的四种主要方法是：减少污染源、捕捉污染物（contaminant capture）、过滤、降低污染物浓度。最好的方法是从源头开始。首要途径是消除室内污染源，比如室内禁烟，或者使用释放化学物质较少的涂料与地毯。捕捉污染物是指，在污染物到达人们呼吸的空气范围之前将其阻断。典型方法是在厨房、卫生间、通风柜等空间安装排气扇。过滤是将污染物从空气中去除。前三种方法都是有效的，但是它们可能会漏掉那些无法去除、捕获或过滤的污染物，比如从室内新物件中释放的微量化学物质和人们呼出的二氧化碳。这就是提供高品质室内空气质量的最后一种方法的目的——用室外新鲜空气来降低污染物浓度，这种方法又称“通风”（ventilation）。

就通风而言，前提是室外空气是清洁的，但是仍然需要采取措施来保证室外空气确实是足够洁净的。

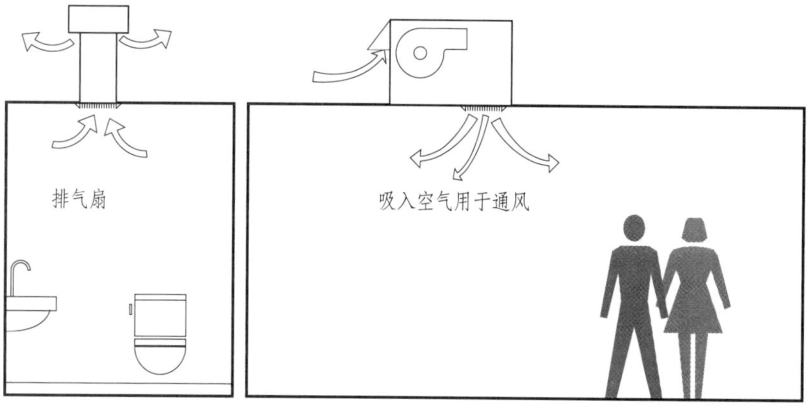

13.03 排气扇和吸入式室内外通风装置的区别。

排气扇与运用室外空气进行通风两者常有混淆，前者是捕捉污染物的方法，后者是降低污染物浓度的方法。困惑起源于这两种策略都被称作“通风”，并且一起进行分析。二者也经常互相作用，因为排气会导致室外空气进入室内。

困惑还起源于通风与过滤之间的相互关系。通风是由风扇带动形成的，然而过滤可以将室外空气带入室内来降低室内污染物浓度，从而带来和通风同样的效果。同时，由于排风扇与过滤之间的相互作用，室内外通风和过滤也会相互作用。如果通过没有排气装置的风扇将室外空气带入室内进行通风，那么空气也会从室内渗出，因此关于通风的探讨不可避免地包括关于过滤的探讨。

最后，困惑来源于通风和制冷，因为通风有时会被用于制冷。

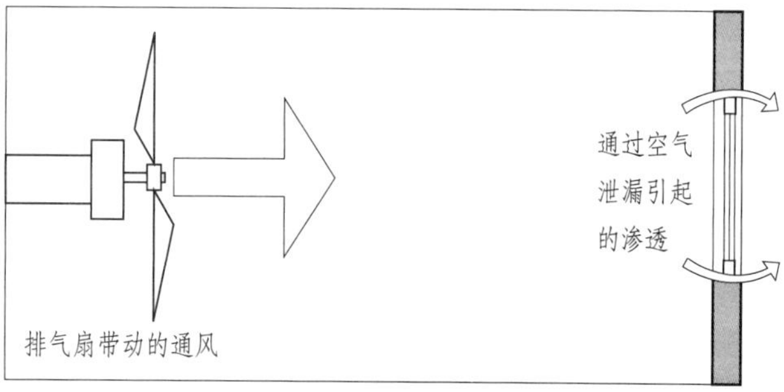

13.04 通风与渗透之间的区别。

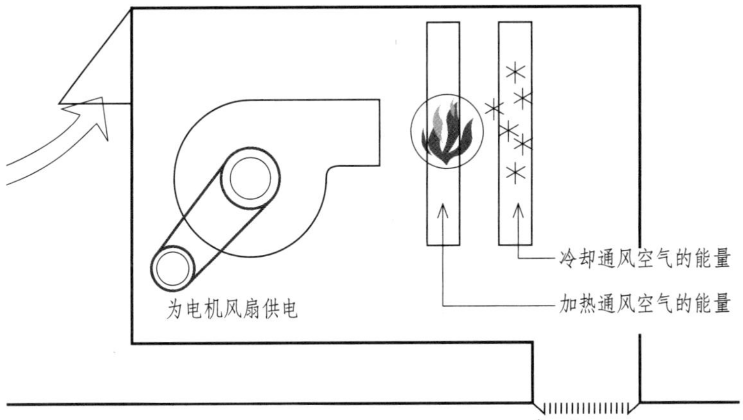

13.05 通风需要的能量。

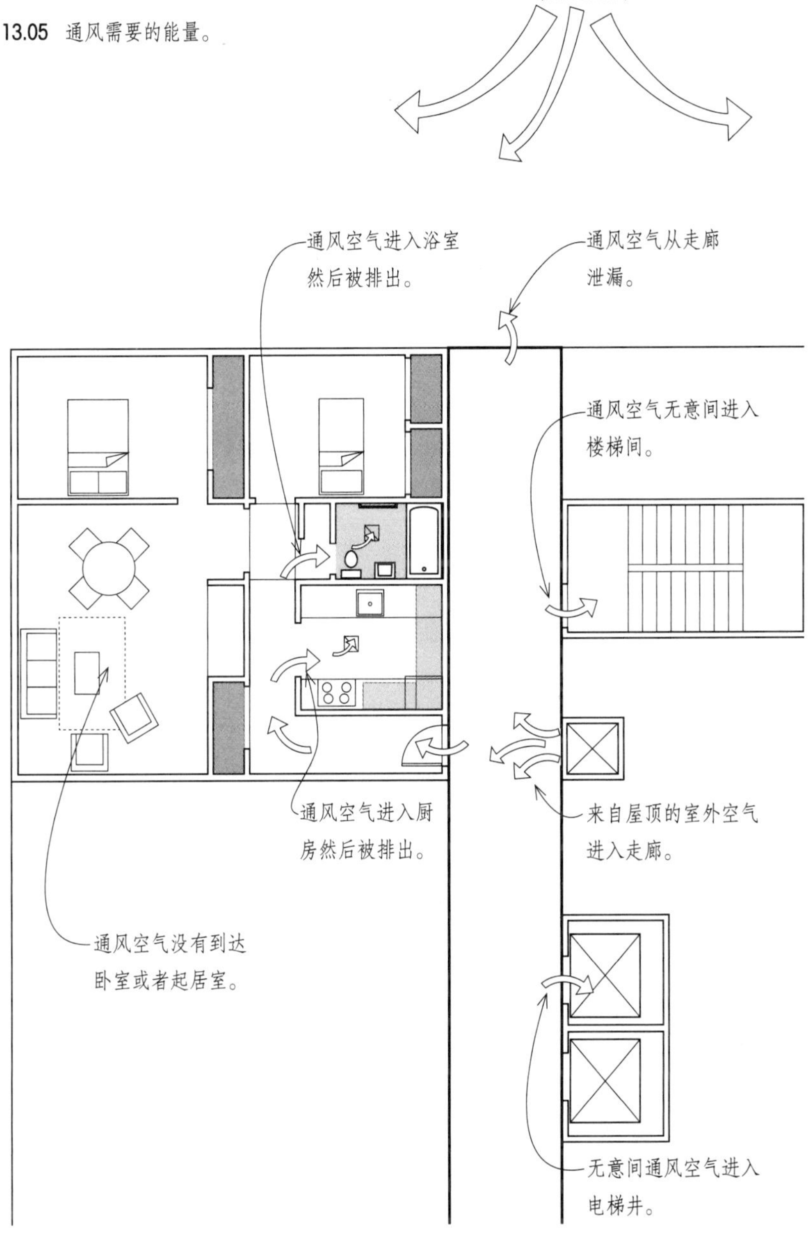

13.06 通风空气总是不能到达它本应吹到的人群。

通风的挑战 Ventilation Challenges

提高室内空气品质的传统方法是通风，但是通风面临很多挑战。

通风用能很多。需要用电来驱动电动机，带动风扇通风换气。更重要的是，还需要能量来加热或者冷却进入建筑室内的空气。建筑的能量使用率对通风非常敏感。通风量的增加将导致建筑用能的迅速且显著的增加。

将室外空气引入建筑室内但不引起不舒适感，这是一项挑战。如果不经过加热或者冷却，室外空气会以当时的室外温度进入室内。将0 ℉（−18 ℃）的室外空气引入室内，与引进32 ℉（0 ℃）、70 ℉（21 ℃）、100 ℉（38 ℃）的室外空气是完全不一样的。主要问题是用于加热或者冷却室外空气的能量需求，随着室外温度的不同而变化。这个问题在加热空气时尤其严重，常会使人产生不舒适感。记录在案的问题包括，这种情况下提供的通风气流和相关的空间都会出现过热现象，加热器会停止工作，并且由于温度控制不足导致通风系统关闭。

通风气流经常不能抵达它本应吹到的人群。例如，在很多高层公寓和酒店中，通风气流从屋顶上面进入室内，通过走廊墙体上的出风口格栅吹向走廊，通常情况下风口高度正好在头顶上方。通风系统的设计是让气流进入走廊或者从公寓及酒店客房的门下流入。然而，很大一部分通风气流不能吹向它本应到达的人群。相反，部分气流通过电梯井、楼梯间、垃圾道和走廊的窗户回到室外。其中一部分气流确实是通过门下方进入公寓或者客房内部，但是部分气流通过厨房、浴室的排风系统排出。厨房与浴室通常布置在公寓或者客房的入口处，远离建筑的外边界。因此新鲜空气流出了建筑却没有到达起居室或卧室中的使用者。

这种方法在规范和标准中越来越不鼓励，应该避免。替代方案包括，将室外空气直接输送到室内区域或空气处理器的回风管道，以便分配到室内空间，或为不同空间安装独立的通风系统。

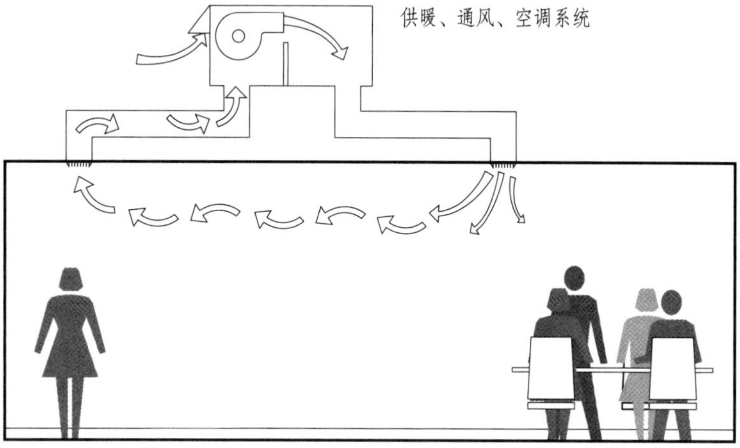

13.07 通风会绕过使用者的呼吸区域。

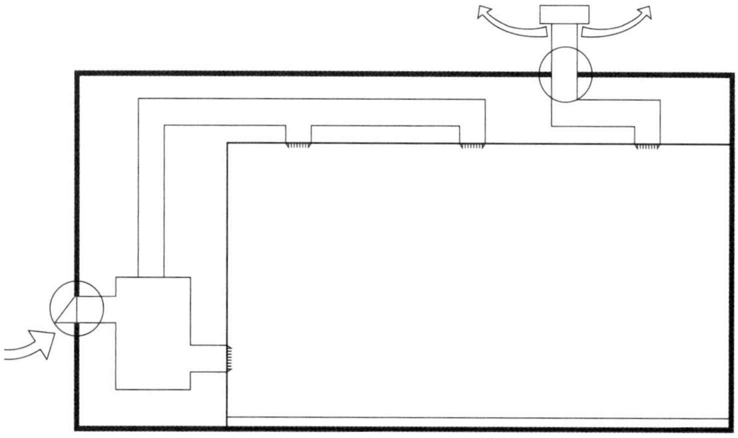

13.08 通风口打破了热边界的连续性。

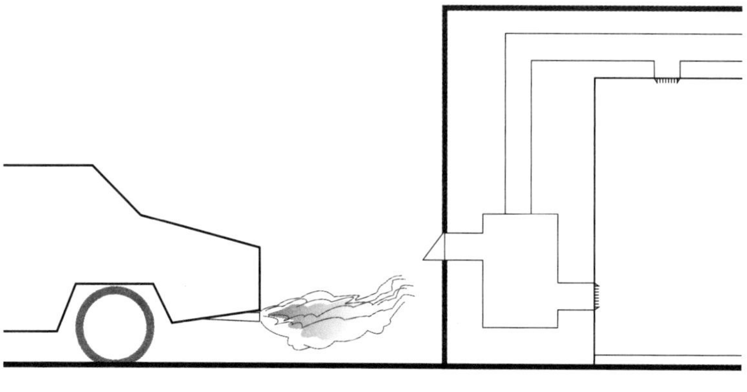

13.09 当进风口靠近污染源时，通风会将污染物带入室内。

相似的旁路问题，也称为“无效通风”，发生在用加热或冷却的空气输送通风空气的建筑中。在很多这样的建筑中，空气既通过天花板进入室内，又通过天花板回到管道系统中，因此大部分通风并没有达到使用者呼吸的区域。

另一个与通风相关的问题是，在建筑中引入孔洞，打破了热边界的连续性，造成意想不到的后果。这些洞口的作用是使通风空气流通。一个设计合理的通风系统仅在人们需要新鲜空气的时候才使空气流动。比如，办公建筑在空无一人的夜晚是不需要通风的。在这种情况下，通风洞口通常会关闭风门，风门是一种阀状设施，可以打开或者关闭。但空气是一种流体，易于找到通过风门的路径，换言之就是容易发生渗透。风门经常开关，要么是永久开启，泄漏了大量空气；要么是永久关闭，完全不提供通风。

通风很难被测量，通风系统也很难被检测和理解。因此，建筑检测员通常无法判别出通风系统的设计与安装是否有问题。所以，通风系统不只会在建筑建成后失效，有时在使用前就已经失效。甚至当通风系统失效后，建筑的使用者和操作人员并没有意识到通风系统已经失效。将通风系统与建筑中其他系统的失效相比较，如果供热或者制冷系统失效，我们在几个小时内便会得知，因为建筑会变得过热或者过冷；如果电梯设备失效，我们通常立刻就会知道；如果热水设备失效，当我们打开水龙头时便会知道。但是通风系统不同，如果通风设备失效，通常不会引起人们的注意，有时甚至会延续数月或者数年。

即使通风系统在正常运转并且能够为需要通风的位置提供足够的新鲜空气，但是根据室内使用者的去留降低或者增加通风量仍然是个挑战，完成这个挑战的最好方法是使用按需控制的通风系统，通常使用二氧化碳感应器，当二氧化碳浓度过高时，增加通风量。这是一个很重要的进步。然而，按需控制的通风系统通常仅仅用于商业建筑，并没有普及其他常见建筑类型，比如独栋住宅、联排住宅和酒店等。

通风的另一个问题是新鲜空气的进风口有时设置在污染源附近。因此，通风并没有起到利用室外新鲜空气降低室内污染物浓度的作用，反而是将污染物带入了室内。这种现象可以在汽车尾气的踪迹中得到证实，比如某些建筑的进风口靠近货运码头或者停车场，其进风口的格栅上就会存在很多熏黑的痕迹。

室内空气质量问题的解决方法 Indoor Air Quality Solutions

采用由外到内的方法，我们从远离建筑的外部环境开始逐渐深入建筑内部。

社区 Community

我们试着选择没有遭受严重空气污染的社区，并且试图降低所在社区的空气污染程度，因为我们深知室内空气质量只能达到与引进的室外空气质量相同的程度。我们尽量避免空气污染源，尤其是汽车尾气，比如汽车交通量大的街道或者汽车停顿的街角。同时也应当仔细检查并尽量避免空气中的工业污染源。我们要么让建筑远离这些污染源，要么至少保证建筑的通风口远离污染源。

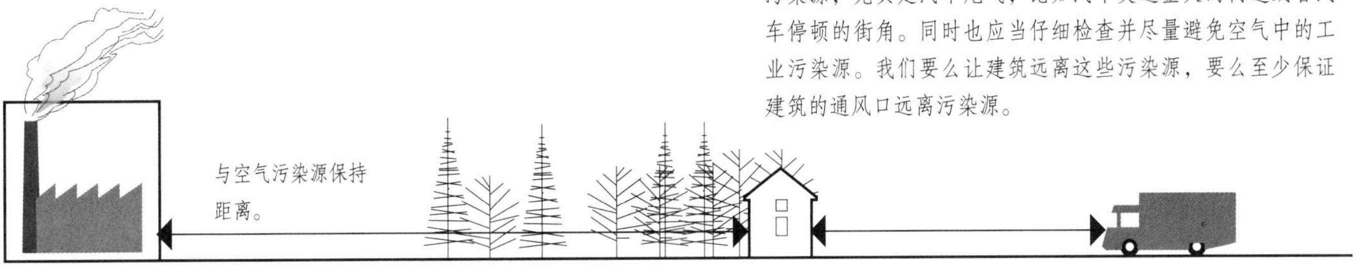

13.10 防止室内空气质量问题的社区策略。

场地 Site

回到场地问题，当我们设置车行流线和停车场的时候，我们要尽量让车辆远离建筑。我们会考虑在建筑周围禁止吸烟，尤其是在通风系统的进风口附近，还有通道与建筑入口附近，有可能的话，还会在整个建筑场地禁烟。我们试图减少或去除其他与场地相关的污染源，比如燃烧设备、化学过程及焚烧。同时，最重要的是，我们直接关注场地坡度和水资源管理。建筑中很多严重的空气质量问题是由潮湿引起的，潮湿的来源通常可以追溯到进入建筑的地表水，尤其是在设有地下室的情况下。

建筑形体 Building Shape

关于建筑形体，有些工作已经在由外而内进行设计的早期阶段展开。特别是在给定功能和使用人数的情况下，设计占地面积较小的建筑，同时避免过高的天花板，可以大幅降低通风需求。对于以建筑面积或每小时换气次数为基础规定通风量的建筑规范和标准，小型建筑需要较少的通风，因此能耗较低。小型通风系统的安装成本也比较低。

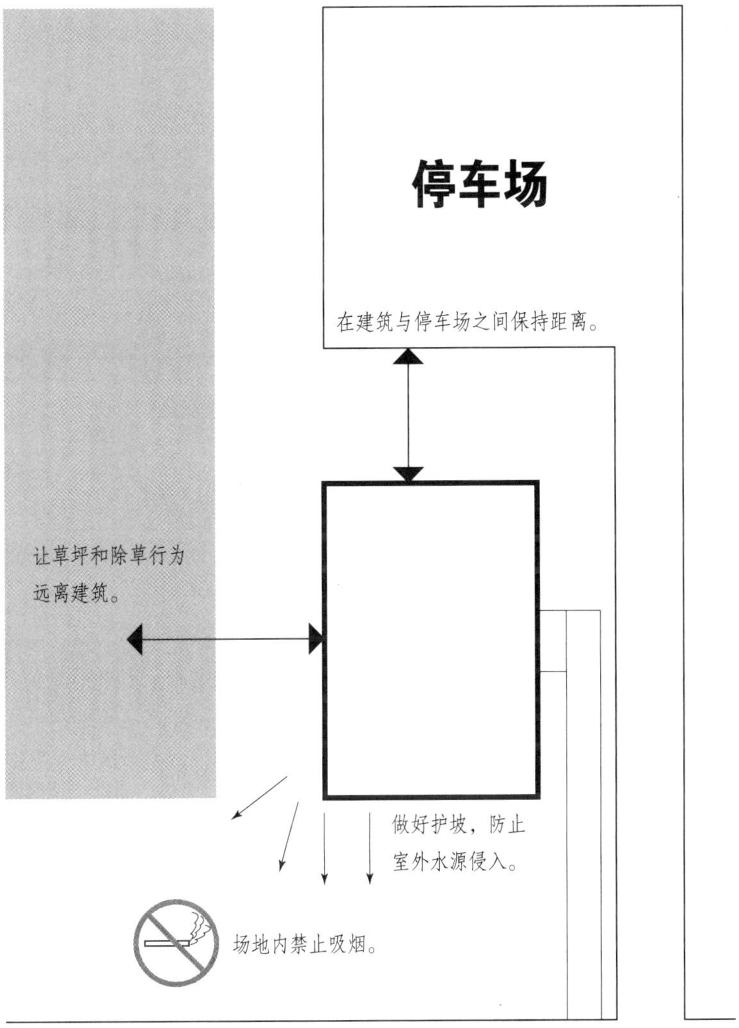

13.11 防止室内空气质量问题的场地策略。

建筑周边 Near-Building

就建筑细部设施而言，装卸平台存在风险。装卸平台的位置应该远离通风系统的进风口。除此之外，装卸平台应该拥有独立的废气通风系统，以免因为烟囱效应夹带废气进入建筑。最后，在建筑与装卸平台之间应该设置一个坚实的保护层，比如空气屏障。

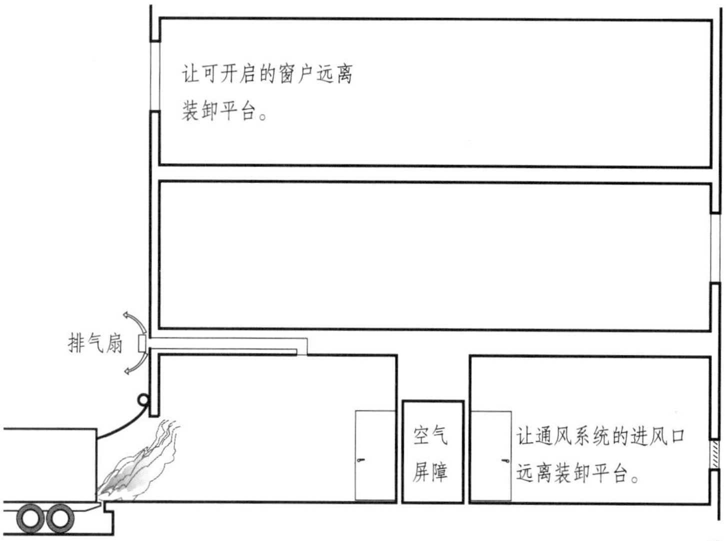

13.12 装卸平台的防范措施。

我们要避免各种颗粒进入建筑，通过某些设施减少灰尘、污物，比如放置脚踏垫和摩擦格栅，供人们在到达建筑入口时使用。需要再次提及的是，水源管理很重要，就建筑细部设施而言，主要是指排水沟的有效利用。排水沟收集屋顶雨水，并且最重要的是，当雨水不需要回收利用的时候，排水沟需要彻底地将水导向远离建筑的地方。屋檐也能保护建筑不受雨水的侵蚀，否则就会造成室内潮湿。

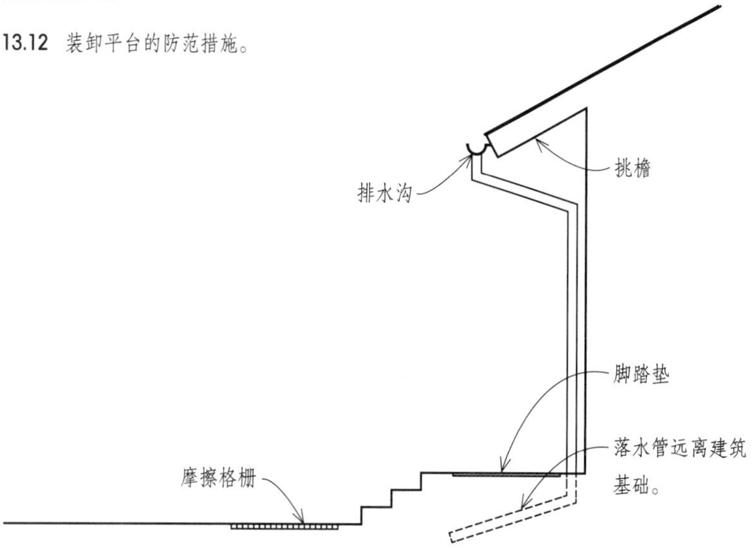

13.13 防止室内空气质量问题的建筑周边因素。

外围护结构 Outer Envelope

室外空气在被带入室内时应该尽可能远离地面，最好是在屋顶的高度，这个高度的空气会更干净且远离污染源，比如汽车、除草机以及其他小引擎设备，还有烟草烟雾。进风口也应该远离建筑排放废气的地方，不管是建筑通风口还是燃烧排烟口和烟囱，尤其重要的是要远离后者。

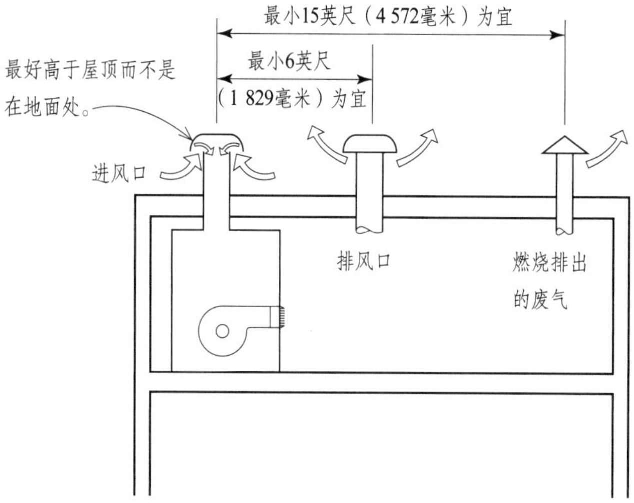

13.14 较好的通风系统进风口位置。

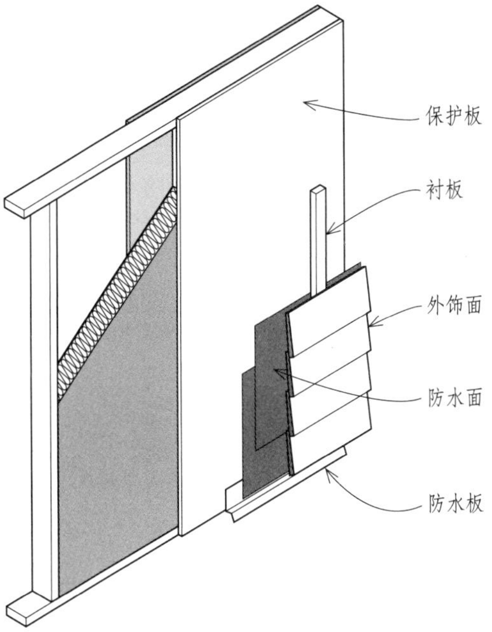

13.15 加强外围护结构，抵御雨水侵蚀。

除了关注水源管理，还要努力加强外围护结构，抵御雨水侵袭。坚实的多层保护非常有用。第一层是外饰面。在外饰面之下，是精心施工、连续不断的防水面，可以有效地阻挡透过外饰面的水分。排水面由防潮纸、带有面层且封装良好的保温层或者密封防潮层构成。防水板也是防水面的构成部分之一，在门、窗、墙的顶端与底端等处保持了防水面的连续性。防止空气泄漏与雨水渗透的双重作用通常是兼容的。严防空气泄漏的墙体和屋顶也会防止雨水侵蚀。

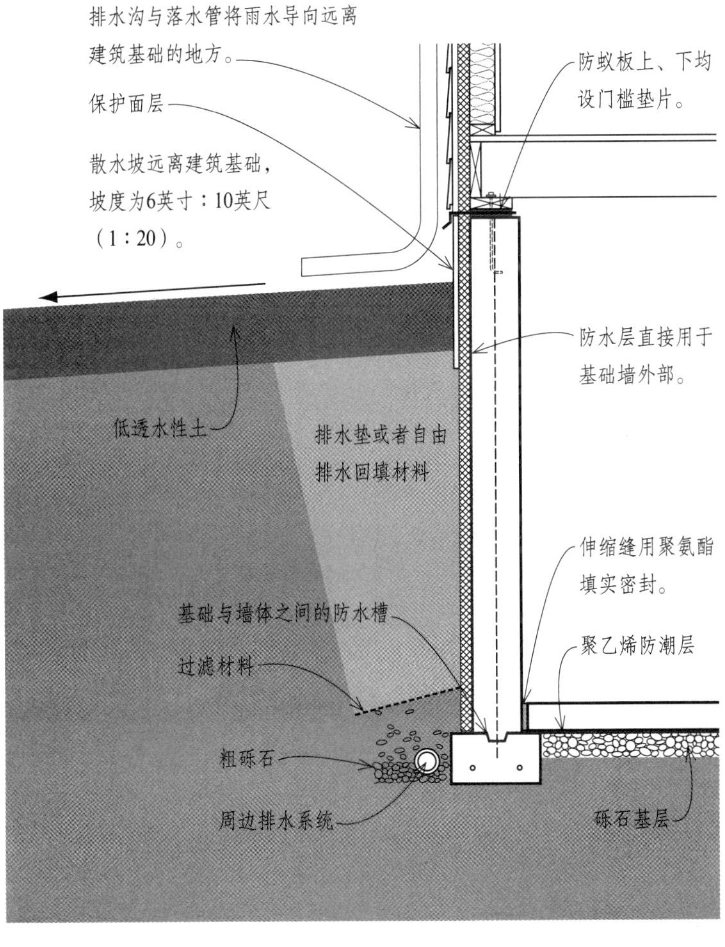

13.16 基础墙的防潮层细部。

在散水下方，防潮层非常重要。为了防止不连续性，防潮层的剖面应该是搭接良好且密封的。防潮层至少要有10密耳（1密耳≈0.025 4毫米）厚，应避免发生防潮层的渗透现象，即使很细微的渗透也会导致潮气侵蚀。各种板材的边缘和伸缩缝（expansion joint）都应该填实嵌缝防止渗水。基础部分的防潮同时也意味着防止氡气，氡气是一种无味的致癌物质，通常来源于土壤。

我们想要减少由于通风需求造成的外围护结构的不连续性。一个解决方法是采用马达驱动的自动阀门，自动阀门可以在不需要通风时双向阻止空气流动，不同于重力阀门只能在单一方向阻止空气流动；密封的垫圈阀门也可以保证气密性，但不能选用大多数排气扇中常见的易松动的无垫圈阀门。

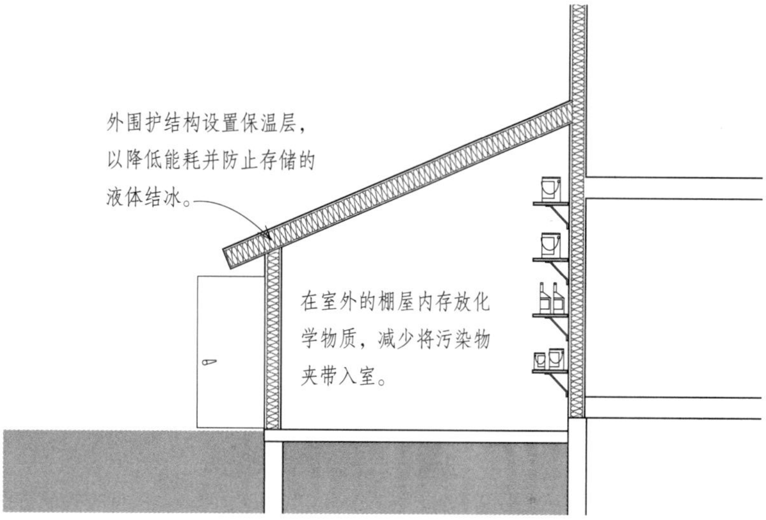

13.17 用附属棚屋强化保护层。

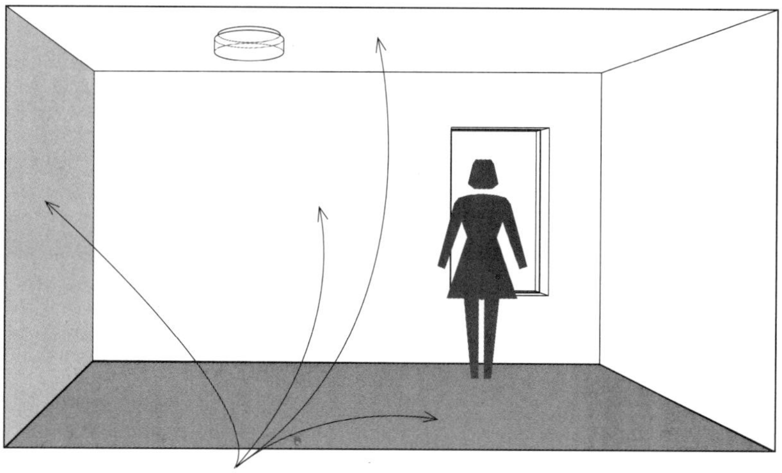

13.18 在室内装修过程中尽量少用化学物质，以提高室内空气质量。

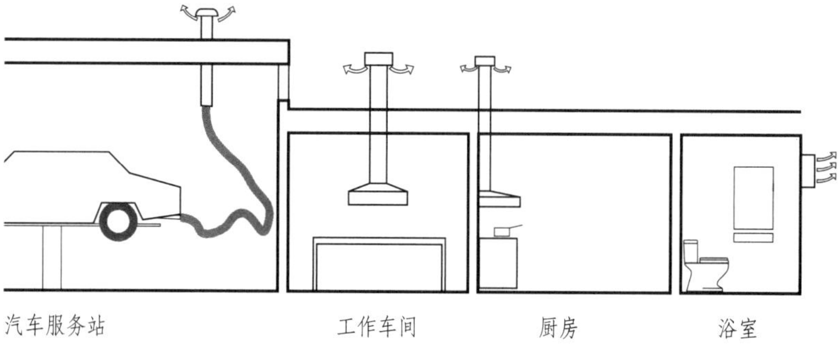

13.19 使用排风设备来捕捉污染源。

非空调空间 Unconditioned Spaces

紧邻建筑的车库存在使室内空气质量变差的风险，因为会有汽车尾气进入建筑。正如前文提到的，紧邻建筑的车库可以作为非空调空间，成为建筑的另外一个保护层，降低建筑得热与失热。如果计划建造一个紧邻建筑的车库，另外一个理由是，可以在车库与建筑之间建立起一个坚固的保护层，不仅用于隔热，还用于密封空气层，阻止烟雾进入建筑。

去掉地下室可以有效减少潮湿问题。可以考虑将储存的化学物质，如清洁剂、除草剂、涂料等存放在附属的棚屋中，而不是把它们保存在所谓的“非空调空间”（如地下室或阁楼）中。一个建造良好的附属棚屋，在建筑内、外两侧都有坚实的保护层，在大多数气候条件下不会冻坏储存的液体物质。在更为寒冷的地区，内围护结构无须为防结冰而设置保温层（但仍然需要气密），但是这样的话，内围护结构靠近室外一侧必须设置保温层。坚实的保温层，通过高效的气密性，也会阻止烟雾进入建筑。

内围护结构 Inner Envelope

减少污染源的法则也可用于减少建造过程中化学物质的使用，尤其是在内围护结构的饰面（比如涂料、地毯和木质饰面）中。关于材料健康的问题（包括透明度和标识），在第17章“材料”章节中有更详细的讨论。

室内污染物的来源 Internal Gains

在前面能量获得的相关内容中讨论过室内污染物的来源，比如来自照明和电器的热量。室内因素的概念也适用于空气中的污染物。在清扫作业和建筑施工过程中，要选择那些少用化学品的室内材料。要阻止烟草烟雾进入建筑以及建筑周边区域。除了减少污染源，还要考虑污染物捕捉，比如厨房里的排气罩，将废气排出室外，而不是再次循环到室内。浴室中的排气扇是另一种捕捉污染源的方式。污染源捕捉原则可以引申至其他种类的污染源，比如工作车间、存在黏胶和喷漆活动的手工艺坊、汽车服务区，还有存放化学物质的地方。

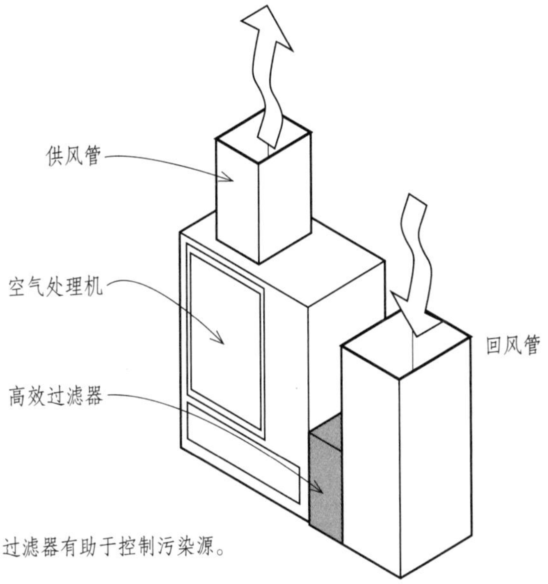

13.20 空气处理机中的过滤器有助于控制污染源。

除了控制污染源，还会用到污染物过滤。可以考虑使用高效的颗粒过滤器或者化学过滤器，而不是空气处理机中的低效过滤器。空气处理机中的过滤器应该安装牢固，防止气体绕道通过从而降低过滤器的效率。安装过滤器的外壳时应该通过使用垫圈保证良好的气密性，以防止空气泄漏。

需要优先处理的室内因素是湿度控制。潮湿是引发室内空气质量问题的一个主要原因，它会使材料受损，滋生霉菌。潮湿来源于许多室内因素：烹饪、人体排汗、植物、洗浴、衣服晾晒、游泳池与养鱼池里的水以及上下水管道渗漏等。正如前文中提到的，潮湿还来自透过混凝土基础墙和楼板的室外雨水和地下水。当室外湿度高于室内湿度时，潮气还会通过空气渗透进入室内，夏季的时候常会如此。

对于高品质的室内环境而言，室内湿度控制是非常重要的。相对湿度最好维持在60%以下，以保持低于70%的安全水平，超过这个安全水平，室内的霉菌生长会变得非常活跃。

通常情况下，减少来源是降低室内空气湿度最有效的方法，可以通过以下做法实现：在室外晾晒衣服或者使用排风良好的衣物烘干机、使用高效洗衣机去掉衣物中更多的水分、使用低流速淋浴喷头、控制室内植物数量、做好设计防止漏水。安装在室内的空调器的冷凝盘（condensate pan）会堵塞，使水溢出。因此应该考虑在空调器下面布置另外一个冷凝盘，并安装报警装置，在水要溢出的时候发出警报。厨房和浴室的排风扇也可用于捕捉污染源。最后，除湿在提供安全保障方面是非常有效的。除湿不仅可以通过传统的除湿器完成，还可以通过空调完成，其中有些空调的除湿设置与温度设置是分开的。

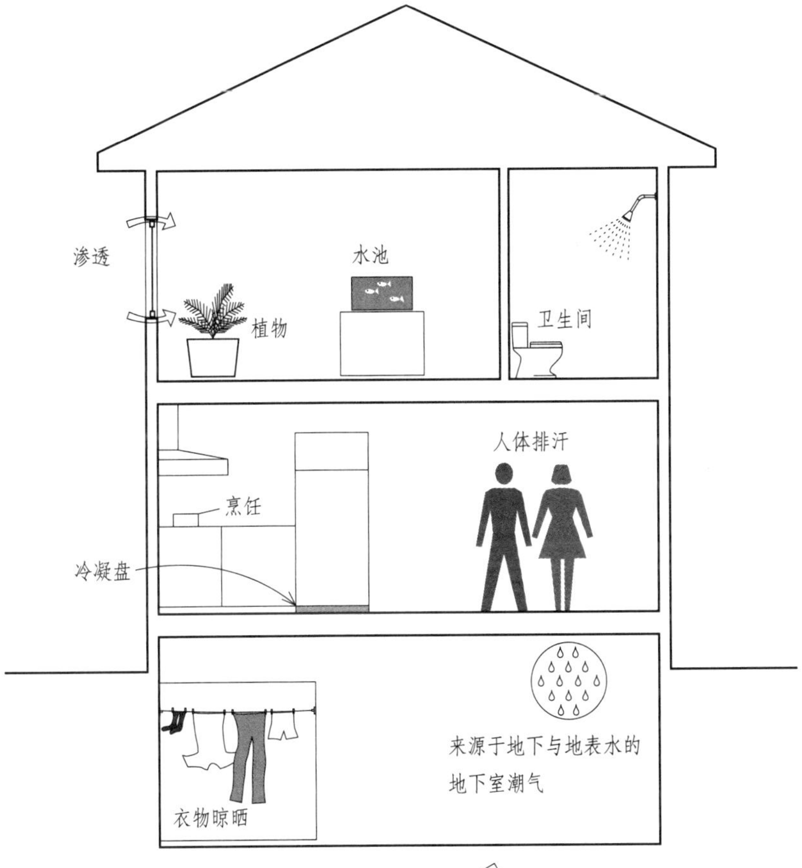

13.21 导致室内潮湿的湿气来源。

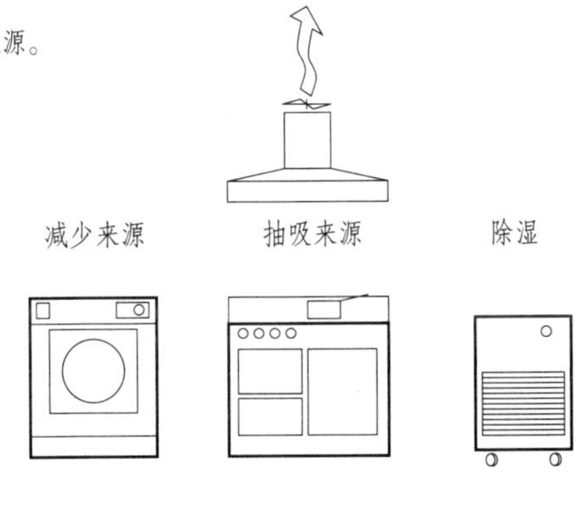

13.22 控制湿度的方法。

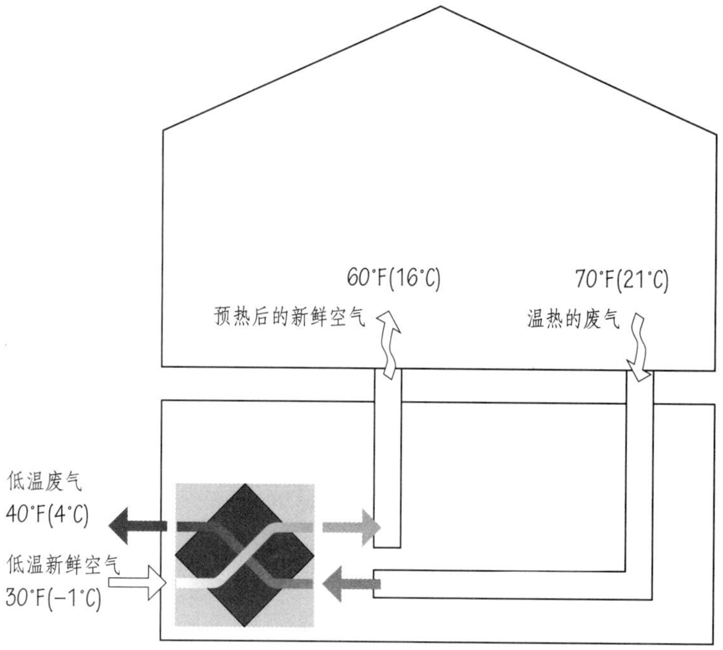

13.23 热回收通风。

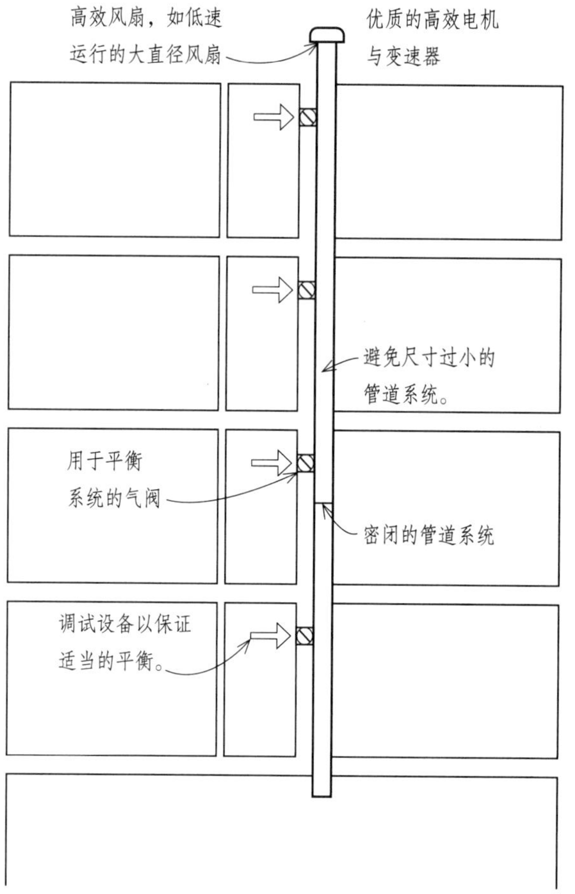

13.24 通风的最佳实践。

通风 Ventilation

当很多潜在的室内污染物被减少或者去除之后，就可以把注意力放在通风系统上了。应该考虑热回收通风，它可以降低加热或冷却通风空气的需求，也可以减少与温度控制相关的问题。这种方法将真正的通风——引进室外空气，与污染源捕捉结合起来，成为一个系统。比如系统中包括卫生间或厨房的排气装置，但前提是排气装置不能太脏以至于堵塞热交换器，这一现象经常在厨房的排气装置中发生。对于使用空调的建筑，一种叫作“能量回收通风”（energy recovery ventilation）的热交换方法很有效，这种方法同时处理了热量和湿气：当夏天不需要湿气的时候，将湿气阻挡在建筑外部；当冬天需要湿气的时候，将湿气留在室内，极大地降低了能耗。在夏季，能量回收通风中湿度控制的优势，只有在空调建筑中才能显现。如果建筑没有空调，能量回收通风容易将夏季室内不需要的潮气留在室内。热回收或者能量回收通风系统应有自己的设备，与所有的空调管道一起，设置于热围护结构内部，不能布置在室外。安装在屋顶上的设备与管道系统会通过导热或者空气泄漏而损失能量。热回收也遵循由外而内的设计原则，预先加热或冷却室外空气，从而降低采暖或制冷系统的负荷。

不同通风系统的能效变化很大。对于“能源之星”项目中涵盖的通风系统，一般来讲最高为500立方英尺/分钟（CFM，cubic feet per minute），提出“能源之星”的指标要求，以保证风扇、电机系统的高效率和低噪声水平。对于更大的风扇，则需要高效电机、能效更高的风扇和电机系统，例如《ASHRAE标准189.1》规定的内容，同时要考虑通风率可变的变速电机驱动器。另一个最佳实践是采用大直径风扇，以较慢速度运行。这种方法提供了更高的效率和更低的噪声。适当更改管道系统的规格也能降低风扇的能耗，只要通风风扇与电机不超过规格就行。通过调试使系统达到平衡并且保证系统密闭，也有助于提升整个系统的效率，允许以最低的风扇功率来满足通风需求。

风扇效率是能源规范和标准的新兴焦点。随着建筑围护结构和供暖/制冷系统在能源效率方面不断成熟，风扇用能在建筑用能中所占比例越来越大，风扇效率成为减少用能的下一个重要的前沿领域。优于规范的标准，例如能源之星和《ASHRAE标准189.1》，是设计绿色建筑的良好开端，但专业设计人员可以走得更远，对规范和标准未涵盖的系统也要求采用等效的高效风扇和电机，例如采用较小的排气扇，将风扇封装在供热和制冷系统中。

[译注] “能源之星”（Energy Star），是美国能源部和美国环境保护署共同推行的一项政府计划，旨在更好地保护生存环境，节约能源，认证范围包括电子产品、设备和建筑等。

13.25 通过合理安排进风口、出风口的位置，实现有效的通风。

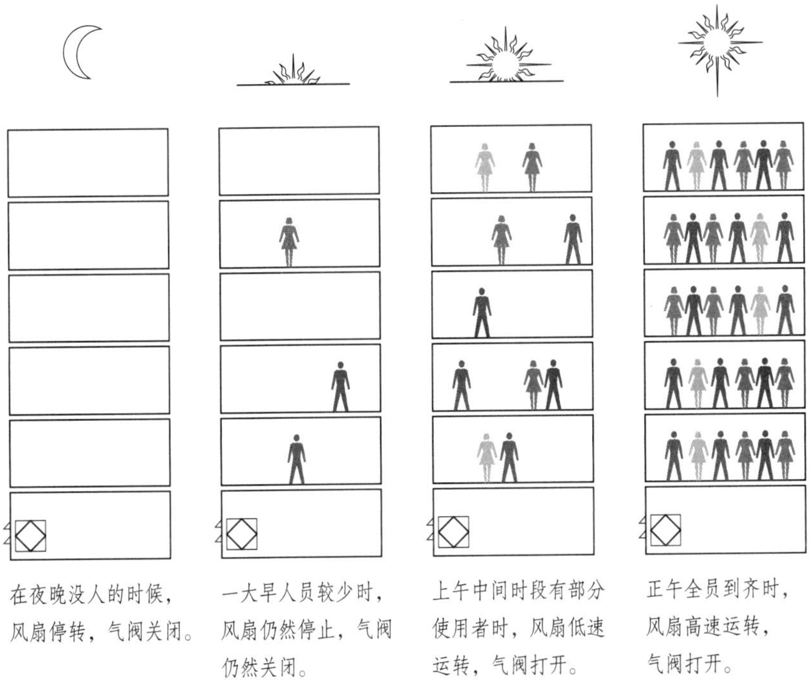

13.26 通风控制。

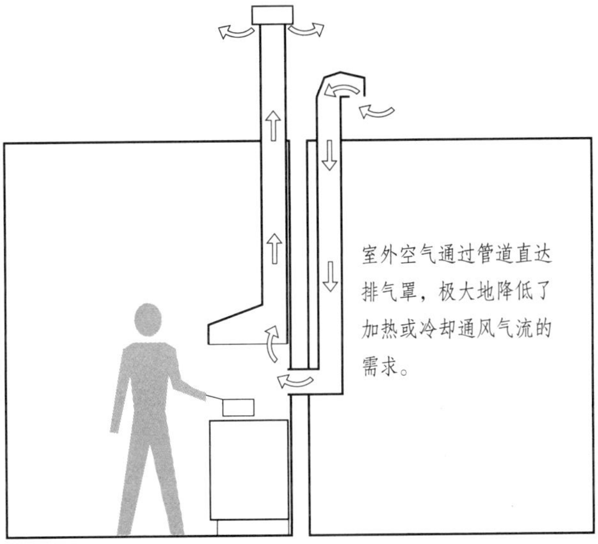

13.27 排气罩通风。

需要注意通风系统的进风口与出风口的位置，室外空气的进风口应当设在温度问题最小、不引人注意的位置。通风气流应保证扫过整个房间，并能够到达人们呼吸的区域，然后排出室外。为了达到更高的效率，进风口可以设计在屋顶高度，而出风口则在楼板高度，或者相反，总之要保证两个风口位于房间相反的两端。

使用通风控制设备也可以节约能源。将通风与加热或冷却气流分开，这样就可以按照需求单独控制通风、加热、制冷。通风得到控制，就能做到当室内人多时增大通风量、人少时减小通风量、没有人时停止通风。这意味着通风的运用要做到：按需控制通风、按时控制通风、使用多种风扇，甚至是使用窗户通风。

通风系统的调试很重要。建筑一落成就要测量通风效果。在建筑持续运行的过程中，可以考虑使用某些测量方法，比如在墙上温度控制器的旁边安装二氧化碳显示器或者自动控制的二氧化碳传感器，当通风系统失效时会报警或以其他方式提醒。

对于专业的废气通风系统，比如商用的厨房油烟机、制冷压缩机房、实验室通风柜等，可以通过直接向排出废气的设备提供室外空气来节约能源，无须加热或者冷却新风，使得换气直接发生。应该注意在直接提供室外空气时，不能引起舒适性问题，比如，厨房油烟机后面的空气可以通过管道进入厨房排气罩中，夹带着排气罩里的污物，在排出过程中不会引起油烟机附近人们的不适感。

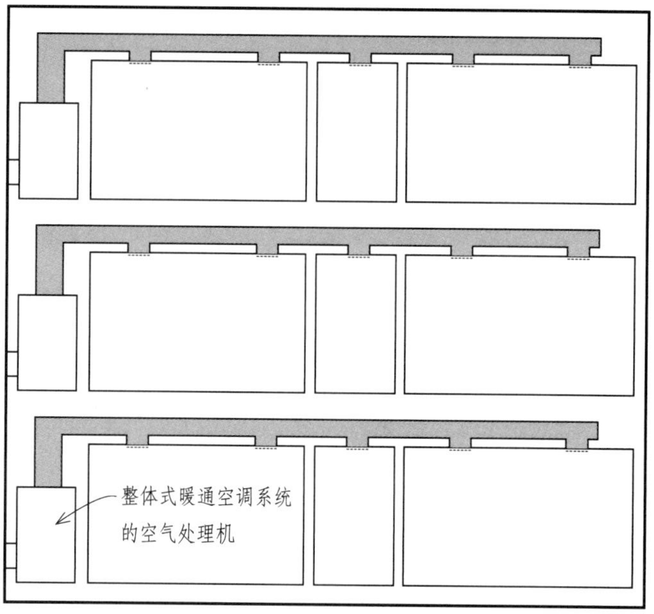

传统的方式：采暖制冷系统与通风一体化。

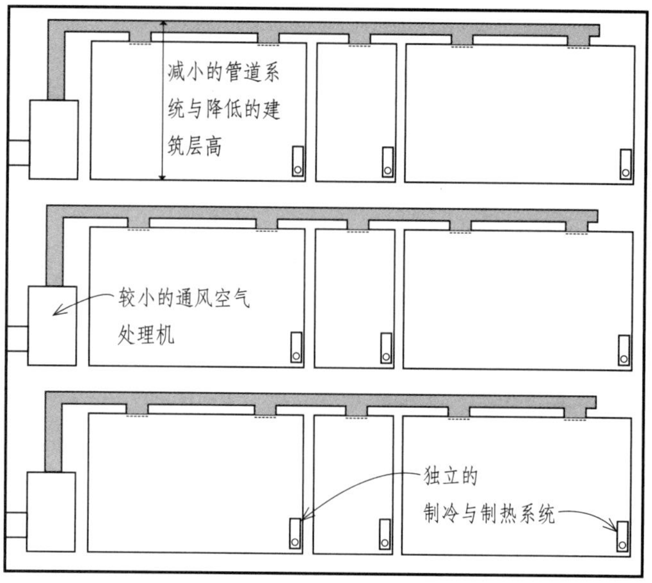

分离通风的方法：从采暖制冷系统中分离出专用室外空气系统。

13.28 将通风系统从采暖制冷系统中分离出来。

将通风系统与采暖制冷系统分离，是目前的发展趋势。历史上，商业建筑的通风系统曾经与采暖制冷系统相结合。可以在典型的单层零售商店的屋顶上看到它们：那些方盒子是采暖制冷单元，较小的三角形附属物是通风进风口的雨罩。在大型商业建筑中，进风口通常是一面较大的格栅墙，通过管道与中央加热或制冷处理器相连。不过，将通风与采暖制冷系统分离在绿色建筑中的结果是令人满意的，理由如下：

- 降低了风扇的能耗。通风气流速度通常远小于采暖制冷时气流的速度。在没有采暖制冷的需求时，如果依靠大型中央风扇来带动少量的通风空气，消耗的能量会比实际需求大很多倍。
- 对于通风气流，可以实现更多的自定义控制，与采暖制冷气流速度的控制完全分开。
- 对于采暖制冷的气流，也可以实现更多的自定义控制。
- 使建筑中的气压更容易得到平衡。比如，一个典型的小型屋顶通风单元，如果将通风空气送入室内的同时没有排出任何空气，那么就会给建筑施压，迫使空气渗出，容易产生诸如墙体构件结露的问题。
- 需要的管道系统尺寸更小，因此能够降低层高。

自然通风也是一个选择。自然通风利用建筑上的洞口（比如可开启的窗户）、小型通风设备、墙面上或者窗户下的小洞、促进烟囱效应和浮力通风的塔或者风斗进行通风。安装在屋顶上、由风力驱动的涡轮通风机可以引导空气流出室外，同时建筑洞口（通常设在低层）允许空气流入室内，实现自然通风。自然通风可以由使用者控制，比如可以开启或关闭窗户；在洞口固定的情况下则不可控制；或者可以实现自动控制。

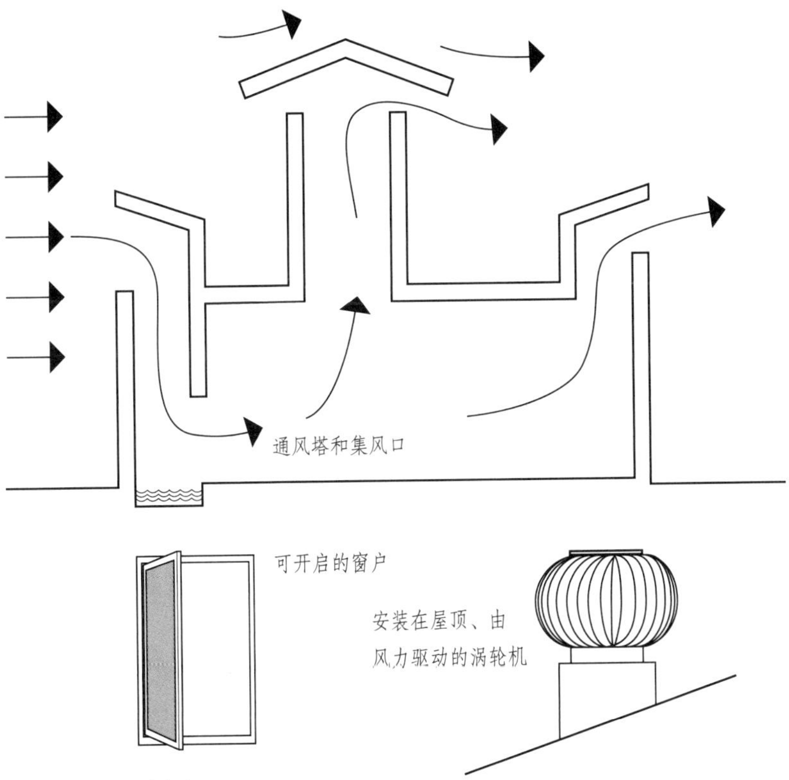

13.29 自然通风的方法。

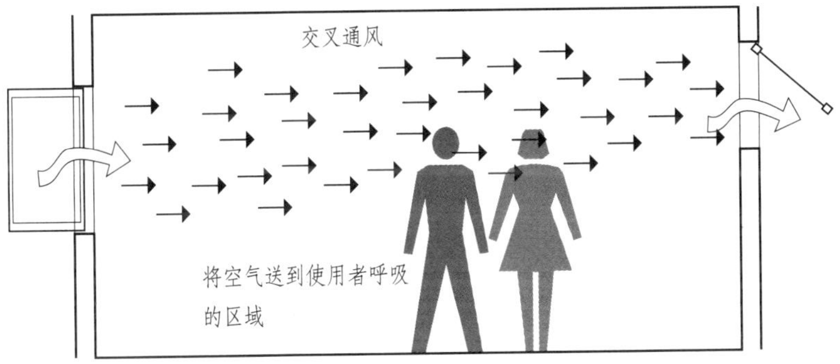

13.30 有效的自然通风。

提高通风质量对建筑经济性的影响怎样呢？在使用者人数一定的情况下，较小的建筑规模会降低通风量，从而降低工程造价；避免污染源基本上对造价没有太大影响；通过使用漏气少的气阀严格控制建筑围护结构的通风渗透会增加造价；通过使用低毒性的涂料、装饰材料和地毯来减少污染源，一般会增加一点造价；热回收通风会大幅增加建筑造价，应该从建筑的全生命周期运行造价的角度仔细核查。在运行时间足够长的情况下，热回收通风系统节省的费用能收回造价，但是当通风系统每天只运行几小时，热回收通风的效益就不那么可观了。将通风系统从采暖制冷系统中分离开通常会增加造价，因为需要独立的管道系统。通风控制，比如二氧化碳控制，通常会稍微增加工程造价。

对于自然通风，英国建筑研究所环境评估方法（BREEAM）中有一个被广泛引用的方法，要求对自然通风实行两种级别的控制：较高的等级是去除室内暂存的气味，较低的等级是持续通风。交叉通风（cross-ventilation）是一项重要的策略，即在可行的条件下在空间相对的两侧都有开口。对于由浮力驱动的通风而言，需要注意建筑内通风气流经过的路径。为了保证通风的有效性，新鲜空气必须传递到使用者呼吸的区域内。

值得一提的是，自然通风需要空气在建筑中流动的路径与建筑热分层之间存在矛盾。因此需要考虑这两种方式的平衡以及每种方式的相对益处。相较于建筑整体中由浮力驱动的自然通风，一个房间内的交叉通风与热分层之间的矛盾较小。

驱动自然通风的基本因素包括浮力与自然风，两者都不好控制，因此自然通风具有高度不可预测性。自然通风的益处包括节约风扇功率，但限于有人控制开窗和风扇的情况；缺点在于通风可控性不够，会导致通风不足，或者室内空气质量不佳，或者通风过度以及用于加热或冷却通风气流的能量需求增大。自然通风有时用于温度控制，尽管其主要目的是通过降低室外空气污染物的浓度来提高室内空气质量。

在建筑电气化的过程中，重要的是不用加热化石燃料来向绿色建筑中补充的空气（即新风）。由于建筑使用热泵为空间供暖，新风的加热问题经常被忽视，人们经常会发现绿色建筑用热泵为空间供暖，却使用化石燃料加热新风。然而，现在已有多种高效的电动技术可用于加热新风，包括：A. 新风处理器，位于中央可变制冷剂流量热泵（VRF，variable refrigerant flow，VRF是热泵空调的一种形式）之外；B. 成套的新风热泵，例如屋顶机组；C. 空气—水或水—水热泵，例如地源热泵，为新风处理器中的传统热水盘管提供热水；D. 各种直接预热方法，例如通过接地管吸入室外空气，需要注意避免水或湿气侵入。在寒冷的气候下，重要的是热泵在室外空气温度较低的情况下正常运行，避免使用备用的化石燃料或电阻热。本书第14章提供了关于热泵的更多信息。

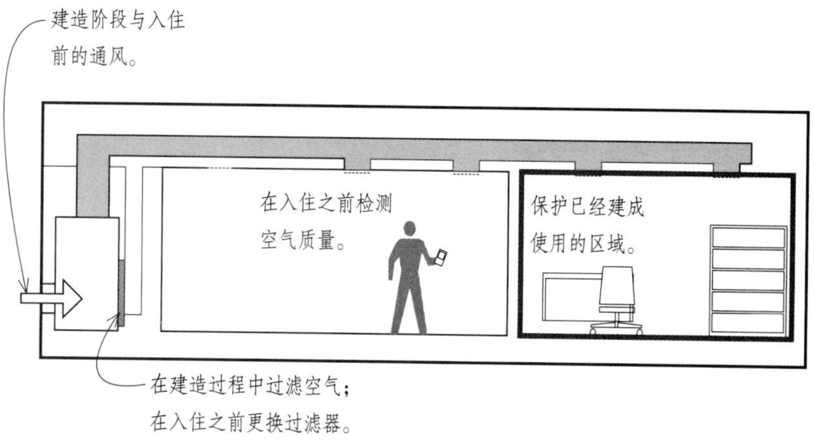

13.31 建造过程中防止污染的方法。

建造与使用过程中的室内空气质量 Indoor Air Quality during Construction and Preceding Occupancy

作为长期室内空气质量设计的一个次要环节，需要采取措施防止建造过程中来源于建筑与建筑系统的污染物，这些措施包括建造过程中的通风、使空气处理机与管道系统远离空气中的灰尘、在改建或加建过程中保护已经建成使用的区域、保证不良气味和装修废气已经被足够的新鲜空气稀释或者在入住前已经放置了足够长的时间，比如，通过空气质量检测确定是否可以入住。

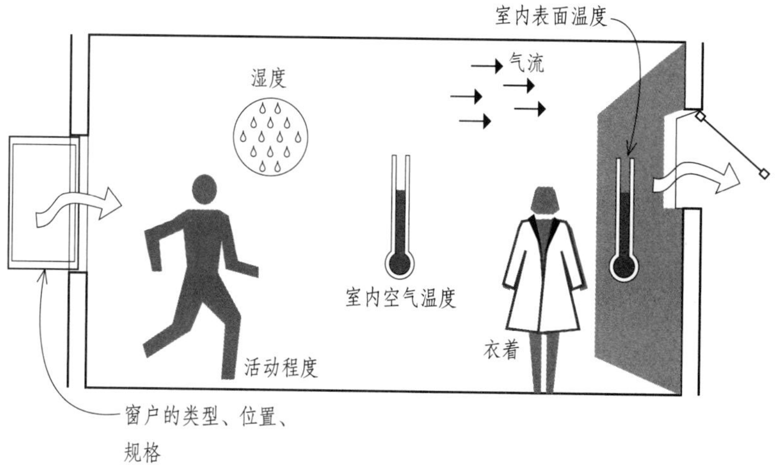

13.32 影响热舒适度的因素。

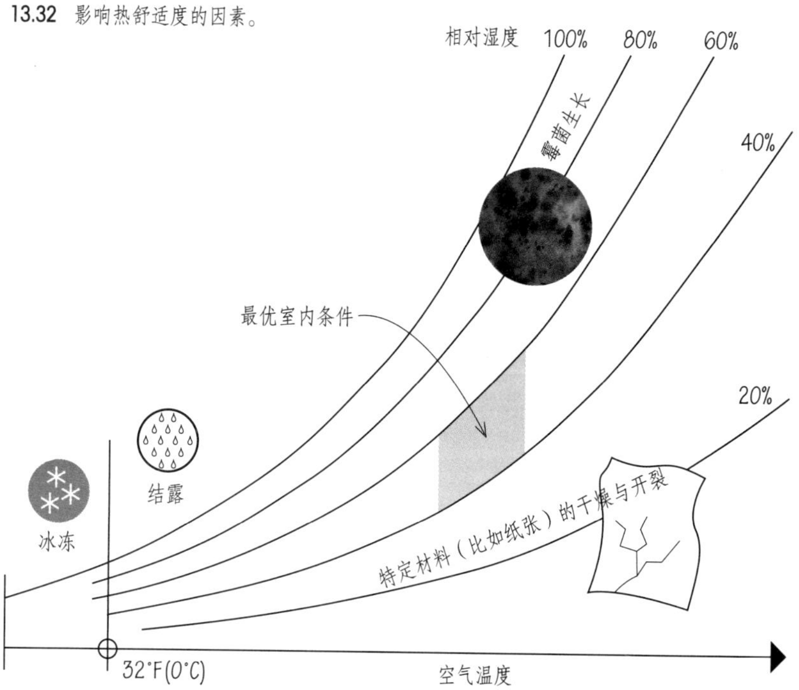

13.33 湿度对热舒适性的影响。

热舒适性 Thermal Comfort

背景 Background

以往，人们普遍认为影响舒适度的最基本因素是室内空气温度。随着时间的推移，人们开始意识到其他一些因素也会影响舒适性，包括湿度、气流、衣着、活动程度、周边环境表面（比如墙体和地板）的温度、引起热辐射交换的窗户面积以及其他物理因素。直到最近，人们开始关注室外空气温度以及每个人对建筑环境的喜好、敏感度和心理反应。

舒适性不足的负面影响包括人们的不满意心理、做事效率低以及给人体免疫系统带来压力。高气温会让人觉得室内空气质量很差。热控制不良的极端影响包括恶心呕吐、中暑、体温过低甚至死亡。

其他一些明显症状与湿度控制不够有关，这不仅影响了热舒适度，还会影响到建筑内的材料。高湿度会带来诸如霉菌生长、建筑门窗等木构件膨胀、低温表面结露等问题；低湿度不仅会导致人体皮肤干燥皲裂，还会导致建筑材料（比如木材、纸张、薄膜）干燥破裂；湿度波动则会导致建筑材料的损坏，比如裂缝或者弯曲。

一般来讲，绿色建筑遇到的舒适性问题很少，即使是在采取具体措施解决热舒适性问题之前。冬季，墙体与屋顶拥有足够的保温层，保证了各种建筑构件室内表面的温度。较少的渗透减少了漏气，同时也减小了冬季室外低湿度与夏季室外高湿度对建筑的影响，然而需要注意的是，低渗透性在特定情况下也会增加室内高湿度的风险。较小、较少的窗户降低了人体热辐射损失，并减少了空气对流。能量回收通风系统根据需求控制湿度——冬季时将湿气留在室内，夏季时将湿气排到室外。

如果避免使用拱形的天花板与下沉式的地板，并且建筑热分层良好，就会减少温度梯度的发生。

尽管绿色建筑已经提供了一个良好的开端，但是我们仍然需要设计并且提供适宜的热舒适度。

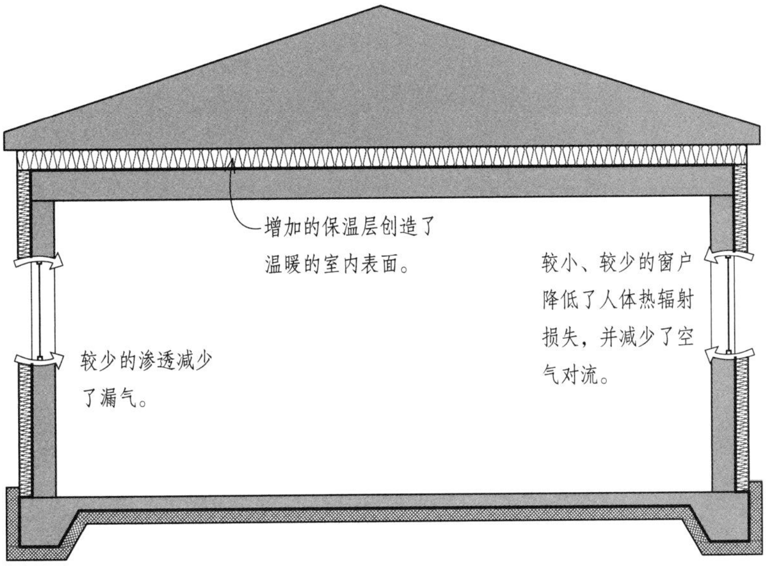

13.34 绿色建筑在应对热舒适性问题上的优势。

测量舒适度 Measuring Comfort

室内舒适度的测量首先是空气温度测量，其次是湿度测量。可利用诸如气流速度、辐射温度、衣物厚度、气压、新陈代谢速率等数据进行更精确的预测，以判定一个特定的空间对于特定的使用者来说是否舒适。

就估量一栋建筑是否提供了良好的热舒适性而言，使用者问卷调查是一个可行的评估方法。将80%以上的使用者处于舒适状态时的参数作为建筑总体热舒适的标准。

近期研究表明，没有空调系统，只有可开启窗户的建筑的使用者可以承受更大的温度波动范围，可承受的温度变化范围会超过他们认为舒适的范畴。这些人群似乎有着适应当地气候条件并做出自我调整的能力，比如打开或者关闭窗户、增减衣物等，这种现象在拥有中央空调的封闭式建筑的使用者中很少发生。这些发现引出了在自然通风的建筑中测量热舒适度的另一种方法。

13.35 拥有可开启的窗户让使用者能够更好地调节与适应当地气候条件。

目标/要求 Goals/Requirements

在实现热舒适性方面，最普遍的目标是通过设计文件和/或测试来验证符合《ASHRAE标准55》的“人体舒适度的热环境条件”（Thermal Environmental Conditions for Human Comfort）。《ASHRAE标准55》主要基于温度和湿度确立了一个舒适区，我们可以在这个舒适区中查询并确定室内空气条件对应的位置，通过使用焓湿图（psychrometric chart）来判断是否符合《ASHRAE标准55》。

此外，正如先前所述，使用者调查问卷也可以用来确定对于热舒适度是否满意。

在确定一个项目目标的过程中，在设计开始之前，需要考虑的问题不仅仅是满足一个标准，比如《ASHRAE标准55》。更准确地说，在为建筑的使用者提供热舒适性的过程中，下列问题的答案将会持续出现。

- 哪些空间需要制冷？
- 哪些空间需要制热？
- 哪些空间需要温度控制？

13.36 一个重要的问题是：哪些空间需要温度控制？

前两个问题似乎是不证自明的，但是在整个过程中要不断思考，某些空间事实上不需要制热或者制冷，或者二者都不需要。

与“哪些空间需要制冷”相关联的问题是：是否需要为整栋建筑供冷。机械空调包括两个与热舒适性相关的特殊功能：降低建筑的空气温度和降低建筑的湿度。在很多气候条件下，对很多人来说，空调不是必需的，甚至被认为是奢侈品。很多被动式制冷策略都很有效，应该被挖掘和利用。我们先前提到了一些被动式策略，包括使用外遮阳来减少太阳得热、减少渗透现象、使用热回收通风、增加保温层、减小建筑规模、简化建筑形体、减少室内得热以及减少采光得热。事实上，依据气候特征与特定的建筑需求，我们可能不需要空调。前面提到的关于人们在没有空调的情况下，适应气候条件的最新研究结果，进一步提供了一种不借助空调来满足热舒适性的方法。

然而，在很多气候条件下，对于很多建筑而言，如果我们想要维持舒适健康的室内环境，不使用空调是不太可能的。并且，对于很多人来说，随着时间的推移已经对空调产生了很高的期望。绿色建筑运动将会朝着大幅度减少空调使用的方向而努力，在许多情况下绿色建筑运动将会建造完全摆脱机械制冷的建筑。然而，为了可以预见的未来，我们仍然需要对很多机械制冷的建筑负责。

第三个问题很重要：哪些空间需要温度控制？这个问题的答案对热舒适度和能耗都有重大的影响。有很多办法可以实现温度控制，因此有关热舒适性目标的早期决策，会影响到采暖制冷系统的选择以及热舒适的程度，二者都是建立在测量与使用者感受的基础上。

策略 Strategies

第一个策略是在项目文件（比如《业主项目公约》）中阐明热舒适性目标与需求。

接下来，选择一个温度控制策略。早期使用的中央制热空调，建筑中需要感应温度与控制温度的位置较少，甚至有可能是单一温度满足整个建筑需求或者单一温度满足建筑的每一个区域——南向、北向、东向、西向的需求。现在一般不会这样了。然而，可能是最初的建筑整体温度控制策略的惯性结果，通常情况下我们仍然不会为每个建筑区域提供单独的温度控制。而这就是绿色建筑需要认真检查决策是否有效的地方，因为每个空间设有独立的温度控制会带来更好的热舒适性并导致大幅节能。

大部分增压空气、管道系统，从中央空气处理机到每家每户的炉子与热泵管网，都不会为每个空间提供温控装置。甚至变风量（VAV，variable-air-volume）系统，即使用恒温控制的终端设备为每个空气处理机提供多个温控装置，通常仍不能为每个区域提供独立的温控装置。虽然这是可以实现的，但是在实践中却很少采用。增压空气系统很少被制成小到可以为一个房间服务的尺寸，控制系统也很少能做到每个房间独立控制。

因为这些系统无法实现在每个空间里设有独立的温度控制装置，所以只能将温度传感器放置于设备控制的多个空间之一，或者将若干空间的温度平均设置，结果就是热舒适性被迫折中。当一个系统吹出的空气气流用于一个特定的空间，而这个系统的温度传感器却在另一个空间时，那么在这个特定的空间中发生的任何事情都会影响其空气温度——照明是否开启、机械设备是否在运行、使用人数是否增减、太阳得热是否存在，系统不会恰当地应对这些变化，从而引起了不舒适感。

相反地，非管道输送系统，比如风机盘管单元，通常可以为每个空间提供独立的温度控制，因为每个系统通常只服务于一个空间，并且每个系统拥有自己独立的温控装置。

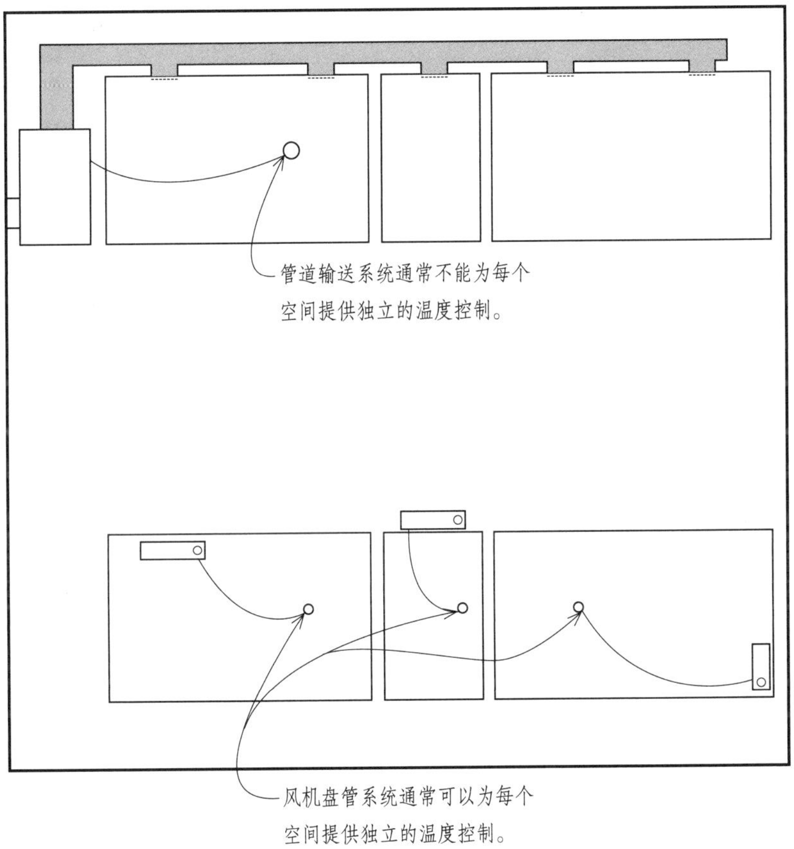

13.37 管道输送系统与风机盘管系统的对比。

现在我们回到那个关键的问题，即为项目设定热舒适性需求过程中提出的问题：是否需要逐个房间进行温度控制？如果这个问题的回答是肯定的，那么我们比较倾向于采用非管道输送系统，比如风机盘管单元，作为制热与制冷输送系统的基础。辐射系统是另外一个选择。

在下一章节，我们会详细说明制热与制冷的方法，但是热舒适度的重要性在指导人们选择制热与制冷系统的过程中不能被过分夸大。

实现热舒适性目标的其他策略包括为制热和制冷设备及相关输送系统选择适宜的规格。输送所需的制热与制冷量需要足够的容量，但是如果系统尺寸过小，那么就不能输送足够的热量与冷量到所需的空间里，就会造成不舒适感；如果设备尺寸过大，也会引发舒适性风险与能源浪费的问题，这在绿色建筑标准中是不受鼓励的。

空气的传送速度与位置也会影响热舒适度，需要通过逐个空间的设计来确定。即使是在房间内空气温度舒适的情况下，过高的气流速度也会引起建筑使用者的不舒适感。

13.38 为提高舒适度，可以提供可开启的窗户，但是不能超过实际需要。

可开启的窗户看来可以提高热舒适性，以每个空间为基础，建筑的使用者可以通过开窗通风调节热舒适性。如果确定为使用者提供可开启的窗户，那么可开启窗户的数量就非常重要。要想到每一个可开启窗户都会增加一处空气渗透点，因此可开启窗户的数量与位置应该满足使用者的需求——控制通风，而不应该简单地将全部窗户都设计为可开启。

热舒适系统调试是另一个很重要的策略。它包含了书面的指标要求、热舒适度的测量与认证、为提高某些区域舒适度不足所采取的改正措施。

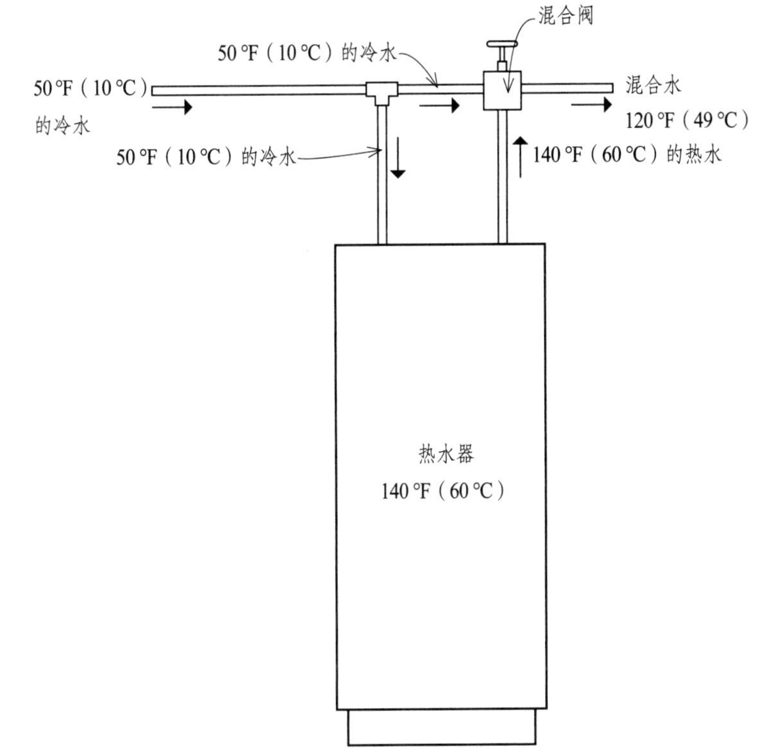

13.39 设法控制热水器的水温。

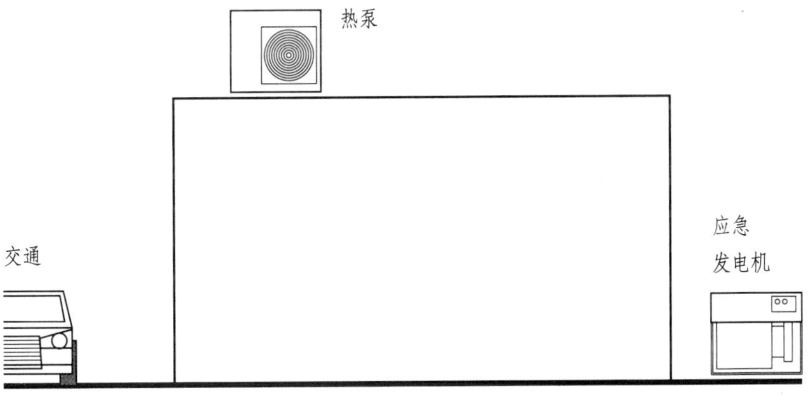

13.40 室外噪声来源清单。

水质 Water Quality

在绿色建筑规范、标准和导则中，水质有时会被忽略，或许我们理所当然地认为建筑供应高品质水源的工作已经取得了很大的成功，然而，水质不好对身体有严重的危害。

绿色建筑应该为人们提供干净的饮用水，如果处理过的市政水不是饮用水的唯一水源，比如井水、雨水、再生水也被用作饮水水源，那么足够的过滤与处理是必不可少的。

与此相关的话题为，建筑中的水应该想方设法去除军团杆菌，军团杆菌是一种可传染的细菌。这意味着需要保持足够高的热水温度来杀死军团杆菌，但同时水温又不能过高，因为水温过高会浪费能源并且容易引发烫伤。一个有效的策略是将水集中加热，然后利用混合阀将水在分流前降温。静水（standing water），比如冷却塔中的水，也应该设法去除军团杆菌。

声学效果 Acoustics

具有良好声学效果的设计包括防止不想听到的噪声从建筑室外传入建筑室内、从建筑内喧闹的区域传入相对安静的区域，甚至是传入连细微噪声都不允许的空间内。

室外噪声来源包括重型机械、交通工具，甚至是落在轻质屋面上的雨水。

与热舒适性相仿，绿色建筑通常比传统建筑更加隔音，原因有两个：

1. 低渗透率意味着从洞口、裂缝中传播的噪声会更少，因为洞口、裂缝通常是噪声传播的途径；
2. 屋顶与墙体上更厚的保温层意味着更好的隔声性能。

绿色建筑在防止噪声从建筑内喧闹的区域——包括带有音乐放大器的空间或者机械设备间，传入其他区域的过程中具有领先优势，同时也有利于防止噪声传入声音敏感的房间，比如会议室、私人洽谈室、音乐表演厅等。这些优势得益于对节能有利的水平热分区和竖向热分层。

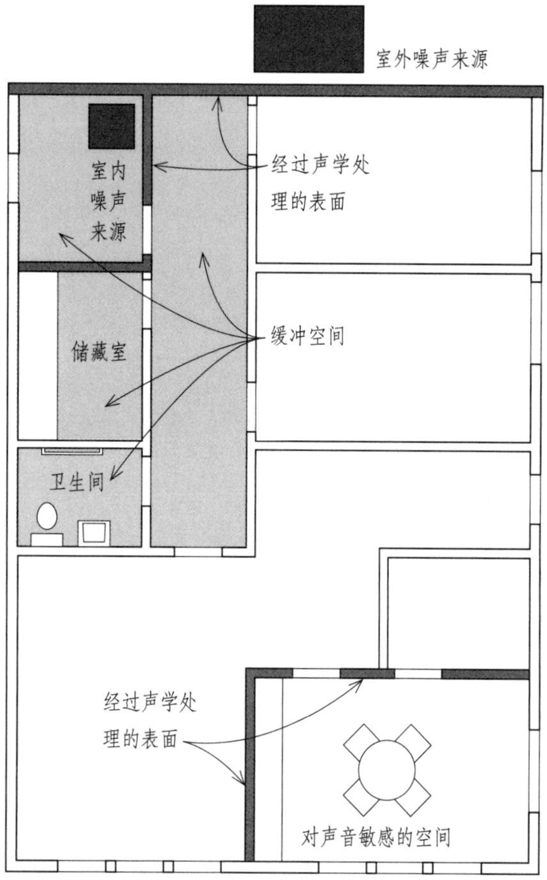

13.41 将声音敏感空间与噪声源隔离。

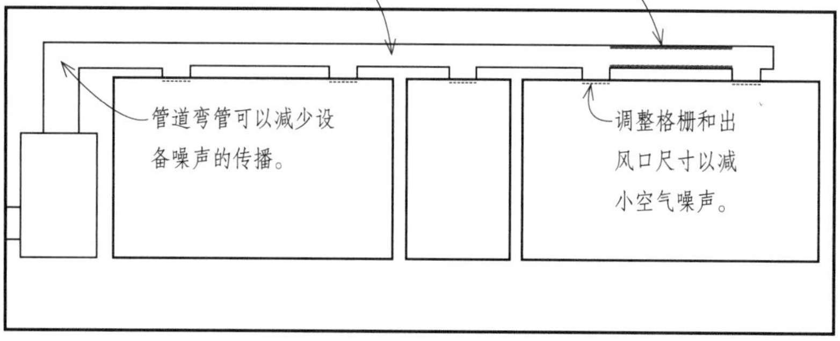

13.42 降低管道和出风口的气流噪声水平。

但是我们不能想当然地认为绿色建筑可以解决所有噪声问题。将潜在的噪声源、敏感空间、潜在的噪声传播路径列出来，并且在早期设计阶段解决，是非常好的做法。

遵循由外而内的原则，可以利用建筑的朝向和形体来减小室外主要噪声源的影响。在建筑内部，先从找到噪声源并且隔绝噪声源的工作开始，然后从敏感空间入手，如果到达敏感空间的噪声仍然过大，可以将这些空间隔绝。

需要特别注意建筑内的主要噪声源，比如暖通空调设备和升降电梯。应该首先通过空间布局以及在这些空间与使用空间之间增加缓冲空间的物理方法隔绝这些噪声空间，然后采用隔声措施（如墙体、天花板、地板使用隔声等级达标的材料，使用密闭的隔声门等）隔绝这些噪声空间。

管道系统中的气流与出风口排出的空气也是一个主要的噪声源，可以通过增大管道尺寸来降低风速、使用弯管和物理隔声管道、调整出风口的大小等方法降低噪声水平。如果水管过细、水流速度过大，那么管道中的水流声音也是一个令人讨厌的噪声源，生铁水管的传声比塑料水管小。还要考虑到其他噪声来源，如打印机与复印机、餐厅、休息室和厨房等。千万不能忽略不寻常的或者间断的噪声来源，比如需要周期性检测的应急发电机。

应该为不同的空间类型建立不同的声音水平目标值，并且遵循最佳实践来实现既定目标。应该在项目的委托设计文件中明确提出要求。项目还应该包含测试的要求，以保证质量控制。如果必要的话，声学工程师或者声学专家应该加入项目团队，在整个过程中提供专业指导。

第14章

制热与制冷

Heating and Cooling

通过良好的选址决策、建筑细部设计、高效的围护结构、精心设置非空调空间、最大限度地减少照明等内部得热已经尽量减少了加热和冷却负荷，在集成了被动式制热与制冷系统后，我们已经准备好选择合适的制热与制冷系统并确定了具体尺寸。我们必须首先完成之前的所有步骤，否则，我们就没有充分利用之前为减少负载所做的全部努力。

制热与制冷系统在建筑的设计、施工和运行过程中，经常带来各种挑战。制热与制冷系统复杂、昂贵，容易造成舒适性问题，噪声大，能耗大，维护成本高且体量大，对建筑设计有重大影响。从根本上看，最好的制热与制冷系统是不会让人注意到的——即看不到、听不到，也不会带来不舒适。

制热与制冷系统形成了建筑的最后一道保护层。但是，制热与制冷系统最好完全安放于建筑的保温层内部。在传统做法中，制热与制冷设备放置在输出的热量与冷气损失最大的地方，通常是在外围护结构的旁边或者外部，比如室外、屋顶、地下室、低矮的地下空间、阁楼、墙洞中或楼板空腔里，靠近窗户和外墙。如今，一个新兴的观点认为建筑应该从内部核心开始供热或者制冷，而不是从外部边缘开始。

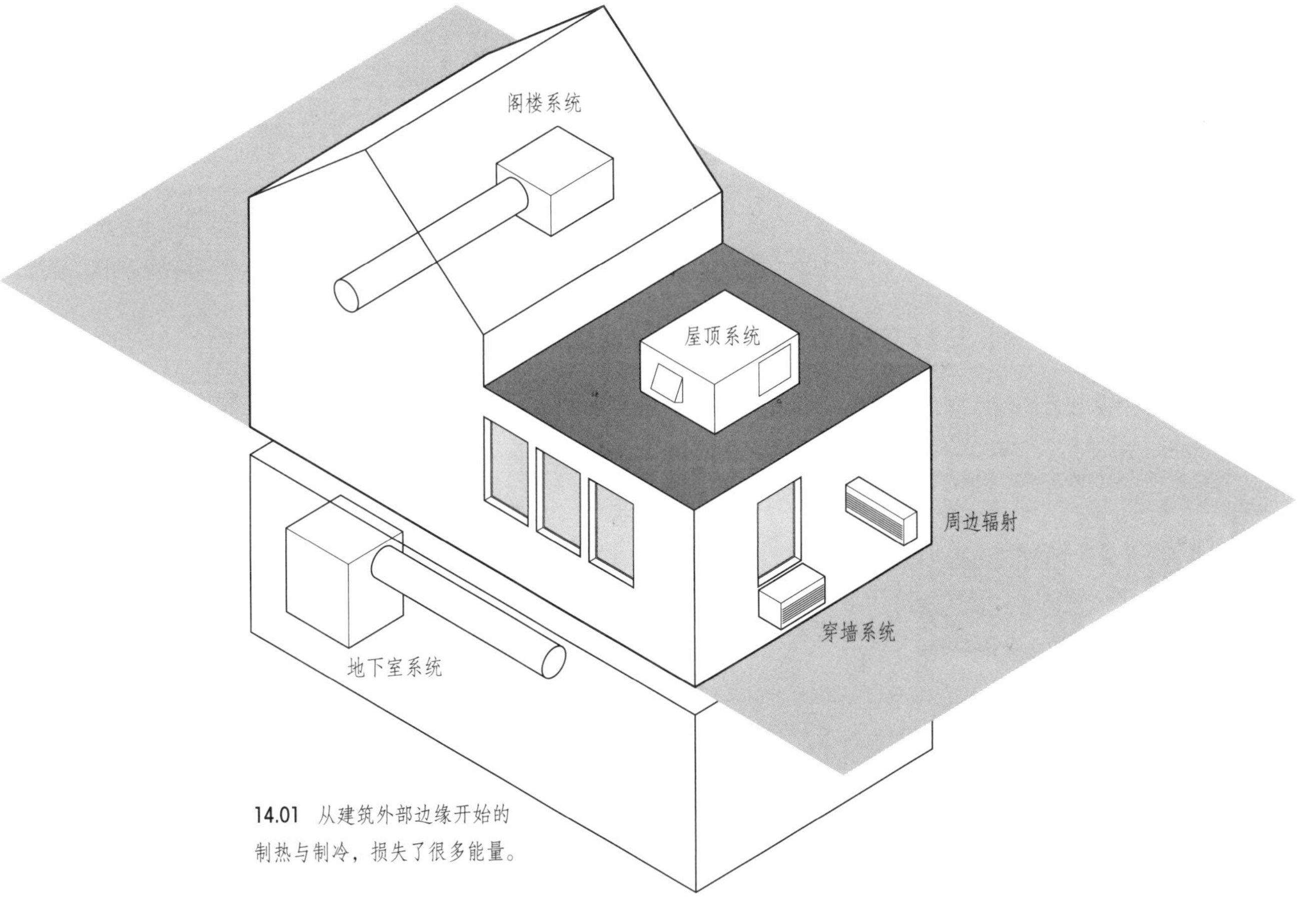

14.01 从建筑外部边缘开始的制热与制冷，损失了很多能量。

系统类型　System Types

制热与制冷系统有多种分类方法。可以按照其使用的燃料类型进行分类：化石燃料燃烧系统，比如燃烧天然气、汽油、煤、丙烷的系统；电热系统，比如蒸汽泵或者电阻热源；生物能系统，比如燃烧木柴、木块、木屑的系统。另一个区分制热系统的方法是根据其产热系统进行分类。其产热系统包括加热空气的熔炉、加热水或者蒸汽的锅炉、既可以加热水又可以加热空气的热泵。还有一个对制热系统进行分类的方法是根据输送系统的媒介（如蒸汽、热水、增压空气、制冷剂）进行分类。制热系统没有输送系统也是有可能的，比如踢脚板式电供暖器、柜式取暖器、房间供暖器或者在工厂中常见的红外加热器。

没有一种所谓“最好”的分类系统，这些分类方法只是证明了选择制热与制冷系统的复杂性，然而，它们可以帮助我们开始了解系统类型并且鼓励我们在系统选择的早期阶段提出有用的问题：采用什么燃料？采用什么制热与制冷系统？采用什么输送系统？

历史趋势提供了一个了解制热系统发展的视角。1900年以前，燃烧木材的壁炉非常普遍；随后在20世纪上半叶，蒸汽和热水系统大范围地取代了壁炉，与此同时，重力驱动的管道系统也开始逐渐应用；20世纪下半叶，管道增压空气系统开始流行起来；最近，我们发现了基于制冷剂的无管道系统和同样基于制冷剂的地源热泵。

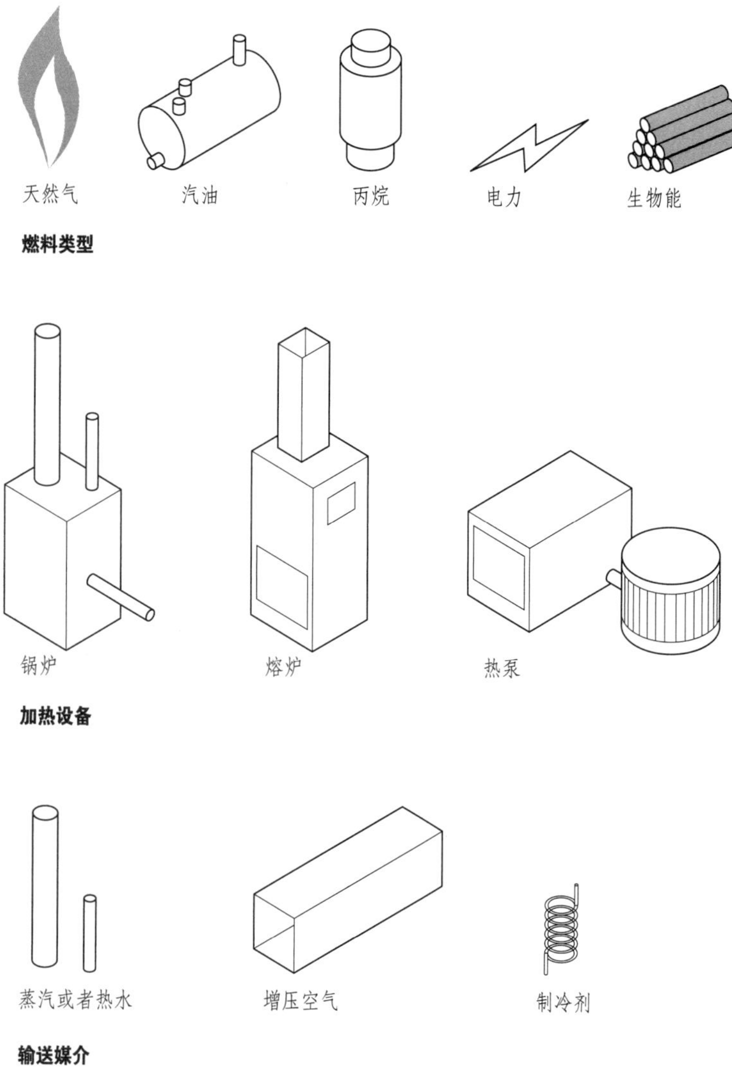

14.02　制热与制冷系统的分类。

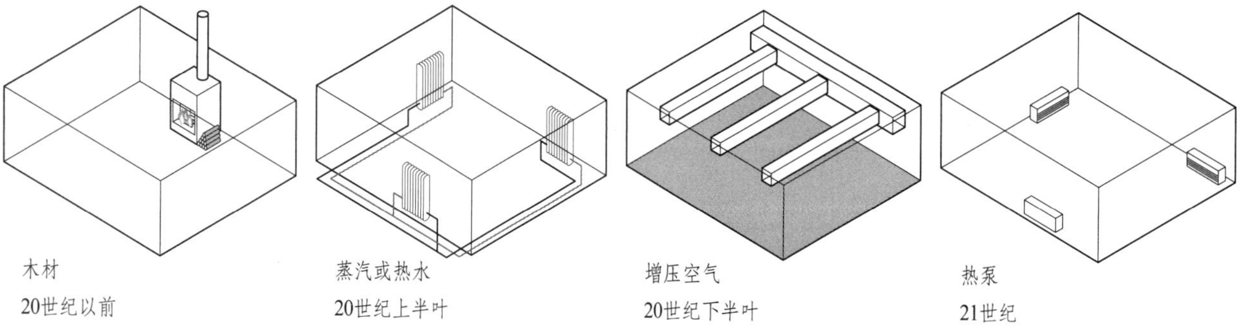

14.03　制热系统的发展历史。

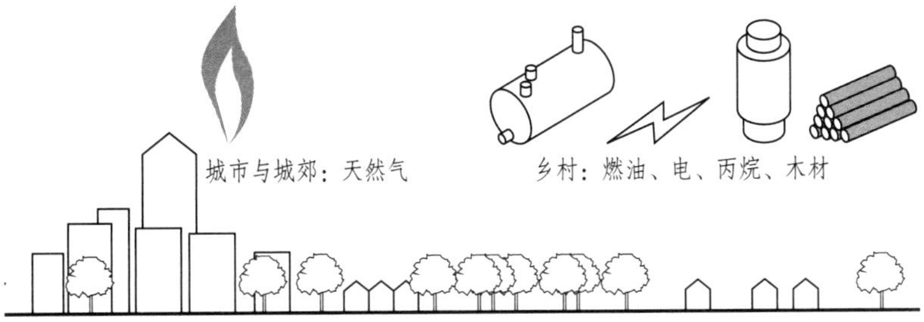

14.04 选择供暖系统的历史偏好。随着人们对化石燃料的日益关注，供暖系统普遍倾向于在新建筑中使用热泵。

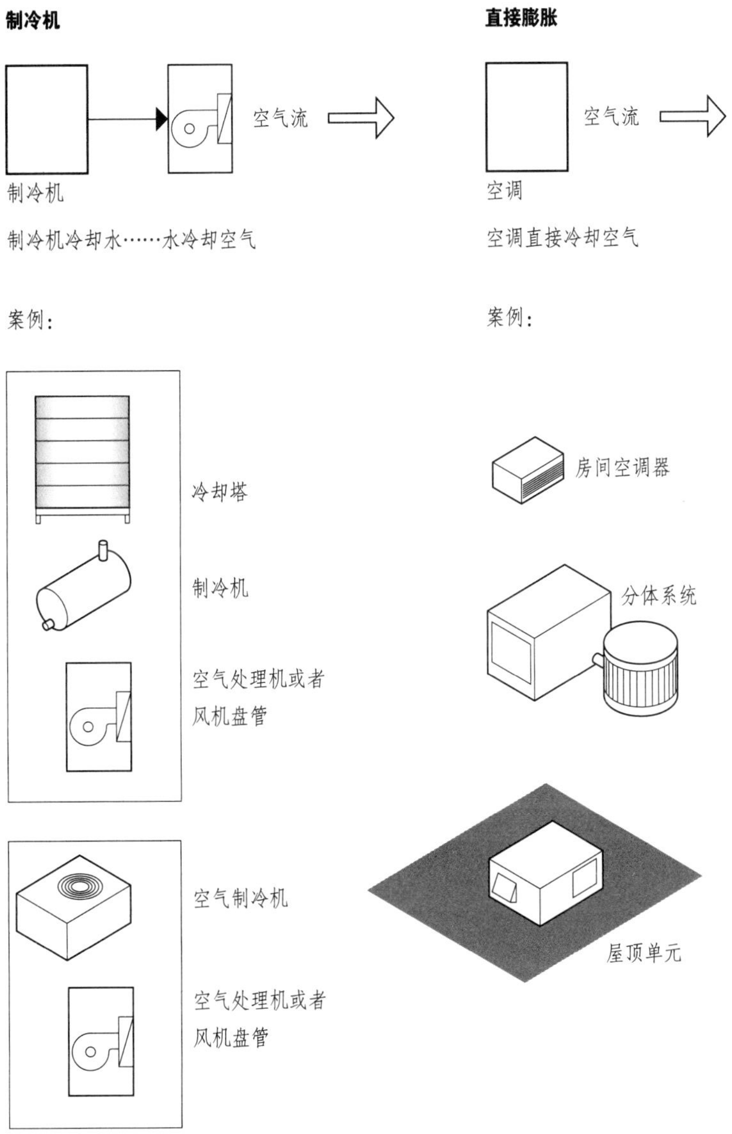

14.05 制冷系统的类型。

地理因素在制热系统的选择，尤其在燃料的选择中有很大的作用。天然气是城市与城郊地区的首选，因为在这些区域有天然气管道；而丙烷、燃油、木材、煤油和电则是乡村地区的主要供热方式。在美国南部，自20世纪80年代以来，热泵被广泛采用，因其在温和的室外空气温度下非常高效，同时可以与炎热气候需要的空调系统整合在一起。在其他国家，无城市管线的热泵非常普遍，那些地方一般尚未采用集中采暖制冷系统，或者使用化石燃料燃烧系统与管道系统的历史较短。近年来，减少化石燃料的需求普遍促进了热泵的使用，即使在寒冷气候下也是如此。

制冷系统大体上被分为两类：制冷机系统，制冷机系统先将水冷却，然后再用水冷却空气；直接膨胀（DX，direct expansion）系统，其中低温制冷剂在热交换器中直接冷却空气。然而，制冷系统也可以通过其他方法进行分类。如果整个系统在一个盒子里，那么就被称为“一体化系统”（packaged system），其子系统包括：屋顶系统，普遍用于单层零售商店建筑中；室内一体化系统，如今较为少见；小型的穿墙机组（through-wall system unit），常用于酒店与旅馆中；窗式机组，这是最便宜的制冷设备。如果系统分为两部分——室内部分与室外部分——则被称为“分体系统”（spilt system），分体系统的子系统包括管道系统与无管道系统。管道分体系统普遍存在于城郊地区并且是如今最常见的空调形式；无管道分体系统是除美国之外的地区最常见的系统形式。对于大型建筑，制冷机可以根据压缩机类型（离心式、旋转式、螺杆式、往复式）和排热方式（液体冷却、气体冷却）进行分类。

建筑类型和规模也会影响系统采暖制冷类型的选择。大型建筑趋向于采用锅炉和制冷机设备，使用水作为传输媒介；小型建筑趋向于采用熔炉制热和直接膨胀制冷系统，不使用水作为传输媒介。

系统的弱点 System Vulnerabilities

不同的系统有不同的弱点。

蒸汽系统造成大量水资源与能量的浪费（通常超过40%）；增压空气系统中的管道存在空气泄漏与热量损失（通常在25%~40%）的问题；基于制冷剂的系统原先只被用于制冷，现在逐渐被用于热泵制热，存在错误补充制冷剂影响灵敏度的问题，经常会引起10%~20%的能量损失；这些系统还存在着热交换机被生长在周围的植物阻挡，或者空气过滤器污浊，造成空气旁路的问题，这些问题中的任何一个都会导致耗电量迅速增加；而化石燃料燃烧系统还存在燃烧不充分的问题。

所有的系统都存在应用误区。比如，如果输送系统设计不当或者安装不正确或者水温过高，那么一个高效率的热水锅炉就会低效运转；如果空气不足或者地源热井过小，那么一个高效率的地源热泵也会低效运转。

有些系统会将一些与制热制冷系统无关的问题带入建筑中，比如，化石燃料系统要求建筑开洞，利用开洞引入燃烧所需的空气并且排出燃烧后的废气，通常可以用的是烟囱，但是烟囱总会吸入过多的空气，超过燃烧所需的空气量，这部分超出的空气往往需要额外的热量来加热。另一个例子是穿墙式空调，穿墙式空调导致建筑发生空气泄漏以及由热桥引发的热量流失。

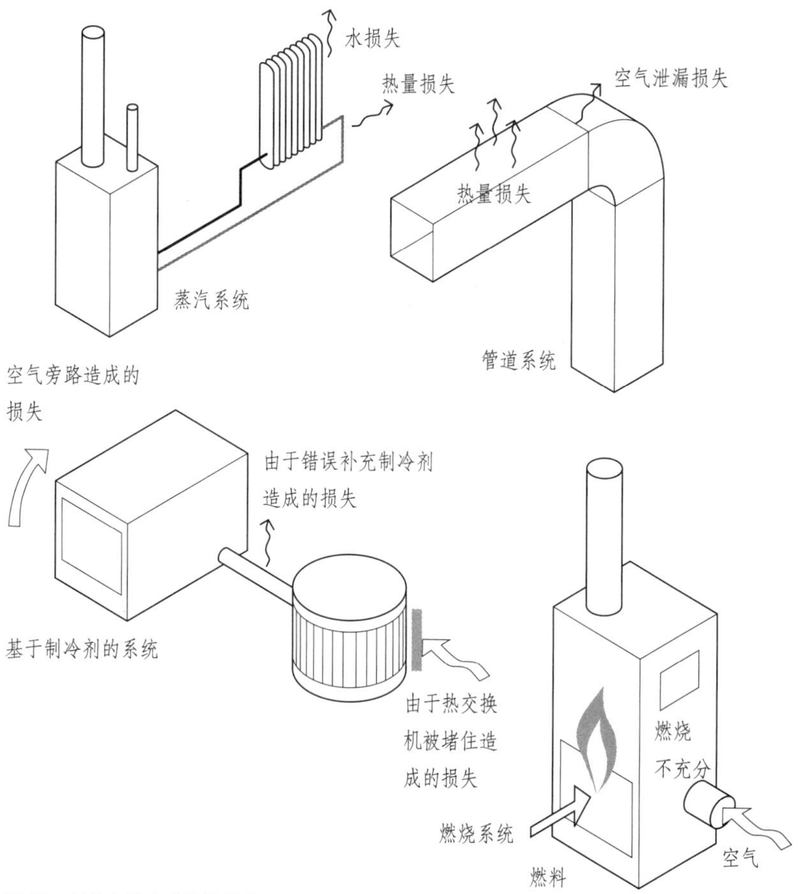

14.06 制热与制冷系统的弱点。

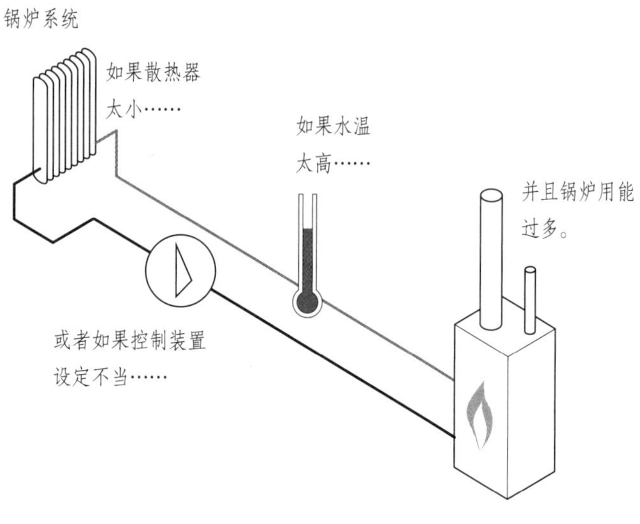

14.07 制热与制冷系统的应用问题。

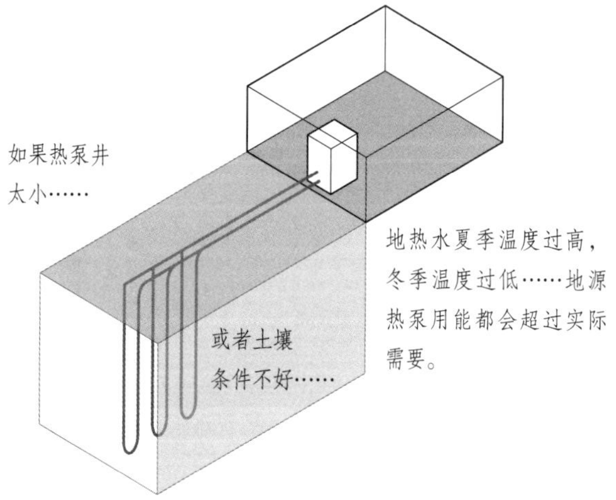

地源热泵系统

由外而内的引导 Guidance from the Outside In

基于由外而内的方法，制热与制冷的重点是将制热制冷系统严格地放置于热围护结构之内。将制冷与制热系统放置于热围护结构之外或者非空调空间，比如地下室，意味着建筑能耗增加10%甚至更多。

将制热与制冷系统布置在热围护结构之内，简化了绿色建筑的选项：

- 避免将制热与制冷系统及其输送系统放置在非空调空间，比如地下室、屋顶、低矮的地下空间、阁楼等。
- 避免将制热与制冷系统放置于屋顶或者室外空间。这里我们特指空气处理机或者一体化设备，其中涉及室内空气流进、流出的制冷与制热设备。我们指的不是排热设备，比如冷却塔、空气制冷机或者冷凝单元，这些设备与室内空气流动无关，并且这些设备按照其定义应该被放置于室外空间。
- 避免需要在建筑上开洞造成室内外连通的燃烧系统。
- 避免使用穿墙式或者安装在窗户上的设备，这些设备会引起建筑漏气。
- 避免在内围护结构的特殊部位供热，比如窗户下方、建筑外墙上或者非空调空间上面的楼板内或地面上。

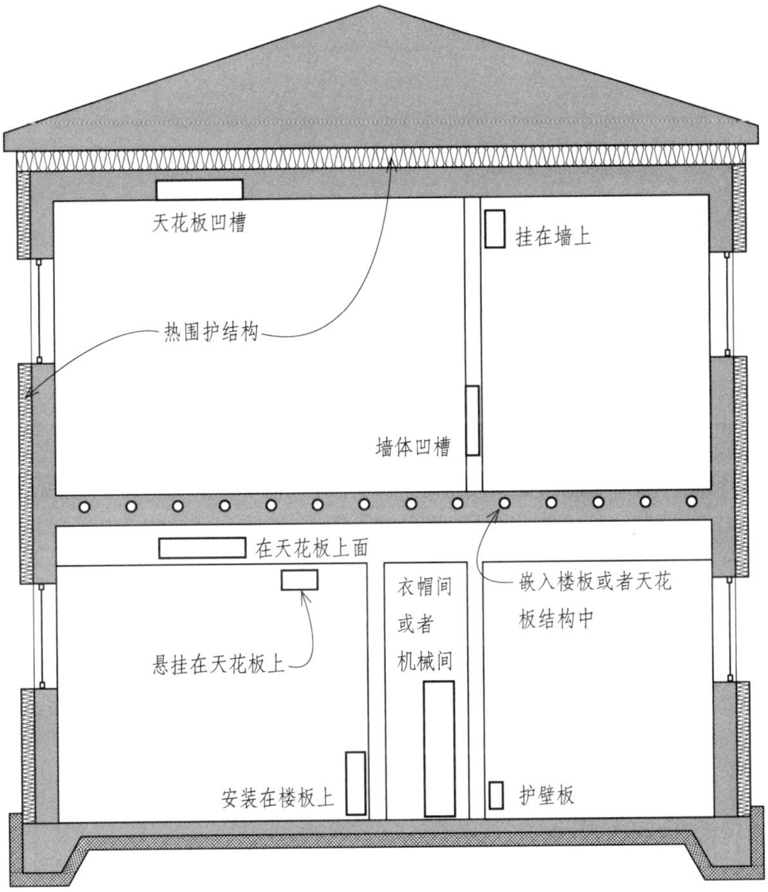

14.08 制热与制冷的输送系统在热围护结构内部的位置。

尽管缩小了范围，但是这些简化的过程仍然留有很多选择。

热泵类型 Heat Pump Types

在探讨热泵这个话题时，需要熟悉系统类型和相关术语的定义。如果热源是室外空气，我们就称其为“空气源热泵”（air source heat pump）。如果热源在地下，我们就称其为“地源热泵”（ground source heat pump）。如果热源是水，我们称其为“水源热泵”（water source heat pump）。地源热泵和水源热泵在命名上有一些重叠。例如：地源热泵系统使用的是地下井中的循环水，所以它们是真正的水源热泵；热泵是水源热泵，但整个系统是地源热泵系统。“地源热泵”一词通常与地热热泵同义，现在比地热热泵更常用。

另一组有用的名称是空气—空气、水—水、水—空气热泵和空气—水。其中，第一个词指的是热源，第二个词指的是热量在建筑内部的分布方式或位置。图14.09中的示例可以扩展到其他系统。封装式成套终端热泵通常是空气—空气热泵。屋顶热泵通常也是空气—空气热泵，尽管水—空气屋顶热泵可用于地源热泵系统。在第12章中，我们讨论了空气—水（独立封装混合单元或分体系统）或水—水（地源）系统的家用热水器。这些基本类型有许多变体。例如，多组分体式热泵主要用于空气—空气热泵，给建筑空间供热和制冷，但也可以跟热水器结合，用于某些辐射地板供热或家用热水加热，在这种情况下，它既是空气—空气热泵，也是空气—水热泵。同样，整合空间制热/制冷和水加热的地源热泵，既是水—空气热泵系统也是水—水热泵系统。锅炉/塔水循环热泵系统既可以使用水—空气热泵将热量输送到空间，也可以使用水—水或空气—水热泵将热量输送到水循环网络，不过到目前为止，这套系统还在使用化石燃料维持运行。

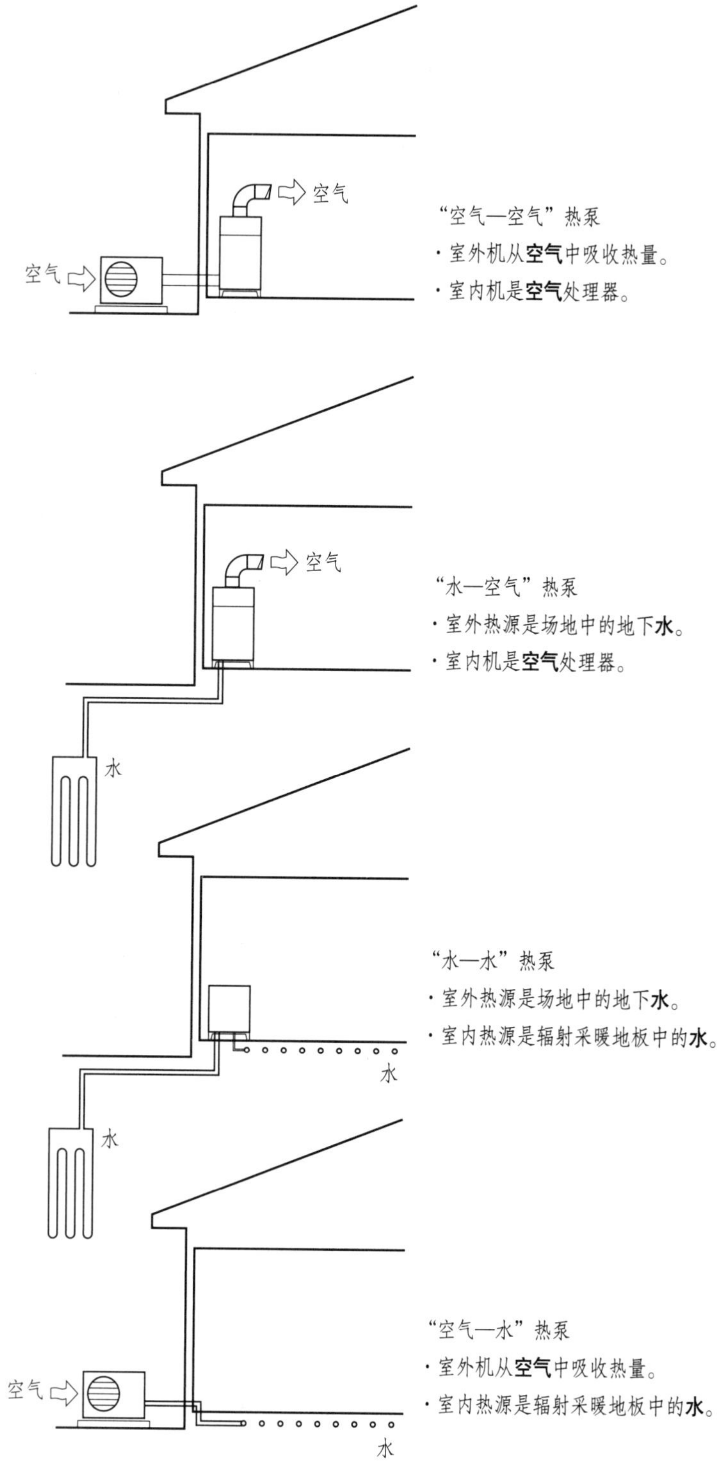

14.09 热泵命名法：“室外—室内”示例。

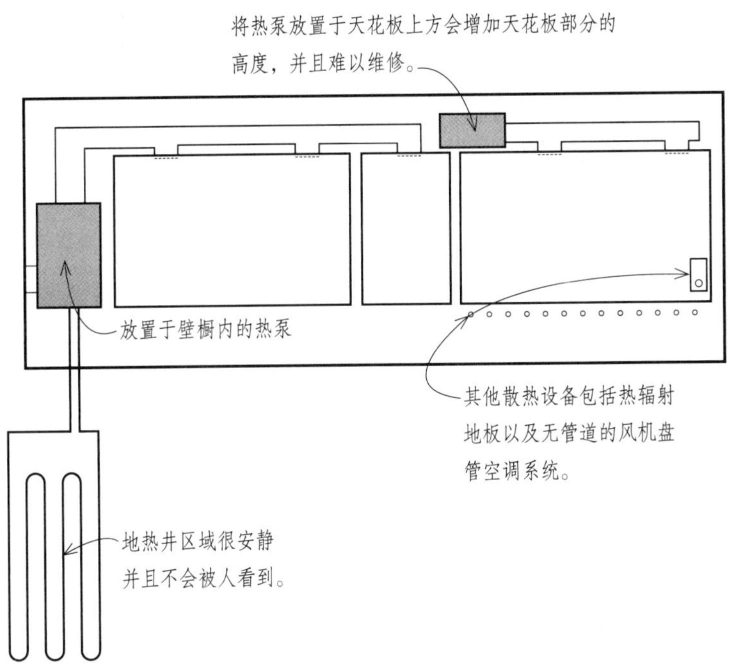

14.10 地源热泵系统。

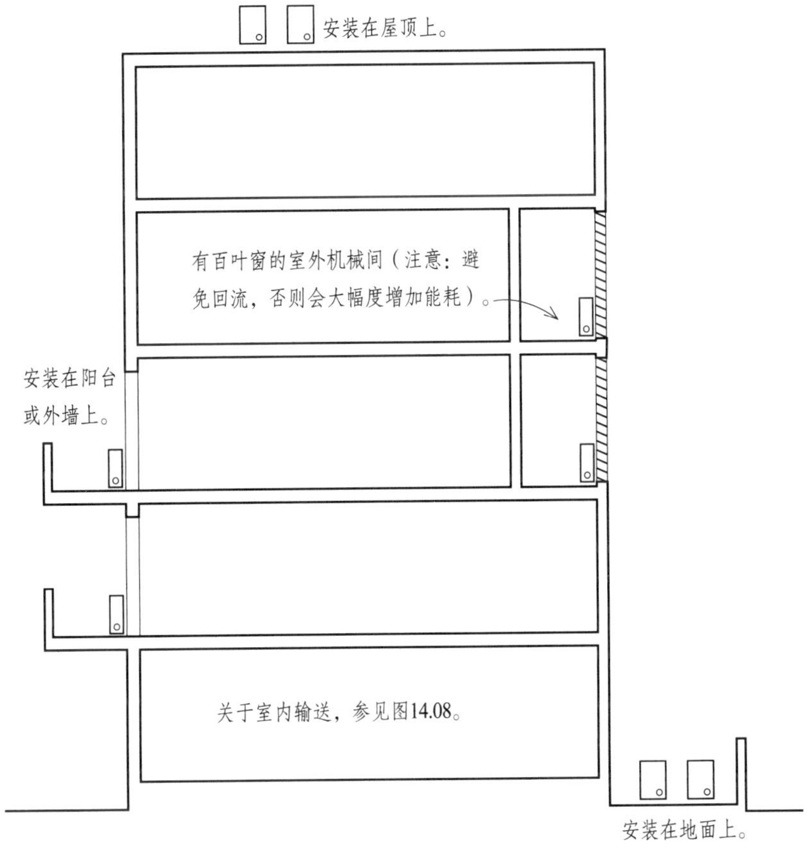

14.11 空气源热泵的位置。

如果热泵被合理地布置在热围护结构内部，那么地源热泵大概是最高效的制热与制冷的选择。最好避免将热泵放置于热围护结构外部——比如在屋顶上、地下室里、地板下的低矮空间中、室外地面上或者阁楼里。如果使用增压空气输送系统，管道系统应该密封良好。为了避免压缩机的噪声与振动传播到建筑的使用空间以及方便设备维护，应特别注意热泵的安放位置。壁橱是放置热泵管道的好位置，既能隔绝噪声又方便维修。热泵还可以放置在天花板上，但是这会造成维修困难，并且会增加天花板以上空间的尺度，从而增加建筑的层高。地源热泵系统具有重要的室外审美与噪声控制优势，因为其没有室外热交换机，因此没有冷却塔、冷凝机、屋顶设备或者其他难看的设备占据屋顶或地面空间，制造噪声。

空气源分体系统热泵是另一个选择。这些设备在全世界广泛使用，并在美国逐渐得到认可。可变速的空气源无管道热泵系统提升了整个系统的效率，并且提高了自身在室外低温下的运行能力，使得它们能够被应用于北方气候。热回收空气源无管道热泵系统，可以为带有内核空间的建筑或其他高强度制冷需求空间同时提供高效的制冷和制热。源自管道制冷剂的输送损失要低于管道系统或者水管、蒸汽管的损失。在较低的寄生功率（比如泵与风扇的功率）下输送能量的能力是非常出色的。这些系统的设计比锅炉或制冷系统等集中供应系统更加简单。

由于这些系统一般容量较小，因此对大型建筑而言需要多个单元。但是这些小体量的设备为安装提供了灵活性。制热与制冷系统可以模块化安装，无需起重机，因为系统中没有太大的组件，每个组件都能进入标准的电梯。

目前分体系统热泵的最大局限是系统有最大长度的限制，室内与室外机组之间最大距离不能超过500英尺（152米）。同样地，在室内与室外机组之间还有最大垂直高度的限制，大约为300英尺（91米）。还需要为室外设备找到合适的位置。

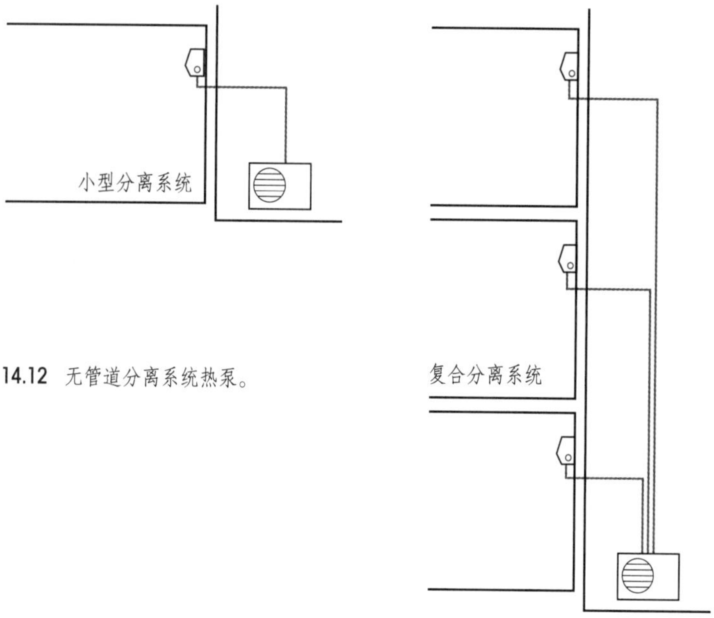

14.12 无管道分离系统热泵。

分体系统热泵有两种类型：小型分离式，指的是一个室外单元匹配一个室内单元；复合分离式，指的是一个室外单元连接多个室内单元。

对于几乎所有的备选系统，都应尽可能指定变速风扇和泵用电动机的规格。从大型系统到小型系统，变速风扇和泵用电动机可应用于大部分不同规格的设备中。在大型系统中，可以通过调节速度的控制设备——变速驱动器（VSD，variable-speed drive）或者是调速驱动器（ASD，adjustable speed drive），实现上述系统的选择；在小型系统中，它们被简单地称为“变速电动机”（variable-speed motor）。

电阻加热器，例如踢脚板式电加热器或者橱柜单元加热器，可以放在每个房间。电阻加热器历来被视作一种昂贵、低效的加热形式，因此它在绿色建筑中不常见。根据电能来源的不同，电阻加热器也会存在大量碳排放，因此对于绿色建筑而言，这或许不是最佳选择。然而，如果可以通过可再生能源（例如风能或者太阳光伏能源）提供电能，并且如果建筑已经被设计为低采暖需求或者近零热能需求，那么电阻加热则是一个输送损耗较低的选择，对建筑外围护结构无影响，安装造价低，便于控制。

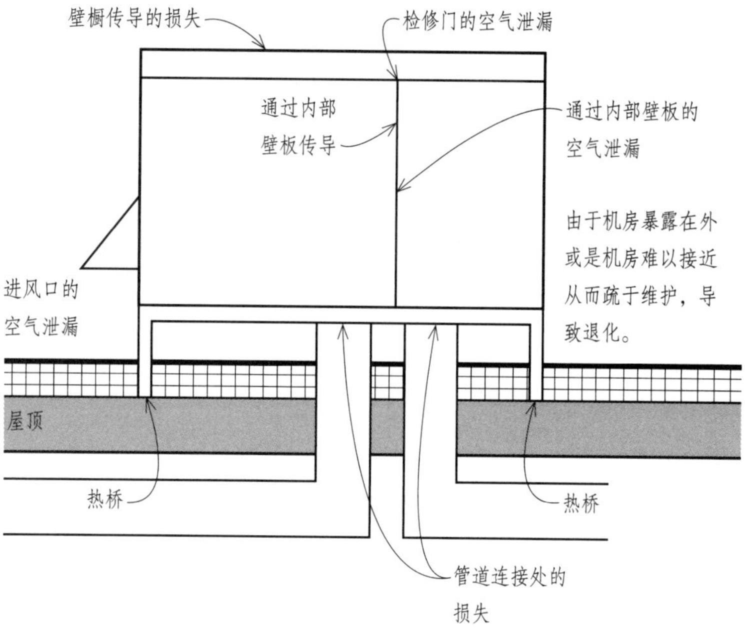

14.13 屋顶系统的弱点。

屋顶上的制热与制冷系统，常见于诸如零售商店这样的单层建筑上，它适用于绿色建筑吗？屋顶系统的能源损失是非常显著的。在屋顶建造一个气密的制热与制冷的机房是非常困难的，因为这些机房中的空气相对于室外空气，要么存在正压，要么存在负压，空气会通过机房的洞口与缝隙从系统中泄漏出去。室外空气与室内调温空气都会通过这些系统进行空气流动，然而只有设备内部一层薄薄的金属板将室内、外空气分隔。这种分隔有很多潜在的空气泄漏点，比如管道和供电与控制线路的穿透处、顶盖密封设备的连接处、侧壁板、设备底部安装金属分隔片处和很多螺丝紧固件的穿透处等。除此之外，室内分区被室外空间包围，有很多金属片接口、检修门以及其他渗漏，都会引起空气从设备单元中泄漏出去。用于机房的保温隔热层通常只有1~2英寸（25.4~50.8毫米）厚，比建筑外墙与屋顶用的保温层薄很多。其他损失还发生在管道连接处、屋顶上暴露在室外的管道系统及建筑地下的管道系统中。或许因为这些设备位于屋顶，不在人们的视野当中，从而疏于维护；或许是因为它们经受风吹、雨淋、日晒，这些系统的状态和效率进一步退化。总之，对于绿色建筑而言，屋顶机械设备存在很多能耗风险。

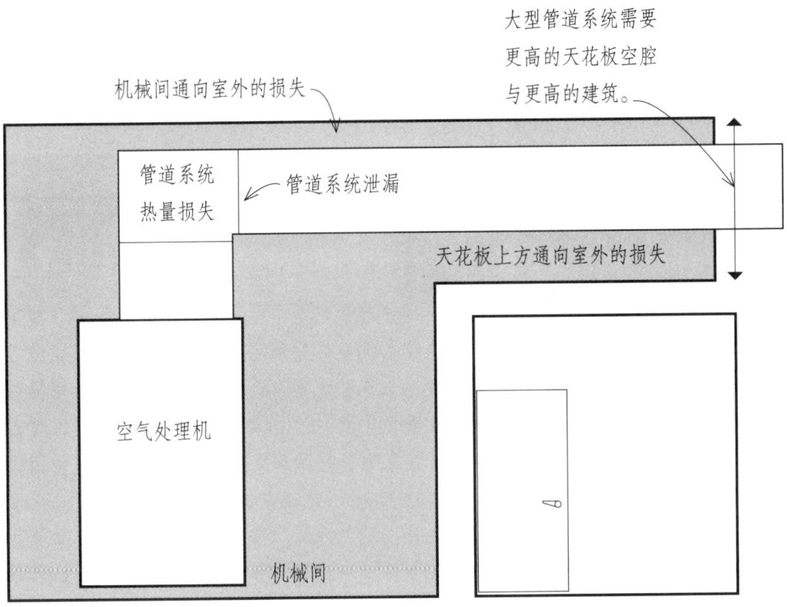

14.14 大型空气处理机和机械间的弱点。

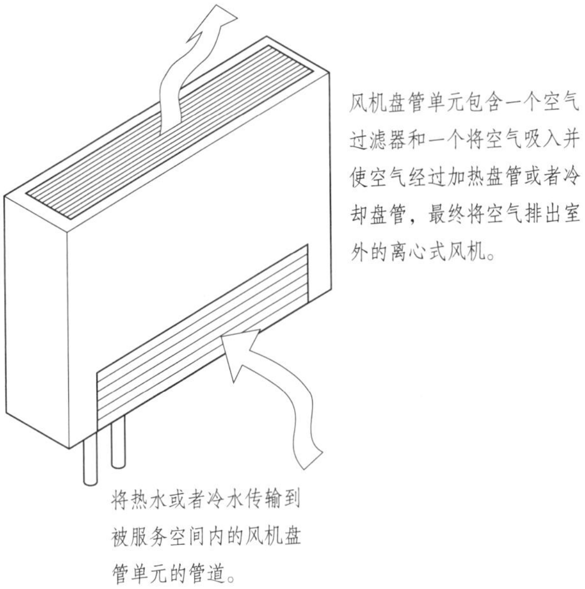

14.15 水力风机盘管单元。

在机械间中使用中央空气处理机的大型集中制热与制冷系统比安装在屋顶、阁楼或者地下室的系统更高效，但是仍存在多种能量问题，包括没有保温或者保温不足的管道系统、漏气的管道系统，以及尽管管道系统具有良好的绝热性与气密性，但是仍然存在的热损失。由于需要将大量的空气从机械间经过远距离传输送至空调空间，因此要求风机具有很大的功率。中央空气处理机也需要大型管道系统，由此导致天花板上方的空腔高度增加，从而增加了整个建筑的高度和10%~20%甚至更多的造价以及通过建筑外围护结构的能量损失。埋有管道系统的天花板上的空腔会带来其他一系列发生在机械间和空调空间之间的损失。

有赖于中央机械间和大型管道系统的制热与制冷系统面临的挑战，启发我们选择一种更好的方式，那就是将分配与传输系统放置在需要制热与制冷的空间中，在这些空间中，几乎没有设备与输配过程造成的损失，也不会依赖保温和气密性。许多系统为我们提供了这种选择：无管道的分体式热泵常见于世界范围内的各种建筑（包括大体量的高层建筑）中；在场地允许修造井场的情况下，地源（地热）热泵提供了更加高效的选择。水力风机盘管是另一个已经得到验证的选项，可以提供较小的风扇功率，没有管道损失，并且具有很好的区域控制性，不过仍存在泵与管线的损失。

正如先前在热分区内容中讨论过的，中央空气处理机是风扇功率巨大的消耗者。大型空气处理机（指的是变风量空调系统，缩写“VAV系统”）中变速马达所具有的能源优势逐渐被削减，因为现今很多极小的风机盘管都可以利用变速马达。相比于大型系统，小型分散式系统的风扇功率很小。正如通风选择中所阐述的，利用大型空气处理机来整合通风，其自身是有问题的。在大型空气处理机中实现通风会导致不必要的风扇功率消耗，阻碍了通风空气的分离以及更高效的加热与冷却，进而引起过度通风。因为这些原因，大型中央空气处理机很有可能不像分散式系统（例如无管道热泵、地源热泵或者是水力风机盘管）一样高效。

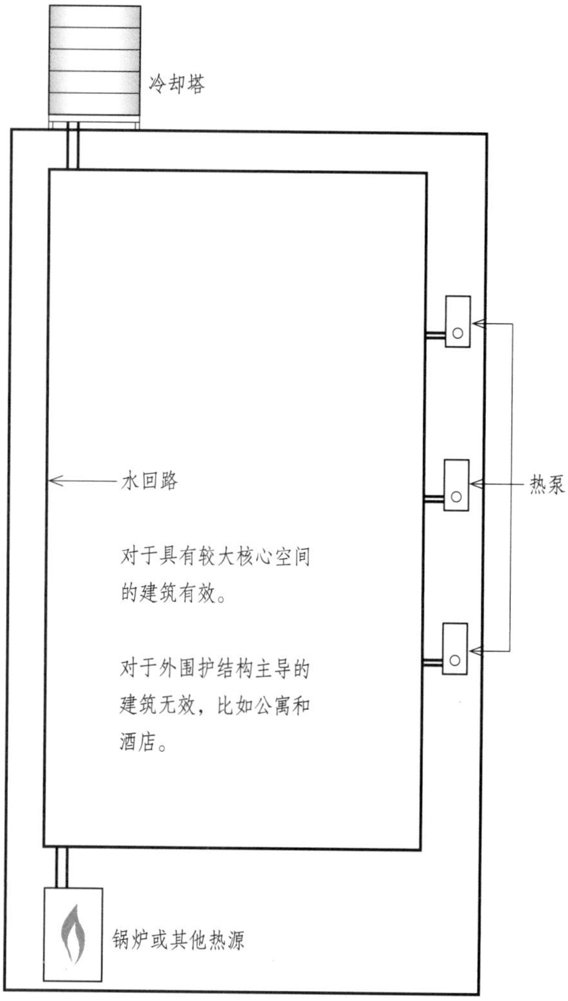

14.16 锅炉-塔水循环热泵系统。

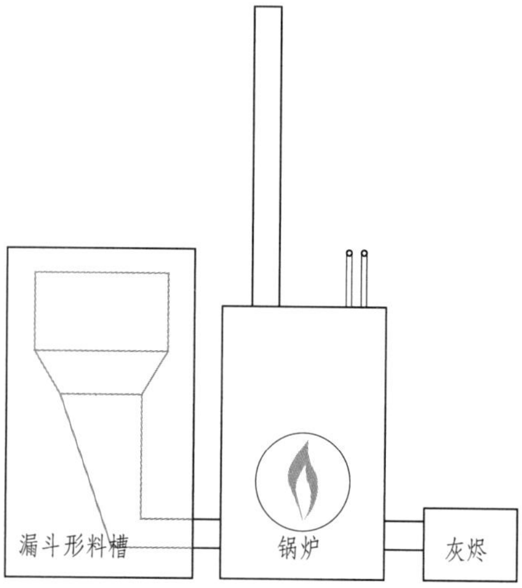

14.17 生物质锅炉系统。

另一个选择是锅炉-塔水循环热泵系统。这些系统把锅炉作为热源，利用冷却塔向室外排放热量，与向空调空间提供制热与制冷的热泵共同协作。锅炉、冷却塔、热泵都会从水回路中吸收或者排放热量。

然而，经过实际观察得知，除非将其安装在具有核心空间、非外围护结构主导的建筑中，否则锅炉-塔水循环热泵空调系统的效率很低。换言之，锅炉-塔水循环热泵最适合布置在大型建筑的中央内核，在全年都会产生余热的条件下，严寒的冬季中央内核可以用来为建筑内部周边空间加热。对于广泛存在的、外围护结构主导的建筑，比如住宅、公寓、大多数酒店、单层零售建筑以及小型办公建筑，相比于其他主要的设备系统，比如化石燃料燃烧系统、地源热泵以及空气源热泵系统，锅炉-塔水循环热泵空调系统的能耗与碳排放量很高。因为在外围护结构主导的建筑中，锅炉-塔水循环热泵空调系统无法从室外、地面，或者从产生余热的空间中获得热量，无意中就会导致建筑内部化石燃料燃烧制热和电制热，从而增加造价与能耗。可以考虑锅炉以外的其他热源。如果将热泵本身用作热源，则整体效率是有限的，通过下面的计算可知：

$$COP(总) = (COP_S \times COP_D) / (COP_S + COP_D - 1)$$

其中COP_S是为回路提供热量的热泵的能效，COP_D是向空间输送热量的热泵的能效。

绿色建筑项目的一个普遍发展过程是，首先采用地源热泵系统进行建筑设计，然后当项目预算增加时将其改为锅炉-塔水循环热泵空调系统。对于外围护结构主导的建筑，这是一个错误，会导致锅炉-塔水循环热泵空调系统变成最无效率、碳排放量最高的系统。

另一个供热的选择是生物质燃料系统。生物质燃料包括木屑颗粒、木片及原木等。使用生物质作为供热燃料的优点是碳排放量低，特别是考虑到生物质的生长能够吸碳。然而，典型的老式柴火炉是一个开放的系统，燃烧与排气都需要空气，这意味着老式柴火炉会带来不必要的空气渗透。新型的柴火炉与室外空气直接相连，因此可视作一个封闭的燃烧系统。近几年来，出现了生物质热水锅炉，尽管它们一般不安装在建筑的加热内核中，因为它们需要放置在能够添加生物质燃料的地方。同时，还要清除灰烬。最后，生物质系统只能制热，不能制冷。尽管如此，生物质系统的碳排放量低，因此有些建筑选择了这种系统。

14.18 房间内部风机盘管单元的位置。

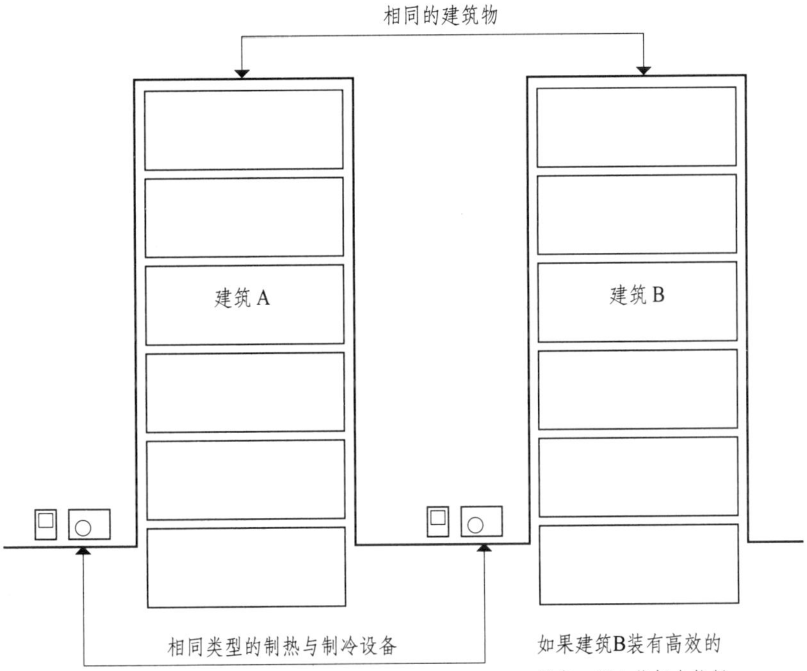

14.19 高效系统节能但是安装造价高。

14.20 一个估算能耗成本的简单公式。

高效设备节约的能量可以这样表达：

$$1-E_{low}/E_{high}$$

式中：E_{low}指较低的能效，E_{high}指较高的能效。
例如，能效为3.5 COP的热泵与3.0 COP热泵相比，将节能1−3/3.5=14.3%。

绿色设计界面临的一个关于制热与制冷的重要抉择是，是否将设备放在房间内。这一点特别适用于安装在墙上、地板上、天花板上的小型风机盘管。将设备安装在房间内部的益处有很多：消除输送损失、减小输配系统风扇功率、实现区域温度控制、可能会减少天花板上面的空间或者地板下的管道空间以及减少安装造价。或许将设备安装在房间内部的唯一缺点就是噪声与不美观。尽管如此，将设备置于房间内部的做法已有很长的历史。比如，安装在地板上的铸铁散热器就是早期制热系统中的固定装置，并且现在仍然广泛使用。另一个例子是，学校通常使用位于窗户下面的制热与制冷系统。在美国以外的地区中，室内无管道的风机盘管在很多国家都很普遍。对于一个特定的建筑而言，如果室内风机盘管不被接受，还可以选择嵌在天花板中的风机盘管、安装在壁橱中或者其他隐蔽位置的管道式风机盘管。室内系统中需要避免使用的一种形式是穿墙系统，比如穿墙式空调器、一体化终端空调或者类似的热泵。这些设备需要的穿墙洞会造成空气渗透与传导失热。

系统效率 System Efficiency

不同的制热与制冷系统具有不同的效率，总体来说，效率高的系统较为节能但安装成本较高。一般来讲，高效系统最初的增量成本要根据运行一段时间后节省的能源成本来判定，但这一点需要通过能量模拟予以确认。

最低的设备能效是由能源规范强制规定的，能源规范中的大部分条款通过联邦强制性的能效规范，在全美国得以统一。高性能建筑标准比如《ASHRAE 189》和《国际绿色建筑规范》，推荐或强制使用的更高的设备能效受到"能源之星"以及国家和公用事业能源项目的鼓励。高效设备的安装成本与运行成本之间的权衡在建筑设计过程中可以通过电脑模拟检测出来。简单的能耗成本估算也是有可能的。

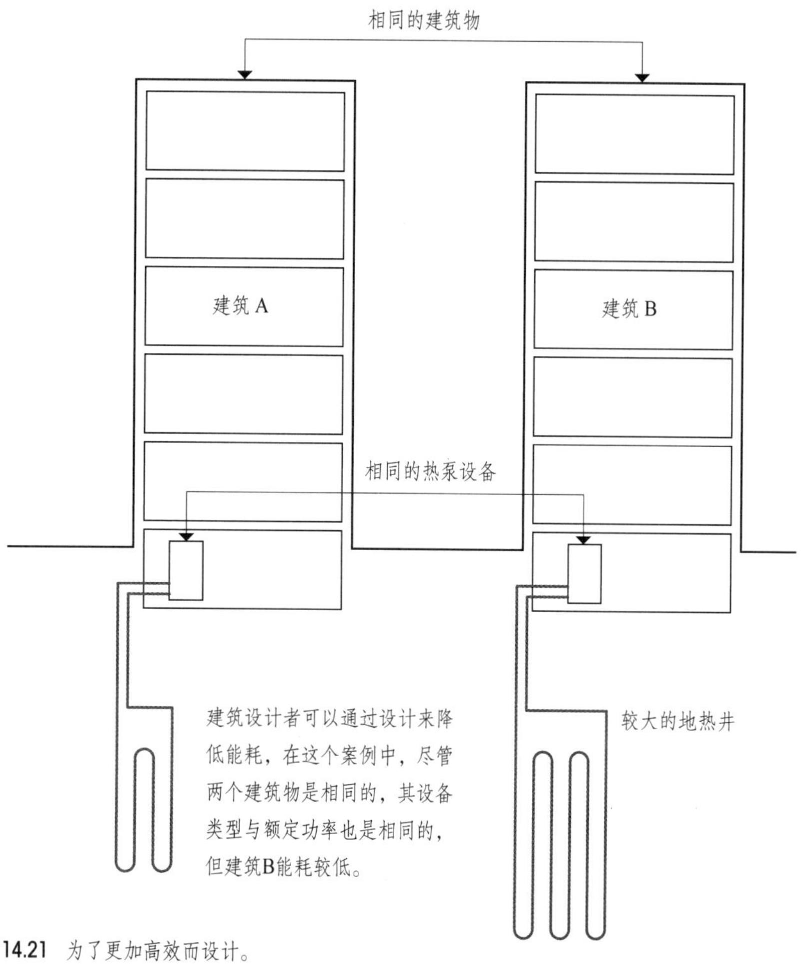

14.21 为了更加高效而设计。

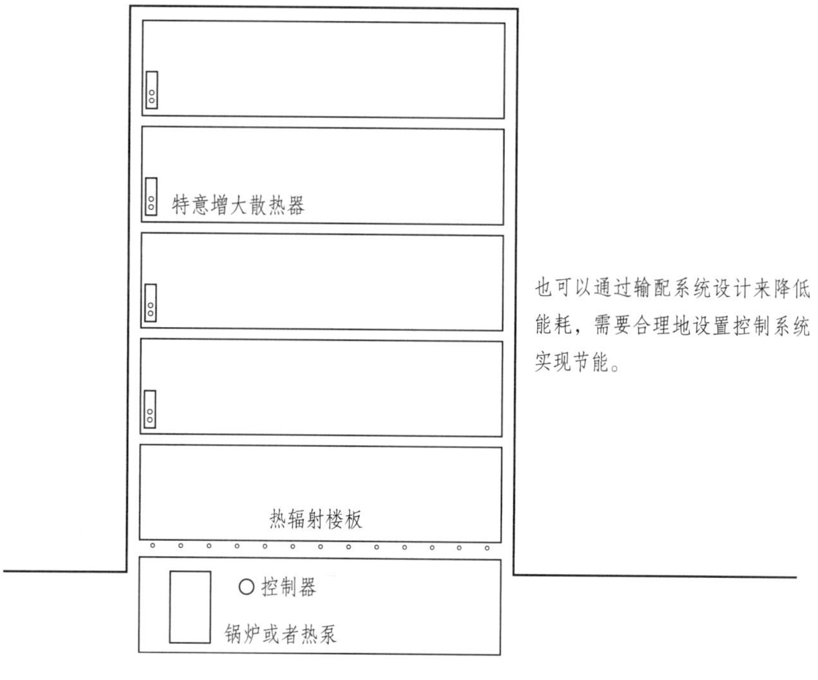

14.22 设计更加高效的输配系统。

在特定气候条件下的特定建筑中，一个特定设备的性能不会总是跟评估的性能一致，意识到这一点非常重要。并且在很多方面，建筑设计人员对设备的实际运行效率都有重要的控制作用。例如，当地热井区域较大或者土壤导热条件较好时，地源热泵会更高效地工作；相反，如果土壤的导热条件较差或者地热井区域较小时，系统运行效率会降低。

在建筑内部进行水循环的制热设备，例如提供热水的热泵，在输配系统尺寸足够大以至于水温较低的情况下，会以较高的效率运行。某种类型的输配系统，比如地板热辐射系统，在设计得当的情况下，会提供较大的表面积来降低水温。关键点是回到热泵或者锅炉的水温应该足够低。

为了充分获得这些降低温度策略的益处，需要据此设定系统控制装置。潜在的得能率（efficiency gain）非常重要。对于一个热泵而言，效率增益更加显著，一个以104 ℉（40 ℃）的回水进行制热的热泵，其性能系数（COP）为3.1，如果回水温度为90 ℉（32 ℃）时，其性能系数可增至3.8，同时获得23%的效率增益。

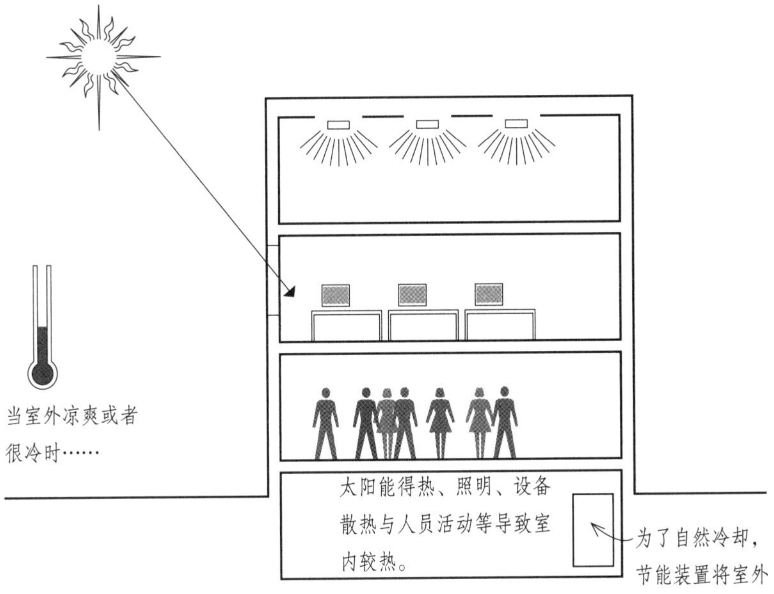

14.23 自然冷却。

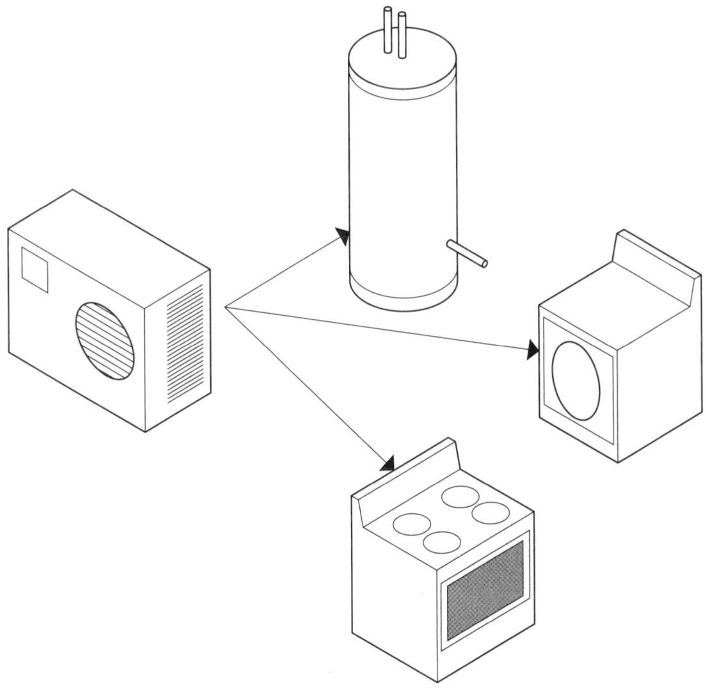

14.24 制热燃料的选择通常影响了热水器、衣物烘干机与壁炉等设备的燃料选择。

对于制热与制冷设备而言，有各种各样提高效率的策略可供选择，其中大部分策略是节能规范中所要求的，尤其适用于大型设备，但是这些策略也可以在规范没有要求的情况下应用，包括：

· 自然冷却，也被称作"节能装置"（economizer）。当室外凉爽而室内较热时，这些系统利用室外凉爽的空气或者经过室外空气冷却的水为建筑制冷，通常用于过渡季，建筑室内得热较高的情况下。
· 重置室外冷却水、热水及空气的温度。通过改变制热与制冷系统的温度来提高系统的效率。比如，当室外温度适中时，就增加冷却系统中的水温，或者降低锅炉系统的水温。

近几年来已被证实，尺寸过大的制热与制冷系统会导致能量损失。出现这些损失是因为尺寸过大的设备发生了短循环。能源规范与绿色建筑标准逐渐要求设备尺寸不能过大。更重要的是将可变容量设备列入选择范围，这些设备在满荷载与部分荷载的情况下尺寸都不会过大。

同时，正如前文提到的导致绿色建筑失效的弱点也需要牢记于心。超规格不合理并不意味着低规格就合理。一台规格过小的制热或制冷设备会导致建筑不舒适，比如冬季过冷、夏季过热。制热与制冷系统的规格最好既不过高也不过低，而是尺寸正合适。

燃料选择　Fuel Selection

任何绿色建筑项目中的一个重要决策就是制热燃料的选择。燃料的选择一般会有其他衍生分支，通常是指其他应用的燃料选择，比如家庭热水、厨房内的烹饪以及洗衣房中的干衣过程。

制热燃料包括太阳能热源、热泵所需的电能、电阻热源、天然气、燃油、丙烷、煤油、生物质及煤炭。在具有区域制热系统的城市或者校园中，购买蒸汽或者热水也是一种选择，尽管蒸汽与热水最终也是由上述燃料加热而成的。很多工业系统从工业生产过程中得到免费的废弃热量。废热发电是另一个热量来源，在废热发电中，电能与热量都来自一个独立的过程，同样地，这个过程仍然是由上述燃料燃烧供能的。

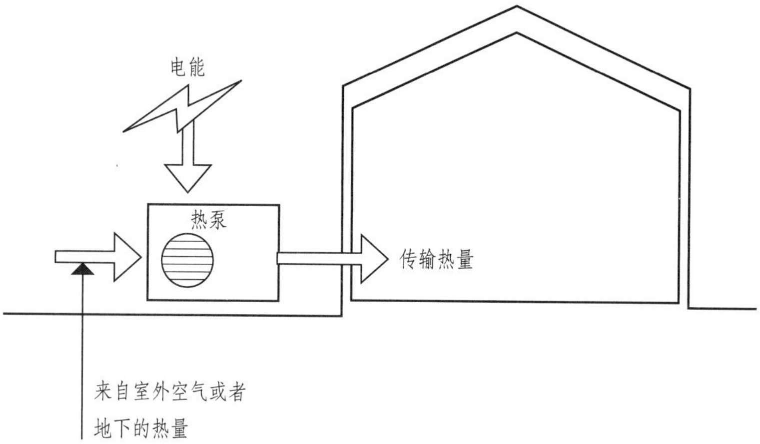

14.25 热泵系统。

14.26 天然气燃烧相对清洁，但是天然气是一种有限的资源，具有较大的负面环境影响。

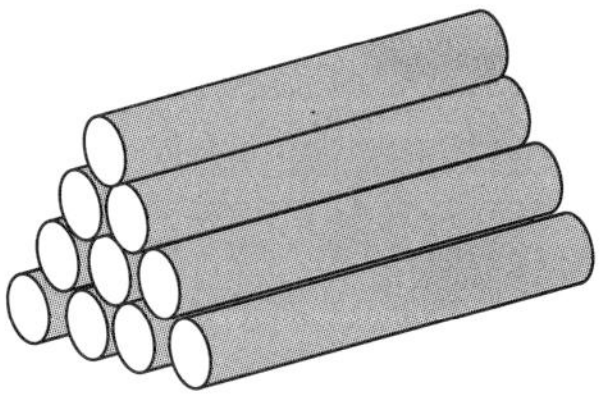

14.27 生物质产品是可快速再生的燃料资源，并且可以视为碳中和资源。

有些燃料因其较高的碳排放量不太可能成为绿色建筑项目的选项。这些燃料包括天然气、燃油、煤油、丙烷以及煤炭。这使得太阳能热源、电能与生物燃料成为绿色建筑制热燃料的最佳选择。

太阳能热源制热在第15章“可再生能源”中单独介绍，在本章中，重点介绍非太阳能形式的制热。

除了应用于近零能耗建筑或者热荷载很低的房间中，电阻制热形式的电能应该被排除在外。电阻制热是一种造价很高的为建筑提供热量的方法。电能是一种高级能源，不适合作为制热选择，因为制热是一种较低级的能耗形式。

当热泵中用到电能时，系统效率通过从室外空气得热或者从地下及地下水等得热而得以提升。热泵或许是如今绿色建筑制热中最广泛使用的方法。

有些绿色建筑中使用天然气，但是新建筑中已经不会再用。在近几十年中，燃烧天然气是一种相对清洁高效的选择，已经得到普遍推广。缺点在于天然气是一种有限的资源，并且天然气的采集方法，包括高压水力压裂法，对环境具有极大的不利影响。这些不利影响包括空气污染、水污染、土壤污染、来自钻井基地的钻井设备与发电机的噪声污染、灯光污染、视阈干扰以及每天需要将污染过的水从钻井基地运走的上百辆卡车产生的影响。

生物质燃料包括木材、木屑、木块以及其他各种可快速再生的燃料资源。生物质燃料的优势在于它们的碳排放量低——生物质燃料在生长过程中从环境中吸收碳。燃烧设备逐渐趋向于清洁化，尽管颗粒与其他燃烧排放物依旧是一个历史性问题。生物质燃料的缺点包括燃烧过程不清洁产生空气污染以及需要装载燃料，尽管自动填料机已经使装载过程变得更容易。传统的壁炉以及很多传统的柴火炉都不够绿色，因为它们存在燃烧不完全、效率低以及为了支持燃烧，以渗透方式吸入建筑内部大量冷空气的问题。

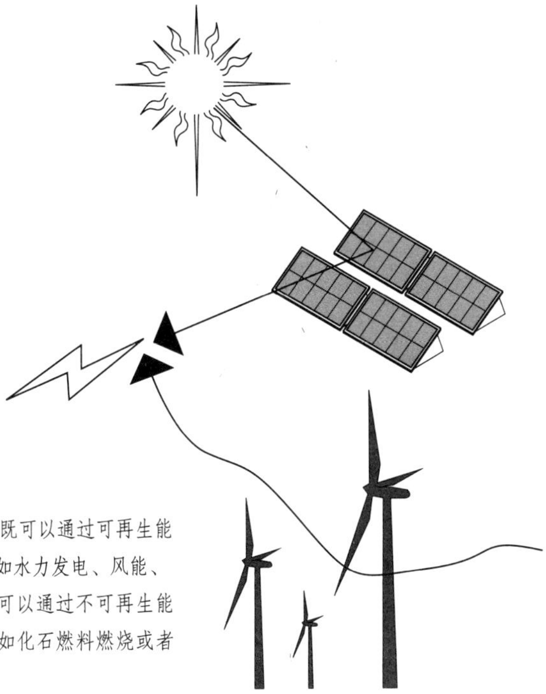

14.28 电能既可以通过可再生能源获得，比如水力发电、风能、太阳能，也可以通过不可再生能源获得，比如化石燃料燃烧或者核能。

燃料的选择通常与特定的建筑、燃料的可得性以及燃料对建筑的适用性有关。一场大规模、全社会范围的运动正在形成，主张或反对使用某些燃料。这场运动包括：电能逐渐可以通过可再生资源获得，比如风能、太阳能以及水力发电系统。换言之，我们使用的一部分电能已经来自可再生能源，并且这部分电能的比例在逐渐增长。另一方面，化石燃料永远不可能是可再生的，化石燃料的损耗使得采矿产业越发困难，从而增加了对环境的负面影响。

选择了为空间制热的燃料以后，还要为建筑内较小燃料荷载选择燃料。第二个重要的选择是为生活热水选择燃料，一个利用电能为空间制热的建筑更有可能选择电器设备——电炉、衣物烘干机等——这是空间制热燃料选择与设备燃料选择的另一种思路。

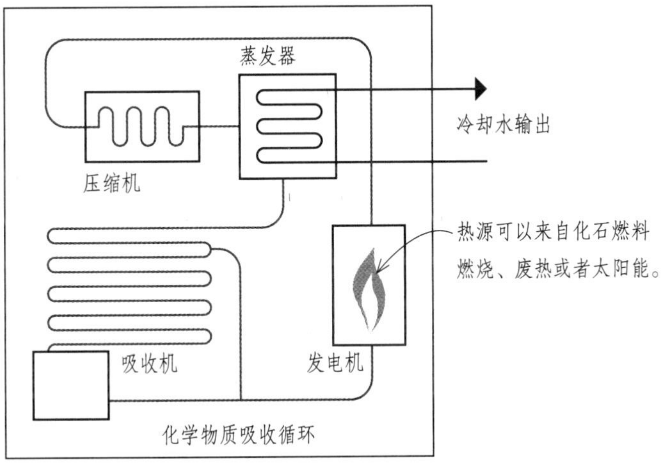

14.29 吸收式制冷。

其他系统 Other Systems

还有各种各样的其他系统可提供专业的制热与制冷。吸收式制冷系统可以通过使用化学物质吸收循环来提供制冷，需要输入热量而不是一台电力驱动的压缩机。风扇和泵送仍然需要动力。当可以利用无成本的废热资源时，这些系统就很有吸引力，比如利用来自工业生产过程中的热量、来自发电过程中的热量或者来自太阳的热量。与传统制冷方式相比，吸收式制冷系统，由化石燃料热源或者买来的蒸汽与热水驱动，一般来讲不具有竞争力，也不节能，除非其热源是无成本的废热。

由中心工厂提供的区域制热与制冷，通常利用蒸汽或热水制热，利用冷却水制冷。在绿色建筑项目中应该避免使用蒸汽，因为蒸汽容易导致漏气，并且这些漏气不易被察觉，还有高温蒸汽容易产生热损失。区域制热与制冷的优势，在其与发电相结合（热电联供，英文缩写“CHP”（combined heat and power））之后会得到增强。区域制热与制冷的劣势包括输配损失。

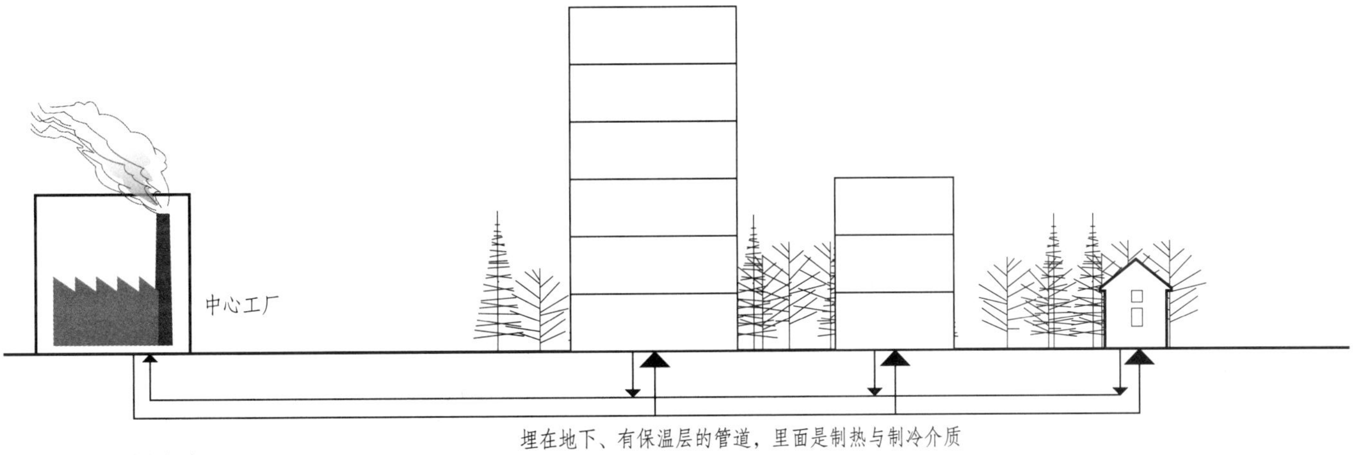

14.30 区域制热与制冷。

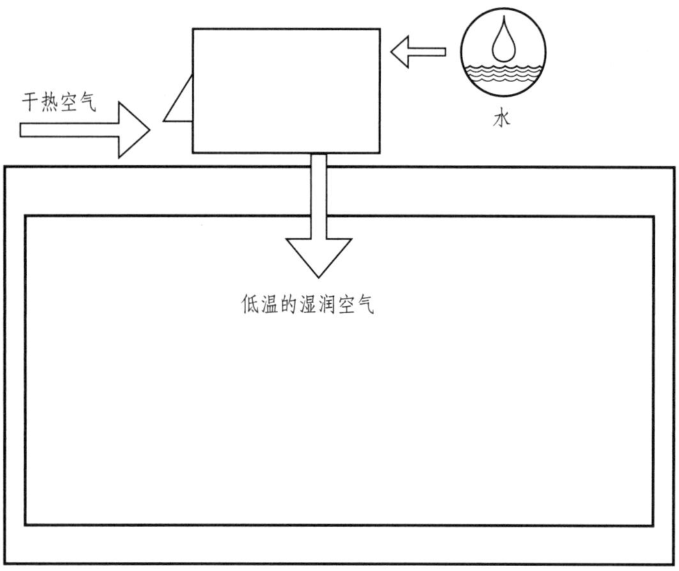

14.31 蒸发式冷却。

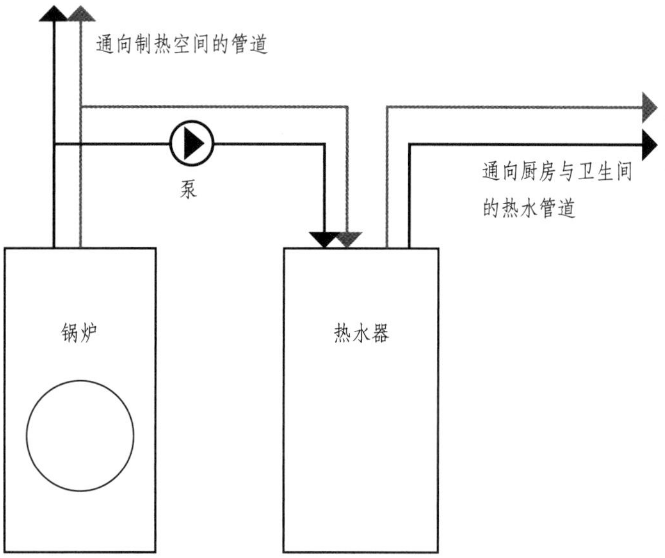

14.32 整合系统。

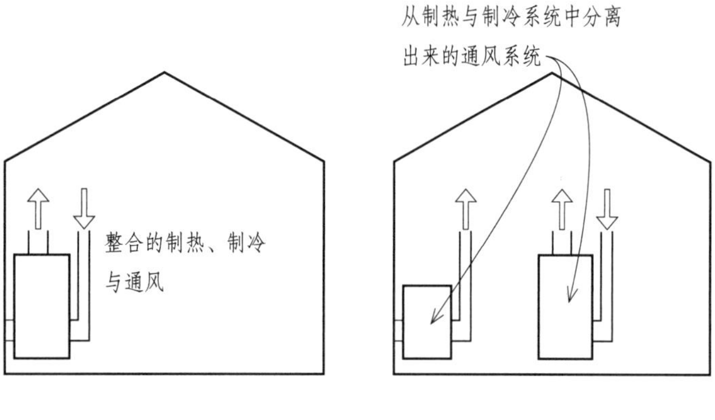

14.33 在绿色建筑设计中，将类似于通风与生活热水供热等功能从制热与制冷系统中分离出来是明智之举。

蒸发冷却是由水蒸发带动的，这种系统在干燥的气候条件下工作，相较于传统的制冷方式能耗较少，但是耗水量大。

可以利用各种各样的热能储存技术。冰蓄冷通常利用从白天到夜间的电力负荷峰值转换，这项技术的核心是降低夏季峰值电力需求，从而降低峰值需求费用。根据场地情况，冰蓄冷在有些条件下可以减少能耗与碳排放量，但是在其他情况下，会增加能耗与碳排放量。

其他一些新兴技术，包括束流冷却输配、独立新风系统（DOAS，dedicated outdoor air system）以及除湿冷却系统。束流冷却逐渐与独立新风系统结合使用，通过分离空调的两个功能（降温与除湿）来减少制冷能耗，使得两个功能各自高效运作。

系统整合 System Integration

在制热与制冷系统中，集成一些附加功能（比如通风或者生活热水加热）是很常见的。这种整合可以降低安装成本，但是会带来复杂的问题以及计划之外不必要的能源浪费。

使用锅炉系统获得生活热水被证实一般是低效的并且不节能，因为很多锅炉在夏季工作时效率很低，只能提供生活热水所需的很少热量。

将通风与中央空气处理系统整合也存在问题。通风给制热与制冷系统带来了一种不同类型的负荷，尤其在夏季带来一个重要的除湿负荷的问题。相比于通风系统通过自身的风扇提供动力，当通风系统与中央系统整合时，通风系统需要4至5倍的风扇功率。独立新风系统近来的发展已经证明源自制热与制冷系统中的耦合通风具有能源优势。

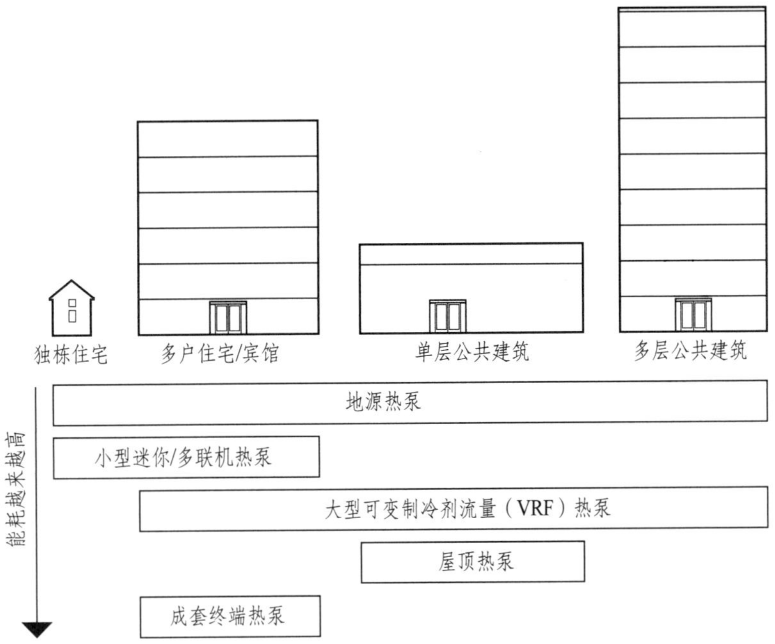

14.34 热泵选项，依据针对不同建筑类型的能效。

兼收并蓄 Putting It All Together

供暖/制冷系统的选择是建筑设计中最重要的决策之一，将对舒适度、能源成本和温室气体排放产生持久的影响。

由于气候危机，不再考虑使用化石燃料为建筑供暖的时代已经到来。这就毫无疑问地指明种类繁多的热泵大有可为，除非正在考虑诸如生物质能供热或太阳能光热之类的特殊选项。

在各种可用的热泵中，效率是首要考虑的因素，进一步的考量是减少温室气体排放。图14.34可用作选择热泵类型的起点，其依据是针对不同建筑类型的能效。

14.35 下表显示了不同类型热泵的优缺点。

系统名称	优点	缺点
空气源热泵—— 小型迷你/多联机热泵	· 经济 · 高效 · 独立计量，比如公寓	· 在大型建筑中需要很多单元 · 需要室外位置
空气源热泵—— 大型可变制冷剂流量（VRF）系统	· 比小型迷你/多联机热泵容量大，需要的单元少 · 能够处理通风补风 · 高级控制 · “三管”版（“three-pipe” version）允许从制冷区域回收热量用于制热；对于拥有需要全年制冷的核心空间的建筑是高效的	· 成本高 · 比小型迷你/多联机系统能效低 · 需要室外位置
空气源热泵—— 成套终端热泵	· 非常经济 · 便于使用	· 效率低：除了气候1区和温暖地区，在其他气候区能效不高 · 引发空气渗漏点
地源热泵	· 高效 · 无需室外机安装位置	· 需要打井的位置 · 造价高 · 压缩机噪声大
锅炉–塔水循环热泵	· 在建筑核心空间需要全年制冷的模式下比较高效 · 经济	· 压缩机噪声大 · 基本依赖化石燃料 · 如果建筑没有核心空间，便不高效（例如多户住宅建筑、许多宾馆建筑）

热泵能否方便地用于大型商业建筑，例如高层建筑？传统上这些建筑由大型锅炉/冷水机系统提供服务。答案是肯定的，有多种热泵可供选择。在允许设置地源热泵的建设场地，可以采用地源热泵满足高层建筑的需求。在密集的城市环境中，如果没有足够的场地打井来支持地源热泵运转，那么可以使用空气源热泵。在高层建筑中，如果到屋顶的距离超过了制冷剂管道的允许长度，热泵可以放在凹入或凸出的阳台上，用百叶窗遮挡，这在世界上的许多国家已经很普遍。请参见图14.36。

出于效率、控制、舒适性和计量的原因，较小尺寸的迷你或多联机热泵更适合高层酒店和多户住宅。更大的商用级别的可变制冷剂流量（VRF）热泵具有更先进的功能，例如从中央核心空间回收热量（每个系统同时供热/制冷）、新风的加热/冷却等，更适合其他高层建筑。锅炉−塔水循环热泵系统是大型建筑的另一种选择，但它只能用于那些内核空间巨大、需要全年制冷的建筑，可以作为周边区域的热源，避免管路和建筑物使用低效燃料或化石燃料来补充热量。

关于热泵的最后一点说明与制冷剂有关。早期的制冷剂会破坏臭氧层，如今用于新型热泵的制冷剂则不会。然而，今天使用的大多数制冷剂都是温室气体。常用的典型制冷剂泄漏率很低，相对于使用化石燃料，温室气体排放量的减少足以抵消泄漏的负面影响。然而，最大限度地减少泄漏仍很重要！在建筑设计中最有效的途径是为热泵指定绿色环保的制冷剂，并在制冷剂管道组装、制冷剂充注、泄漏检测、检查和调试等方面采取最佳实践。高效的建筑设计是另一种减小制冷剂泄漏影响的可靠方法，比如使用更小的热泵和更少的制冷剂。第17章“材料”中也有关于制冷剂的讨论。

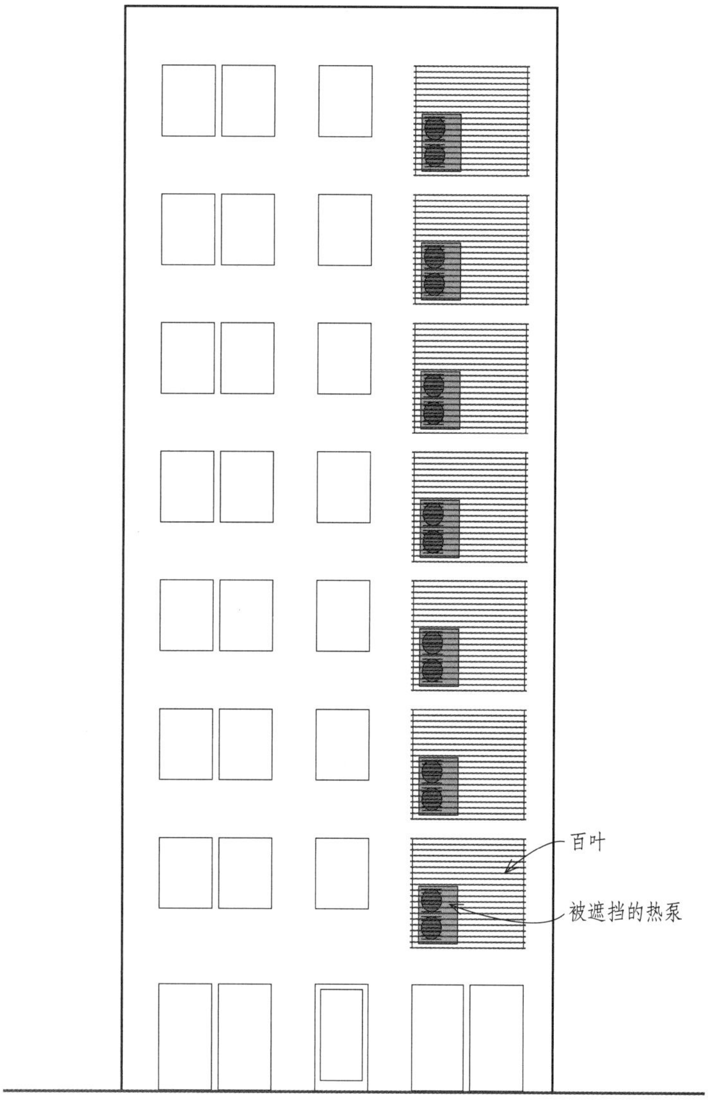

14.36 高层建筑上安置空气源热泵的百叶窗嵌入式阳台。

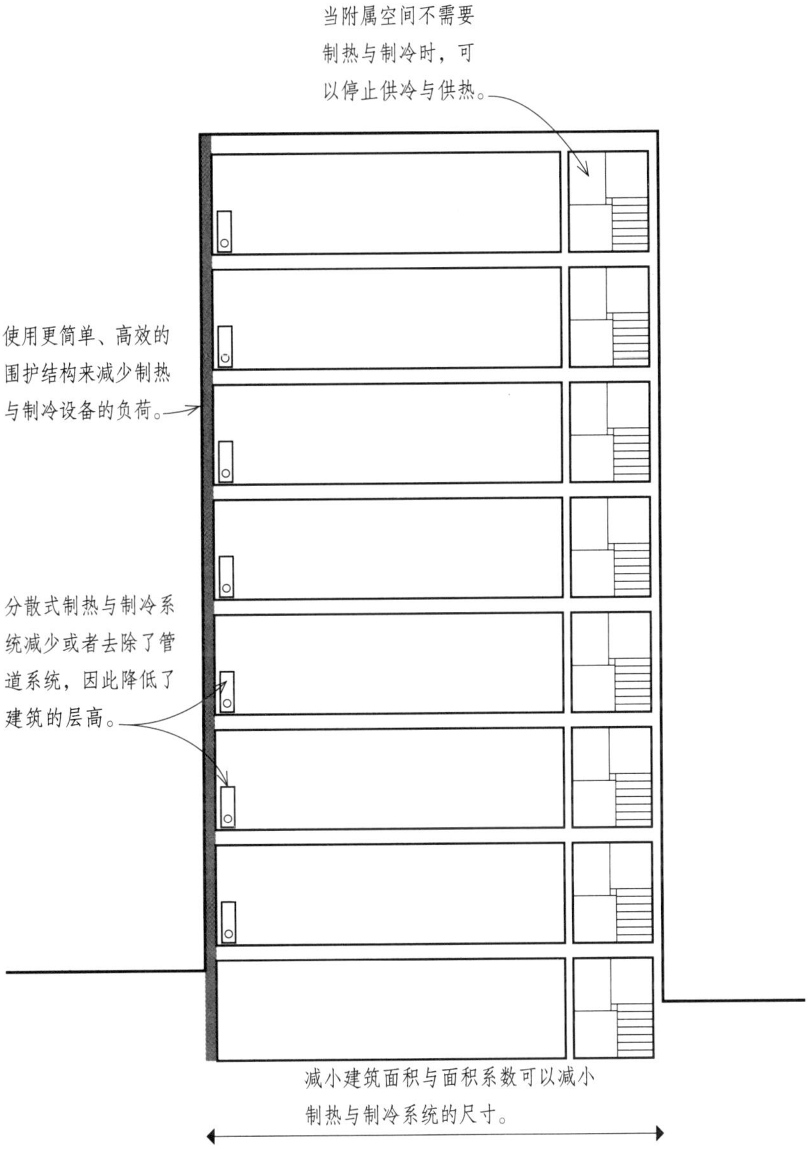

14.37 节约制热与制冷系统成本的方法。

可负担性与制热/制冷
Affordability and Heating/Cooling

地热系统因为需要地热井区域，所以安装成本非常高。然而，节能一般是在建筑全生命周期成本的基础上证明增加的成本是合理的。作为无管道热泵中典型的一部分，可变制冷剂流量系统的最初成本比地热系统的最初成本低，但是比低端的制热制冷系统的最初成本还是高很多。然而，小型可变制冷剂流量空气源热泵与传统的供热/制冷系统的竞争越来越激烈。最经济的制热与制冷系统通常是最不节能的，比如一体化屋顶机房、穿墙式装置和非密闭的燃烧系统。

尽管如此，在绿色建筑中，仍然有很多节约建造成本的选择。

制热与制冷中最主要的成本节约来自减少负荷，这是简单高效的外围护构件的必然结果。然而，这些节省只有在外围护结构设计完成后，确定了合理的制热与制冷设备及输配系统规格时，才能发生。

绿色建筑设计中的一些其他因素，使得很多空间不需要制热与制冷，这样会进一步降低建造成本。在水平方向（建筑外围护结构周围）与垂直方向（在一个空间内部，从楼板到上一层的楼板）改善室内温度分布可以进一步将制热与制冷从某些空间中去除，例如，在某些高性能公寓中，当仅有起居室供热时，卧室也能很舒适。

将制热与制冷系统布置在保温层之内，建造成本因为输配管道长度的缩短而大大降低。例如，在循环式制热系统的设计中，主要管道通常分布在地下室的围护结构附近，输配管道与散热器则位于每层楼板的边缘。通过改进外围护结构设计，改善室内温度分布状况，就可以将散热器直接安装于内墙上，而不是安装于建筑外围护结构上。因此，可以将主要的供热与回水管道安装在建筑内部，并且每个空间的供热管道仅需从建筑核心铺设至内墙上的散热器，而非外墙上的散热器，大大缩短了管道距离。

小型、高效的分布式制热与制冷系统降低建造成本的最大潜力，来自减少或者去除管道系统。在大多数建筑中，一个重要的维度——层高，是由天花板上方铺设管道系统的空间高度决定的。减少或者去除管道系统，可以大大降低层高。在很多建筑中，这个高度在1~2英尺（305~610毫米）之间，当埋有主要管道时，这个高度一般可以高达3~4英尺（914~1 219毫米）。

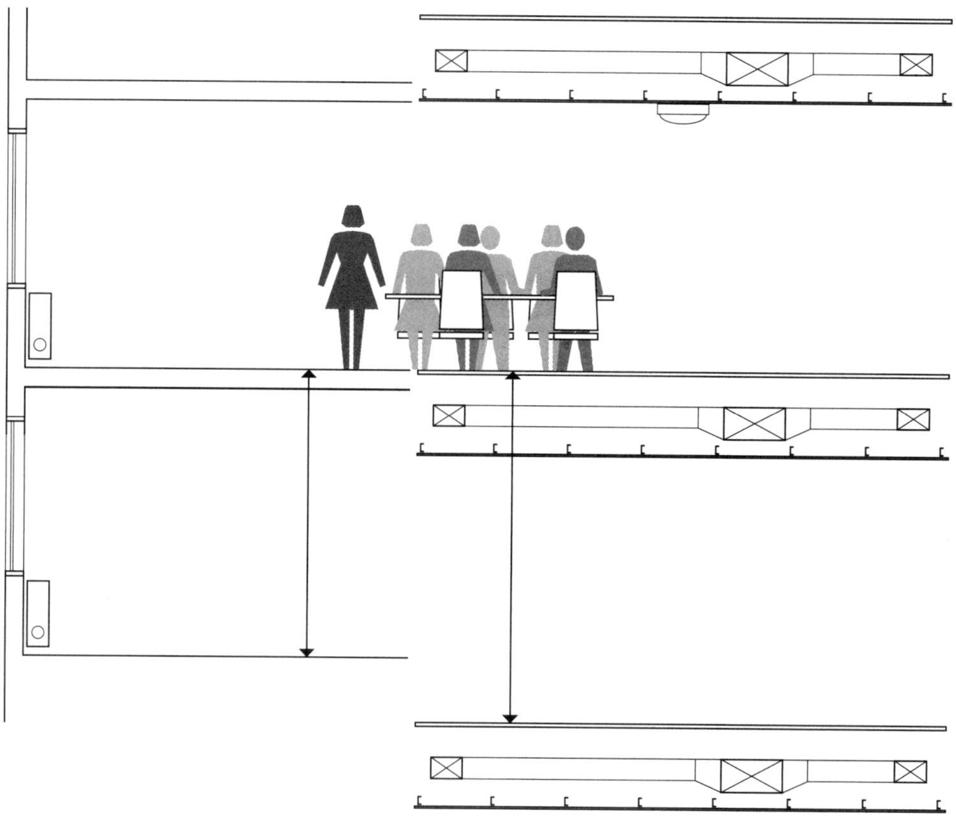

14.38 使用小型、高效的分布式供暖和制冷系统有助于降低层高并因此降低建筑成本。

第15章

可再生能源

Renewable Energy

可再生能源是指通过可再生资源（例如太阳或者风）提供的能源。可再生能源与消耗性的化石燃料（比如石油、天然气、煤等）所产生的能源是相对立的。这些化石燃料形成于几百万年前，同时社会对其消耗的速率要大于其形成的速率。可再生能源与排放具有持久影响的污染物的燃料所产生的能源（比如核能）也是相对立的。

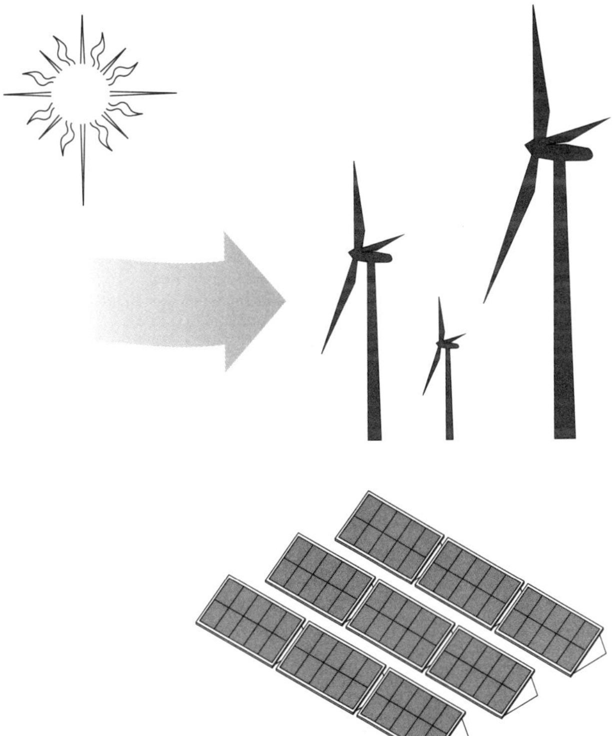

15.01 可选择的能量来源。

在设计了低能耗建筑之后，应该将注意力集中到利用可再生能源来提供建筑所需的部分或者全部能量上来。

在由外而内设计的接合点，比如在屋顶或场地设计阶段，因为事先已经考虑到了建筑如何利用可再生能源，因此建筑能够很好地接受可再生能源设备。例如，屋顶应该朝向能够最大化接受太阳辐射的方向，并且应该清除屋顶上的障碍物，为铺设太阳能板提供最大的面积。

在此谈论的可再生能源系统主要指太阳能与风能。有时也将生物能制热视作一种可再生能源，这点已在第14章“制热与制冷”中单独说明。地源热泵有时也被视作一种可再生能源技术，但这是不恰当的。来自温泉的地热能也许有理由被视作可再生能源，然而与其他类型的热泵一样，地源热泵依赖于电，因此不能被视作可再生能源。

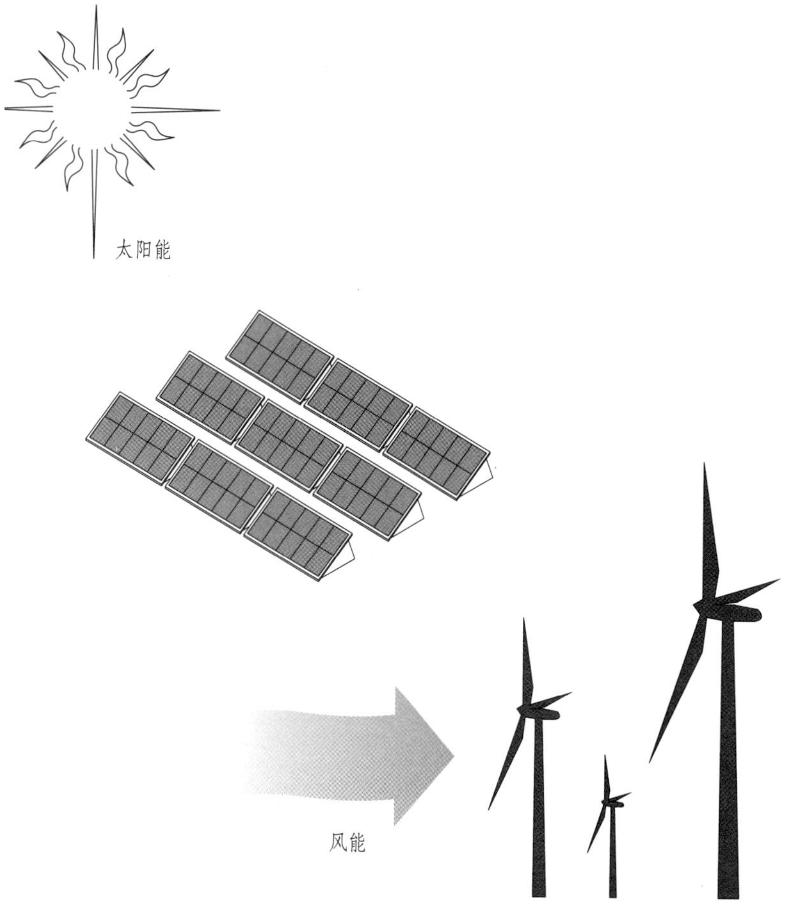

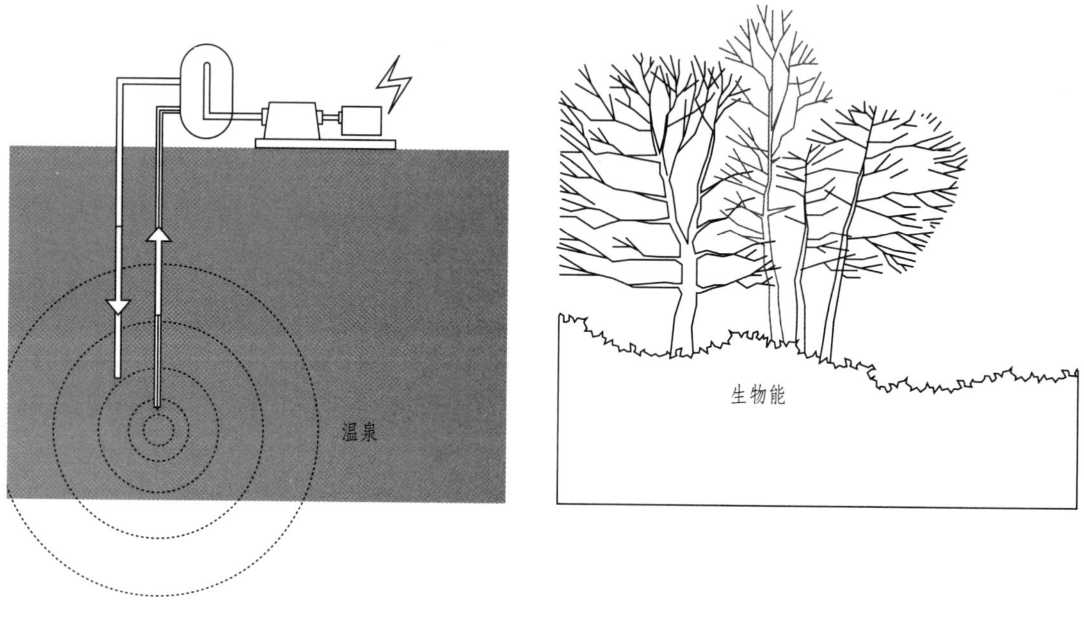

15.02 各类可再生能源。

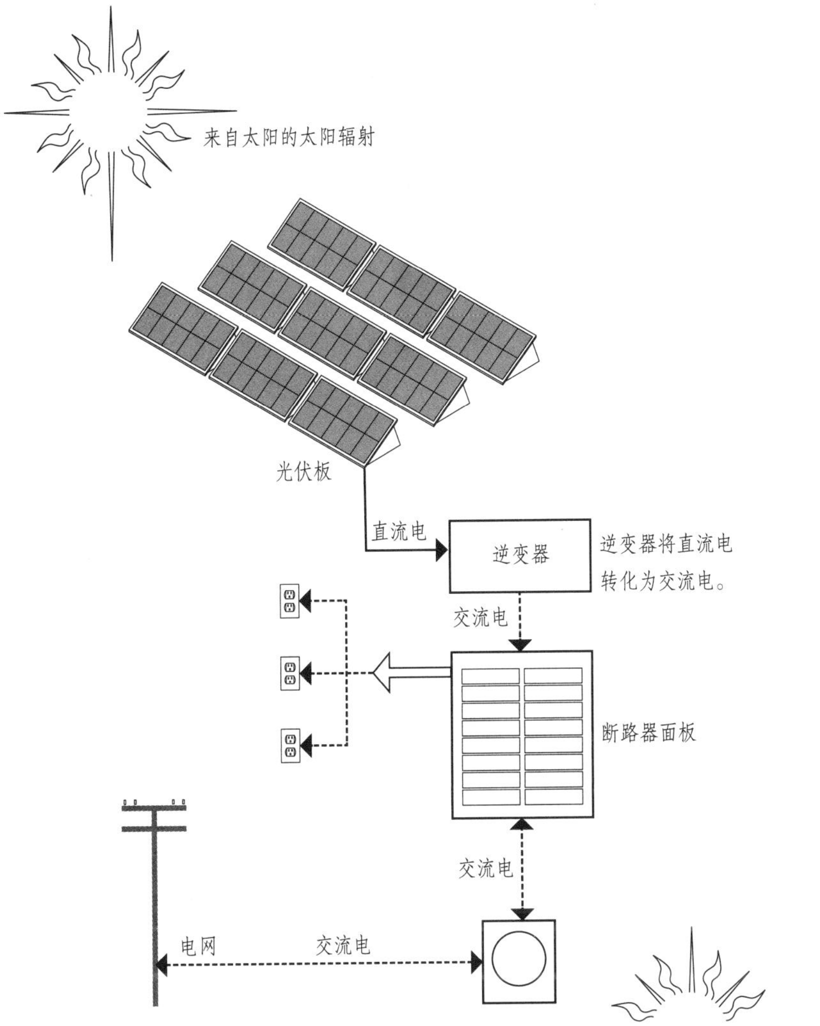

15.03 太阳能光伏系统。

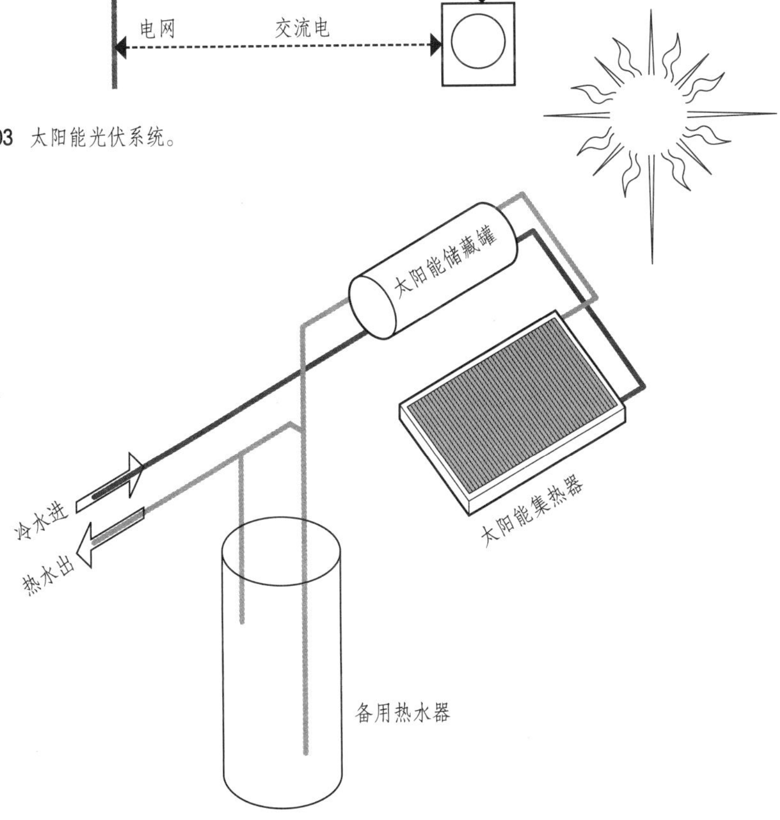

15.04 被动式太阳能热水系统。

太阳能 Solar Energy

太阳能光伏系统可以利用太阳能发电，太阳能集热系统可以利用太阳能产热。我们在之前的社区与场地（对于地面上安装的系统）以及建筑细部设施（对于屋顶上安装的系统）等章节中讨论过太阳能电池板的安放位置。

太阳能光伏系统 Solar Photovoltaic Systems

常见的太阳能光伏板是模块化的，光伏系统没有可活动的部分。电能在模块中是以直流电的形式产生的。一个被称为“逆变器”（inverter）的控制设备接收了这种直流电并将其转化为建筑所需的交流电。如果太阳能光伏系统生产的电能多于建筑所需的电能，那么可以将多余的电能输入电网。太阳能光伏系统既可以与电网连接，也可以利用电池组作为一个独立的系统，或者二者兼有，使系统与电网连接的同时也能在断电的时候独自运行。尽管有些乐于自给自足的人偏爱电池组，但是目前大多数系统都是与电网相连的。太阳能光伏系统的好处包括技术成熟可靠、可预知系统产生的电量。由于价格下降、政府激励、公众感兴趣以及新的财政选择等因素，太阳能光伏能源已经被广泛使用。太阳能光伏系统的使用风险包括模块的损坏与逆变器的故障问题，但是这些风险发生的概率较小。

太阳能光热系统 Solar Thermal Systems

太阳能光热系统既能用来加热液体，也能用来加热空气。太阳能光热系统通常指的是太阳能集热器。

在温暖的气候中，太阳能光热系统中的液体是水；在寒冷的气候中，则是水与防冻剂的混合物。液体系统可以是被动式的，不需要泵就可以运行；也可以是主动式的，需要泵才能运行。被动式系统是指热虹吸管系统，其储水槽安装在系统的最高处，通常在屋顶集热器的上方，通过重力带动水循环。这些以水为主的热虹吸管系统在温暖的气候区中更为常见，因为在温暖的气候区不存在冰冻风险。

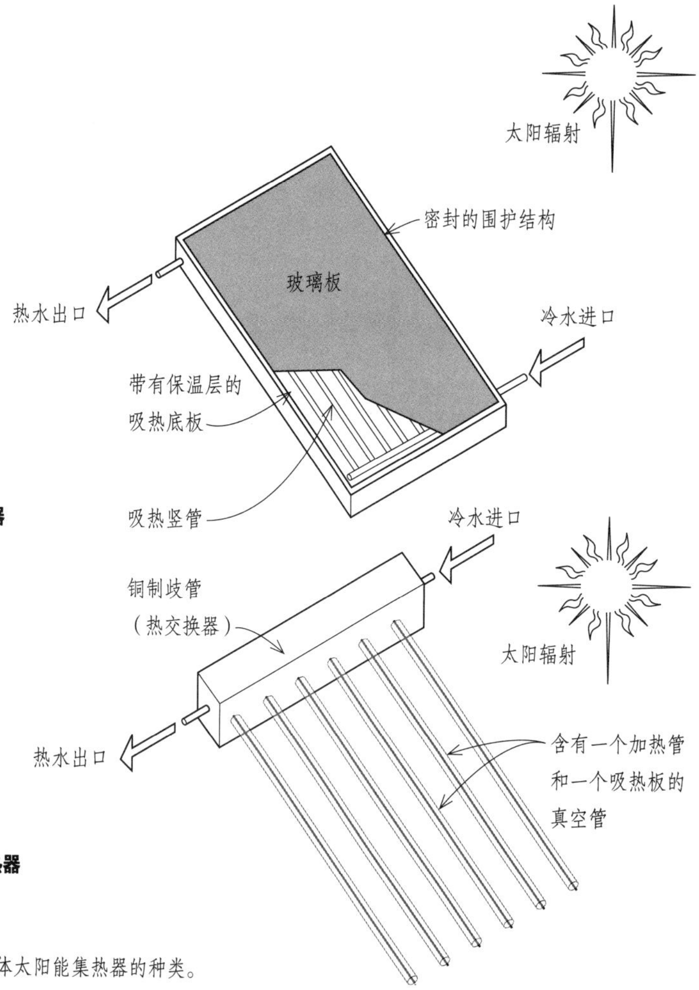

15.05 液体太阳能集热器的种类。

常见的液体集热器类型包括平板集热器和真空管集热器。平板集热器造价较低，但是产热效率也较低；真空管集热器造价较高，同时产热效率也较高，因为真空管集热器是由模数化管材现场拼装而成的，因此便于在屋顶上安装。

以空气为主的系统既可以加热用来通风的室外空气，也可以加热室内空气。通风装置在一种叫作“渗透型太阳能集热器”（transpired solar collector）中很常见，空气通过渗透型太阳能集热器上的洞口进入室内。加热空气的系统既可以是主动式系统，利用风扇进行空气循环，也可以是被动式系统，没有风扇也能运行。

无论被动式还是主动式，太阳能集热系统通常由三部分组成：

- 集热器，用于接收太阳能；
- 储存器，在日照充足的时段用于储存热量，在日照不足的时段用于提供热量；
- 控制器，当太阳能可用时开始收集与储存太阳能，当阳光不足时防止能量损失。

这三个部分对于一个太阳能集热系统的效果而言非常重要。如果没有这三个部分，一个太阳能集热系统损失的热量会超过其产生的热量，如果系统没有正确地收集、储存与控制热量，那么正如集热器在白天可以获得能量一样，在夜晚也可以轻易地损失能量。

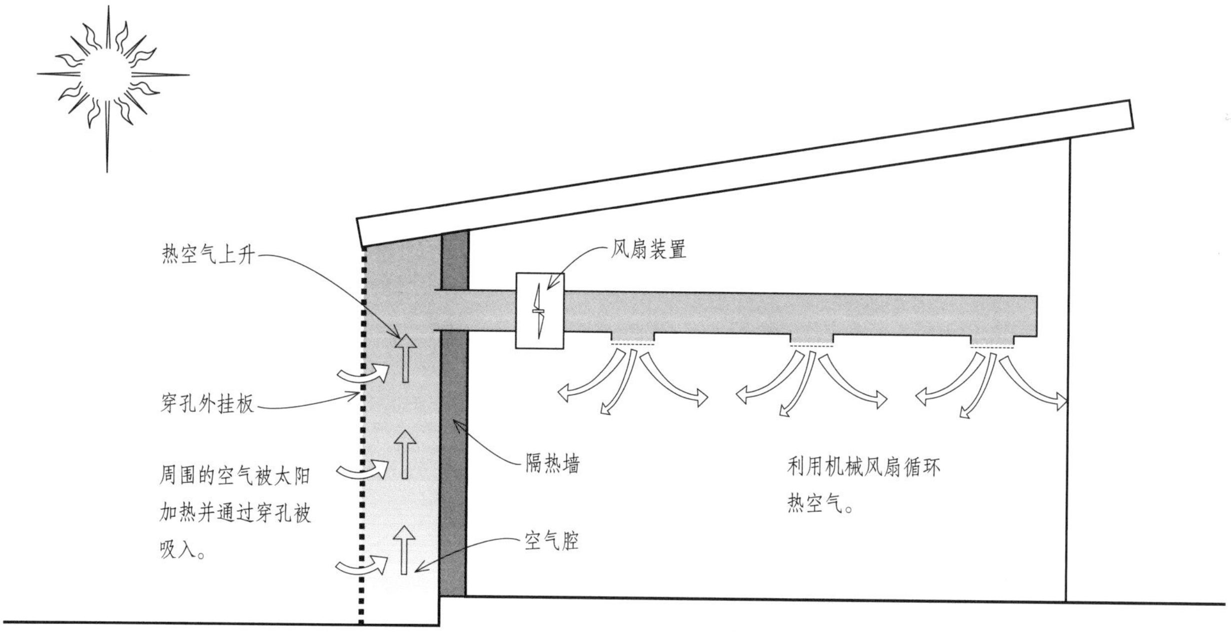

15.06 渗透型太阳能系统。

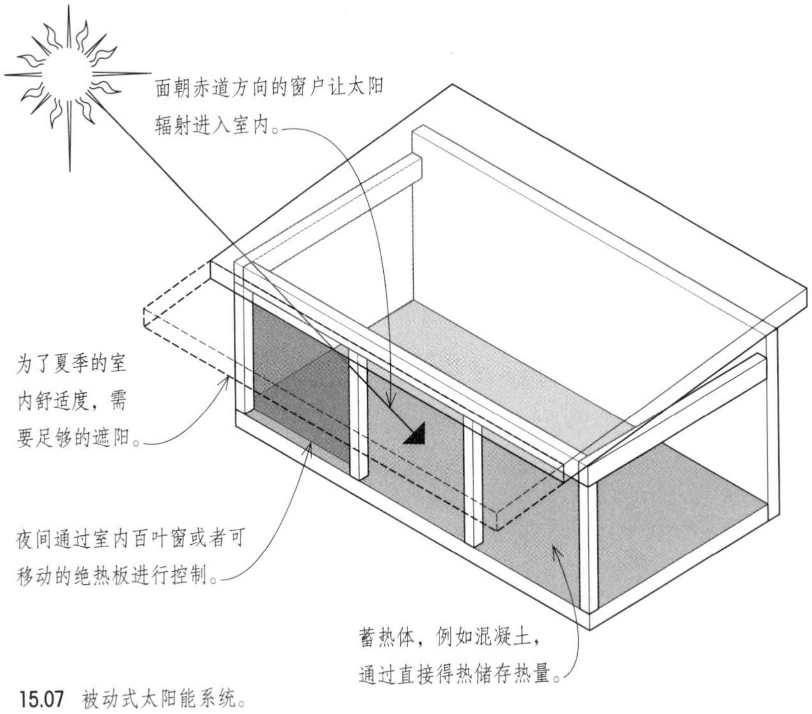

15.07 被动式太阳能系统。

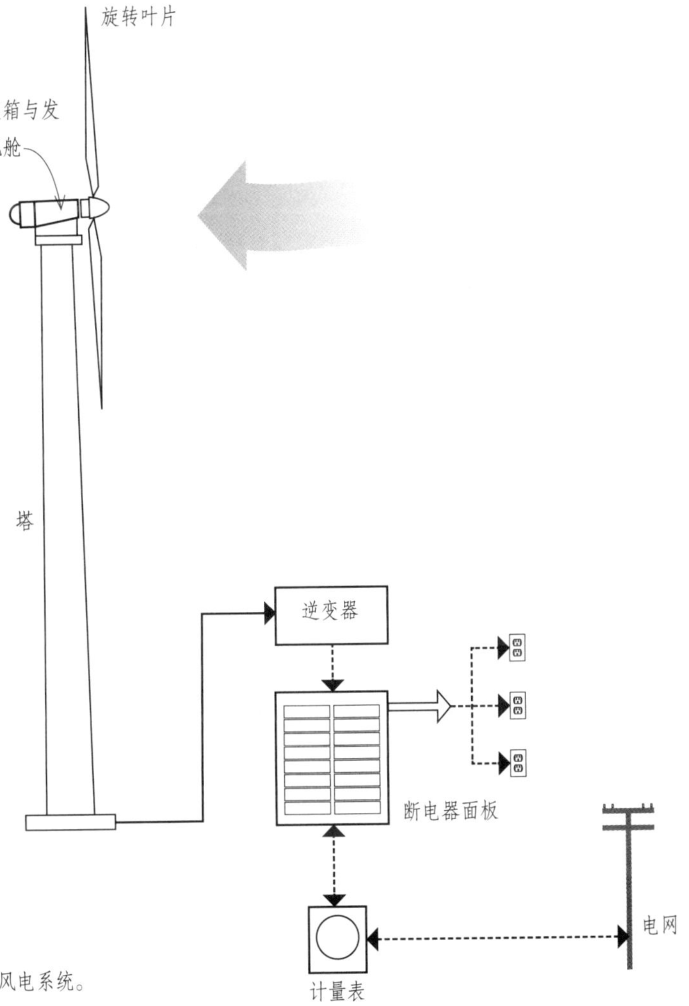

15.08 风电系统。

被动式太阳能 Passive Solar Energy

被动式太阳能指的是不用机械设备或者电力设备（比如泵或者风扇）来获得太阳能的热量。

被动式太阳能领域在很多方面为我们目前的建筑节能与太阳能利用的相关知识奠定了基础。通过被动式太阳能系统发展过程中艰难获得的经验，我们已经掌握了被动式制热建筑需要的太阳能系统的三大组成部分：集热、储存及控制。集热通过南向的窗户即可实现，储存通常利用蓄热体实现，控制通过夜晚窗户上可移动的绝热百叶即可实现。我们现在知道了如果没有储存与控制，面向赤道方向的大窗户容易引起白天建筑过热、夜晚建筑失热的问题，需要增加不必要的化石燃料能耗。

被动式太阳能对于很多人而言都是一个可行的选择，例如可动部件极少的建筑能量系统进行调试的人员、能够接受建筑瑕疵（诸如室内温度波动）的人员以及积极参与能量系统控制的人员（比如在夜间增加或去除窗户的保温层或蓄热屏障等）。

风能 Wind Energy

现代的风力涡轮机可用来生产电能。风力涡轮机胜过太阳能光伏系统的一个优势是白天与夜晚都可以发电。劣势包括造价高、需依赖稳定的风向以及会产生噪声污染。正如太阳能光伏系统一样，风力涡轮机既可以并网也可以是带有电池的单机系统，或者二者同时存在。风力涡轮机有各种各样的尺寸规格，可以小到只为一个家庭供电，也可以大到由若干涡轮机组成风力发电厂。风力涡轮机最好放置在远离地面的高处，通常是在风流稳定的专用测风塔的顶端区域。风力涡轮机安装在建筑屋顶也是可行的，但是效率与容量较低。

正如太阳能光伏系统一样，风电系统通常产生直流电，需要使用逆变器将直流电转化为交流电。

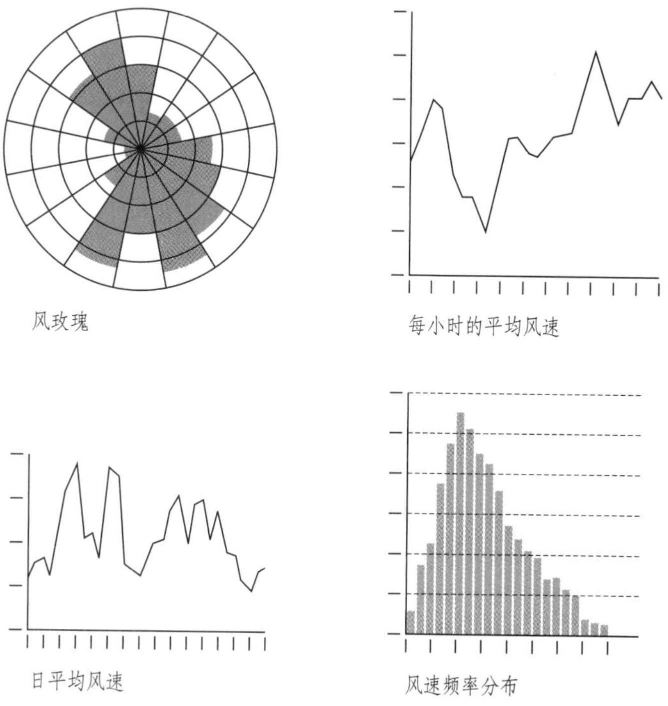

15.09 风电系统的风况图。

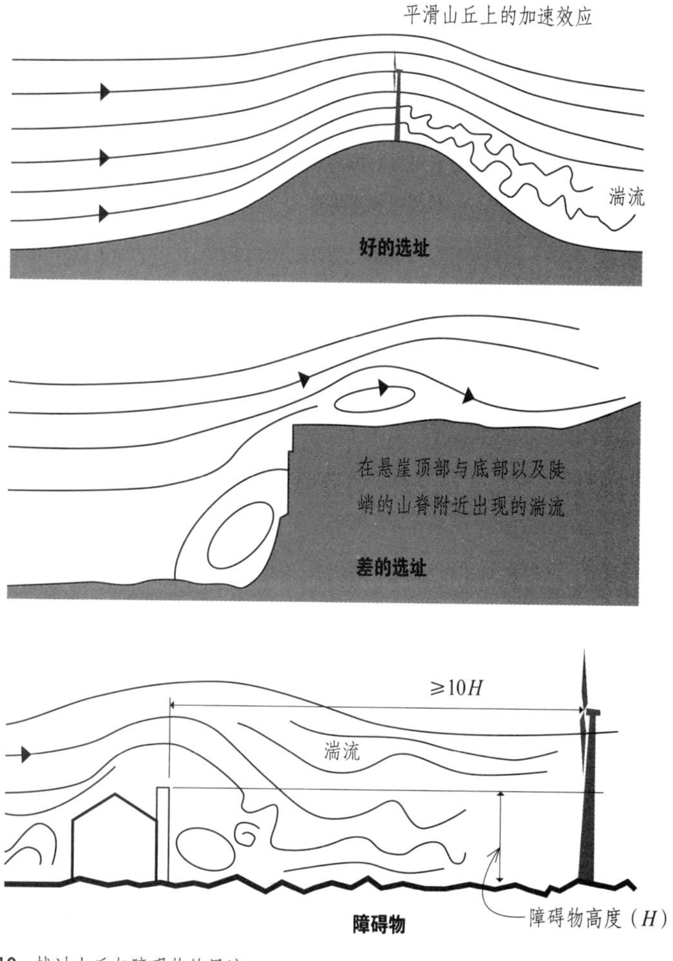

15.10 越过山丘与障碍物的风流。

风力系统设计从评估风况是否充足开始，显示场地典型风况的在线工具一般由国家可再生能源实验室（National Renewable Energy Lab）或者私营企业提供。更加精确的风况数据需要实地测绘获得。

在使用风力涡轮机的过程中，需要考虑的一个基本变量是风速。如果风速增加1倍，即可产生8倍的电能，因此，风速的小幅变化会引起产能的巨大变化。对于平均风速超过16英里/小时（26千米/小时）、位于地平面160英尺（49米）以上的区域，风能是最为可行的。另一个经验法则是，位于地平面上的风速应该在7~9英里/小时（11~14千米/小时）。

测风塔应该与建筑保持足够的距离，避免噪声与振动问题，但同时也不能离建筑太远，避免由测风塔至建筑之间管线过长引发的造价过高问题。需要注意建筑自身对风场的影响。建筑附近有一座小山，这就是一个很好的位置。测风塔的高度应该满足当地的分区规范，测风塔越高，风力越强烈，湍流越少。风力涡轮机最好不要安装在建筑上，因为靠近建筑的风容易产生湍流并且风力会减弱。靠近地面的风力涡轮机完全无效。关于风力涡轮机的一个经验法则是，风力涡轮机旋转叶片的底端应比300英尺（91米）范围内的障碍物至少高30英尺（9米）。

有关风力发电机的一些问题包括鸟类与蝙蝠的撞击死亡，尽管这类问题出现的概率要远小于电线、通信塔和建筑自身出现问题的概率。

可再生能源系统的风险 Renewable System Risks

可再生能源系统常见的两个风险如下。

一个风险是，如果可再生能源系统失灵，使用者很难意识到这一点，因为通常会有一个自动备用系统代替可再生能源系统工作。在光伏系统或者风电系统中，电网通常充当了备用系统，因此实时监控与计量非常重要。在太阳能集热系统的案例中，通常有一个电阻加热器充当后备系统，当然这个系统同时意味着使用者不会意识到原系统已经停止工作。

另一个风险是，如果太阳能系统安装在耐久性差的屋顶上，那么当屋顶需要修复时，则需要移除太阳能系统，这会增加屋顶维护与修复的成本。

适用于不同气候条件的太阳光伏能源 Available Solar Photovoltaic Energy for Different Climates

太阳光伏能源已成为绿色建筑的主要可再生能源。图15.11显示了世界各地不同地区的可用太阳能资源。此图仅用于初步估算，最终设计应始终基于当地条件的计算结果。公共领域的“光伏瓦特程序”（PV Watts program）可在线获取，并且可以针对全球特定位置和条件（例如太阳能集热器倾斜角度）快速生成准确的太阳光伏能量估算值。

我们不再将任何特定地理位置视为太阳能不足区域，例如一个被认为“阴天太多”的地点。举例来说，德国拥有世界上最大的太阳能装机容量，尽管它处于可用太阳能光谱的末端。日本的装机容量位居世界第二，也没有丰富的太阳能。在美国，新泽西州和马萨诸塞州这两个可用太阳能相对较少的小州，却是所有州中太阳能光伏装机容量最高的。

远程可再生能源 Remote Renewables

很多建筑无法承载太阳能收集装置或产生足够的现场太阳能。很多建筑没有足够的场地来安装地面太阳能集热器或其他可再生能源。很多建筑被其他建筑物、树木或障碍物挡住阳光。几层以上的多层建筑也没有足够的屋顶面积来满足建筑的用能需求，尽管建筑本身可能是节能建筑。

对于这类建筑，可以选择远程可再生能源。社区太阳能是指为了太阳能使用与太阳能发电厂签订合同，还有各种拥有、租赁或采购可再生能源的其他项目。远程系统也可以为那些可以拥有现场可再生能源但选择采购远程能源的建筑提供托管服务，因为这样更实惠，或者出于其他原因，例如最大限度地减少维护需求。

重要的是要认识到，远程可再生系统提供的电力不是直接为已签订供应合同的建筑供电。这与现场可再生能源不同，在现场可再生能源中至少有一部分直接给场地内的建筑供电。

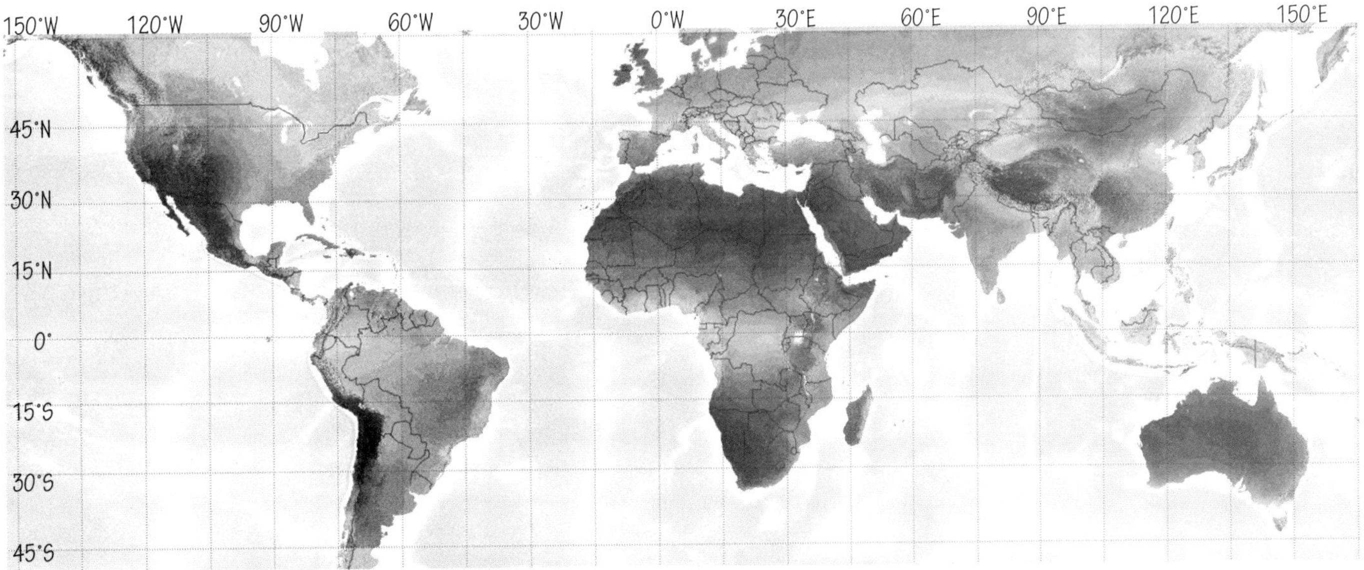

15.11 太阳能资源图。灰度值仅是从“全球太阳图集2.0”（Global Solar Atlas 2.0）获得的地图数据的近似值，这是由Solargis s.r.o.公司代表世界银行集团开发和运营的基于网络的免费应用程序，利用Solargis数据，资金由能源部门管理援助计划（ESMAP，Energy Sector Management Assistance Program）提供。如需更准确的彩色太阳能资源图，请参阅：https://globalsolaratlas.info。

在法规或标准要求建筑物为净零能耗的情况下，远程可再生能源遇到了挑战。远程可再生能源代表建筑物所有者或租户与可再生能源供应商之间的合同。因此，除了检查实体建筑外，建筑检测员还需要审查和批准可再生能源合同。另一个问题是如何确保建筑在一段有意义的时期内一直使用远程可再生能源，甚至在建筑被转卖后仍然延续。如果使用远程可再生能源，新兴法规和标准要求签订最短期限的合同。远程可再生能源为绿色建筑领域提供了机遇与挑战。

建筑级别的储能 Building-Scale Energy Storage

储能的目的包括：

· 使电力负荷与可再生能源发电相匹配。例如，随着我们越来越多地使用电供暖的热泵，供暖的高峰时间是在晚上，而太阳能是在白天产生的。我们对生产可再生能源（水力、太阳能、风能）的时间和数量的控制较少，因此储能可以帮助我们将负荷与发电量相匹配。
· 避免使用化石燃料发电，避免其相关的碳排放。
· 为建筑业主控制成本，避免用电高峰需求，最大限度地使用现场产生的可再生能源。
· 避免仅在高峰需求时使用发电量，由此来控制发电成本。
· 实现真正的零能耗建筑运行，不依赖电网吸纳多余的现场可再生电力，并在现场发电不足时提供电力。
· 提高建筑物的韧性，例如在停电时继续供电。

需要注意的是，不同的储能目的意味着不同的最佳储能量。例如，克服短暂停电或电力峰值时段所需的能量，与连续阴天期间太阳能系统得不到充足的阳光时所需的现场能源产量，是完全不同的。

储能的障碍主要是高成本，因此市场渗透率很低，即使在绿色建筑中也是如此。此外，迄今为止，电网能够完全吸纳多余的可再生能源，这也不利于储能系统的安装。但多余可再生能源并网发电的现象将随着可再生能源产量的增加而结束。一些国家和地区的可再生能源产量已经过剩。在储能需求增加和成本降低之间发展，储能很可能会在绿色建筑中占更大比重。

储能技术包括电池、热存储（两相相变材料；单相材料，如水）、机械存储（抽水、压缩空气、飞轮等）和热化学存储。可以在电表的任一侧——即在建筑一侧或在市政管网侧实现能量存储。

储能是一项新兴技术，现在还不常见，尽管几十年来我们已经看到了市场上有一些储能的成果，例如在大型建筑中使用冰蓄冷空调系统。储能是绿色建筑的下一个前沿领域。电动和混合动力汽车中电池的成功表明了其潜力。然而，车辆的需求（轻质、紧凑、高密度）与建筑的需求（低成本、高容量）不同，因此我们不能假设汽车上使用的方法会在建筑中取得成功。

第16章

净零能耗设计与案例研究

Net-Zero Energy Design and Case Studies

本章为净零能耗建筑设计提供了一些广泛的指导。此外，本章还介绍了净零能耗建筑的案例研究。这些建筑的选择是为了满足多样化的标准，包括地理多样性、不同的建筑类型、经过验证的零能耗性能以及可负担性。插图附有关键设计指标和绿色特征摘要。这些案例研究并不打算面面俱到，而是为了说明问题，重点关注您可能在自己的社区中就会看到的有用的建筑。

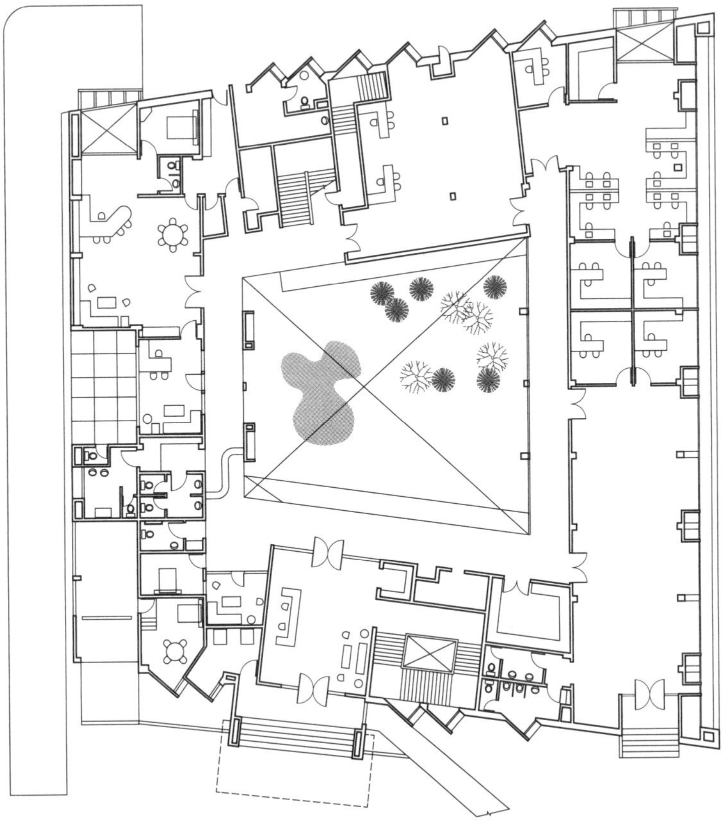

16.01 印度新能源与可再生能源部办公楼（Akshay Urja Bhawan），2012年。

地点：印度哈里亚纳邦（Haryana）潘奇库拉（Panchkula）
建筑师：悉达多·威格（Siddhartha Wig）
面积：55 000平方英尺（5 110平方米）
建筑层数：3
气候区：3
建筑类型：办公楼
供暖系统类型：太阳能热水
窗墙比：53%
形体效率：69%
每1 000平方英尺光伏（千瓦）：0.8
太阳能光伏类型：屋顶

净零能耗建筑方案设计

Schematic Design of Net-Zero Energy Buildings

读者可参阅第3章了解净零相关的法规和标准。

净零建筑往往是用电的，因为我们追求减少或消除化石燃料的使用。计入可再生能源后，其净能源用量为零或为负值。在考虑可再生能源之前，能源用量更多地取决于建筑类型而不是气候。如果建筑外围护结构的性能很好，那么用能量就不是由供暖或制冷主导的，而是由插座和过程负荷主导的。例如，美国的一座净零写字楼，在使用可再生能源之前的平均能耗为9.7千瓦时/（平方英尺·年），并且峰值高达91千瓦时/（平方英尺·年），而其他各类建筑（公共集会、教育、多户住宅等）平均能耗为6.7千瓦时/（平方英尺·年），峰值也不会超过50千瓦时/（平方英尺·年）。办公设备用能量大，这一点清楚地体现在净零能耗建筑中。该调查不包括任何传统的高能耗建筑类型，例如餐厅、实验室或工业建筑，对这些类型的建筑而言，50千瓦时/（平方英尺·年）或更高的能耗也是很常见的，即使是在所谓的净零能耗建筑中。

在方案设计中，我们首先估算单位建筑面积的年能耗。从上面的例子来看，在美国，我们可以假设写字楼为10千瓦时/（平方英尺·年），而各种能耗强度较低的建筑为7千瓦时/（平方英尺·年）。能耗估算值也可能来自方案早期的计算机模型。需要强调的是，这些取值仅适用于高能效建筑。虽然这些数值是本次讨论的起点，但要达到这种能效水平，还需要对符合规范的建筑进行实质性的节能改进。

一旦估算出了单位建筑面积的能耗，我们可以将其乘以总建筑面积，获得以千瓦时/年为单位的预计建筑年用电量。如果想用可再生能源为电动汽车（EV）充电，那么请加上电动汽车充电器的预计用电量，尽管电动汽车用电量通常不计算在净零建筑认证的核算中。

例如，一座20 000平方英尺的高能效办公楼能耗强度为10千瓦时/（平方英尺·年），在计入可再生能源之前的总能耗为20万千瓦时/年。

从第15章的太阳能资源图中，可以获得以千瓦时/千峰瓦为单位的预期太阳能发电量。例如，从地图上看，亚特兰大的太阳能光伏系统预计每年发电量约为1 500千瓦时/千峰瓦。然后，以千瓦时/年为单位的预期年度能耗除以以千瓦时/千峰瓦为单位的太阳能发电量，就获得了所需的太阳能千瓦。对于上述实例中的办公楼，它位于亚特兰大，每年使用200 000千瓦时的电力，所需的太阳能光伏系统规模为200 000/1 500=133千瓦。

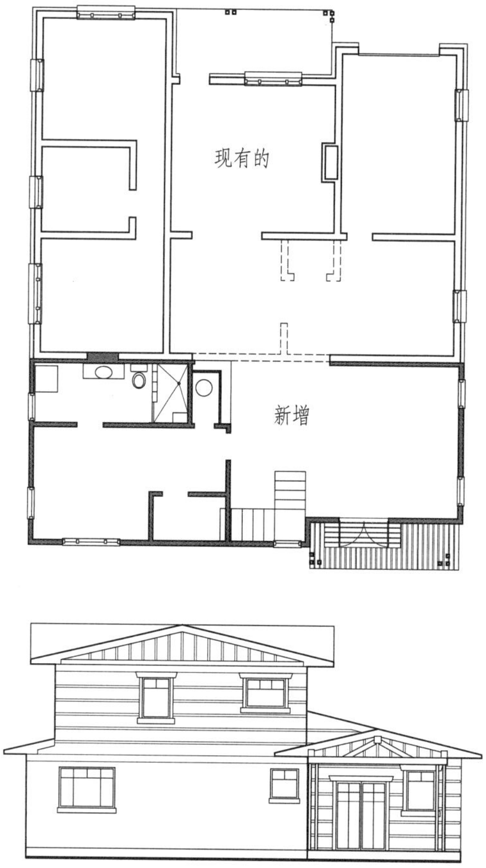

16.02 柳溪之家（Willowbrook House），2012年。

地点：美国得克萨斯州奥斯丁（Austin）
建筑师：森夏恩·马顿（Sunshine Mathon）
面积：2 227平方英尺（207平方米）
建筑层数：2
气候区：2
建筑类型：独栋住宅改造+加建
供暖系统类型：空气源热泵
窗墙比：12%
形体效率：68%
每1 000平方英尺光伏（千瓦）：2.0
太阳能光伏类型：屋顶

一旦知道了所需的太阳能瓦数，就可以计算出太阳能电池板的数量。典型的65英寸×39英寸的住宅太阳能电池板可产生285瓦或0.285千瓦的功率。高效电池板可产生高达370瓦或0.37千瓦的功率。用所需的瓦数除以电池板产电量（典型电池板为0.285千瓦或高效电池板为0.37千瓦）就计算出需要多少电池板。商用电池板面积更大，尺寸为77英寸×36英寸或更大，输出功率范围为335～375瓦或更高。在上述实例中，使用350瓦（0.35千瓦）电池板，所需电池板数量为133/0.35=380块。

一个持续存在的问题是："较高的多层建筑屋顶面积小，可能放不下足够多的太阳能系统。相对于建筑规模，屋顶安装的太阳能系统如果刚好能够放在屋顶上并且能够满足建筑的用能量，那么这栋建筑应该设计为多少层呢？"在上述实例中，假设每千瓦太阳能光伏系统需要50平方英尺的平屋顶，则所需屋顶面积为133千瓦×50平方英尺/千瓦，即6 650平方英尺。如果建筑是两层高，屋顶面积是10 000平方英尺，那么可以轻松容纳所需的电池板。如果建筑是三层楼，则屋顶面积为6 667平方英尺，这样的话就没有足够多的空间来安置所需的电池板阵列，也不能满足其电池板周围所需的空隙。

根据建筑能耗、特定位置的太阳能日照水平和太阳能电池板的效率，两层建筑通常可以使用屋顶安装的现场太阳能光伏系统实现净零排放，有时候三层或更高的建筑实现净零也是可能的。采用棚顶结构来最大化太阳能产量通常可以增加一层楼，并且仍能保证净零。想方设法在建筑屋顶上安装更多的太阳能系统，同时继续减少建筑能耗，从而保证更高的多层建筑使用现场可再生能源，这是绿色建筑设计的下一个前沿领域。

16.03 画家大厅（Painters Hall），2010年。

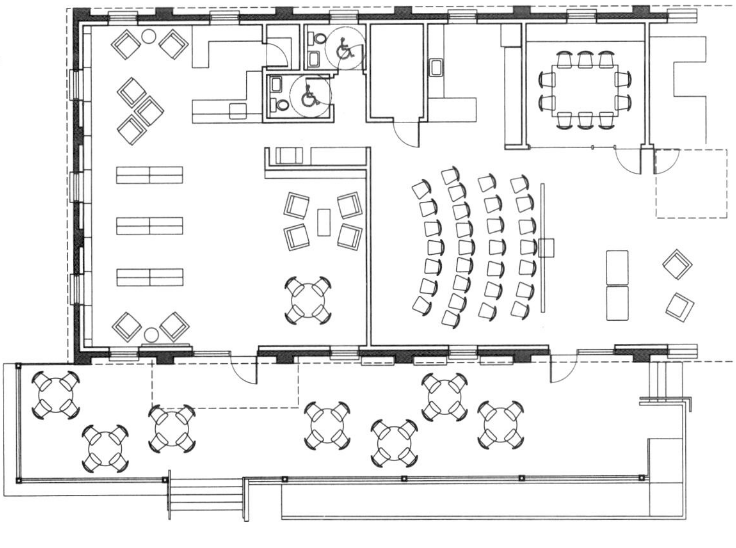

地点：美国俄勒冈州塞勒姆市（Salem）普林格尔溪（Pringle Creek）
建筑师：欧普西斯建筑设计（Opsis Architecture）
面积：3 595平方英尺（334平方米）
建筑层数：1
气候区：4
建筑类型：公共集会
供暖系统类型：地源热泵
窗墙比：9%
形体效率：91%
每1 000平方英尺光伏（千瓦）：5.6
太阳能光伏类型：屋顶

不同的净零能耗方法
Different Net-Zero Energy Approaches

可再生能源与能效
Renewables Versus Efficiency

在设计净零能耗建筑时，需要在减少能源负荷和增加可再生能源之间进行权衡。通过添加足够的可再生能源，例如太阳能光伏，我们可以设计符合能源规范但能源效率上不超过规范的净零建筑。或者，我们也可以通过增加隔热层、高效照明、高效供暖/制冷系统和其他节能措施来设计一座净零建筑，这样就会减少所需的可再生能源。

有趣的是，对于给定的建筑尺寸和形体，增加节能改造措施（例如增加隔热层）并减少可再生能源的规模（降低供暖/制冷能力）通常会导致建筑成本的净增加。目前，即使没有激励措施，太阳能光伏发电的成本也已经很低，而且能源规范利好光伏发电，因此节能改造的额外成本通常会超过安装太阳能系统而节省的建筑成本。

尽管增加节能改造措施比增加可再生能源成本更高，但仍有充分的理由进行节能改造。如果可再生能源系统出现故障，与只是符合能源规范的建筑相比，能效更高的建筑将使用更少的能源。并且如果供暖或制冷系统不可用（例如，在停电期间），与只是符合规范的建筑相比，能效更高的建筑会更安全、更舒适。

通过减小建筑规模或简化建筑形状来减少负载，总会降低建筑所有主要耗能要素（包括围护结构、供暖/制冷系统和可再生能源等）的建设成本。一项研究表明，建筑规模减少10%～15%以及建筑形状的类似简化，将完全抵消提供净零能耗建筑所需的可再生能源的额外成本，即使对于只是符合能源规范要求的建筑也是如此。换句话说，相对于符合能源规范的更大、更复杂形状的建筑而言，更小、更简单的建筑可以在不增加成本的情况下实现净零性能。

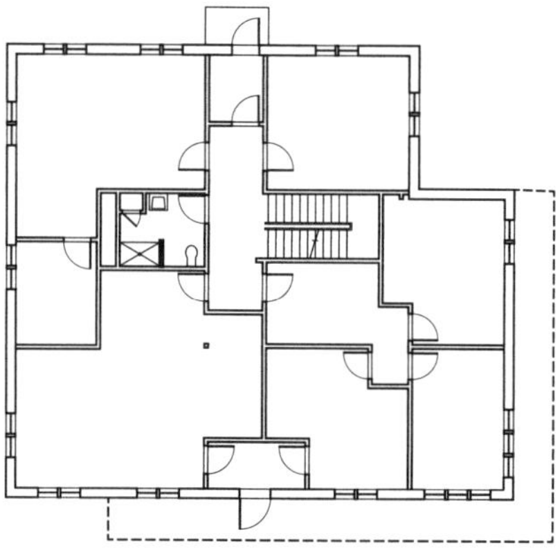

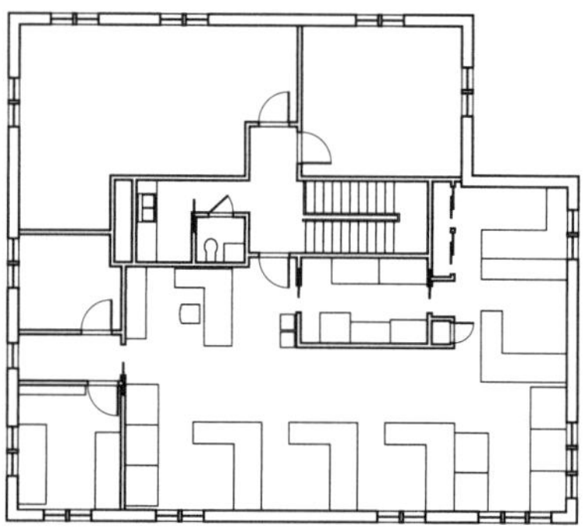

16.04 梅恩大街231号（231 Main Street），2013年。

地点：美国纽约州新帕尔茨（New Paltz）
建筑师：阿尔凡德建筑事务所（Alfandre Architecture）
面积：地上（加地下室）5 400平方英尺（502平方米）
建筑层数：2（加地下室）
气候区：5
建筑类型：办公楼
供暖系统类型：空气源热泵
窗墙比：11%
形体效率：100%
每1 000平方英尺光伏（千瓦）：4.2
太阳能光伏类型：屋顶

示范性与可负担性 Demonstration Versus Affordable

在建筑设计早期需要做出的另一个重要决策是，项目的主要目标是建造示范性建筑还是可负担的建筑。在净零能耗建筑发展的早期，展示新策略一直是绿色设计和建造的主要焦点。许多早期绿色建筑都专注于示范，并没有因此节省建筑成本。当然，随着新能源战略的演进，总是需要不断进行示范。然而，更加迫切需要的是能够负担得起，而且可复制的净零能耗建筑。

示范建筑的策略通常与经济适用建筑的策略不同。展望未来，我们预计示范建筑将评估诸如储能、低隐含能耗材料、插座和过程负载控制优化、建筑集成可再生能源等要素的策略效果，以实现中高层建筑的净零排放。另一方面，经济适用的建筑可以采用已经证明可靠的策略，例如形体效率、适度的建筑尺寸、高效的窗户尺寸和位置、使用反射饰面来减少人工照明、高效照明和控制、高效的用水设施、低碳制热和制冷、连续的保温层、热分区、将制热和制冷系统放在热围护结构以内、高效电器等。

示范性与可负担性并不总是相互排斥的。例如，显然可以设计一座可负担的净零能耗建筑示范样板。但是，在确定项目目标时，尽早决定重点是展示先进的策略，还是放在可负担性上，这仍然是有益的。

16.05 莫萨克意识社区和商业中心（Mosaic Centre for Conscious Community and Commerce），2015年。

地点：加拿大阿尔伯塔省（Alberta）埃德蒙顿（Edmonton）
建筑师：韦德兰·斯科帕克（Vedran Skopac），玛纳斯+艾萨克建筑师事务所（Manasc Isaac Architects）
建筑面积：30 000平方英尺（2 787平方米）
建筑层数：3
气候区：7
建筑类型：办公楼
供暖系统类型：地源热泵
窗墙比：38%
形体效率：66%
每1 000平方英尺光伏（千瓦）：7.1
太阳能光伏类型：屋顶

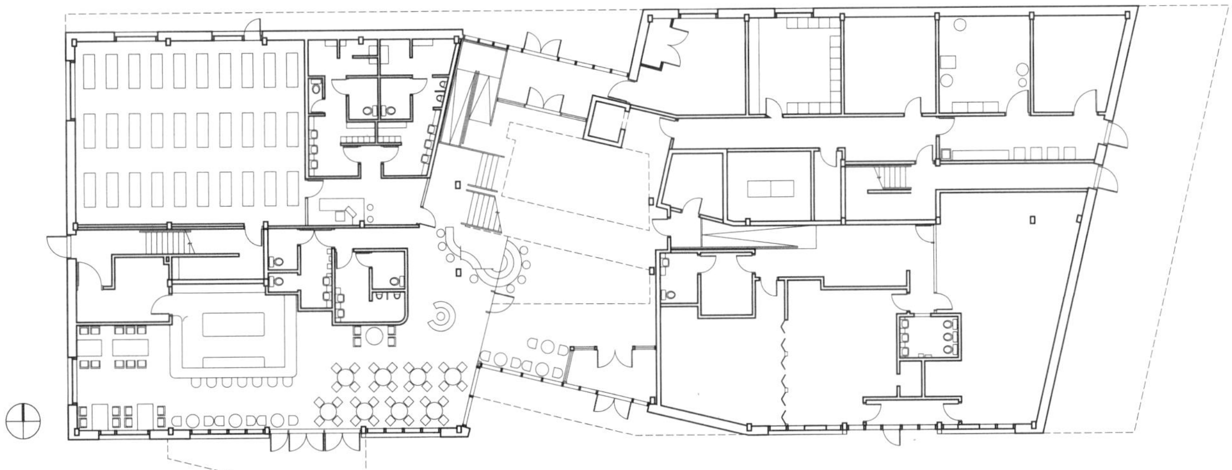

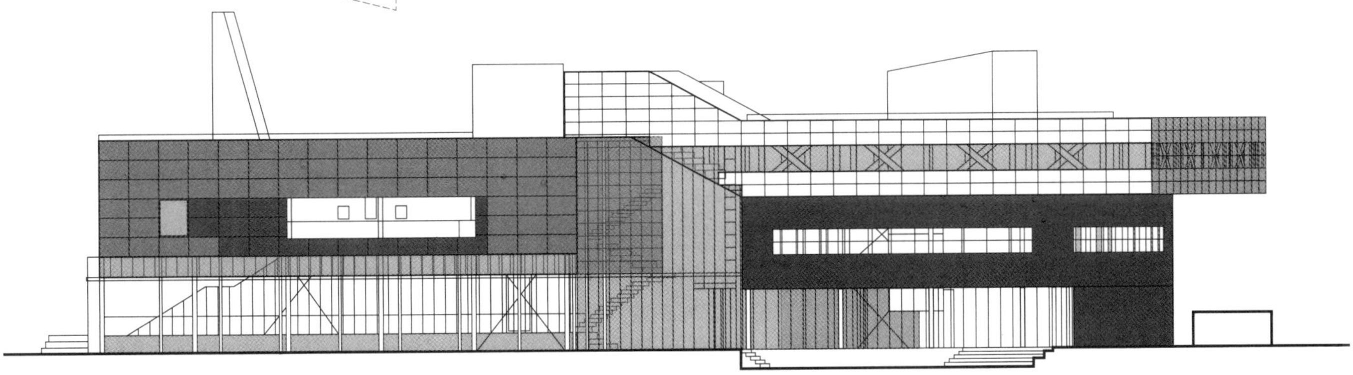

碳吸收/封存　Carbon Absorption/Sequestration

现场植被能否用于吸收碳并抵消建筑产生的部分或全部碳排放？例如，绿化屋顶是否能大大抵消建筑用能排放的碳？草坪或树木怎么样呢？

一座高效的全电力建筑，使用7千瓦时/（平方英尺·年）的电能，每年每平方英尺建筑排放约6磅二氧化碳等效排放量（30 kg CO_2/（m^2·a））。典型的绿化屋顶仅吸收0.5磅二氧化碳/（平方英尺·年）（2.5 kg CO_2/（m^2·a）），不包括种植或维护绿化屋顶所需的能量。树木仅吸收大约0.1磅二氧化碳/（平方英尺·年）（0.5 kg CO_2/（m^2·a））。减去维护所需的能量后，草坪仅吸收0.003磅二氧化碳/（平方英尺·年）（0.015 kg CO_2/（m^2·a））。由此得知，绿化屋顶或场地植被只能抵消很少的建筑碳排放。在任何此类计算中，应考虑为施工而移除的所有场地植被。显然，任何植被都会有所帮助，但不能指望植被能大幅减少碳排放。

计算碳排放　Calculating Carbon Emissions

碳排放计算将在第19章“绿色设计与建造的质量”中关于计量和度量的部分进行讨论。

注意事项　Cautions

在设计净零能耗建筑时，重要的是要认识到设计、施工和运营中不可预测的领域。尽管我们可以准确合理地预测热量损失和通过墙壁及窗户获得的能量负荷，但我们不能轻易地解释各种其他因素。这些因素包括但不限于：

- 人的行为对供暖和制冷的影响，例如室内温度的设置和用户保持照明的小时数；
- 意外负载，例如由于建筑围护结构故障而导致的无法预测的空气泄漏；
- 插座和过程负载（PPL），其中许多负载随着时间的推移而迅速变化；
- 建筑外部负载，例如电动汽车充电器；
- 建筑故障，例如设计/施工/检查过程中疏忽的热桥或渗透；
- 随时间变化的建筑用途和能耗。

因此，如果对建筑满足净零能耗目标抱有浓厚兴趣，谨慎的做法是考虑用能过程中的某些不可预测性，因此选择允许意外能源使用的可再生能源系统。

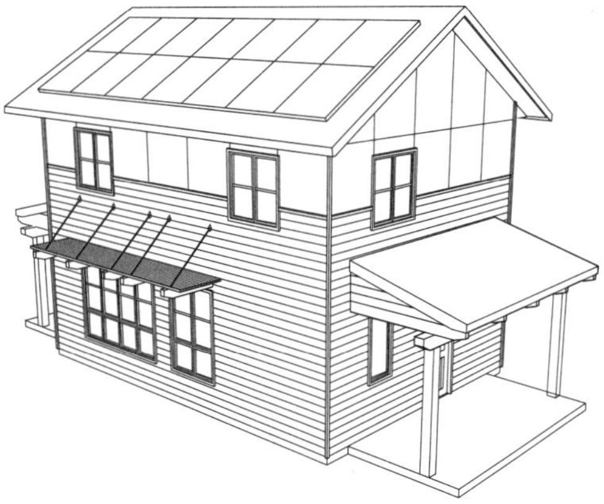

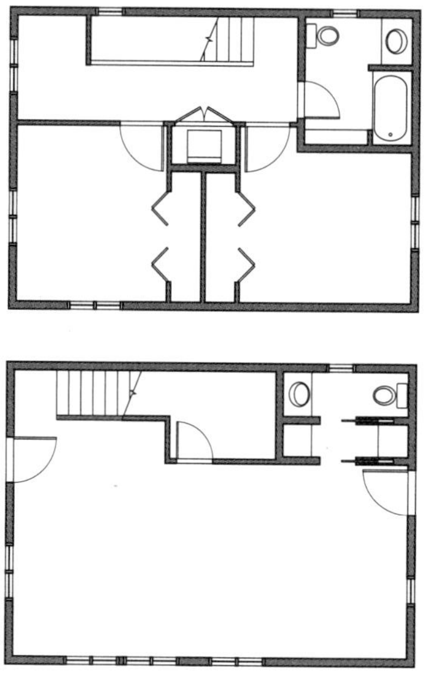

16.06 马德罗纳街2938号（2938 Madrona Street），2013年。

地点：美国华盛顿州贝灵厄姆（Bellingham）
建筑师：格雷格·罗宾逊（Greg Robinson）
面积：1 120平方英尺（104平方米）
建筑层数：2
气候区：4
建筑类型：单户住宅
供暖系统类型：空气源热泵
窗墙比：15%
形体效率：100%
每1 000平方英尺光伏（千瓦）：4.4
太阳能光伏类型：屋顶

关于案例研究的讨论 Discussion of Case Studies

在本章展示的来自世界各地的一小部分完全不同的净零建筑实例中，我们可以进行一些观察。

这些建筑中的大多数都使用热泵。一栋建筑使用木屑供热，一栋使用太阳能供热。高效的地源热泵占主导地位，但在这些使用空气源热泵的案例研究中，仍有几栋达到了净零建筑标准。

所需的太阳能量为每1 000平方英尺（93平方米）0.7～7.1千瓦，平均为3.8千瓦/1 000平方英尺。太阳能需求量很低（低于1千瓦/1 000平方英尺）的两个异常实例是：德国的一所学校，它使用木屑供热和发电；另一个是印度的一所需要很少热量并使用被动冷却策略的建筑。如果我们去掉异常值，平均所需的太阳能为4.7千瓦/1 000平方英尺。

形体效率从47%～100%，平均为73%。一般来说，这些净零建筑的形体比传统设计的建筑更高效。它们最大限度地减小了单位建筑面积的表面积（墙壁加屋顶），因此降低了能耗和建筑成本。

窗墙比从9%～61%，平均为26%。大多数窗墙比低于20%。同样，以这种方式降低了能耗和建设成本。

案例研究表明，在不同风格的建筑中，满足经过验证的净零设计和性能的能源策略及可选设施丰富多样。设计净零建筑的路径不是唯一的。净零设计的实施范畴非常广泛。

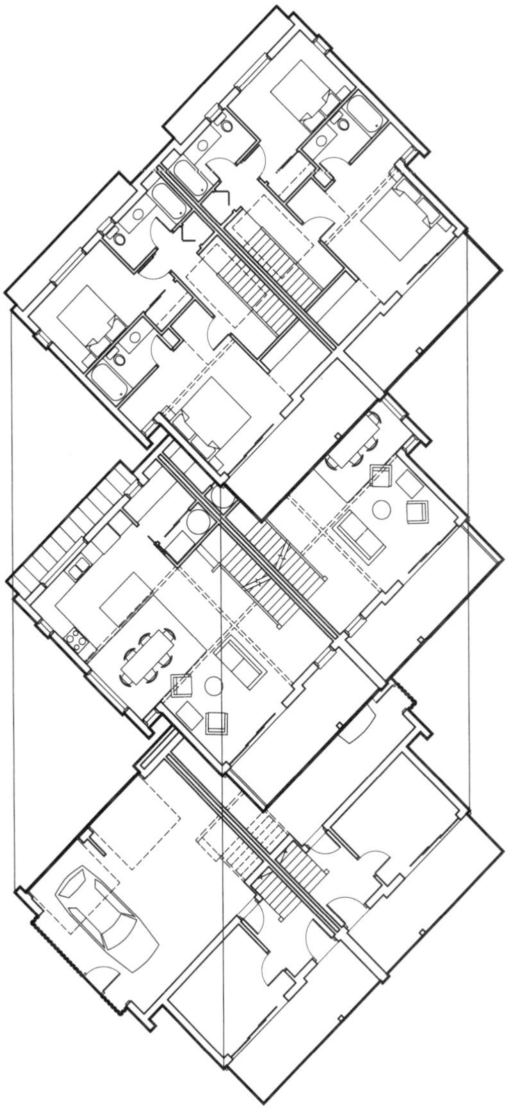

16.07 z家园（zHomes），2011年。

地点：美国华盛顿州伊萨夸（Issaquah）
建筑师：大卫·范德沃特建筑师事务所（David Vandervort Architects）
建筑面积：13 400平方英尺（1 245平方米）
建筑层数：3
气候区：4
建筑类型：多户住宅
供暖系统类型：地源热泵
窗墙比：18%
形体效率：70%
每1 000平方英尺光伏（千瓦）：4.9
太阳能光伏类型：屋顶

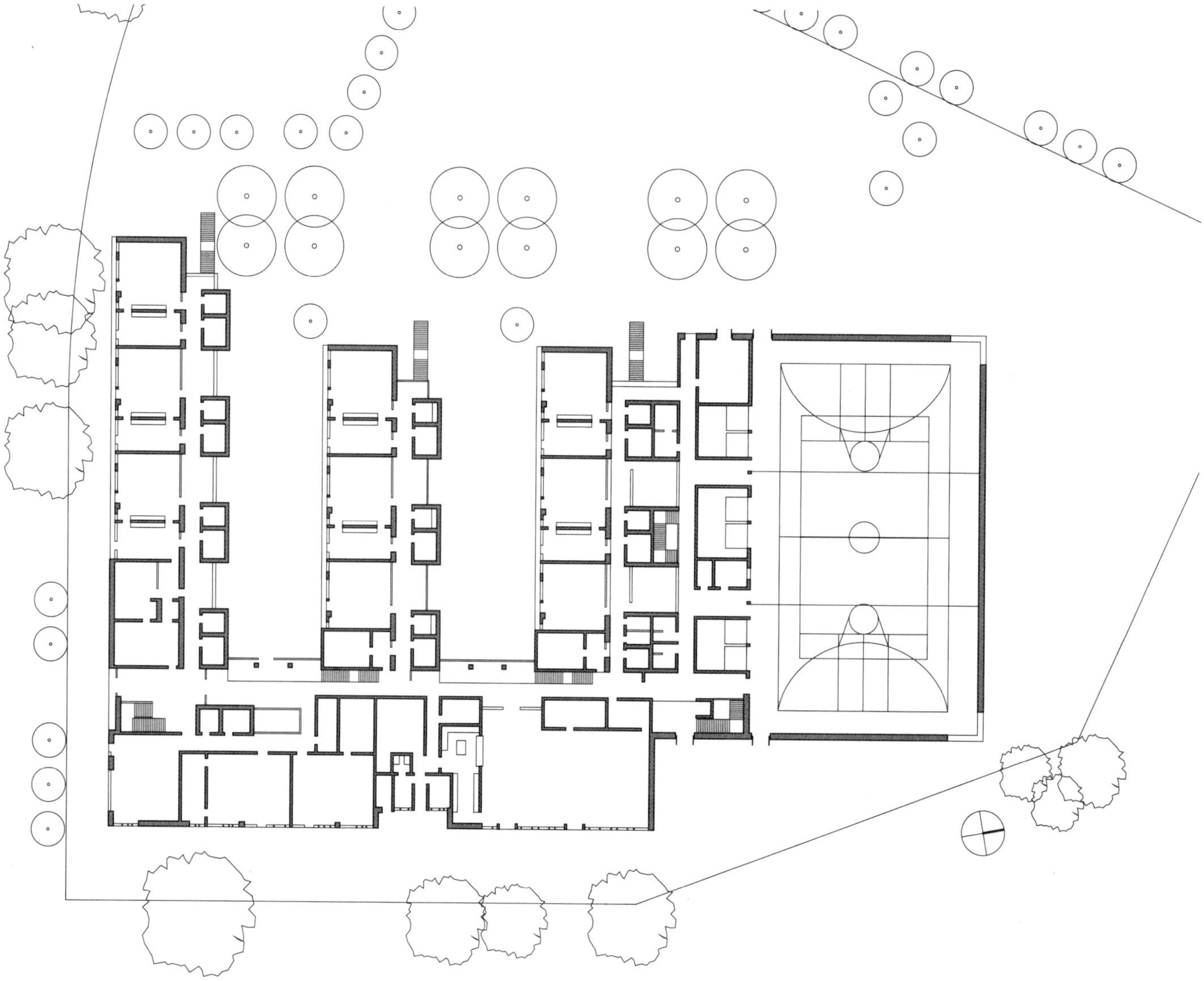

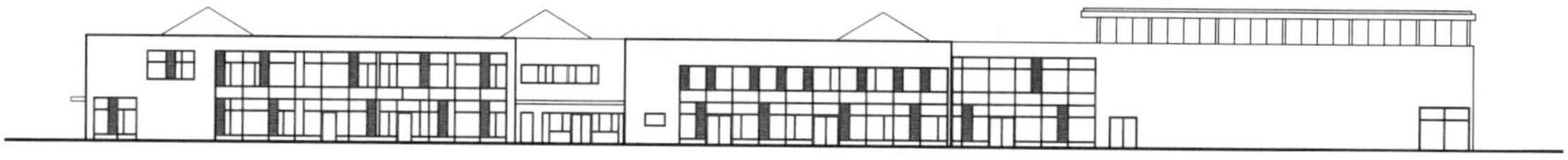

16.08 节能小学（Energy-Plus Primary School），2011年。

地点：德国上诺伊恩多夫（Hohen Neuendorf）

建筑师：IBUS建筑师+工程师事务所（IBUS Architects + Engineers）

建筑面积：79 800平方英尺（7 414平方米）

建筑层数：2

气候区：5

建筑类型：小学

供热系统类型：木屑

窗墙比：61%

形体效率：47%

每1 000平方英尺光伏（千瓦）：0.7

太阳能光伏类型：屋顶

第17章

材料

Materials

建筑材料对环境的影响来源于相关能源的消耗和排放、有限材料资源的损耗和垃圾填埋场内材料的不合理堆积。同时，原材料的开采和获取、对成型材料的加工和制造、材料的运输、危险材料的使用、施工废弃物的产生等活动也导致了对环境的影响。但是，通过合理的建筑设计和材料选取可以大幅度减小这些负面影响。

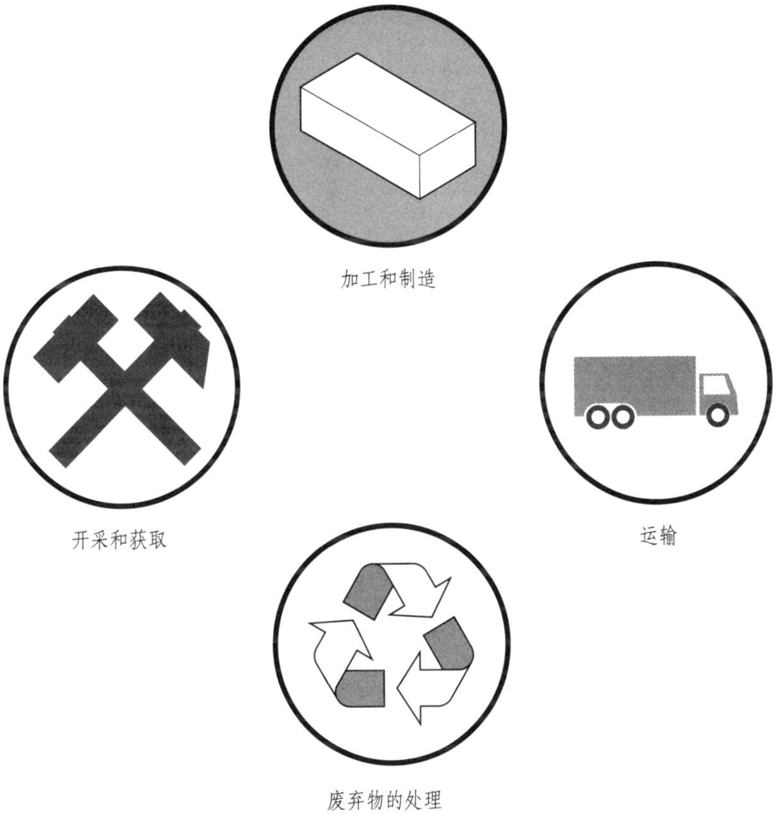

17.01 建筑材料的生产过程对环境的影响。

在建筑设计过程中，例如通过建筑中可循环区域（recycling area）的设计、处理危险材料的规划、最终的拆解（eventual deconstruction）以及建筑材料再利用的规划，我们可以预先采取措施以支持未来的进程，减小建筑运行产生材料浪费的负面影响。

隐含能耗指的是获取和加工材料过程中的能耗。这是一个非常重要的、越来越可计量的属性，构成了建筑物环境影响的一个重要部分。并且，随着建筑设计和建造的用能越来越少，隐含能耗在建筑能耗中所占的比例逐渐增加。

最后，通过设计阶段的合理规划以及施工阶段的审慎应用，可以大大减小建筑垃圾的影响。

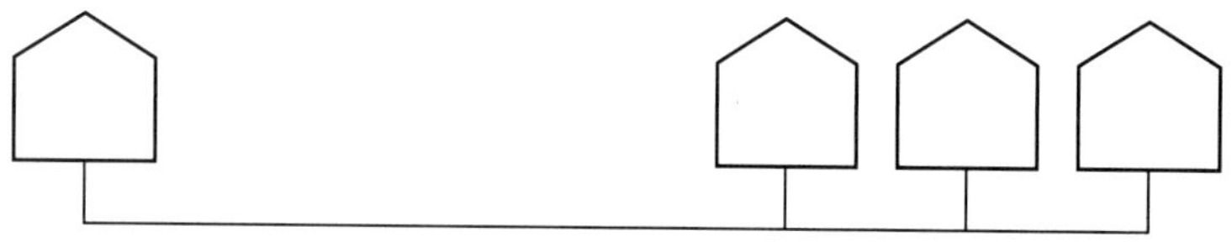

17.02 共享基础设施（例如道路、公共设备），可以减小新建工程的影响。

使用较少的材料 Using Less Material

最绿色的材料选择方式是减少材料的用量。

在场地选址阶段，可能存在材料节省方面的巨大潜力——不是建筑设计本身，而是其位置和基础设施。如果建筑坐落在已经开发的区域，就可以利用现有的基础设施材料。像道路系统和市政水网这样的基础设施，如果多个建筑共用，这些基础设施就是重复利用的，由此可以避免新建基础设施所需的潜在材料消耗。

在前面的建筑节能章节中已经讨论过，关于绿色建筑设计的两个重要方法，对于节材也是有效的，即减小建筑面积和减小建筑表面积。面积小的建筑比面积大的建筑用材少，隐含能耗低；层高小的建筑比层高大的建筑用材少，隐含能耗低；几何形体简单的建筑比形体复杂的建筑用材少，隐含能耗低；一体化的大型建筑比同样功能的多个独立建筑用材少，隐含能耗低。

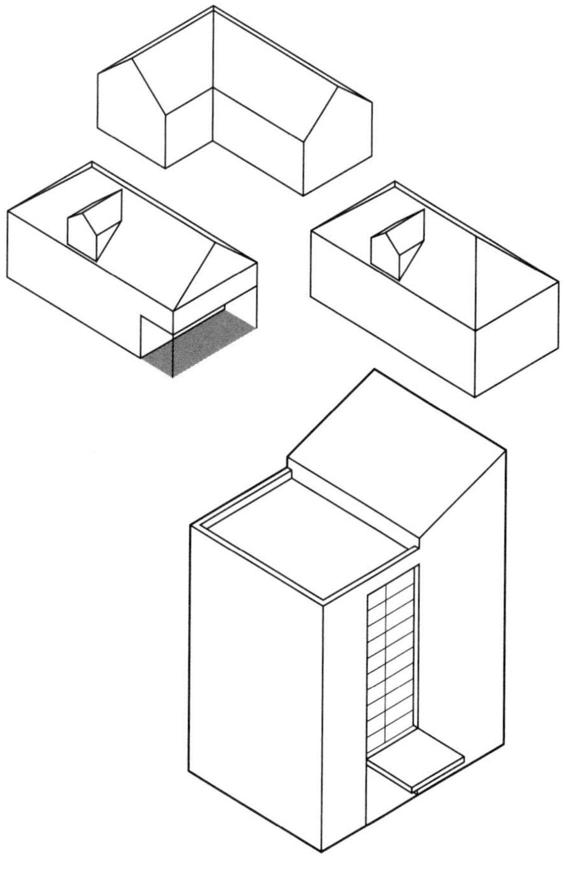

17.03 减小建筑面积和表面积可以显著减少材料的使用。

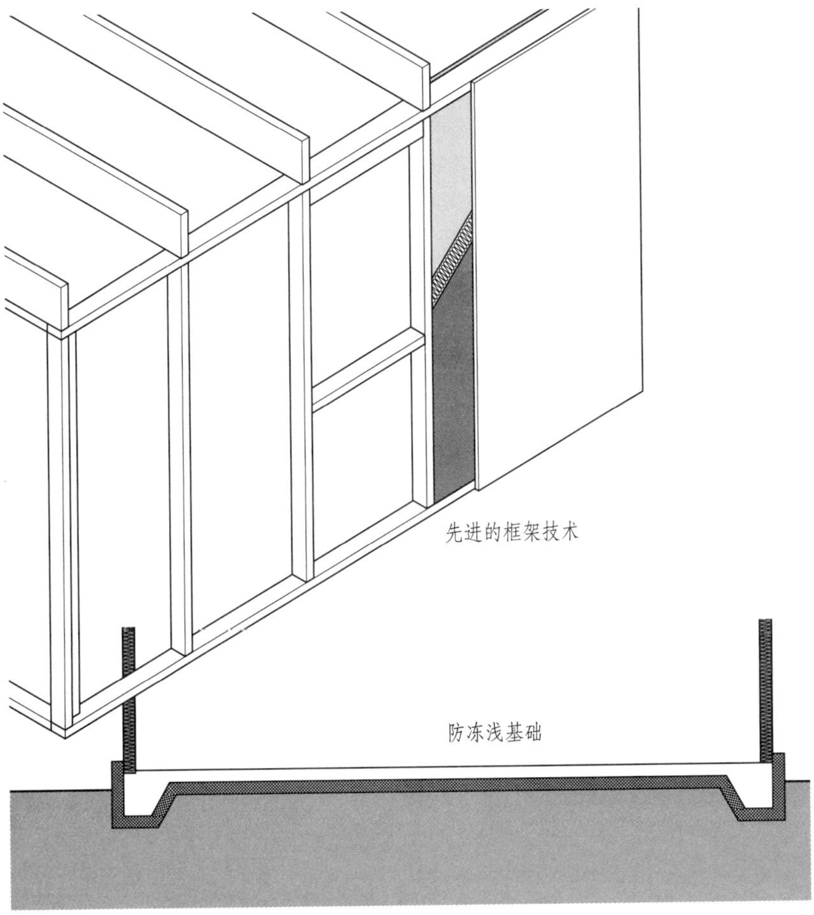

17.04 通过先进的施工技术实现节材的案例。

减少材料用量的另一个方法是节材设计。前面我们讨论了改进的框架技术，特别提到减少热桥。用这种方法，显著减少了材料的使用。例如：用24英寸（610毫米）的龙骨间距取代16英寸（406毫米）的龙骨间距；独立的钉头和独立的顶板；门窗洞口处的独立龙骨；简化的转角，比如双龙骨转角。以前的讨论集中在外墙和因热桥导致的能量损失上。为了减少材料用量，内墙也应该得到检视。标准间距为16英寸（406毫米）的木龙骨和轻钢龙骨，可以被符合规范的、间距24英寸（610毫米）的龙骨取代。另一个节材设计的例子是用防冻浅基础取代常规的带有基座的基础墙。防冻浅基础在美国的应用很成功，另外在斯堪的纳维亚国家中已采用这类基础建成了超过100万栋住宅楼。

在坡屋顶建筑中去掉阁楼是减少材料用量的另一种方法，因为阁楼地板和屋顶这两个构件被合二为一。

进行精细的结构设计，而不是使用经验法则或老式做法时，就可能有机会发现减少材料用量的途径。例如，一个4英寸（102毫米）厚的混凝土板，用于一个特定的地板也许是可行的，而不必采用5英寸（127毫米）或6英寸（152毫米）厚的板。

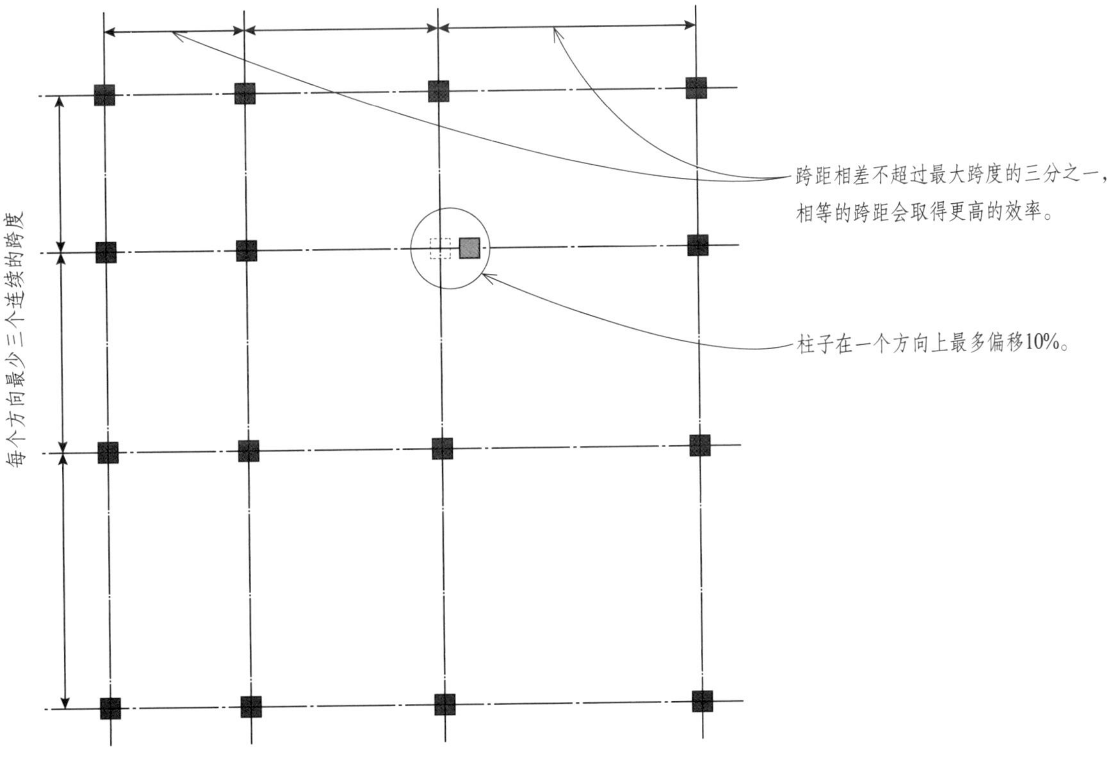

17.05 通过结构效率最大化减少材料使用的案例。

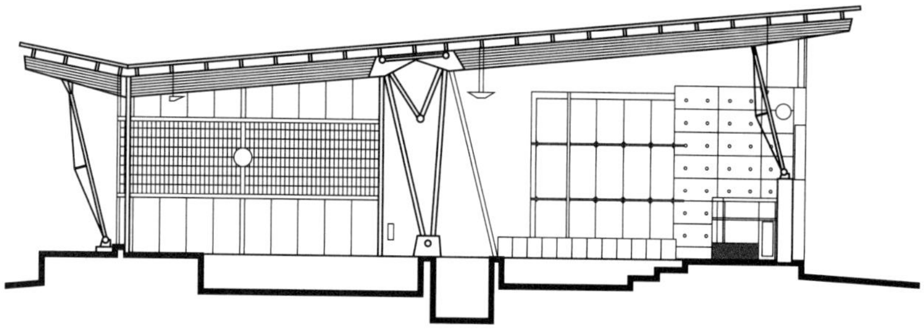

加拿大马卡姆（Markham）安格斯·格伦社区中心和图书馆（Angus Glen Community Center and Library），2006年。
肖尔·蒂尔比·欧文建筑师事务所（Shore Tilbe Irwin and Partners Architects）
合乐·约尔斯结构工程师事务所（Halcrow Yolles Structural Engineers）

17.06 暴露结构作为装饰。

17.07 减少材料浪费的规划和设计。

减少材料使用的另一种方法是避免使用不需要的装饰。这就是所说的“结构即装饰”（structure as finish），这样就使得结构构件同时具有结构和装饰双重意义。如果暴露的结构照明反射率不高，需要增加照明，则需要慎重权衡。还有一种方法可以减少材料使用，就是把管道系统或管道等构件暴露出来。这一举措减少了石膏板材以及用于沟槽、结构底面、集气室、饰面处的辅料。

最后一种少用材料的方法是减少废料的产生，换句话说，就是避免产生废物。这并不是指将垃圾从填埋场地运走或者重新利用废物（这部分内容会单独阐述），而是指从一开始就得减少废物的产生。这意味着在规划设计时，要将市场上可以买到的构件的长度纳入构件尺寸设计中，不管是木材、钢材还是面板和石膏板之类的材料都如此。这意味着可以总结出木材和板材切割的尺寸数据表，依据列表可以订购数量刚好的所需材料，而不是超量订购，然后废弃多余的材料。同时，这也意味着搅拌新鲜的混凝土，数量刚好，不会过量。预制组件，如结构型保温板（SIP），可以通过计算机设计的列表减少自身的材料浪费。

通过在施工文件中提供有关材料用量的额外信息，专业设计人员在材料高效设计中发挥着关键作用。例如，在图纸上注明材料（如混凝土、沥青铺面、保温材料）的体积，可以帮助承包商避免因为订购过量产生浪费。同样地，在图纸上注明屋面、护套、硬质景观和景观区的面积，可以方便地决定准确的订货数量。全面详细的框架会进一步支持项目的完美开端，进一步降低过量订购和废弃物产生的可能性。

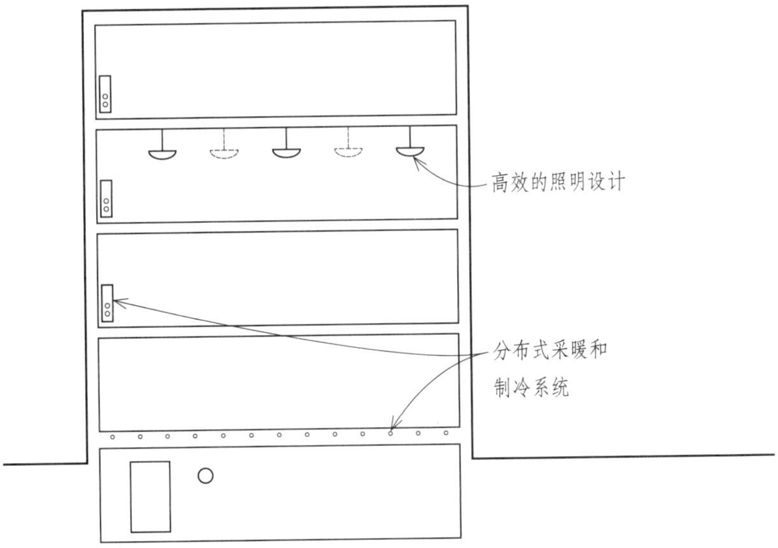

17.08 优化系统，减少材料浪费。

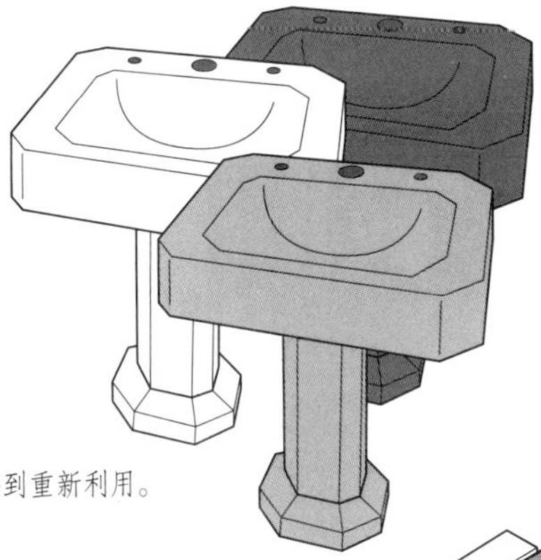

17.09 废弃材料在建造中得到重新利用。

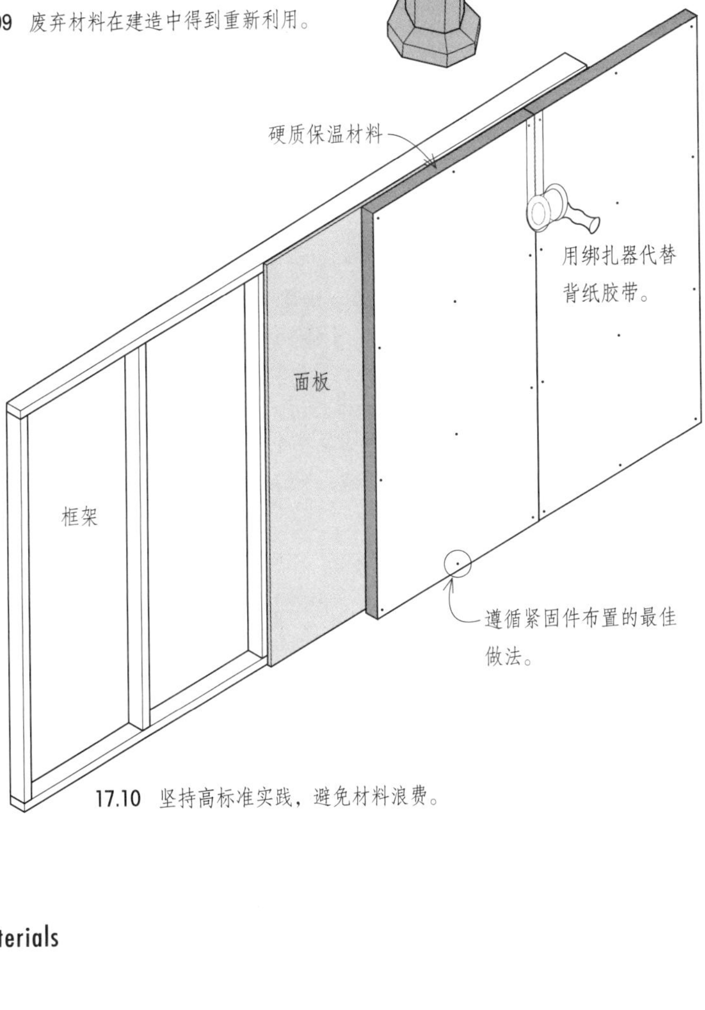

17.10 坚持高标准实践，避免材料浪费。

通过设计减少材料的使用，不仅适用于建筑构件，同样适用于机械和电气设备，如照明、采暖和制冷设备。正如前面提到的，高效的照明设计通常意味着更少的灯具，因为设计是根据照明需求进行优化的，而不是根据经验法则设置过度的照明。同时，其他绿色照明设计技术也减少了材料的使用。例如，建筑层高较小，有更多的反射表面，则需要较少的人工照明，这意味着既减少了运行能耗，同样也减少了灯具，进而减少了材料的使用，降低了建筑的隐含能耗。同样，精心设计的建筑物以及采暖和制冷系统也会获得同样的好处。可以通过高效的建筑设计和精确的系统尺寸来减小采暖和制冷系统的规模。采暖和制冷设备（如热泵）可以变得更小，输配管网（如管道、散热器和通风管）同样可以更小。最佳尺寸的采暖和制冷设备和输配管网减少了材料用量，降低了隐含能耗。

节约材料也可以通过使用有瑕疵的材料来实现。例如，选择木材的过程意味着某些木材未被选中而被抛弃。许多未被选中的木材，其结构是良好的。有瑕疵的砖石材料，如果精心设计，可以有效地用于绿色建筑项目当中。同样地，如果材料的质量管理更加侧重于完好的功能而不是完美的表现形式，那么许多废弃材料可以被利用，不会被抛弃。在新的绿色美学中，有瑕疵可以被视为一种特征，而不是被蔑视。

精心策划的设计和施工也可以促进节材。在这方面，快速的工作计划会阻碍绿色设计，因为专业设计人员往往依赖于经验法则，可能不会深入设计每个构件或每个房间。绿色建筑项目并不等同于进度缓慢，而是需要充足的时间对每个主要建筑构件进行深化设计，尽量减少使用材料。

坚持高标准的设计实践可以大幅减少材料数量。例如，在外墙固定硬质保温材料（rigid insulation）时，传统的做法是每个4英尺×8英尺（1 219毫米×2 438毫米）的保温板要用25~30个紧固件。然而，已证明，如果想要在固定保温板的同时避免其卷边、弯曲、分离，10~12个紧固件就足够了。同样地，与手工撕掉胶带背纸进行粘贴相比，使用胶带涂布器粘贴硬质外墙保温材料被证明是更为快速和高效，并且明显减少了胶带的浪费。

17.11 拆解旧建筑为新建工程提供材料。

材料再利用 Reused Materials

为了降低获取和加工新材料所需的隐含能耗，减少原材料的消耗，我们在可能的情况下应尽量做到材料再利用。

废弃材料 Salvaged Materials

拆解旧建筑是一个新兴产业，可以为新建工程提供可再利用的材料。

废弃材料再利用涵盖了建造过程的大部分需求——一定尺寸的木材、门、窗、墙面、厨房内的设施、石膏板、胶合板、保温材料、壁板、模具、五金、块材、砖材、铺面砖、遮雨板、屋面瓦以及未盛放过胶黏剂、填缝剂、勾缝剂等产品的容器。

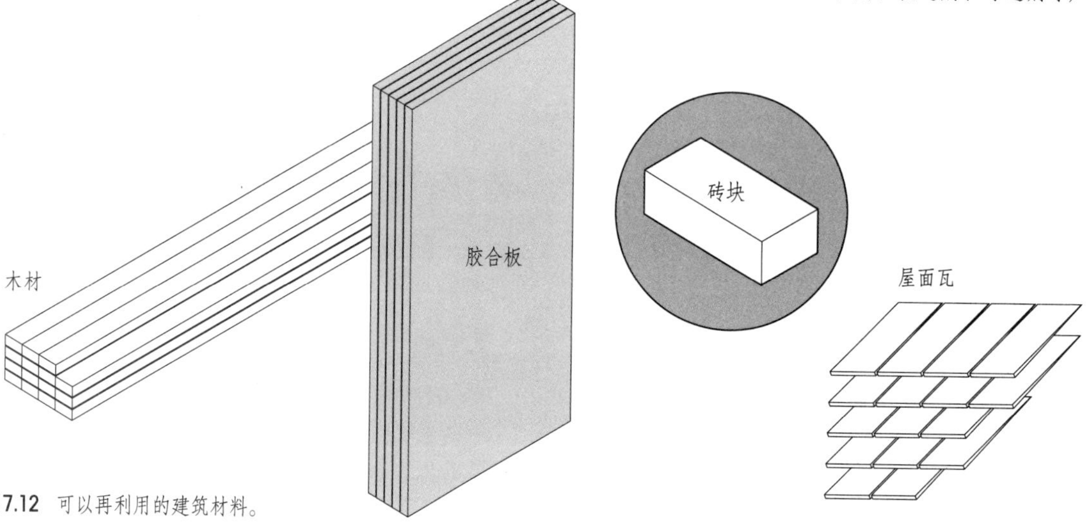

17.12 可以再利用的建筑材料。

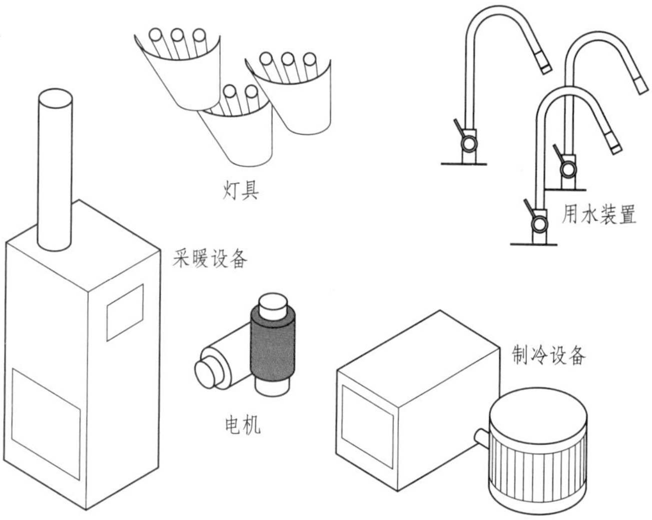

17.13 许多因素决定了是否使用回收的耗能装置和用水设备，包括全生命周期的能耗和水耗。

一系列关于耗能装置再利用优点的问题已被提出，比如照明灯具、采暖制冷设备、动力装置及用水设备（如马桶和水龙头）等。关键的环境问题是，在设备的预期寿命内，这些设备的隐含能耗与安装新型高效设备的节约潜力相比，究竟是多还是少。同样的问题还有，这类再利用的经济可行性，能否给出与隐含能耗问题一样的答案（是或否）。还可能存在合法性方面的问题，如销售低效设备，不符合联邦最低效率要求的标准。另外，安装低效设备也可能违反了某些建筑规范。

外围护结构上的构件，如旧建筑的窗户，也遇到了类似的问题。就窗户而言，评估需要考虑保护方面的要求。如果没有保护方面的要求，可以在生命周期的基础上对其再利用的优点进行评估；如果有保护的要求，则需要采取多种改进措施，既保护窗户的美学效果，又提升其能效，如装挡雨条、窗口嵌缝、防风窗户等。

17.14 如果一个现存的非历史建筑，其窗墙比是30%，面积系数为2.1，我们应该再利用它还是重建？

就地再利用 Reuse in Place

另一种再利用材料的方法是现有建筑物的再使用，由于不需要材料运输，因此进一步减少了隐含能耗。我们称之为“适应性再利用”（adaptive reuse）。

结构构件如地板、墙体和屋顶通常可以重复使用；而非结构构件如内墙、地板和天花板装饰同样也可以重复使用。把旧建筑拆掉重建还是继续使用，这两种方式对能耗的影响引发了一个有趣的问题。假定建筑包含的材料占建筑全生命周期消耗能源的$^1/_4$，那么新建筑只需比原有建筑节能25%以上便可以代替原有建筑，同时生命周期内的能耗会更低。旧建筑本质上来说是低效率的，不仅体现在保温性、气密性上，而且体现在一系列特征（如大小、形状、窗墙比）上。为审慎起见，比较生命周期内的能耗是评估旧建筑是否可以重复使用的一个方面。

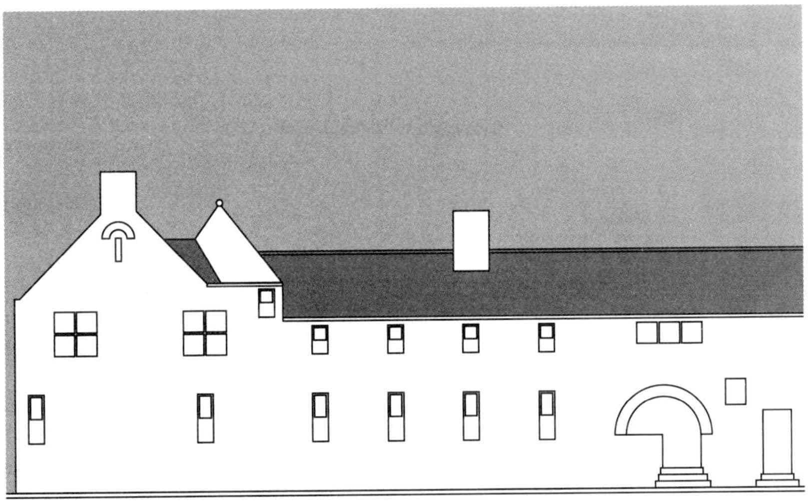

17.15 更新、改造、再利用现有建筑。

另外一系列问题都与建筑中现有的耗能设备和用水设备再利用的优缺点有关。这些问题跟设备再利用的问题类似，但又有不同。至于原建筑再利用，法律上的障碍较少：不会出售不符合规范的设备，因此不会破坏联邦法规；不追索条款（grandfather clause）[译注]通常会避免任何不符合规范的问题。

[译注] 即祖父条款，也称“祖父法则”“不追溯条款”，大意是指颁布实施一项新的法律，新法律只适用于现在及未来发生的情况，对于过往已存在、已形成的事实不产生约束和影响。

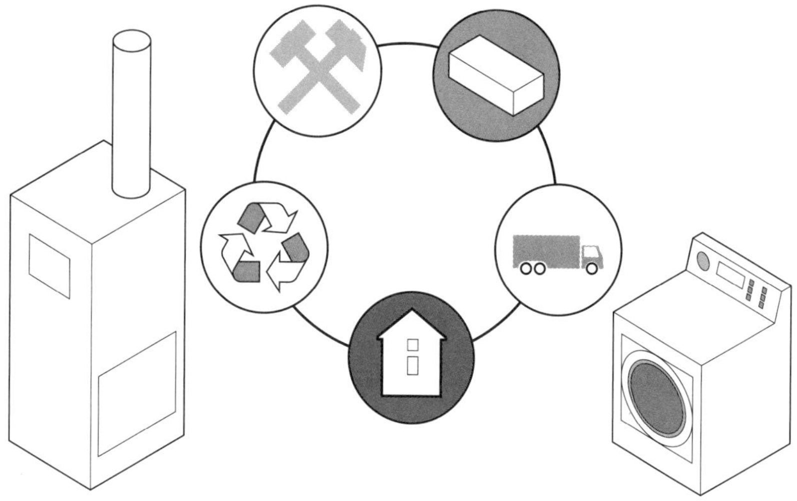

17.16 应采用生命周期分析来评估是否重复利用现有的能耗设备和用水装置。

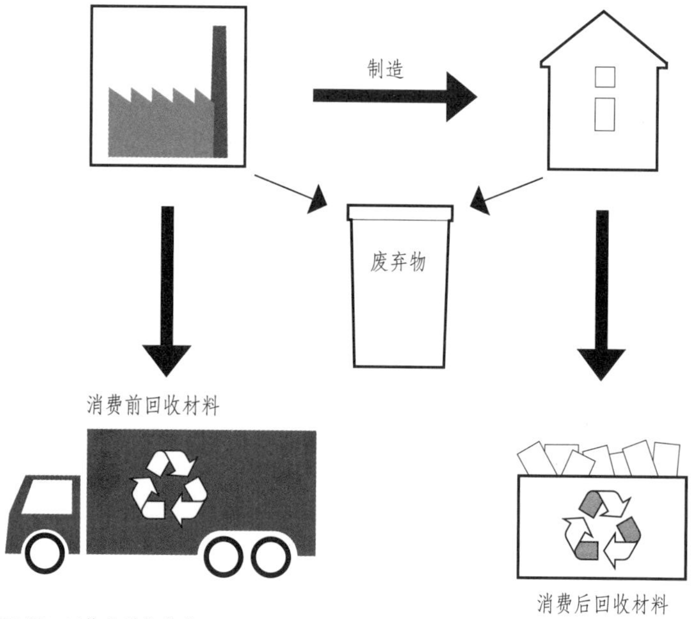

17.17 回收材料的种类。

然而，建筑的隐含能耗问题比废弃物再利用问题更突出，既有建筑中的设施不仅本身效率低下，而且使用方式很低效，或者其使用方式并不被提倡。以办公楼的照明为例，既有建筑可能在无反射灯具中配置了使用低效磁性镇流器的T12荧光灯。灯具配置可能使空间照明过度，几乎达到2瓦/平方英尺甚至更高，这进一步加剧了能源的消耗。用高效率的照明装置替换现有的照明装置可以在两方面节能：一方面是使用了高效率的灯具，另一方面是重新设计照明使得照明功率密度为0.5瓦/平方英尺甚至更低。从这个例子可以看出，在采用节能的新方案以及新灯具和镇流器的情况下，才可以重新利用一些既有设施。简而言之，是否再利用现存建筑的耗能设备和用水设备，要进行生命周期分析后再做决定。

包含可回收成分的材料
Materials with Recycled Content

鼓励使用包含可回收成分的材料。消费前回收材料（preconsumer recycled material）是由制造过程中产生的废物回收制成的，消费后回收材料（postconsumer recycled material）是由最终消费者产生的废物回收制成的。

混凝土是最常用的建筑材料。混凝土中可以加入回收的骨料，骨料是去掉钢筋和其他固化材料后的碎混凝土。某些特殊的混凝土中含有煤燃烧的副产品——粉煤灰或者冶炼金属矿石的副产品——炉渣。

钢铁制造业中使用了大量的回收钢作为原料，据报道，最近几年回收钢的比例已经高于90%。

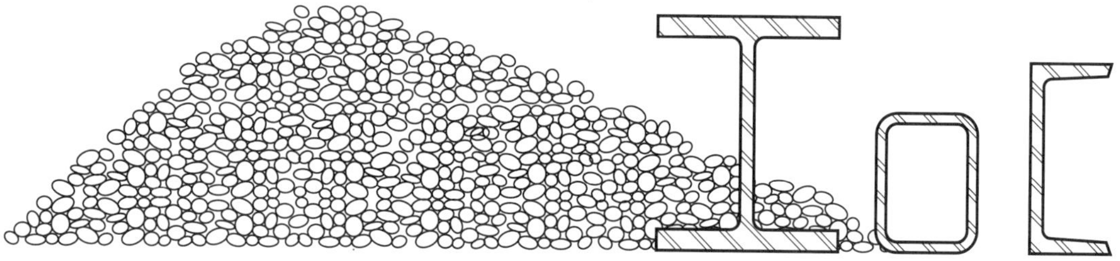

17.18 从前使用的材料如混凝土和钢材，可以进行分类处理以便再利用。混凝土可以被压碎、清洗和分级，作为骨料用于新拌混凝土。钢材可以收集起来，与其他含有磁铁的回收材料分开，压缩并打包运送到加工厂，与少量的原钢相结合，生产出用于建筑的钢材产品，比如结构钢。

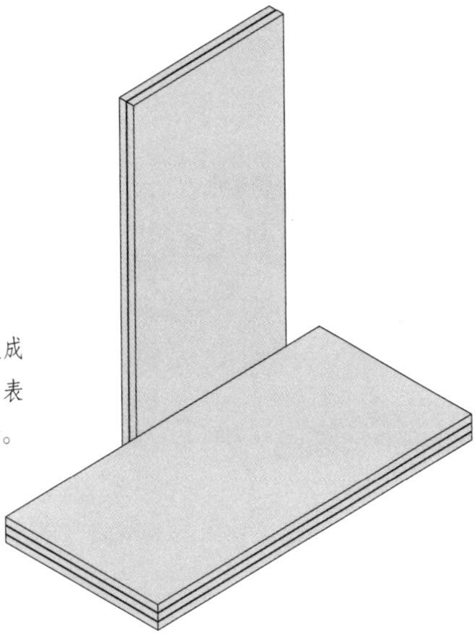

17.19 室内石膏板包含多达90%的可回收成分。在不适合使用纸面板的高湿度地区，表面覆有防霉玻璃纤维网的石膏板表现良好。

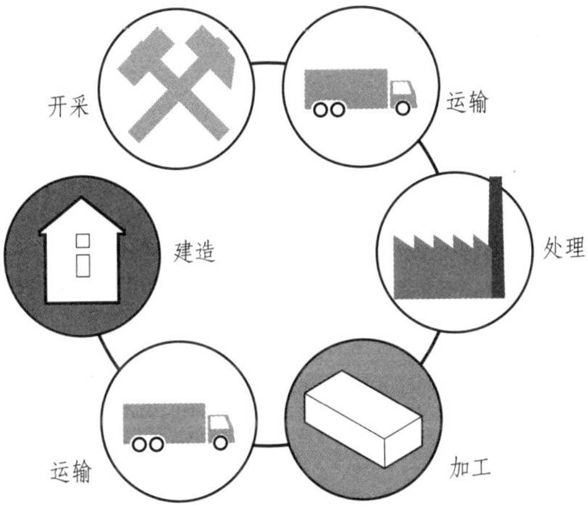

17.20 隐含能耗是指获取、制造、加工和运输材料到建筑工地所需能耗的总和。

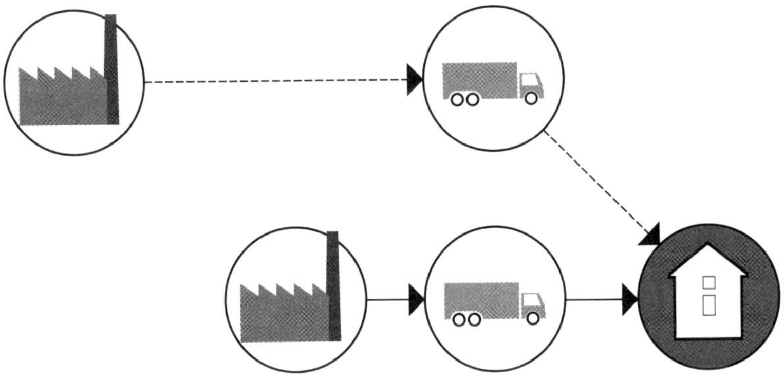

17.21 绿色建筑项目强调使用当地或区域性材料的价值。

木材的衍生产品，如各种工程木材产品，也可包含可回收材料。

石膏板中也有可回收成分，包括可回收的农作物材料、粉煤灰、炉渣和其他填料。

即使一种材料有一部分甚至大部分可回收成分，也应该检视其化学成分与隐含能耗之间的损益。例如，刨花板（particle board）主要由回收材料构成，但其化学成分中包括众所周知的致癌物质——甲醛，值得注意。虽然超过90%的钢被回收，但它仍然具有较高的隐含能耗。

选择从前未曾使用过的材料
Selection of Previously Unused Materials

随着材料使用的最少化和回收材料的最大化，我们把注意力放在选择从前未使用过的材料上。理想的选择包括快速可再生材料、天然材料、低毒无害材料和当地生产的低隐含能耗材料。

隐含能耗 Embodied Energy

隐含能耗是指获取、制造、加工和运输材料到建筑工地所需的能量。隐含能耗通常比建筑物生命周期内所用的能量少很多。然而，当以降低建筑物运行能耗为目的来设计建筑时，隐含能耗占建筑总能耗的比例只会增加。对于零能耗建筑，能源消耗的唯一形式是其材料的隐含能耗。

关于隐含能耗，为了尽可能减少运输带来的隐含能耗，绿色建筑项目更强调从当地获取材料的重要性。一些绿色认证准则、标准和指南，提供了场地周边一定半径范围内获取和加工材料的认证。LEED基于材料运输的类型做出了可选择性的调整，相比于长途公路运输，标准认可铁路和水路运输的效率较高。

针对隐含能耗影响的一个解决方案是提供一次性的碳补偿（carbon offset）。

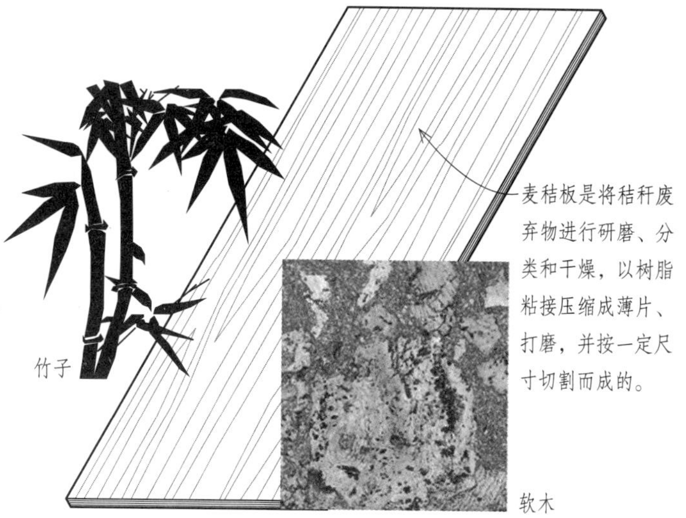

17.22 快速可再生材料案例。

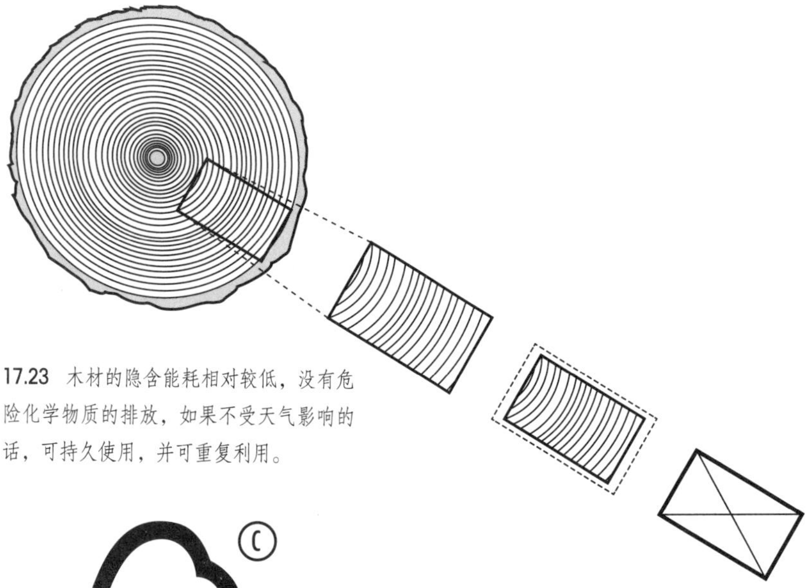

17.23 木材的隐含能耗相对较低，没有危险化学物质的排放，如果不受天气影响的话，可持久使用，并可重复利用。

17.24 森林管理委员会的FSC版权标识。

快速可再生材料 Rapidly Renewable Materials

快速可再生是指材料自然生长并可以在短短几年（比如LEED定义的周期为十年）内收获例如竹地板、软木地板、谷物制成的地毯纤维、保温棉、天然油毡、天然橡胶地板、大豆保温板、草砖墙体及保温层、草板橱柜、羊毛地毯、麦秸板制品和橱柜。通过使用快速可再生材料，减少了对生长时间更长材料（如来自原始森林的木材）的消耗；同时也减少了对有限资源（如来自化石燃料的塑料）的消耗。针对快速可再生材料选择合适的用法是非常重要的。例如竹地板，可能不适合在交通量大的区域和湿度过高的空间内使用。

其他天然材料 Other Natural Materials

木材是一种年代久远且广泛使用的天然建筑材料。木材用于承重结构和非承重框架、地板、毛地板、门、窗、家具、墙、天花板饰面、围墙等。同时，木材也用来制作施工中使用的临时构件，如脚手架和护栏。

虽然木材是一种天然材料，但是其获取和加工方式可能会对环境造成极大破坏。这些方式包括砍伐古老的森林，降低森林覆盖率，砍伐濒危树种，使用危险化学品。为了确保用于建筑的木材以对环境影响较小的方式砍伐和加工，由森林管理委员会（FSC，Forest Stewardship Council）对建筑木材进行认证成为一个普遍的要求。

交叉层压木材（CLT，cross laminated timber）是一项新进展，是指一定规格的木材，一层层地彼此垂直排列，并在压力下用黏合剂黏合以形成结构板。交叉层压木材具有良好的强度、重量轻、材料隐含能耗低，甚至在中高层建筑中也得到了成功的应用。

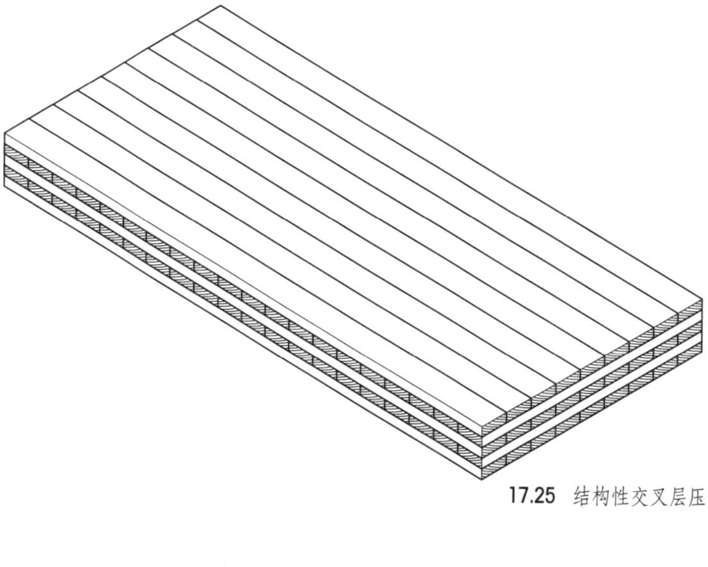

17.25 结构性交叉层压木板。

草砖（straw bale）是一种天然的结构材料，并且具有保温性能。草砖墙具有所有最重要的绿色材料属性。它由一种快速可再生的材料（在大多数情况下是废弃物）构成，无毒且隐含能耗较低，同时可以在当地得到。草砖墙进一步整合了两种功能——集结构功能与保温功能于一体。草砖墙的缺点包括不满足防腐要求以及墙体很厚占据空间，墙体厚度通常为18英寸（457毫米）甚至更大。

夯土（rammed earth）是一种古老的、令人感兴趣的天然建筑材料。夯土建筑几乎遍布世界各地。夯土墙是在模板之间压实泥土建造的。夯土墙具有强度大、纯天然、采用当地材料建造、耐燃以及不添加水泥稳定剂时无毒等特性。其蓄热性能高但热阻低，因此夯土墙通常需要附加保温层。夯土墙抗渗性能良好，同时也提供了良好的隔音效果。像草砖墙等其他天然墙体一样，夯土墙需要进行防潮处理。其可行性取决于土壤的适宜性。夯土墙的隐含能耗低，但劳动力成本高，因为夯土墙技术并不常用，所以需要专业培训。

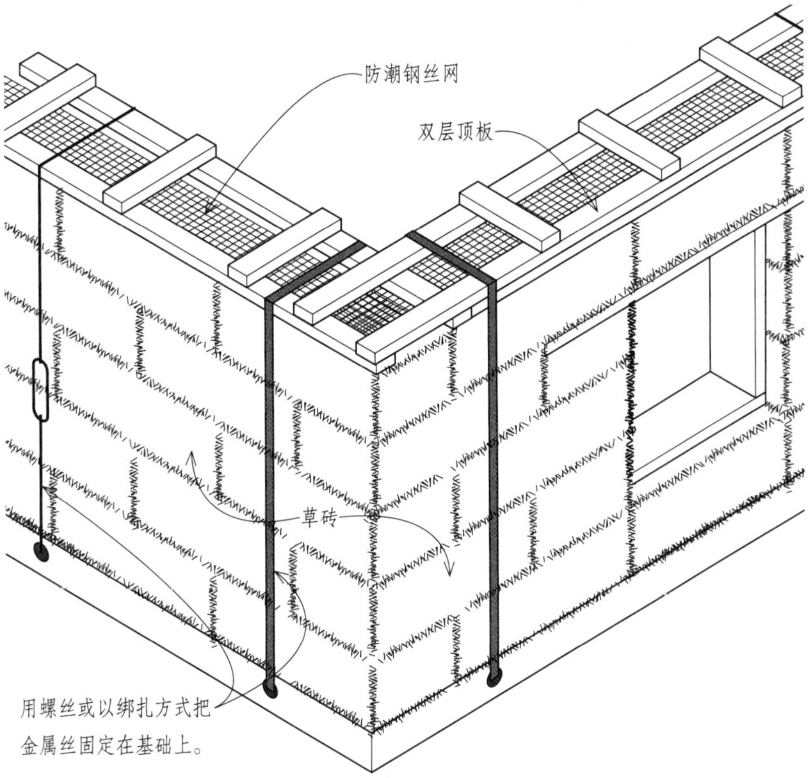

17.26 草砖墙。

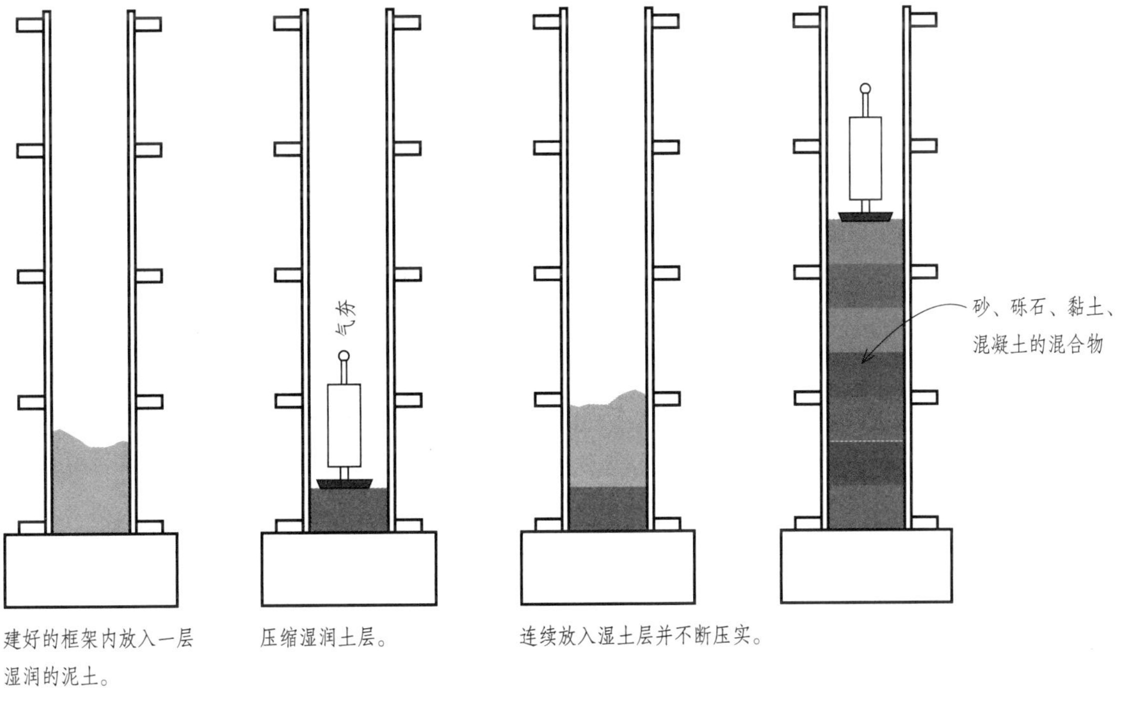

17.27 夯土墙。

土坯是一种晒干的黏土砖，传统上在降雨少的国家使用并在使用地点附近制造。

经稳定化或处理的土坯包含波特兰水泥、乳化沥青和其他化学物质的混合物来抑制砖的吸水性。

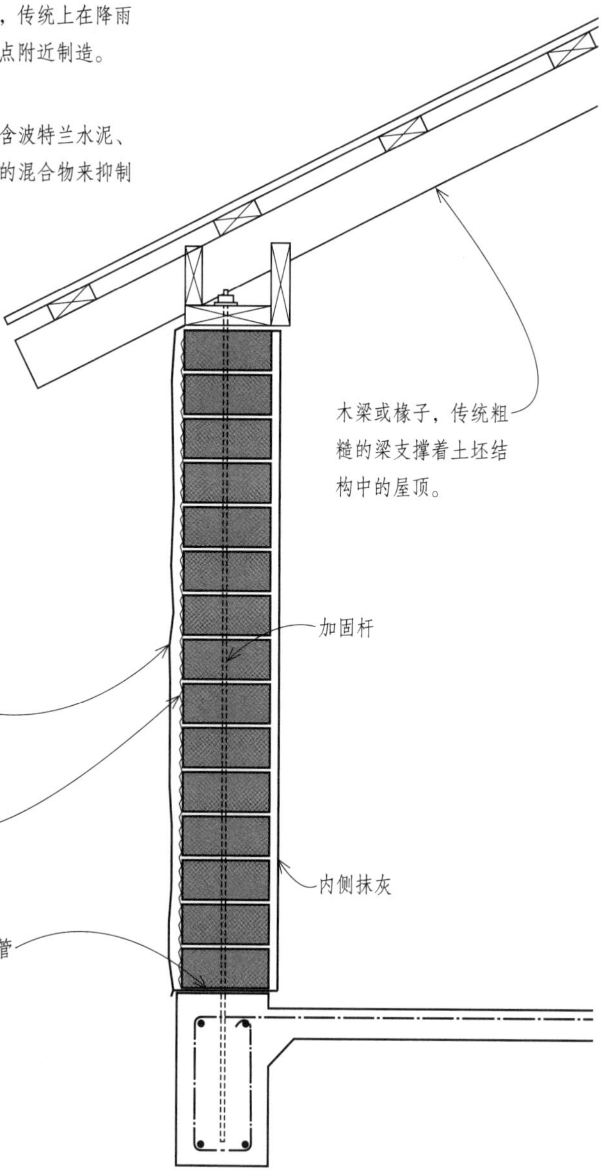

17.28 土坯墙。

17.29 我们不仅要减少使用危险品，也要积极识别和消除再利用建筑中的有害材料。

土坯（adobe）是另一种天然的建筑材料，是由黏土含量15%~25%的泥土混合沙子或稻草制成的，同时含有砂砾或其他骨料。不同于夯土墙，土坯墙不是用模板建造的，而是预制成砖块再用砂浆进行砌筑而成。因此，土坯墙不只限于砌筑墙体，还可用于砌筑拱顶。土坯墙的特点与夯土墙很相似——强度大、天然、具有地域性、阻燃、无毒、高热容但低热阻（需要另外的保温层）、抗空气渗透并具有优良的隔音效果。但是，土坯墙容易受到地震的影响。

土墙（cob construction）与砖墙一样，也是由沙、黏土、水、有机增强材料构成的。但土墙通常是手工成型而不是用砖砌成的，由此可以做成艺术造型和装饰性的门窗洞口。

石材是一种坚硬、美观、天然、惰性的建筑材料。石材主要用于围墙，随着时间推移也用于基础及地面以上的墙体。石材保温性能较差，并且重量较大，会导致运输过程的隐含能耗增加。而且不同地域的石材，在适用性方面也受到限制。

无害、低毒的材料
Nonhazardous and Low-Toxicity Materials

绿色建筑设计的专业人员尽量避免使用有害材料。例如，《生存建筑挑战》认证标准明令禁止的材料清单包括：

- 石棉；
- 镉；
- 氯化聚乙烯、氯磺化聚乙烯；
- 氯氟烃（CFCs）；
- 氯丁二烯（氯丁橡胶）；
- 甲醛（新增）；
- 卤素阻燃剂；
- 氢氯氟烃（HCFCs）；
- 铅（新增）；
- 汞；
- 石化肥料和农药；
- 邻苯二甲酸盐；
- 聚氯乙烯（PVC）；
- 用杂酚油、砷或五氯苯酚处理的木材。

17.30 绿色密封（Green Seal）的商标，这是一个非营利性组织，针对产品、服务和公司制定了基于全生命周期的可持续标准。

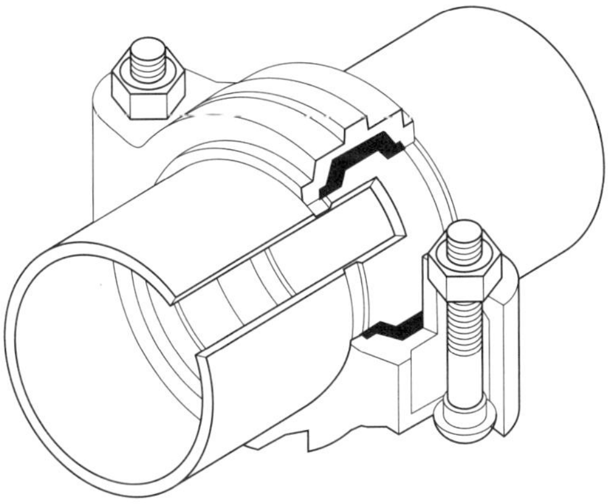

17.31 通过使用机械紧固件代替黏合剂，使用机械管道紧固件代替熔接、针焊或锡焊避免有害材料甚至低毒性材料的使用。

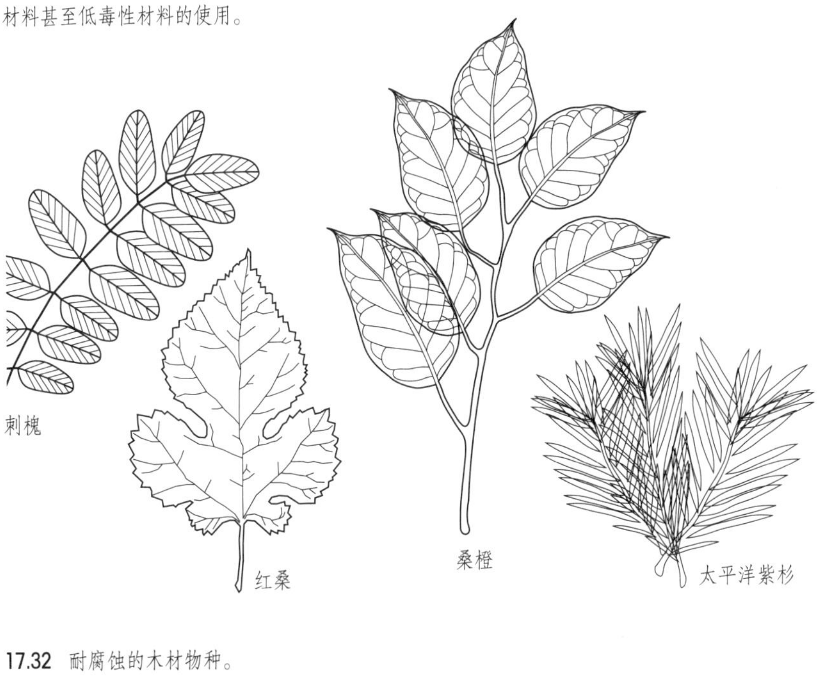

17.32 耐腐蚀的木材物种。

除了避免使用有害材料，绿色建筑设计专业人员进一步列出低毒性材料的名单。毒性低通常意味着材料中挥发性有机化合物（VOC，volatile organic chemical）含量较低。低毒性材料包括低VOC含量的黏合剂、混凝土养护剂、密封剂、油毡、油漆、清漆、密封剂、塑料焊接材料和染色剂等，它们也被称为“低挥发性材料”（low-emitting material）。含挥发性有机化合物成分的材料必须符合严格的标准才能获得低VOC材料认证，如加利福尼亚南岸空气质量管理区（SCAQMD，South Coast Air Quality Management District）对黏合剂、密封剂、密封胶条、清洁的木饰面、地坪涂料、染色剂、底层涂料、密封剂和虫胶的规定；《绿色密封标准》（Green Seal Standards）对油漆、涂料和防锈涂料的规定；或美国毯业协会（Carpet and Rug Institute）的绿色标签计划。

比使用低毒性材料更好的方法是不用化学材料。例如，可以用机械紧固件代替黏合剂，原木代替木材饰面，用机械管道紧固件代替熔接、针焊或锡焊。

经防腐处理的木材是一类长期用化学物质处理的材料，尤其是用于室外的木材。作为一种替代品，可以使用耐腐蚀的木材建造室外结构和围栏，而不用经化学处理的木材。美国农业部（the United States Department of Agriculture）列出四种美国产的耐腐蚀性能良好的木材：刺槐、红桑、桑橙和太平洋紫杉。极其耐腐蚀的进口热带硬木包括双柱苏木、红铁木、巴拉塔树、楔叶阿斯垂木、樟木、重蚁木（白桦木）、桉树、铁梨木、紫木和老龄柚木。耐腐蚀性能不如以上材料，但仍被划分为耐腐蚀或很耐腐蚀类别的美国产树种是老龄落羽松、梓树、雪松（无论是东部还是西部的红雪松）、黑樱桃树、栗树、刺柏树、皂荚树、白橡树、老龄红杉、檫树、黑胡桃树。最后，中度耐腐蚀的美国产树种是次生落羽松、花旗松、美洲落叶松、西部落叶松、北美老龄白松、老龄长叶松、老龄沼泽松和次生红杉。在大多数情况下，这些树种没有像农作物一样进行商业化种植，可能很难找到。选择经过森林管理委员会认证的木材是最安全的，这样可以确保木材以非破坏性的方式开采和加工。

制冷剂 Refrigerants

很多制冷剂不被鼓励使用，或者禁止在绿色建筑中使用，因为其对环境有害。这些制冷剂要么臭氧消耗潜能值（ODP，ozone depletion potential）很高，要么全球变暖潜能值（GWP，global warming potential）很高，或者两者兼而有之。包括R-11和R-12在内的含氯氟烃（CFC，chlorofluorocarbon）制冷剂在20世纪90年代就被禁止使用，并且在建筑物改造过程中发现含有这些化学物质的设备，要积极寻求可替代物。这些化学物质中的氯会与氧气产生反应，进而对臭氧层造成破坏。R-22和R-123是两种常用的氢氯氟烃（HCFC，hydrochlorofluorocarbon）制冷剂，相比于CFC具有较低的臭氧消耗潜能值，但仍会对臭氧层产生破坏，目前正在逐步被淘汰。当前首选的制冷剂，分别是氢氟碳化合物（HFC，hydrofluorocarbon）R-410a、R-407c和R-134a，其臭氧消耗潜能值为零。这三种制冷剂也有使全球变暖的潜能，最终可能会被淘汰。

与绿色建筑相关的是，使用热泵进行采暖和制冷这一趋势明显增加。热泵包括地源热泵、空气源热泵、锅炉-塔水循环热泵。所有热泵均需使用制冷剂。

短期内绿色建筑应当限制制冷剂的使用以达到对臭氧层破坏的可能性为零。我们将讨论转向制冷剂的全球变暖潜力问题。我们注意到这些化学物质只有泄漏时才会对臭氧层产生影响，并且影响并不是持续的。由此引出的问题是，相比于化学物质泄漏对全球气候造成的影响，能耗对全球变暖造成的持续影响更加严重。例如，制冷剂R-410a的泄漏对全球变暖造成的影响比含R-410a热泵能耗造成的影响小3%。在热泵中，制冷剂32的影响比制冷剂410a小得多。它对全球变暖的化学影响较小，所需的量也较少，因此其总体影响几乎减少了80%。

17.33 制冷剂以及对环境的潜在影响。

制冷剂	臭氧消耗潜能值（ODP）	全球变暖潜能值（GWP）	类型	注释
R-11 三氯硝基甲烷	1	4 750	CFC	20世纪90年代被淘汰
R-12 三氯硝基甲烷	1	10 900	CFC	20世纪90年代被淘汰
R-22 氟利昂	0.05	1 810	HCFC	广泛使用多年，因ODP、GWP很高被淘汰； 2010年起，新设备不再使用R-22； 2020年终止使用含有R-22的既有运行设备
R-32	0	675	HFC	替代R-410a，轻度易燃
R-123 二氯氟甲烷	0.02	77	HCFC	作为R-11的替代物被广泛使用，2020年终止制造含R-123的设备，2030年R-123停产
R-134a 四氟甲烷	0	1 430	HFC	广泛用于制冷机、冰箱、汽车空调，由于其全球变暖潜力，正在考虑逐步淘汰
R-152a 1,1-二氟甲烷	0	124	HFC	考虑作为R-134a的替代物
R-290 丙烷	0	4	HC	考虑作为R-134a的替代物
R-407c（23% R-32、25% R-125、52% R-134a）	0	1 774	HFC	广泛用作R-22的替代品； 由于其全球变暖潜力，正在考虑逐步淘汰
R-410a	0	2 088	HFC	在美国广泛用作R-22的替代品； 由于其全球变暖潜力，正在考虑逐步淘汰
R-717 氨气（NH_3）	0	0	—	有毒，用于某些吸收式制冷设备
R-744 二氧化碳（CO_2）	0	1	—	
R-1234yf	0	4	HFO	可作为R-134a的替代物使用

为了减小制冷剂对全球变暖的影响，对使用热泵的建筑物而言，最优方法如下：

- 在可能的情况下使用钎焊接头，而不是更容易泄漏的机械接头，例如喇叭接头。
- 制冷剂充入前需要对系统进行严格的渗漏测试（如氮气正压测试），并保持一定时间的深度真空，以确保没有泄漏，并书面报告测试结果。
- 需要在机械设备室准备渗漏测试。
- 提供全面高效的建筑设计。尽可能节能的建筑将使用较小的采暖和制冷设备，这就意味着较少的制冷剂负荷。如果设备的尺寸在设计深化和照明设计完成后确定，并且《业主项目公约》对居住率、进度表和其他要求准确无误，那么可以确定采暖和制冷设备的最小尺寸。
- 避免为不需要采暖和制冷的空间提供采暖和制冷。这又可以降低制冷和制热系统所需的系统容量，同时也减少了所需制冷剂的总量。
- 在可行/可能的情况下，指定全球变暖潜能值低的制冷剂。

17.34 应做出可回收物品的收集和存储规定、收集和重新分配的产品和设备再利用的规定、堆肥的规定。

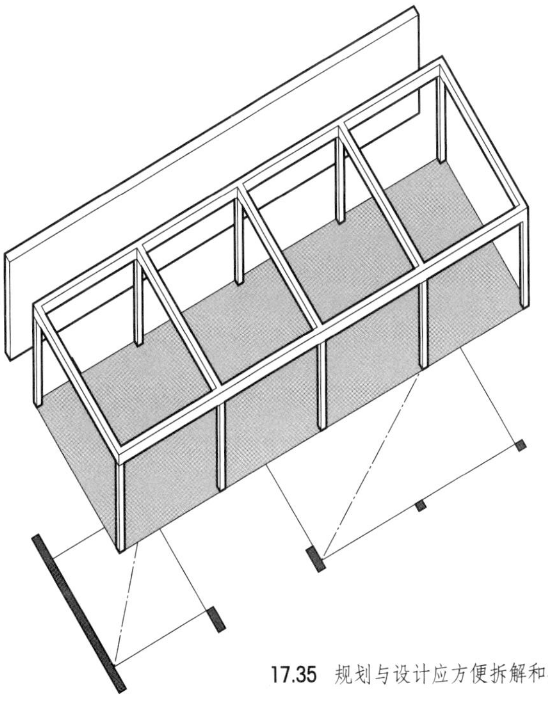

17.35 规划与设计应方便拆解和再利用。

为了减小建成后材料影响而设计 Designing for Reduced Postconstruction Material Impacts

在设计新建筑的过程中，可以制定减小建成后材料影响的规则，比如建成后减少材料的使用。

例如，可以给房间或建筑空间提供一个集成的固体废弃物管理系统，包括可回收物的收集和存放空间、可再利用的产品及设备的收集和分类空间、堆肥空间。这些规定使建筑的使用者更容易通过回收、再利用和堆肥的方式将垃圾从垃圾填埋场转移出去。

进一步来说，可以把建筑材料记录下来以减少替换材料。比如，如果油漆的制造商、颜色、编号和当地的购买源都被详细记录在用户的使用手册或产品手册中，那么当房间内的某一部分需要修补时，就不需要把整个房间都重新油漆一遍，只需要订购少量同样型号的油漆即可。这个方法同样适用于诸如油漆、木器漆、门窗贴面板、嵌线、百叶窗窗格、木瓦和小家具。

拆解设计使建筑的部分材料在建筑的生命周期结束时，能被继续使用。拆解设计的原则包括使用模数化构件、简化节点、选择易于拆装的固定件、尽量减少固定构件的使用、选用耐久或可重复使用的材料、简化建筑复杂程度。为建筑编制关于拆解设计的档案可以为以后的拆解提供便利。

建筑垃圾管理 Construction Waste Management

建筑垃圾管理的一个重点是减少浪费，避免填埋。

提高材料的使用效率，减少浪费 Less Waste through Material Use Efficiency

建筑垃圾管理的进程从建筑设计和材料采购阶段关注材料的使用效率开始。通过更加详细地判断所需材料的数量，可以促进材料采购效率，减少材料浪费。

保护使用前的施工材料
Protecting Construction Materials before Use

使用前，要优先考虑保护现场的施工材料。这样做不仅是为了防止材料损坏、削弱其功能，而且可以防止受潮损害，以免真菌繁殖引起室内空气质量问题，同时，还可以防止不合格材料造成的材料浪费。关于材料浪费，随着时间的推移，我们可能会更加关注材料的运输，防止材料在运输过程中损坏，导致材料被抛弃。质量控制的做法也许会变得更加宽容，在不影响建筑物完整性的前提下，允许接受非常轻微或者表面受损的材料以减少材料浪费。

从垃圾填埋场转移垃圾 Diverting Waste from Landfills

绿色建筑垃圾管理的一个主要焦点是把垃圾从垃圾填埋场中转移出去。完成这一目标的策略之一就是将前期规划纳入设计中，例如在设计时，明确说明用于回收或再利用的材料种类。也可以根据重量或体积设定垃圾转移的目标；就可回收垃圾收集、分离和储存做出规定；规定跟踪和量化垃圾的要求，以实现垃圾转移目标。随着时间的推移，我们会加大力度防止垃圾产生，甚至防止垃圾到达施工现场。例如，可以通过减少包装来实现。

零垃圾 Zero Waste

为了应对各种垃圾对环境的破坏，一场设计零垃圾建筑的运动已经兴起。零垃圾国际联盟（Zero Waste International Alliance）将零垃圾定义为“通过负责任的生产、消费、再利用和回收产品、包装和材料来保护所有资源，不燃烧，也不向土地、水或空气排放会威胁环境或人类健康的物质”。

我们可能奇怪这怎么可能：如何建造一座零垃圾的建筑呢？建筑如何实现零垃圾？一座建筑如何才能达到其生命的尽头都不产生垃圾？对于许多人来说，零垃圾表面上看不可能，因此会成为思想的障碍。有些人将零垃圾作为长期目标，而不是直接的绝对目标。

有些人发现考虑“净零”垃圾建筑很有帮助：如果新建筑可以在同一地点使用旧建筑的材料，或者重新使用另一栋建筑丢弃的材料，那么新建筑就阻止了材料被丢弃造成的浪费，因此我们可以认为新建筑在材料使用上能“获得分值”。这些分值可以抵消那些必须丢弃的材料。如果重复使用的材料与废弃材料达成平衡，则建筑过程在材料垃圾方面就是“净零”，甚至可能是净正效益。

从其他方面看，消灭建筑垃圾，甚至将来有朝一日被拆除的建筑也不会产生任何垃圾，这些都符合零废物的定义。我们可以称之为“绝对零垃圾”（absolute zero waste）。

零垃圾建筑的目标要求我们全面而广泛地应用材料保护策略：

- 通过材料最少化的设计过程减少用材；
- 如果功能可接受，则使用不完美的材料；
- 指定回收材料；
- 尽可能采用适应性再利用的策略；
- 要求最大限度地进行垃圾分流，便于建筑垃圾的再利用；
- 使用可拆卸的紧固件和其他拆解方法，而不是采用黏合剂。

规划设计是关键，需要完全融入建筑的生命周期，从设计到建筑物生命的终点。例如，《生存建筑挑战》（LBC）[译注]要求针对以下每个阶段制订材料节约管理计划：设计、施工、运营和生命周期结束。没有计划就不可能减少垃圾，就像没有设定目标就不可能完成计划一样。实现零垃圾就是设定目标，计划实现目标，然后实施计划的过程。减少甚至消除垃圾并非无法实现的目标，而是引入了一系列令人兴奋的挑战，并对环境产生积极影响。对于早期践行者来说，这是一个学与教的机会。随着时间的推移，与所有绿色设计实践一样，期待这些最佳实践成为标准实践。

以零垃圾为目标，我们提倡这样的观点——垃圾是具有潜在价值和可重复使用的东西，防止丢弃在减少污染方面具有特殊价值的垃圾，而不是将我们局限于“垃圾是令人讨厌的”这一狭隘的观点。

[译注]《生存建筑挑战》被认为是世界上最严格的绿色建筑评价标准。

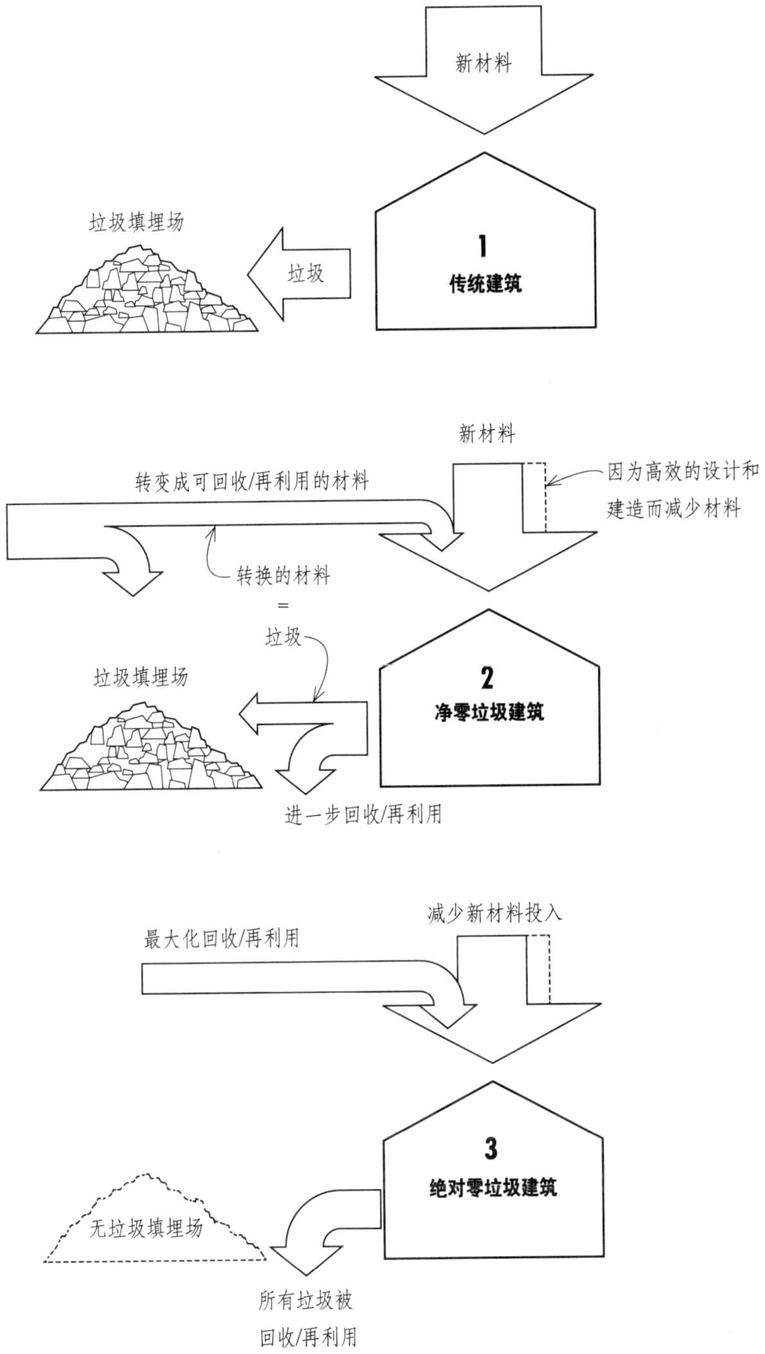

17.36 零垃圾策略示意图。

透明度和声明 Transparency and Declarations

如何衡量材料和产品的绿色程度？通过标准化的环境产品声明（EPD，environmental product declarations），建材性能在透明度方面取得了进展。该标准由国际标准化组织（ISO，International Organization for Standardization）制定。EPD包括对材料或产品的各种描述，如来源、制造过程、制造和运输的副产品、危害以及通过生命周期分析（LCA，life cycle analysis）评估的环境影响。

EPD并不意味着符合特定的绿色标准。但是，依据EPD可以评估材料或产品对特定项目的环境影响；可以进行产品之间的比较；可以根据标准进行评估，以确定产品是否符合特定的绿色标准，如果符合这些标准，则获得绿色标识。

生命周期分析通常针对材料或产品的特定参数（通常为重量或体积）进行。常见的环境影响包括全球变暖潜能值（GWP）、能源使用、用水量以及臭氧消耗潜能值（ODP）等。一旦通过LCA获知单位量纲的影响，则可以将LCA列出的单位环境影响数值乘以建筑物的某类材料或产品的总用量，得到建筑的总体环境影响，以此评估建筑的环境性能。

17.37 环境产品声明（EPD）样本，中央混凝土供应公司（Central Concrete Supply Co.）的混凝土混合设计指标。

环境影响 影响名称	单位	每立方米 影响因子
一次能源消耗总量	MJ	2.491
混凝土用水量（批）	m^3	6.66E−2
混凝土用水（洗）	m^3	8.56E−3
全球变暖潜能值	kg CO_2 当量	271
臭氧消耗量	kg CFC-11 当量	5.40E−6
酸化	kg SO_2 当量	2.26
富营养化	kg N 当量	1.31E−1
光化学臭氧生成	kg O_3 当量	46.6

材料物理 Material Physics

材料是通过各种特性来表征和区分。传统上，我们一直对建筑材料的机械/结构特性感兴趣，例如结构要素的强度和重量、饰面的硬度和耐久性等。随着建筑能耗的重要性日益增加，各种热物理特性已引起人们的兴趣。这些特性包括热传导率、比热（也称“热容”（heat capacity））、密度、热膨胀系数等。热传导率控制着建筑内外得热和失热。比热告诉我们材料可以存储多少热量，是否可以用作蓄热体。材料的密度不仅可以帮助我们计算材料的重量，还可以帮助我们计算单位体积可以存储多少热量。这些性质的单位如图17.38所示。

在材料规格表中，热传导率、热阻（*R*值）和单位材料厚度的热阻（*R*值/英寸）之间经常出现混淆。始终带着这些特性的单位可以避免出现错误，因此在比较不同材料的性能时，请确保是同一个材料属性的比较，才能做出正确的评估。

以W/（m·K）为单位给出的热导率乘以6.94获得每英寸*R*值的等效值。将此结果乘以英寸为单位的材料厚度，得到*R*值。例如，松木的热导率为0.22 W/（m·C），我们注意到W/（m·C）与W/（m·K）相同，因此将0.22乘以6.94得出每英寸大约1.5*R*值，单位为（hr·ft·F）/（BTU·inch）。对于实际厚度为5.5英寸的6英寸框架石膏板内墙，松木的整体*R*值为5.5×1.5=8.25，也可以写为8.25（hr·ft·F）/BTU。

17.38 材料的热物理特性。

特征	英寸–磅单位*	公制/SI单位*
密度	ib/ft^3	kg/m^3
比热（也称“热容”）	BTU/lb-F	J/(kg-C)
热导率	BTU/(hr-ft-F)	W/(m-K)，有时候写作W/(m-C)
热阻（也称“R值”）	(hr-ft-F)/BTU	(m-K)/W
单位厚度的热阻（热导率的倒数）	(hr-ft-F)/(BTU-inch)	K/W

*ib：磅；ft^3：立方英尺；kg：千克；m^3：立方米；W：瓦；K：开氏度（摄氏度的绝对值）；
J：焦耳；℃：摄氏度；℉：华氏度；BTU：英热单位。

第18章

进度、流程及可负担性

Schedules, Sequences, and Affordability

进度与流程 Schedules and Sequences

由外向内的设计过程与建筑项目的典型流程类似。建造由场地设计开始，接下来是围护结构，最后完成内部装修。

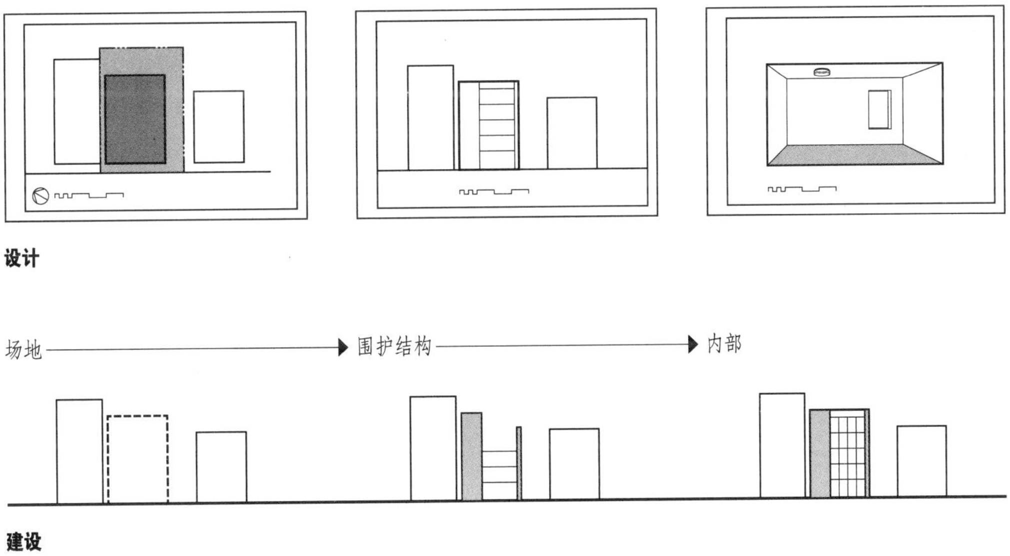

18.01 设计从外部开始，从场地到围护结构再到内部，与建造的流程类似。

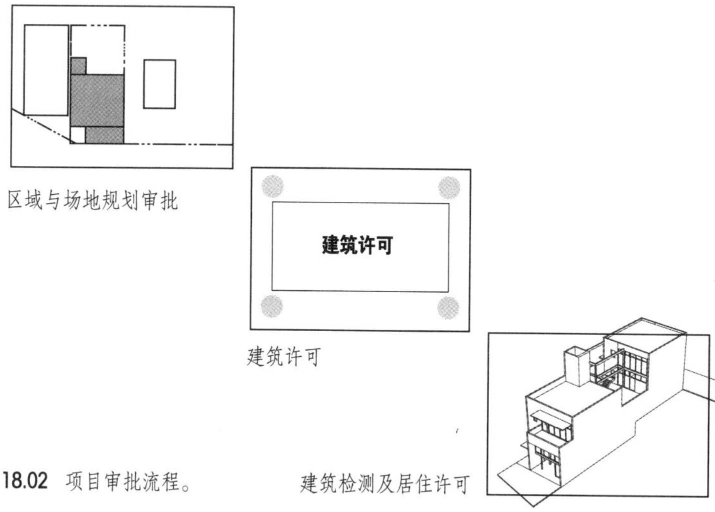

18.02 项目审批流程。

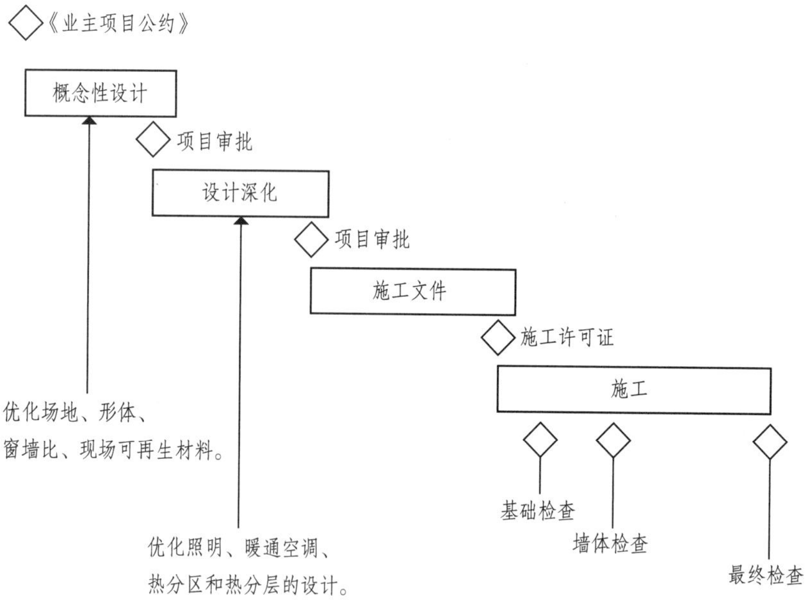

18.03 绿色设计应在相关审批之前进行。

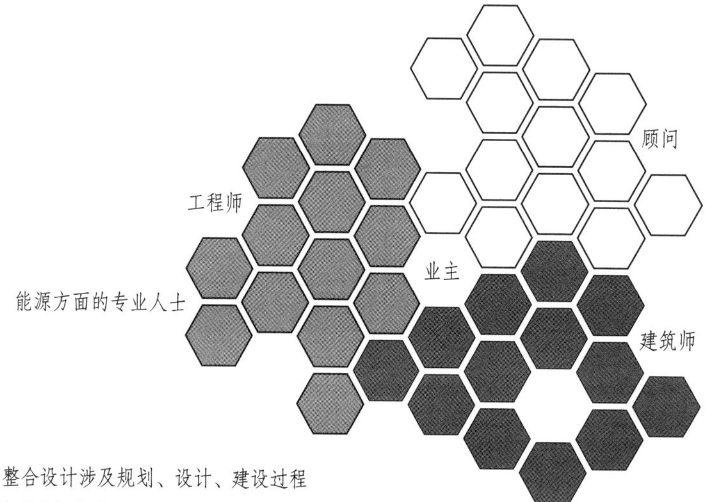

18.04 整合设计涉及规划、设计、建设过程中的所有利益相关者。

各种审批程序也遵循从外到内的流程。场地规划审批通常在施工许可证签发之前进行。基础和结构最先加以审核，然后是电气和机械设备的审查，最后由建筑检测员巡视整个建筑内部进行验收。

这并不是说绿色设计应该与施工同时进行甚至与审批同时进行。在审批之前，就应该有效地落实绿色设计。否则，建筑立面可能已经得到城市区划主管部门的批准，建筑形体或窗口设计等方面就无法再进行降低耗能的优化。至少，能源系统的优化需要在审批开始之前进行。

通过审批意味着不仅要获得地方政府的批准，而且要通过业主或开发商的批准。如果业主在确定能源系统和评估效果之前就选定了建筑设计方案，并且该建筑设计方案刚好是低效的，那么建筑师和业主都会面临两难的抉择，无论是维护低效的设计方案还是努力改进方案都会变得困难。

整合设计的支持者提倡从设计项目开始时整个设计团队（包括能源方面的专业人士和业主）就参与进来。这是一种积极的开发方式。离开整合设计，能耗模型有时只是建筑设计完成之后追加的建模而已，这样一来能耗模型最重要的目的——改进和优化设计，就不可能实现了。在这个阶段，只有弥补性的改进措施可以用于方案，减少的能耗也是微乎其微的，甚至无法在整体费用中体现。这样的话，业主或租户就要在建筑整个生命周期中，支付不必要的高额费用。他们也会支付高于实际需要的建设费用。早期的能量设计检测则可以避免这些缺陷。

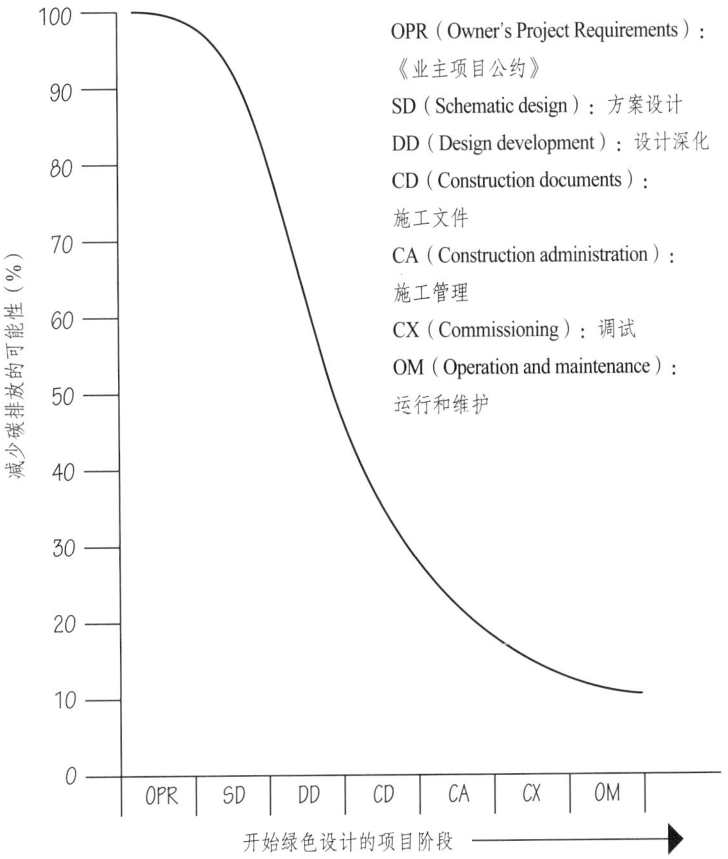

18.05 从项目设计开始就要关注绿色性能以减少碳排放。

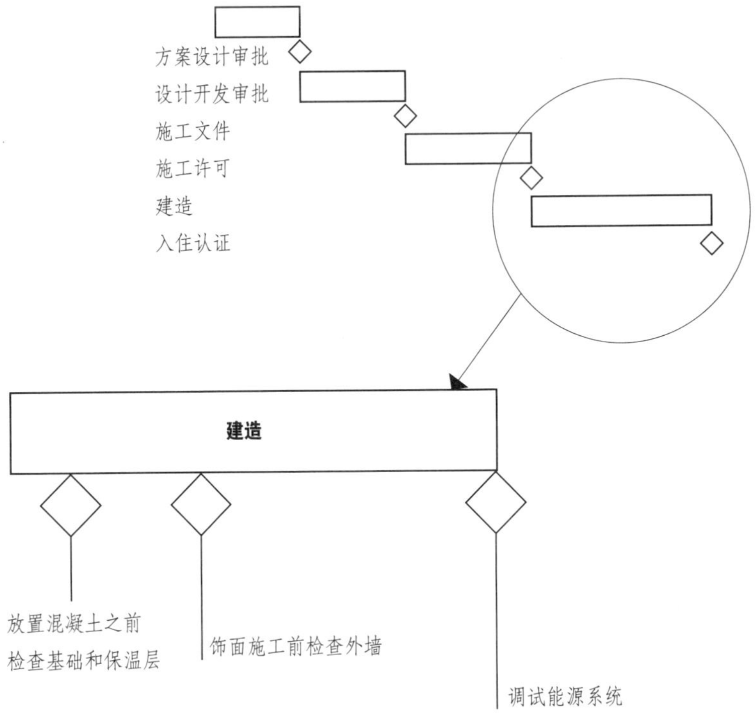

18.06 绿色施工中需要检查的关键节点。

审视设计和施工的另一个视角是减少碳排放量的潜力。如果从项目一开始就把注意力转移到绿色设计上，那么碳排放量相比于传统建筑就可能减少100%。设计的早期阶段存在大幅减少碳排放量的可能性。如果在方案设计中没有检测绿色性能，并且建筑形体和窗墙比已经确定，加之屋面和场地上布置可再生能源设施的面积有限，那么减少碳排放量的潜力将大幅降低。此外，如果在设计深化阶段没有进行绿色节能方面的测试，那么从建筑布局、非空调空间、照明和暖通空调系统类型方面减少碳排放量的潜力将会降低。如果绿色性能仅在施工图阶段开始考虑，那么就只能通过局部微小的改进（例如窗户的导热系数或暖通空调效率的改进）来减少极少部分的碳排放量。最后，如果没有采用绿色设计，那么只能通过在建筑物运营和维护方面加以改善来减少碳排放了。

在施工过程中，承包商有时会快速决策以保证进度表上的建筑活动，降低成本。这种加速会牺牲对细节（最关键的是热边界的连续性以及能源系统的功效）的关注。在建筑物外墙上增加穿孔和洞口时常会因为赶工而忽视细节，比如穿墙的管道没有密封、窗台板下没有填实、电线穿墙孔没有封实、楼板间的穿孔没有封堵、窗框门框处没有封严等。大多数密封不严的孔洞会被饰面层永久覆盖。这些都是施工过程中需要进行质量控制的地方。安装能源系统过程中的快速施工，如快速安装照明、采暖和制冷系统等，也会导致能耗的增加。施工过程中的一些重要节点特别需要质量控制。建筑检测员和设计专业人员需要努力找到各种用能缺陷，必须在地基、墙体、窗户、屋顶、地板等项目完工或被隐藏起来之前，在布置能源系统之前进行检查。

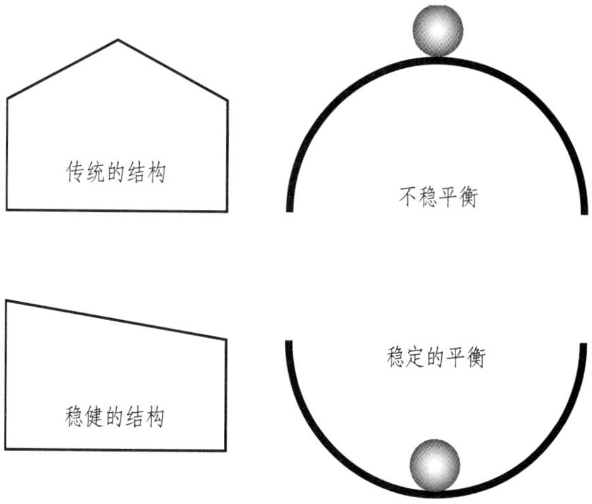

18.07 打个比方来说明传统结构与稳健结构的比较。

第一组：减少建造成本的绿色改进措施。
举例如下：

- 减少建筑面积；
- 减少建筑表面积；
- 使用改进的框架；
- 在不需要采暖和制冷的空间去掉这些设备；
- 减少采暖和制冷设备，并且因为负荷减少可以相应减小输配系统的尺寸；
- 通过优化设计、使用高反射率的墙面和顶棚、避免使用嵌入式灯具、避免层高过大以减少照明负荷，从而减少照明灯具；
- 减少人工照明会相应减小空调系统和输配管道的尺寸；
- 消除冷水管道及阀门装置，如采用无水小便器；
- 减少建筑垃圾；
- 使用带有瑕疵的材料；
- 在一栋建筑中满足多种功能和不同使用者的需求，而不是分散为几栋小建筑；
- 使用结构作为饰面或者表面不做装饰；
- 将管道系统等设施直接暴露在外；
- 去掉阁楼和坡屋顶；
- 减少外门数量；
- 减小开窗尺寸，减少开窗数量。

一个有益的方法是设计更加坚固的建筑物——比如，连接点和渗透点更少、采暖制冷系统在热围护结构之内的建筑。这样的建筑不易产生建造方面的缺陷，漏气、热桥、输送损失等方面的缺陷都会比较少。由外而内进行设计——简化的建筑形体会减少转角和连接点的数量；减少门窗渗透、通风渗透和管线渗透；选用整体牢固的结构层，如结构型保温板，保温型混凝土板以及其他渗透点少、连接点少、热桥可能性低的墙体和屋顶结构。如果容易产生缺陷的部位较少，那么低能耗建筑的性能，就不会过分依赖于建造过程中通过检测发现和纠正各种缺陷。我们也许会想到弹珠在两个不同表面上取得平衡的隐喻。在倒置半球的顶部，弹珠处于危险的平衡状态，任何一点干扰都会使其滚落，除非经过检查并纠正使其处于准确的稳定位置才不会滚落下来；相反，弹珠在半球形碗的底部可以很好地保持平衡。即使存在干扰，弹珠也总是会回到稳定的平衡位置。这就是通过设计获得的稳定性。

可负担性 Affordability

绿色建筑设计所提出的改进措施可以降低建造成本、保持成本不变或增加建造成本。改进措施的成本变化与所处的地理位置、地域性经济条件以及建筑寿命有关。不过这些改进措施可以根据其对总体建造成本的影响进行分组。

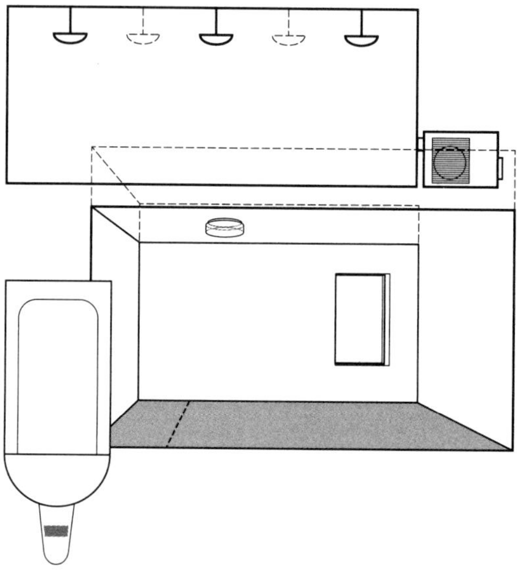

18.08 第一组改进措施：减少成本。

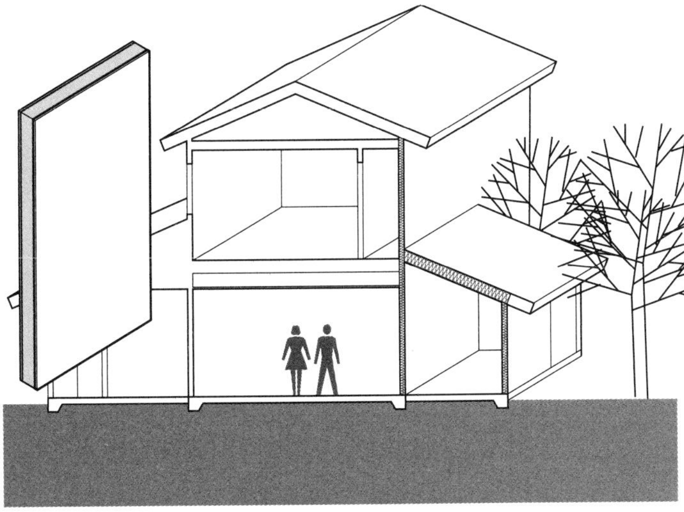

18.09 第二组改进措施：不增加成本。

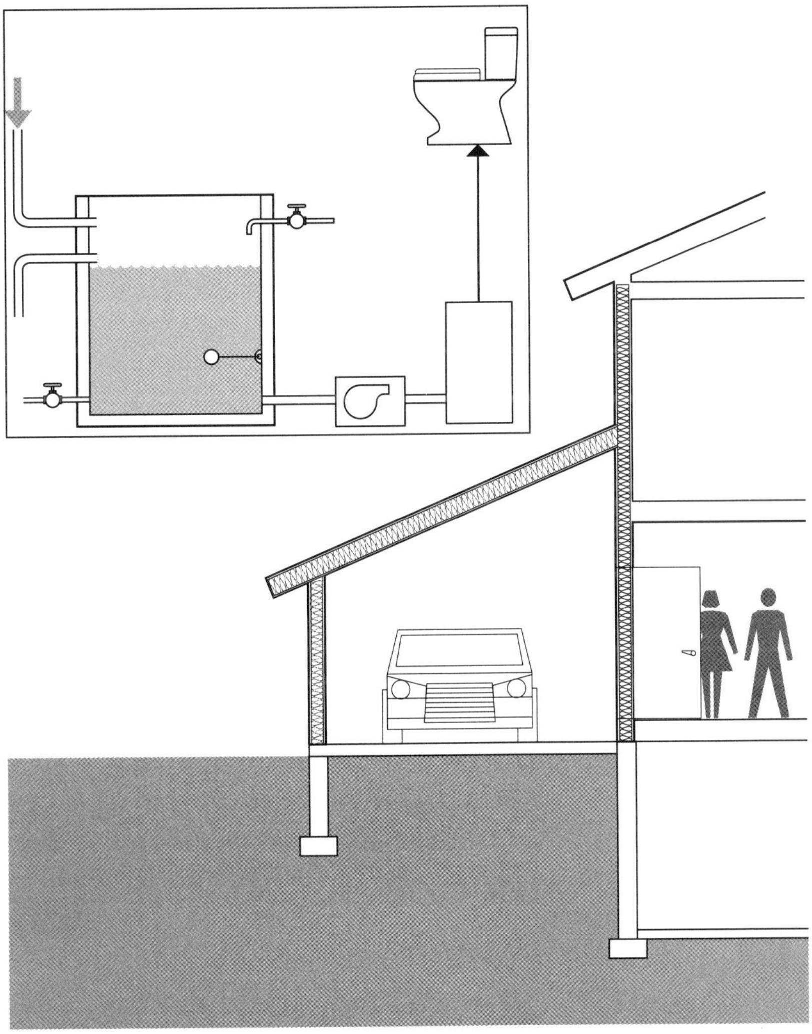

18.10 第三组改进措施：增加成本。

第二组：几乎不增加成本的改进措施。
举例如下：

- 采用预制墙板，如结构型保温板，增加了材料成本，但降低了劳动力成本；
- 利用树木和其他植被遮阳；
- 取消地下室和低矮的设备空间，代之以依附于建筑或者建于室内的储藏空间；
- 将不需要空调的空间设置在建筑周边。

第三组：增加成本的改进措施。
举例如下：

- 添加保温层；
- 增加气密性；
- 高效的采暖和制冷系统；
- 利用断热避免热桥；
- 高效的生活热水系统；
- 使用遮阳篷和挑檐；
- 热回收通风系统或能量回收通风系统；
- 雨水收集；
- 提高能源效率的饰面，如窗户的隔热遮阳；
- 节能灯具；
- 节能照明控制；
- 高效设备；
- 使用可以加强热边界的材料，如非空调空间和采暖空间之间采用保温门；
- 给非空调空间设置双重隔热边界，比如给车库设置保温层，增加外围护结构的气密性；
- 使用热分区；
- 建筑空间进行竖向热分层；
- 可再生能源系统；
- 低排放的材料；
- 采用适当的声学处理；
- 绿化屋顶；
- 运用质量控制确保建筑性能目标得以实现；
- 施工文件符合绿色建筑的规范、标准和指南。

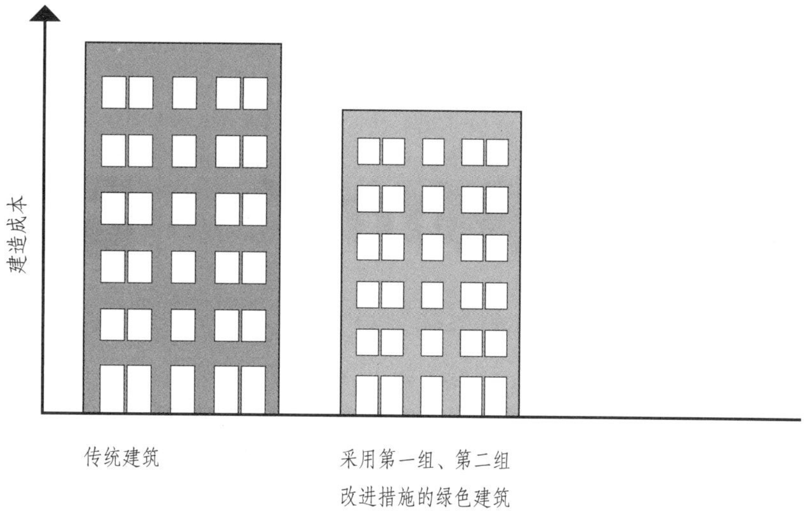

18.11 相比于未采用改进措施的建筑，采用第一组（减少建造成本）和第二组（保持原成本）中改进措施的相同建筑，其建造成本更低，使用的能源和材料更少。

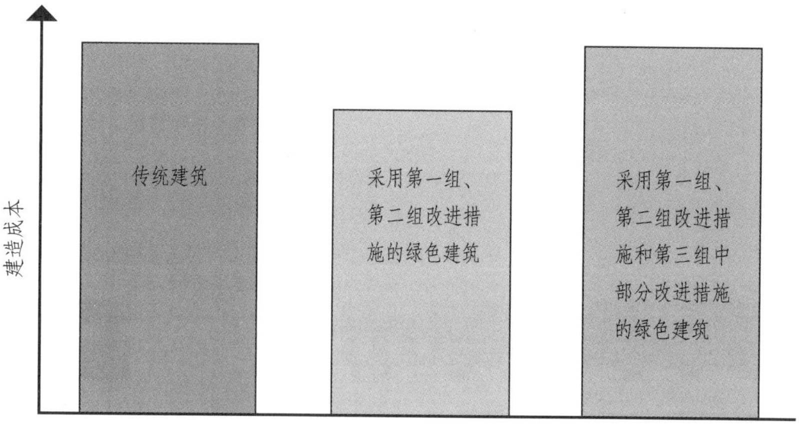

18.12 采用第一组的改进措施所节约的成本，明显可以抵消第三组（增加建造成本）中部分改进措施所增加的成本。

在估算绿色建筑的建造成本时，我们必须诚实对待自己和客户。许多绿色建筑的性能改善措施会增加建设项目的成本。反过来，可以通过绿色设计来实现一些潜在的成本节约。

两种有助于初步表征绿色建筑经济性的观点：

- 如果一个建筑的设计只采用了第一组（降低建造成本）的改进措施和第二组（保持原成本）中的特定措施，这个建筑与没有采用这些改进措施的建筑相比，将付出更少的成本、使用更少的能源和更少的材料。
- 采用第一组的改进措施所节约的成本明显可以抵消第三组（增加建造成本）中部分改进措施所增加的成本。我们可以设想，一栋建筑的成本与一栋传统设计的建筑相当，但是实际建造时使用了更少的能源和更少的材料。

另外，如果绿色建筑的成本超过了传统建筑，可以根据未来建筑运行中节省的成本（主要是节能省下的费用）来证明部分或全部的增量建设成本是合理的。这一分析将在第19章“绿色设计与建造的质量”中讨论。

权衡建设成本和能耗

Construction Cost and Energy Trade-Offs

以建筑主要构成要素的面积为基础，建筑可以分解为墙体面积、窗户面积、屋顶面积和各层建筑面积等，分解估算建设成本有很多好处。这是因为，建筑能耗的主要组成部分都与上述各部分的面积成正比，因此我们可以通过分解建筑成本来评估与权衡年能耗（以及年度能源成本）和建造成本的关系。例如，照明的建设成本和照明能耗都与各层建筑面积成正比，渗透和通风也与各层建筑面积密切相关。保温层和复合外墙构件是建造成本的主要组成部分，因为通过墙体会失热和得热。单位面积窗户的建造成本通常与单位面积墙体的建造成本差很多，因为通过窗户的得热和失热与墙体完全不同。屋顶也是如此。

供暖和制冷系统的成本及能耗与大部分主要建筑构件有关，但是如果我们按照建筑构成要素单独分析各部分的得热/失热，则供暖和制冷系统的成本和能耗就能很好地细分出来，供暖和制冷的成本或能耗反映的只是各项的总和。了解哪些构成要素得热/失热更多，可以帮助我们将注意力集中在特定部分的节能改造上，这将最有效地减少供暖/制冷系统的规模和成本。应该注意的是，有些能耗与各部分面积都无关，例如大多数的水加热系统和许多插座及过程负载。另外，有些建筑成本与能耗无关，例如内部隔断的成本。

通过分解建筑主要构成要素的建设成本和能耗，我们可以逐一比较各要素在成本和能耗中的所占比例，并利用这种分析结果，在设计阶段缩减特定部分的建设成本和能耗。我们还可以通过这种方式进行综合的权衡取舍，例如为了平衡成本和节能，需要增加保温层还是指定更高效的供热/制冷系统。我们可以将各项分解的结果加起来，估算总建设成本和总建筑能耗，然后使用第15章和第16章中的方法，评估所需的可再生能源及其自身的建筑成本。

这种方法——按主要建筑要素分解建筑成本和能耗——可以更准确地捕捉和优化建筑成本和能源使用，而不是依赖更简化的“单位建筑面积”进行估计，后者忽略了墙体面积、屋顶面积、窗户面积和地板面积之间的权衡。

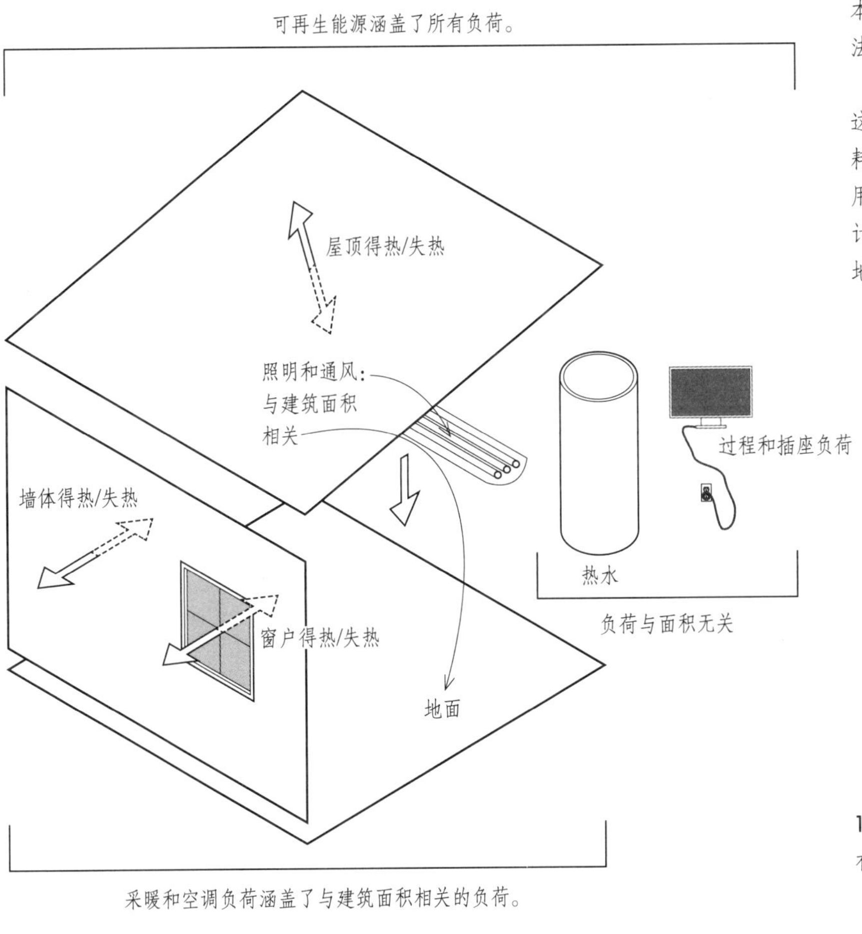

18.13 建筑成本和各种能源负荷与建筑的不同区域和构件有关。

生命周期成本分析 Life Cycle Costing Analysis

生命周期成本核算（LCC，也称“生命周期成本分析”（LCCA，Life Cycle Costing Analysis））是一个视角，它让我们用统一的标准检视建设成本和运营成本，比如运行中的能源成本。通过使用生命周期成本核算，可以识别未来运营成本节省的现值（PV，present value），按照“同类比较”（apples-to-apples）的原则，将前期增加的成本与未来运行中节约的成本进行比较。这是对建筑成本的整体看法，有助于防止错误决策，例如在设计或施工期间削减成本，未来却不得不为此支付更高的运营成本。

生命周期成本分析（LCCA）还有其他实际意义，例如，以财务报表的形式证明，用更高的抵押贷款来支付节能和/或可再生能源的费用是合理的，因为预期的运营成本明显降低。支付稍高的抵押贷款可以被未来能耗及运营成本的节省量抵消，从而在建筑的整个生命周期内产生正现金流。

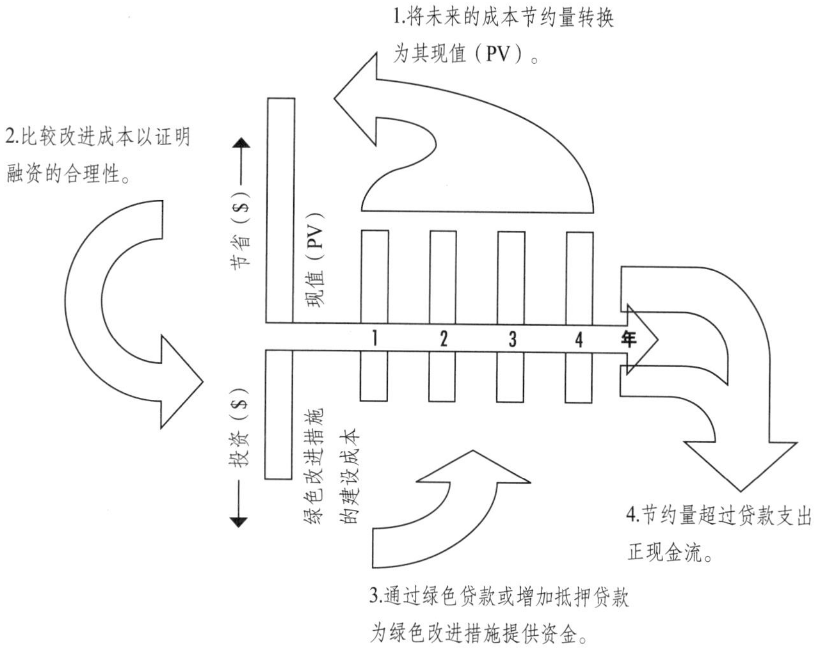

18.14 生命周期成本分析：利用未来节省量的现值支持绿色改善融资并提供正现金流。

生命周期成本核算的关键是将未来运营成本节省量从其未来价值（FV，future value）转换为现值（PV）。这是按如下公式完成的：

$PV=FV/(1+i)^n$
其中，i是贴现率，n是未来的年数。

贴现率，有时被称为“货币价值”（the value of money），或许最好理解为投资可以赚取的利率，即将钱投资于其他领域，进行竞争性投资可以赚取的利率，不过这里的投资是绿色建筑的节能或可再生能源领域。贴现率不应与通货膨胀率相混淆。通货膨胀可以纳入分析，尽管它通常对结果的影响为零，因为它既适用于未来储蓄，也适用于贴现率。

我们将未来储蓄流的现值相加，得到净现值（NPV，net present value）。例如，新建筑中的节能灯预计将额外花费800美元的建设成本，而在灯的3年预期使用寿命期间，每年可节省500美元的电费。我们计算未来500美元/年节省的净现值如下：

未来价值（FV）	**贴现率**（i）	**年**（t）	**现值PV**（源自上面的公式）
$500	3%	1	$485
$500	3%	2	$471
$500	3%	3	$457
净现值:			$1 413

我们将节省的1 413美元的净现值与800美元的前期附加成本进行比较，发现该投资的生命周期成本为1 413美元–800美元=613美元。这意味着这是一项值得做的投资。请参见图18.14。

以生命周期为基础，某些绿色改善措施可能更有经济吸引力，而另一些则不那么有吸引力，生命周期成本核算强化了这种差别。例如，年能源成本节约较少但预期使用寿命较长的节能改进措施，如保温层，可能比年节约成本较高但预期使用寿命较短的其他改进措施，如高效照明，更具吸引力。

以这种方式，生命周期成本核算分析可用于检视和比较建筑各项改进措施的潜在效果，也可作为一个视角，检验所有改进措施组合起来用于一栋拟建建筑的效果。节能改进本身可能是一项糟糕的投资，但可以与高绩效能源投资相结合，提供一揽子改进措施，产生实实在在的节能效果以及合理的整体财务收益。

生命周期成本核算分析既适用于新建筑，也适用于既有建筑改造。生命周期成本核算分析清楚地表明，绿色投资对于新建筑比既有建筑在经济方面更具吸引力。这是因为，对于新建筑而言，增加的投资仅包含对不够绿色的方案进行替代改进的增量（增加）成本。例如，对于一栋新建筑，高效供暖系统的增量成本仅体现为高效系统和低效系统之间的成本差异，因为二者都没有安装，事实上必须安装二者之中的一个。然而，对于既有建筑，安装高效供暖系统的成本包含了新系统的全部成本、新系统的安装成本以及拆除既有低效系统的成本。新建筑比既有建筑更容易实现绿色，其投入也更经济。因此，生命周期成本核算分析对于新建筑来说尤为重要。请参见图18.15。

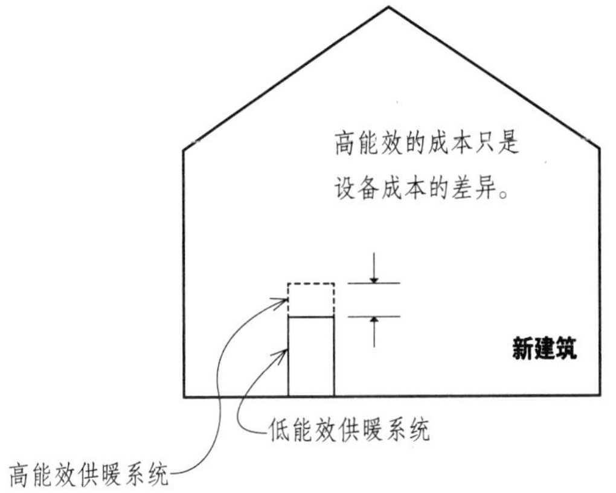

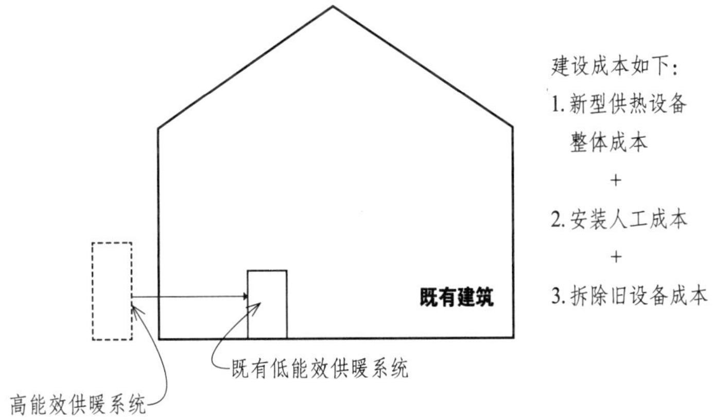

18.15 新建筑的绿色改善措施建设成本远低于既有建筑改造。

生命周期成本核算分析并不困难，可以简单地作为能耗模拟报告的附加产品。这些内容值得深入了解并用于建筑设计，因为它们将影响数十年间的建筑运营成本和环境影响。

生命周期成本核算的一些用途包括：

1. 比较不同的节能改进措施，以选择更具经济吸引力的措施；
2. 评估一组不同节能改进措施的整体财政绩效，综合考虑取舍；
3. 证明节能投资的合理性；
4. 有资格获得能源贷款或更高的抵押贷款以支付节能改进的成本；
5. 有资格获得需要满足生命周期成本核算绩效标准的政府或公用事业计划的激励措施，例如正现金流或正的净现值。

生命周期成本核算不仅可以用于能耗成本和投资分析，还可用于其他绿色投资及收益分析，例如在饰面中减少使用挥发性有机化学品以及更加健康的建筑对工作效率的有关好处等，这些已有相关研究成果。其他好处还有可以降低维护成本，这已在许多绿色系统中得到证明，例如LED照明和地源热泵。

在进行生命周期成本核算分析时，我们通常会检查属于第三组的改进措施，详见本章前面的分组——换句话说，是指那些会增加建设成本的改进措施。我们通常也会首先减去任何政府或公用事业激励措施带来的好处。另外，我们可能会选择将第一组和第二组改进措施的优势集中在建筑整体的生命周期成本核算分析中。

生命周期成本核算历来指导了许多节能改进措施，因为这些改进措施的财务绩效被视为价值判断的关键。近年来，我们不仅将节能改进视为金融投资，还对社会效益感兴趣，例如减少碳排放、健康效益等。但生命周期成本核算仍然是帮助比较此类投资，并为其提供额外财务支持的基础工具。

建筑师可能会选择自己完成生命周期成本核算分析，但更多情况下这种分析是由能源顾问完成的。在这种情况下，建筑师可能会询问能源顾问的问题有以下几个：

- 是否进行了生命周期成本分析？如果不是，请将生命周期成本核算分析结果添加到能耗模拟分析的结果输出中。
- 节能改进和可再生能源预计增加的建设成本是多少？
- 预计每年节省多少用能成本？
- 用能成本节约的净现值是多少？
- 节能的净现值是否超过增加的建筑成本？
- 使用了哪些推测来估计未来每年的用能成本节约量、贴现率、预期使用寿命等？
- 如果将额外的建筑成本加到抵押贷款（或其他贷款）中，每年节省的用能成本是否大于偿还贷款的成本加利息？换句话说，节能改进投资的现金流是否为正？
- 是否有地方/州/联邦拨款或税收减免、公用事业或其他激励措施来抵消任何节能投资的额外成本？

上述许多问题都可以针对独立的绿色改进措施（尤其是节能改进措施）以及所有改进措施的综合影响进行询问。

第19章

绿色设计与建造的质量

Quality in Green Design and Construction

所有建筑物在设计和施工过程中都可能出现质量不合格的情况。然而，绿色建筑还会因为人们追求绿色特征而出现一些弱点。质量不合格的指标包括耗能很高、随意使用含有超标化学成分的饰面层从而导致有害气体释放，以及渗水导致室内湿度过大和发霉现象。

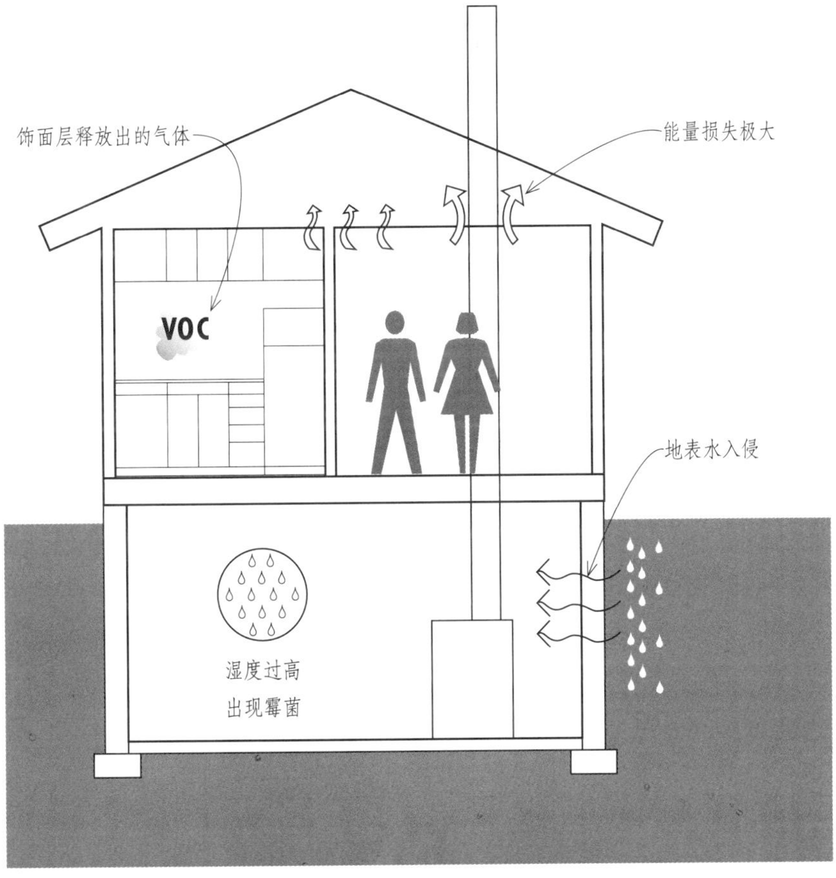

19.01 建筑质量不合格的指标。

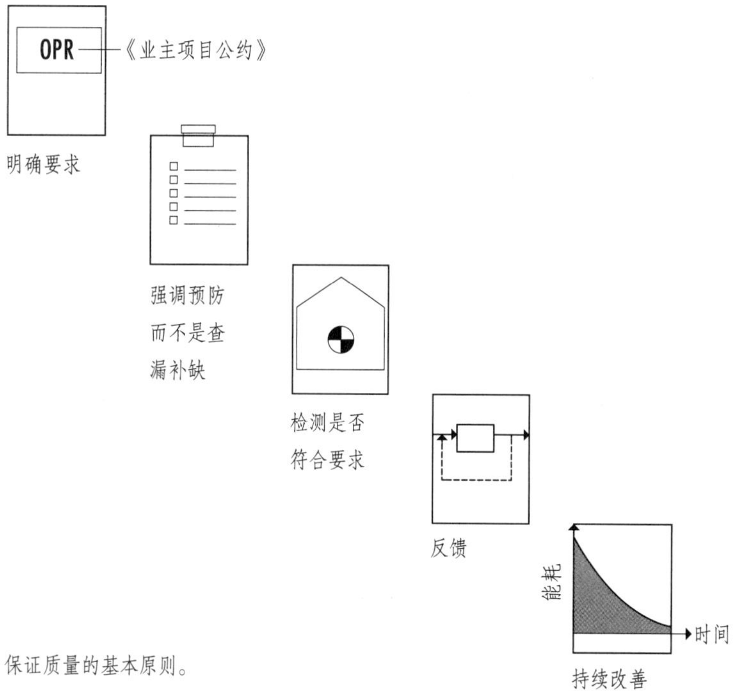

19.02 保证质量的基本原则。

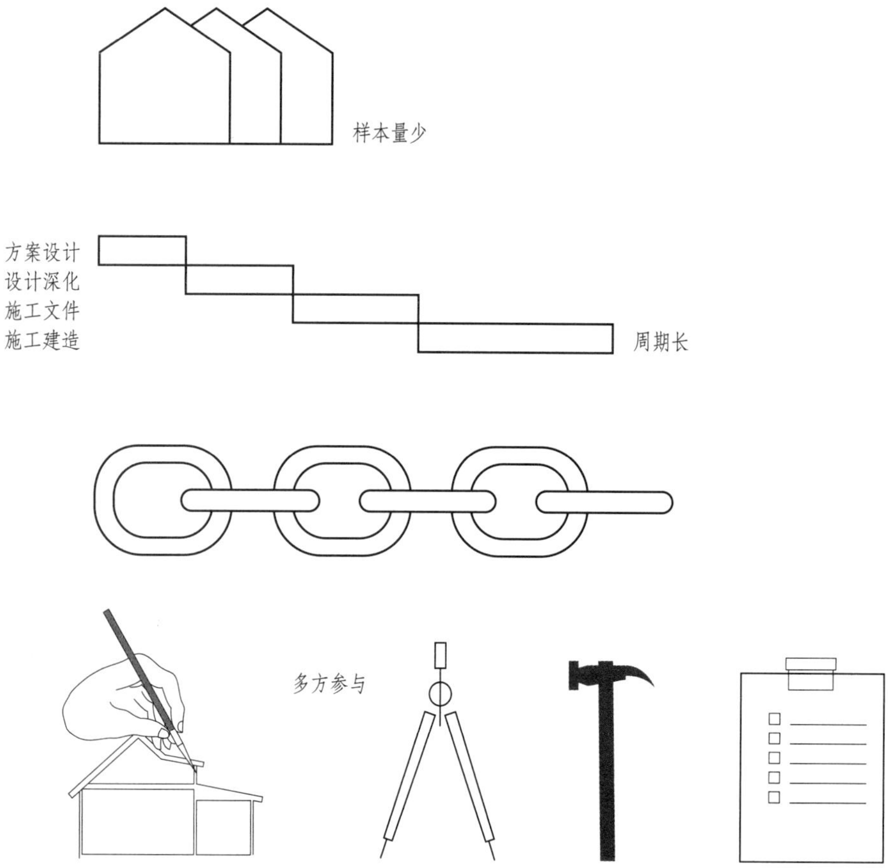

19.03 设计和建造中的障碍。

绿色建筑比传统建筑更容易出现某些问题。例如，假定建筑的总体空气渗透率设计值为每小时换气率0.1 ACH（ACH，air change per hour），如果出现0.1 ACH的漏气故障，其空气渗透量就会增加100%。这可能导致采暖系统制热量不足，建筑内部过冷。相同的漏气故障对一栋设计值为0.5 ACH的传统建筑的影响只有20%，可能完全感觉不到建筑过冷。同样地，如果一个污染源，比如VOC含量很高的地毯，被不经意间安装在绿色建筑中，那么室内污染物的浓度就会高于通风过度或渗透性高的传统建筑。

因此，绿色建筑对质量控制的要求更高。

在过去的几十年里，质量研究取得了重要进展。质量控制的基本原则包括：

- 确定需求；
- 防止缺陷，而不是依赖于查漏补缺；
- 测量是否符合要求；
- 反馈；
- 持续改进。

设计和施工中存在很多障碍。不像其他企业（如大规模生产制造企业），建筑通常是一次只建一栋，每栋建筑的样本量少并且建造周期长。这些因素阻碍了持续改善所必需的测量和反馈。建筑设计和建造过程中有多方参与，其中任何一方都可能成为薄弱环节，因而使大家为建筑质量所做的努力大打折扣。

克服这些问题的方法包括通过使用可靠的建筑要素来保证设计质量、在设计和建造过程中采用多种方法控制质量。这些措施包括明确需求、检测、运行调试、测试和验证及监测。

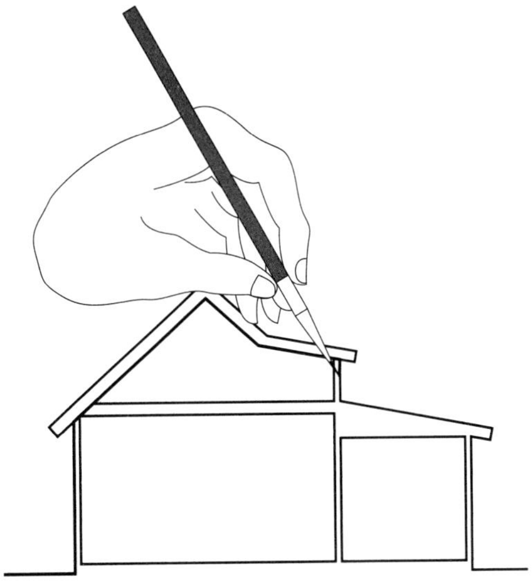

19.04 设计质量与建筑融为一体。

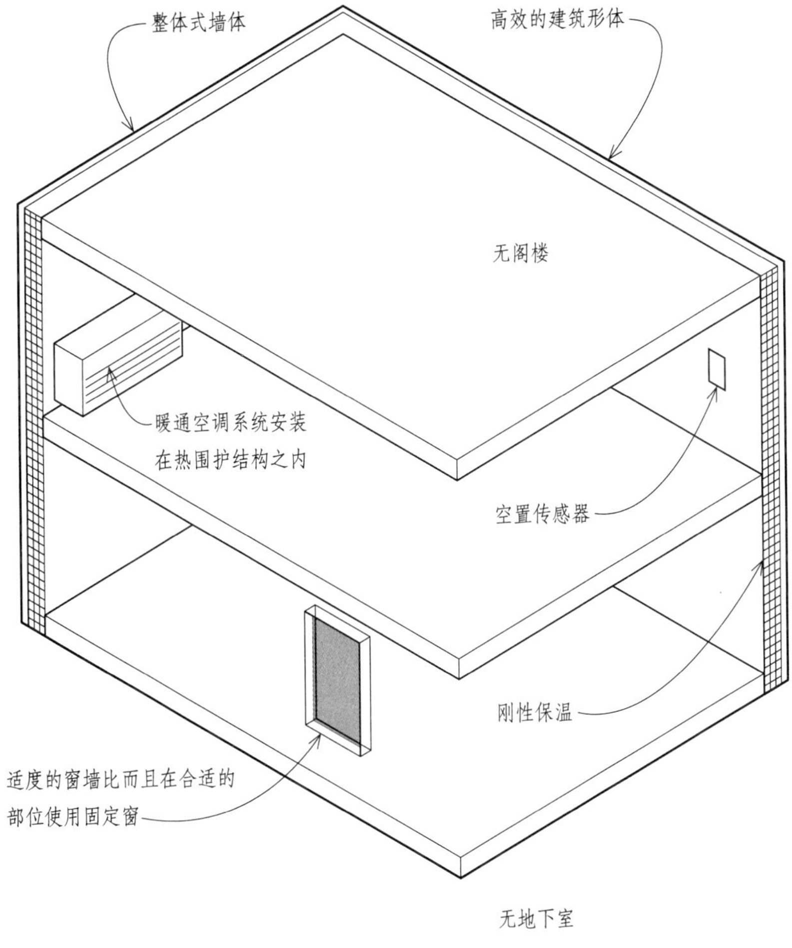

19.05 高质量设计的案例。

高质量设计 Designed-In Quality

为了最大限度地减少出现问题的风险，特别是在诸如低能耗这样的绿色性能方面，一个有效的方法是将设计质量与建筑本身融为一体。在传统的质量方法体系中，这种方法被称为“缺陷预防”（defect prevention），与通过检查发现问题的缺陷检测形成对照。高质量的设计并没有降低检查的要求，但它可以减少失败的风险。

高质量的绿色建筑设计方法很多。例如，用保温型混凝土板（ICF）、结构型保温板（SIP）等类似材料构建的整体式墙体，渗透点少、更加坚固，相比于框架式、现场建造的墙体，出现问题的可能性更小。相比于保温棉或松散的保温材料，刚性保温板、致密的纤维保温材料以及泡沫保温材料不易变形、不易出现保温空隙。如果一扇可开启的窗户没有特殊的通风要求，那么用固定窗取而代之会减少出现问题的可能性，特别是在防止空气泄漏方面。将制冷和制热系统完全置于热围护结构之内，就不大需要检测输配系统的泄漏和热损失了，而且不再依赖于设备系统解决保温层、气密性等问题造成的热损失。最近在加利福尼亚州，一项关于非住宅建筑中密封管道是否符合能源规范的研究发现，不合格率为100%。换句话说，该项研究中没有任何一栋建筑能够符合规范要求。与其费尽心思提高能源规范的合格率，我们不如简单地将输配系统置于空调空间中，从而保证能源系统耗能与规范的一致性。

某些高质量设计的改进效果是微妙的。比如，传统的占用传感器在感应到短暂通过时，通常会不必要地开灯，而空置传感器或手动传感器的节能效果则更可靠。

建筑设计较少依赖于设备效率，相反更加依赖于建筑本身的效率，比如建筑形体、热阻、适度的窗墙比等，也许更能长久地保持高效。

设计和施工过程中的质量控制方法

Approaches to Quality in Design and Construction

高质量设计的目的是防止建筑施工和运行中的缺陷，除此之外，一系列质量工具可以引入绿色建筑的设计和施工，以检测和消除隐患。质量控制方法需要整个团队对质量做出承诺，并采用质量语言——定义要求、遵从要求、测试、反馈和持续改进保持一致。

施工文件本身就是一个出色的载体，明确了各项要求。然而在施工文件的所有细节中，通常不记录建筑设计的意图。最近几年，委托设计文件已开始提供此项功能，记录业主的意图和目标、性能要求以及其他绿色建筑的要求（如符合特定的绿色认证程序、目标能源使用、最大空气渗透量或明确的热舒适范围等）是很重要的。

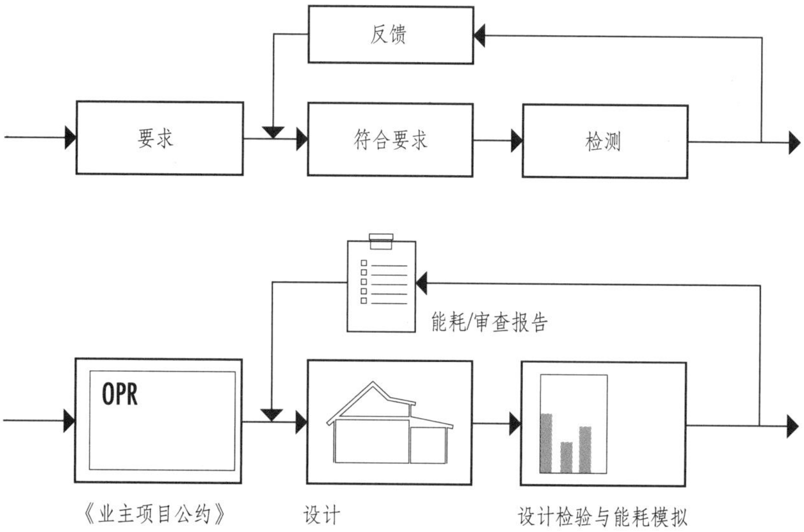

19.06 应用于设计的质量语言。

设计中的质量控制 Quality in Design

像LEED这样的绿色建筑认证的一个好处，是要求文件和档案作为一种内在质量的控制手段。为了证明采暖系统没有超标，就需要检查采暖系统的尺寸。为了证明建筑符合某个标准，如《ASHRAE 62通风标准》，那么就需要检查通风系统。这是质量控制的价值所在，完全超越了单纯获得认证分数。

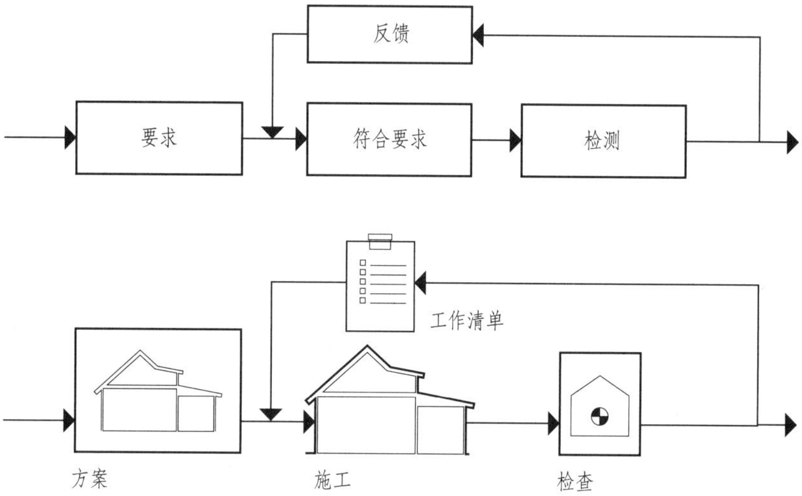

19.07 应用于施工的质量语言。

施工中的质量控制 Quality in Construction

对提交的文件进行审查，长期以来一直作为宝贵的最佳实践来确保施工质量。对提交材料的审查是判定施工文件是否符合要求的一种形式，并且用来确定劣质产品的替代品，如绿色建筑项目中的低效或污染的产品。审查材料这项工作，在大型商业和大型机构的建设项目中是常见的，但对于那些通常不需审查的项目如住宅、小型商业和许多私营部门的项目，也是有利的。

施工质量的控制通过各种最佳实践得以延续，包括施工前的质量控制和项目会议，这样可以发现并解决各种缺陷。

为了避免外围护结构在节能方面出现问题，需要注意检查以下几方面的问题，将其首字母连在一起就是VITAL：空隙（voids）、保温层*R*值（insulation *R*-value）、热桥（thermal bridging）和空气泄漏（air leakage）。空隙是保温材料遗漏或安装了保温材料却无法达成预期功能的地方。在检查保温材料*R*值的时候，我们要问：安装的保温材料是设计指定的吗？*R*值通常就印在保温材料上。在检查热桥时应查看它是否绝缘，或者是否已在符合能源规范的情况下，通过热围护结构其他地方的节能量予以抵消。热桥还存在冷凝风险，这是进行绝缘保护和检查的另一个原因。

最好通过鼓风机测试来检查漏气，规范已经越来越多地要求独立住宅进行这种测试，而且在大型建筑中也越来越普遍。单个大型鼓风门可处理高达50 000平方英尺（4 645平方米）的建筑空间，多个机组可用于更大规模的建筑物。鼓风门测试不仅可以量化整体漏气率，还可以识别漏气部位，以便将其密封。为此，必须在施工期间进行鼓风门测试，而不是仅在施工结束时进行，因为施工结束时的诊断和密封都变得更加困难。如果室内外空气温差至少为18 ℉（10 ℃），也可以通过红外成像识别空隙、保温层、热桥和漏气。检查围护结构细节的示例如图19.08所示。

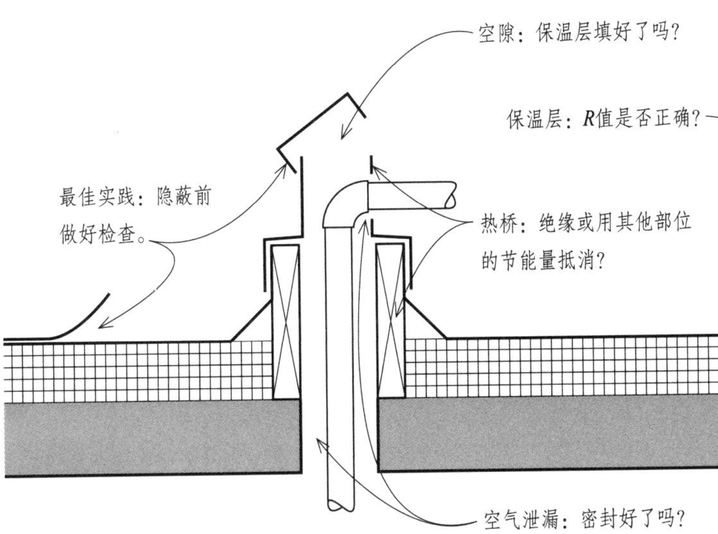

19.08 外围护结构检查。VITAL是由Voids（空隙）、Insulation *R*-value（保温层*R*值）、Thermal bridging（热桥）、Air Leakage（空气泄漏）的大写首字母组成的。

检查热桥 Inspecting for Thermal Bridging

热桥对检查提出了独特的挑战。规范和标准中对热桥的规定有时并不明确。连续保温层（CI）在规范和标准中通常是被鼓励的，在某些情况下是必需的，连续保温层的含义对于墙体和屋顶等大面积的表面通常是很明确的。结构构件，如木材或金属龙骨，必须被保温材料覆盖。然而，对于必须穿透保温层的结构部件，如何抵消热桥的相关要求却不太明确。当我们从平坦的墙面和屋顶转向复杂的细节时，连续保温层的要求也可能不够明确，比如屋顶与墙体的交会处、墙体与地基的交会处、墙体与地板的交会处、墙体与墙体的交会处（拐角处）、墙体与门窗的交会处，以及非标准区域，例如矮墙等。

法规和标准通常没有禁止热桥，而是含蓄地或明确地要求考虑热桥并通过热围护结构中其他地方的节能量来补偿热桥处的能量损失。然而，这些损失的计算很复杂，甚至需要高级传热模拟。这一步通常根本没有做，并且在设计和检查中被遗漏，从而导致很高的能量损失和冷凝风险。在所有规范和标准中，被动房标准对热桥的规定最清晰，明确要求识别热桥并在计算中考虑，在可能引起难以接受的冷凝风险时热桥被明令禁止，并要求检查者直接关注该区域。

在法规和标准不明确的情况下，专业设计人员应通过清晰的设计细节来尽量减少热桥。外围护结构的检测员，无论是当地建筑检测员还是从事绿色标准合规检查工作的第三方，都应在施工前仔细审查施工文件，注意这些细节。

其他最佳实践如下：

- 在施工文件中，要求承包商在保温层施工完成后，在覆盖保温层之前通知检测人员，允许“开墙检查”（open-wall inspection）。关于通知的要求应不仅限于总承包商在墙体和屋顶保温层完成时必须通知检测人员，还应包括机械承包商和其他专业人员在完成了管路穿透屋顶并做好了保温层施工，在保温层被覆盖之前也应通知检测人员。“穿透部位”（open-penetration）的检查目的是查验热桥及其应对措施，检查是否如图纸上规定的那样。图19.09是机械设备穿透平屋顶的示例。
- 针对多次开墙和开放式渗透检查的计划和预算。所有表面和细节同时完整和开放以供检查是不同寻常的。
- 要求能耗模拟来解释热桥以及抵消热桥的绝缘措施。

分体式空气源热泵出现了一种新的穿透屋顶的细节，这在绿色建筑中很常见。这些热泵的室外机通常位于平屋顶上，并通过制冷剂管道连接到室内机。根据规范，这些管道通常不能直接穿过平屋顶。为了满足这一要求，如果没有可以让管道穿过屋顶墙体的顶层阁楼，则使用小型的安装在屋顶上的围护结构，管道可以水平进入这个小型的围护结构，然后转弯向下，垂直进入建筑内部。这个小型的围护结构既是潜在的空隙（缺少保温层），也是容易产生热桥的位置，因此应该着重检查。见图19.09。

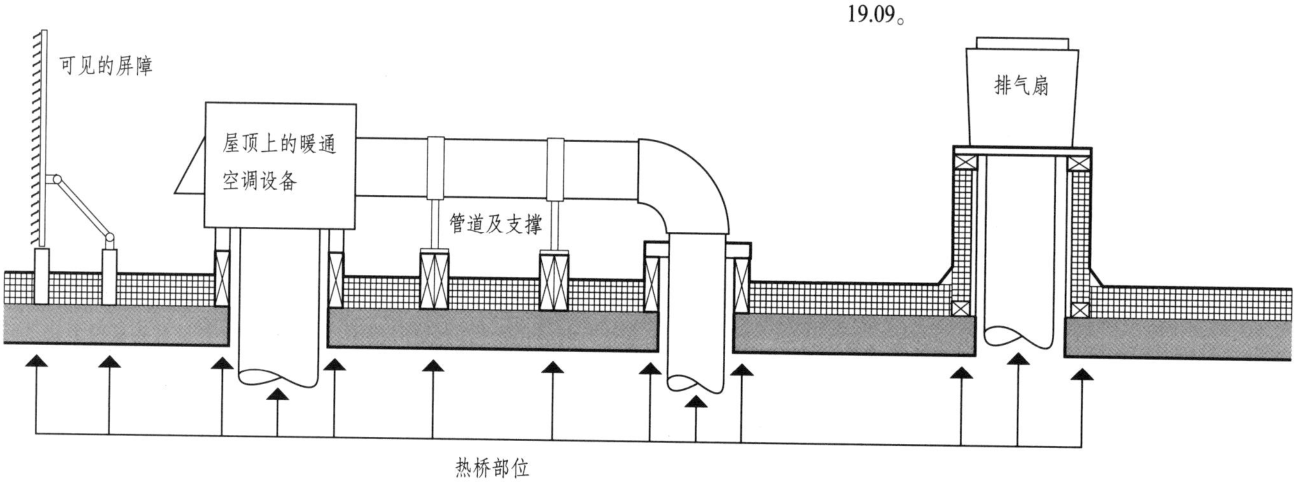

19.09 平屋顶上的热桥。

就像听起来那么简单，在检查中一项重要的任务是拒绝粗制滥造，粗制滥造在细心的检查中很容易被发现。现场检查的实际操作包括：

- 为检验提供足够的时间；
- 准备一套施工文件；
- 检测的时机很重要，比如保温和气密性等绿色性能的检测，应该在其被封于墙内或其他不可检测的位置之前进行检测；
- 做好笔记并拍照，及时发布检测结果。

检查气密性细节的时间节点很重要。这意味着在安装装饰线脚前先检查门窗，在密封前检查墙洞，并检查建筑中所有的渗透点。

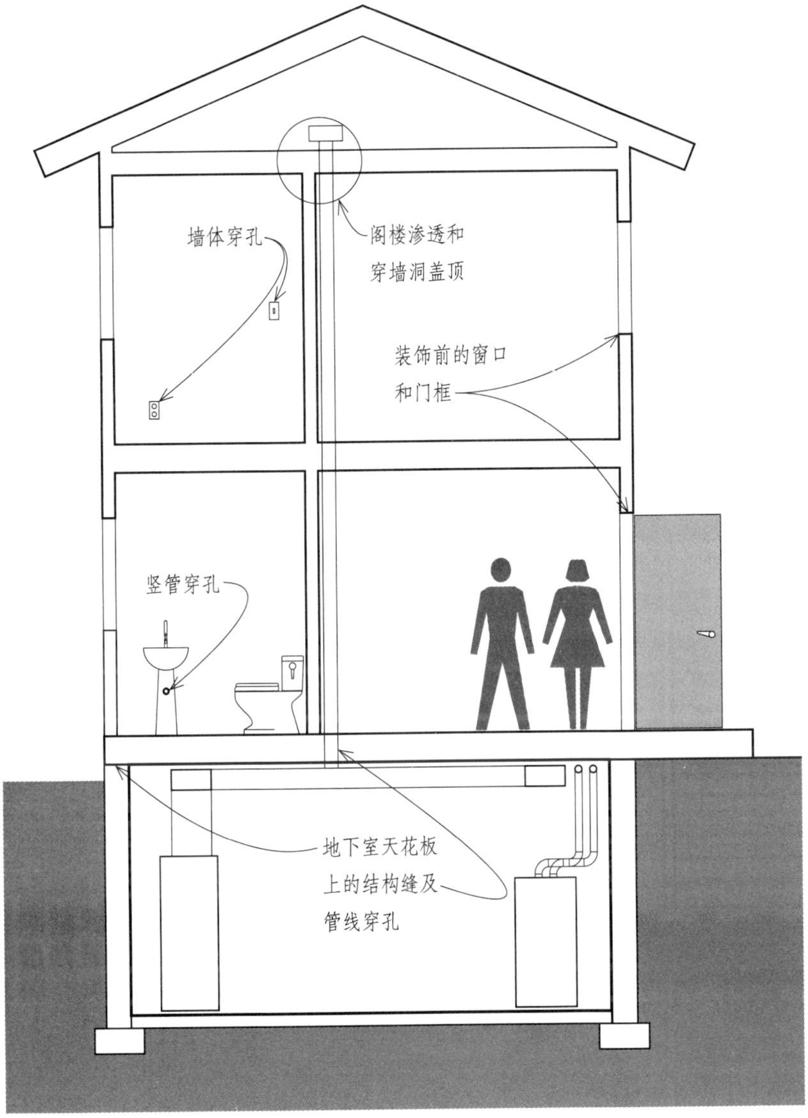

19.10 检查气密性细节的时间节点。

能耗模拟 Energy Modeling

在绿色建筑设计中，质量控制的基础是能耗模拟。能耗模型有助于建筑业主和设计专业人员做出优秀的能源决策。

建筑能耗模型可用于几个不同的目的，包括：改善评估；符合能耗规范；自愿遵守标准或评级；公共设施账单和运行成本预测；税收优惠文件；符合国家或公用事业计划的激励规定。一些模型也可以作为采暖和制冷系统设计的依据。模型的高级用途包括采暖、制冷和照明系统控制序列的改进与优化。

有效的建筑能耗模拟的关键是决策之前进行模拟。如果在决定了建筑物的形体之后再进行能耗模拟，那么模拟结果将不会影响建筑物的形体。如果在效果图或立面完成后进行能耗模拟，那么模拟结果将不会影响窗墙比。如果在选择采暖和制冷系统后进行能耗模拟，模拟结果将不会影响采暖和制冷系统的效率。

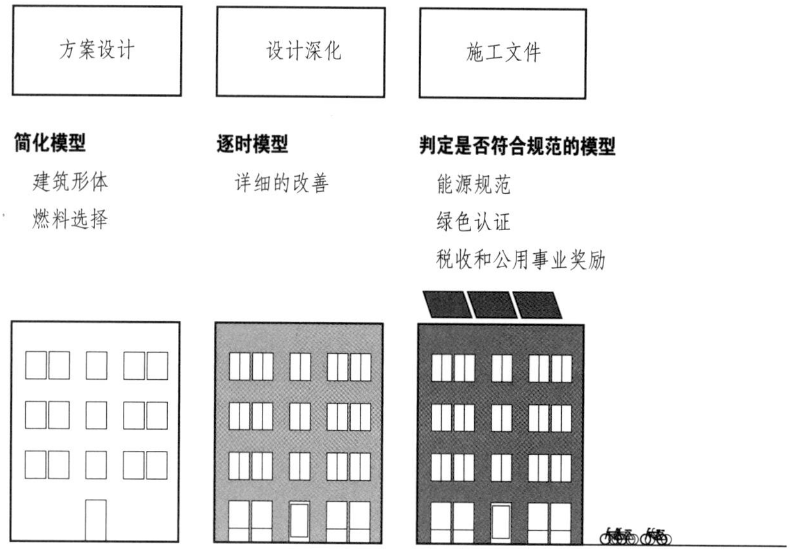

19.11 能耗模型的类型。

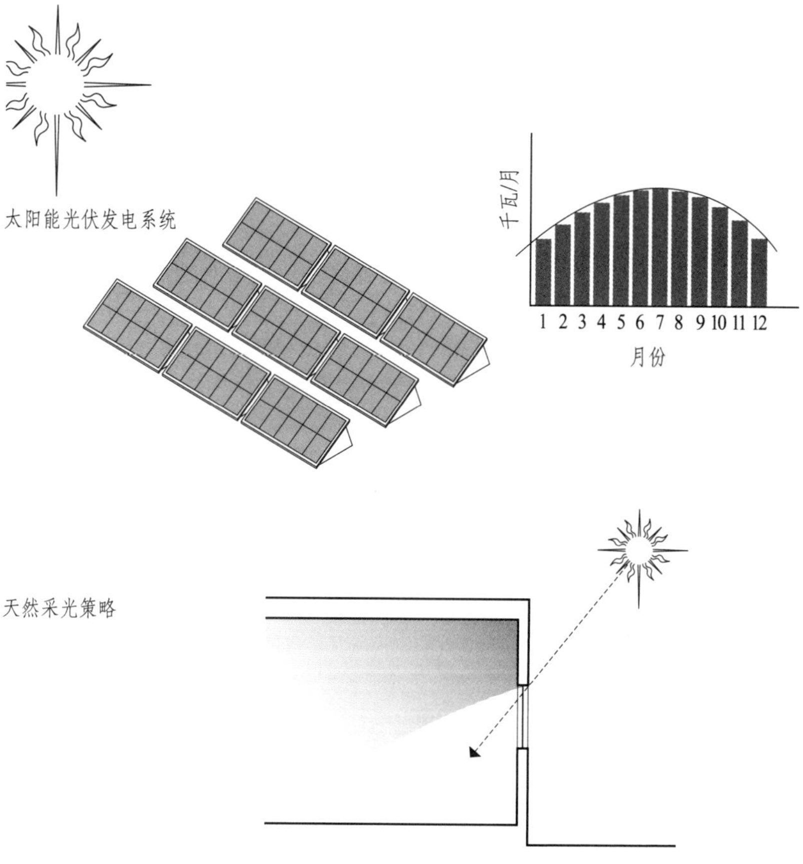

19.12 专业能耗模型。

根据能耗模拟的不同目的，可以建立不同的模型，不过用同一个模型满足所有目的的想法很有吸引力。项目是否符合能源规范需要可通过最终的建筑模型以及能源系统模型来判定。按照定义，通过最终的建筑模型来判定其性能的做法与项目进程中评估和改进建筑性能的要求是相悖的，项目进程中的评估和改进需要在所有措施尚未最终确定的状态下进行，此时所有的选项都是开放的。

能耗模拟的有效序列大致包括：

- 通过简化的模型来检视建筑的形体、天花板的高度、窗墙比、采暖和制冷系统的初步设计或者燃料的选择。创建这个模型通常需要2~4小时。
- 整个建筑的逐时模拟。称之为“逐时模型”（hourly model），是因为模型通过检测一年中每个小时建筑物对室外温度和太阳角度改变所做出的反应，模拟了一栋建筑全年的能耗。逐时模拟用来评估各种改善：热分区情况；包括减少热桥在内的保温设计；使用非采暖空间；高效照明设计；评价采暖和制冷设备以及输配系统；生活热水系统的设计；指定控件；通风系统的设计。创建这个模型通常需要40~80小时，当然对于住宅类的小型建筑，建模时间会缩短；对于大型建筑或非常规的综合体建筑，建模时间会更长。
- 判断是否符合规范的模拟。在这里，同样的全建筑逐时模型会根据最终选定的措施和建筑参数加以调整，目的是检验最终确定的设计是否能够满足规范和标准，给出费用清单，完成申请国家及公用事业奖励的相关文件。创建这类模型的工作量因建筑类型和特定任务的要求而异。这类模型也许对逐时建筑模型稍加改编即可，也许要对原模型改变很多并重新运算。

专业能耗模型和数据表提供了先进的系统和方法，如太阳能光伏发电系统、天然采光和热电联供（CHP）。

有趣的是，大部分的能耗模型只能对增加到建筑上的措施做出反应。大多数模型允许进行参数分析，换句话说，当某一参数发生改变时，如增加建筑墙体的热阻值或提高建筑窗户的传热系数，模型能够检测到参数变化后的结果。然而，针对简化建筑形体的参数变化，模型往往不能轻易地给出评估结果或报告。这类参数变化可能包括减小建筑面积、降低层高及天花板的高度、简化建筑形体、在不需要的空间中去掉采暖、减小窗户的尺寸或减少窗户的数量。虽然这些简化建筑的改进措施通常可以间接地在能耗模型中进行调整，但是这些改变远不如增加到建筑上的措施来得容易。因此，即使在能耗模型中，评估建筑能耗改善的方法仍然聚焦于增加到建筑上的措施，而不是从建筑中减去的措施。这或许可以将雕塑家的比喻运用到建筑节能设计上，雕塑家们最好的作品是需要把材料从雕塑中去掉的，而不只是给作品添加材料。

为了避免由于能耗模型本身的错误导致采用了不理想甚至浪费能源的系统，能耗模型本身的质量控制是必需的。质量控制包括建模者对模型的自查、主管审核及第三方的程序审查。审查应包括将输入参数与建筑图纸进行比对、模型输出结果与此类建筑基准值进行比较。

对于商业建筑设计，软件程序应符合《ASHRAE 90》附录G的要求，这是符合大多数规范和标准的文件。对于居住建筑，住宅能源服务网（RESNET）发布的家庭能源评级系统（HERS）是规范文件的重要参考依据。

环境目标

[ ]“建筑2030”认证

[ ] LEED

[ ] 认证级 [ ] 银级 [ ] 金级 [ ] 铂金级

[ ] 能源之星

[ ] HERS _____ 目标

[ ] 被动屋

[ ] 其他：_____

能耗目标

[ ] 能耗规范

[ ] 低于规范：_____%

[ ] 净零能耗

依据 [ ] 场地

[ ] 资源

[ ] 碳

[ ] 化石燃料

19.13 绿色建筑的环境目标和能耗目标。

调试 Commissioning

调试最初被定义为施工检测的一种形式，旨在确保机械系统和照明系统能够按照预期运行。近年来的定义更加宽泛，调试可以作为控制整个绿色建筑项目质量的工具，包括项目要求的规定和文件，围护结构检测及其他非机械/照明系统的检测，提供反馈的测量方法，在此基础上建筑运行持续改善。

调试通常由独立的调试部门执行，通常直接为业主工作，与设计方和建造方保持一定的距离。“调试部门”（commissioning provider）也被称为“调试代理”（commissioning agent）或“调试机构”（commissioning authority）。对独立的设计团队或独立的承包商而言，“调试部门”的含义和称谓会有所不同。在本书中，我们使用的是一般性称谓，即调试部门。

《业主项目公约》 Owner's Project Requirements

调试始于一份叫作《业主项目公约》的文件，文件阐述了业主的目标，包括建设的主要目的、相关史料、未来需求、项目预算、预期运行预算、建设计划、预期建筑寿命、所有空间的预期功能、材料质量、声学要求、项目交付方法以及基于环境目标的培训要求。项目交付方法包括设计—招标—建造、设计—建造，或者其他形式；预先设定的环境目标要体现在培训要求中，包括建筑2030认证或LEED认证、特定能源利用指标或净零能耗的能源效率、碳排放、热舒适性、专业照明、业主评估绿色选项的优先权，如最低碳排放量或最低生命周期成本。业主做出的关键性决定之一是是否允许在建筑物内吸烟，当然前提是法律允许在建筑物内吸烟。如果允许吸烟的话，需要明确在建筑物内哪些区域或建筑物周边哪些区域可以吸烟，并且如何保证实施，例如设置标识或通过租约控制等。绿色建筑最好成为禁止吸烟的典范，无论是室内还是周边场地。

19.14 占用需求案例。

空间：105	类型：会议室		
时间	工作日使用情况	周末使用情况	注释
12—1 am	0	0	
1—2 am	0	0	
2—3 am	0	0	
3—4 am	0	0	
4—5 am	0	0	
5—6 am	0	0	
6—7 am	0	0	
7—8 am	0	0	
8—9 am	0	0	
9—10 am	14	0	通常用于员工会议
10—11 am	2	0	
11—正午	2	0	
12—1 pm	10	0	同时兼作午餐室
1—2 pm	2	0	
2—3 pm	2	0	
3—4 pm	2	0	
4—5 pm	2	0	
5—6 pm	0	0	
6—7 pm	0	0	
7—8 pm	0	0	
8—9 pm	0	0	
9—10 pm	0	0	
10—11 pm	0	0	
11—午夜	0	0	

专业设计人员可以协助业主确定项目的目标。例如，从细节方面提供建筑的目标用户，这对项目成本和建筑能源效率来说意义重大。业主最好确定每个空间典型工作日和周末每小时的用户情况（人数）及活动类型。这些信息用于确定通风系统和采暖制冷系统的尺寸并进行能耗模拟。再次强调，这些信息越详细越好。如果用户信息是估计的并且数据太过保守（假定的人数很多），那么通风系统、采暖系统、制冷系统、输配系统的尺寸都会过大，整个系统将花费更多的成本，使用更多的材料，建成后的建筑会消耗更多的能量。因此，准确的用户信息有利于通过后续的调试测试进行质量控制。

目标照明水平也应与业主讨论并记录在案，采用照明工程学会（IES）推荐值的下限。应逐个空间选择和记录照明控制参数。例如“手动开启，空置关闭，3分钟延迟”或“手动控制，多级开关，允许只开启最高照度的$^1/_3$或$^2/_3$，设计照度为IES推荐值的下限”。

这些细节不应被推定为超出业主讨论的能力，并且需要再次强调的是越详细越好，因为这些决策对建筑能耗具有实质性的影响。

19.15 室内照明要求案例。

空间	类型	照明等级（fc）	控制方式				说明
			手动	感应	光电池	定时器	
101	走廊	10		●			1分钟关闭延迟
102	办公室	30	●				三级 空置传感器
103	厨房	30		●			1分钟关闭延迟

19.16 室外照明需求的案例。

区域	通道	安全	娱乐	装饰	说明 (1)
停车场	傍晚—晚上10点				定时控制
人行道	●				动作控制 1分钟延迟
网球场			●		
入口标志				●	光电管 晚上11点关闭

(1) 所有室外灯都配有光电优先装置以防止白天开启。
启动：0.5英尺烛光
关闭：1英尺烛光

室外照明需求也要通过讨论确定，例如：哪些是安全需要的照明，哪些是通道需要的照明，哪些是夜晚室外娱乐活动需要的照明，哪些是装饰需要的照明。应进一步开发用于安全需要的室外照明。使用运动传感器能否做到更安全而且更节能呢？如果不用运动传感器，所有的室外安全灯都需要整夜长明吗？或者深夜的时候可以关闭部分安全灯吗？

室内温度和湿度的目标值应该根据夏季和冬季、占用模式或空置模式，逐个空间确定，不能一概而论。作为该过程的一部分，业主应该清晰地确定哪些空间需要采暖，哪些空间需要制冷，哪些空间既不需要采暖也不需要制冷。此外，温度与湿度的控制也应该根据每个空间的特点分别确定。换句话说，哪些空间应受到控制？专业设计人员应当安排好不同空间温度控制的次序，便于业主做出明智的决策，因为这些决策将大大影响节能和舒适性，也会影响到分区的便利性。对于每个温控器或控制点的设置，应该确定一天或一周中温控启动（占用模式）或温控关闭（空置模式）的时间。这些细节的实施文件提高了设计、设备尺寸和能耗模拟的清晰性，同时也是调试测试的基础。

19.17 温度控制要求的案例。

空间	类型	采暖	制冷	控制	启动			关闭		
					采暖	制冷	周一到周五	采暖	制冷	周一到周五
101	办公室	●	●	●	70°F	76°F	7:00—17:00	55°F	90°F	5:00—19:00
102	门厅	●	○	◐	70°F	na	7:00—17:00	55°F	na	5:00—19:00

图例：● 自动控制
◐ 手动控制
○ 无控制
na（not applicable）不适用

19.18 目标的优先顺序。

防止环境退化	■	■	■	■
改善人类健康	■	□	□	□
改善人体舒适度	■	□	□	□
经济增长	□	□	□	□
政治因素（如减少对石油的依赖）	□	□	□	□
提高生活质量	□	□	□	□
社会目标（如公平的劳动实践）	■	■	□	□
人类精神（如热爱自然、自立）	■	■	■	□

19.19 目标反射率案例。

空间	类型	天花板	墙壁	陈设	地板
101	办公室	90%	80%	60%	60%
102	走廊	90%	90%	na	80%

注：高反射率可以减少人工照明的需要，减少能源使用，降低灯具成本。

实例： 90%　60%　30%

亮白色：	90%
灰白色：	70%~80%
常规地毯：	5%~9%
需要高级维护的地毯：	9%~13%
木材：	20%~54%
浅蓝色：	80%
黄色：	47%~65%
典型的混凝土：	20%~30%
抛光反射的混凝土：	70%~90%

19.20 窗户的需求案例。

空间	类型	视线	日光	窗墙比（1）	说明
101	办公室	◐	√	15%	
102	走廊	○	na	na	
103	门厅	●	√	30%	

注：（1）窗墙比=窗户与墙体面积之比

较低的窗墙比可以显著降低能耗，除非能耗模拟显示出被动太阳得热过多或日照过多。

0~10%	低
10%~20%	中度
20%~30%	高
>30%	非常高

图例：
○ 无须满足视线需求
◐ 适度满足视线需求
● 需要全景视线
na 不适用

《业主项目公约》文件还允许业主考虑绿色性能之间的优先顺序，特别是在项目预算不允许所有性能都有保证的情况下。例如，业主可以针对第1章“引言”中列出的绿色目标进行选择，然后根据它们的重要性排序。此外，业主也可以为单项改进措施排序，如从LEED、其他规范、标准或指南中选择得分项，从高到低排序。

业主应确定天花板、墙壁、地板、家具的目标照明反射率，最好是从色彩反射率图表中进行选择。一般来讲，设计的依据是默认反射率，天花板为80%，墙面为50%，地板为20%。因为在减少照明灯具的数量、减少能源的使用、减少所需采光窗的面积方面有很大的潜力，因此业主参与决策会大幅降低建设成本和能源使用。

由于窗户的能耗和成本以及相关的舒适性问题，《业主项目公约》应包括针对每个空间的开窗情况评估。业主应该回答这些有关窗户的问题：可以将某些功能空间（如楼梯间和楼梯平台、走廊、机械设备室、洗衣房、壁橱和储藏室）中的窗户拆除吗？可以减少使用空间中窗户的数量和减小窗户的尺寸吗？换言之，哪些窗户是为了观景用？可接受的最小景观窗尺寸是多少？在保证使用者舒适性控制的前提下，哪些窗户应该是可开启的？哪些窗户可以不必开启呢？目标窗墙比是多少？哪些小窗可以组合成数量少的大窗呢？

《业主项目公约》应对建筑的形体和大小进行权衡取舍。可以通过降低天花板的高度来减少能源消耗和降低建筑成本吗？可以淘汰阁楼、地下室和低矮设备空间吗？相比于坡屋顶，为了减少能量损失，是否可以接受平屋顶？哪种形体效率的改进，诸如建筑高度、形体简化或与外墙垂直方向的更大进深，是可以接受的？

在《业主项目公约》文件中，可以列出对未来绿色方面的考虑。例如，若太阳能没被纳入初步设计并且太阳能是未来的一种选择，如果是这样的话，屋顶是否应该设计为易于放置太阳能集热器的形式？

19.21 对建筑形体的考虑。

合理的建筑形体设计是降低能耗、减少材料使用、降低施工成本的有力途径。检查所有应用。

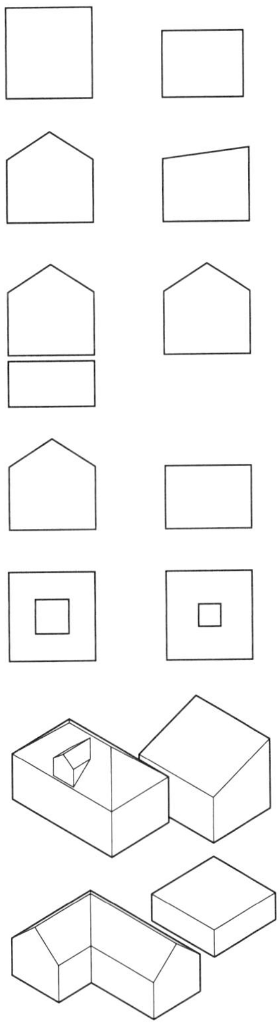

_ 天花板高度可以降低。

_ 阁楼可以取消。

_ 地下室可以取消。

_ 可以采用平屋顶。

_ 可以增加与外墙垂直方向的进深。

_ 在短期内或未来，为安装太阳能集热器而优化屋顶设计。

_ 可以考虑简化建筑造型。

深化发展《业主项目公约》的最佳实践如下：

- 组织研讨会，关键的利益相关者可以参与讨论项目要求，同时可以审查项目要求的重要性。分成两个阶段的研讨比较有成效，第一次会后发布《业主项目公约》草案，第二次会后发布最终文件。
- 《业主项目公约》要避免笼统性概述。例如，“为了高效运行，需要减少工程各项消耗”这句话并不能为设计团队提供明确目标。而具体的陈述，如“设计要达到“能源之星”认证的95分”或“设计满足每年每平方英尺30千英热的能源利用指数”，可以提供更清晰的目标。
- 专注于业主需要，而不是专业设计人员关注的话题，如室外设计温度条件。《业主项目公约》中的每一个条目都应被业主理解，这促使业主参与到项目要求的研发，并且降低了只由设计人员或调试部门来完成文件内容的风险。
- 允许反复，允许业主反复权衡取舍，做出明智的决定。例如，在能耗模拟结果提供了关键设计选项的预期效果后，《业主项目公约》可能会改变。记录《业主项目公约》改变的内容并注明日期。
- 在清楚地权衡比较之后，对绿色和不绿色的选项进行排序，如建筑成本、能源消耗、健康和安全问题，这样业主便可以从众多选项中做出明智的选择。例如，室外照明控制的选项中，排在第一位的是运动传感器（光电优先防止白天开启），然后是光电控制开启/延时关闭装置（在夜间指定的时间关灯），最后是光电控制开/关装置（整夜开灯）。另一个例子是，在不同的照明类型选项中，要区分高效选项和低效选项，前者如线性荧光灯具，后者如嵌入式筒灯。

《业主项目公约》越详细越好。这是业主学习、了解并在重要的设计选项中做出决策的难得机会。这是专业设计人员跟业主沟通这些选项的宝贵工具。《业主项目公约》文件形成了绿色设计与施工的基础，同时也是设计与施工过程中质量控制的基础。

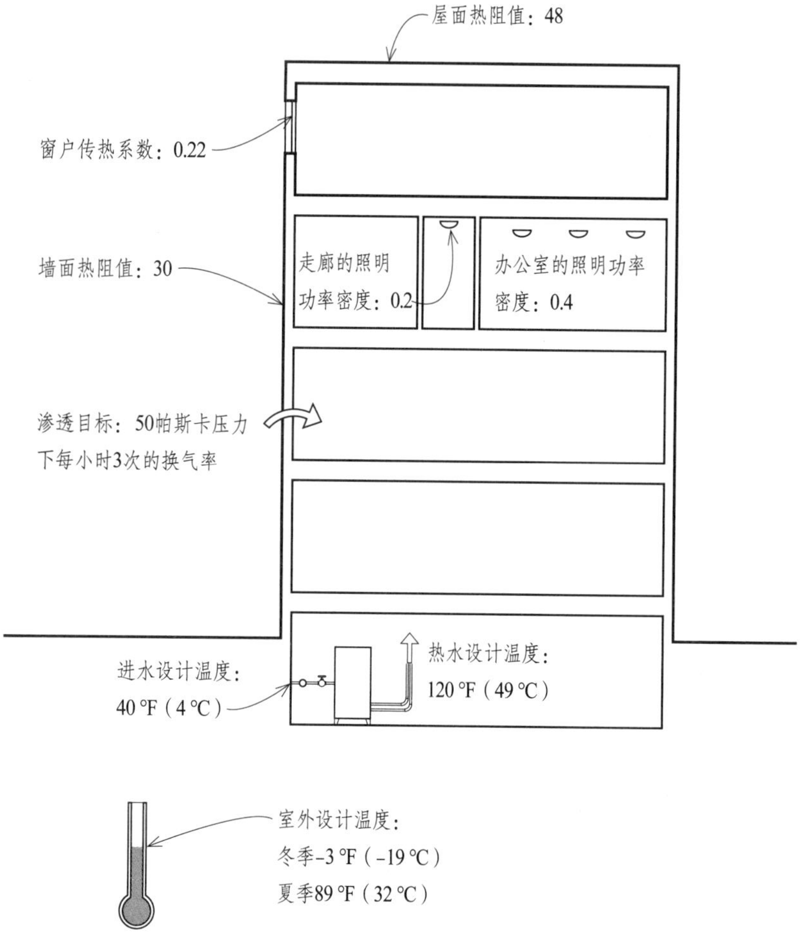

19.22 设计依据的要素举例。

设计基础 Basis of Design

调试过程继续采用文档中专业设计人员的方法，验证文档中的设想，文档中的这些方法和设想称为“设计依据”。设计依据一般会描述即将进入调试阶段的设备系统，对没有出现在《业主项目公约》或施工文件中的预期设计结果进行补充。主要包括采暖和制冷系统的设想，如气候设计条件、安全因素等；不同空间的噪声设计标准；不同空间的照度设计；不同空间的人员得热，含潜在的以及合理的按人计算的总量；空气渗透量的设定或目标；设定的给水温度，用来确定生活热水的设备规格；存储热水的温度；输送热水的温度；水暖设施的数量；外墙和屋顶整体的热阻值；窗户的传热系数；还有室内得热，比如电器功率水平等。

设计依据的目标是确认《业主项目公约》中的内容已经有效地转化为施工文件。设计依据还意味着展开另一层次的质量控制，即调试部门会检查《业主项目公约》是否与设计依据相符，是否与施工文件相符，是否与最终完工的建筑相符。

设计依据的最佳实践如下：

- 符合《业主项目公约》，避免设计依据过于笼统。例如，应该针对每个建筑空间来说明实际照明功率密度，以确认照明功率密度在决定制冷系统尺寸时的作用，而不是仅仅给出每平方英尺照明功率密度。
- 包括关键系统（含采暖、制冷、通风、照度（照明）设计、采光以及太阳能光伏发电等专业系统）尺寸的输入和输出报告。
- 包括设计遵循的参考规范和标准。除了说明所遵循的规范和标准外，还要讲清楚达到规范和标准相关条款的途径，因为达到相关规范和标准通常有多种途径。
- 包括能耗模拟的输入和输出报告。
- 避免与《业主项目公约》或施工文件中的条目重复。

19.23 调试责任。

	OW	AR	EN	GC	MC	EC	PC	CX
项目要求	⊙	⊔	⊔					
设计依据		⊙	⊔					
设计评审								⊙
基础检查		⊔						⊙
开墙检查		⊔						⊙
最终围护结构的检查		⊔						⊙
测试和调整					⊙	⊔	⊔	⊔
功能测试					⊔	⊔	⊔	⊙
用户手册		⊔	⊔	⊙	⊔	⊔	⊔	⊔
跟踪测试								⊙
培训					⊔	⊔	⊔	⊙

图例： ⊙ 主要责任

⊔ 支撑作用

OW，Owner 业主

AR，Architect 建筑师

EN，Engineer 工程师

GC，General contractor 总承包商

MC，Mechanical contractor 机械承包商

EC，Electrical contractor 电气承包商

PC，Plumbing contractor 管道承包商

CX，Commissioning provider 调试部门

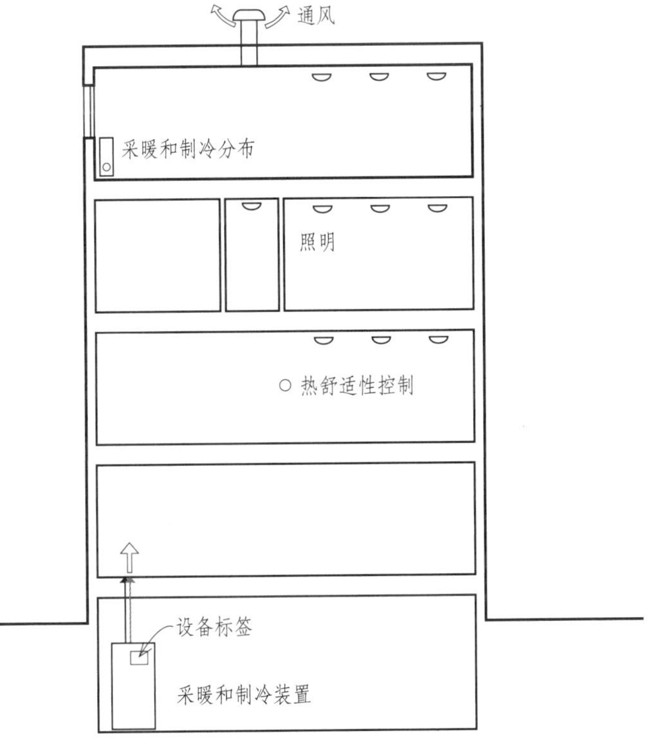

19.24 调试测试。

其他调试问题 Other Commissioning Issues

调试要求本身应体现在施工文件中。参加投标的承包商需要知道调试所期望的结果。要求中应列出参与有关调试的各方责任，包括总承包商、机械承包商、电气承包商的责任以及测试和调整分包商的责任，调试部门以及设计专业人员的责任。

由于调试是一个相对较新的学科，因此我们必须让所有利益相关方接受相应的教育，其中许多人可能不熟悉绿色建筑项目的程序、术语、任务和预期目标。

调试测试 Commissioning Tests

在安装过程时，调试部门应协调并监督一系列的测试，以确保建筑能源系统安装正确、运行正常。这些测试包括系统性能测试，如：某一空间需要加热时空间温度会升高；通风扇开启后能正常工作；水流和气流的运行与设计相符以及空气和热水温度在设计范围内。调试部门通常不仅要进行性能检测，还要保证记录文件正确完整，包括标记设备和管道等。这些测试结果会在调试报告中详细说明，这也为检测过程中发现的任何缺陷提出了建议。

调试识别的这类问题可以通过以下示例说明。温度控制装置，如区域阻尼器和位于两个相邻空间中的温度传感器交叉连接错误。当一个空间中的使用者提高了调温器设定的温度，却会使相邻空间温度升高。相邻空间中的使用者则会觉得太热，因而降低温度设定点，这样做又会使第一个空间中的使用者觉得冷，进而再次提高温度设定。这样一来，不仅造成能源浪费，而且两个空间里的人都会觉得不舒适。调试中对每一个控制装置进行系统检查可以防止出现类似问题。如果没有调试，像这样的控制问题会多年都不能获得解决。

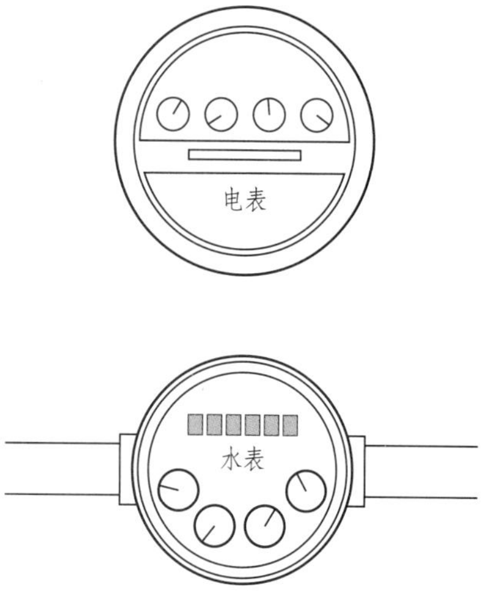

19.25 计量建筑物的用能量和用水量。

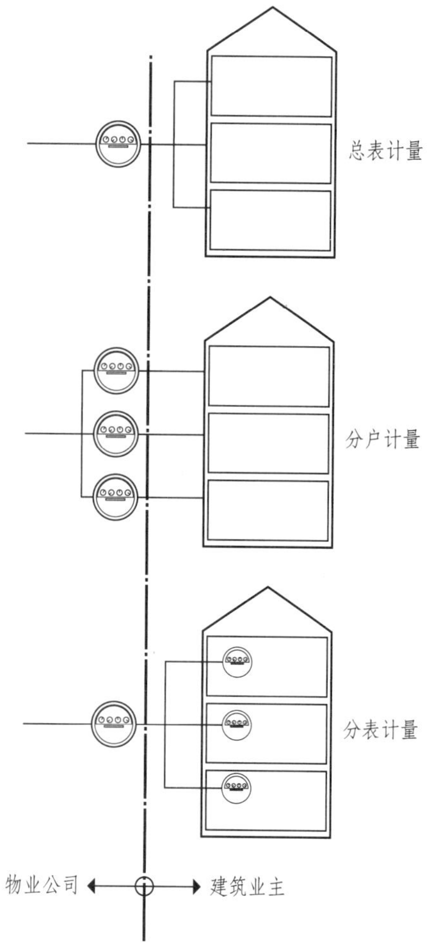

19.26 计量选项。

培训和文件 Training and Documentation

调试部门要确保业主经过培训，能够正确高效地使用建筑能源系统。调试部门还要确保业主拥有并了解有关建筑能源系统的所有文件，包括操作与维护手册、设备保修书、完工建筑的图纸和控制程序。

跟踪测试和监测 Follow-up Testing and Monitoring

调试可以包括建筑投入使用后几个月内的跟踪测试，以确保所有的系统按原设计运行。调试也可以包括监测，如温度和湿度的持续测量，确保热围护结构连续性的红外线图表，评定气密性的鼓风机测试以及使用者反馈和热舒适性调查。

计量与度量 Metering and Metrics

计量 Metering

建筑能耗计量可以用来获取信息以保证绿色建筑的高效运行。计量项的选择也会显著影响建筑全生命周期的能耗。在任何关于计量的讨论中，首先应该想想哪些未被计量（如隐含能耗），以及设计决策对这些未被计量内容产生的相关影响。

计量可作为一种监测的形式，因此可以形成向业主、经营者、设计人员提供反馈的基础。像“美国环境保护署文档管理”（EPA Portfolio Manager）这样的项目，允许追踪建筑设施使用情况，并通过所谓“基准测试”（benchmarking）这样的过程与其他建筑进行对比。

计量有很多选项。最常见的计量方式是由当地公共事业公司所做的，所以可称为“物业计量”（utility metering）。最常见的计量能量流是电能。如果生活用水不是由水井提供的，那么用水计量通常是由自来水公司或水资源管理部门完成的。如果一栋建筑或一个综合体只有一个计量表则被称为“总表计量”（master meter）。如果建筑内用多个计量表来计量，每个计量表对应建筑中的一户，这种方式称为“分户计量”（individual metering）。当建筑物的总表由社会公共事业公司提供，但是建筑的业主对租户进行分户计量，加和结果记入总表，这种方式称为“分表计量”（submetering）。

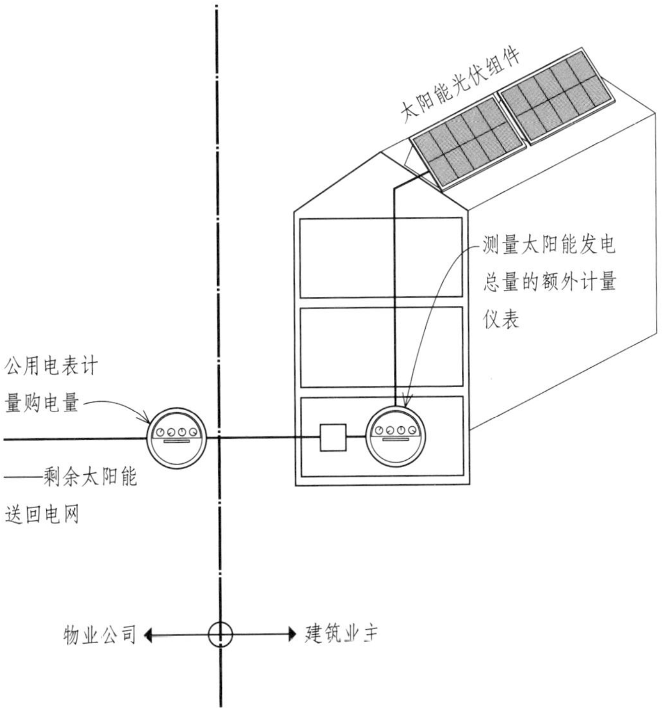

19.27 太阳能光伏发电系统计量。

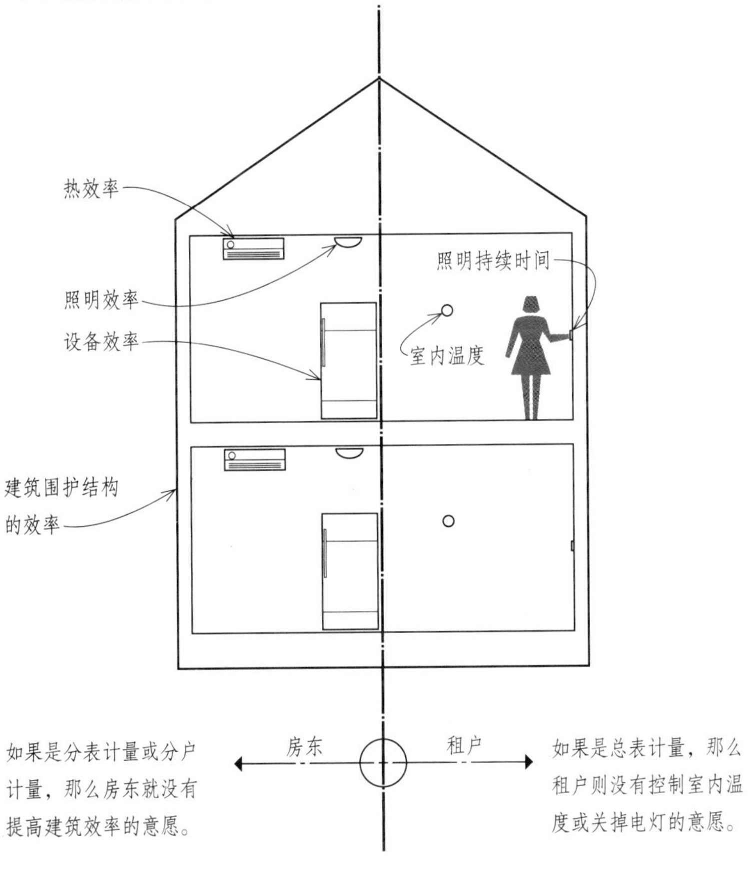

19.28 意愿分离。

对绿色建筑来说，后续计量有利于获得评估建筑持续性能的信息，同时有利于针对任何问题做出早期预警，包括在不应耗水的系统中安装水表，如在封闭的锅炉系统或液体循环空调系统中，水表可以作为漏水的警示装置。计量可再生能源系统（如太阳能光伏发电和风力发电系统等）的电量，可以用来保证系统的正常运行，避免可再生能源系统已经停止工作，却因为建筑物持续从电网中获得电能而不能发现可再生能源系统的问题。

房东采用租户分表计量用电量的方式是另外一种选择，对于其他能源也可以分表计量，比如冷热水和蒸汽。

计量也会引导节能行为。传统观点认为，如果租户支付运营费用，他们就会减少能源的浪费。但遗憾的是，无论是通过分户计量还是分表计量的方式，如果只是简单地把房东承担的物业费用分摊到租户，都会造成适得其反的效果，使房东不愿维护和升级建筑物的能源设施，这种现象被称为“意愿分离”（split incentive）。

例如，在一栋公寓中，租户控制着照明灯具的使用时间，但是灯具的类型是由房东决定的。如果采用总表计量，运营费用由房东承担，那么房东就有维护和更换节能灯具的意愿，但是租户却不会在不需要照明时主动关灯。如果建筑物是分户独立计量，房东就没有更换节能灯具的意愿，但租户会在不需要照明时及时关灯。独立的分户计量还会导致总物业费增加，因为多种月度计量费用与用能无关。如何调动各方的积极性永远没有一个简单的答案。随着时间的推移也许会有更好的解决办法。与此同时，我们不应该简单地断定分户计量或分表计量的方式优于总表计量方式。

另一种计量形式与散装燃料（例如木片和木屑）的输送有关。这种计量方式与电能和用水的计量方式有很大不同。最明显的就是这些燃料是在其被消耗之前进行计量的，而电能、用水是在使用时计量的，也就等同于消耗之后再进行计量。散装燃料的运输，通常采用分批运输的方式，运输次数少，这就意味着通过追踪燃料的输送作为能源使用的反馈数据具有很大的不确定性，也更困难。多家供应商运输来的燃料使问题变得更加复杂，也使跟踪变得更加困难。如果一个存储容器是不满的，那么此后直到下一次燃料运送之间的实际能源消耗就无从得知。而且，批量运输使得分段使用时的计量也变得很麻烦，比如同一批燃料用于冬季空间制热与夏季热水供应，但二者的计量完全不同。总之，散装燃料的消耗和跟踪为能源的控制和反馈提出了新的挑战。

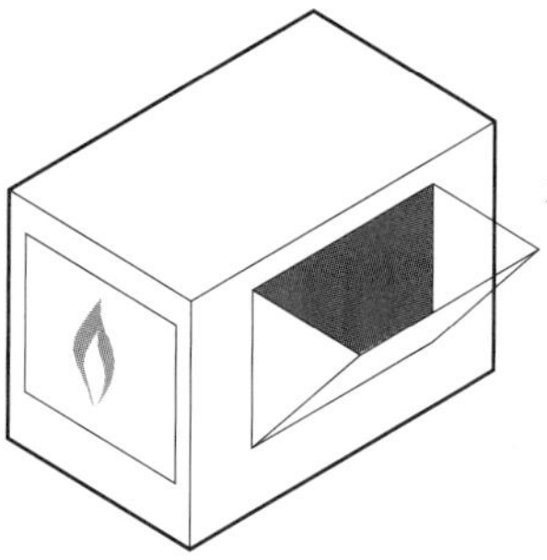

19.29 批量运送的燃料。

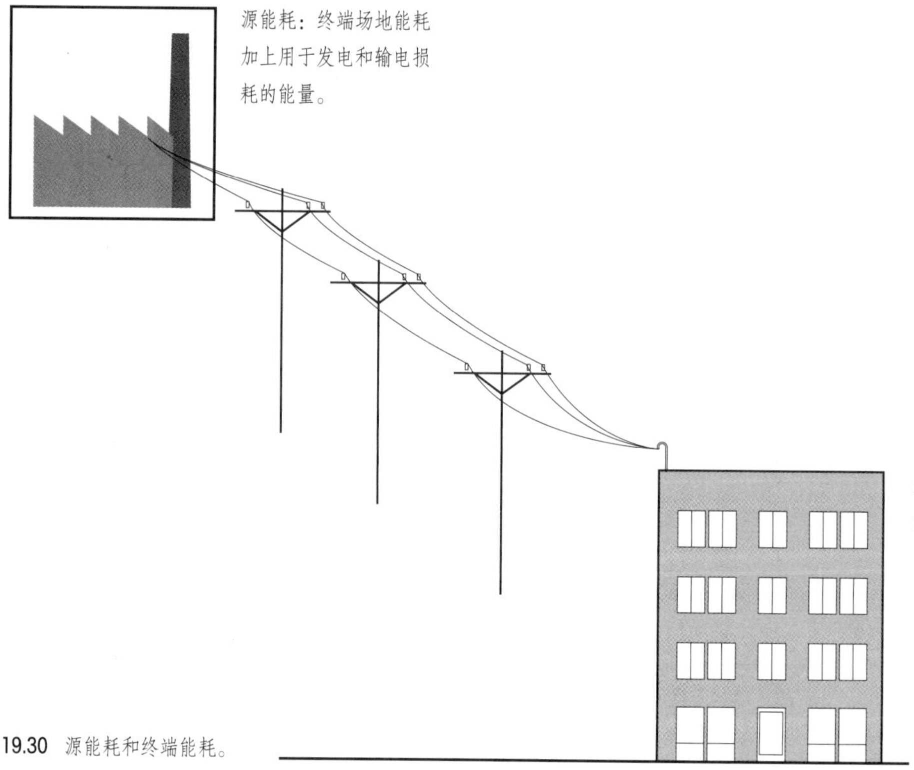

19.30 源能耗和终端能耗。

度量 Metrics

各种度量标准都已经用于绿色建筑中。终端能耗，有时又叫作“二次能源”（secondary energy）或“输出能源”（delivered energy），是指建筑所消耗的能源，通常由物业计量表测量，或为批量输送燃料。换句话说，终端能耗就是建筑能耗清单上报告的内容。

源能耗，有时称为“一次能源”（primary energy），是指建筑用能加上生产获得这些燃料并运送到建筑用能的总和。为了计算从电网购买电量的源能耗，我们需要乘上一个很大的修正系数。其他能源的修正系数要小一些。源能耗被认为在最大程度上反映了能耗对环境的总体影响。修正系数的大小受地理位置和时间因素的影响，它反映了当时当地混合燃料用于发电及获取并输送燃料的情况。

近年来，在电网供电中，从源头到用电地点的电力比率已从3.3多下降到2.8，并且随着可再生能源发电越来越多，预计将进一步下降。现场可再生电力的比率为1.0。

建筑物中的用电量，以千瓦时/年为单位，简单地乘以3.41即可获得场地kBtu（千英热），再除以建筑面积即可获得千英热/（平方英尺·年）。

不同的规范、标准和导则，有的采用源能耗，有的采用终端能耗，也有两种都用的情况。

能源利用指数也被称为“能耗指数”（energy use index）、“能耗强度”（energy use intensity）、“能源使用强度”（energy usage intensity），有时也称为“能源消耗强度”（energy consumption intensity）。被动式建筑的标准是源能耗小于120千瓦时/（平方米·年）。被动式建筑的采暖和制冷设计要求终端能源使用控制在15千瓦时/（平方米·年）。

碳排放提供了另一种可以比较建筑物性能的测量手段，由此既可以比较建筑物运行阶段的碳排放（年度碳排放量），也可以比较由建筑材料的隐含能耗消耗造成的一次性碳排放。碳排放量的单位通常为吨/年。也经常用到其他单位，包括磅/年和国际单位千克/年和公吨（1 000千克）/年。测量最经常提及的是二氧化碳（CO_2）排放当量，但有时也指纯碳的排放当量。

对于没有使用化石燃料的绿色建筑，关键的能源消耗指标是每年的用电量，通常以千瓦时/年为单位，乘以美国环境保护署定期发布的“eGrid”概览（eGrid summary）中提供的因子，可以将其转换为等效的二氧化碳排放量。

eGrid概览为几个区域中的每一个都提供了两个因子。一个因子是总输出排放率，另一个是非基本负荷输出排放率。总因子表示全年的总碳排放量除以总用电量。非基本负荷因子代表高峰负荷时的碳排放，其数值高于总因子，因为在高峰需求时使用了最不清洁的发电厂。关于使用这两个因子中的哪一个存在一些争论，正确的使用确实取决于负荷的类型。对于整个建筑范围内的计算，美国能源署建议使用总因子。还应该注意的是，随着电网日益脱碳（减少煤炭和其他化石燃料等非清洁燃料的用量，并增加可再生能源用量），碳排放量一直在迅速下降。例如，2014—2018年美国的平均总输出排放因子下降了16%。2018年，美国的平均总排放因子为每兆瓦时952.9磅二氧化碳当量，或每千瓦时0.953磅二氧化碳当量（0.433千克二氧化碳当量/千瓦时）。美国几个较大的州已经制定了在2040—2050年时间框架内实现完全清洁电网的目标，这意味着排放因子为0，预计其他州也会效仿。

用能费用（美元/（平方英尺·年））有时是一种有用的民间量化方法，其表示单位为美元，比千英热、千瓦时或碳排放等单位更为人熟知。用能费用1美元/（平方英尺·年）是比较低的，5美元/（平方英尺·年）则是比较高的。

用水量也会用到相关指标，如千加仑/（平方英尺·年）或加仑/（人·年）。

风能或太阳光电池板等可再生能源产生的电能，其单位为千瓦时/年。在评估建筑的净能耗、能源利用率和碳排放时，可再生能源产生的电量已经从建筑直接用电总量中减掉。

建筑物的能源利用和碳排放可以扩展到包括来去建筑物的交通用量。

作为衡量建筑围护结构性能的一项指标，供暖能耗可以从物业账单中抽取出来，并通过检验季节性用量来计算。经常计算一个被称为“加热曲线”（heating slope）的指标。通常，基于一个特定的冬季气候条件，对过于寒冷或温和的冬季的供暖能耗进行修正。

类似地，其他指标可以通过分析物业账单得到，如空调的能耗和使用不同燃料时的基本负荷（在不制热、也不制冷的状态下）。

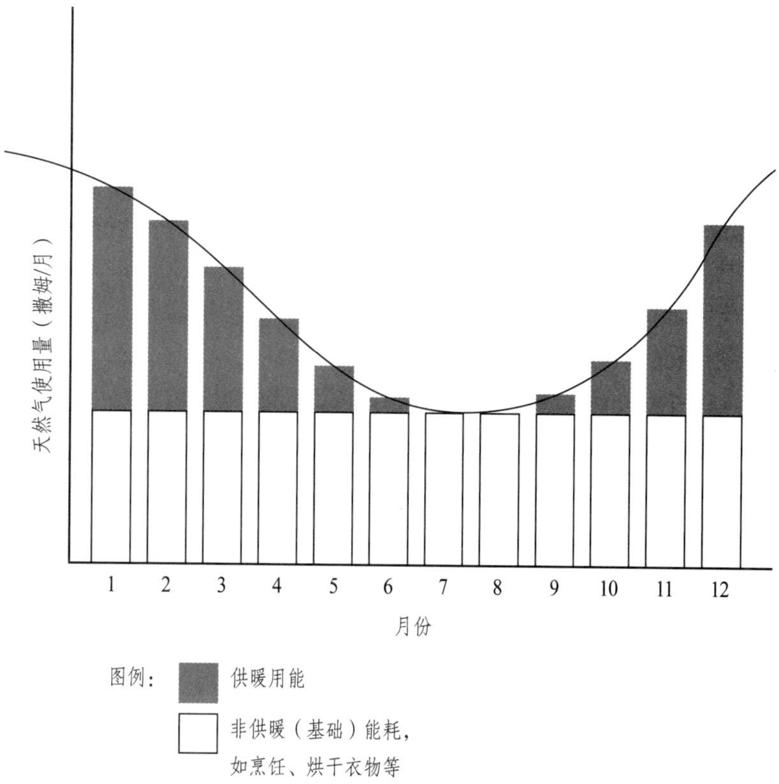

19.31 计算加热能耗。

价值与权衡 Values and Trade-offs

设计绿色建筑需要许多决策。这些决策不可避免地交织成设计或建造任何建筑物都需要做出的数百种甚至成千上万种决策。

大多数绿色建筑的决策涉及优选建筑改进措施，使其更加绿色，少用能源，减小其他环境影响，为了人类健康着想，以多种方式改善建筑环境。厚壁保温是一种改进；减少窗户数量是一种改进；使用自行车是一种改进；太阳能系统是一种改进；使用可持续采伐的木材、低VOC涂料和反射系数高的墙面也是改进。潜在的改进措施有很多，我们如何优选这些改进措施呢？

我们可能更容易优选能源改进措施，因为这样我们可以节省建造成本。因此，我们有各种性能指标，依据这些指标可以比较能耗改善情况。

一个古老但仍然广泛使用的能耗改善指标是回收期，即用预计的建筑增量成本除以预计每年节省的成本得到的数值。例如，如果增加了墙体保温层，预计成本为2 000美元，保温层预计每年节省200美元，则回收期为2 000/200=10年。回收期越短越好。然而，回收期无法说明预期寿命的改善。墙体保温材料可能有50年的预期寿命，但类似的照明改进措施，如一个可能只有5年寿命的节能灯，却不能武断地说回收期为10年。墙体保温层使用时间持久，这是很有意义的，但是回收期并不能够说明这种意义。因此，回收期逐渐被认为过于简单化。

类似地，可以通过物业账单分析获得其他指标，例如不同燃料的空调用量和基本负荷（非加热和非冷却）用量。

碳排放量越来越多地被视为一种指标，它也可以解释不同的设计选项所体现的材料隐含能耗的效果。

在这本书中，我们已经讨论了许多降低施工成本的方法，包括减小建筑面积，使用简洁的建筑形体、改进的框架技术、反射率高的室内表面，从而少用灯具，减少采光窗，减小窗户面积或减少窗户数量以及减少线性照明灯具。这些改进措施立竿见影，回收期为零且投资回报是无限的。因此，这些改进措施宜尽早评估其效果，尽早选用。

当我们完成了用能改善工作，在评估非用能改善措施时，仍然面对一系列的决策。100美元应投资于节能还是投资于低VOC含量涂料，哪个更重要呢？只要气候变化的阴霾仍然笼罩着我们，那么减少碳排放的改进措施就应该优先考虑。其他人可能会优先考虑人类健康。LEED委婉地呼吁绿色建筑改进措施之间的平衡。其他规范、标准和导则优先考虑降低能源消耗、减少碳排放。

当我们选择绿色建筑的改进措施时，有些准则或许应被弱化：

- 可识别性，有时选择绿色建筑的改进措施时会看重其可识别性或引人注目的特征，但是可识别性不应成为我们的首选。
- 状态，类似于可识别性，某些绿色建筑改进措施，无论是否容易识别，它们赋予建筑的状态更容易得到人们的喜爱。
- 商业利益驱动的改进措施，许多设备或建筑材料供应商通过销售推广直接与业主沟通联系。虽然供应商是整体讨论的一部分，并且他们的观点在谈话中是有价值的，但是他们的观点在选择改进措施时不应占主导地位。

19.32 改进措施排序。

	能耗	**材料使用/隐含能耗**	**施工成本**	**环境质量**
较小的建筑物	○	○	○	○
简洁的形体	○	○	○	○
窗墙比低	○	◐	○	○
反射表面	○	○	◐	○
增加保温	○	●	●	○
高效的暖通空调	○	●	●	○
太阳能	○	●	●	○
雨水收集	○	●	●	○

○ 强烈支持

◐ 部分支持

● 不支持

应该注意的是，政府的激励措施，比如因为节能或利用可再生能源而获得的税收减免，本质上是优化过程的一部分。政府可以支持新兴技术，并利用激励机制来反映和促进绿色建筑的社会效益。有趣的是，类似于绿色建筑标准，政府的激励一般会支持添加到建筑上的改进措施（例如，添加保温或增加太阳能），而不支持经济适度、减少负荷但没有提高效率的改进措施。尽管如此，政府激励在减少对社会有害的建筑污染方面发挥着重要作用。

如果对绿色建筑的改进措施进行排序，我们需要回到绿色建筑的定义，即绿色建筑从本质上大幅度减小了对自然环境的影响，并提供了有利于人体健康的室内环境。当我们为绿色建筑的改进措施进行排序时，对价值的探索导致了更多的问题：绿色建筑是最值得向往的吗？绿色建筑标准应该是自愿的吗？绿色能源标准应高于规范还是应该提高我们的现行能源规范以达成一个共识，即建筑中什么是绿色的、什么是重要的？如果人类的健康是绿色建筑的一个方面，为什么这些标准不是强制性的？或者说，为什么不列入我们的建筑规范中？这些问题将在未来几年成为绿色建筑讨论的重要组成部分。

有一点是肯定的：我们必须让绿色建筑超越示范和奖励的范畴，不再仅仅是我们感兴趣的环境符号。减少气候变化和碳排放的紧迫性对绿色建筑来说很重要，绿色建筑不能局限于一小部分的建筑存量。我们必须发挥集体智慧，使绿色设计成为所有设计的一部分。设计和施工质量是实现绿色建筑的重要手段。

第20章

结论

Conclusion

绿色建筑与美学　Green Buildings and Beauty

美对于建筑设计而言非常重要。在绿色建筑设计中也是如此，并且从某种角度来讲可能更重要。作为绿色建筑设计的从业者，我们自己要坚持高标准，在探求建筑更加绿色的同时不能牺牲建筑美学。

20.01　美学：让感官得到美的愉悦，让心灵得到深深的满足，让人类精神获得升华的品质或品质的组合。

20.02 建筑之美不应该仅停留在表面。土耳其伊斯坦布尔圣索菲亚大教堂，公元537年。

20.03 根据功能确定形式而不是先形式后功能。

建筑为什么必须是美的？美带来安宁，美带来骄傲，美带来秩序的感受，美会帮助我们与自然联系在一起，美能够让我们在彼此之间以及我们与世界之间找到和谐。我们把进一步捍卫美的责任留给诗人。我们继续假设美是很重要的。

美在旁观者的眼中是习以为常的。为了对比反思新、旧美学观点，我们需要在现行标准中增加另外一个新标准——建筑性能之美。也许建筑用能少是美的，冬季建筑屋顶没有冰坨悬挂是美的，平静安详的建筑是美的，所有这些都是高性能绿色建筑的特征。建筑之美不应该仅停留在表面。

绿色设计会带来新的要素，比如太阳能电池板，需要从美学角度将其整合到建筑中。我们之中有很多人会认为，这些构成要素就是美，但是这可能不适用于所有情形。作为设计从业者，我们要保证这些构成要素以美学平衡的形式整合在一起。

绿色设计可能会改变建筑的样子。我们已经提出了很多简化建筑形体的方法，可以降低能耗、节省材料。这些简化规则对某些人而言可能是束缚。然而，这些规则也会引领创新，实现新的绿色美学、新形式和新形体。我们追求的是根据功能确定形式而不是先形式后功能。与其把这些看作束缚，我们认为不如将其视为极好的创新机遇，因为我们以高性能为基础进行建筑设计，运用各种美学工具，比如色彩、样式、材质、均衡、比例和形体等。

绿色建筑与自然 Green Buildings and Nature

在思考建筑设计的时候，有必要回溯最初的讨论，即建筑是躲避各种自然力量的庇护所，这些自然力量包括：太阳；气流（风、漏风、穿堂风）；水（雨水、地表水、地下水、湿度）；有生命的动物（昆虫、鼠类、鸟类及其他）；极端温度；污染物（污垢、尘土、淤泥、空气污染）。正视这些自然力量非常重要，对这些自然力量要怀有敬畏之心。建筑选址与设计的作用不仅在于加强庇护所，提高建筑抵御自然因素的能力，还能提供可供选择的不同方式，让建筑的使用者接触自然世界。

除了通过建筑的薄弱环节实现，如通过大窗户人们可以看到室外，设计人员会寻求更直接的方式，把景观作为手段，促进人与自然在建筑场地上深入接触，这些景观工具包括——绿植、水体、风景、小径、围栏、室外家具、构筑物如遮阳棚和绿廊，甚至一些不寻常的设施，如迷宫和树屋等。也许建筑选址会通过日晷强调太阳的作用，通过水池强调水体的作用。即使城市中的建筑也能提供充满诗意的无限可能性，谦虚地讲就是与自然相连。

20.04 与自然世界相联系。

我们推测建筑设计的某些方面是希望在室内满足人们接触自然的重要需求。拱顶下的空间可能会让人产生一种在室外天穹下的感觉，不受顶棚的约束。大面积的房间同样会提供一种空旷的感觉，仿佛置身室外。窗户和玻璃门有意让我们看到室外的风景和天然光线。然而，当这些特性走向极端的时候，我们认为这样会导致虚假的人与自然相联系，其最终结果是伤害我们希望靠近的自然世界，因为过度使用能源和材料会造成环境污染和资源枯竭。

自然呈现给人们的浩瀚广博是一个悖论。人们需要躲避自然的力量，免受其侵害，但是人们在内心深处又渴望与自然相联系，即使像我们这样冷酷的城市人也希望与自然和谐相处。建筑能同时满足这两项要求，在给人以保护的同时保持人与自然的联系。然而，从历史上看，缺陷重重、规模过大、采光过强、开窗过大、用能强度极高的建筑，既未提供足够的保护也没有与自然相连。我们现在开始朝更好的方向努力。绿色建筑提供了在极端温度条件下和其他不利自然环境中更好的保护，并且污染少，舒适度高，与自然之美紧密相连。

20.05 选择接触自然世界的方式。

结语 Closing

气候变化和其他环境问题带来的严重后果呼唤新建筑，呼唤绿色建筑。与建筑相关的能耗已被证明是温室气体排放的主要原因，同时也是降低排放的主要途径。身在设计与建造领域的执业者面临抉择，或者承担建筑引起气候变化的责任，或者引领变迁，缓解建筑对气候变化的不良影响。

绿色建筑不是一种时尚，也不是一个可选项。在未来几年中，绿色建筑会变得与建筑防火安全和其他形式的生命安全一样重要。因此迫切需要推动绿色建筑的发展，使其不再是示范，不再是华而不实的奢侈品，不再是身份的象征；相反，应在建筑、施工和业主构成的基本框架中推行绿色建筑产业。

美国绿色建筑运动的开始可能标志着开疆拓土运动的结束，在那场运动中所有的草原、所有的山川都被开发和栖居，评价的标准是它们会变成什么而不是它们原本应该是什么。终结这场看似不受约束的繁荣本身可能会自觉艰难并受到制约。但是作为一种独特的人文精神，绿色建筑是如此胜任并富有吸引力，也许开疆拓土运动的结束和面临的挑战可以变成一个辉煌的开始。绿色建筑不是不着边际的幻象而是边际清晰的前沿领域，从这一角度来看，绿色建筑运动的未来是真正无可限量的。

专业词汇 Glossary

ACH 每小时换气次数（air changes per hour）的缩写，用来衡量空气渗透能力。ACH50表示建筑在正压或负压达到50帕斯卡气压时的渗透率，一般用于鼓风机的试验中。ACHn表示自然状态下平均渗透率的估算值。

先进的框架（advanced framing） 减少热桥和材料用量的框架技术。

隔气层（air barrier） 为了降低空气渗透而设置的薄膜、薄板或其他构件；隔气层可以是透气的，也可以是不透气的。

空调（air-conditioning） 改变空气特性指标使空间更理想舒适的过程，主要是改变温度和湿度。

空气处理机（air handler） 一种设备装置，与风扇以及一个或多个热交换器一起，将暖气和/或冷气传送到管道系统，然后输送至建筑各处。

空气源热泵（air source heat pump） 从室外空气吸收或向室外空气排出热量的热泵，参见“地源热泵”部分。

反射率（albedo） 0.3~2.5微米波长范围内反射太阳能与入射太阳能的比值，也称作“太阳能反射率”（solar reflectance）。

面积系数（area ratio） 建筑表面积与建筑面积的比值。

人工照明（artificial light） 通过灯具获得的照明，通常要消耗电能。

设计依据（Basis of Design） 由专业设计人员完成的、描述建筑方案设想的文件；用于质量控制，以保证《业主项目公约》、施工文件和施工过程的一致性。

基准测试（benchmarking） 将一栋建筑的能耗和水耗与类似建筑进行比较的过程，利用这类指标作为能源利用系数。

仿生学（biomimetics） 一般认为是“biomimicry”的同义词。

仿生学（biomimicry） 模拟自然界中的结构和过程，应用于人体结构和过程；也用作涵盖相关概念的总体术语，例如亲生物设计和生物形态设计。

生物形态设计（biomorphic design） 使用受自然启发的形状和形式，注重美学而不是功能。

亲生物设计（biophilic design） 反映人类热爱自然的设计；促进人类与自然联系的设计。

呼吸区域（breathing zone） 人体周边用于吸气呼吸的空间，重要的是保证空气新鲜、经常通风。

棕地（brownfield） 被污染过的场地。

建筑性能（building performance） 用来广义地描述建筑满足节能、节水目标的能力以及满足舒适性、环境效益和耐久性的能力。

认证木材（certified wood） 来源于森林、被认证为以环境敏感的方式砍伐和处理的木材，主要是按照森林管理委员会的指南来砍伐和处理木材，符合可持续林业实践的要求，保护树木、野生环境、溪流和土地。

气候变化（climate change） 大气层空气温度及其相关影响因素的长期变化，比如极地冰峰的融化。气候变化归因于人类活动，比如大规模化石燃料的燃烧、碳氢化学物质的排放以及这些燃烧产物与化学物质在大气层中的相互作用。

热电联产（cogeneration） 同时发电又产热的工艺过程，比仅仅发电的效率要高很多。也被称为“热电共产”（combined heat and power）或“CHP”。

调试（commissioning） 验证建筑中消耗能量、影响能耗或影响室内环境质量的各个方面是否运转正常，该过程称为“调试”。调试是一个整体性的过程，是设计和建造中质量控制的主要工具，用《业主项目公约》的各项初始规定来验证建筑建成后的性能表现。

分层（compartmentalization） 对建筑内部区域进行物理划分，以减少不同区域之间不必要的空气流动。

连续性（continuity） 热边界的特性之一，阻止渗透点和热桥的产生。

冷却塔（cooling tower） 从建筑向室外空气排热的装置。冷却塔一般用作制冷系统或者锅炉-塔热泵系统的一部分。冷却塔与地源热泵系统的打井区、分离系统热泵的室外设备或空调器的功能类似，但不能作为热源。

天然采光（daylight） 白天来自太阳光的室内采光。

按需控制通风（demand-controlled ventilation） 一种限制通风气流的方法，在不需要最大气流量的时候可以实现节能，常以人居空间的二氧化碳含量作为衡量尺度，但是其他情况下可以选择应用，如在有显著水分来源的空间中用于控制湿度值。可以简单地通过开关可开启的窗扇实现通风控制。

致密保温材料（dense pack insulation） 在某种压力下填充墙体空腔或其他建筑洞穴的保温材料，可以防止产生空腔并阻止热流和空气流。

拆解设计（design for deconstruction） 为最终建筑材料得到再利用而进行的设计，即在项目之初就应考虑拟建的新建筑达到寿命终点时如何做到材料再利用。

输配损失（distribution losses） 源自制热/制冷和热水等管道系统的无效能耗，一般是这些输配系统经过非空调空间或室外造成的。这个词包括热传递损失、空气泄漏损失以及水或蒸汽泄漏。

干扰边界（disturbance boundary） 建设过程中受到干扰的场地区域。

滴灌（drip irrigation） 通过管网，在有效控制下缓慢低速放水到特定植株的灌溉方法。英文单词“trickle irrigation”也是同样的意思。

双冲式马桶（dual-flush toilet） 用较低水量冲洗液体废物，用较高/标准水量冲洗固体废物的马桶。

隐含能耗（embodied energy） 获取、加工和运输材料及建筑产品的能耗。

能耗模型（energy model） 预测建筑能耗的各种计算机模拟过程中建立的模型。

能源利用指数（energy use index） 建筑物一年的总能耗除以建筑面积。能源利用指数用来确定基准，用来追踪低能耗或零能耗建筑的进展。缩写为“EUI”。

增压空气（forced air） 包含空气处理机、管道等用来将加热、制冷和/或通风气流输送到建筑空间的系统。

截光型灯具（full cutoff luminaire） 一种在水平面之上不发光的灯具，其光照强度限于与水平面成10°角以内的范围，强度为100坎德拉/1 000流明。一般来讲，从水平面观察时，完全看不到这种灯具。

全屏蔽灯具（fully shielded luminaire） 一种在水平面之上不发光的灯具，这种灯具不像截光型灯具那么严格，因为其光照强度在与水平面成10°角的范围内没有限制。

全球变暖潜能值（global warming potential） 用来衡量材料或系统针对全球变暖的负面影响；常用于制冷剂和其他化学物质。

灰地（grayfield） 先前开发过的区域，未被污染但开发的痕迹清晰可见。

灰水（gray water） 来自水槽、淋浴和洗衣机的废水，可以被回收、处理后再利用，用来冲洗马桶或绿化浇灌，或者可以从这些废水中回收热量用于建筑。

绿色建筑（green building） 能够有效减小对自然环境的负面影响并提供有益于人类身体健康的室内条件的建筑。

绿地（greenfield） 先前未开发的区域。“绿地”一词也指先前干净清洁、饲养动物或覆盖森林的土地。

刷绿（greensplashing） 名义上绿色，甚至已经获得绿色建筑认证的建筑设计，但实际上却远远不够，因为开窗面积过大、用于展示的人工照明过多或者是仅有一项吸引眼球的绿色措施。

漂绿（greenwashing） 人为主观宣称的绿色。

地源（地热）热泵（ground source（geothermal）heat pump） 从地下汲取热量为建筑供暖或者将热量排放到地下为建筑制冷的热泵；注意与另一类常用的空气源热泵的区别。

硬质景观（hardscape） 铺装区域，例如街道和人行道，土壤上层表面不暴露在大气环境中的区域。

热岛效应（heat island effect） 吸收和滞留入射太阳辐射，导致局部温度升高。

热泵（heat pump） 从一个主体向另一个主体转移热量的设备，比如从地下或室外转移到建筑室内，这一过程是可逆的。

热回收（heat recovery） 从一种流体中获得热量来加热另一种流体的过程，比如从建筑的排出气流中获得热量来加热冬季从室外引进的通风气流。

循环式制热系统（hydronic system） 一个用于空间加热的热水系统。

室内空气质量（indoor air quality） 总体衡量室内空气污染状况的参量，比如悬浮颗粒物、烟草烟雾、二氧化碳、有害化学物质、气味、湿度及生物污染物等。

室内环境质量（indoor environmental quality） 室内环境的整体质量，包括室内空气质量、热舒适度、噪声与声学环境、水质量等。

渗透（Infiltration） 室外与建筑室内的空气交换。

内围护结构（inner envelope） 建筑的内层结构，包括阁楼地面、地下室屋顶、非空调空间的内墙等构件以及紧邻室内空调空间的构件。

保温型混凝土模板墙（insulated concrete form walls） 在两个保温层之间夹有一层混凝土的墙体，作为混凝土浇筑到位的模板，缩写为“ICF”。

集成设计（integrated design） 一种协作设计方法，即建筑师、工程师、业主、建筑使用者等广泛的利益相关者从设计过程的早期就全面参与建筑设计的方法；也称为“一体化设计”（integrative design）。

保护层（layer of shelter） 抵御各种负载的建筑构件。

灯光污染（light pollution） 在室外采用不必要的人工照明。

光线溢出（light spillage） 人工照明不必要地从室内扩散到室外。

光骚扰（light trespass） 人工照明不必要地从一户照到另一户。

负荷（load） 也称为“荷载”或“负载”，对建筑施加压力的室外因素，例如温度。

灯具（luminaire） 等同于light fixture。

手动开启的运动传感器（manual-on motion sensor） 不能自动关灯的运动传感器，需要手动开灯，也叫“空置传感器”（vacancy sensor）。

运动传感器（motion sensor） 通过感知运动来自动控制照明的设施，也称“占用传感器”（occupancy sensor）。

延时运动传感器（motion sensor off-delay） 传感器已经感知不到动作后的一段时间内灯仍然亮着，然后自动关闭。设定的延迟时间越短越好。

净零（net-zero） 建筑完全不需要外界提供能量或者向外释放二氧化碳的能力。净零可以指多种不同的能耗和碳排放指标。

外围护结构（outer envelope） 建筑的外壳结构，包括墙体、门窗、屋顶和基础等构件；是紧邻室外或地面的构件。

室外空气（outside air） 为了通风而引进的室外空气。

《业主项目公约》（Owner's Project Requirements） 阐述了建筑业主的目标和建筑预期用途细节的文件。文件中提供的细节对绿色建筑设计有很大的影响。

被动太阳得热（passive solar） 不使用热泵或风扇等机械电气设备获得太阳热量的方法。

与外墙垂直方向的进深（perimeter depth） 垂直于建筑外墙的空间方向的深度，也就是房间内垂直于外墙的长度。

透水表面（pervious surfaces） 场地上能让地表水渗透到下面土壤的地面，包括透水铺装、透水沥青、透水混凝土和种植景观。

消费后回收材料（post-consumer recycled materials） 来自终端用户废弃物的材料，再生为新产品的原材料。

消费前回收材料（pre-consumer recycled materials） 制造过程中从废物流中分离出来的材料。

已开发场地（previously developed site） 表示不是绿地，也不是灰地或棕地的场地。

雨水收集（rainwater harvesting） 获取并使用雨水的一种方法，通常包括雨水收集区、运送雨水的输送系统、储水箱、过滤与消毒杀菌处理系统、在雨水不足时供水的备用系统、预防溢出的措施、将水送到用水地方的输送系统。

速生材料（rapidly renewable） 形容自然生长、可以在短短几年内获得的材料。例如，LEED规定的周期是10年。

反射率（reflectance） 表面反射光与照射到同一表面入射光的比率。

可再生能源（renewable energy） 由可再生资源提供的能量，如太阳能或风能。

正确照明（right-lighting） 对每一个空间进行照度设计，准确地满足各个空间的照明要求，不要超过要求（过度照明，浪费能源和建设成本）或达不到要求（低于照度要求会导致照明不足）。

屋顶接收率（roof receptivity） 指屋顶支持太阳能设备安装的能力，包括以下特征：屋顶无障碍物、连续的区域、无遮挡的区域、朝向赤道方向、有力的结构支撑。

敏感场地（sensitive site） 不能用于开发的场地，一般包括如下区域：基本农田、公园、蓄洪区、濒危物种栖息地、主要沙丘、古森林、湿地、其他水体和保护区。

形体效率（shape efficiency） 量化建筑物形状的能效指标；简单形状建筑物的面积比除以拟建建筑的面积比，以百分数表示。例如，简单形状的建筑可以是正方形建筑，层高为10英尺（3米），层数保证面积比最小化。

太阳能光伏系统（solar photovoltaic system） 由太阳辐射来生产电能、通过半导体展现光电效果的系统。

太阳能光热系统（solar thermal system） 将阳光转换成热能的系统，用来加热水或空气。

烟囱效应（stack effect） 在冬季，由浮力驱使的、建筑内部向上的气流。

结构型保温板（structural insulated panel） 一种预制构件，两层结构板中央夹着刚性保温层，发挥承重、保温和隔气层等作用。结构保温板常用于墙体，但是也可用于地板和屋顶。缩写为“SIP”。

可持续性（sustainability） 事物具有持久性的特征。

热边界（thermal boundary） 包裹建筑物的保温层的连续表面。

热桥（thermal bridging） 从建筑室内到室外的热损失，一般通过传导穿透固体建筑材料，绕过保温层。

热舒适性（thermal comfort） 表达对环境满意度的思想状态。其特征主要是不会出现因为过高或过低的空气温度、湿度、气流速度等导致的不舒适感，虽然热舒适感受还会受到其他因素（如表面温度、活动水平和衣着情况等）的影响。

热分区（thermal zoning） 一种采暖/制冷的设计方法。通过这种方法，建筑不同区域能够实现独立的温度控制。

热分区图（thermal zoning diagram） 在某一平面上详细描述不同热分区的施工图。

热虹吸气流（thermosiphon airflow） 建筑内部同时由浮力驱动的暖空气向上流动和冷空气向下流动。

节流热损失（throttled heat loss） 在两个备选的可铺设保温层的界面中，选择面积较小的界面设置保温层，以减少热损失，例如，将保温层设置在阁楼地板而不是阁楼的屋顶界面。

顶部采光（top-lighting） 通过天窗或屋顶控制器，由建筑空间的屋顶提供的自然光。

非空调空间（unconditioned space） 既不采暖也不制冷的空间。

可变制冷剂流量热泵（variable refrigerant flow heat pump） 带有变速压缩机的热泵。

种植屋面（vegetated roof） 装有防水膜、部分或全部被植物覆盖的屋面。也被称作“绿色屋顶”（green roof）或“生机勃勃的屋顶”（living roof）。

通风（ventilation） 将室外空气引入建筑内部。这个词有时也宽泛地用于从建筑内部排出气体，或引进室外气流达到降温的目的。

通风效果（ventilation effectiveness） 通风气流实际到达建筑使用者的部分。通风效果为零，意味着室外气流没有到达使用者；反之，通风效果为100%则意味着所有室外气流都能到达使用者。

VITAL 外围护结构四个检测方面的英文大写首字母缩写：空隙（voids）、保温层（insulation）、热桥（thermal bridging）和漏气（air leakage）。

挥发性有机化合物（volatile organic compound） 参与大气中光化学反应的任何含碳化合物（存在某些例外，比如二氧化碳）。挥发性有机化合物在正常室内条件下会蒸发，是人们厌恶的室内空气污染物。缩写为“VOC”。

无水小便器（waterless urinal） 不需要冲水的小便器，通常采用油基液体封住下水道，防止异味回到建筑室内。

窗墙比（window-to-wall ratio） 窗框和玻璃占据建筑立面面积的比例。

风力涡轮机（wind turbine） 将风能转化为机械能的设施。与发电机一起使用，该系统会产生电能。

参考文献 Bibliography

绿色建筑领域的参考资料很多，而且发展变化很快。下面的参考文献只是精选出的部分图书、报告、文章、标准和网站，多数属于第一手材料，在准备撰写本书时使我受益匪浅，我推荐它们作为绿建职业领域中潜在的有助益的设计资料。

ADM Associates. 2016. *Heat Pump Water Heater Field Testing.* Sacramento: Sacramento Municipal Utility District.

American Society of Heating, Refrigerating and Air-Conditioning Engineers. 2017. *ANSI/ASHRAE Standard 55-2017 – Thermal Environmental Conditions for Human Occupancy.* Atlanta: ASHRAE.

American Society of Heating, Refrigerating and Air-Conditioning Engineers. 2019. *ANSI/ASHRAE Standard 62.1-2019 – Ventilation for Acceptable Indoor Air Quality.* Atlanta: ASHRAE.

American Society of Heating, Refrigerating and Air-Conditioning Engineers. 2019. *ANSI/ASHRAE Standard 62.2-2019 –Ventilation and Acceptable Indoor Air Quality in Low-Rise Residential Buildings.* Atlanta: ASHRAE.

American Society of Heating, Refrigerating and Air-Conditioning Engineers. 2019. *ANSI/ASHRAE/IES Standard 90.1-2019 –Energy Standard for Buildings Except Low-Rise Residential Buildings.* Atlanta: ASHRAE.

American Society of Heating, Refrigerating and Air-Conditioning Engineers. 2018. *ANSI/ASHRAE Standard 90.2-2018 –Energy-Efficient Design of Low-Rise Residential Buildings.* Atlanta: ASHRAE.

American Society of Heating, Refrigerating and Air-Conditioning Engineers. 2013. *ANSI/ASHRAE Standard 169-2013 – Climatic Data for Building Design Standards.* Atlanta: ASHRAE.

American Society of Heating, Refrigerating and Air-Conditioning Engineers. 2017. *ANSI/ASHRAE/USGBC/IES Standard 189.1-2017 – Standard for the Design of High-Performance, Green Buildings (Except Low-Rise Residential Buildings).* Atlanta: ASHRAE. Note: In the United States and Canada, this standard has been merged with the *International Green Construction Code* (IGCC). This standard is available only outside of the United States and Canada.

Almusaed, Amjad. 2011. *Biophilic and Bioclimatic Architecture: Analytical Therapy for the Next Generation of Passive Sustainable Architecture.* New York: Springer.

Anis, Wagdy. 2010. *Air Barrier Systems in Buildings.* Washington, DC: Whole Building Design Guide, National Institute of Building Sciences (NIBS). http://www.wbdg.org/resources/airbarriers.php. Accessed 10/12/13.

BREEAM. 2016. *BREEAM International New Construction 2016, Technical Manual, SD233 2.0.* BRE Global Ltd.

Building Green, Inc. 2013. http://www.buildinggreen.com/. Accessed October 13, 2013.

Building Science Corporation. 2013. http://www.buildingscience.com/index_html. Accessed October 13, 2013.

California Stormwater Quality Association. 2003. *California Stormwater BMP Handbook:* Concrete Waste Management. Menlo Park: CASQA.

Canada Green Building Council. 2017. *Zero Carbon Building Standard.* Ottawa: Canada GBC.

Carpet Institute of Australia Limited. 2011. *Light Reflectance.* Melbourne: CIAL.

Center for Rainwater Harvesting. 2006. http://www.thecenterforrainwaterharvesting.org/index.htm.

Center for Neighborhood Technology. 2013. http://www.travelmatters.org/calculator/individual/methodology#pmt. Accessed October 13, 2013.

Ching, Francis D.K. 2014. *Architecture: Form, Space, and Order,* 4th Edition. Hoboken: John Wiley & Sons.

Ching, Francis D.K. and Steven Winkel. 2020. *Building Codes Illustrated: A Guide to Understanding the 2018 International Building Code,* 6th Edition. Hoboken: John Wiley & Sons.

Demarest, Noah, et al. 2018. *Ithaca Green Building Policy – Final Project Report.* Ithaca: Stream Collaborative, for the City of Ithaca and Town of Ithaca.

D'Aloisio, James A. 2010. *Steel Framing and Building Envelopes.* Chicago: Modern Steel Construction.

DiLaura, David, K. Houser, R. Mistrick, G. Steffy, editors. 2011. *The Lighting Handbook,* 10th Edition. New York: Illuminating Engineering Society.

D&R International, Ltd. 2011. *Buildings Energy Data Book.* Washington, DC: U.S. Department of Energy.

Eley, Charles. 2018. *ZERO Code: Architecture 2030 Building Energy Standard.* Santa Fe: Architecture 2030.

Fox & Fowle Architects et al. 2005. *Battery Park City – Residential Environmental Guidelines.* New York: Hugh L. Carey Battery Park City Authority.

Green Building Initiative. 2018. *Green Globes for New Construction: Technical Reference Manual*, Version 1.50. Portland: Green Building Initiative, Inc.

Gruzen Hampton LLP and Hayden McKay Lighting Design Inc. 2006. *Manual for Quality, Energy Efficient Lighting*. New York: NY City Department of Design and Construction.

Hagenlocher, Esther. 2009. *Colorfulness and Reflectivity in Daylit Spaces*. Quebec City: PLEA2009 - 26th Conference on Passive and Low Energy Architecture.

Hernandez, Daniel, Matthew Lister, and Celine Suarez. 2011. *Location Efficiency and Housing Type*. US EPA's Smart Growth Program, contract #GS-10F-0410R. New York: Jonathan Rose Companies.

Higgins, Cathy et al. 2013. *Plug Load Savings Assessment: Part of the Evidence-based Design and Operations PIER Program*. Prepared for the California Energy Commission. Vancouver: New Buildings Institute.

Hodges, Tina. 2009. *Public Transportation's Role in Responding to Climate Change*. Washington, DC: U.S. Department of Transportation.

IEA. 2018. *Towards a Zero-Emission, Efficient and Resilient Buildings and Construction Sector, 2018 Global Status Report*. Paris: International Energy Agency, for the Global Alliance for Buildings and Construction (GlobalABC), report coordinated by the United Nations Environment Programme.

International Dark-Sky Association. 2013. http://www.darksky.org/. Accessed October 12, 2013.

International Living Future Institute. 2014. *Living Building Challenge 3.0*. Seattle: International Living Future Institute.

International Well Building Institute. 2019. *WELL Building Standard*. New York. Delos Living LLC.

IPCC, 2012: Summary for Policymakers. In: *Managing the Risks of Extreme Events and Disasters to Advance Climate Change Adaptation* [Field, C.B., V. Barros, T.F. Stocker, D. Qin, D.J. Dokken, K.L. Ebi, M.D. Mastrandrea, K.J. Mach, G.-K. Plattner, S.K. Allen, M. Tignor, and P.M. Midgley (eds.)]. A Special Report of Working Groups I and II of the Intergovernmental Panel on Climate Change. Cambridge University Press, Cambridge, UK, and New York, NY, USA, pp. 1-19.

International Code Council. 2018. *International Building Code*. Washington, DC: ICC.

International Code Council. 2018. *International Energy Conservation Code*. Washington, DC: ICC.

International Code Council and ASHRAE. 2018. *International Green Construction Code: Powered by ANSI/ASHRAE/USGBC/IES Standard 189.1-2017 – Standard for the Design of High-Performance, Green Buildings*. Washington: ICC.

International Code Council. 2018. *International Mechanical Code*. Washington, DC: ICC.

Kandt, Alicen, and R. Langner. 2019. *Plug Load Management System Field Study*. Golden, CO: National Renewable Energy Laboratory.

Lemieux, Daniel J., and Paul E. Totten. 2010. Building Envelope Design Guide—Wall Systems. http://www.wbdg.org/design/env_wall.php. Last updated October 8, 2013.

Keeler, Marian, and Bill Burke. 2009. *Fundamentals of Integrated Design for Sustainable Building*. Hoboken: John Wiley & Sons.

Lstiburek, Joseph. 2004. *Vapor Barriers and Wall Design*. Somerville: Building Science Corporation.

Masonry Advisory Council. 2002. *Cavity Walls: Design Guide for Taller Cavity Walls*. Park Ridge: MAC.

Munch-Andersen, Jørgen. 2007. *Improving Thermal Insulation of Concrete Sandwich Panel Buildings*. Vienna: LCUBE Conference.

NAHB Research Center. 1994. *Frost-Protected Shallow Foundations, Phase II—Final Report*. Washington, DC: U.S. Department of Housing and Urban Development.

NAHB Research Center. 2000. *Advanced Wall Framing*. Washington, DC: U.S. Department of Energy.

National Renewable Energy Lab. 2002. *Energy Design Guidelines for High Performance Schools: Temperate and Humid Climates*. Washington, DC: U.S. Department of Energy's Office of Building Technology, State and Community Programs.

National Electrical Contractors Association. 2006. *Guide to Commissioning Lighting Controls*. Bethesda: NECA.

New Buildings Institute. 2019. *Getting to Zero Project List: Zero Energy Certified and Verified Buildings*. Portland: New Buildings Institute.

Newman, Jim et al. 2010. *The Cost of LEED: A Report on Cost Expectations to Meet LEED 2009 for New Construction and Major Renovations* (NC v2009). Brattleboro: BuildingGreen.

Newsham, Guy, Chantal Arsenault, Jennifer Veitch, Anna Maria Tosco, Cara Duval. 2005. *Task Lighting Effects on Office Worker Satisfaction and Performance, and Energy Efficiency*. Ottawa: Institute for Research in Construction, National Research Council Canada.

O'Connor, Jennifer, Eleanor Lee, Francis Rubinstein, and Stephen Selkowitz. 1997. *Tips for Daylighting with Windows*. Berkeley: Ernest Orlando Lawrence Berkeley National Laboratory.

Pachauri, R.K. and L.A. Meyer (eds). 2014. *IPCC Climate Change 2014 Synthesis Report. Contribution of Working Groups I, II and III to the Fifth Assessment Report of the Intergovernmental Panel on Climate Change*. Geneva, Switzerland: IPCC.

Pawlyn, Michael. 2011. *Biomimicry in Architecture*. London, England: RIBA Publishing.

Pless, Shanti, and Paul Torcellini. 2010. *Net-Zero Energy Buildings: A Classification System Based on Renewable Energy Supply Options.* Golden: National Renewable Energy Laboratory.

Pohl, Goran, and W. Nachtigall. 2015. *Biomimetics for Architecture & Design.* New York: Springer.

Rainwater Harvesting Group. 2013. Dallas: Texas A&M AgriLife Extension Service. http://rainwaterharvesting.tamu.edu/. Accessed October 13, 2013.

RESNET. 2019. *Mortgage Industry National Home Energy Rating Systems Standards – Continuous Maintenance Version.* Oceanside: Residential Energy Services Network, Inc.

Sachs, Harvey M. 2005. *Opportunities for Elevator Energy Efficiency Improvements.* Washington, DC: American Council for an Energy-Efficient Economy.

Selkowitz, S., R. Johnson, R. Sullivan, and S. Choi. 1983. *The Impact of Fenestration on Energy Use and Peak Loads in Daylighted Commercial Buildings.* Glorietta, NM: National Passive Solar Conference.

Shapiro, Ian. 2016. *Energy Audits and Improvements for Commercial Buildings.* Hoboken: John Wiley & Sons.

Slone, Herbert. 2011. *Wall Systems for Steel Stud / Masonry Veneer.* Toledo: Owens Corning Foam Insulation LLC.

Smith, David Lee. 2011. *Environmental Issues for Architecture.* Hoboken: John Wiley & Sons.

Solargis. *Solar Resource Map: Photovoltaic Power Potential.* http://globalsolaratlas.info. Accessed March 8, 2020. World Bank Group.

Straube, John. 2008. *Air Flow Control in Buildings:* Building Science Digest 014. Boston: Building Science Press.

Sustainable Sites Initiative. 2014. *SITES v2 Rating System for Sustainable Land Design and Development.* Washington: Green Business Certification, Inc.

Torcellini, Paul, et al. 2015. *A Common Definition for Zero Energy Buildings.* Golden: National Renewable Energy Laboratory.

Tyler, Hoyt, Schiavon Stefano, Piccioli Alberto, Moon Dustin, and Steinfeld Kyle. 2013. *CBE Thermal Comfort Tool.* Berkeley: Center for the Built Environment, University of California Berkeley. http://cbe.berkeley.edu/comforttool/. Accessed October 12, 2013.

Ueno, Kohta. 2013. *Building Energy Performance Metrics.* http://www.buildingscience.com/documents/digests/bsd152-building-energy-performance-metrics. Accessed October 13, 2013.

UNEP. 2019. *Emissions Gap Report 2019.* Nairobi: United Nations Environment Programme.

U.S. Department of Energy, the Federal Energy Management Program, Lawrence Berkeley National Laboratory (LBNL), and the California Lighting Technology Center (CLTC) at the University of California, Davis. 2010. *Exterior Lighting Guide for Federal Agencies.* Washington, DC: Federal Energy Management Program.

United States Green Building Council. 2018. *LEED Zero Program Guide.* Washington: U.S. Green Building Council.

United States Green Building Council. 2020. *LEED v4.1 Building Design and Construction.* Washington: United States Green Building Council.

U.S. Environmental Protection Agency. 2018. *Commercial Buildings Energy Consumption Survey (CBECS).* https://www.eia.gov/consumption/commercial/data/2018/. Washington: U.S. Energy Information Administration.

U.S. Environmental Protection Agency. 2020. *eGRID Summary Tables 2018.* Washington: EPA.

U.S. Environmental Protection Agency. 2019. *Source Energy: ENERGY STAR Portfolio Manager Technical Reference.* Washington: EPA.

U.S. Environmental Protection Agency. 2011. *ENERGY STAR Performance Ratings: Methodology for Incorporating Source Energy Use.* Washington: EPA.

Wang, Fan, Theadore Hunt, Ya Liu, Wei Li, Simon Bell. 2003. *Reducing Space Heating in Office Buildings Through Shelter Trees.* Proceedings of CIBSE/ASHRAE Conference, Building Sustainability, Value & Profit. www.cibse.org/pdfs/8cwang.pdf.

Whole Building Design Guide. 2013. http://www.wbdg.org/. Accessed October 13, 2013.

Wilson, Alex. 2013. *Naturally Rot-Resistant Woods.* National Gardening Association. http://www.garden.org/articles/articles.php?q=show&id=977&page=1. Accessed October 13, 2013.

Wray, Paul, Laura Sternweis, and Jane Lenahan. 1997. *Farmstead Windbreaks: Planning.* Ames: Iowa State University – University Extension.

Zuluaga, Marc, Sean Maxwell, Jason Block, and Liz Eisenberg , Steven Winter Associates. 2010. *There Are Holes in Our Walls.* New York: Urban Green Council.

7group and Bill Reed. 2009. *The Integrative Design Guide to Green Buildings.* Hoboken: John Wiley & Sons.

外文人名译名对照表
Chinese Translations of Foreign Names

A

Alfandre, Rick　瑞克·阿尔凡德，当代美国建筑师

Angier, Jonathan　乔纳森·安吉尔

Azarbayjani, Mona　莫纳·阿则贝贾尼

B

Baveye, Florence　弗洛伦斯·巴韦耶

Beck, Roger　罗杰·贝克

Bronsnick, Yossi　约西·布朗斯尼克

C

Ceci, Nicole　尼克尔·赛西

Clark, Daniel　丹尼尔·克拉克

E

Emerson, Ralph Waldo　拉尔夫·沃尔多·爱默生，1803—1882，美国作家

G

Galbraith, Susan　苏珊·加尔布雷斯

Goodell, Nate　纳特·古德尔

H

Halcrow, William　威廉·合乐，1883—1958，英国土木工程师

Hallas, Evan　埃文·哈拉斯

Hess, Zac　扎克·赫斯

I

Irwin, Stephen　斯蒂芬·欧文，1939—2019，加拿大建筑师

Isaac, Richard　理查德·艾萨克，当代加拿大建筑师

J

Johnson, Bird　伯德·约翰逊，1912—2007，美国环保人士，总统林登·贝恩斯·约翰逊（Lyndon Baines Johnson，1908—1973）的夫人

M

Manasc, Vivian　薇薇安·玛纳斯，当代加拿大建筑师

Mathon, Sunshine　森夏恩·马顿，当代美国建筑师

Mazria, Edward　爱德华·马斯瑞尔，1940—，美国建筑师

Meeds, Bridget　布里奇特·米兹

Myers, Ben　本·迈尔斯

N

Nayman, Shira　西拉·奈曼

O

Oiwa, Luna　露娜·欧耶瓦

R

Robinson, Greg　格雷格·罗宾逊，当代美国建筑师

Rosa, Javier　贾维尔·罗莎

Rosen, Daniel　丹尼尔·罗森

Royal, Courtney　考特尼·罗亚尔

Ryan, Theresa　里萨·赖恩

S

Sagan, Carl　卡尔·萨根，1934—1996，美国天文学家

Schwartz, Sue　苏·施瓦茨

Schwartzberg, Jan　简·施瓦茨伯格

Servino, Marina Itaborai　马里纳·伊塔博雷·塞维诺

Shapiro, Elsa　艾尔萨·夏皮罗

Shapiro-Tamir, Noa　诺亚·夏皮罗-塔米尔

Shapiro, Shoshana　肖莎娜·夏皮罗

Shapiro-Tamir, Tamar　塔玛·夏皮罗-塔米尔

Shore, Leonard　伦纳德·肖尔，1902—1989，加拿大建筑师

Sirt, Umit　约米特·西尔特

Skopac, Vedran　韦德兰·斯科帕克，当代加拿大建筑师

T

Tamir, Dalya　达利娅·塔米尔

Tilbe, Alfred　阿尔弗雷德·蒂尔比，当代加拿大建筑师

U

Utzon, Jørn　约翰·伍重，1918—2008，丹麦建筑师

V

Vandervort, David　大卫·范德沃特，当代美国建筑师

Vogel, Lou　卢·沃格尔

W

Waywell, Deirdre　德尔德雷·韦维尔

Wig, Siddhartha　悉达多·威格，1972—，印度建筑师

Y

Yolles, Morden　莫登·约尔斯，1925—，加拿大工程师